DIE ELEKTROLYTE

IHRE BEDEUTUNG FÜR PHYSIOLOGIE PATHOLOGIE UND THERAPIE

VON

DR. MED. S. G. ZONDEK
A. O. PROFESSOR AN DER UNIVERSITÄT BERLIN

MIT 28 ABBILDUNGEN

BERLIN
VERLAG VON JULIUS SPRINGER
1927

ISBN-13:978-3-642-90602-2 e-ISBN-13:978-3-642-92460-6
DOI: 10.1007/978-3-642-92460-6

SOFTCOVER REPRINT OF THE HARDCOVER 1ST EDITION 1927

FRIEDRICH KRAUS

GEWIDMET

Vorwort.

Das vorliegende Buch entspringt einer Gedankenrichtung, die ich früher als Pharmakologe bei Beschäftigung mit theoretisch-medizinischen Fragen, jetzt in der Klinik bei der Erfassung von Krankheitsbildern verfolgt habe. — Daß die Elektrolyte eine hervorragende Rolle bei der Zellfunktion spielen, ist durch die Arbeiten der letzten Jahrzehnte erwiesen worden. Gefördert wurde die Erforschung der Elektrolytwirkung insbesondere durch die Einführung der physikalisch- bzw. kolloidchemischen Betrachtungsweise in die Biologie.

Dieses Buch stellt den Versuch dar, auf Grund des vorhandenen Tatsachenmaterials und eigener Untersuchungen den Elektrolyten ihren Platz im Rahmen des Gesamtzellgeschehens anzuweisen. Auch soll es dazu beitragen, die Grundlagen für eine funktionelle Betrachtungsweise der Lebensvorgänge auszubauen. Daß dies notwendig ist, wird wohl von niemand mehr bezweifelt; denn immer deutlicher erkennen wir, daß die rein morphologische Betrachtungsweise der Zelle keineswegs ausreicht, um das Wesen der physiologischen und pathologischen Zellvorgänge in befriedigender Weise analysieren zu können.

Berlin, im März 1927.

S. G. Zondek.

Inhaltsverzeichnis.

I. Begriffsbestimmung.

1. Abgrenzung des Elektrolytstoffwechsels gegen den Mineralstoffwechsel.

Unter den im Organismus vorkommenden anorganischen Substanzen müssen wir 2 große Gruppen voneinander unterscheiden:

1. die Substanzen, deren Vorkommen und Wirkung im Organismus unbedingt an die komplexe Verbundenheit mit einem organischen Molekül geknüpft ist (z. B. das Eisen und Arsen), und

2. die Substanzen, die auch in rein anorganischer Form zur Entfaltung ihrer Wirkung gelangen können (so das Natrium, das als anorganisches Natriumsalz und auch als Natriumion im Organismus existieren kann). Wohl geht auch dieses Mineral Verbindungen mit der organischen Zellsubstanz ein. Von den unter 1. genannten Körpern zeichnet es sich aber dadurch aus, daß seine Verbindung mit den organischen Zellsubstanzen eine viel lockere ist. Die Na-Eiweißverbindung kann sich sehr leicht wieder spalten, und zwar in Natrium- und Eiweißionen. Diesen Vorgang nennt man Dissoziation. Alle Substanzen, die dissoziieren können, sind — wie wir noch sehen werden — Elektrolyte.

Der zwischen den Körpern der 1. und 2. Gruppe gemachte Unterschied ist durchaus kein äußerlicher. Vielmehr hängt mit ihm die charakteristische Wirkungsweise dieser Körper zusammen. Unser Interesse wird sich in erster Linie den Körpern der Gruppe 2 zuwenden, weil ihnen allein der Charakter der Elektrolytwirkung zukommt. Die Körper der Gruppe 1 werden nur kurz im Anhang (Kap. XII) behandelt werden. — Der Begriff „anorganische Substanz" und „Elektrolyt" sind also keineswegs identisch. Auch mit „Elektrolytstoffwechsel" und „Mineralstoffwechsel" wird nicht das gleiche zum Ausdruck gebracht. Letzterer umfaßt auch die Mineralien, die im Organismus nicht in Elektrolytform zur Wirkung gelangen (so die unter 1. genannten Substanzen); zu den Elektrolyten andererseits gehören auch organische Körper. Die Mehrzahl der Elektrolyte, die für unsere Abhandlung hier in Frage kommen, sind jedoch anorganischer Natur. — Obige Gliederung hat gewisse Beziehungen zu derjenigen, die besonders von Wiechowski zur Grundlage für die Abgrenzung des des Mineralstoffwechsels von dem übrigen Stoffwechsel gemacht wird. Sie nimmt ihren Ausgangspunkt von der Art der Bindung der einzelnen Atome bzw. Atomketten. Maßgebend ist dabei die organische bzw anorganische **Bindungsform**. Eine Atomgruppe kann an sich einen organischen Körper darstellen, ihre Bindungsform mit einer anderen an sich ebenfalls organischen Atomgruppe kann aber eine anorganische sein. Als organische Bindung gilt hauptsächlich die von C-Atomen untereinander und die von C-Atomen mit anderen Atomen. Sind aber Atome und Atomgruppen nicht unmittelbar an C gebunden, dann ist ihre Bindung als anorganisch anzusehen, auch wenn sie selbst aus unter sich durchaus organisch verketteten Atomen bestehen. Dies trifft besonders für die Fälle zu, bei denen die Bindung durch Vermittlung von Sauerstoff erfolgt. Erfolgt die Bindung an den Kohlenstoff dagegen durch Stickstoff, so ist sie im allgemeinen als organisch anzusehen. Eine Bindung dieser Art stellt höchstwahrscheinlich das Eisen im Hämoglobin und das Magnesium im Chlorophyll dar. Dagegen sind die Ester- und Ätherverbindungen, desgleichen die analogen Salzbindungen anorganischer Natur (z. B. R—CO—O—C_2H_5). Die Bindung des Schwefels in den aromatischen Ätherschwefelsäuren ist anorganisch,

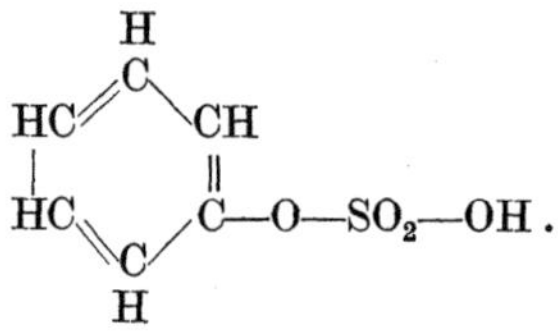

Aromatische Sulfosäuren dagegen sind organisch gebunden,

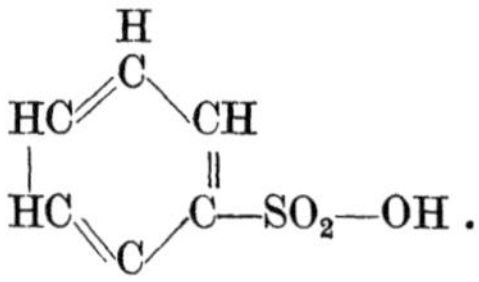

In entsprechender Weise ist — wie WIECHOWSKI hervorhebt — der Phosphor in den Nucleoproteiden, Phosphatiden, im Lactacidogen und Casein nicht als organisch, sondern als anorganisch zu betrachten; er ist nämlich in allen diesen wichtigen Bestandteilen der Organe und der Nahrungsstoffe ein Teil von esterartig gebundener Phosphorsäure. Die Bindung der Aminosäuren im Eiweiß zu Peptiden ist eine rein organische; die Salzbildung der Aminosäuren bzw. der Eiweißkörper (z. B. das Natriumeiweiß) stellt dagegen eine rein anorganische Bindungsform dar.

Für den Mineralstoffwechsel kommen nach WIECHOWSKI nur die in anorganischer Bindung sich befindlichen Körper in Frage. Wie schon betont worden ist, bedeutet aber Elektrolyt- und Mineralstoffwechsel nicht das gleiche. Es ist daher verständlich, daß die Charakteristica, die WIECHOWSKI als entscheidend für die Abgrenzung des Mineralstoffwechsels vom übrigen Stoffwechsel ansieht, nicht in gleicher Weise auch für die Definition des Elektrolytstoffwechsels herangezogen werden können. Eine Verwandtschaft besteht jedoch insofern, als die anorganische Bindungsform auch bei der Abgrenzung des Elektrolytstoffwechsels eine Rolle spielt. Eine Substanz kann nur dann ein Elektrolyt sein, wenn sie durch anorganische Bindung ausgezeichnet ist; dies besagt aber nicht, daß umgekehrt alle anorganisch gebundenen Substanzen auch Elektrolyte sein müssen. Der Begriff „Mineral“ umfaßt mehr als der Begriff „Elektrolyt“.

Elektrolyte sind Moleküle, die einer Dissoziation fähig sind, bei welcher elektrisch geladene Atome bzw. Atomketten (Ionen) auftreten. Hierfür kommen — wie schon erwähnt — nur Körper mit anorganischer Bindung in Frage. Unter ihnen gibt es aber große quantitative Unterschiede. Am meisten dissoziationsfähig sind die anorganischen Salze, Säuren und Basen; die organischen dagegen dissoziieren im allgemeinen weniger stark. Die Elektrolyte haben im Gegensatz zu den Nichtelektrolyten die Eigenschaft, den elektrischen Strom leiten zu können.

Die Dissoziationslehre hat im Laufe der letzten Jahrzehnte eine bedeutungsvolle Wandlung durchgemacht. Das wichtigste soll hier kurz erläutert werden. Die Lehre von der Dissoziation geht in ihrer klassischen Form auf FARADAY zurück. FARADAY nahm an, daß bei Durchleiten eines elektrischen Stromes durch die wässerige Lösung eines sog. Elektrolyten ein Zerfall des betreffenden Moleküls in elektrisch entgegengesetzt geladene Teilprodukte (Ionen) eintrete. Von diesen wandern die positiv geladenen an den negativen Pol (Kathode) und die negativ geladenen an den positiven Pol (Anode). Dementsprechend unterscheiden wir die postitv geladenen Kationen von den negativ geladenen Anionen. Diesen unter dem Einfluß des elektrischen Stromes ablaufenden Prozeß nannte FARADAY die „Elektrolyse". Körper, die einer Elektrolyse nicht unterliegen, können auch nicht den elektrischen Strom leiten. Das Entstehen der Ionen ist nach FARADAY die Folge des durchgeleiteten elektrischen Stromes. FARADAY kommt zweifellos das große Verdienst zu, die Dissoziation als solche entdeckt zu haben. Die Erklärung ist aber eine falsche gewesen. Den richtigen Weg wiesen erst die Forschungen von SVANTE ARRHENIUS. Seine Anschauung vom Wesen des Dissoziationsvorganges hat auch die Grundlage dafür gegeben, die Bedeutung der Dissoziationslehre für die Biologie zu erfassen. Der grundsätzliche Unterschied zwischen der Auffassung von FARADAY und SVANTE ARRHENIUS ist folgender. Während FARADAY annahm, daß das Entstehen der Ionen die Folge des Durchleitens eines elektrischen Stromes ist, vertritt SVANTE ARRHENIUS die Auffassung, daß die Ionen schon vorher in der wässerigen Lösung vorhanden sind und die Voraussetzung dafür liefern, daß überhaupt der Strom durch die Lösung hindurchgeht bzw. die Lösung leitfähig ist. Das Hindurchleiten eines elektrischen Stromes durch eine elektrolythaltige, also dissoziationsfähige Lösung hat nur zur Folge, daß die schon vorhandenen elektrisch geladenen Ionen entsprechend ihrer Ladung nach der Kathode bzw. Anode wandern, dort abgeschieden werden bzw. an den Polen sekundäre Veränderungen hervorrufen oder selbst durchmachen (z. B. Polarisation). Vom biologischen Standpunkt aus betrachtet ist dieser Unterschied der Auffassung vom Wesen des Dissoziationsvorganges von grundsätzlicher Bedeutung. Gehen wir davon aus, daß in wässeriger Lösung die Ionen schon primär vorhanden sind, dann ist das Auftreten von Ionen im Organismus als eine Selbstverständlichkeit anzusehen; dies ist aber nicht der Fall, wenn wir annehmen, daß Ionen nur entstehen, wenn ein elektrischer Strom durch eine Lösung geleitet wird. Für die Richtigkeit der SVANTE ARRHENIUSschen Auffassung gibt es eine Reihe direkter und indirekter Beweise, von denen die wichtigsten im folgenden angeführt werden sollen.

2. Nachweis der Existenz von Ionen.

Unter isotonischen Lösungen verstehen wir solche, die sich dadurch auszeichnen, daß sie den gleichen osmotischen Druck aufweisen. Die Bedingungen für das Auftreten osmotischer Druckkräfte sind bekanntlich gegeben, wenn zwei Lösungen durch eine semipermeable, d. h. nur für Wasser, aber nicht für gelöste Stoffe durchgängige Membran getrennt sind. Etwaige auf den beiden Seiten der Membran bestehende Druckdifferenzen werden durch Wasserverschiebungen ausgeglichen. Die Größe des osmotischen Druckes ist von der Zahl der in einer

Lösung vorhandenen kleinsten Elementarteilen (z. B. Moleküle) abhängig. Lösungen verschiedener Stoffe, welche in der Raumeinheit die gleiche Anzahl von Molekülen enthalten, nennen wir äquimolekulare. Wir erhalten sie, wenn wir von den verschiedenen Stoffen äquimolekulare Mengen, d. h. das gleiche Vielfache oder den gleichen Teil ihres Molekulargewichtes in der Raumeinheit (1 l) lösen. Das Molekulargewicht des Harnstoffes beträgt 60, das des Rohrzuckers 342. Eine Lösung, die 60 g Harnstoff pro 1 l Wasser enthält, ist äquimolekular einer solchen, die 342 g Rohrzucker in der gleichen Flüssigkeitsmenge enthält. Äquimolekulare Lösungen sind isotonisch. Daß letzteres zutrifft, läßt sich mit Hilfe der Methoden nachweisen, die uns zur Bestimmung des osmotischen Druckes zur Verfügung stehen (z. B. die PFEFFERsche Zelle). Auch gibt es eine sehr zuverlässige biologische Methode, und zwar die Feststellung der Plasmolyse. Hierfür eignen sich gewisse Pflanzenzellen besonders gut. Auch die roten Blutkörperchen stellen ein geeignetes Versuchsobjekt dar. Ihre Hülle ist bis zu einem gewissen Grade einer semipermeablen Membran zu vergleichen. Ist der osmotische Druck in der Außenlösung größer als im Innern der Blutkörperchen, so tritt zum Druckausgleich Wasser aus den Blutkörperchen in die Außenlösung über. Die Erythrocyten schrumpfen. Ist umgekehrt der osmotische Druck außen geringer als innen, tritt Wasser in die Blutkörperchen ein. Diese schwellen, bis evtl. ihre Hülle platzt und Blutfarbstoff austritt. Dieser Vorgang, den wir Hämolyse nennen, tritt bei einer bestimmten Konzentration der Außenlösung ein. Vergleicht man Lösungen verschiedener Art untereinander, dann zeigt sich, daß ihre Wirkung auf die Hämolyse bzw. Plasmolyse der Pflanzenzelle in erster Linie von der molekularen Konzentration abhängt. Ist diese gleich groß, ist auch ihre osmotische Wirkungskraft — gemessen an den genannten Erscheinungen — dieselbe. Tritt Plasmolyse ein, wenn die Außenlösung eine 6 proz. Rohrzuckerlösung (Mol. Gew. 342) ist, dann muß sie auch eintreten, wenn statt der 6 proz. Zuckerlösung sich außen eine äquimolekulare, d. i. nach der folgenden Berechnung eine etwa 1,05 proz. Harnstofflösung (Mol.-Gew. 60) befindet $\left(\frac{6 \cdot 60}{342} = 1{,}05\right)$. Dies ist auch in der Tat der Fall. Es gibt aber eine Reihe von Stoffen, die sich in dieser Beziehung abweichend verhalten, d. h. bei denen die berechnete Grenzkonzentration für das Eintreten der Plasmolyse nicht übereinstimmt mit der beobachteten Konzentration. Hierzu gehören z. B. fast alle Salze. Sie verhalten sich so, als wenn ihr Molekulargewicht kleiner wäre, als es in der Tat ist oder — was dasselbe bedeutet — die Grenzkonzentration für die Plasmolyse bei ihnen niedriger wäre, als der Berechnung entspricht [s. Tabelle[1]) S. 5].

Statt einer 1,03 proz. ist also eine 0,65 proz. NaCl-Lösung der 6 proz. Rohrzuckerlösung isotonisch. Die NaCl-Lösung verhält sich so, als ob das NaCl-Molekül nicht das Molekulargewicht von 58,5, sondern von 37,0 hätte. Der Faktor, der die Differenz zwischen beobachteter und berechneter Grenzkonzentration angibt, wird der isotonische Koeffizient nach DE VRIES oder der VAN'T HOFFsche Faktor genannt. Er beträgt bei Salzen wie NaCl oder KNO_3 1,5, bei anderen Salzen, so K_2SO_4, etwa 2.

---

[1]) Entnommen dem HÖBERschen Lehrbuch „Physikalische Chemie der Zellen und Gewebe". W. Engelmann, Leipzig 1914.

	Mol.-Gew.	Beobachtete Grenzkonz.	Berechnete Grenzkonz.	Berechnete Mol.-Gew.	Isoton. Koeffizient
Rohrzucker . .	342	6 %			
NaCl	58,5	0,65 „	$\frac{6 \cdot 58,5}{342} = 1,03\,\%$	$\frac{0,65 \cdot 342}{6} = 37,0$	ca. 1,5
KNO_3	101	1,2 „	$\frac{6 \cdot 101}{342} = 1,77$ „	$\frac{1,2 \cdot 342}{6} = 68,4$	ca. 1,5
K_2SO_4	174	1,43 „	$\frac{6 \cdot 174}{342} = 3,05$ „	$\frac{1,44 \cdot 342}{6} = 81,5$	ca. 2

Wodurch ist diese Sonderstellung der Salze begründet? Eine NaCl-Lösung von 0,65% hat einen osmotischen Druck, der einer 1,03 proz. Lösung zukommen sollte. Da der osmotische Druck von der Zahl der gelösten kleinsten Partikelchen abhängig ist, muß die Zahl der letzteren bei der 0,65 proz. Lösung größer sein, als bei Berücksichtigung des Molekulargewichtes zu erwarten ist. Möglich ist dies nur dann, wenn ein noch weiterer Zerfall als in die NaCl-Moleküle eintritt. Gehen wir von der SVANTE ARRHENIUSschen Dissoziationstheorie (primäre Bildung von Ionen) aus, dann ist die notwendige Brücke geschlagen, und das Verhalten der Salze wird verständlich. Da das NaCl zu den starken Elektrolyten gehört, und jedes NaCl-Molekül in zwei Ionen (1 Na- und 1 Cl-Ion) zerfällt, müßte der osmotische Druck, den es hervorruft, doppelt so groß sein, als der Berechnung entspricht; der isotonische Koeffizient müßte also 2 betragen; daß er kleiner ist (1,5), liegt nicht daran, daß — wie man lange Zeit annahm — die Dissoziation keine vollständige ist, sondern daran, daß die zwischen den einzelnen Ionen bestehenden elektrostatischen „interionischen" Kräfte die volle Wirkungsentfaltung des einzelnen Ions einschränken [MILNER, NIELS BJERRUM[1])]. Der isotonische Koeffizient des K_2SO_4 ist größer als der des NaCl, da das K_2SO_4-Molekül in 3 Ionen (2 K- und 1 SO_4-Ion) dissoziiert. Bei wässerigen Lösungen solcher Substanzen, die einer Dissoziation nicht fähig sind (z. B. Rohrzucker), ist der osmotische Druck stets so groß, wie er bei Berücksichtigung des Molekulargewichtes zu erwarten ist. Daß die Elektrolyse nicht die Ursache der Dissoziation ist, geht nun daraus hervor, daß das außergewöhnliche osmotische Verhalten der Salze schon von vornherein gegeben ist und die Durchleitung eines elektrischen Stromes nicht vermag, den osmotischen Druck der Lösung weiter zu steigern. Es tritt also kein weiterer Zerfall mehr ein. Außer den Salzen verhalten sich auch die Säuren und Laugen osmotisch abnorm; kurz, alle Körper, die einer Dissoziation fähig sind. Sie alle sind ferner dadurch ausgezeichnet, daß sie den elektrischen Strom gut leiten; sie sind Elektrolyte oder Leiter zweiter Klasse (FARADAY). Daß sie den elektrischen Strom leiten können, liegt daran, daß sie Ionen enthalten; elektrischer Strom in wässerigen Lösungen bedeutet nämlich nach der jetzt gültigen Anschauung nichts anderes als Ionenbewegung. Bei Leitern erster Klasse (Metallen usw.) bedeutet elektrischer Strom Elektronenbewegung. Hierdurch unterscheiden sich Leiter erster und zweiter Klasse (s. hierzu auch Kap. VIII). In Flüssigkeiten, in denen keine Ionen vorhanden sind, kann auch keine Leitfähigkeit für den elektrischen Strom bestehen. Rohrzucker z. B. ist ein typischer Nichtleiter,

[1]) NIELS BJERRUM: Die elektrischen Kräfte der Ionen und ihre Wirkungen. Ergebnisse der exakten Naturwissenschaften Bd. V. Berlin: Julius Springer, 1926.

d. h. Nichtelektrolyt. Er setzt dem elektrischen Strom sehr großen Widerstand entgegen. Seine wässerige Lösung verhält sich in dieser Beziehung wie reines Wasser; dies gilt auch für alle anderen nichtdissoziationsfähigen Körper. Eine K_2SO_4-Lösung leitet den elektrischen Strom besser als eine äquimolekulare NaCl-Lösung. Dies ist erklärlich, da K_2SO_4 mehr Ionen liefert als NaCl. Aus dem gleichen Grunde begegnen wir also bei den wässerigen Lösungen beider Körper sowohl hinsichtlich ihres osmotischen Druckes wie ihrer elektrischen Leitfähigkeit den analogen Erscheinungen.

Die Dissoziation von Molekülen in Ionen ist eine elektrolytische. Während die Moleküle elektrisch neutral sind, müssen die Ionen als Träger von Elektrizitätseinheiten angesehen werden. Dies wird im folgenden Kapitel noch ausführlich besprochen werden. Hier interessiert uns lediglich die Frage, wie die Existenz der Ionen überhaupt nachgewiesen werden kann. Die bisherigen Erörterungen haben uns bereits die Kenntnis des wichtigsten Beweismaterials vermittelt. Erwähnt sei nur noch das Phänomen der Elektrolytdiffusion. Wenn reines Wasser an eine Elektrolytlösung grenzt, kommt es zu einer Diffusion des Elektrolyten in das Wasser. Die meisten Ionen haben aber eine verschiedene Wanderungsgeschwindigkeit. Bei der Diffusion wird das schnellere Ion dem langsamen etwas vorauseilen. Das schnellere kann sowohl das Kation wie das Anion sein. Da die Ionen elektrisch geladen sind, muß es bei der Diffusion zu einer Potentialdifferenz kommen. Wandert das Kation schneller, wird das Wasser positiv, im umgekehrten Falle negativ geladen. Das Auftreten dieser elektromotorischen Kräfte kann in der Tat nachgewiesen werden (s. Kap. VIII). Hiermit ist die Richtigkeit der Voraussetzung (elektrolytische Trennung der Elektrolyte) bewiesen.

II. Das Wesen der Elektrolyte und der elektrolytischen Dissoziation.

1. Unterschied zwischen Molekül, Atom und Ion.

Daß Salze, Säuren und Basen in wässerigen Lösungen die Eigenschaft haben, zu dissoziieren, d. h. in Ionen zu zerfallen, können wir jetzt als bewiesen unterstellen. Von den Ionen wird behauptet, daß sie elektrisch geladen sind. Von den Atomen und Molekülen ist uns etwas Derartiges nicht bekannt. Die Moleküle sind bekanntlich aus Atomen zusammengesetzt. Bei der Dissoziation zerfallen die Moleküle aber nicht in Atome, sondern in Ionen. Wie ist dies zu erklären, und worin besteht der Unterschied von Molekülen und Atomen einerseits und Ionen andererseits? Da der Begriff des „Ion" in diesem Buche eine sehr große Rolle spielt, ist es unbedingt notwendig, uns über seine Natur und seine Beziehungen zum Molekül und zum Atom Klarheit zu verschaffen. Wir wollen von dem Bau des Atoms ausgehen. Die moderne Atomlehre hat uns die Gewißheit gebracht, daß die einzelnen Atome bzw. Elemente des periodischen Systems nicht die denkbar kleinsten „Urstoffe" der Materie darstellen. Bekanntlich nahm man von den einzelnen Elementen an, daß sie nicht mehr teilbar sind und daß zwischen ihnen keine stofflichen Beziehungen bestehen, sie also „Ursubstanzen" darstellen. Die Atomforschung der letzten Jahrzehnte hat einen geradezu revolutionären Umsturz unserer Anschauungen gebracht. Die Entdeckungen sind an die Namen der bekanntesten Physiker geknüpft (Planck, Einstein, Rutherford, Niels Bohr, Kossel, v. Laue u. a.). Die einzelnen Atome sind alle aus dem gleichen Urstoff hergestellt. Dieses Urmaterial sind elektrische Einheiten, und zwar sind in einem Atom die gleiche Anzahl positiver wie negativer Einheiten enthalten. Das primitivste Atom ist das des Wasserstoffes. Es besteht aus einer positiven und einer negativen elektrischen Einheit. Die anderen Atome bauen sich auf der Grundlage des H-Atoms auf und unterscheiden sich voneinander nur durch die Zahl der elektrischen Einheiten, aus denen sie bestehen. Das H-Atom besteht aus einer positiven Einheit als „Atomkern" und einer negativen Einheit als „Außenelektron". Dieses ist von dem Atomkern durch ein Vakuum getrennt und umkreist ihn in elliptischer Bahn mit großer Geschwindigkeit. Der Atomkern kann auch aus mehreren positiven Elektrizitätseinheiten bestehen; ihm entspricht dann auch die gleiche Zahl von Elektronen, die den Kern umgeben. Da in einem Atom stets die gleiche Zahl von positiven und negativen Elektrizitätseinheiten verankert ist, imponiert das Atom nach außen immer als elektrisch neutral. Im Atomkern können auch positive Elektrizitätseinheiten vorhanden sein, die schon im Kern durch die gleiche Zahl von negativen Einheiten neutralisiert sind. Folgendes Modell gibt dies wieder.

Modell des Wasserstoffatoms (Atomgewicht 1).

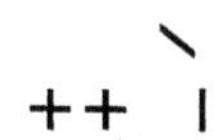

Dieses Atom muß das Atomgew. 2 haben. Ein Atom dieser Art existiert aber nicht.

Das im periodischen System dem Wasserstoff nächstfolgende Atom ist das Helium mit dem Atomgewicht 4; dies besagt, daß das He- 4mal so schwer ist als das H-Atom, also aus je 4 positiven und negativen Elektrizitätseinheiten bestehen muß. Sein Bau nach dem Bohrschen Atommodell ist folgender:

Heliumatom

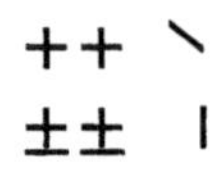

also 2 freie positive Einheiten im Kern, die durch die gleiche Zahl von freien Außenelektronen neutralisiert sind und außerdem 2 im Kern schon neutralisierte Gruppen von positiver und negativer Elektrizität. Für die meisten chemischen und physikalischen Eigenschaften der Atome sind die im Kern schon neutralisierten Einheiten belanglos; maßgebend ist die Zahl der freien Kerne und der im Außenkreis bzw. den Außenkreisen sich befindlichen Elektronen. Die Gruppierung erfolgt dementsprechend nicht nach dem Atomgewicht, sondern nach der Zahl dieser freien Einheiten. Nach ihnen richtet sich die „Ordnungszahl". Das H-Atom hat die Ordnungszahl 1, das He-Atom die Ordnungszahl 2. Das periodische System gibt 92 Elemente an. Das 92. (Uran) hat das Atomgewicht von 238, die Ordnungszahl dagegen ist 92; dies besagt, daß das Uran insgesamt aus 238 positiven wie negativen Elektrizitätseinheiten bestehen muß. Von diesen sind aber nur 92 positive Einheiten im Kern als freie Einheiten vorhanden, und ihnen entsprechen 92 Elektronen in den den Kern umgebenden

Außenkreisen. Die übrigen Einheiten sind schon im Kern neutralisiert. Da für die chemischen und die meisten physikalischen Eigenschaften der Atome in erster Linie die Elektronen in Frage kommen (im Kern laufen insbesondere die radioaktiven Vorgänge ab), muß uns die Frage interessieren, wie bei den einzelnen Atomen die Elektronen in den Außenkreisen angeordnet sind. Das dem Helium im periodischen System folgende Element ist das Lithium (Ordnungszahl 3). Von den ihm angehörigen 3 Elektronen bilden 2 einen Innenkreis, das 3. dagegen bildet für sich einen neuen Außenkreis mit eigener Bahn. Bei allen folgenden Elementen liegen die Verhältnisse so, daß stets die beiden ersten Elektronen den Innenkreis bilden, die Außenkreise aber bis aus 8 Elektronen bestehen. (Bei den Elementen mit hoher Ordnungszahl kann die Zahl der Elektronen eines Kreises allerdings auch noch größer sein.) Ist der Außenkreis geschlossen, beginnt ein neuer, noch weiter außen gelegener Kreis mit eigener Bahn. Einige Beispiele sollen dies schematisch wiedergeben. Das Edelgas Neon hat die Ordnungszahl 10, d. h. es besteht aus 10 freien positiven Einheiten im Kern und ebensoviel negativen Elektronen, die folgendermaßen gelagert sind:

Neon

Das Natrium hat die Ordnungszahl 11; sein Bau ist etwa folgender:

Natrium

Das Chlor hat die Ordnungszahl 17, sein Bau ist folgender:

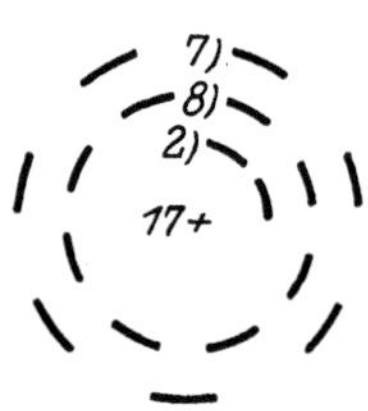

Chlor

Die Konstruktion der einzelnen Atommodelle ist durchaus keine willkürliche. Es kann hier nicht erörtert werden, welche Beweise die Atomforscher für ihr System ins Feld führen und mit Hilfe welcher Methoden die einzelnen Tatsachen sichergestellt worden sind[1]). Zugegeben, daß manches noch spekulativer Natur ist und die Anschauungen sich zum Teil noch im Flusse befinden, so ist doch festzustellen, daß sehr Wesentliches auch schon exakt nachge-

[1]) Eine ausführliche Darstellung der Materie findet sich z. B. in folgenden Abhandlungen: A. Stock: Ultrastrukturchemie. — Sommerfeld: Atombau und Spektralanalyse. — Nernst: Theoretische Chemie.

wiesen worden ist. Zu den wichtigsten Untersuchungsmethoden der Atomforschung gehört die Röntgenoptik, die von v. LAUE eingeführt wurde und in mancher Beziehung überraschende Ergebnisse gezeitigt hat. Da diese Darstellung lediglich den Zweck hat, uns eine Vorstellung von dem Wesen eines Ions zu vermitteln, haben Einzelheiten für uns kein Interesse; auch gegen die etwas schematische Behandlung dürfte nichts einzuwenden sein. Es ist schon erwähnt worden, daß bei jedem Atom alle Elektronenkreise mit Ausnahme des innersten aus 8 Elektronen bestehen. Ist ein Kreis geschlossen, beginnt das Spiel von neuem, d. h. bei den nächstfolgenden Elementen des periodischen Systems schließen sich die Elektronen zu einem neuen Kreis zusammen. Auf diese Tatsache ist eine Erscheinung zurückzuführen, die ihren sinngemäßen Ausdruck schon in dem von MENDELEJEFF eingeführten periodischen System gefunden hat. Ordnet man die Elemente nach ihrem Atomgewicht, so zeigt sich, daß nach einer gewissen Anzahl von Elementen (8) chemisch ähnliche Elemente wiederkehren. Es sei daran erinnert, daß auf Grund dieser Erkenntnis Voraussagen über noch nicht bekannte Elemente gemacht wurden. Spätere Entdeckungen haben dann ihre Richtigkeit erwiesen. So wurde auf diesem Wege das Gallium, Germanium, Skandium entdeckt. Das BOHRsche Atommodell gibt über die Periodizität einen befriedigenden Aufschluß. Ein bestimmtes Element und das nächstfolgende der gleichen Periode unterscheiden sich dadurch, daß das eine einen ganzen Kreis von Elektronen mehr hat als das andere. Die Stellung der einzelnen ist aber die gleiche. Vergleichen wir unter diesem Gesichtspunkt z. B. das Natrium (Ordnungszahl 11) und das Kalium (Ordnungszahl 19):

Natrium

Kalium

Beide sind dadurch ausgezeichnet, daß sie außer ihren geschlossenen Kreisen noch einen ganz außen gelegenen Kreis mit nur einem Elektron haben. Von diesen freien, nicht in einem fest geschlossenen Kreis sich befindlichen Elektronen werden aber — wie wir gleich sehen werden — die chemischen Eigenschaften der Elemente in erster Linie bestimmt.

Betrachten wir die Beziehungen zwischen Natrium und Chlor, wie sie sich aus ihrem Atombau ableiten lassen. Das Natrium hat außer seinen geschlossenen Kreisen einen Kreis, in dem sich nur ein einziges Elektron bewegt; das Chlor hat außer seinen geschlossenen Kreisen einen Kreis, in dem sich 7 Elektronen bewegen. Die geschlossenen Kreise stellen gegenüber den nichtgeschlossenen Systeme von viel größerer Stabilität dar. Wenn das Natriumatom sein isoliertes Elektron abgibt, ist sein System ebenfalls stabilisiert. Das gleiche gilt für das Chloratom, wenn es zu den 7 Elektronen seines Außenkreises noch ein Elektron erhält. Diesen Gefallen erweisen sich das Chloratom und das Natriumatom gegenseitig. Es entsteht das NaCl-Molekül, das in so ungeheurer

Menge in der Welt vorkommt. Das Natriumatom, das ein Elektron abgibt, und das Chloratom, das ein Elektron aufnimmt, haben durch diesen Vorgang aber eine grundsätzliche Änderung erfahren. Das Natriumatom ist elektrisch neutral; es hat genau soviel positive Elektrizitätseinheiten wie negative. Wenn es aber ein Elektron (eine negative Elektrizitätseinheit) abgibt, dann überwiegen die positiven Elektrizitätsmengen um eine Einheit, d. h. es ist einfach positiv geladen. Aus dem elektrisch neutralen Atom ist ein elektrisch geladener Körper entstanden, und dieser stellt das „Ion" dar. Die positiv geladenen Ionen werden — wie schon an anderer Stelle erwähnt — Kationen, die negativ geladenen Anionen genannt. Nur durch die elektrische Ladung unterscheiden sich die Atome bzw. Atomgruppen von den Ionen. Für das Natriumion gilt das Schriftzeichen: Na^+ oder $Na^{\cdot}$. Das elektrisch neutrale Chloratom nimmt das Elektron des Natriumatoms auf. Bei ihm übertreffen also die negativen Elektrizitätseinheiten die positiven um eine Einheit. Das Chlorion ist also einfach negativ geladen, sein Schriftzeichen ist Cl'.

Noch ein anderes Beispiel sei erwähnt. Das Calciumatom hat die Ordnungszahl 20, sein Bau ist demnach etwa folgender:

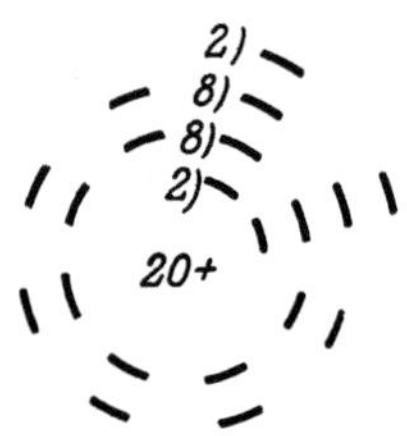

Calcium

Es vermag 2 Elektronen abzugeben. Da ein Chloratom nur ein Elektron aufnehmen kann, sind 2 Chloratome notwendig, um das System des Ca-Atoms zu stabilisieren. Es zeigt sich an diesem Beispiele, wie sich die wichtigsten chemischen Eigenschaften eines Elementes (so die Valenz) ohne weiteres aus dem Atombau ableiten lassen. Dem Natrium ist chemisch das Kalium verwandt, das ebenfalls ein freies Elektron besitzt. Bei dem Calciumatom, das 2 Elektronen abgibt, überwiegen die positiven Elektrizitätseinheiten die negativen um 2 Einheiten; das so entstandene Calciumion ist also 2fach positiv geladen. ($Ca^{\cdot\cdot}$) Das Calcium mit seinen 2 freien Elektronen kann sich statt mit Chlor auch mit Sauerstoff verbinden (CaO). Der Sauerstoff (Ordnungszahl 16) hat in seinem Außenkreis 6 freie Elektronen. Um seinen Kreis zu schließen, kann es 2 Elektronen aufnehmen. Das Phosphoratom hat die Ordnungszahl 15. In seinem Außenkreis hat es 5 freie Elektronen. Um sein System zu stabilisieren, muß es 3 Elektronen aufnehmen und wird so zu einem 3fach negativ geladenen Ion (z. B. in PH_3). Jedes Wasserstoffatom kann ein Elektron abgeben; es wird hierdurch zu einem einfach positiv geladenen Ion (H^+). Das Phosphoratom kann aber, um sein System zu stabilisieren, auch 5 Elektronen abgeben, was bei einer P_2O_5 Verbindung der Fall ist. Einmal reagiert das Phosphoratom als Anion, das andere Mal als Kation. Dieses Beispiel sei nur erwähnt, um auf die Variabilität bestimmter Atome hinzuweisen. Bei einem Atom wie dem Chlor kommt dies nicht in Frage; sein Außenkreis, der 7 Elektronen enthält, wird seine Stabilisierung natürlich durch Aufnahme eines neuen Elektrons und nicht durch Abgabe von 7 Elektronen vornehmen. Letzteres kommt jedenfalls praktisch nicht vor.

2. Die Bedeutung der Dielektrizitätskonstante für die Ionenbildung.

Aus dem zuvor Gesagten geht hervor, daß die Ionen schon in dem Augenblick entstehen, in dem sich die Atome zum Molekül verbinden. In ihm sind die Ionen also schon vorgebildet. Das Molekül ist aber trotzdem elektrisch absolut neutral. Im NaCl z. B. neutralisiert die positive Ladung des Natriumions die negative des Chlorions. Ferner ist zu bedenken, daß die elektrische Anziehung zwischen dem positiven Natriumion und dem negativen Chlorion im Kochsalzkrystall eine so große ist, daß von der Wirkung eines isolierten Ions gar nicht die Rede sein kann. Die Ionen gewinnen für uns erst praktische Bedeutung, wenn es gelingt, die elektrostatischen Anziehungskräfte zu überwinden und auf diese Weise die Ionen in Freiheit zu setzen. Stoffe, welche diese Eigenschaften besitzen, nennt man Dielektrica. Je besser ein Stoff dies vermag, ein um so besseres Dielektricum ist er bzw. eine um so größere Dielektrizitätskonstante besitzt er.

Folgendes sei noch eingeschaltet. Zwei elektrisch geladene Massepunkte, welche mit den Elektrizitätsmengen e_1 (in Form von positiver Elektrizität) und e_2 (in Form von negativer Elektrizität) geladen sind und die voneinander die Entfernung r haben, ziehen einander, falls sie sich im Vakuum befinden, mit der Kraft $\frac{e_1 \cdot e_2}{r^2}$ an. Befinden sie sich aber innerhalb irgendeines körperlichen Mediums (also nicht im Vakuum), dann ist die Anziehungskraft eine wesentlich schwächere; sie beträgt $\frac{e_1 \cdot e_2}{r^2 \cdot D}$. D ist die Dielektrizitätskonstante des betreffenden Mediums. Die fast größte Dielektrizitätskonstante hat das Wasser, wie aus folgender Tabelle hervorgeht.

Übersichtstabelle über einige Dielektrizitätskonstanten[1]).

Wasserstoffgas	= 1,0005	Ammoniak	= 22
Luft	= 1,00057	Äthylalkohol	= 25,4
Benzol	= 2,26	Methylalkohol	= 35,4
Olivenöl	= 3	Nitrobenzol	= 36,45
Harnstoff (fest)	= 3,5	Acetonitril	= 38,8
Äther	= 4,3	Glycerin	= 56
Chloroform	= 4,95	Wasser	= 81,7
Essigsäure	= 6,3	Formamid	= 94
Amylalkohol	= 16	Cyanwasserstoff	= 95

Das Wasser mit seiner sehr hohen Dielektrizitätskonstante ist also ein Medium, welches die Überwindung der elektrostatischen Anziehungskräfte außerordentlich begünstigt und dadurch die Dissoziation, d. h. also die Bildung freier Ionen, erst ermöglicht. Dies gilt natürlich nur für solche Stoffe, die einer Dissoziation überhaupt zugänglich sind.

Die Dissoziation eines Körpers hängt nicht nur von seiner eigenen Beschaffenheit, sondern — wie aus der Tabelle für die Dielektrizitätskonstanten

[1]) Entnommen aus LANDOLT-BÖRNSTEIN: Physik.-Chem. Tabellen. Berlin: Julius Springer 1912; s. auch L. MICHAELIS: Die Wasserstoffionenkonzentration. Berlin: Julius Springer 1922.

hervorgeht — auch von der des Mediums ab. Der Säuregrad einer Säure wird lediglich durch die Zahl seiner abdissoziierten H-Ionen bestimmt. Bei einer wässerigen Lösung kann die Dissoziation einen hohen Grad erreichen. Ist die sog. Säure aber statt in Wasser in einem Medium mit einer sehr geringen Dielektrizitätskonstante gelöst, z. B. in Öl oder Benzol, so ist die Dissoziation eine außerordentlich geringe, und die Folge davon ist, daß die Säure ihren Säurecharakter fast ganz einbüßt. Im Wasser wird das NaCl-Molekül in sehr starkem Maße in Natrium- und Chlorionen zerfallen; in einem öligen Medium dagegen werden die NaCl-Moleküle vornehmlich als solche bestehen bleiben. — Bedenken wir nun folgendes: Innerhalb eines jeden tierischen Organismus gibt es verschiedene Lösungsmittel. Das Blut z. B. gleicht mehr einer wässerigen Lösung, das Zellplasma dagegen hat mehr Ähnlichkeit mit einem öligen Medium. Wir werden also auch im Organismus bei den dissoziationsfähigen Körpern mit einer verschiedenen Dissoziationsfähigkeit rechnen müssen. — Auch in den wässerigen Lösungen ist — wie schon hervorgehoben — die Dissoziation der verschiedenen Körper eine ganz verschiedene. Es gibt Salze sowie Säuren und Basen, die stark, und solche, die nur schwach dissoziieren können. Je nach der Dissoziationsfähigkeit sprechen wir von starken und schwachen Säuren bzw. Basen. Abhängig ist die Dissoziationsstärke von verschiedenen Faktoren; praktisch kommt in erster Linie die chemische Natur des betreffenden Körpers (s. S. 2) und die Konzentration seiner Lösung in Frage. Folgende Regel kann als allgemeingiltig an gesehen werden. Je verdünnter die Lösung ist, in desto stärkerem (relativ stärkerem) Maße dissoziiert der betreffende Elektrolyt.

3. Das Massenwirkungsgesetz.

Um bestimmte Eigentümlichkeiten des Dissoziationsvorganges unserem Verständnis näherzubringen, soll hier noch kurz der Inhalt eines Gesetzes besprochen werden, das auch sonst für die Erklärung des Ablaufs chemischer Reaktionen große Bedeutung erlangt hat. Es handelt sich um das Massenwirkungsgesetz, dessen Aufstellung und Präzisierung neben Ostwald besonders Berthollet, Guldberg und Waage sowie van t'Hoff zuzuschreiben ist. Dieses Gesetz bezieht sich in erster Linie auf solche chemische Reaktionen, welche — wie noch auszuführen sein wird — reversibel sind. Es besagt folgendes: „Wenn zwei Stoffe bei bestimmter Temperatur miteinander in Berührung gebracht werden, so ist das, was sich ereignet, nicht bloß, wie man früher meinte, von den chemischen Eigenschaften der Stoffe bestimmt, die entweder dazu führen, daß die Stoffe sich miteinander verbinden, oder dazu, daß sie reaktionslos nebeneinander bestehen bleiben, sondern es kommt für die Wirkung auch noch oft auf die sog. „aktive Masse“ der Stoffe oder, wie wir heute sagen, auf ihre Konzentration an. Denn es ist möglich, daß Stoffe bei einer Konzentration fast vollständig gespalten werden oder sich miteinander verbinden, während bei einer anderen Konzentration große Bruchteile unverändert bleiben.“ [Hoeber[1]).]

Eine chemische Reaktion, die sich nach diesem Gesetze erklären läßt, ist z. B. folgende: Bringt man Äthylalkohol und Essigsäure zusammen, so kommt

[1]) Hoeber: Physikalische Chemie der Zellen und Gewebe. Leipzig: Wilhelm Engelmann 1922.

es nach der Gleichung $C_2H_5OH + CH_3COOH = CH_3COO \cdot C_2H_5 + H_2O$ zur Bildung von Essigester und Wasser. Mißt man die Geschwindigkeit der Reaktion, so kann man feststellen, saß sie zu Anfang am stärksten ist. Je mehr von dem neuen Reaktionsprodukt entsteht, desto langsamer läuft die weitere Reaktion ab, und auf einer bestimmten Höhe tritt ein völliger Ruhezustand ein, der zu einem bestimmten chemischen Gleichgewicht zwischen den ursprünglichen Substanzen und dem Reaktionsprodukt führt. Die Reaktion geht also nicht bis zu Ende, sondern von einem gewissen Zeitpunkt an verhindern die neu entstandenen Reaktionsprodukte den weiteren Ablauf der anfänglichen Reaktion. Es kommt zu dem schon erwähnten stationären Ruhezustand bzw. dem chemischen Gleichgewicht, welches in unserem Fall durch eine bestimmte Konzentration an Alkohol und Essigsäure einerseits, Essigester und Wasser andererseits charakterisiert ist. Ihre Konzentrationen stehen in einem konstanten Verhältnis, für welches folgende Gleichung gilt:

$$\frac{[C_2H_5OH] \cdot [CH_3COOH]}{[CH_3COO \cdot C_2H_5] \cdot [H_2O]} = K \text{ (Konstante).}$$

Nimmt man nach Eintritt dieses Gleichgewichtszustandes, der durch die bestimmte Konzentration bzw. aktive Masse der einzelnen Reaktionsprodukte gekennzeichnet ist, eine Änderung vor, indem man diesem System von neuem eines der Reaktionsprodukte (z. B. Essigsäure) hinzusetzt, so hat dies eine Änderung des ganzen Systems zur Folge. Die Reaktion, die einsetzt, führt zur Herstellung eines neuen chemischen Gleichgewichtszustandes, der natürlich auch durch die erwähnte Gleichung charakterisiert wird. Der Essigsäurezusatz führt zu vermehrter Bildung von Essigester. Das gleiche geschieht, wenn statt Essigsäure Alkohol zugefügt wird. Zusatz von Essigester hat die entgegengesetzte Wirkung zur Folge. Ein Teil des zuvor durch die Reaktion Alkohol-Essigsäure gebildeten Essigesters wird wieder gespalten. Die ursprüngliche Reaktion wird also teilweise wieder rückgängig gemacht. Bei chemischen Vorgängen, die nicht reversibel sind, kann ein solcher Ablauf des Geschehens nicht erwartet werden. Wird z. B. zu Bariumchlorid Schwefelsäure zugesetzt, so gibt es einen quantitativen Niederschlag von Bariumsulfat; dieser ist absolut beständig, und die Reaktion kann nicht mehr in die umgekehrte Richtung umschlagen.

Das Beispiel des Reaktionsablaufes Essigsäure - Alkohol zeigt uns die Bedeutung des Massenwirkungsgesetzes bei gewöhnlichen chemischen Reaktionen zwischen Körpern, die Nichtleiter (Nichtelektrolyte), also keiner Dissoziation fähig sind. Das Massenwirkungsgesetz gilt aber auch für die Vorgänge bei der Dissoziation von Elektrolyten. Es bestimmt das Verhältnis des nichtdissoziierten Anteils eines bestimmten Elektrolyten zu seinem Dissoziationsprodukt, also den Ionen. Bei Elektrolyten, die die Eigenschaft haben, vollständig zu dissoziieren (so die meisten Alkalisalze, die starken Säuren und Basen), oder in so geringer Konzentration vorhanden sind, daß aus diesem Grunde die Dissoziation eine nahezu vollständige ist, tritt die Bedeutung des Massenwirkungsgesetzes kaum in Erscheinung. Anders ist es aber bei schwach dissoziationsfähigen Körpern, z. B. den schwachen Säuren. Als Beispiel sei das Verhalten der Essigsäure (CH_3COOH) angeführt. Die Essigsäure dissoziiert nur teilweise, und zwar in

CH_3COO- und H-Ionen. Letztere allein sind wie bei allen Säuren maßgebend für die Stärke der Säure. Ein Teil der Essigsäure bleibt in Form der nichtdissoziierten Essigsäuremoleküle bestehen. Die Dissoziation geht bis zu einem Gleichgewichtszustand, der bei einer bestimmten Konzentration an Essigsäuremolekülen und seinen Ionen erreicht ist. Die Gleichung, die diesen Zustand charakterisiert, ist dieselbe wie in dem zuvor genannten Falle. „Zerfällt eine chemische Molekülart A in zwei Molekülarten B_1 und B_2, so ist das Gleichgewicht, d. h. der scheinbare Stillstand der Reaktion, erreicht, sobald $\frac{[A]}{[B_1]\cdot[B_2]} = K$ geworden ist. Die Klammern bedeuten die molare Konzentration der eingeklammerten Molekülart. Die Konstante K hängt außer von der Natur der chemischen Reaktion auch von der Temperatur ab. Sie heißt die **Affinitätskonstante** dieser chemischen Reaktion. Ihren reziproken Wert $\frac{[B_1]\cdot[B_2]}{[A]}$ nennt man auch die **Dissoziationskonstante** des Stoffes A.“ [1]) Jeder Stoff (so auch jede Säure) ist durch eine für ihn charakteristische Dissoziationskonstante ausgezeichnet. Die Dissoziation der Essigsäure wird durch folgende Gleichung wiedergegeben:

$$\frac{[CH_3COO]\cdot[H]}{CH_3COOH} = K.$$ (Die eckigen Klammern bedeuten: „Ionenkonzentration“.)

K bedeutet die für die Essigsäure charakteristische Dissoziationskonstante, deren Zahlenwert uns zunächst nicht zu interessieren braucht. Was folgt aus dieser dem Massenwirkungsgesetz entsprechenden Gleichung? Setzen wir nach Eintritt des Gleichgewichtszustandes der Lösung neue Essigsäure hinzu, dann wird die Dissoziation weiter fortschreiten; es werden neben den vermehrten Essigsäuremolekülen auch in vermehrter Menge Acetat- und Wasserstoffionen auftreten. (Arithmetisch betrachtet muß innerhalb der Gleichung mit der Zunahme des Größenwertes des Nenners auch eine solche des Zählers einhergehen, damit die Konstante aufrechterhalten wird.) Setzen wir aber der Lösung H-Ionen hinzu (z. B. durch Hinzufügen von HCl), dann muß die Reaktion in umgekehrter Richtung verlaufen. Es kommt zur Bildung von neuer Essigsäure, d. h. die Dissoziation der Essigsäure wird wieder zurückgedrängt; ein Teil der Dissoziationsprodukte muß sich wieder zum nichtdissoziierten Molekül vereinigen. Diese Änderung der Dissoziationsverhältnisse der schwachen Säuren und Basen (für die Basen gilt dasselbe wie für die Säuren) spielt bei bestimmten biologischen Vorgängen (z. B. der Blutpufferung) eine ganz hervorragende Rolle. In dem Teil des Buches, der diese spezielle biologische Frage behandelt (s. Kap. VI), wird daher noch ausführlich auf diesen Gegenstand eingegangen werden müssen. In diesem Kapitel, das mehr der Definition bestimmter, für unsere Betrachtung wichtiger Begriffe dient, wird mit dieser Auseinandersetzung ein anderer Zweck verfolgt. Schon im folgenden Abschnitt wird die Frage der Wasserstoffionenkonzentration eine Rolle spielen. Es muß daher unsere Aufgabe sein, den Sinn dieses Begriffes zu erörtern, ihm einen Inhalt zu geben und auch die Art der üblichen quantitativ-zahlenmäßigen Darstellung zu erklären. Dies wäre ohne die vorangehende Erörterung der Bedeutung des Massenwirkungsgesetzes für die Dissoziationsvorgänge nicht möglich.

---

[1]) Zit. nach L. MICHAELIS: l. c.

4. Die H-Ionenkonzentration; der Begriff des p_H.

H-Ionen entstehen bei der Dissoziation von Säuren, OH-Ionen bei der von Basen. Die Stärke einer Säure und Base wird ausschließlich bestimmt von der Zahl der freien, dissoziierten H- bzw. OH-Ionen. Die nichtdissoziierten Säuremoleküle haben auf den Säuregrad keinen Einfluß. Was den H- und OH-Ionen unter allen sonstigen Ionen eine besondere Stellung verschafft, ist folgendes. Bei fast allen Reaktionen, mit denen wir uns zu beschäftigen haben, ist das Wasser das Lösungsmittel, d. h. das Medium, im welchem sich die Reaktionen abspielen. Die H- und OH-Ionen sind nun aber die Ionen dieses Lösungsmittels. Auch reines Wasser dissoziiert ein wenig, und zwar nach der Formel $H_2O \rightleftarrows H^+ \; OH'$. Da gleich viel H- und OH-Ionen entstehen, ist die Reaktion des Wassers eine neutrale. Das Wasser (es kommt für unsere Betrachtung natürlich nur ganz reines, unter den sorgfältigsten Kautelen destilliertes Wasser in Frage) ist gleichzeitig eine ganz schwache Säure und ebenso schwache Base. Daß Wasser etwas dissoziiert, geht auch daraus hervor, daß es eine gewisse — wenn auch sehr minimale — elektrische Leitfähigkeit besitzt. Wie groß ist nun die Dissoziation des reinen Wassers? Nach dem Massenwirkungsgesetz gilt für sie folgende Formel:

$$\frac{[H^{\cdot}] \cdot [OH']}{[H_2O]} = K.$$

Da die Dissoziation des Wassers — wie wir sehen werden — eine außerordentlich geringe ist, ist — praktisch genommen — die Zahl der nichtdissoziierten H_2O-Moleküle identisch mit der gesamten in Frage kommenden Wassermenge. Sie kann also auch als Konstante betrachtet werden und daher in der Formel auf die rechte Seite gebracht werden. Die Formel lautet dann:

$$[H^{\cdot}] \cdot [OH'] = K \cdot H_2O = Kw.$$

Kw nennen wir die Dissoziationskonstante des Wassers. Sie beträgt bei 22° rund 10^{-14}. Ihren Wert hat man mit Hilfe verschiedener Methoden ermittelt, so Bestimmung der Leitfähigkeit des Wassers, seiner katalytischen Fähigkeiten u. a. (Genaueres s. bei L. MICHAELIS: Die Wasserstoffionenkonzentration.)

$$[H^{\cdot}] \cdot [OH'] = 10^{-14}.$$

Diese Formel gibt Aufschluß über die Konzentration des reinen Wassers an H- und OH-Ionen. Da letztere im Wasser in absolut gleicher Menge vorkommen, kann ihre Konzentration als je 10^{-7} angesehen werden. Dies bedeutet, daß die Menge in welcher die H- und OH-Ionen im Wasser vorkommen, einer $^1/_{10\,000\,000}$ Normallösung entspricht. Wir müssen uns hierunter folgendes vorstellen. Das Molekulargewicht von H_2O beträgt 18. Würden von 1 l H_2O (1000 g) 18 g H_2O dissoziieren, dann würde die Konzentration an H- und OH-Ionen = 1, d. h. $^1/_1$ normal sein. Dissoziierten statt 18 aber nur $^{18}/_{10}$ = 1,8 g, betrüge die Konzentration nur $10^{-1} = {}^1/_{10}$ normal. In Wirklichkeit beträgt die Dissoziation aber nur 10^{-7}, d. h. in 1 l Wasser sind $^{18}/_{10\,000\,000}$ g Wasser in dissoziierter Form vorhanden. Im reinen Wasser beträgt also sowohl die $[H^{\cdot}]$ wie die $[OH'] = 10^{-7}$. Aus praktischen Gründen hat man sich ganz allgemein auf folgende einfachere Darstellung dieser Konzentrationsverhältnisse geeinigt:

$$H = 10^{-7},\ \log H = -7,\ -\log H = 7,\ -\log H = p_H,\ p_H = 7.$$

Statt „die Wasserstoffionenkonzentration des Wassers beträgt 10^{-7}", sagt man also „das p_H des Wassers $= 7$". Die Dissoziation des Wassers hat, obgleich sie an sich nur sehr minimal ist, eine außerordentlich große Bedeutung. Das Wasser ist das wichtigste, für uns in Frage kommende Lösungsmittel aller Elektrolyte. Wie setzen sich nun die Ionen der in Wasser gelösten und dissoziierten Elektrolyte mit den Ionen des Wassers auseinander? Wird ein Salz wie NaCl in H_2O gelöst, haben die dabei entstehenden $Na^{\cdot}$ und Cl' keinen nennenswerten Einfluß auf die $H^{\cdot}$ und OH' des Wassers. Sie bleiben im Wasser nebeneinander bestehen. Ganz anders ist aber der Vorgang, wenn z. B. HCl in H_2O gelöst wird. Es tritt im Wasser plötzlich eine große Zahl neuer $H^{\cdot}$ auf, und diese haben auf den Dissoziationsprozeß des Wassers selbst einen großen Einfluß. Am einfachsten können wir uns Aufschluß hierüber verschaffen, wenn wir von den Tatsachen ausgehen, die sich aus dem Massenwirkungsgesetz ableiten lassen. Ich erinnere an das Beispiel des zwischen Alkohol, Essig und Essigester bestehenden chemischen Gleichgewichtes. Wird eines dieser Produkte nach Eintritt des Gleichgewichtes neu hinzugefügt, so ändert sich das ganze System und strebt einem neuen Gleichgewicht zu, das durch die betreffende Konstante geregelt wird. Ebenso liegen die Verhältnisse beim Wasser. Sein Gleichgewichtszustand kommt in folgender Formel zum Ausdruck $[H^{\cdot}] \cdot [OH'] = 10^{-14}$. Durch Zusatz neuer H-Ionen wird das Gleichgewicht gestört. Damit die Konstante aufrechterhalten bleibt, muß der Wert für $[OH']$ in dem Maße sinken, in welchem der Wert für $[H^{\cdot}]$ steigt. Umgekehrt muß bei einer Zunahme der OH-Ionen der Wert für $[H^{\cdot}]$ zurückgehen. (Man kann diesen Vorgang auch rein chemisch darstellen; je mehr $H^{\cdot}$ dem Wasser zugesetzt werden, desto mehr OH' werden unter Bildung von H_2O abgefangen.)

Die vorangehenden Erörterungen lehren, daß die Bedeutung einer Säure oder Base nur in dem Einfluß zu suchen ist, den sie auf ihr Lösungsmittel ausüben. Ist das Lösungsmittel nicht Wasser, sondern ein anderer Körper, kann der Einfluß der Säure ein ganz anderer sein. Der Unterschied wird sich in erster Linie in quantitativer Hinsicht äußern. Die Stärke einer gegebenen Säure ist also eine relative; dies ist eine Tatsache, auf die auch bei Besprechung der verschiedenen Dielektrica hingewiesen wurde (s. S. 11). Uns interessieren aber vor allem die Säure- und Basenverhältnisse, wenn H_2O das Lösungsmittel ist. Aus der Formel $[H'] \cdot [OH'] = 10^{-14}$ läßt sich das Mengenverhältnis der einzelnen Ionen ohne weiteres bestimmen. Wird z. B. durch Zusatz von HCl die $[H^{\cdot}]$ im Wasser von 10^{-7} auf 10^{-5} erhöht, dann muß die $[OH']$ auf 10^{-9} sinken, denn $10^{-5} \cdot 10^{-9} = 10^{-14}$. Die Wasserstoffionenkonzentration entspricht in diesem Falle einem p_H von 5. Da die H- und OH-Ionenkonzentration in einem von selbst sich ergebenden, gegenseitigen Abhängigkeitsverhältnis steht, hat man sich dahin geeinigt, für ihre Größenbestimmung nur e i n e Bezeichnung einzuführen. Indem man den Wert des p_H angibt, kann man ohne weiteres auf das Überwiegen der H- oder OH-Ionen schließen. Ist das $p_H = 7$, so haben wir es wie bei dem reinen destillierten Wasser mit einer absolut neutralen Lösung zu tun. H- und OH-Ionen sind in diesem Falle in gleicher Menge vorhanden. Beträgt das p_H einer Lösung weniger als 7 (z. B. 6), ist ihre Reaktion eine saure; denn d i e $[H^{\cdot}]$ entspricht in diesem Falle einem Werte von 10^{-6}, die $[OH']$ dagegen nur einem solchen von 10^{-8}. Die $H^{\cdot}$ überwiegen also mengenmäßig die OH-Ionen. Beträgt dagegen das p_H mehr als 7, ist die Lösung eine alkalische. Je mehr sich der Wert sowohl nach unten wie oben von der Zahl 7 entfernt, desto stärker ist die bestehende saure oder alkalische Reaktion. Über die Methoden, die uns zur Messung des p_H einer Lösung zur Verfügung stehen, wird an anderer Stelle berichtet werden (s. S. 201).

Wie schon erwähnt, haben im Gegensatz zu den Säuren und Basen die Salze keinen nennenswerten Einfluß auf die Dissoziationsverhältnisse des Wassers. Dies gilt aber nicht für alle Salze. Wohl ist es der Fall bei Salzen wie Kochsalz, das aus einem starken Basen- und Säurerest besteht (NaOH—HCl). Anders liegen die Verhältnisse aber, wenn ein Salz aus einem starken Säure- und schwachen Basenrest besteht oder umgekehrt. Als Beispiel sei das Verhalten eines Salzes wie Natriumacetat (CH_3COONa) angeführt. Die bei seiner Lösung im Wasser entstehenden Natriumionen als Bestandteil des stark dissoziationsfähigen NaOH sind existenzfähig, dagegen sind die CH_3COO-Ionen als Bestandteile der relativ schwach dissoziationsfähigen Essigsäure nur zum Teil in Ionenform beständig. Es kommt daher zwischen dem CH_3COO und dem Wasser zu folgender Reaktion:

$$CH_3COO + H_2O = CH_3COOH + OH\,.$$

Ein Teil der Acetationen verbindet sich also durch Reaktion mit dem Wasser zu Essigsäure, wobei OH-Ionen frei werden. Die Folge davon ist das Auftreten einer alkalischen Reaktion. Umgekehrt wird bei Salzen, die aus einem schwachen Basen- und einem starken Säurerest bestehen, durch Spaltung des Wassers eine saure Reaktion eintreten. Man nennt diesen Vorgang „Hydrolyse“ bzw. als Gegenstück zur „elektrolytischen“ die „hydrolytische Dissoziation“. Wir sehen auch aus diesem Reaktionsablauf, daß das Wasser als Lösungmittel nicht nur nicht eine passive Rolle spielt, sondern daß es sehr aktiv in den Prozeß eingreifen, dem ganzen chemischen System sogar seinen Stempel aufdrücken kann. Auf die große Bedeutung, die dem Wasser zukommt, weisen noch deutlicher die im folgenden Kapitel zu besprechenden physiko-chemischen bzw. kolloidchemischen Vorgänge hin. Auch auf den speziellen Fall der Hydrolyse und seine Modifikationen werden wir noch zurückkommen müssen.

III. Wesen und Existenzbedingungen der Kolloide.

Die biologische Bedeutung der Elektrolyte und ihrer Ionen ist nur zu erfassen, wenn wir uns auch über die Natur der Körper, mit denen sie in Reaktion treten, Klarheit verschaffen. In Frage kommen die protoplasmatischen Zellbestandteile, als welche in erster Linie die Eiweißkörper und Lipoide zu nennen sind. Ihrer physikalisch-chemischen Beschaffenheit nach müssen sie als „Kolloide“ bezeichnet werden. Es wird die Aufgabe dieses Kapitels sein, zu erörtern, worin das Wesen und die Besonderheiten der Kolloide begründet sind, und welche Beziehungen zwischen Kolloiden und Elektrolyten bestehen. Die Kolloidchemie stellt heute trotz ihrer Jugend ein bereits sehr umfangreiches Forschungsgebiet dar, und es ist deshalb vollkommen unmöglich, an dieser Stelle eine Darstellung aller in ihr Gebiet fallenden Fragen und durch sie aufgeworfenen Probleme zu geben. Wir müssen die Erörterung auf das beschränken, was zum Verständnis der biologischen Fragen unbedingt notwendig ist. — Kolloide stellen eine bestimmte Aufteilungsform von in Lösung befindlichen Körpern dar. GRAHAM, der als der Vater der Kolloidchemie bezeichnet werden kann, stellt die „Kolloide“ den „Krystalloiden“ gegenüber und sieht in diesen beiden die zwei verschiedenen Welten der Materie. Krystalloide sind Körper, die eine echte Lösung eingehen können. Die Auflösung vollzieht sich in diesem Falle bis zu den Molekülen (bei Elektrolyten bis zu deren Dissoziationsprodukten, den Ionen). Man nennt solche Lösungen auch „molekulardisperse“. Krystalloide sind z. B. Kochsalz, Traubenzucker, Harnstoff usw. Der Grad der Lösungsfähigkeit eines Körpers hängt von seinen inneren Beziehungen zu dem Lösungsmittel (auch Dispersionsmittel genannt) ab. Substanzen, die in Wasser echt gelöst sind, brauchen diese Eigenschaft in anderen Lösungsmitteln nicht aufzuweisen; umgekehrt können Körper wie die Fette in Wasser eine höchst mangelhafte Lösung zeigen, während sie in anderen Medien (z. B. Äther) eine echte Lösung eingehen. Bei unserer Betrachtung werden wir aber in erster Linie vom Wasser als dem in Frage kommenden Dispersionsmittel auszugehen haben. Die bestmögliche Auflösung von Fett in Wasser pflegen wir eine „Emulsion“ zu nennen. Sie ist dadurch ausgezeichnet, daß zwischen der dispersen Phase (in diesem Falle Fett) und dem Dispersionsmittel (Wasser) eine mit dem bloßen Auge oder dem Mikroskop sichtbare Inhomogenität besteht. Eine solche besteht bei den echt gelösten Körpern nicht bzw. ist durch kein uns zur Verfügung stehendes Instrumentarium nachzuweisen. Die disperse Phase und das Dispersionsmittel gehen in diesem Falle ineinander über. Über die Natur dieses Vorganges herrschen verschiedene Auffassungen; wir werden hierüber noch zu sprechen haben. Die kolloidalen Lösungen stehen zwischen den Emulsionen und den echten Lösungen. Ihre Heterogenität ist nur unter ganz besonderen Bedingungen nachweisbar, so bei Anwendung des Ultramikroskopes. Mit seiner Hilfe können wir optisch die gelösten Teilchen von dem Lösungsmittel unterscheiden. Je nach der Größe dieser Teilchen sprechen wir von Amikronen, Mikronen, Submikronen usw. Die genannten Unterscheidungsmerkmale sind natürlich ziemlich willkürliche und keine streng abgrenzbaren; daher sind auch alle möglichen Übergänge von den Emulsionen zu den Kolloiden und von ihnen zu den Krystalloiden denkbar. Bei den letzteren geht der Lösungsprozeß jedenfalls bis zu den Molekülen bzw. Ionen, bei den Emulsionen und Kolloiden stellen die Teilchen mehr oder weniger große Molekülaggregate dar. Hiermit hängen bestimmte Eigenschaften der Kolloide zusammen, von denen man ursprünglich (insbesondere tat dies GRAHAM) bei der Unterscheidung zwischen Krystalloiden und Kolloiden überhaupt ausging. Es handelt sich um das Diffusionsvermögen. Während Krystalloide die Fähigkeit haben, bestimmte Membranen (z. B. die Schweinsblase) zu durchdringen, sind Kolloide dazu nicht in der Lage. Befindet sich auf der einen Seite der Membran eine wässerige Lösung eines Kolloides (Eiweiß) und eines Krystalloides (Kochsalz), auf der anderen Seite der Membran dagegen nur Wasser, so durchwandert allein das Kochsalz die Membran, und zwar so viel, bis ein bestimmter osmotischer Gleichgewichtszustand eingetreten ist. Tauscht man das Wasser gegen frisches Wasser aus, dringt wieder neues Kochsalz durch die Membran. Nach mehrmaliger Wiederholung kann sämtliches Kochsalz geschwunden und auf der betreffenden Seite der Membran das Kolloid allein zurückgeblieben sein. Dieser Vorgang wird „Dialyse" genannt und gehört zu den üblichen Methoden, die der Trennung von Kolloiden und Krystalloiden dienen. Ein weiteres Unterscheidungsmerkmal der Kolloide gegenüber den Krystalloiden wurde darin erblickt, daß erstere unfähig sein sollen, Krystalle zu bilden. Dies trifft jedoch nicht für alle Fälle zu. Es gibt Substanzen, deren Lösungen alle Kriterien einer kolloidalen zeigen und trotzdem krystallisationsfähig sind (z. B. krystallinisches Eiereiweiß). Es gibt eben — und das sei ausdrücklich betont — alle denkbaren Übergänge von den Kolloiden zu den Krystalloiden. Ferner ist zu bemerken, daß ein und dieselbe Substanz unter verschiedenen Umständen verschiedenartig gelöst sein kann; einmal stellt sie eine echte, das andere Mal eine kolloidale Lösung dar. Die Art des Lösungsverfahrens ist hierbei von großer Bedeutung. So hat KRAFFT gefunden, daß die Alkalisalze der höheren Fettsäuren in alkoholischer Lösung Krystalloide mit normalem Molekulargewicht darstellen, während sie in wässeriger Lösung alle Eigenschaften von Kolloiden zeigen. Kochsalz verhält sich gerade umgekehrt. Daher pflegt man jetzt nicht mehr von Krystalloiden und Kolloiden, sondern von dem krystalloiden und kolloidalen Zustand der Materie zu sprechen. Bestimmte Substanzen allerdings, so die Eiweißkörper, sind wohl immer nur im kolloidalen Zustand denkbar. Das gilt für die meisten Körper, die ein so großes Molekül wie das Eiweiß aufweisen.

1. Einteilung der Kolloide.

Lösungen von Kolloiden nennen wir „Sole" und sprechen, je nach dem Lösungsmittel, von Hydrosolen, Alkosolen, Glycerosolen usw. Eine bestimmte Modifikation des „Sols" stellt das „Gel" dar. Die Gelatine zeigt den Unterschied dieser beiden Zustandsformen in höchst anschaulicher Weise. Die bei bestimmter Temperatur in flüssigem Zustande sich befindliche Gelatinelösung ist das Sol; erstarrt die Lösung, haben wir es mit dem Gelatinegel zu tun. Wie schon erwähnt, ist der Zustand der Materie abhängig von der Natur des Lösungsmittels. Die Beziehungen eines Körpers zu seinem Lösungsmittel entscheiden über die Art der entstehenden Lösung. Da wir bei unserer Betrachtung in erster Linie vom Wasser auszugehen haben, müssen wir seine Beziehungen zu den in ihm gelösten Substanzen in den Vordergrund stellen. Die echte oder krystalloide Lösung ist dadurch ausgezeichnet, daß zwischen den Molekülen und Ionen des betreffenden Körpers und den Wassermolekülen starke chemische bzw. physikalisch-chemische Affinitäten bestehen. Man nimmt an, daß jedes Molekül oder auch Ion mit einer ganz bestimmten Zahl von Wassermolekülen eine Bindung eingeht, und zwar unter Bildung von Hydraten. (Hydrattheorie der Lösung, KOHLRAUSCH und PAULI.) Die Hydratation stellt das Analogon zum Krystallwasser dar. Je stärker die Affinität des Wassers zur betreffenden Substanz ist, desto weiter geht in H_2O ihre Aufteilung. Bei bestimmten Kolloiden, z. B. Eiweiß, kann die Affinität zum Wasser auch eine so große sein, daß eine molekulardisperse Lösung entsteht. Daß diese aber trotzdem kolloidalen Charakter zeigt, dürfte daran liegen, daß jedes einzelne Eiweißmolekül (man berücksichtige sein außerordentlich hohes Molekulargewicht) eine verhältnismäßig große Masse darstellt. Bei anderen kolloiden Substanzen dagegen ist die Affinität zum Wasser nur eine geringe. Die Auflösung ist keine molekulare, vielmehr kommt es zur Bildung von größeren Teilchen (Molekülaggregate). Am geringsten ist die Affinität bei den sog. Emulsionen. Die Kolloide, die eine große Affinität zum Wasser haben, werden allgemein als „hydrophile", die anderen dagegen als „hydrophobe" (PERRIN) oder „Suspensionskolloide" (HÖBER) bezeichnet. Zu den hydrophilen Kolloiden gehören Körper wie Eiweiß, Gelatine, Leim, Gummi, zu den Suspensionskolloiden die frei verteilten Metalle, Metallhydroxyde u. a. — Kolloide besitzen die Eigenschaft der Ausflockung. Sie besteht darin, daß die einzelnen Teilchen sich zusammenballen, größere Aggregate bilden und zu Boden sinken. Dies kommt dadurch zustande, daß die Affinität der einzelnen Teilchen zueinander größer wird als die Affinität der Teilchen zum Wasser. Die Ausflockung der hydrophilen Kolloide ist im allgemeinen eine reversible. So können Eiweißgerinnsel, die infolge Zusatz von Salzen entstehen, nach Entfernung der Salze wieder in Lösung gehen. Die Ausflockung der hydrophoben Kolloide ist dagegen mehr oder weniger irreversibel. Wird z. B. eine kolloidale Silberlösung durch ein Salz ausgeflockt, dann genügt die Entfernung des Salzes nicht, um die Lösung des Silbers wiederherzustellen. Zu den Körpern, die eine Ausflockung der Kolloide bewirken können, gehören in erster Linie die Salze. Bei den hydrophilen Kolloiden sind zur Ausflockung verhältnismäßig große, bei den hydrophoben Kolloiden verhältnismäßig kleine Salzmengen nötig. Worauf dieser Unterschied zurückzuführen ist, wird später noch erläutert werden. Die Trennung zwischen hydrophilen und hydrophoben Kolloiden ist keine absolute; sicherlich gibt es auch hier Übergänge. Aus dem bisher Gesagten (so aus der Gegenüberstellung von hydrophil und hydrophob) geht hervor, daß der kolloidale Zustand eines Körpers durch seine Beziehungen zum Wasser bedingt ist. Jede Zustandsänderung eines Kolloides muß daher auch mit einer Änderung der Beziehungen des kolloidalen Körpers bzw. seiner dispersen Phase zum Wasser einhergehen. Erwähnt sei beispielsweise das Verhalten der Gelatine. Bei dem Übergang vom Sol zum Gel wird Wasser frei. — Fast alle Zellbestandteile des Organismus (insbesondere die verschiedenen Eiweißkörper, die Lipoide, Glykogen, Harnsäure usw.) sind Kolloide bzw. befinden sich im Organismus unzweifelhaft in kolloidalem Zustand. Jedes Gewebe, auch das Blut, stellt ein bestimmtes kolloidales System dar. Sein Zustand ist aber durchaus variabel. Beim erschlafften Muskel müssen die kolloidalen Plasmasubstanzen jeder Fibrille sich unbedingt in einem anderen Zustand befinden als beim kontrahierten Muskel. Das Lösungsmittel für die Kolloide im Gewebe ist das Wasser. (Wassergehalt des Gewebes etwa 80%.) Daher muß die bei der Funktion der Zelle (z. B. der Muskelzuckung) eintretende physikalische Zustandsänderung der Kolloide, die äußerlich (beim Muskel) in der Verkürzung der Zelle, dem Dickerwerden usw. zum Ausdruck kommt, ihre Grundlage in der Änderung der Affinität der betreffenden kolloidalen Körper zum Wasser haben. Wenn wir die kolloidalen Zustandsänderungen bei der Zellfunktion bzw. die Natur des Vorganges erfassen wollen, dann müssen wir uns darüber klar werden, welcher Art die Beziehungen zwischen Kolloid bzw. seiner dispersen Phase und dem Wasser sind und wodurch sie geändert werden können. Wir müssen ferner danach streben, die Faktoren kennenzulernen, welche dafür in Frage kommen, auf die Affinität von kolloiden Substanzen und Wasser Einfluß zu nehmen.

— Bei den echten Lösungen sind die Beziehungen zwischen den Molekülen des Wassers und denen der gelösten Substanz als chemischer Art zu bezeichnen. Es kommt — wie schon erwähnt — zu den sog. Hydratbildungen. Mit der Annahme lediglich chemischer Affinitäten kommen wir jedoch bei den meisten Kolloiden und insbesondere den Emulsionen nicht aus. Die letzteren vor allem zeigen ein Verhalten, welches darauf hinweist, daß die Beziehungen zwischen der dispersen Phase und dem Wasser mehr auf physikalische Vorgänge zu beziehen ist. Die Unterscheidung „chemisch" und „physikalisch" soll hier im üblichen Sinne gemeint sein. Wir sind zu einer Trennung dieser Art z. Zt. noch berechtigt, obgleich die Ergebnisse der modernen Forschung dafür sprechen, daß zwischen chemisch und physikalisch nicht mehr so streng wie bisher unterschieden werden darf. So sei darauf hingewiesen, daß selbst die die chemische Affinität bedingende Wertigkeit eines Elementes sowie seine chemische Verbindung mit einem anderen in der Aufnahme bzw. Abgabe von negativen elektrischen Einheiten (Elektronen), also in physikalischen Vorgängen besteht (s. Kap. II). Wenn wir hier von physikalischen Affinitäten und Bindungen sprechen, so seien lediglich die gemeint, die nicht durch die uns bekannten Gesetze der anorganischen und organischen Chemie zu erklären sind.

2. Elektrische Ladung der hydrophoben Kolloide.

Jedes Teilchen einer Emulsion oder einer kolloidalen Lösung trägt eine bestimmte elektrische Ladung. Bringt man eine Lösung, deren Bestandteile in feiner Verteilung im Wasser suspendiert sind, in ein Potentialgefälle, so wandern die Teilchen je nach ihrer Ladung nach der Anode bzw. Kathode. Man nennt diesen Vorgang „Kataphorese". Meistens bewegen sich die Teilchen zum positiven Pol, zur Anode. Sie sind also dem Wasser gegenüber negativ geladen. Solche elektrisch geladene Teilchen entstehen z. B. bei feinster Suspension von Kohle, Kaolin, Stärkekörnern, Klümpchen von gekochtem Eiweiß usw. Sind die Teilchen aus irgendeinem Grunde unbeweglich, kommt es im Potentialgefälle zu den entgegengesetzten Erscheinungen. Es verschieben sich nicht die Teilchen gegenüber dem Wasser, sondern das Wasser gegenüber den Teilchen. Dieser Vorgang wird „Elektroendosmose" genannt und ist schon lange Zeit bekannt. So beobachtete Reuss[1]) im Jahre 1808 folgendes: Steckt man 2 mit Wasser gefüllte Röhren in feuchten Ton und schickt einen galvanischen Strom hindurch, so steigt das Wasser an der Kathodenseite in die Höhe. Sobald sich Tonpartikelchen ablösen, beginnen sie zu wandern, und zwar nach der Anode. Stellt der Ton ein mechanisch festes Diaphragma dar, so ist nur eine Bewegung vom Wasser möglich. Die Tonteilchen sind negativ gegen das Wasser, das Wasser positiv gegen die Teilchen geladen. Genauer wurden die Vorgänge bei der Elektroendosmose von Wiedemann[2]) und Quincke[3]) studiert. Letzterer hat sich besonders um ihre theoretische Deutung verdient gemacht. Die quantitative Untersuchung dieser Vorgänge und ihre

---

1) Reuss: Mém. de la soc. imp. des Naturalistes de Moscou Bd. 2, S. 327. 1809; zit. nach L. Michaelis: l. c.

2) Wiedemann: Ann. d. Phys. u. Chem. Bd. 87, S. 321. 1852.

3) Quincke: Ann. d. Phys. u. Chem. Bd. 113, S. 513. 1861.

mathematische Darstellung geht in erster Linie auf HELMHOLTZ[1]) und nach ihm PERRIN[2]) zurück. Auf die Bedeutung, die der Kathaphorese und Elektroendosmose für die Erklärung bestimmter biologischer Vorgänge zukommt, wird an anderer Stelle (s. Kap. VIII) hingewiesen werden. Wie haben wir uns nun die Entstehung der elektrischen Ladung zu denken? Zu ihrer Deutung hat QUINCKE den Begriff und die Theorie der elektrischen Doppelschicht eingeführt. Sie sagt aus, daß an der Grenze zwischen Teilchen und Flüssigkeit sich zwei Schichten entgegengesetzter elektrischer Ladung gegenüberstehen, von denen die eine mehr den Teilchen, die andere mehr dem Wasser angehört. Wir müssen annehmen, daß diesen Doppelschichten nichts anderes als zwei Ionenschichten entsprechen. Die Kräfte des elektrischen Feldes wirken auf die bewegliche Ionenschicht ein. Diese nimmt dann bei ihrer Bewegung das Wasser bzw. das Teilchen mit. Das gleiche trifft auch für die echten Elektrolytlösungen zu. Auch bei ihnen führt im elektrischen Felde die Ionenbewegung zu einem Mitschleppen von Wasser. Es verhalten sich die Suspensionen mit den elektrischen Ladungen ihrer Teilchen auch sonst vielfach wie Ionen (allerdings Ionen von sehr großer Masse). Wir müssen uns aber nicht nur über die Existenz dieser Doppelschicht, sondern auch über die Ursache ihrer Entstehung im klaren sein. Dies ist nur möglich, wenn wir zuvor einige andere Fragen erörtern.

a) Oberflächenspannung und Adsorption.

An den Grenzflächen zweier Systeme (Flüssigkeit—Luft oder Flüssigkeit—Flüssigkeit oder Flüssigkeit—fester Körper usw.) existiert eine Kraft, die wir Grenzflächenspannung bzw. Oberflächenspannung nennen. Gehen wir von der Grenzfläche Flüssigkeit—Luft aus, so müssen wir uns diese Spannungskraft etwa folgendermaßen entstanden denken. Im Innern der Flüssigkeit werden alle Teilchen von den benachbarten sehr stark angezogen, und zwar gleichmäßig von allen Seiten. An der Oberfläche der Flüssigkeit, d. h. also an der Grenze Flüssigkeit—Luft, kann die gegenseitige Anziehung nicht so gleichmäßig erfolgen wie im Innern. Zwar üben auch die Luftteilchen eine gewisse Anziehungskraft aus, die jedoch wesentlich kleiner ist als die durch die Flüssigkeitsteilchen bedingte. Zwischen der Oberfläche und dem Innern der Flüssigkeit existiert also eine Druckdifferenz, als deren Folge die Oberflächenspannung resultiert. Je größer die Differenz zwischen dem im Innern und der Oberfläche einer Flüssigkeit bestehenden Druck ist, je mehr der innere den äußeren Druck überwiegt, desto größer ist auch die Oberflächenspannung. Sie ist — wie HÖBER richtig hervorhebt — vergleichbar der eines aufgeblasenen Gummiballes. Die Größe des Balles nimmt zu, wenn der Druck im Innern steigt. Ebenso ist es auch bei der Oberflächenspannung von Flüssigkeiten. Je größer die Spannung, desto größer wird auch der einzelne Flüssigkeitstropfen und desto geringer wird die Zahl der Flüssigkeitstropfen, die einem bestimmten Flüssigkeitsvolumen entsprechen. 1 ccm reines Wasser besteht aus etwa 20 Tropfen. Wird dem Wasser Alkohol zugesetzt, dann wird der einzelne Tropfen kleiner, d. h. die Tropfenzahl, die 1 ccm dieser Lösung entspricht, wird größer (bis zu 50 und 60).

---

[1]) HELMHOLTZ: Ann. d. Phys. u. Chem. Bd. 7, S. 337. 1879.

[2]) PERRIN: zit. nach HÖBER: Physikalische Chemie der Zellen und Gewebe.

Die Spannungsdifferenz, die an der Grenze Flüssigkeit—Luft auftritt, besteht im Prinzip auch an der Grenze zweier verschiedener, nicht mischbarer Flüssigkeiten (z. B. Wasser—Öl) oder an der Grenze Flüssigkeit—fester Körper. Am einfachsten zu überschauen sind die Verhältnisse jedoch an dem System Flüssigkeit—Luft, da die Methoden, die uns zur Messung der Oberflächenspannung zur Verfügung stehen, nur für diese Grenzflächen angewandt werden können. Die Messung der Oberflächenspannung besteht nämlich — wie aus dem Gesagten hervorgeht — lediglich in einer Bestimmung der einer bestimmten Flüssigkeitsmenge entsprechenden Tropfenzahl. Die gebräuchlichsten Apparate sind das von OSTWALD angegebene Stalagmometer und das von TRAUBE modifizierte Viscostalagmometer, das gleichzeitig die Viscosität der betreffenden Lösung zu messen gestattet. Gemessen wird die Oberflächenspannung des sich bildenden Tropfens an der Luft. Nimmt die Oberflächenspannung einer Flüssigkeit zu, dann nimmt ihre Tropfenzahl ab, und umgekehrt. Durch Zusatz von Alkohol wird — wie schon erwähnt — die Tropfenzahl vermehrt, d. h. die Oberflächenspannung einer wässerigen alkoholischen Lösung gegenüber Luft ist geringer als die reinen Wassers gegenüber Luft. Alkohol setzt also die Oberflächenspannung des Wassers herab. Nach GIBBS und THOMSON (GIBBS-THOMSONsches Theorem), kommt die spannungserniedrigende Wirkung einer Substanz dadurch zustande, daß sie vornehmlich in die Oberfläche hineingeht, während eine Substanz, die spannungssteigernd wirkt, mehr in das Innere eindringt. Daß ersteres zutrifft, läßt sich auch experimentell bzw. chemisch-analytisch nachweisen, und zwar am einfachsten bei solchen Lösungen, welche beim Schütteln Schaum liefern. Sein Auftreten ist ein Beweis dafür, daß die betreffende Flüssigkeit eine Tendenz hat, ihre Oberfläche zu vergrößern. Dies ist nur möglich, wenn der einzelne Tropfen sehr klein wird und die Tropfenzahl entsprechend steigt. Vergrößerung der Oberfläche ist also identisch mit Herabsetzung der Spannung. Wie der gewöhnliche Alkohol, setzt auch der Amylalkohol die Oberflächenspannung von Wasser herab. Analysiert man den Schaum, der beim Schütteln einer Amylalkohol enthaltenden Lösung entsteht, so kann man nachweisen, daß die den Schaum bildende Lösung relativ mehr Amylalkohol enthält als die ursprüngliche nicht geschüttelte Lösung [BENSON[1])]. Es besteht ein innerer Zusammenhang zwischen den Erscheinungen der Grenzflächenspannung und dem Vorgang, den man „Adsorption" zu bezeichnen pflegt. Ursprünglich hat man unter Adsorption eine Bindung von zwei Körpern verstanden, als deren Ursache lediglich mechanische bzw. rein physikalische Kräfte angenommen wurden. Es sei an die Bindung eines chemisch so indifferenten Körpers wie Kohle mit bestimmten Farbstoffen erinnert; die Kohle adsorbiert Farbstoff. Die adsorptive Bindung galt als das Gegenstück zur chemischen, nach stöchiometrischen Grundsätzen erfolgenden Bindung. Dieser Gegensatz wird jetzt nicht mehr ganz so streng formuliert. Das liegt zum Teil daran, daß — wie schon betont wurde — auch den chemischen Prozessen letzten Endes physikalische bzw. elektrochemische Vorgänge zugrundeliegen, der Gegensatz zwischen „physikalisch" und „chemisch" also nicht mehr als ein absoluter aufzufassen ist. Dazu kommt, daß für eine Reihe von Verbindungen, die man anfangs als adsorptiver Natur ansah, sich späterhin auch die Möglichkeit einer rein chemischen Erklärungsweise ergeben hat. Das gilt

1) BENSON: zit. nach HÖBER: l. c.

nach den Untersuchungen von JACQUES LOEB für Gelatine und bestimmte Eiweißkörper (hiervon wird an anderer Stelle noch die Rede sein). Immerhin gibt es besondere Eigentümlichkeiten in den quantitativen Reaktionsverhältnissen, die einer bestimmten Bindung mehr den Charakter der Adsorption gegenüber der chemischen, stöchiometrischen Bindungsart aufdrücken. So zeichnet sich die adsorptive Bindung dadurch aus, daß sie mit steigender Konzentration relativ abnimmt.

Wie aus den Ausführungen in Kap. II hervorgeht, kann man für den Ablauf chemischer Reaktionen ein bestimmtes Prinzip heranziehen, das durch das Massenwirkungsgesetz gegeben ist, und aus welchem sich die sog. Reaktionsisotherme ableiten läßt. Dieser chemischen Reaktionsisotherme entspricht bei den Adsorptionsvorgängen die auch mathematisch formulierbare „Adsorptionsisotherme“. Die wichtigsten Untersuchungen auf diesem Gebiete verdanken wir H. FREUNDLICH[1]). — Zu den Besonderheiten einer Adsorptionsverbindung gehört es, daß der adsorbierte Stoff an der Grenzfläche zweier Phasen in stärkerer Konzentration als in ihrem Innern vorhanden ist. Bei den echten wässerigen Lösungen haben wir nur die Grenzfläche Wasser—Luft. Stoffe, die die Oberflächenspannung des Wassers herabsetzen (so die einwertigen Alkohole, viele organische Basen und Säuren), werden hauptsächlich an der Wasseroberfläche konzentriert. Sie sind gut adsorbierbar. Stoffe wie Zucker und Harnstoff zeigen diese Eigenschaft der vornehmlichen Konzentration an der Grenzfläche nicht. Erstere pflegt man als oberflächen- bzw. capillaraktiv, letztere dagegen als oberflächen- bzw. capillarinaktiv zu bezeichnen. Dieselben Vorgänge wie an der Grenzfläche Flüssigkeit—Luft spielen sich auch an allen anderen Grenzflächen ab. Eine solche ist auch gegeben, wenn Wasser und die in ihm suspendierten Kohlepartikelchen sich berühren. Bringt man in dieses System bestimmte Farbstoffe, so konzentrieren sie sich an der Oberfläche der Kohle; sie werden also von der Kohle gut adsorbiert. Der Farbstoff ist oberflächenaktiv gegenüber dem Adsorbens Kohle. Soweit es sich um Nichtelektrolyte handelt, kann man sagen, daß sie, falls sie überhaupt oberflächenaktiv sind, diese Eigenschaften in mehr oder weniger stark ausgeprägtem Maße gegenüber allen Adsorbenzien aufweisen, vorausgesetzt, daß letztere chemisch indifferent sind (z. B. Kohle). Ist dies nicht der Fall, handelt es sich also um chemisch differente Adsorbenzien (Säuren und Basen wie Kieselsäure bzw. Metalloxyde, oder Salze wie Kaolin, das ein Aluminiumsilicat darstellt), ist die Adsorption keine gleichmäßige. Mit dieser Einschränkung kann die Adsorption für Nichtelektrolyte mehr oder weniger doch als unspezifisch angesehen werden; für die Elektrolyte dagegen trifft das Gegenteil zu. Dies hat verschiedene Ursachen. Zunächst müssen wir bedenken, daß es sich bei ihnen um die Adsorption von ihrer Natur nach ganz verschiedenen Teilprodukten handelt, so um die Adsorption der nicht dissoziierten Moleküle wie der positiv bzw. negativ geladenen Ionen. Ihnen gegenüber verhält sich selbst die chemisch so indifferente Kohle als Adsorbens mehr oder weniger verschieden. LACHS und MICHAELIS[2]), sowie MICHAELIS und RONA[3]) untersuchten die Adsorp-

---

[1]) FREUNDLICH, H.: Die Capillarchemie. Leipzig 1922.

[2]) LACHS u. MICHAELIS: Kolloid-Zeitschr. Bd. 9, S. 275. 1911; Zeitschr. f. Elektrochem. Bd. 17, S. 1. 1911.

[3]) MICHAELIS u. RONA: Biochem. Zeitschr. Bd. 97, S. 57. 1919; Bd. 102, S. 268. 1920. — RONA u. MICHAELIS: Biochem. Zeitschr. Bd. 94, S. 240. 1919; Bd. 97, S. 85. 1919; Bd. 103, S. 19. 1920.

tion verschiedener Anionen bei gleichem Kation (NaCl, NaBr, NaJ usw.) und umgekehrt auch die Adsorption der verschiedenen Kationen bei gleichem Anion NaCl, KCl, $CaCl_2$ usw.). Die verschieden starke Adsorptionsfähigkeit der Kationen, die sie nachweisen konnten, kommt in der Reihe

$$\left.\begin{matrix} Na^{\cdot} \\ K^{\cdot} \\ NH_4^{\cdot} \end{matrix}\right\} < Ca^{\cdot\cdot},\ Mg^{\cdot\cdot},\ Al^{\cdot\cdot\cdot},\ Cu^{\cdot\cdot} < Ag^{\cdot},\ Hg^{\cdot},\ H^{\cdot},$$

die verschieden starke Adsorptionsfähigkeit der Anionen in der Reihe

$$SO_4'' < Cl' < Br' < J' < CNS' < OH'$$

zum Ausdruck.

Bei den Kationen sehen wir, daß Steigerung der Adsorptionsfähigkeit in gewissen Grenzen parallel geht mit der Stärke der elektrischen Ladung. Eine Ausnahmestellung nehmen neben den Edelmetallionen vor allem die H-Ionen ein. Bei der Anionenreihe sind es die OH-Ionen, die durch die stärkste Adsorptionsfähigkeit ausgezeichnet sind. Diese Sonderstellung der H-und OH-Ionen betrifft — wie aus dem Gesagten hervorgeht — lediglich ihre *quantitative* Wirkungsstärke. Wir werden ihr bei vielen Reaktionen begegnen. Wenn schon ein chemisch so unspezifisches Adsorbens wie Kohle die Elektrolyte ungleichmäßig adsorbiert, so ist es nicht erstaunlich, wenn dies in noch stärkerem Maße für die Adsorption von Elektrolyten seitens chemisch differenter Adsorbentien zutrifft. In diesen Fällen scheint es sich um einen Austausch der Anionen bzw. Kationen des Adsorbens mit denen des zu adsorbierenden Stoffes zu handeln; daß z. B. Kaolin Methylenblau adsorbiert, liegt wohl daran, daß Kationen des Salzes Kaolin in die Lösung wandern und durch die Kationen des Farbstoffes (Methylenblau ist eine Base) ersetzt werden. Es ist sogar wahrscheinlich, daß die letzteren die ersteren, soweit sie in der Oberflächenschicht des Kaolins gelegen sind, verdrängen (*Austausch- bzw. Verdrängungsadsorption*). Diese Form der Adsorption wird als *polare* bezeichnet, die zuvor geschilderte der Nichtelektrolyte dagegen als *apolare*.

b) Adsorptionspotentiale.

Bei den Elektrolyten kommt eine Adsorption des Kations und Anions in Frage. Die Adsorptionsfähigkeit dieser Ionen kann — wie wir gesehen haben — eine verschieden starke sein. Es ist aber nicht möglich, daß das eine Ion stark, das andere Ion gar nicht oder nur sehr wenig adsorbiert wird. Dies könnte nämlich nur der Fall sein, wenn es zu einer Trennung der negativ und positiv geladenen Ionen käme; eine Trennung stärkeren Grades wird aber durch die hierbei auftretenden elektrostatischen Gegenkräfte verhindert. Das stark adsorbierbare Ion schleppt bei der Adsorption das an sich schwächer adsorbierbare Ion mit. Eine Differenz tritt aber doch auf; sie ist zwar nicht so groß, daß sie auf chemisch-analytischem Wege nachgewiesen werden kann, aber groß genug, um die Grundlage für einen elektrischen Potentialunterschied zu geben (Adsorptionspotential nach FREUNDLICH). Kohle adsorbiert aus einer verdünnten HCl-Lösung etwas mehr H- als Cl-Ionen. Die Differenz kommt darin zum Ausdruck, daß die Kohle elektrisch positiv geladen gegen die Lösung erscheint. *Die Grenzfläche zweier Phasen ist stets der Sitz einer Potential-*

differenz. *Der geringe Unterschied der Adsorption von Anion und Kation ist eine der Ursachen ihres Auftretens.* Auf ihn ist auch die Existenz der elektrischen Doppelschicht zurückzuführen, die — wie zuvor betont wurde — die kataphoretischen und elektroendosmotischen Vorgänge erklärt. Bei der Kohlesuspension kann das Auftreten der elektrischen Doppelschicht nach HCl-Zufuhr schematisch in folgender Weise dargestellt werden.

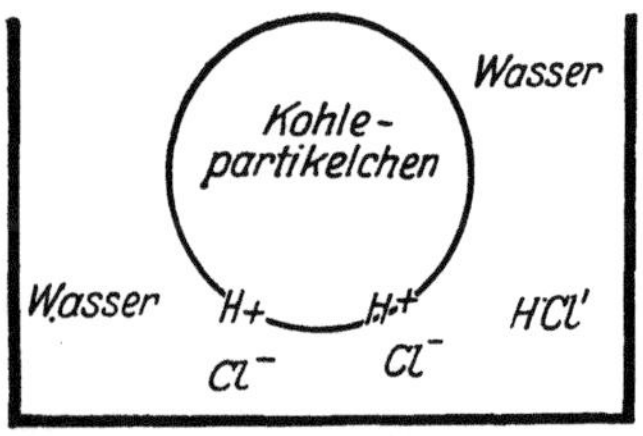

Es trägt also sowohl das suspendierte Teilchen wie die angrenzende Wasserschicht eine elektrische Ladung. Wie schon erwähnt wurde, ist die Grenzfläche zweier Phasen aber *stets* der Sitz einer Potentialdifferenz, also auch dann, wenn es sich nicht, wie in dem angeführten Beispiel, um eine Zufuhr von Elektrolyten, so HCl, handelt. Das Auftreten einer Potentialdifferenz bzw. einer elektrischen Doppelschicht kann dann verschiedene Ursachen haben. Es gibt kaum ein Kolloid oder eine Suspension, deren Teilchen nicht verunreinigt sind. Jedes Kieselsäurepräparat z. B. enthält Beimengungen von Calcium [Michaelis und Rona[1])]; Eisenoxyd ist niemals frei von Chlor. Diese Beimengungen können die Ursache für die elektrische Aufladung der Teilchen sein. Daß sie keineswegs gleichgültig sind, geht daraus hervor, daß Kolloide, die man künstlich von ihren Beimengungen zu befreien sucht, ihre Lebensfähigkeit einbüßen, d. h. ausflocken können. Bei einer Reihe von Kolloiden und Suspensionen kann man die elektrische Ladung der Teilchen aus ihrer chemischen Natur erklären. Dies ist z. B. der Fall, wenn die Kolloide Säuren bzw. Basen sind. Es handelt sich natürlich um solche, die nicht wasserlöslich sind; denn wäre letzteres der Fall, würden die betreffenden Stoffe die Zeichen der echten Lösung aufweisen. Eine kolloidale Säure ist z. B. die Kieselsäure, eine kolloidale Base das Eisenhydroxyd. Prüft man die elektrische Ladung ihrer Teilchen mit Hilfe des Kataphoreseversuches, d. h. stellt man fest, nach welcher Richtung die Teilchen im elektrischen Stromgefälle wandern, so ergibt sich, daß die Kieselsäureteilchen negativ, die Eisenhydroxydteilchen positiv geladen sind. Dies gilt ganz allgemein und zwar in dem Sinne, daß die unlöslichen Stoffe mit Säurecharakter negativ, die mit basischem Charakter positiv geladen sind. Um dies zu erklären, müssen wir annehmen, daß eine ganz geringe echte Löslichkeit bei den in Frage kommenden Säuren und Basen doch möglich ist, und daß die gelösten Moleküle auch der elektrolytischen Dissoziation unterliegen. Dieser Vorgang hat zur Folge, daß negativ geladene Kieselsäureanionen und positiv geladene H-Ionen entstehen. Die Kieselsäureanionen bleiben aber an der Oberfläche der nur kolloidal gelösten Kieselsäure haften, sie werden von ihr adsorbiert, während die H-Ionen nach außen in die Oberfläche des Wassers dringen. Es entsteht auf diese Weise eine elektrische Doppelschicht folgender Art (s. nebenstehende Abb.).

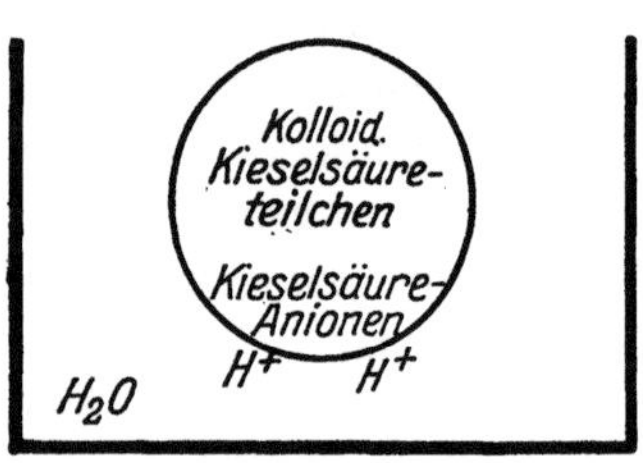

Das Gleiche tritt vice versa bei den Körpern basischen Charakters ein. Die positiv geladenen

[1]) Michaelis u. Rona: Biochem. Zeitschr. Bd. 97, S. 57. 1919.

Metallionen bleiben an der Oberfläche des Kolloids, und die negativ geladenen OH-Ionen dringen in die Oberfläche des Wassers. Die Teilchen werden auf diese Weise gegenüber dem Wasser positiv aufgeladen [LINDER und PICTON[1]), KNOBLAUCH[2])].

Im allgemeinen ist die Ladung eines kolloiden Teilchens gegenüber Wasser negativ. Nur wenn — wie in den soeben angeführten Fällen — die chemische Natur des Teilchens im Vordergrund steht, kann eine andersartige Ladung auftreten. Kohlepartikelchen sind an sich gegenüber Wasser auch negativ geladen. Daß sie unter den zuvor genannten Bedingungen positiv geladen sind, liegt daran, daß die Zufuhr von HCl eine elektrische Umladung der Teilchen hervorruft. Die Möglichkeit der elektrischen Umladung kommt allen Kolloiden zu und ist — wie wir später noch sehen werden — von großer Bedeutung. — Welches ist die Ursache dafür, daß die Ladung der chemisch indifferenten Teilchen im allgemeinen eine negative ist? Bisher haben wir die Ursache der elektrischen Ladung in der verschiedenartigen Ionenadsorption von Wasser und Teilchen erblickt. Die Ionen selbst waren entweder von außen zugeführt oder dem Kolloid beigemengt oder durch Dissoziation gelöster Kolloidteilchen entstanden. Es gibt aber noch eine andere Möglichkeit der elektrischen Aufladung. Entsteht in reinem Wasser ein Luftbläschen, dann ist auch dieses dem Wasser gegenüber negativ geladen. Die Bläschen wandern, wie MC TAGGART[3]) nachgewiesen hat — im elektrischen Gefälle an die Anode. Dasselbe gilt für Öltröpfchen, die sicherlich frei von Beimengungen sind. Die Ursache der elektrischen Ladung muß in diesen Fällen also in Kräften gelegen sein, die dem Wasser selbst zukommen. Im Kap. II wurde schon darauf hingewiesen, daß auch das Wasser in geringem Maße dissoziiert, bei welchem Vorgang in gleicher Menge H- und OH-Ionen entstehen. LENARD[4]) hat nachgewiesen, daß auch im Wasser selbst eine elektrische Doppelschicht auftritt, deren äußere Lage negativ und deren tiefere Lage positiv geladen ist. Es kann dies nur erklärt werden, wenn wir annehmen, daß von den im Wasser vorhandenen H- und OH-Ionen letztere vermöge einer größeren Oberflächenaktivität mehr in der Oberfläche, erstere dagegen mehr in den tieferen Schichten des Wassers sich ansammeln. Grenzt Wasser an eine andere Phase, die an sich elektrisch vollkommen neutral ist, dann muß letztere infolge der Berührung mit der negativ geladenen Oberfläche des Wassers gegenüber den von ihr weiter entfernt liegenden Wasserschichten eine negative Ladung annehmen. Für das Auftreten einer elektrischen Ladung bei Teilchen von Kolloiden und Suspensionen bzw. für das Entstehen einer Potentialdifferenz an der Grenze zweier Phasen (beim Kolloid sind diese zwei Phasen Wasser und kolloides Teilchen) liegen also verschiedene Möglichkeiten vor. In einem bestimmten Fall muß von den vorhandenen Möglichkeiten mindestens eine verifiziert sein. Es ist aber durchaus möglich, daß mitunter auch mehrere von den genannten Faktoren ursächlich für das Entstehen der Potentialdifferenz in Frage kommen. Letztere ist aber trotz der verschiedenen Ursachen, die zu ihrer Entstehung führen, der gleichen Art. Es handelt sich in den angeführten Fällen stets um

[1]) LINDER u. PICTON: zit. nach HÖBER: l. c., S. 12.
[2]) KNOBLAUCH: zit. nach HÖBER: l. c.
[3]) MC TAGGART: Philosoph. mag. Bd. 27, S. 297; Bd. 98, S. 367. 1914.
[4]) LENARD: Ann. d. Phys. Bd. 47, S. 463. 1915.

ein Adsorptionspotential im Sinne Freundlichs. Dies sei besonders hervorgehoben, weil an Grenzflächen (s. Kap. VIII) neben Adsorptionspotentialen auch Potentiale ganz anderer Natur bestehen können. Allein mit ersteren hängt jedoch die Frage nach den Existenzbedingungen des kolloiden Zustandes zusammen, d. h. nur die Adsorptionspotentiale haben Einfluß auf den kolloiden Zustand der Materie. Es wurde schon betont, daß die Ursache für die echte Löslichkeit der Krystalloide darin gelegen sei, daß zwischen ihren Molekülen bzw. Ionen und den Molekülen des Wassers starke chemische Affinitäten bestehen, die zu Hydratverbindungen führen. Bei den Emulsionen und den kolloidalen Substanzen besteht eine derartige chemische Affinität zum Lösungsmittel, d. h. zum Wasser, nicht, zum mindesten ist sie viel geringer als bei den Krystalloiden; daher sind die Bedingungen für eine molekulardisperse Verteilung nicht gegeben. Daß sie überhaupt eine Aufteilung erfahren und als Teilchen bestimmter Größe im Wasser sich halten können, ist — wie im folgenden noch näher ausgeführt werden soll — ursächlich auf die bestehende Potentialdifferenz zurückzuführen.

3. Die Bedeutung der Elektrolyte für die Zustandsform der hydrophoben Kolloide.

Die gleichsinnige elektrische Ladung der Teilchen ist die Ursache für ihre gegenseitige Abstoßung, die entgegengesetzte Ladung von Teilchen und Wasser die Ursache für ihre Anziehung. Teilchen und Wasser sind nicht durch eine chemische Affinität ausgezeichnet; dagegen besteht eine solche zwischen den Teilchen untereinander. Bei einer bestimmten Größe reicht die Potentialdifferenz zwischen Teilchen und Wasser aus, um die chemische Affinität der Teilchen zueinander zu überwinden. Je mehr die Potentialdifferenz aber sinkt, desto schlechter werden hierfür die Aussichten. Unterhalb einer bestimmten Größe ist die auf dem Potentialunterschiede beruhende elektrische Anziehungskraft zwischen Teilchen und Wasser geringer als die chemische Affinität der Teilchen zueinander. Die Folge davon ist, daß die Teilchen sich verbinden und ausfallen bzw. ausflocken. Die Suspension verliert hiermit ihre Stabilität. Die Ausflockung der Kolloide ist ihre größtmögliche Zustandsänderung; kolloide Substanz und Lösungsmittel trennen sich vollständig. Die Änderung in den Beziehungen der Teilchen zum Wasser braucht aber nicht immer gleich eine so radikale zu sein, daß eine Ausflockung, d. h. die völlige Vernichtung des kolloidalen Systems eintritt. Wir können uns ohne weiteres vorstellen, daß bei einer nicht maximalen Verschiebung der Potentialdifferenz eine Störung des Systems nur in der Weise sich geltend macht, daß eine Änderung der Teilchengröße, d. h. eine Änderung des Dispersitätsgrades eintritt. Als das Charakteristische der kolloidalen Zustandsänderung ist — davon gingen wir bei unseren Betrachtungen von Anfang an aus — die Änderung der Beziehungen zwischen kolloidalen Teilchen und Wasser anzusehen. Maßgebend für diese Beziehungen sind — wie wir jetzt gesehen haben — die elektrischen Ladungsverhältnisse der an dem kolloidalen System beteiligten Grenzflächen. Alles, was auf Sinn und Grad der elektrischen Ladung direkt oder indirekt Einfluß hat, ist somit geeignet, auf die Zustandsverhältnisse der Kolloide einzuwirken. Substanzen, die selbst dadurch ausgezeichnet sind, daß sie Träger freier elektrischer Ladungen sind, kommen hierfür natürlich in erster Linie in Betracht. Solche Körper sind die Elektrolyte; denn sie besitzen die Eigenschaft, zu dissoziieren und dabei in elektrisch geladene Ionen zu zerfallen. Die Elektrolyte sind also geradezu prädestiniert, den Zustand der Kolloide zu beeinflussen und zu beherrschen. Da die meisten Zellbestandteile kolloidaler Natur sind, so erscheint es jetzt als selbstverständlich, daß die Elektrolyte, die im Organismus vorkommen, für den physiologischen Zustand dieser kolloidalen Substanzen nicht belanglos sein können, daß sie vielmehr an den Kolloidzustandsänderungen, die der Ausdruck jeder physiologischen Zellfunktion sind, in hervorragender Weise ursächlich beteiligt sein müssen. Es ist daher unbedingt notwendig, die Wirkung der Elektrolyte auf die Kolloide genauer zu studieren, d. h. auch in ihren Einzelheiten zu verfolgen. Bei diesem Studium wird sich uns dann von selbst die Frage aufdrängen, ob die von uns festgestellte Wirkung der Elektrolyte auf die Kolloide dazu herangezogen werden kann, auch ein Bild von der biologischen Wirksamkeit der Elektrolyte zu entwerfen. Schon bei der Erörterung der Ursachen, die für das Entstehen der elektrischen Potentialunterschiede an den Grenzflächen zweier Phasen in Frage kommen, haben die Ionen eine große Rolle gespielt. Wir haben die Bedeutung der elektrischen Doppelschicht kennengelernt und erfahren, daß letztere aus zwei sich gegenüber gelegenen beweglichen Ionenschichten besteht. Im folgenden wird es sich darum handeln, die tatsächliche Wirkung der Elektrolyte auf den Zustand eines Kolloides zu untersuchen, d. h. festzustellen, wie ein gegebener Kolloidzustand durch Zusatz von Elektrolyten beeinflußt werden kann. Als größtmögliche Kolloidzustandsänderung haben wir ihre Ausflockung bezeichnet. Sie tritt ein, wenn die Potentialdifferenz an der Grenze der beiden Phasen unter einen kritischen Wert sinkt bzw. ganz aufgehoben wird. Letzteres bedeutet, daß Teilchen und umgebende Flüssigkeit isoelektrisch sind; wir sprechen demgemäß auch vom **„isoelektrischen Punkt“**, ein Begriff, den Hardy[1]) eingeführt hat, und der in der Kolloidchemie eine große Bedeutung erlangt hat. Im isoelektrischen Punkt sind die Kolloide nicht lebensfähig und flocken aus; je mehr sie sich ihm nähern, desto mehr leidet ihre Stabilität; ihre Wanderungsgeschwindigkeit im elektrischen Stromgefälle wird geringer, es ändert sich die Teilchengröße usw. — Wir haben gehört, daß es Kolloide gibt, die gegenüber dem Wasser negativ und solche, die positiv geladen sind. Zu den ersteren gehören vor allem diejenigen, die Säureeigenschaften (z. B. Kieselsäure), zu den letzteren diejenigen, die Baseneigenschaften (z. B. Metalloxyde) haben. Es ist ohne weiteres zu verstehen, daß es nicht dieselben Elektrolyte bzw. Ionen sein können, welche in der Lage sind, auf diese verschiedenartigen Ladungsverhältnisse einzuwirken. Zur Aufhebung bzw. Abschwächung der negativen Ladung eines Teilchens werden wir die positiv geladenen Ionen (also die Kationen) für die geeignetsten halten. Daß hier tatsächlich allgemeine Regeln gelten, hat zuerst Hardy[2]) gefunden. Er stellte den Satz auf, daß die Flockung der positiven Kolloide hauptsächlich von den Anionen und die der negativen Kolloide hauptsächlich von den Kationen abhängt. Die Wirkung der einzelnen Ionen ist aber keine gleich starke. H. Schulze[3]) kam zu der Schlußfolgerung, daß die Fällungskraft der wirksamen Ionen eine Funktion ihrer Wertigkeit sei, d. h. der Zahl

[1]) Hardy, W. B.: Proc. of the roy. soc. of London Bd. 66, S. 110. 1900.
[2]) Hardy, W. B.: Zeitschr. f. physikal. Chem. Bd. 33, S. 385. 1900.
[3]) Schulze, H.: zit. nach Höber: l. c., S. 12.

der elektrischen Ladungen, die die Ionen führen. Die HARDYsche Regel, die über die Qualität der Wirkung aussagt, wird durch die SCHULTZsche Regel in quantitativer Hinsicht ergänzt. Einige Beispiele mögen das Gesagte illustrieren. FREUNDLICH[1]) hat die Ausflockung des negativ geladenen Suspensionskolloides As_2S_3 studiert und für die Fällungskraft der einzelnen Salze folgende Werte in Millimol pro Liter gefunden.

NaCl	51,0	$MgCl_2$	0,72
KCl	49,5	$CaCl_2$	0,65
KNO_3	50,0	$SrCl_2$	0,635
$\frac{K_2SO_4}{2}$	65,5	$BaCl_2$	0,69
		$UO_2(NO_3)_2$	0,64
HCl	31,0	$AlCl_3$	0,093
Anilinchlorid	2,5	$GdCl_3$	0,080
Morphiumchlorid	0,42	$Ce(NO_3)_3$	0,080
Neufuchsin	0,11		

Die Tabelle lehrt, daß zwischen den rechts und links angeführten Substanzen große Unterschiede bestehen. An den Anionen kann es nicht liegen, da auf beiden Seiten die gleichen Anionen vorkommen. Verschieden sind nur die Kationen, die also die wirksamen Ionen darstellen müssen. Unter ihnen sind die einwertigen (die auf der linken Seite) wenig wirksam, d. h. wir brauchen von ihnen relativ große Mengen, um das Kolloid zu fällen. Rechts sind Salze mit zwei- und mehrwertigen Kationen angeführt, die eine unvergleichlich stärkere Wirksamkeit entfalten. Eine Ausnahmestellung unter den einwertigen Kationen nehmen die Ionen organischer Herkunft ein (z. B. das Morphinion). Für die positiv geladenen Kolloide gilt das Umgekehrte. So wird das $Fe(OH_3)$ Sol gefällt durch

	Milimol pro Liter
NaCl	300
Na-Formiat	56
Na-Salicylat	20
Na_2SO_4	0,8

Die Unterschiede werden durch das Anion bedingt. Das einwertige Chlorion ist wenig, das zweiwertige SO_4-Ion stark wirksam. Die einwertigen organischen Anionen wirken stärker als die einwertigen anorganischen. Es ist verständlich, daß die mehrwertigen Ionen in der elektrischen Entladung der Kolloide wirksamer sind als die einwertigen. Die Differenz der Wirkungsstärke ist aber viel größer, als dem Unterschied der Zahl der elektrischen Ladungen entspricht, die die einzelnen Ionen führen. Auch zwischen den Ionen gleicher Ladungsstärke bestehen Unterschiede. Sie werden von FREUNDLICH mit einer verschiedenen Adsorptionsfähigkeit der einzelnen Ionen erklärt. Die zweiwertigen werden viel stärker adsorbiert als die einwertigen usw. Für die Fälle, bei denen die Potentialdifferenz auf Adsorption seitens der Teilchen zurückzuführen ist, dürfte diese Erklärung durchaus befriedigend sein. Wir haben aber gesehen, daß eine Potentialdifferenz auch dann besteht, wenn die Teilchen ganz frei von adsorbierten Ionen oder irgendwelchen Verunreinigungen sind. So tritt

[1]) FREUNDLICH: Zeitschr. f. physik. Chemie Bd. 73, S. 385. 1910. Grundzüge der Kolloidchemie, Leipzig 1924. — FREUNDLICH u. SCHUCHT: Zeitschr. f. physik. Chemie Bd. 80, S. 564. 1912 und Bd. 85, S. 641. 1913.

auch bei Luftblasen ein Potentialsprung an der Grenze Wasser—Luft ein. Die Ursache hierfür wurde in den im Wasser selbst gelegenen Kräften erblickt, und zwar wurde angenommen, daß die Ionen des Wassers verschieden stark oberflächenaktiv sind, die OH-Ionen mehr an der Oberfläche, d. h. an der Grenzfläche, welche die Teilchen berührt, die H-Ionen dagegen mehr in den tieferen Schichten des Wassers konzentriert werden. Dementsprechend ist die Ladung der Teilchen gegenüber dem Wasser im allgemeinen eine negative. Wie McTaggart nachweisen konnte, kann nun auch die bei Luftblasen bestehende Potentialdifferenz durch Zusatz von Salzen qualitativ und quantitativ geändert werden. Das Lanthanchlorid ($LaCl_3$) mit seinen dreiwertigen Kationen lädt die Teilchen elektrisch um; sie werden gegenüber dem Wasser positiv. Diese Umladung kann nur darauf beruhen, daß die elektrische Doppelschicht, als deren äußere Schicht die negativ geladenen OH-Ionen des Wassers angenommen wurden, durch die positiv geladenen La-Ionen überkompensiert werden. Zur Erklärung der für die Elektrolytfällung von Kolloiden und Suspensionen geltenden Regeln (so die Hardysche und Schultzesche Regel) hat Jacques Loeb[1]) in Anlehnung an die McTaggartschen Versuche folgende Vorstellung entwickelt. Die Anionen werden in der Oberfläche, die Kationen mehr in den tiefer gelegenen Schichten des Wassers konzentriert. Bei stärkeren Salzkonzentrationen kann allerdings auch das Kation nach der Oberfläche gedrängt werden, weshalb die genannten Gesetzmäßigkeiten in typischer Weise nur für den Fall geringer Salzkonzentration gelten. Auch mit zunehmender Valenz des Kations steigt seine Fähigkeit, in die Oberfläche zu dringen, die dort bestehende negative Schicht zu kompensieren und den Grad der Potentialdifferenz herabzusetzen. Die Fällungskraft nimmt daher — entsprechend der Schultzeschen Regel — mit der Zahl der elektrischen Ladungen, die die Ionen führen, zu. Jacques Loeb hat, von diesen Gesichtspunkten ausgehend, die Wirkung verschiedener Salze auf die Stabilität einer Suspension von Kollodiumteilchen in Wasser studiert. Insbesondere hat er die Veränderungen der zwischen Teilchen und Wasser bestehenden Potentialdifferenz zu verfolgen sich bemüht. Als maximale Potentialdifferenz konnte er den Wert von ca. 70 Millivolt feststellen. (An der Grenzfläche Wasser—Luftbläschen beträgt sie nach Mc Taggart 55 Millivolt.) Die maximale Differenz konnte bei den Loebschen Versuchen erzielt werden durch Zusatz ganz geringer Mengen von Säuren oder Laugen ($^1/_{512}$ Normallösung). Daß sowohl Säure wie Lauge die Potentialdifferenz bis zum Maximum steigern kann, liegt nach Loeb daran, daß — wie oben erwähnt — die Anionen in den oberen, die Kationen in den tieferen Schichten des Wassers angereichert werden. Bei einer Säure wie HCl werden also die Cl-Ionen in der Oberfläche und die H-Ionen in der Tiefe, bei einer Base wie NaOH die OH-Ionen in der Oberfläche und die Na-Ionen in der Tiefe konzentriert. Bei stärkeren Konzentrationen von Säure und Lauge können aber auch die Kationen in die Oberfläche dringen und die Potentialdifferenz herabsetzen. Sinkt diese unter den kritischen Wert — Loeb hat für ihn den Wert von ca. 16 Millivolt ermittelt —, dann kann die Suspension nicht mehr stabil bleiben. Wie die Säuren und Basen verhalten sich auch die Salze. Loeb prüfte, welche Konzentration verschiedener Salze genügt, um die

[1]) Loeb, Jacques: Die Eiweißkörper und die Theorie der kolloidalen Erscheinungen. Ins Deutsche übersetzt von van Eweyk, S. 68. Berlin: Julius Springer 1924.

bei der Kollodiumsuspension bestehende Potentialdifferenz auf den Wert von 27,5 Millivolt herabzudrücken. Beim NaCl war eine Konzentration von $m/_{16}$, beim $CaCl_2$ von $m/_{256}$ und beim $LaCl_3$ von $m/_{16384}$ erforderlich. Die Wirkungsstärke der ein-, zwei- und dreiwertigen Kationen (Na^+, Ca^{++}, La^{+++}) ist also in quantitativer Hinsicht außerordentlich verschieden. Sie verhält sich in dem angeführten Falle wie 1 : 16 : 1024. Die Kräfte, die die Kationen von der Oberfläche verdrängen, scheinen also mit steigender Valenz des Kations abzunehmen, so daß bei Anwesenheit eines drei- oder vierwertigen Kations und eines einwertigen Anions eine größere Kationenmenge in die Oberfläche gelangt. Die Folge ist, daß die Ladung der Oberfläche bzw. des Teilchens sogar eine Änderung ihrer Vorzeichen erfahren kann. Da diese Ladungsumkehrung auch erfolgt, wenn an Stelle des Kollodiumteilchens eine Luftblase sich befindet, hält es LOEB für sehr wohl möglich, daß wir es gar nicht mit einer Adsorption der Ionen am Kollodiumteilchen zu tun haben (höchstens handelt es sich bei der Adsorption um einen Einfluß zweiten Grades), sondern mit einer Änderung des inneren Potentials des Wassers, welche durch die Ionenverteilung an der Oberfläche bedingt ist. Gehen wir von dem inneren Potential des Wassers und seiner Beeinflussung durch Elektrolyte aus, so komplizieren sich die Verhältnisse, wenn wir auch ein inneres Potential der Teilchen annehmen; hierzu wären wir evtl. berechtigt, wenn die Teilchen Säure- oder Baseeigenschaften besitzen. Es soll nicht unsere Aufgabe sein, zu entscheiden, ob die FREUNDLICHsche Auffassung, die die Ursache der Potentialdifferenz und ihrer Beeinflussung in der verschiedenartigen Adsorption der Ionen durch die Teilchen erblickt, oder ob die Mc TAGGART-LOEBsche Auffassung, die die Änderung des inneren Potentials des Wassers in den Vordergrund rückt, die richtige ist. Eine Entscheidung ist auch deshalb nicht notwendig, weil die beiden Auffassungen kaum miteinander konkurrieren dürften. Es ist im Gegenteil viel wahrscheinlicher, daß in concreto beide Möglichkeiten verwirklicht sind. — Folgendes läßt sich — und dies ist für uns das Wichtigste — aus beiden Auffassungen ableiten: Die Ursache der Stabilität von Suspensionen und Kolloiden ist die an der Grenzfläche von Wasser und Teilchen bestehende Potentialdifferenz. Das kolloidale System erfährt eine Zustandsänderung, wenn die Potentialdifferenz sich ändert. Eine Einwirkung auf die Potentialdifferenz wird in erster Linie durch die Elektrolyte erzielt. Somit gehören letztere zu den wichtigsten Faktoren, die Zustandsänderungen in kolloiden Systemen herbeiführen können. In dieser Erkenntnis liegt der Schwerpunkt für die Erklärung der biologischen Wirkungsweise der Elektrolyte. Dies ist der Grund, weshalb ich eine möglichst eingehende Darstellung dieses Kapitels für notwendig erachte. Je mehr Erklärungsmöglichkeiten wir für die Wirkung von Elektrolyten auf Kolloide haben, desto leichter ist es für uns, auch ihre biologische Bedeutung zu verstehen. So ist es — wie wir später sehen werden — für uns nicht belanglos, zu wissen, daß entsprechend der Mc TAGGART-LOEBschen Auffassung Änderungen in der Potentialdifferenz an der Grenze zweier Phasen auch eintreten können, ohne daß eine Adsorption von außen zugeführter Ionen durch die Teilchen zu erfolgen braucht.

4. Unterschied in der Wesensart der hydrophoben und hydrophilen Kolloide.

Bisher war von Emulsionen, Suspensionen und Kolloiden schlechthin die Rede. Was letztere betrifft, ist jedoch eine Einschränkung notwendig; denn das bisher Gesagte gilt nicht für alle Kolloide, sondern nur für eine bestimmte Gruppe unter ihnen, nämlich die hydrophoben. Es sind dies — wie schon erwähnt wurde und auch aus der Bezeichnung hervorgeht — die Kolloide, die wenig oder keine Affinität zum Wasser haben und daher den Emulsionen (z. B. Öl in Wasser) sehr nahestehen. Neben den „hydrophoben" gibt es aber noch die Gruppe von Kolloiden, die „hydrophil" genannt werden, also eine Affinität zum Wasser haben und daher mehr den echten Lösungen nahestehen. Die Grenze ist auch hier schwer zu ziehen, wie es überhaupt von den Emulsionen über die hydrophoben und hydrophilen Kolloide zu den echten Lösungen (Krystalloiden) nur fließende Übergänge gibt. Was die Bindungsart der hydrophoben Kolloide betrifft, so wurde ausgeführt, daß es nicht unbedingt nötig sei, sie als physikalisch bzw. physikalisch-chemisch streng von der rein chemischen bzw. stöchiometrischen der Krystalloide zu trennen. Mit noch größerem Recht gilt dies für die hydrophilen Kolloide, die ihrer Natur nach der echten Lösung noch näher stehen als die sog. hydrophoben. JACQUES LOEB[1]) geht in dieser Beziehung besonders weit und sieht in dem Verhalten bestimmter hydrophiler Kolloide überhaupt keine Abweichung von dem Typ der gewöhnlichen chemischen Reaktionen. Zu den hydrophilen Kolloiden gehören vor allem die Eiweißkörper (ob dies für alle zutrifft, ist jedoch nicht erwiesen), ferner das Lecithin, die Gelatine u. a. Das Verhalten der hydrophoben und hydrophilen Kolloide zeigt bestimmte charakteristische Unterscheidungsmerkmale. So ist — wie schon S. 20 erwähnt wurde — die Empfindlichkeit der hydrophoben Kolloide gegenüber Elektrolyten eine viel stärkere als die der hydrophilen. Ferner wurde hervorgehoben, daß Fällung und Ausflockung der hydrophoben Kolloide irreversibel, die der hydrophilen dagegen reversibel sind. Für die hydrophoben Kolloide bzw. Suspensionen und die Emulsionen haben wir als Ursache ihrer Lösungsart das Auftreten elektrischer Potentialdifferenzen annehmen müssen. Wird letztere vermindert bzw. aufgehoben, tritt Ausflockung ein, weil die chemische Affinität der einzelnen Teilchen zueinander größer wird als die auf elektrostatischer Anziehungskraft beruhende Affinität von Teilchen und Wasser. Ist die elektrische Ladung der Teilchen die Ursache für ihr Lösungsbestreben, dann ist es auch verständlich, weshalb die Elektrolyte bzw. Ionen 1. schon in kleinen Mengen Ausflockung, d. h. Vernichtung ihrer Lösungstendenz bewirken und 2. die Wirkung der Ionen in dem Sinne eine spezifische ist, daß negativ geladene Teilchen besonders empfindlich gegenüber Kationen und positiv geladene Teilchen besonders empfindlich gegenüber Anionen sind. Dies trifft für die hydrophoben Kolloide, nicht aber für die hydrophilen Kolloide (z. B. die wässerigen Lösungen genuiner Proteine) zu. Um nämlich bestimmte Eiweißkörper (so krystallinisches Eiweiß) oder Gelatine aus ihren wässerigen Lösungen zu fällen, sind — wie alle Autoren gefunden haben — große Salzmengen notwendig; ferner konnte nicht gezeigt werden, daß die elektrische Ladung des aktiven Ions des zur Fällung verwendeten Salzes der Ladung des Proteinions

[1]) LOEB, JACQUES: l. c.

entgegengesetzt ist. Von Kolloiden, die ein Verhalten zeigen, das dem des Eiweißes und der Gelatine entspricht, behauptet nun JACQUES LOEB, daß als Ursache ihrer Löslichkeit nicht elektrische Doppelschichten, sondern chemische Affinitäten zwischen Teilchen und Wasser wie bei den echten Lösungen in Frage kommen. Der Gegensatz hydrophob und hydrophil löst sich nach LOEB auf in den Gegensatz „Löslichkeit, hervorgerufen durch elektrische Doppelschichten und durch chemische Affinitäten". Es ist — wie schon erwähnt wurde — keineswegs erwiesen, daß alle Eiweißkörper zu den sog. hydrophilen Kolloiden gehören. Es sind auch hier Übergänge denkbar. Was die Eiweißkörper betrifft, so sagt LOEB folgendes: „Proteine bestehen aus peptidartig gekuppelten Aminosäuren. Jede Aminosäure ist ein Krystalloid, und es ist a priori keineswegs verständlich, warum die Kräfte, die die Aminosäuren in Lösung bringen, durchaus verlorengehen sollen, wenn diese Substanzen untereinander zu Polypeptiden verbunden sind. Nun sind indes die Aminosäuren verschieden leicht löslich; Glycin oder Alanin z. B. lösen sich reichlich in Wasser, andere, wie Tyrosin, nur spärlich. Es müssen demnach Unterschiede in der Löslichkeit der Eiweißkörper vorhanden sein, je nachdem, aus welchen Aminosäuren sie aufgebaut sind und vielleicht auch je nach der Art, wie sie untereinander verbunden sind. Überwiegen unlösliche Aminosäuren oder unlösliche Gruppen unter den Bausteinen eines Eiweißes, so mag die chemische Attraktion zwischen Wasser und den Eiweißkörpern so gering werden, daß das Eiweißteilchen nur durch eine elektrische Doppelschicht in Lösung gehalten werden kann. Es wäre indessen falsch, hieraus zu folgern, daß dies für die Lösungen aller Proteine gilt." LOEB, der für den Lösungsvorgang der meisten Eiweißkörper (auch der Gelatine) keine anderen Gesichtspunkte gelten lassen will als für den der echten Lösungen, vertritt auch die Auffassung, daß die Reaktionen, die sie mit anderen Körpern eingehen, sich in keiner Weise prinzipiell von den uns bekannten chemischen unterscheiden. Zu letzteren gehört z. B. die Reaktion der Säuren und Basen, die die Eigenschaft der Salzbildung besitzen. Wie wir noch sehen werden, spricht LOEB diese Fähigkeit auch den Eiweißkörpern und den ihnen nahestehenden anderen hydrophilen Kolloiden, so der Gelatine, zu. Von der Annahme mehr physikalischer Reaktionen glaubt er vollkommen Abstand nehmen zu können. Er verzichtet z. B. auf den Begriff der Adsorptionsverbindungen, die — wie wir gesehen haben — bei den hydrophoben Kolloiden eine so große Rolle spielen, und denen man gewöhnlich auch für die Reaktionen der Eiweißkörper eine überragende Bedeutung zugemessen hat [HARDY[1]), PERRIN[2]) u. a.]. Daß die Lösungen der Eiweißkörper und der anderen ihnen nahestehenden hydrophilen Kolloide, obwohl sie den echten Lösungen der Krystalloide nahestehen, doch alle wesentlichen Charakteristica von Kolloiden zeigen, liegt nach LOEB in erster Linie an der Größe der Moleküle dieser Körper. Hierauf läßt sich z. B. die Unfähigkeit, durch bestimmte Membranen zu diffundieren, zurückführen. Außerdem nimmt LOEB an, daß es in dem großen Molekül der Eiweißkörper gewisse Gruppen (COOH und NH_2) mit großer Affinität zum Wasser (er bezeichnet sie als „wässerige" Gruppen) und andere mit schwacher Affinität zum Wasser und starker Affinität zu ihres-

---

[1]) HARDY: Journ. of physiol. Bd. 29, S. 29. 1903.

[2]) PERRIN: Journ. de chim. phys. Bd. 3, S. 50. 1905.

gleichen (er bezeichnet sie als „ölige Gruppen") gibt. Die „öligen Gruppen" können nicht die Kräfte der „wässerigen" Amino- oder Carboxylgruppen überwinden, die das Eiweißmolekül in wässerige Lösung zu bringen streben. Sie können aber Bildung einer Kette oder eines Netzwerkes zwischen benachbarten Eiweißmolekülen oder Ionen veranlassen, jedesmal, wenn nämlich diese „öligen" Gruppen zweier Moleküle einander berühren. Diese Definition zeigt, daß auch LOEB nicht unbedingt alle Brücken zerstören will, die von den Eiweißkörpern bzw. den hydrophilen Kolloiden zu den hydrophoben Kolloiden führen. Dies ist ja auch nicht möglich, da es — wie schon des öfteren betont worden ist — von den Emulsionen (als dem einen Extrem) und den echten Lösungen (als dem anderen Extrem) nur fließende Übergänge gibt. Deshalb werden wir bei allen immer wieder verwandte oder ähnliche Reaktionen beobachten können.

5. Die Bedeutung der Elektrolyte für die Zustandsform der hydrophilen Kolloide (Quellung, Viscosität usw.).

Den Ausführungen eines der vorangehenden Abschnitte haben wir entnehmen können, daß die Elektrolyte die Faktoren sind, die von Haus aus dazu berufen sind, auf den Zustand der hydrophoben Kolloide einzuwirken. Wir haben ein großes Interesse daran, zu erfahren, ob für die hydrophilen Kolloide Ähnliches gilt. Eine charakteristische Eigenschaft aller hydrophilen Kolloide ist ihre Quellungsfähigkeit. Sie hängt mit der Hydrophilie der Kolloide zusammen. BECHHOLD definiert den Quellungszustand in folgender Weise: „Wirft man ein Krystalloid (Kochsalz, Zucker) in Wasser, so verteilt es sich darin, bis es schließlich ganz aufgelöst ist; die Kochsalze, die Zuckerteilchen verlieren ihren Zusammenhang. Ein Kolloid, Leim, Holz, vergrößert sein Volumen bei der Berührung mit Wasser, es quillt. Die Teilchen behalten ihren Zusammenhang. Diese Eigenschaft kommt jedoch nur den hydrophilen Kolloiden zu. Die Wasseraufnahme, die Quellung, kann auch bei Kolloiden ins Ungemessene weitergehen, so daß schließlich die Teilchen auseinandergerissen werden, eine Lösung, ein Sol entsteht, wie beim Eiweiß; sie kann aber auch sehr bald, wie beim Holz, ihre Grenzen erreichen. Dazwischen gibt es alle Arten von Übergängen, z. B. den Leim. Im allgemeinen spricht man jedoch nur bei Gelen von Quellung." Eine weitere Eigenschaft der hydrophilen Kolloide, die ebenfalls mit ihrer Fähigkeit zusammenhängt, Wasser ihren Molekülen anlagern zu können, ist die der Erhöhung der Viscosität oder inneren Reibung oder Zähigkeit des Wassers. Nach HÖBER[1]) erhöht z. B. 1% Gelatine die Viscosität des Wassers um etwa 29%, während 1% Rohrzucker nur eine Steigerung von 2,45% und 1% Kochsalz eine solche von nur 1,6% bewirken. Den hydrophoben Kolloiden kommt überhaupt kein Einfluß auf die Viscosität zu. EINSTEIN, dem wir eingehende theoretische Studien über das Wesen der Viscosität verdanken, hat den Vorgang auch mathematisch zu erfassen gesucht. Gemäß der Gleichung von EINSTEIN müßte — wie HÖBER ausführt — die Verteilung von 1% Gelatine als disperse Phase in Wasser als Dispersionsmittel die Reibung nur wenig steigern. „Geschieht es doch, so weist das eben darauf hin, daß ein großer Teil des Dispersionsmittels durch Verankerung am Kolloid unter Bildung größerer Aggregate mit zur dis-

[1]) HÖBER: Physik. Chemie der Zelle und Gewebe 1922, S. 246.

persen Phase wird.“ Nach HATSCHEK[1]) ist es wahrscheinlich, daß in einer 6%igen Lösung von Casein die disperse Phase schon 60%, in einer 9,4%igen sogar 88% vom Gesamtvolumen einnimmt. Quellungsfähigkeit und Änderung des Viscositätsgrades sind also zwei Vorgänge, die innerlich zusammenhängen. Was bei den Gelen in der Quellung, kommt bei den Solen in der Änderung des Viscositätsgrades zum Ausdruck. Für beide (Quellung und Viscosität) ist charakteristisch, daß sie davon abhängig sind, in welchem Maße kolloides Teilchen und Wasser sich zu verbinden vermögen oder — wie es soeben hieß — Dispersionsmittel (also Wasser) durch Verankerung am Kolloid unter Bildung größerer Aggregate mit zur dispersen Phase wird. Dispersionsmittel und disperse Phase gehen ineinander über. Daß eine Änderung des Quellungsgrades eine wesentliche Zustandsänderung des betreffenden Kolloides bedeutet, ist selbstverständlich. Es gilt demnach für die hydrophilen Kolloide im Prinzip das gleiche wie für die hydrophoben, und zwar folgendes: Für ihren kolloidalen Zustand sind die Beziehungen des kolloidalen Teilchens zum Dispersionsmittel, d. h. also zum Wasser, maßgebend. Gehen wir davon aus, daß hydrophile Kolloide am Aufbau des Protoplasmas beteiligt sind, haben wir unbedingt auch ein Interesse daran, zu erfahren, wie und unter welchen Bedingungen ihr kolloidaler Zustand eine Änderung erleiden kann; denn der Ausdruck, zum mindesten die Begleiterscheinung jeder Funktionsänderung der Zelle ist eine Zustandsänderung ihrer protoplasmatischen Bestandteile. So spielt der Quellungsgrad eine große Rolle. Es soll an dieser Stelle nicht im einzelnen erörtert werden, welche biologischen Vorgänge evtl. auf Quellungserscheinungen zurückgeführt werden könnten; es sei — um die Bedeutung der hier zu behandelnden Fragen ins rechte Licht zu setzen — nur darauf verwiesen, daß z. B. ein praktisch so bedeutungsvoller Vorgang wie der der Muskelkontraktion von namhaften Autoren (ob mit Recht oder nicht, ist gleichgültig) als eine Quellung der Muskelfibrillen aufgefaßt wird. Auch die bei der Muskelkontraktion in Arbeit umsetzbare Energie wird vielfach mit der Quellung in Zusammenhang gebracht. Da die Quellung eine zweifelsfreie Zustandsänderung eines Kolloides bedeutet, wollen wir zunächst an ihr auch die Bedingungen für das Zustandekommen der Zustandsänderung kennenzulernen suchen. Ein sehr geeignetes Objekt für Quellungsversuche ist die Gelatine; dazu kommt, daß sie chemisch ähnlich wie die Eiweißkörper aus Aminosäuren aufgebaut ist. Legt man feste Gelatinestückchen in Wasser, dann quellen sie bis zu einem bestimmten Grade. Letzterer kann aber stark beeinflußt werden, wenn dem Wasser Elektrolyte zugesetzt werden. Die Beeinflussung ist eine äußerst charakteristische. Auffallend ist zunächst, daß Säuren und Basen gleichsinnig auf die Quellung einwirken können; H- und OH-Ionen haben also dieselbe Wirkungseigenschaft. Würden für die Gelatine die gleichen Wirkungsbedingungen herrschen wie für die hydrophoben Kolloide, dann wäre dies kaum möglich. Ich verweise z. B. auf das, was über die Ausflockung der hydrophoben Kolloide gesagt wurde. Die negativ geladenen Ionen (also auch die OH'-Ionen) wirken besonders auf die positiv geladenen Kolloidteilchen ein und umgekehrt. Eine Steigerung der Gelatinequellung durch Säuren und Laugen erfolgt aber nur, wenn ihre Konzentration einen bestimmten Wert nicht überschreitet; von einer bestimmten Konzentration an kann die Quellung sogar vermindert werden.

[1]) HATSCHEK: Kolloid-Zeitschr. Bd. 12, S. 238. 1913; zit. nach HÖBER: l. c.

a) Die HOFMEISTERschen Reihen.

Den Salzen kommt im allgemeinen eine quellungherabsetzende Wirkung zu. Je nach ihrer Natur kann ihre Wirkung aber eine quantitativ verschiedene sein. Dies ist zuerst von HOFMEISTER[1]) eingehend studiert und festgestellt worden. Er untersuchte die Wirkung von Salzen, die ein gleiches Kation, aber ein verschiedenes Anion hatten (NaCl, NaBr usw.), ferner die Wirkung der Salze mit gleichem Anion und verschiedenem Kation (NaCl, KCl, $CaCl_2$ usw.). Von den einzelnen Salzen wurden zur Prüfung gleiche molare Konzentrationen angewandt. Ordnet man die Salze nach ihrer Wirkungsstärke, so kann man bestimmte Reihen aufstellen, die allgemein die ,,HOFMEISTERschen Reihen" genannt werden und in der Kolloidchemie große Bedeutung erlangt haben. In dem HÖBERschen[2]) Buche ist dieser Gegenstand eingehend behandelt worden. Hier sei nur so viel wiedergegeben, als für das Verständnis des uns interessierenden Fragenkomplexes notwendig ist.

Die Anionenwirkung kommt in folgender Reihe zum Ausdruck:

$$SO_4, \text{ Tartrat, Citrat, } < \text{Acetat, } < \text{Cl, } < \text{Br, } NO_3 < \text{J} < \text{CNS},$$

d. h. die quellende Wirkung der SO_4-, Tartrat- und Citrationen ist die geringste, die der CNS-Ionen die stärkste; diese Anionenreihe gilt — dies ist das prinzipiell Wichtige — nicht nur für die Quellungsvorgänge. Prüft man die Wirkung der Salze auf andere Eigenschaften von Gelatine- bzw. Eiweißlösungen, so kommt man zur Aufstellung der gleichen Reihe. So wird wie die Quellung auch der osmotische Druck und die Viscosität von Gelatine und Eiweißlösungen beeinflußt. Durch Salzzusatz kann man bei Eiweißlösungen Trübungen (Löslichkeitsverminderung) bzw. gänzliches Ausflocken hervorrufen. Um eine Lösung von Hühnereiweiß gerade zur Trübung zu bringen, sind von Natriumsalzen nach HOFMEISTER folgende Mengen notwendig (in Molen pro l):

Citrat	0,56	Chlorid	3,62
Tartrat	0,78	Nitrat	5,42
Sulfat	0,80	Chlorat	5,42
Acetat	1,69	Jodid	∞
		Rhodanid	∞

Die Anionenreihe, die sich aus diesem Versuch ableiten läßt, ist der zuvor angeführten ganz ähnlich. Man begegnet ihr auch, wenn man in entsprechender Weise die Wirkung der Salze auf die Fällung von Lecithin prüft. [HÖBER[3]), PORGES und NEUBAUER[4])]. PAULI[5]) konnte feststellen, daß durch Salzzusatz auch die Gerinnungstemperatur von Eiweißkörpern beeinflußt wird. Die Reihenfolge der Salze — nach ihrer Wirksamkeit geordnet — zeigt auch hier dasselbe Bild. Der quantitative Unterschied in der Wirkungsstärke der Kationen tritt bei den Quellungsversuchen HOFMEISTERS nicht so deutlich in Erscheinung wie der der Anionen. Doch läßt sich etwa folgende Reihe aufstellen:

$$\text{Li} < \text{Na} < \text{K} < NH_4.$$

---

[1]) HOFMEISTER: Arch. f. exp. Pathol. u. Pharmakol. Bd. 24, S. 247. 1888; Bd. 25, S. 1. 1889; Bd. 27, S. 395. 1890; Bd. 28, S. 210. 1891.

[2]) HÖBER: Physikalische Chemie der Zelle und Gewebe.

[3]) HÖBER: Beitr. z. chem. Physiol. u. Pathol. Bd. 11, S. 35. 1907.

[4]) PORGES u. NEUBAUER: Biochem. Zeitschr. Bd. 7, S. 152. 1908.

[5]) PAULI: Pflügers Arch. f. d. ges. Physiol. Bd. 78, S. 315. 1899.

Es ist für uns natürlich von großem Interesse, zu erfahren, daß auch bei vielen biologischen Vorgängen die Gültigkeit der HOFMEISTERschen Reihen sich nachweisen läßt. Untersuchungen hierüber sind in so großer Anzahl angestellt worden, daß sie an dieser Stelle nicht einzeln angeführt werden können. Dies ist auch nicht nötig, da sich bei fast allen daraufhin untersuchten biologischen Systemen das gleiche zeigte. Es genügt, wenn wir einige Beispiele heranziehen. Werden Blutkörperchen in hypotonischer Lösung suspendiert, kommt es bekanntlich zur Hämolyse. Sie tritt in Salzlösungen, deren osmotischer Druck dicht unterhalb des Schwellenwertes liegt, erst nach Stunden ein. Wie HÖBER[1]) gezeigt hat, erfolgt bei gleichem osmotischen Druck die Hämolyse von Salz zu Salz aber verschieden rasch. Für die Natriumsalze konnte er folgende Reihe aufstellen:

$$SO_4 < Cl < Br < NO_3 < SCN < J\,.$$

Sie deckt sich fast vollkommen mit der HOFMEISTERschen Reihe und besagt, daß das SO_4-Ion die Hämolyse am wenigsten, das J-Ion dagegen am stärksten fördert. Für die Kationen fand HÖBER die Reihe

$$Li < Na < Cs < Rb < K.$$

Auffallend ist, daß diese Reihenfolge der Kationen ihrer Stellung im periodischen System entspricht. Die Wirkung nimmt mit steigender Ordnungszahl bzw. mit steigendem Atomgewicht zu. SCHWARZ[2]) prüfte den Einfluß verschiedener Salze auf die Muskelerregbarkeit. In Blut-isosmotischer Rohrzuckerlösung verlieren — wie OVERTON zuerst nachgewiesen hat — Froschmuskeln sehr schnell ihre Erregbarkeit. Sie erlangen sie wieder, wenn wenigstens ein Teil des Rohrzuckers durch NaCl oder ein anderes Natriumsalz ersetzt wird. Die Erregbarkeit kehrt bei Anwendung der verschiedenen Natriumsalze verschieden rasch zurück. Die Reihe, die SCHWARZ für die Anionen fand, deckt sich wiederum mit der HOFMEISTERschen Reihe. An dem einen Ende findet sich das SCN- und J-, an dem anderen Ende das SO_4-, Tartrat- und Citration. Die Zahl der Beispiele, die sich aus der Biologie und Physiologie heranziehen lassen, ist eine sehr große. Eine eingehende Darstellung würde — an dieser Stelle wenigstens — dem eigentlichen Zwecke nicht entsprechen; denn es handelt sich jetzt nicht um den Nachweis, daß der kolloid-chemische Reagensglasversuch und das physiologische Experiment weitgehend übereinstimmen, sondern mehr darum, die Natur der Reaktionen aufzuklären, die beiden Vorgängen (dem Reagensglasversuch und dem Experiment) zugrundeliegen. Worin besteht das Wesen der HOFMEISTERschen Reihen, die in der Kolloidchemie (insbesondere der der hydrophilen Kolloide) eine so große Bedeutung erlangt haben? Lange Zeit hat man angenommen, daß die verschieden starke Wirkung der einzelnen Ionen bei den hydrophilen Kolloiden (Eiweißkörper usw.) ebenso wie bei den hydrophoben auf einer spezifischen, und zwar verschieden starken Adsorption der einzelnen Ionen seitens der kolloiden Teilchen beruhe. Wie schon erwähnt wurde, hat jedoch LOEB nachzuweisen sich bemüht, daß diese Annahme nicht berechtigt, zum mindesten aber entbehrlich sei und zwar deshalb, weil die Reaktionen der Eiweißkörper und der ihnen nahestehenden Substanzen (Gelatine usw.) auch mit

[1]) HÖBER: Biochem. Zeitschr. Bd. 14, S. 209. 1908.

[2]) SCHWARZ: Pflügers Arch. f. d. ges. Physiol. Bd. 117, S. 161. 1907.

den gewöhnlichen chemisch-stöchiometrischen Gesetzen sich erklären ließen. Chemische Gesichtspunkte sind auch vor LOEB von vielen anderen Autoren geltend gemacht worden; doch gehört LOEB sicherlich zu den Forschern, die den Standpunkt am konsequentesten vertreten. (Genaueres über diesen Gegenstand ist bei LOEB[1]) und W. PAULI[2]) zu finden.) Hinsichtlich der HOFMEISTERschen Reihen, die besonders geeignet waren, die spezielle, kolloidchemische Betrachtungsweise der Eiweißreaktionen zu rechtfertigen, ist LOEB der Ansicht, daß ihre Aufstellung einem methodischen Fehler zuzuschreibn sei, und zwar der Nichtberücksichtigung der Wasserstoffionenkonzentration.

b) Zur Chemie der Eiweißkörper; die Bedeutung der [H˙] für ihre Reaktionen.

Um die Besonderheiten der Eiweißreaktionen (dazu gehören auch jene, die ihren Ausdruck in den HOFMEISTERschen Reihen finden) zu erfassen, muß einiges Spezielles über die Chemie der Eiweißkörper und der ihnen verwandten Substanzen (Gelatine) ausgeführt werden. Die Eiweißkörper sind hochmolekulare Stoffe, die aus Aminosäuren aufgebaut sind. Letztere zeichnen sich dadurch aus, daß sie zu den amphoteren Elektrolyten bzw. Ampholyten gehören. Es sind dies Körper, die gleichzeitig als Säuren und Basen reagieren können, also fähig sind, H- und OH-Ionen abzudissoziieren.

Das Verhalten des Glykokolls (Aminoessigsäure) möge dies erläutern. Seine Formel lautet:

$$NH_2CH_2COOH.$$

Vermöge der Carboxylgruppe vermag es als Säure zu fungieren und mit Basen Salze zu bilden ($NH_2CH_2COOH + NaOH = NH_2CH_2COONa + H_2O$). Mit Hilfe der NH_2-Gruppe ($NH_2 + H_2O = NH_3OH$) kann das Glykokoll aber auch als Base reagieren und sich mit Säuren zu Salzen ($OH \cdot NH_3CH_2COOH + HCl = Cl \cdot NH_3CH_2COOH$) verbinden. Die Salze, die auf diese Weise entstehen, sind der Dissoziation fähig bzw. unterliegen, da sie Salze mit schwachen Säuren bzw. Basen darstellen, der Hydrolyse (s. S. 17). Letztere ist um so stärker, je schwächer die Säure- bzw. Basenfunktion des betreffenden Ampholyten ist. Bei manchen Ampholyten ist die Säurefunktion stärker als die Basenfunktion ausgebildet; andere können sich umgekehrt verhalten. Je nach der Stärke der hydrolytischen Spaltung der Salze muß die Reaktion der Lösung, d. h. die [H˙] eine Änderug erfahren. Es ist verständlich, daß sich die Eiweißkörper ebenso wie die Aminosäuren verhalten. Auch sie können sowohl mit Säuren wie mit Basen reagieren und dabei Salze bilden (Acid- und Alkalialbuminate). Die bei der hydrolytischen Spaltung der Salze sich ändernde [H˙] ist nun nach LOEB die Ursache für die verschiedenartige Wirkung der Salze, wie sie sich in den HOFMEISTERschen Reihen äußert. Welche Bedeutung kommt den H-Ionen für die Reaktionen der Eiweißkörper und der ihnen verwandten hydrophilen Kolloide zu? Wie schon erörtert worden ist, können die Proteine sowohl H- wie OH-Ionen abdissoziieren. In ersterem Falle entstehen neben den H-Ionen negativ geladene Proteinionen, in letzterem Falle neben den OH-Ionen positiv geladene Proteinionen. Einmal

---

1) LOEB, J.: Die Eiweißkörper usw. l. c.

2) PAULI, W.: Eiweißkörper und Säuren. Kolloid-Zeitschr. Bd. 40, S. 185. 1926.

fungiert also das Proteinion als Anion, das andere Mal als Kation. Daß im elektrischen Gefälle Proteinteilchen wie die Teilchen der hydrophoben Kolloide der Kataphorese unterliegen, ist verständlich; denn als Proteinionen sind sie auch elektrisch geladen. Durch Zusatz von Säuren oder Alkali kann man die Ladung der Teilchen umkehren. Ist der Zusatz aber nur so groß, daß die vorhandene Ladung aufgehoben wird, ohne daß eine neue Aufladung erfolgt, dann hört die Wanderung der Teilchen auf. Dieser Punkt wird — wie bei den hydrophoben Kolloiden — als der isoelektrische Punkt bezeichnet. Im isoelektrischen Punkt ist die Stabilität der Hydrosole am geringsten; auch osmotischer Druck, Viscosität, Leitfähigkeit u. a. weisen Minimalwerte auf. Die Proteine befinden sich im isoelektrischen Punkte, wenn eine Dissoziation des Moleküls nicht möglich bzw. auf ein Minimum herabgedrückt ist. Der isoelektrische Punkt fällt nun keineswegs mit dem Neutralpunkt (d. i. $p_H = 7$) zusammen. Für die verschiedenen Proteinen liegt er bei verschiedenem p_H. Für Gelatine, genuines Serumalbumin und Casein liegt er bei $p_H = 4{,}7$ [L. Michaelis[1])]; für krystallinisches Hühnereiweiß liegt er nach Sörensen[2]) bei $p_H = 4{,}8$. Die Gelatinemoleküle können nur dissoziieren, wenn der p_H-Wert über oder unter 4,7 liegt. Wie wir in einem der folgenden Kapitel noch sehen werden, drängt eine stärkere Säure die Dissoziation einer schwächeren Säure zurück und verstärkt die Dissoziation einer schwachen Base. Also bei gleichzeitiger Anwesenheit von Salzsäure (starke Säure), Essigsäure (schwache Säure) und Ammoniak (schwache Base) wird die Dissoziation der Essigsäure zurückgedrängt, die des Ammoniaks gefördert. In entsprechender Weise drängt eine starke Base die Dissoziation einer schwachen Base zurück und fördert die einer schwachen Säure. Im Prinzip verhalten sich nun die Proteine, die gleichzeitig schwache Säuren und schwache Basen sind, ebenso. Ist bei der Gelatine das $p_H = < 4{,}7$ (4,8 usw.), liegt er also auf der basischen Seite des isoelektrischen Punktes, dann ist eine Dissoziation des basischen Anteils des Proteinmoleküls ganz ausgeschlossen, dagegen wird die Dissoziation des Säureanteils (der COOH-Gruppe) gefördert. Es entstehen Proteinanionen, welche die Fähigkeit besitzen, sich mit Alkalien zu Salzen zu verbinden (Na, K oder Ca-Proteinat). Ist aber das $p_H = > 4{,}7$ (4,6 usw.), liegt es also auf der sauren Seite des isoelektrischen Punktes, dann wird die Dissoziation des basischen Anteiles (also der NH_2-Gruppe) gefördert. Es entstehen Proteinkationen, die sich nur mit Anionen zu Salzen verbinden können (Proteinchlorid, Sulfat usw.). Bei der Gelatine hat Loeb[3]) dies einwandfrei, und zwar auf analytischem Wege, nachgewiesen. Im isoelektrischen Punkt kommt zwischen Protein und Neutralsalz überhaupt keine Verbindung zustande. Demgemäß läßt sich nach Loeb — wenn man von isoelektrischer Gelatine ausgeht — auch nicht eine den Hofmeisterschen Reihen entsprechende Wirkung der Salze nachweisen. Erklärlich ist auch, weshalb der osmotische Druck und die Viscosität bei Lösungen isoelektrischer Gelatine auf ein Minimum sinkt. Es liegt dies an dem Fehlen der Proteinionen. Daß die $[H^{\cdot}]$ für die Reaktionsfähigkeit der Proteine von großer Bedeutung ist, erscheint nach dem Gesagten durchaus erklärlich. Es ist aber zunächst noch nicht verständlich, weshalb sie — wie Loeb behauptet — für das Zustandekommen der Hofmeisterschen Reihen

[1]) Michaelis, L.: Die Wasserstoffionenkonzentration, S. 54.
[2]) Sörensen: zit. nach Loeb: Die Eiweißkörper usw.
[3]) Loeb: l. c.

verantwortlich sein soll. Auch haben wir für andere Eigentümlichkeiten der Eiweißreaktionen (so die folgenden) noch keine ausreichende Begründung.

1. Allmählicher Zusatz kleiner Säure- oder Alkalimengen zu ursprünglich isoelektrischem Eiweiß vermehrt den osmotischen Druck und die Viscosität von Eiweißlösungen und die Quellung von Eiweißgelen bis zu einer bestimmten Grenze; weiterer Zusatz von Säure oder Base führt zur gegenteiligen Wirkung.

2. Neutralsalze vermindern in jeder Konzentration osmotischen Druck, Viscosität und Quellung.

3. Diese vermindernde Wirkung der Elektrolyte wächst mit der Valenz desjenigen Ions, das die entgegengesetzte Ladung trägt wie das Proteinion.

Die Proteinionen (auch Kolloidelektrolyte genannt) sind gegenüber den krystalloiden Ionen (H und OH, Na, K, Cl usw.) dadurch ausgezeichnet, daß sie infolge ihrer Größe nicht imstande sind, durch Membranen zu diffundieren. Diese Eigenschaft der Proteinionen soll nun — wie LOEB behauptet — alle Eigentümlichkeiten der Eiweißreaktionen erklären, ja sogar die Grundlagen für ihr spezifisch kolloidales Verhalten abgeben. Weshalb dem Fehlen des Diffusionsvermögens eine so große Bedeutung zukommt, geht aus einer jetzt viel erörterten Theorie DONNANS[1]) über die Membrangleichgewichte hervor.

c) Die DONNANschen Membrangleichgewichte.

Die Theorie DONNANS behandelt die Verteilung von Elektrolyten, die auf den beiden Seiten einer Membran eintritt, wenn auf der einen sich Ionen befinden, die die Membran nicht passieren können. Wie DONNAN gezeigt hat, ist unter diesen Umständen die Verteilung der diffusiblen Ionen auf beiden Seiten eine verschiedene. Wie in allen Lösungen, muß auch auf beiden Seiten der Membran die Zahl der elektrisch positiven Ladungen genau so groß sein wie die der negativen; in einer Lösung herrscht immer Ionenneutralität. Gehen wir nun von folgendem Fall aus. Auf der einen Seite der Membran befände sich Na-Proteinat und NaCl, auf der anderen Seite der Membran nur NaCl. Das Natriumproteinat dissoziiert in negative Protein- und positive Na-Ionen, das NaCl dissoziiert auf beiden Seiten der Membran in positive Na- und negative Cl-Ionen. Zwischen den Salzen, die durch die Membran getrennt sind, kommt es zu einem Ausgleich durch Diffusion. Der Eintritt des Gleichgewichtes kann aber nicht dadurch charakterisiert sein, daß auf beiden Seiten gleich viel Na- und Cl-Ionen sich befinden. Dies würde nämlich dazu führen, daß auf der Seite, auf welcher sich neben den negativen Chlorionen auch die nichtdiffusionsfähigen negativen Proteinionen befinden, die Zahl der negativen Ionen die der positiven überwiegt. Dies ist aber unmöglich. Ein Gleichgewicht kann nur zustande kommen, wenn auf der Seite des Proteins die Chlorionen sich in geringerer Menge anhäufen als auf der proteinfreien Seite. Gemäß der DONNANschen Gleichungen, zu deren Aufstellung DONNAN durch thermodynamische Überlegungen geführt wurde, ist die Elektrolytverteilung in diesem Falle folgende. Auf der Membranseite, die das kolloidale, nichtdiffusible Proteinanion enthält, ist die Konzentration an Natrium größer, die Konzentration an Chlor dagegen kleiner als auf der kolloidfreien Seite. Voraussetzung für die verschiedenartige Verteilung der krystalloiden

[1]) DONNAN, F. G.: Zeitschr. f. Elektrochem. Bd. 17, S. 572. 1911.

Ionen auf beiden Seiten der Membran ist, daß das Protein ionisiert ist. Für isoelektrische Gelatine, die der Dissoziation nicht fähig ist, gilt das Gesagte nicht. Die Verteilung des NaCl würde in diesem Falle auf beiden Seiten die gleiche sein. Da die Wasserstoffionenkonzentration — wie ausgeführt worden ist — für die Dissoziation der Proteine maßgebend ist, indem sie die Reaktion der Proteinlösung vom isoelektrischen Punkt weg nach der sauren oder alkalischen Seite verschiebt, so ist erklärlich, daß von ihr auch die Verteilung der Ionen auf beiden Seiten der Membran abhängen kann. Liegt die $[H^{\cdot}]$ auf der sauren Seite des isoelektrischen Punktes, entstehen positive Proteinionen, liegt sie auf der alkalischen Seite, entstehen negative Proteinionen. Daß die Proteinionen als Anionen bzw. Kationen die Elektrolytverteilung in verschiedener Weise beeinflussen müssen, erscheint nach dem Gesagten als selbstverständlich. Sind auf den beiden Membranseiten verschiedene Salze vorhanden, wird die Verteilung eine noch kompliziertere. DONNAN und seine Mitarbeiter haben in verschiedenen Fällen die Verteilung der Elektrolyte auch auf chemisch-analytischem Wege ermittelt. Dabei zeigte sich, daß die gefundenen Werte mit den nach den DONNANschen Gleichungen errechneten gut übereinstimmten. Da auf beiden Seiten der Membran ein Konzentrationsunterschied an diffusiblen Ionen besteht, müssen sie Anlaß zu einer Potentialdifferenz geben (s. hierzu Kap. VIII). Sind die Ionenkonzentrationen (entsprechend den DONNANschen Gesetzen) bekannt, dann muß sich — auf Grund einer von NERNST angegebenen Formel — auch die Größe der Potentialdifferenz berechnen lassen. LOEB hat bei Proteinlösungen, die durch Kollodiummembranen von Wasser getrennt waren, entsprechende Messungen vorgenommen. „Durch diese Bestimmungen des Membranpotentials“, so deutet LOEB seine eigenen Versuche, „wurde die Richtigkeit der DONNANschen Theorie sichergestellt.“ —

Wie schon erwähnt wurde, ist das Verhalten der Eiweißkörper durch einige Besonderheiten ausgezeichnet; so durch die qualitativ verschiedenartige Beeinflussung des osmotischen Druckes und der Viscosität ihrer Lösungen durch kleine bzw. große Säuremengen und durch die verschieden starke Reaktion mit den Salzen, die in den HOFMEISTERschen Reihen zum Ausdruck kommt. Diese Eigentümlichkeiten der Eiweißreaktionen waren die Hauptursache, für ihre Erklärung andere als die gewöhnlichen chemischen Gesetze heranzuziehen. Das Besondere sollte eben auf kolloidchemischen bzw. physikalisch-chemischen Reaktionen (z. B. einer verschieden starken Adsorption von Ionen) beruhen. — LOEB behauptet demgegenüber, alle Besonderheiten in dem Verhalten der Eiweißkörper mit ihrem Unvermögen zur Diffusion und den daher eintretenden DONNANschen Verteilungsgleichgewichten erklären zu können.

Was die HOFMEISTERschen Reihen betrifft, so soll — wie schon erwähnt worden ist —, ihre Aufstellung einem methodischen Fehler, und zwar der Nichtberücksichtigung der $[H^{\cdot}]$, zu danken sein. Die Versuche HOFMEISTERS wurden mit ursprünglich neutral reagierender Gelatine angestellt. Die neutrale Reaktion ($p_H = 7$) bedeutet aber für die Gelatine, deren isoelektrischer Punkt bei ($p_H = 4{,}7$) liegt, eine Verschiebung vom isoelektrischen Punkt nach der alkalischen Seite. In diesem Zustand kann die Gelatine (s. S. 40) nur mit Kationen reagieren. Die Anionen müssen wirkungslos bleiben. Wenn die HOFMEISTERschen Reihen trotzdem eine verschieden starke Wirkung der Anionen anzeigen, so bleibt für uns nur die Annahme übrig, daß die Anionen zum mindesten indirekt eine Wirkung müssen entfalten können. Die Frage, die uns interessiert, ist, ob diese indirekte Wirkung genügend geklärt ist, wenn wir annehmen, daß durch die verschiedenen Anionen eine ungleiche Änderung der bestehenden $[H^{\cdot}]$ herbeigeführt werde. LOEB hat nun die HOFMEISTERschen Versuche in der Weise modifiziert, daß er von einer Gelatine ausging, die auch nach Zusatz der Salze auf ein ganz bestimmtes, in allen Versuchen sich gleichbleibendes p_H (= 3,8) eingestellt war, und hat feststellen können, daß unter diesen Umständen eine verschieden starke Wirkung der Anionen nicht mehr zu beobachten ist. Alle einwertigen Anionen zeigen dann die gleiche Wirkungsstärke. Die zweiwertigen Anionen sind bei gleicher Konzentration viel stärker wirksam als einwertigen; zwischen der Wirkung der einzelnen besteht aber auch bei ihnen keine Differenz. Daß — vom LOEBschen Standpunkt aus betrachtet — der Valenz der Ionen große Bedeutung zukommen muß, ist ohne weiteres erklärlich. Die Ionen der Neutralsalze gehen chemische Bindungen mit den Proteinionen ein; ein zweiwertiges Anion bzw. Kation bindet aber mehr Proteinionen als ein einwertiges. Modifizierte LOEB die Quellungsversuche HOFMEISTERS in der Weise, daß er von einer Gelatine ausging, deren p_H auf einen konstanten Wert auf der alkalischen Seite ihres isoelektrischen Punktes eingestellt war, dann erwies sich auch die Wirkung der Kationen als gleichartig bzw. nur von der Valenz abhängig. Die HOFMEISTERschen Reihen sind — worauf schon hingewiesen wurde — nicht nur bei den Quellungsvorgängen nachweisbar. Sie gelten auch für die Wirkung der Elektrolyte auf den osmotischen Druck und die Viscosität von Proteinlösungen. Aber auch für diese Fälle hat LOEB den Nachweis erbracht, daß die HOFMEISTERschen Reihen ihre Bedeutung verlieren, wenn die $[H^{\cdot}]$ Berücksichtigung findet. — Daß die Elektrolytverteilung entsprechend den DONNANschen Vorstellungen auf der proteinhaltigen und proteinfreien Seite eine verschiedene ist, wollen wir als bewiesen ansehen. Die Frage, die sich sodann erhebt, ist folgende: Welche Bedeutung hat diese verschiedenartige Verteilung der Ionen für das Verhalten der Proteinlösungen, insbesondere für das Verhalten des osmotischen Druckes, der Viscosität und der Quellung? Wie schon erwähnt, erhöhen kleine Säuremengen den osmotischen Druck von isoelektrischem Eiweiß, während größere ihn wieder bis auf den minimalen Wert herabdrücken, der dem isoelektrischen Protein eigen ist. Wie ist dies zu erklären? Der Zusatz von HCl zum isoelektrischen Eiweiß hat eine Dissoziation des letzteren zur Folge; es entstehen nichtdiffusible Proteinionen. Nach DONNAN muß nach Eintritt des Gleichgewichtszustandes auf beiden Seiten der Membran eine verschiedenartige Konzentration von H- und Cl-Ionen resultieren. Nach Berechnungen LOEBS, die sich auf die DONNANschen Gleichungen stützen, muß die Summe der diffusiblen, d. h. krystalloiden Ionen auf der Proteinseite größer sein als auf der anderen Seite der Membran. Der osmotische Druck der Proteinlösung ist nun nach den Messungen LOEBS tatsächlich so groß, wie der Differenz der Ionenmenge auf den beiden Membranseiten entspricht. Es ist verständlich, daß diese Differenz um so kleiner wird, je größer die zugeführten Salzsäuremengen sind; von einer bestimmten HCl-Konzentration an ist nämlich alles Protein dissoziiert. Es muß die größtmögliche Verteilungsänderung der Ionen im Sinne DONNANS eintreten, und auch die Differenz der Ionen eine maximale sein. Wird aber noch über diesen Punkt hinaus Salzsäure zugefügt, muß der Austausch dieser Säuremengen zwischen den beiden Membranseiten in der gleichen Weise wie bei Fehlen von Protein erfolgen, d. h. auf beiden Membranseiten werden sich von diesem Säureüberschuß gleiche Mengen befinden. Die Folge davon ist, daß die Differenz der Ionenmenge auf den beiden Membranseiten kleiner wird und der osmotische Druck wieder sinkt. — LILLIE[1]) hat als erster den Nachweis erbracht, daß auch Neutralsalze den osmotischen Druck von Gelatinelösungen herabsetzen. Die Ursache hierfür ist nach LOEB die gleiche wie bei den größeren Salzsäuremengen. Auch den Einfluß der Salze bzw. Säuren und Basen auf die Quellung bringt LOEB mit den DONNANschen Membrangleichgewichten in Zusammenhang. Die Voraussetzung für letztere ist aber doch das Vorhandensein einer für Proteinionen undurchdringlichen Membran. Haben wir es mit einer Membran zu tun, wenn wir feste Gelatine, also ein Gelatinegel, in Wasser legen? LOEB bejaht diese Frage, indem er von folgender Erwägung ausgeht. Die Protein- bzw. Gelatinemoleküle bestehen aus „öligen" und „wässerigen" Gruppen (s. S. 34). „Befindet sich Gelatine in wässeriger Lösung, so können 2 Gelatinemoleküle aneinander hängen bleiben, wenn sie zufällig einander mit ihren ‚öligen Gruppen' berühren; in dieser Weise kommen Molekularaggregate zustande." Nötig ist, „erstens, daß die Gelatinekonzentration nicht zu gering ist, und zweitens, daß die Molekularbewegung langsam genug, d. h. die Temperatur niedrig genug ist, damit nicht Moleküle, die mittels ihrer öligen Gruppe zusammenhängen, auseinandergerissen werden". In diesem Falle überwiegen die öligen die wässerigen Gruppen, und die Folge davon ist, daß zwischen den einzelnen Gelatinemolekülen bzw. Ionen starke Kohäsionskräfte bestehen, die eine Diffusion der Proteinionen in das umgebende Wasser verhindern, somit also die gleichen Bedingungen schaffen, als wenn eine Membran vorhanden wäre. Zusatz von Säuren, Basen bzw. Salzen muß dann entsprechend den DONNANschen Gesetzen zu einer verschiedenen Verteilung der Ionen zwischen Gel bzw. Proteinteilchen und Außenflüssigkeit führen. Die Konzentration der diffusiblen Ionen wird — vgl. das über den osmotischen Druck Gesagte — auf der Proteinseite, also im Gel, größer sein als in der Außenflüssigkeit. Dies soll die Ursache sein, weshalb es zu einer osmotischen Druckdifferenz kommt, die ein Einströmen von Wasser in das Gel bedingt. Das in der Quellung zum Ausdruck kommende kolloidchemische Verhalten des Proteins und seine Beeinflussung durch die Elektrolyte wird demnach also als Folge einer besonderen Elektrolytverteilung aufgefaßt, für welche die Gesetze der DONNANschen Membrangleichgewichte gelten. Die ersten, die die osmotische Theorie der Quellung entwickelt haben, waren übrigens PROCTER und WILSON[2]). Die Quellung, die nach der Auffassung der genannten Autoren nichts anderes als Osmose (allerdings eine anormale) darstellt, kann nur bis zu einem bestimmten Maximum ansteigen. Dieses ist erreicht, wenn die Kohäsionskräfte der Gelatinemoleküle bzw. Ionen so groß ist wie das durch die osmotische Druckdifferenz entstandene Diffusionsbestreben des Wassers. Die Kohäsionskräfte zwischen den einzelnen Molekülen bzw. Ionen hängt — wie schon erwähnt wurde — von ihren „wässerigen" bzw.

[1]) LILLIE, R. S.: Americ. journ. of physiol. Bd. 20, S. 127. 1907/1908; zit. nach LOEB.

[2]) PROCTER u. WILSON: Journ. of the chem. soc. (London) Bd. 109, S. 307. 1916. — PROCTER, H. R.: Ebenda Bd. 105, S. 313. 1914; zit. nach LOEB.

„öligen" Gruppen, d. h. von ihrer chemischen Struktur bzw. Beschaffenheit ab. Ist die Kohäsionskraft für den Quellungsvorgang von Bedeutung, dann bedeutet dies, daß auch die chemische Natur des Proteins nicht vernachlässigt werden darf. Dies haben wir aber bisher getan; wir gingen stets davon aus, daß ein Protein auf der sauren oder alkalischen Seite eines isoelektrischen Punktes in Proteinkationen bzw. Anionen dissoziiert, daß diese Proteinionen mit den Ionen der Salze Verbindungen eingehen (so Gelatinechlorid einerseits, Natriumgelatinat andererseits), und daß diese Salze wiederum in ihre Ionen (d. h. Gelatineanionen und Natriumkationen bzw. Gelatinekationen und Chloranionen) zerfallen. Die Dissoziation der Gelatinesalze ist die Voraussetzung für das Zustandekommen der DONNANschen Membrangleichgewichte, da letztere nur Geltung haben, wenn nichtdiffusible Proteinionen vorhanden sind. Diese Dissoziation der Proteine betrachteten wir bisher als gegeben. Für die Gelatine mag dies mit Recht geschehen sein; doch braucht dies nicht für alle Proteine zuzutreffen. Haben wir es mit einem Protein zu tun, dessen Ionen sich mit denen der Neutralsalze zu Proteinsalzen von geringer bzw. geringerer Wasserlöslichkeit und Dissoziationsfähigkeit verbinden, dann fallen die Voraussetzungen für das Zustandekommen der Donnangleichgewichte entweder ganz fort, oder zum mindesten sind quantitative Abweichungen zu erwarten. Ist z. B. eine Na-Proteinverbindung besser löslich als eine K-Proteinverbindung, dann muß ihr Verhalten (osmotischer Druck, Quellung usw.) auch trotz gleichartiger Ladung des Na- und K-Ions und trotz DONNANscher Gleichgewichte verschieden sein; auf solche sekundäre Einflüsse führt LOEB alle Wirkungen der Salze auf Proteine zurück, soweit sie sich nicht qualitativ oder quantitativ mit den DONNANschen Gleichgewichten erklären lassen. Die Gelatinequellung ist gemäß den genannten Gleichgewichten bei gleicher Temperatur, bei gleichem p_H und gleichem Gehalt an ursprünglich isoelektrischer Gelatine ungefähr gleich groß, gleichgültig, ob es sich um den Einfluß des Cl-, NO_3-, Br-Anions usw., also um die Bildung von Gelatinechlorid, -nitrat, -bromid usw. handelt. Auch ist die Quellung des Li-, Na-, K- und NH_4-Gelatinats gleich stark. Anders als die Gelatine verhält sich aber z. B. das Casein. Die Caseinsäuresalze sind schlechter löslich als die Gelatinesäuresalze; daher spielt bei ihnen auch die chemische Natur des Anions, mit dem sie sich verbinden, eine Rolle. Casein-Trichloracetat ist praktisch so unlöslich wie Caseinsulfat. Demzufolge ist auch keines der beiden Salze zu quellen imstande; dagegen besitzen das besser lösliche Caseinchlorid und Caseinphosphat sehr wohl Quellungseigenschaften. Wie STIASNY und ACKERMANN[1]) gefunden haben, quillt trockenes Hautpulver in hochkonzentrierten Salzlösungen stärker als in Wasser. LOEB nimmt an, daß der Einfluß der hohen Salzkonzentration wahrscheinlich in einer Vermehrung der Löslichkeit und in einer Verminderung der Kohäsion zwischen den Molekülen des festen Kollagens besteht, was zu einem Hineindiffundieren des Wassers in die sonst impermeable Substanz führt. Konzentrierte Salzlösungen können aber auch eine Verminderung der Löslichkeit bestimmter Körper bedingen. Hierauf führt LOEB ein Phänomen zurück, dem in der Kolloidchemie der Eiweißkörper große Beachtung geschenkt worden ist; dieses ist die Ausfällung der hydrophilen Kolloide. Wie schon im Anfangsteil dieses Kapitels hervorgehoben wurde, gehört zu den wesentlichen

[1]) STIASNY u. ACKERMANN: Kolloidchem. Beih. Bd. 17, S. 219. 1923; zit. nach LOEB.

Unterscheidungsmerkmalen der hydrophilen und hydrophoben Kolloide, daß erstere nur durch konzentrierte Salzlösungen gefällt werden können. In dieser „Aussalzung“ der hydrophilen Kolloide sieht LOEB keinen besonderen kolloidchemischen Vorgang, sondern lediglich eine Verminderung der Löslichkeit des betreffenden Proteins. — Die Kolloidchemie der Eiweißkörper ist hier vornehmlich vom Standpunkte der DONNANschen Membrangleichgewichte aus behandelt worden, obgleich keineswegs erwiesen ist, daß dieser Standpunkt der richtige ist. Namhafte Autoren [so PAULI[1])] lehnen die DONNANschen Gleichgewichte zur Erklärung der Eiweißreaktion sogar vollkommen ab. In Anlehnung an neuere Ergebnisse der Eiweißchemie entwickelt dieser Autor ganz andersartige Vorstellungen von der Reaktion der Eiweißkörper mit Elektrolyten, die nicht minder geeignet sein dürften, das kolloidchemische Verhalten der Proteine erklären zu können. Die Diskrepanz der Anschauungen ist bei der Unkenntnis, die noch immer auf dem Gebiete der Eiweißchemie besteht, nicht überraschend; auch ist nicht zu erwarten, daß sich hierin bald ein grundsätzlicher Wandel vollziehen wird; daher habe ich es für zweckmäßig gehalten, wenigstens einen Standpunkt etwas genauer zu erörtern. Es kam mir in der Hauptsache nur darauf an, zu zeigen, daß die Elektrolyte den Zustand der hydrophilen Kolloide entscheidend beeinflussen können. Daß diese Wirkung verständlich ist, wenn wir den Eiweißreaktionen die DONNANschen Gleichgewichte zugrundelegen, haben wir im vorangehenden gesehen; sie ist aber auch verständlich, wenn wir hinsichtlich des Wesens der Eiweißreaktionen von anderen Auffassungen ausgehen. Deshalb hat der Streit der verschiedenen Meinungen für uns kein praktisches Interesse.

Zusammenfassung.

Zur Erklärung der bei den Kolloiden zu beobachtenden Vorgänge wurden zwei Theorien herangezogen (die FREUNDLICHsche Adsorptionshypothese und die DONNANschen Membrangleichgewichte). Die erstere wurde zum Ausgangspunkt gewählt, um die Reaktionen der hydrophoben, die letztere, um die der hydrophilen Kolloide verständlich zu machen. *Sie dürfen aber auch nur als ein Ausgangspunkt betrachtet werden.* Was die Zellkolloide betrifft, so werden wir erst dann ein Urteil darüber abgeben können, welcher Art ihre Reaktionen sind, wenn wir die Bedingungen ihrer kolloidalen Zustandsänderungen näher kennengelernt haben werden. Inwieweit dies bei der Kompliziertheit der Zellvorgänge überhaupt möglich sein wird, werden wir in den folgenden Kapiteln noch sehen. Auf folgendes sei jedoch auch hier schon hingewiesen. Zwischen den einzelnen flüssigen Systemen bestehen — wie schon mehrfach betont worden ist — innige Beziehungen. Wir müssen fließende Übergänge von einer zur anderen Lösungsform annehmen, so von den Emulsionen über die kolloidalen zu den echten Lösungen. Es ist daher nicht anzunehmen, daß gerade zwischen den einzelnen kolloidalen Zustandsformen (hydrophil und hydrophob) stets ein absoluter Gegensatz bestehen muß. Auch zwischen ihnen dürften Übergänge existieren. In der Tat gibt es auch viele kolloidale Systeme, aus deren Reaktionen wir nicht ohne weiteres schließen können, ob wir es mit hydrophilen oder hydrophoben Kolloiden zu tun haben. Insbesondere sind es

[1]) PAULI, W.: Kolloid-Zeitschr. Bd. 40, S. 185. 1926.

gerade die Zellkolloide, die — wie im folgenden Kapitel sich zeigen wird — durch ein Verhalten dieser Art ausgezeichnet sind. — Diesem Kapitel kommt keine spezielle Bedeutung zu. Es sollte uns lediglich darüber Aufschluß bringen, ob die Elektrolyte für den Aufbau und das Verhalten der Kolloide von Bedeutung sind. Ob wir nun die Vorgänge mehr vom Standpunkt der Adsorptionshypothese oder von dem der DONNANschen Membrangleichgewichte aus betrachten, das vorhandene Tatsachenmaterial und die theoretischen Erwägungen zwingen uns dazu, gerade in den Elektrolyten bzw. ihren Ionen die Körper zu erblicken, die dank ihren physikalischen bzw. physikalisch-chemischen Eigenschaften besonders geeignet sind, am Leben der Kolloide mitzuwirken, d. h. den kolloidalen Zustand zu ermöglichen und die Variationen bzw. die Zustandsänderungen der Kolloide herbeizuführen. Auch folgendes sei noch betont. Die Bindung der Elektrolyte an die Kolloide, als deren Folge die kolloidalen Zustandsänderungen auftreten, ist eine anorganische oder — genauer gesagt — keine organische (im Sinne der in Kap. I gegebenen Definition). Daß letzteres für den Fall zutrifft, daß die Elektrolyte mit den Kolloiden entsprechend der LOEBschen wie auch der PAULIschen Auffassung im chemischen Sinne Salze bilden, die der Dissoziation fähig sind, ist selbstverständlich; denn nur anorganisch gebundene Körper sind dissoziationsfähig. Die anorganische Bindung unterscheidet sich von der organischen dadurch, daß sie wesentlich lockerer ist und viel besser gespalten werden kann. Von diesem Gesichtspunkte aus betrachtet sind die Adsorptionsbindungen sicherlich auch nicht als organische Bindungsformen aufzufassen, ja, sie stellen wahrscheinlich sogar noch lockerere Bindungsformen als die anorganischen dar. Daß die kolloidalen Zustandsänderungen durch lockere Bindungen der Kolloide mit den Elektrolyten zustande kommen, ist — wie wir später noch sehen werden — für das Verständnis der biologischen Vorgänge von großer Bedeutung. Kolloidale Zustandsänderungen sind der Ausdruck jeder Zellfunktion. Da aber die Elektrolyte an den kolloidalen Zustandsänderungen in hervorragendem Maße mitwirken, braucht es uns nicht zu überraschen, wenn wir sehen werden, daß die Elektrolyte auch im Leben der Zelle eine hervorragende Rolle spielen. Die vorliegenden Ausführungen seien nur das grobe Rüstzeug, dessen wir uns bedienen wollen, um der Wirkung der Elektrolyte im Organismus einiges Verständnis entgegenzubringen.

IV. Die Kolloidstruktur der Zellen, ihre Abhängigkeit von den Elektrolyten und ihre Bedeutung für das biologische Geschehen.

1. Die kolloidale Beschaffenheit der Zellsubstanzen.

Im vorangehenden Kapitel ist ausführlich erörtert worden, daß die Elektrolyte diejenigen Substanzen seien, die zur Einwirkung auf Kolloide und ihre Strukturen besonders geeignet sind. Stellt die Zellstruktur auch ein kolloidchemisches System dar, dann ist für die Wirkung der Elektrolyte eine Grundlage geschaffen. Daß das erstere der Fall ist, wird heute wohl von allen angenommen. — Die Hauptbestandteile jeder Zelle sind Eiweißkörper und Lipoide. Nach LILIENFELD[1])

[1]) LILIENFELD: Hoppe-Seylers Zeitschr. f. physiol. Chem. Bd. 18, S. 473. 1894; zit. nach LEPESCHKIN.

besteht die Hauptmasse der trockenen Substanz des Protoplasmas aus Nucleoproteiden (Nucleinen und Histon) — 68% und Lipoiden — 16%, nach LEPESCHKIN[1]) aus Nucleoproteiden bzw. Lipoproteiden — 37% und Lipoiden — 11%; werden nur die wasserunlöslichen Plasmodiumteile berücksichtigt, so ist der Nucleoproteidgehalt noch ein wesentlich größerer, und zwar beträgt er 62% (der Lipoidgehalt 19%). Diese Analysen ergeben jedenfalls mit Sicherheit, daß die Protoplasmamassen zum größten Teil aus Nucleoproteiden und Lipoiden bestehen, also aus Stoffen, die — wenigstens im Wasser — nur der kolloidalen Lösung fähig sind. Die Zelleiweißkörper — dies ist von großer Bedeutung — sind ganz anderer Natur als die der Körperflüssigkeiten. Im Blute z. B. gibt es nur Eiweißkörper vom Typ der Albumine und Globuline. Diese sind in den Zellen überhaupt nicht nachweisbar. Die Eiweißsubstanzen der Zelle (die Nucleoproteide) sind noch dadurch kompliziert, daß sie in engsten Beziehungen zu den Lipoiden stehen. Über die Natur dieser Beziehungen sind wir noch wenig im klaren. NATHANSON vertrat die Anschauung, daß die Plasmamembran der Zellen einen aus Eiweißkörpern und Lipoiden bestehenden Mosaikbau darstelle. Die Durchlässigkeit der Zellen für die lipoidlöslichen Stoffe (z. B. Narkotica) und die lipoidunlöslichen (z. B. Salze) wurden mit diesen verschiedenen Mosaikteilchen in Zusammenhang gebracht Die Theorie NATHANSONS mußte aber fallen gelassen werden. LEPESCHKIN neigt mehr zu der Annahme, daß zwischen den Nucleoproteiden und den Lipoiden chemische Bindungsverhältnisse bestehen. Der Aufbau der kolloidalen Grundsubstanzen ist jedenfalls ein sehr komplizierter. Die Frage des Aggregatzustandes der Zellsubstanzen kann auch nicht als endgültig geklärt angesehen werden. Die Ansicht der meisten Forscher geht allerdings dahin, die Plasmabeschaffenheit als flüssig anzusehen; doch werden von den Vertretern dieser Anschauung auch Ausnahmen anerkannt; so soll der Aggregatzustand der Muskel- und Nervenfibrillen gallertartig sein (Genaueres hierüber s. LEPESCHKIN: Kolloidchemie des Protoplasmas). Nimmt man die Zelle als Ganzes, so kann ihr Aggregatzustand keineswegs als homogen angesehen werden. Die im Protoplasma auftretenden Körnchen und Tröpfchen (sowohl im Zelleib wie im Kern) sind von ganz anderer Struktur als die übrige Zellmasse. Die Körnchen können auf Ausflockungsvorgänge bzw. Vergröberung der dispersen Phase bezogen werden. Häufig ist das Auftreten von Körnchen an bestimmte Funktionszustände der Zelle gebunden (so bei den Drüsen). Die Änderung des Aggregatzustandes bzw. der kolloidchemischen Struktur der Zellmassen, die mit der Funktion einhergeht, muß selbstverständlich reversibler Natur sein. Es sei auf das Verhalten des quergestreiften Muskels hingewiesen. Die Muskelfibrillen sind bekanntlich aus alternierenden Schichten von isotropen und anisotropen Substanzen aufgebaut. Der Unterschied in der Doppelbrechung der beiden Schichten ist höchstwahrscheinlich durch den verschieden großen Gehalt an Wasser und kolloidaler Substanz bedingt. Die Doppelbrechung nimmt nach FREUNDLICH[2]) in Gallerten mit dem Gehalt an kolloidaler Substanz zu. Auch wird von FREUNDLICH die größere Quellbarkeit der anisotropen Substanz auf den größeren Kolloidgehalt zurückgeführt. Im Augenblick der Muskelkontraktion kommt es — wie schon lange bekannt ist —

[1]) LEPESCHKIN: Kolloidchemie des Protoplasmas, S. 145. Berlin: Julius Springer 1924.
[2]) FREUNDLICH, H.: Capillarchemie 1909, S. 485 u. 479.

zu einer mehr oder minder vollständigen Vermischung dieser Schichten; sie geben ihre Differenzierung auf und nehmen eine mehr gleichartige Strukturbeschaffenheit an. Mit der Muskelzuckung geht also ein vollkommener Umbau der kolloidchemischen Struktur einher. Die an jede Muskelzuckung sich anschließende Erholungsphase führt dann zur Wiederherstellung der ursprünglichen physikochemischen Struktur. Ist die isotrope und anisotrope Schicht durch einen verschiedenen Gehalt an Wasser ausgezeichnet, so muß bei der Kontraktion des Muskels auch eine Wasserverschiebung eintreten; denn sonst wäre die Entdifferenzierung nicht möglich. Bei tonischen Muskeln, besonders den von Tieren niederer Gattung, ist die mit der Kontraktion einhergehende Wasserverschiebung noch deutlicher zu beobachten. Beim Aufschneiden einer Aplysia läuft die Leibeshöhlenflüssigkeit aus; Reizung der Nerven führt zu lang anhaltender tonischer Kontraktion der Muskeln, wobei — wie BETHE[1]) feststellen konnte — Serumflüssigkeit geradezu ausgetrieben wird. Nach mehrmaliger Reizung und Zusammenziehung nimmt der ganze Hautmuskelschlauch evtl. nicht mehr als ein Drittel der Fläche ein, die vor dem Aufschneiden bestand; einer Erschlaffung sind die Muskeln dann nicht mehr fähig. Auch an einem isolierten Muskelstreifen der Aplysia kann man beobachten, daß er bei der Kontraktion Flüssigkeit austreibt. Bei der normalen Kontraktion wird — was durch JORDAN[2]) festgestellt werden konnte und mit den Beobachtungen von BETHE in bestem Einklang steht — aus den Muskeln Wasser unter die Haut gepreßt und von da aus wieder in die Muskeln aufgenommen. — Daß das Wasser eine große Bedeutung für die kolloidchemischen Strukturverhältnisse hat, geht aus den Ausführungen des vorigen Kapitels zur Genüge hervor. Daß ihm diese Bedeutung auch zukommt, wenn es sich um die Beeinflussung der biologischen Kolloidstrukturen handelt, geht — abgesehen von dem eben angeführten Beispiel der Muskelkontraktion — auch aus einer großen Reihe anderer Beobachtungen hervor. KLEBS[3]) beobachtete, daß unter der Wirkung bestimmter Salze das Protoplasma von Algen Wasser verliert und infolgedessen gallertartig erstarrt. Nach Wasseraufnahme tritt wieder Verflüssigung ein. Eine Vergrößerung der Menge des Dispersionsmittels auf Kosten der dispersen Phase (dies bedeutet stärkere Verwässerung und Viscositätsverminderung) kommt nach LEPESCHKIN beim Wachstum vor. Das Protoplasma der embryonalen und jungen Zellen ist zäher als dasjenige der rasch wachsenden Zellen. Im Protoplasma der ausgewachsenen Haarzellen der Brennnessel ist z. B. eine fortwährende Strömung zu beobachten, während dasjenige der jungen Zellen zäh ist und keine Bewegung aufweist.

Eine kolloidale Zustandsänderung stellen die Koagulationen dar. Wie LEPESCHKIN richtig hervorhebt, kann man sie mit Entmischungsvorgängen vergleichen. „Unter einer Koagulation versteht man eine weitgehende Veränderung der Dispersität kolloidaler oder grob disperser Phasen, während unter einem Entmischungsvorgang auch die Ausscheidung eines molekular gelösten Körpers verstanden werden kann. In beiden Fällen können aber Niederschläge in Form von Körnchen oder Tröpfchen erscheinen.“ Im Zellprotoplasma sind irreversible

[1]) BETHE, A.: Allgemeine Anatomie und Physiologie des Nervensystems, S. 368. Leipzig: G. Thieme 1903.

[2]) JORDAN: Zeitschr. f. Biol. Bd. 41, S. 196. 1901.

[3]) KLEBS: zit. nach LEPESCHKIN: Kolloidchemie des Protoplasmas, S. 114.

und reversible Koagulationen zu beobachten. Zu den ersteren gehört nach LEPESCHKIN z. B. das Auftreten von ätherischem Öl oder Fett im Protoplasma; dagegen gehört zu den wenig studierten reversiblen Koagulationen z. B. die Ausscheidung der Granula in Drüsenzellen unter der Einwirkung der Nervenreizung. Auftreten und Schwinden solcher Granula im Protoplasma der Drüsen des Augenlides des Frosches hat VELISCH[1]) im Anschluß an eine elektrische Reizung genauer verfolgen können. GIERSBERG[2]) hat Koagulationen im Protoplasma von Amöben auch nach Einwirkung von Salzen beobachtet. Kochsalz und Salpeter führen zum Auftreten von Granula, während Lithiumchlorid eine feine Trübung und Viscositätssteigerung des Protoplasmas zur Folge hat. Trotz diesen Veränderungen ist die Bewegungsfähigkeit der Amöben nicht merklich gestört. Koagulationen spielen zweifellos auch bei den Teilungsprozessen der Zelle sowie den Entwicklungsvorgängen des befruchteten Eies eine Rolle. Über die einschlägigen Untersuchungen J. LOEBS wird noch ausführlich zu sprechen sein. Hier sei nur erwähnt, daß OSTWALD die Bildung der Astrophären bei der Mitose als einen Gerinnungsvorgang auffaßt, an welchem besonders die Nucleinsubstanzen beteiligt sein sollen. Nach DELLA VALLE[3]) soll auch die Bildung der Chromosomen auf Koagulationsvorgänge zurückzuführen sein. Letztere treten also bei den verschiedenartigsten Funktionsvorgängen in Erscheinung. Unter den kolloidalen Zustandsänderungen, die das Leben und die Funktion der Zellen begleiten, spielen sicherlich auch die Quellungsvorgänge eine große Rolle. Möglich ist, daß auch die Muskelkontraktion mit einer Quellung bestimmter Muskelkolloide einhergeht; die Quellungstheorie der Muskelzuckung wird jedenfalls sehr ernstlich diskutiert. Quellungs- und Entquellungsvorgänge scheinen auch die Grundlage für die Bewegungsmechanismen der Pflanzen darzustellen. Interessant sind Beobachtungen von BÜTSCHLI und SPEK, die darauf hinweisen, daß bei Quellung von zwei fest aufeinanderhaftenden Gelplatten, die ein verschiedenes Quellungsvermögen besitzen, Ausstülpungen entstehen, die ganz an diejenigen erinnern, die bei der Entwicklung von Lebewesen, so bei der Gastrulainvagination, auftreten.

2. Zellmembran und Permeabilität der Zellen.

Um die Vorgänge besser zu verstehen, welche den die Zellfunktion begleitenden kolloidalen Zustandsänderungen zugrundeliegen, ist es notwendig, die Grundlagen der Kolloidstruktur der Zelle genauer kennenzulernen. Bei der Beurteilung der Zellstruktur spielt schon seit jeher die Annahme einer Zellhaut bzw. einer Zellmembran eine große Rolle. Die Existenz einer solchen wurde als selbstverständlich angenommen; denn die Zelle muß doch gegen ihre Umgebung (d. h. die Körperflüssigkeiten) irgendwie geschützt sein, so daß eine Auflösung in ihr verhindert wird. Bekannt ist die Anschauung PFEFFERS sowie TRAUBES, daß an der Berührungsstelle Protoplasma-Wasser eine Niederschlagsmembran sich bilde, die auch die Ursache des im Innern jeder Zelle zu beobachtenden osmotischen Druckes sei. Daß sich um eine Zelle eine feste Haut (die Pellicula) bilden kann, ist richtig; doch

[1]) VELISCH: zit. nach LEPESCHKIN: Kolloidchemie des Protoplasmas, S. 120.
[2]) GIERSBERG: Arch. f. Entwicklungsmech. d. Organism. Bd. 42, S. 208. 1922.
[3]) DELLA VALLE: zit. nach LEPESCHKIN: l. c.

gibt es auch viele Zellarten, bei denen eine Zellhaut nicht nachweisbar ist. Insbesondere ist durch die Untersuchungen von Bower, Gardiner, Hecht, Lepeschkin u. a. wahrscheinlich gemacht, daß auch die Oberfläche der Zellen zwar klebrig und zähe, aber doch flüssig sein kann. Eine echte Zellmembran, d. h. eine die Zelle nach außen von ihrer Umgebung abgrenzende Haut, die sich von der übrigen Zellsubstanz sichtbar unterscheidet, ist eigentlich nur bei den Pflanzenzellen nachweisbar. Trotzdem pflegt man gewöhnlich allen Zellen eine sog. Zellmembran zuzusprechen, und zwar deshalb, weil man ohne diese hypothetische Membran den Stoffaustausch der Zelle nicht erklären zu können glaubt. Der Stoffaustausch gehört zweifellos zu den physiologisch wichtigsten Eigenschaften jeder Zelle. Nährstoffe wie der Zucker müssen irgendwie in die Zelle eindringen, andere Stoffe (so die Stoffwechselabbauprodukte) müssen die Zelle verlassen können. Selbstverständlich ist es, daß dieser Stoffaustausch kein willkürlicher sein kann. Von den ihr zufließenden Substanzen nimmt die Zelle nur so viel an, als ihrem Bedarf entspricht; dieser ist aber im Ruhe- und Funktionszustand der Zelle ein ganz verschiedener. Die Existenz einer Zellmembran erscheint notwendig, wenn man für den Wassergehalt und die Wasserbewegungen einer Zelle osmotische Druckwirkungen verantwortlich macht. Die Osmose im Sinne von van t'Hoff hat nämlich zur Voraussetzung, daß eine semipermeable, d. h. nur für Wasser durchgängige Membran vorhanden ist. Eine nicht ausschließliche, aber doch weitgehende Abhängigkeit der Wasserbewegungen vom osmotischen Druck besteht zweifellos bei Pflanzenzellen und den Blutkörperchen, also den Zellen, bei denen das Bestehen einer Membran noch am wahrscheinlichsten ist. So stellen die Plasmolyse und die Hämolyse Vorgänge dar, bei denen der Einfluß des osmotischen Druckes in sehr starkem Maße zur Geltung kommt. Bei der Mehrzahl der tierischen Zellen und Organe spielt aber der osmotische Druck — wie wir in den folgenden Kapiteln noch sehen werden — eine nur untergeordnete Rolle. Was speziell den Wassergehalt der Gewebe betrifft, so sei nur angeführt, daß die Skelettmuskeln in isotonischen Lösungen bestimmter Kaliumsalze schwellen, also Wasser aufnehmen, in den Calciumsalzlösungen dagegen schrumpfen, also Wasser abgeben (Overton). Von ganz untergeordneter Bedeutung ist der osmotische Druck auch für die funktionellen Vorgänge (so für Kontraktion und Dilatation des Herzmuskels, s. S. 90). Daß aber bei diesen Vorgängen Wasserbewegungen eine Rolle spielen, ist in diesem Kapitel bereits ausgeführt worden. Die Unabhängigkeit der Wasserbewegung vom osmotischen Druck braucht uns nicht zu überraschen; haben wir doch in Kap. III erfahren, daß in kolloiden Systemen die Wasserbewegungen nach ganz anderen Gesetzen als denen der gewöhnlichen Osmose ablaufen. Von großer Bedeutung ist z. B. die elektrische Ladung der kolloiden Teilchen (vgl. das über die Kataphorese und Elektroendosmose Gesagte). Bei den Wasserbewegungen, die der Quellung der hydrophilen Kolloide zugrunde liegen, spielt zwar gemäß den Anschauungen von Procher und Wilson sowie Jacques Loeb die Osmose eine große Rolle; doch ist auch diese Osmose eine modifizierte, da sie nicht von den molekularen Konzentrationen der zugesetzten Substanzen, sondern von den Konzentrationen abhängig sind, die sich entsprechend den Donnanschen Membrangleichgewichten einstellen. Wichtig ist aber vor allem, daß für diese osmotische

Wasserbewegung nicht das Vorhandensein einer besonderen, das betreffende kolloide System nach außen abgrenzenden Membran notwendig ist, sondern jedes kolloide Teilchen in dem quellungsfähigen Sol bzw. Gel an sich schon das mit Membraneigenschaften ausgezeichnete Gebilde darstellt. — Daß die sog. Zellmembran nicht eine rein semipermeable sein kann, wurde von Anfang an erkannt; denn außer Wasser dringen ja auch bestimmte gelöste Substanzen in die Zelle ein; man spricht demgemäß von einer selektiven Permeabilität der Membran. Geprüft wurde diese insbesondere an Blutkörperchen. Die Untersuchungen, über die an dieser Stelle nur kurz und summarisch berichtet werden kann, knüpfen sich vor allem an die Namen von EHRLICH sowie GRYNS[1]), OVERTON[2]), HEDIN[3]), WARBURG[4]) u. a. Daß die Untersuchungen in erster Linie an Blutkörperchen ausgeführt wurden, ist verständlich, da sie die einzigen isolierten Zellen im Organismus darstellen und der Technik der Untersuchung die geringsten Schwierigkeiten bereiten. Aus den zuvor genannten Gründen können die Befunde zwar nicht ohne weiteres auch auf die anderen Zellen und Organe übertragen werden; es kommt ihnen aber trotzdem eine allgemeine Bedeutung zu. Die Durchlässigkeit der Erythrocyten ist nicht für alle Körper gleich groß. Sie sind z. B. permeabel für Alkohole, Äther, Esther, Glycerin, Harnstoff, dagegen impermeabel oder zum mindesten wenig permeabel für Neutralsalze und die verschiedenen Zucker. Die Durchlässigkeit, von der hier die Rede ist, gilt für Zellen, die sich im Ruhezustand befinden. Daß bei der Funktion Zuckermoleküle nicht in die Zellen selbst eindringen sollen, ist undenkbar. Was die Salze betrifft, sei erwähnt, daß auch im Ruhezustand der Zellen das Verhalten der Anionen und Kationen nicht ganz das gleiche ist. Den Anionen kommt nämlich eine Permeabilität zu; es läßt sich im Experiment — wie insbesondere die Untersuchungen von ROHONYI[5]) und WIECHMANN[6]) ergeben haben — ein Austausch zwischen den Anionen der Blutkörperchen und der Außenflüssigkeit nachweisen. Gänzlich impermeabel sind die Blutkörperchen allerdings auch für die Kationen nicht [HAMBURGER[7])]; doch scheint die Durchlässigkeit eine noch geringere als für die Anionen zu sein. Es kommt hier nicht darauf an, die feineren Unterschiede in der Durchlässigkeit der Zellen zu erörtern, sondern lediglich die allgemeinen Prinzipien zu erkennen, die diesen Vorgängen zugrundeliegen. Eine Permeabilität besteht — wie wir erfahren haben — für Alkohole, desgleichen auch für Anionen; trotzdem können wir nicht den Ablauf der Vorgänge bei beiden als gleichartig ansehen. Von einem in der Suspensionsflüssigkeit befindlichen Alkohol nehmen die Blutkörperchen — desgleichen auch die anderen Zellen — etwa so viel auf, als der physikalischen Verteilung von Alkohol zwischen Wasser und Öl entspricht. Wenn ein anderer Alkohol in einem Wasser-Ölgemisch von letzterem in größerer Menge aufgenommen wird, so kann man mit einer gewissen Wahrscheinlichkeit annehmen, daß er auch von den Zellen in entsprechend größerer Menge gebunden wird bzw. eine größere Menge von

[1]) GRYNS: Pflügers Arch. f. d. ges. Physiol. Bd. 63, S. 86. 1896.
[2]) OVERTON: Nagels Handb. d. Physiol. Bd. 2.
[3]) HEDIN: Pflügers Arch. f. d. ges. Physiol. Bd. 68, S. 229. 1897.
[4]) WARBURG: Ergebn. d. Physiol. v. ASHER-SPIRO, Bd. 14. 1914.
[5]) ROHONYI: Kolloidchem. Beih. Bd. 8, S. 337. 1916.
[6]) WIECHMANN: Pflügers Arch. f. d. ges. Physiol. Bd. 189, S. 109. 1921.
[7]) HAMBURGER: Zeitschr. f. physikal. Chem. Bd. 69, S. 663.

ihm in die Zellen eindringt. Für die Permeabilität der Anionen kommt etwas Ähnliches nicht in Frage. Daß die Verteilung eines Stoffes auf Wasser und Öl für seine Aufnahmefähigkeit durch die Zellen von Bedeutung ist, veranlaßt uns, zu erwägen, ob die öligen Bestandteile der Zellen — dies können nur die Lipoide sein — einen für die Permeabilität maßgebenden Faktor darstellen. Nach OVERTON ist die Bedeutung der Lipoide in folgendem gelegen. Sie stellen den wesentlichsten Bestandteil der Zellmembran dar und bestimmen daher die Durchlässigkeit der Zelle. Handelt es sich um fett- bzw. lipoidlösliche Substanzen, so gelangen sie entsprechend dem Grade ihrer Löslichkeit durch einfache Diffusion in die Zelle. Die Durchlässigkeit einer Zelle für lipoidunlösliche Substanzen (Salze, Zucker usw.) kann dagegen nur durch aktive protoplasmatische Arbeitsleistung herbeigeführt werden. Auf diesen Anschauungen fußend, haben H. H. MEYER[1]) und OVERTON[2]) die vielgenannte Lipoidtheorie der Narkose entwickelt, welche besagt, daß die narkotische Wirkung eines Körpers auf der Ansammlung in den fettartigen Stoffen, den Lipoiden, der Zelle beruht und die Intensität der Wirkung davon abhängt, wieviel von dem Narkoticum auf die Lipoide und wieviel auf das umgebende wässerige Medium sich verteilen. Je geringer die Wasserlöslichkeit und je größer die Lipoidlöslichkeit eines Stoffes ist, desto stärker ist nach MEYER-OVERTON seine narkotische Wirkung. Es kann nicht bezweifelt werden, daß diese Erklärung der narkotischen Wirkung eine durchaus plausible ist, ferner, daß eine große Zahl der Narkotica den Forderungen der Theorie zu entsprechen scheint; auch ist ohne weiteres zuzugeben, daß letztere außerordentlich anregend gewirkt hat; sie hat sich aber trotzdem nicht aufrechterhalten lassen (in letzter Zeit kommt insbesondere WINTERSTEIN zu einer grundsätzlichen Ablehnung). Gegen die Richtigkeit der MEYER-OVERTONschen Auffassung sprechen eine Reihe wichtiger Tatsachen. So hat sich bei vielen Narkotica gezeigt, daß die Intensität ihrer Wirkung nicht eine solche ist, wie sie entsprechend der Verteilung Wasser—Öl sein müßte. WINTERSTEIN hebt z. B. hervor, daß der Teilungskoeffizient (TK) des i. Butylalkohols 180 mal, seine Wirkungsstärke (WS) aber nur 6 mal so groß wie die des Äthylalkohols, der TK des Bromalhydrates bei ungefähr gleicher Wirkungsstärke nur $^1/_7$ des Trionals sei. Auch haben die Untersuchungen nicht ergeben, daß die Aufnahmefähigkeit eines Organes für ein Narkoticum seinem Lipoidgehalt entspricht, was nach der MEYER-OVERTONschen Theorie unzweifelhaft der Fall sein müßte. Auch ein Versuch von WARBURG[3]) sei noch erwähnt, der ergab, daß die Verteilung des stark narkotischen Thymols und Heptylalkohols auf Wasser und Blutkörperchenstromata sich nicht ändert, wenn letztere durch Behandlung mit Alkohol und Äther von ihren Lipoiden befreit werden. Der negative Ausfall dieser Versuche spricht unbedingt dagegen, daß es sich bei der Aufnahme der betreffenden Stoffe seitens der Zellen um Lösungsvorgänge handelt bzw. das Eindringen einer Substanz in die Zelle von ihrer Lipoidlöslichkeit abhänge. Indem wir diese Lipoidtheorie der Permeabilität als

---

[1]) MEYER, H. H.: Arch. f. exp. Pathol. u. Pharmakol. Bd. 42, S. 109. 1899 u. Bd. 46, S. 338. 1901.

[2]) OVERTON: Studien über Narkose. Jena 1901.

[3]) WARBURG, O.: Pflügers Arch. f. d. ges. Physiol. Bd. 155, S. 547. 1914; Ergebn. d. Physiol. v. ASHER-SPIRO Bd. 14, S. 289. 1914.

nicht zu Recht bestehend aufgeben, fällt für uns die Notwendigkeit fort, die Existenz der lipoiden Zellmembran, von der MEYER und OVERTON ausgingen, zu bejahen. —

3. Die Permeabilität als Adsorptions- bzw. Grenzflächenvorgang.

Eine starke Förderung hat das Permeabilitätsproblem zweifellos durch die Untersuchungen und Anschauungen J. TRAUBES[1]) erfahren; nach ihm ist die Durchlässigkeit der Zellen für einen Stoff nicht von seiner Lipoidlöslichkeit, sondern seiner Oberflächenaktivität, d. h. seiner Eigenschaft, adsorbiert werden zu können, abhängig. Zu den leicht permeablen Stoffen gehören — wie schon angeführt worden ist — die Alkohole, Ester usw., zu den schlecht oder gar nicht permeablen Stoffen die Salze, Zucker usw. Daß diese Körper eine ganz verschiedene Oberflächenaktivität besitzen, ist sicher. Während erstere (die Alkohole usw.) stark oberflächenaktiv sind, können letztere geradezu als Vertreter der oberflächeninaktiven Stoffe angesehen werden (s. S. 24). Erweist sich die TRAUBEsche Auffassung als richtig, dann haben wir anzunehmen, daß das Eindringen eines Stoffes in eine Zelle auf seiner Eigenschaft beruht, sich an der Oberfläche eines bestehenden Grenzflächensystems zu konzentrieren, d. h. von ihr adsorbiert zu werden. Solch ein Grenzflächensystem stellt z. B. Flüssigkeit—Luft dar. Stoffe, die für dieses System capillaraktiv sind, müssen sich an der Oberfläche der Flüssigkeit konzentrieren. Daß bei den Zellvorgängen dieses Grenzflächensystem nicht in Frage kommt, ist selbstverständlich. Grenzflächen werden hier von der die Zelle umspülenden Flüssigkeit und dem Zellprotoplasma gebildet. Das Grenzflächensystem ist also Flüssigkeit—Flüssigkeit bzw. wässerige Flüssigkeit—ölige Flüssigkeit. Wenn also Stoffe aus der wässerigen Flüssigkeit (das ist das Medium, in welchem sich die Zellen befinden) in die ölige Flüssigkeit (Protoplasma) infolge ihrer Oberflächenaktivität eindringen, so bedeutet dies, daß sie von den Oberflächen der öligen Flüssigkeit adsorbiert werden. TRAUBE spricht statt von Oberflächenaktivität von Haftdruck, und zwar ist starke Oberflächenaktivität identisch mit geringem Haftdruck und umgekehrt; je weniger ein Körper bei der Grenzfläche Flüssigkeit—Öl in der Flüssigkeit haftet, desto stärker kann er vom Öl aufgenommen werden. Die Stärke der Oberflächenaktivität wird durch gewisse Gesetzmäßigkeiten bestimmt; bei den Alkoholen, Estern, Aldehyden, Ketonen usw. nimmt sie in homologen Reihen mit der Länge der Kohlenstoffkette zu, und zwar — wie TRAUBE gefunden hat — in ganz bestimmter Weise. So setzen oberflächenaktive Stoffe, die die homologe Reihe bilden, die Oberflächenspannung des Wassers gleich stark herab, wenn ihre Konzentrationen mit zunehmender Länge der C-Kette im Verhältnis von $1:3:3^2:3^3$ abnehmen. Wie aus einer großen Reihe von Versuchen hervorgeht, kann nun in gleicher Weise auch die biologische Wirksamkeit zunehmen, d. h. zur Erzielung des gleichen Effektes sind ebenfalls die der TRAUBEschen Regel entsprechend kleineren Mengen notwendig. Sehr deutlich zeigen dies Versuche über die Wirkungsstärke bestimmter Narkotica bei Kaulquappen [OVERTON[2])], Seeigeleiern u. a.

[1]) TRAUBE: Pflügers Arch. f. d. ges. Physiol. Bd. 105, S. 541. 1904; Bd. 123, S. 419. 1908; Bd. 153, S. 276. 1913; Biochem. Zeitschr. Bd. 10, S. 371. 1908.

[2]) OVERTON: l. c.

So sind zur Narkose von Kaulquappen von Gliedern der folgenden homologen Reihe notwendig bei

	Mol pro Liter
Aceton	0,26
Methyläthylketon	0,09
Diäthylketon	0,029

Die Konzentrationen verhalten sich also auch hier etwa wie $1:3:3^2$. Es entbehrt nicht des Reizes, daß sich TRAUBE gerade auf Versuchsergebnisse von OVERTON stützt. Der Parallelismus zwischen Oberflächenaktivität und biologischer Wirkung ist aber nicht immer nachweisbar; z. B. ist die narkotische Wirkung des Harnstoffes trotz geringerer Oberflächenaktivität größer als die des Alkohols. Die Zahl der Fälle, bei denen die TRAUBEschen Gesetzmäßigkeiten nicht zutreffen, ist sogar — wie aus Versuchen von FÜHNER[1]) und JOACHIMOGLU[2]) hervorgeht — keine geringe. Dabei ist zu beachten, daß die Inkongruenz besonders dann in Erscheinung tritt, wenn man Körper verschiedener chemischer Gruppen wie Harnstoff und Alkohol miteinander vergleicht. Demnach müßten wir eigentlich zur Schlußfolgerung gelangen, daß die Annahme TRAUBES, die Oberflächenaktivität eines Körpers bestimme sein Eindringen in die Zelle und seine biologische Wirksamkeit, auch nicht zu Recht bestehe. Kann aber der Gedanke, der dieser Theorie zugrundeliegt, ebenfalls als widerlegt angesehen werden? Ist es erwiesen, daß das Eindringen der betreffenden Körper nicht auf Adsorptionsvorgängen beruht? Dies ist keineswegs der Fall, und zwar aus folgenden Gründen. Zunächst müssen wir uns darüber im klaren sein, daß wir nicht ohne weiteres aus der biologischen Wirkungsstärke eines Körpers auf die Menge der in die Zelle eingedrungenen Substanzen schließen dürfen. Hierzu sind wir nur berechtigt, wenn es sich um verwandte, chemisch indifferente, wenig reaktionsfähige Körper (so die Mehrzahl der Narkotica) handelt, die im Organismus in erster Linie durch ihre physikalischen Eigenschaften wirken. Diejenigen aber unter den sog. lipoidlöslichen, leicht permeablen Stoffen, die mit den protoplasmatischen Substanzen evtl. spezifische Reaktionen eingehen (hierzu gehören nach WARBURG z. B. die Aldehyde), rechtfertigen ein ganz anderes Verhalten. Die chemisch indifferenten, unspezifisch wirkenden, zeigen aber auch nicht immer die Gesetzmäßigkeiten, die die TRAUBEsche Theorie verlangt. Hierzu ist folgendes zu bemerken. Die Oberflächenaktivität, von der TRAUBE ausgeht, bezieht sich auf das Grenzflächensystem Wasser—Luft, d. h. die Capillaraktivität der in Frage kommenden Substanzen ist durch Messungen festgestellt, die die Einwirkung auf die Oberflächenspannung von Wasser gegen Luft anzeigen. Die im Organismus bestehenden Grenzflächen sind aber ganz andere. Daß die Adsorption an diesen Grenzflächen in ihrer Intensität stets den Gesetzmäßigkeiten folgt, die aus der TRAUBEschen Theorie sich ergeben, ist nur dann zu erwarten, wenn die Oberflächenaktivität der betreffenden Substanzen für das Grenzflächensystem Wasser—Luft die gleiche ist wie für das physiologische Grenzflächensystem, das wir am besten als Flüssigkeit (Zellmedium)—ölige Flüssigkeit (Protoplasma) ansehen. Meistens dürfte eine Übereinstimmung bestehen; doch muß dies nicht immer der Fall sein.

[1]) FÜHNER: Biochem. Zeitschr. Bd. 115, S. 235 u. Bd. 120, S. 143. 1921.
[2]) JOACHIMOGLU: Biochem. Zeitschr. Bd. 120, S. 203. 1921.

So ist bekannt, daß Substanzen wie Zucker, Aminosäuren u. a., die die Oberflächenspannung des Wassers gegenüber Luft nicht herabsetzen, in wässerigen Kohlensuspensionen von der Kohle sehr gut adsorbiert werden, die Oberflächenspannung der Kohle gegenüber Wasser also stark vermindern [RONA und MICHAELIS[1])]. Aus der Tatsache, daß einige Befunde den Erwartungen, die sich aus der TRAUBEschen Lehre ergeben, widersprechen, darf jedenfalls nicht geschlossen werden, daß der Grundgedanke ein falscher ist. Für die Richtigkeit des letzteren sprechen insbesondere die Untersuchungen von O. WARBURG, die im nächsten Abschnitt näher besprochen werden sollen. Zu ihrem Verständnis ist die Kenntnis folgender kolloidchemischer Tatsachen erforderlich. Es ist erwiesen, daß Oberflächensysteme geeignet sind, als Katalysatoren bei chemischen Reaktionen zu wirken. (Adsorptionskatalyse.) Wenn z. B. Methan und Sauerstoff im Gasraum zusammentreffen, so werden nur kleine Methanmengen durch den Sauerstoff oxydiert; leitet man aber die beiden Gase über feinverteiltes Platin, das als Oberfläche wirkt und die genannten Gase adsorbiert, so tritt eine lebhafte Verbrennung ein. Die adsorptionskatalytische Wirkung ist keineswegs allein an der Grenzfläche fest—Gas zu beobachten, sie tritt auch an anderen Grenzflächensystemen auf. Sowohl Glaswolle wie Kupfersalze können den Zerfall von H_2O_2 beschleunigen. Sie wirken als gewöhnliche Katalysatoren. Läßt man aber beide gleichzeitig auf das H_2O_2 einwirken, nimmt die Geschwindigkeit der Zersetzung ungemein zu. Das Kupferion wird von der Glaswolle adsorbiert, was zur Folge hat, daß die Konzentration des katalytisch wirkenden Kupfers stark zunimmt. Wie FREUNDLICH[2]) hervorhebt, verhalten sich die Zersetzungsgeschwindigkeiten wie die an die Glaswolle adsorbierten Kupfermengen. Wahrscheinlich wirkt die Oberfläche dadurch, daß sie eine Verdichtung, d. h. Konzentrierung der miteinander reagierenden Substanzen herbeiführt. Nach POLANYI[3]) dürfte auch noch der Umstand eine Rolle spielen, daß an der Oberfläche, d. h. in der Adsorptionsschicht, die Dissoziationsverhältnisse der betreffenden Stoffe sich ändern. Von der Adsorptionskatalyse wird in Chemie und Technik ein weitgehender Gebrauch gemacht.

4. Adsorption und Zellatmung.

Wie O. WARBURG[4]) gezeigt hat, spielt die Adsorptionskatalyse bei biologischen Vorgängen wie der Atmung eine große Rolle. Dies konnte er durch Versuche am Modell, das die physiologischen Atmungsvorgänge nachahmt, beweisen. Kohle bzw. Kohlensuspensionen stellen ein Oberflächensystem dar, das durch ein alle anderen Adsorbenzien überragendes Adsorptionsvermögen ausgezeichnet ist. Eine adsorptionskatalytische Wirkung der Kohle für chemische Reaktionen kann nicht angezweifelt werden. So beschleunigt die Kohle die Oxydation des Phenylthioharnstoffes durch Sauerstoff zu Schwefel. Eine große Bedeutung für den physiologischen Atmungsprozeß kommt dem Eisen zu. Aus dem zuvor angeführten Beispiel der H_2O_2-Zersetzung durch Glaswolle bzw. Kupfersalze haben wir ersehen können, daß das Kupfer an sich als Kataly-

---

[1]) RONA u. MICHAELIS: Biochem. Zeitschr. Bd. 16, S. 489. 1909.

[2]) FREUNDLICH: Grundzüge der Kolloidchemie, S. 53. Leipzig 1924.

[3]) POLANYI: zit. nach FREUNDLICH: l. c.

[4]) O. WARBURG: Biochem. Zeitschr. Bd. 119, S. 134. 1921 u. Bd. 136, S. 266. 1923. — O. WARBURG und W. BREFELD: Biochem. Zeitschr. Bd. 145, S. 461. 1924.

sator wirkt. Dies gilt wie für das Kupfer für alle Schwermetalle (Metallkatalyse). Auch dem Eisen kommt diese Wirkung zu. Bei dem physiologischen Atmungsprozeß besteht nach WARBURG die katalytische Wirkung des Eisens wahrscheinlich darin, daß der Luftsauerstoff durch Reaktion mit ihm in eine mehr reaktionsfähige Form übergeführt wird. Die katalytische Wirkung des Kupfers nimmt — wie wir erfahren haben — zu, wenn es von einer Oberfläche (z. B. Glaswolle) adsorbiert wird. Es summiert sich dann Metall- und Oberflächenkatalyse. In gleicher Weise dürfte auch die katalytische Eisenwirkung durch Adsorption an eine Oberfläche gesteigert werden, und zwar so stark, daß die physiologischen Oxydationen, also der normale Atmungsprozeß, ermöglicht werden. Wird das Eisen irgendwie ausgeschaltet, dann sinkt die Atmung auf ein Minimum ab. Hierauf beruht das Wesen der Vergiftung mit Blausäure, die das Eisen blockiert, weil sie das Eisen in eine unwirksame Eisen-Cyanverbindung überführt; es kommt zur inneren Erstickung. Das von WARBURG konstruierte Atmungsmodell ist nun eine solche Kohlensuspension; auch sie enthält stets Eisenverbindungen — es genügen ganz geringe Mengen — oder auch solche anderer Schwermetalle. Daß sie für die Oxydationen, die an der Kohlenoberfläche ablaufen, von größter Bedeutung sind, ist zweifellos. Bei völlig eisenfreien Kohlen ist die Oxydation von Aminosäuren unmöglich bzw. außerordentlich gering; sie setzt aber — wie WARBURG und BREFELD gezeigt haben — ein, wenn der Kohle kleinste Mengen von Eisen in geeigneter Form zugesetzt werden. Andererseits vermag die Blausäure wie an der Zelle auch die an der Kohlenoberfläche ablaufenden Oxydationen ganz aufzuheben. Daß die Oxydationsvorgänge — die Gärungsprozesse verhalten sich nach WARBURG ebenso — an der Oberfläche sich abspielen, ist nach dem Gesagten kaum mehr zweifelhaft. — Für die weitere Klärung der von uns behandelten Frage ist noch folgendes von Bedeutung. Es gehört zum Wesen der Adsorptionsvorgänge, daß Stoffe mit größerer Oberflächenaktivität solche mit geringerer Oberflächenaktivität aus den Oberflächen verdrängen [MICHAELIS und RONA[1]), FREUNDLICH]. Von der Kohle wird z. B. weniger Traubenzucker aufgenommen, wenn gleichzeitig Körper von größerer Capillaraktivität (so Urethan) vorhanden sind. Die Intensität der Wirkung der verschiedenen Urethane ist um so stärker, je größer ihre Capillaraktivität ist [RONA und TOTH[2])]. Nach der TRAUBEschen Regel nimmt — wie schon erwähnt wurde — letztere bei den Gliedern einer homologen Reihe mit der Länge der Kohlenstoffkette zu. Dementsprechend ist in dem eben angeführten, von RONA und TOTH untersuchten Falle tatsächlich auch die verdrängende Wirkung des Propylurethans größer als die des Äthylurethans und dessen Wirkung größer als die des Methylurethans. — Der Oxydation an der Kohlenoberfläche unterliegen auch die Oxalsäure, ferner Aminosäuren wie Cystin u. a. Die Ursache für die Membrankatalyse ist — wie ausgeführt worden ist — darin gelegen, daß die an der chemischen Reaktion teilnehmenden Substanzen (so die Oxalsäure und der Sauerstoff) infolge Adsorption an der Oberfläche in erhöhter Konzentration miteinander in Berührung gelangen. Wenn nun einer der reagierenden Stoffe (so die Oxalsäure) durch Stoffe mit größerer Capillaraktivität (hierher gehören alle Narkotica) verdrängt werden, dann muß — wenn unsere Voraussetzungen richtig sind — die Oxydation der Oxalsäure verlang-

[1]) MICHAELIS u. RONA: Biochem. Zeitschr. Bd. 15, S. 196. 1909.

[2]) RONA u. TOTH: Biochem. Zeitschr. Bd. 64, S. 288. 1914.

samt bzw. unterbrochen werden. Dies ist — wie WARBURG gezeigt hat — auch der Fall, und zwar nimmt die hemmende Wirkung tatsächlich mit der Oberflächenaktivität, d. h. entsprechend der TRAUBEschen Regel zu. (Es kommt gewissermaßen zu einer Narkose der Kohle.) Diese Wirkung der Narkotica tritt auch bei anderen Oberflächensystemen ein; so hat MEYERHOF[1]) mit Narkotica auch die Zersetzung von H_2O_2 an kolloidal verteiltem Platin hemmen können. Von besonderer Wichtigkeit ist nun die Tatsache, daß auch die physiologischen Oxydationen bzw. Atmungsvorgänge durch die oberflächenaktiven Stoffe, und zwar ebenfalls ihrer Adsorbierbarkeit bzw. den TRAUBEschen Regeln entsprechend, gehemmt werden können. Dies hat WARBURG[2]) an den verschiedensten Zellen und Zellsystemen (Bakterien, Hefezellen, roten und weißen Blutkörperchen, Fischspermatozoen, Leberzellen von Maus und Frosch und Nervenzentren vom Frosch) zeigen können. So sind zu einer gleich starken Hemmung der Oxydationsgeschwindigkeit roter Vogelblutzellen von den verschiedenen oberflächenaktiven Stoffen folgende in der Tabelle angeführten Konzentrationen (in Grammolekülen pro Liter) erforderlich.

Tabelle (nach O. WARBURG).

Substanz	Hemmende Konzentration	Substanz	Hemmende Konzentration
Methylalkohol	5	Butylurethan	0,043
Äthylalkohol	1,6	Phenylurethan	0,003
Propylalkohol	0,8	Aceton	0,9
Butylalkohol	0,15	Methylpropylketon	0,17
Amylalkohol (Gärungs-)	0,045	Methylphenylketon	0,014
Methylurethan	1,3	Dimethylharnstoff (asymm.)	1,4
Äthylurethan	0,33	Diäthylharnstoff (symm.)	0,52
Propylurethan	0,13	Phenylharnstoff	0,018

Daß eine Zelle eine Membran besitzen muß, die sie nach außen abgrenzt, nahm man in erster Linie an, um erklären zu können, weshalb bestimmte Stoffe in die Zelle eindringen können, andere diese Fähigkeit aber nicht besitzen. Das Entscheidende wurde in der Durchlässigkeit der Membran erblickt. Daß die Zellmembran — zum mindesten bei den tierischen Zellen — ein hypothetisches Gebilde darstellt, wurde schon erwähnt. Die Erkenntnis, daß es sich bei den in Frage kommenden Vorgängen um Adsorptionsvorgänge handelt, macht indes die Annahme einer Zellmembran vollkommen entbehrlich. Die Adsorption ist — wie ausgeführt worden ist — ein Vorgang, der sich an Grenzflächen abspielt. Daß eine Zelle und das sie umgebende Medium ein solches Grenzflächensystem darstellt, ist ohne weiteres verständlich. Wenn nun in diesem System ein bestimmter Stoff (so ein Narkoticum) von der Zelle durch Adsorption aufgenommen wird, so bedeutet dies, daß er in der Oberfläche der Zelle konzentriert werden muß. Von den Stoffen, die in die Zelle eindringen, ist dies aber keineswegs erwiesen. Im Gegenteil, von den Farbstoffen, bei deren Aufnahme Adsorptionsvorgänge (wahrscheinlich polarer Art) zweifellos auch

[1]) MEYERHOF: Pflügers Arch. f. d. ges. Physiol. Bd. 157, S. 251 und 307. 1914.
[2]) WARBURG, O.: Ergebn. d. Physiol. Bd. 14, S. 292. 1914.
[3]) WARBURG, O.: Zeitschr. f. physiol. Chem. Bd. 70, S. 413. 1911.

eine hervorragende Rolle spielen, wissen wir, daß sie die ganze Zelle gleichmäßig durchdringen können, jedenfalls nicht nur an der Oberfläche sich ansammeln. — Daß die Atmungsvorgänge Prozesse darstellen, die an den Oberflächen sich abspielen, ist erörtert worden. Auch wurde ausgeführt, daß die Narkotica dank ihren adsorptiven Eigenschaften die Oxydationen (z. B. bei den Erythrocyten) hemmen. Wie O. WARBURG zeigen konnte, vermögen die Narkotica diese Eigenschaften auch bei aufgelösten Blutkörperchen zu entfalten; dies beweist, daß nicht nur die Blutkörperchenzelle als Ganzes mit dem Zellmedium ein Grenzflächensystem bilden kann, sondern daß auch die einzelnen Teilchen der Zelle hierzu befähigt sind. Ist dies auch bei den unversehrten Zellen der Fall, dann ist verständlich, daß die durch Adsorption aufgenommenen Substanzen sich über die ganze Zelle verteilen. Diese für uns außerordentlich wichtige Frage der Grenzflächenentfaltung im Innern der Zelle sei im folgenden näher erörtert.

5. Die Zelle als Grenzflächensystem.

Es soll nicht in Abrede gestellt werden, daß der Aggregatzustand an der Oberfläche der Zelle ein anderer als im Innern sein kann, auch nicht, daß der Oberfläche einer Zelle ebenfalls die Eigenschaft einer Grenzfläche — sowohl gegenüber dem Außenmilieu wie dem Zellinnern — zukommt. Es handelt sich allein um die Frage, ob nicht neben der eigentlichen Oberfläche auch die übrige Struktur der Zelle für die erwähnten Zellvorgänge von Bedeutung ist. Daß das Zellinnere keine homogene Masse darstellt, ist schon hervorgehoben worden; verwiesen sei auf das Auftreten von Körnchen (Granula), Tröpfchen u. a. Die Berührungsstelle des Tröpfchens und seiner Umgebung stellt ebenfalls eine Grenzfläche mit allen für sie charakteristischen Eigenschaften dar (Oberflächenspannung, elektrisches Potential usw.). (Genaueres s. Kap. III.) Für das Entstehen der Grenzflächen sind aber in jeder einzelnen Zelle zweifellos noch viel mehr Möglichkeiten gegeben. v. MOELLENDORFF[1]) betrachtet den Protoplasten als ein Aggregat mikroskopischer Dialysierzellen. Die halbdurchlässige Plasmahaut scheidet auch er aus dem Vorstellungskomplex der Permeabilitätsfrage ganz aus. Die Bedeutung der Lipoide liegt nicht darin begründet, daß sie einen Bestandteil der Plasmahaut darstellen, sondern daß sie im Zellinnern vorhanden sind. „Letzteres ist“ nach v. MOELLENDORFF (s. Abb. 1) „von einem Straßennetz durchzogen, das an allen Teilen der Zelloberfläche frei ausmündet. Nur so erklärt es sich, daß letzten Endes alle Substanzen befähigt sind, in das Zellinnere einzudringen. Mit dem Eindringen in das Zellinnere ist den Stoffen Gelegenheit gegeben, mit allen Strukturelementen der Zelle in innige Berührung zu

Abb. 1. Hypothetisches Schema über den Bau der Zelloberfläche nach v. MOELLENDORFF.

[1]) MOELLENDORFF, W. v.: Kolloid-Zeitschr. Bd. 23, S. 158. 1918.

treten.“ Mit v. MOELLENDORFF betrachtet auch F. KRAUS[1]) „das Protoplasma als Emulsion, dessen Dispersionsmittel Wasser und dessen disperse Phase Tropfen mit selektiv permeabler Hülle sind. Die Emulsion führt zu einer Schaumstruktur, wenn die disperse Phase derartig überwiegt, daß die einzelnen Tropfen sich aneinander abplatten (s. Abb. 1). Das Überwiegen der dispersen Phase verleiht dem System auch die notwendige Spannung für die Aufrechterhaltung der Form bei mechanischen Einwirkungen. Die einzelnen Tropfen werden durch eine, wenn auch sehr geringe Schicht des Dispersionsmittels (dieses ist nicht reines Wasser, sondern eine verdünnte wässerige Kolloidlösung) voneinander getrennt. Diese Schicht ist identisch mit dem Straßensystem. In dieses können Vakuolen eingelagert sein (z. B. Farbstoffvakuolen), welche dann mit der Oberfläche in freier Verbindung stehen“. Die Zelle ist also nach v. MOELLENDORFF ein Aggregat von Tröpfchen, und da jedes Tröpfchen gegenüber seinem Medium (in unserem Falle die verdünnte Kolloidlösung) eine Grenzfläche darstellt, so ist die Möglichkeit für das Auftreten zahlreicher Grenzflächen in einer einzigen Zelle gegeben. Bei Gallerten geht J. LOEB von ähnlichen Gesichtspunkten aus. So hat seine Anschauung über die Quellung von Gelatine zur Voraussetzung, daß in der Gelatinegallerte jedes Teilchen eine Grenzfläche mit einer selektiv permeablen Membran darstellt (s. S. 44). Bei der Gelatine kommt die selektive Permeabilität in einer Durchlässigkeit für Wasser und Salz und einer Undurchlässigkeit für Kolloide zum Ausdruck. Bei den Tröpfchen der Zelle muß die Durchlässigkeit auch für Salze zum mindesten beschränkt sein. Die Auffassung, daß die Zellstruktur zu einer Tröpfchenbildung führt, wodurch im Innern der Zelle ein großes Grenzflächensystem geschaffen wird, findet eine gute Stütze auch in direkten Beobachtungen von I. SPEK. Er führte seine Untersuchungen mit Hilfe der mikroskopischen Dunkelfeldbetrachtung an den unveränderten lebenden Zellen durchsichtiger Infusorien aus. Die Granula ließen sich durch ihr außerordentlich starkes Leuchten leicht von allem anderen unterscheiden. „Zwischen diesen leuchtenden Körnern erschien bei den Infusorien das ganze Plasma, bei den Amöben das Entoplasma mattgrau, leuchtend. Bei schwachen Vergrößerungen sah das graue Leuchten ziemlich diffus aus. Bei starken Vergrößerungen konnte man wenigstens an geeigneten Stellen mit Sicherheit erkennen, daß die grauen Partien aus zahllosen dichtgedrängten, sehr kleinen kugelrunden Bläschen mit schwarzem Inhalt und mattleuchtenden Konturen bestehen.“ Was SPEK[2]) als feinblasige Struktur ansieht, gleicht ungefähr dem, was früher BÜTSCHLI — von ihm rührt die Schaum- bzw. Wabentheorie der Zellstruktur her — als Schaum angesehen hat. Eine sehr bemerkenswerte Beobachtung von SPEK ist, daß in verschiedenen Fällen die Bläschen — die vermeintlichen Waben BÜTSCHLIS — in BROWNscher Molekularbewegung umeinandertanzten. Die Teilchen befinden sich in der Zelle also wie in kolloidalen Lösungen in lebhafter Bewegung. In weiteren Versuchen konnte SPEK noch feststellen, daß die Zellstruktur einer Änderung fähig ist; sie läßt sich — dies dürfte uns besonders interessieren — experimentell durch Salze herbeiführen. „Läßt man z. B. kleine Mengen physiologischer Salze,

---

[1]) KRAUS, F.: Insuffizienz des Kreislaufapparates. Handb. v. KRAUS-BRUGSCH. Berlin: Urban & Schwarzenberg.

[2]) SPEK, I.: Über den heutigen Stand der Probleme der Zellstrukturen. Naturwissenschaften Heft 44, S. 893. 1925.

deren Ionen — oder wenigstens die Anionen — in der sog. lyotropen Reihe möglichst weit am Ende stehen (so z. B. SO_4), in die erwähnten Zellen gelangen, so wird die Emulsion instabil, die Bläschen können sich nicht mehr in der normalen, sehr geringen Größe halten; sie vereinigen sich zu größeren; es tritt also eine fortschreitende Dispersitätsverminderung der feinen Plasmaemulsion ein" (s. Abb. 2a u. b).

Kolloidale Zustandsänderungen anderer Art (Auftreten von Körnchen, Trübungen usw.) konnte SPEK bei roten Blutkörperchen der Wirbeltiere ebenfalls unter dem Einfluß verschiedener Salze (insbesondere KCl und LiCl) beobachten. — Im v. MOELLENDORFFschen Zellsystem werden die Teilchen und Tröpfchen von den kolloidreichen Protoplasmateilchen dargestellt, zwischen denen sich Flüssigkeit (das Straßennetz) befindet. Nach SPEK dagegen stellen die Bläschen das wässerige, kolloidarme Substrat dar, das in die eigentliche kolloidreiche Plasmagrundsubstanz eingebettet ist. Welche dieser Anschauungen auch die richtige sein mag, beide sagen aus, daß im Innern der Zelle ein ungeheures Grenzflächensystem zwischen mehr wässerigen, kolloidarmen und wasserärmeren, kolloidreichen Phasen bestehen muß. Letztere werden, abgesehen von den Eiweißkörpern, vor allem durch die Lipoide dargestellt. Die Zustandsänderungen, die in dem kolloidalen Zellsystem auftreten, werden ihre Grundlage in den Vorgängen haben müssen, die sich zwischen diesen beiden Phasen — der wässerigen einerseits, der kolloidreichen, durch ihren Lipoidgehalt mehr „ölig" gewordenen andererseits — abspielen. Denn — wie im Kap. III ausführlich erörtert worden ist — bedeutet eine Zustandsänderung eines kolloiden Systems stets eine Änderung in den Beziehungen zwischen Teilchen und seinem Dispersionsmittel. Daß sich bei der mit der Funktion einhergehenden Zustandsänderung der Zelle tatsächlich die Beziehungen zwischen zwei verschiedenen Kolloidphasen ändern, wurde schon an einem Beispiel und zwar dem der Muskelkontraktion erläutert (s. S. 49). Bei der Zuckung vermischen sich die isotrope (wasserreichere) und die anisotrope (kolloidreichere) Schicht. In diesem Zusammenhang verdient noch eine Beobachtung von SPEK erwähnt zu werden. „Bei Infusorien werden die großen, zusammengeplatzten Blasen durch das System der contractilen Vakuole ausgepumpt oder als Blasen aufgenommen und nach außen befördert. Bringt man Paramäzien, welche nur mittelgroße Blasen aufweisen, in normales Medium zurück, so sind nach 24 Stunden alle großen Blasen verschwunden und das ganze Hyaloplasma mit neuen kleinen Bläschen typischer

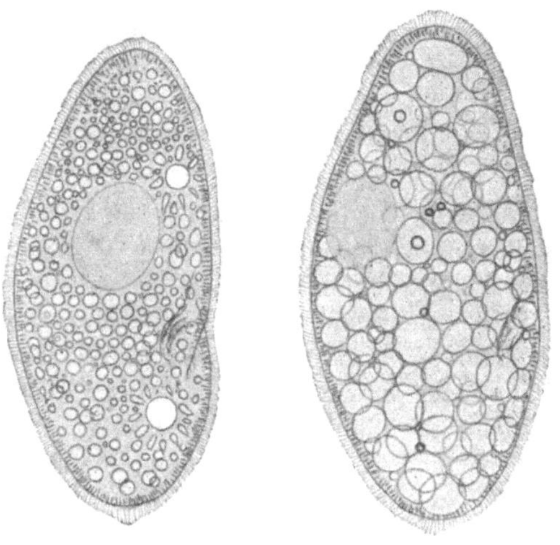

a b

Abb. 2a und b. Zwei Stadien der Strukturvergröberung, die durch Zusammenplatzen der Plasmabläschen entsteht, von Paramaecium caudatum. (Nach J. SPEK.)

Größe erfüllt, so daß die Tiere wieder völlig normal aussehen. Die automatische Neuaufnahme von Wasserbläschen ist das Problem.“ Das Größerwerden bzw. Zusammenfließen der Bläschen sowie ihre etwaige Entleerung nach außen bedeutet eine vom Ruhezustand abweichende Zustandsänderung, die automatische Neuaufnahme bzw. die Verteilung in Bläschen von typischer Größe bedeutet die Wiederherstellungs- oder Erholungsphase. Prinzipiell anders kann es auch bei den Zellsystemen höherer Ordnung nicht sein, und das schon angeführte Beispiel der Muskelzuckung bestätigt es. Sowohl die Zustandsänderung wie die Wiederherstellung sind charakterisiert durch wechselseitige Beziehungsänderung zwischen kolloiden Teilchen und Dispersionsmittel. Wasserabgabe und Wasseraufnahme stehen im Mittelpunkt der Erscheinungen. Änderungen der Teilchengröße, d. h. des Dispersitätsgrades, der Viscosität, der Quellung usw. sind auch nur Vorgänge, die durch Änderungen in der Wasserbindung ausgezeichnet sind.

6. Die Beziehungen der Elektrolyte zu den biologischen Grenzflächenvorgängen.

Das Ergebnis der vorangehenden Erörterungen können wir in folgendem zusammenfassen. Jede Zelle stellt ein kolloides System dar, das durch eine außerordentlich große Entfaltung von Grenzflächen charakterisiert ist. Die Bedingungen für die Entstehung von Grenzflächen sind nicht allein dort gegeben, wo die Zelle als Ganzes und das sie umgebende Medium sich berühren, sie bestehen auch im Zellinnern. Letzteres ist darauf zurückzuführen, daß das Zellplasma aus kolloiden Teilchen besteht, und jedes von diesen mit seinem Dispersionsmittel eine Grenzfläche bildet. Was die chemische Natur dieser Teilchen betrifft, so können wir mit größter Wahrscheinlichkeit annehmen, daß sie aus Eiweiß und vor allem auch aus Lipoiden bestehen, weshalb ihnen eine gewisse Verwandtschaft zu einem Öl zugesprochen werden kann. Ihr Dispersionsmittel dürfte eine relativ kolloidarme wässerige Salzlösung darstellen. Daß die Grenzflächenbildungen für den Ablauf der Lebensvorgänge von größter Bedeutung sind, ist sicher; haben wir doch erfahren, daß so lebenswichtige Prozesse, wie es die Oxydationen sind, sich an Oberflächen abspielen; auch das Eindringen der als leicht permeabel geltenden Stoffe in die Zelle haben wir als Adsorptionsvorgänge erkannt, welch letztere das Bestehen von Grenzflächen zur Voraussetzung haben. Welche Bedeutung hat nun die Erkenntnis dieser Tatsachen für das Verständnis der Elektrolytwirkungen? Daß Salze ebenso wie Zucker und Aminosäuren nicht oder nur in beschränktem Maße in die Zelle eindringen, ist verständlich; denn im Vergleich zu den leicht permeablen Stoffen (so den Narkotica) sind sie nur wenig capillaraktiv, d. h., sie haben nicht die Eigenschaft, sich an Oberflächen stark konzentrieren zu können. Die Wirkung der Elektrolyte muß aber trotzdem eine sehr große und entscheidende sein. In Kap. III wurde auseinandergesetzt, daß die Elektrolyte diejenigen Substanzen seien, die in erster Linie dazu berufen sind, kolloidale Zustandsänderungen herbeizuführen. Die Oberflächen- bzw. Grenzflächenentfaltung in einem kolloiden System ist natürlich an die Kolloidstruktur gebunden. Ändert sich z. B. die Größe der kolloiden Teilchen, so wird hierdurch gleichzeitig eine Änderung in der Oberflächenentfaltung herbeigeführt. Letztere muß in einem fein dispersen System, also einem solchen, das durch das Bestehen kleinster, aber zahlreicher Teilchen ausgezeichnet ist, unbedingt größer sein als in einem grob dispersen System, das große Teilchen enthält, deren Zahl aber bedeutend geringer ist. Um zu zeigen, daß den Elektrolyten auch bei den Kolloidsystemen der Zellen eine derartige, die Oberflächenentfaltung beeinflussende Wirkung zukommt, sei nur auf die schon erwähnten Beobachtungen von SPEK hingewiesen, daß sich unter dem Einfluß von Salzen die Größe der Bläschen innerhalb des Zelleibes von Infusorien ganz beträchtlich ändern. Wenn unsere Vorstellung von der Natur der Elektrolytwirkung richtig ist, dann ist zu erwarten, daß die Elektrolyte, indem sie auf die Oberflächenentfaltung einwirken, alle diejenigen Prozesse beeinflussen, die sich als Oberflächenvorgänge darstellen. Daß sie auf die Oxydationen einwirken, ist erwiesen und wird in einzelnen noch an anderer Stelle näher ausgeführt werden (s. Kap. V, 6). Auch ist nicht zweifelhaft, daß mit Hilfe von Salzen das Eindringen der permeablen Stoffe in die Zelle bzw. die damit verknüpfte Wirkung beeinflußt werden kann. So ergaben die Untersuchungen von BETHE[1]), SZÜCS[2]), WERTHEIMER[3]) sowie POHLE[4]), daß die Anfärbbarkeit von Geweben bzw. die Resorption und Sekretion von Farbstoffen (sowohl der sauren wie basischen) von Elektrolyten entscheidend beeinflußt werden kann. Schon lange ist bekannt, daß speziell dem Calcium eine Wirkung auf die Permeabilitätserscheinungen der Zelle zukommt. Bei Blutkörperchen z. B. kann der Eintritt von Brom durch Ca verhindert werden [WIECHMANN[5])]. Erwähnt seien in diesem Zusammenhang auch die Versuche von CHIARI und JANUSCHKE, die ergeben haben, daß durch Vorbehandlung mit Kalksalzen die sonst nach Einträuflung von Senföl, Terpentin u. a. in den Bindehautsack eintretende Conjunctivitis verhindert werden kann. Meist wird angenommen, daß diese permeabilitätsvermindernde Wirkung des Calciums auf einer Beeinflussung der Zellmembranen beruhe. Das Calcium soll letztere so abdichten, daß der Eintritt des betreffenden Stoffes in die Zelle verhindert bzw. erschwert wird. Daß wir uns mit dieser Erklärung nicht begnügen können, ist nach dem zuvor Gesagten selbstverständlich; denn wir anerkennen eine Bedeutung dieser hypothetischen Zellmembran für die Durchlässigkeit nicht. Mit der genannten Erklärung werden wir aber auch den Tatsachen nicht gerecht; denn in vielen Fällen vermag das Calcium nicht allein den Eintritt einer Giftwirkung zu verhindern, sondern auch eine bereits eingetretene Wirkung wieder aufzuheben; so wird z. B. am Herzen die Chloralhydrat- und die Chininwirkung durch Calcium beseitigt bzw. abgeschwächt [S. G. ZONDEK[6])]. Dies wäre unmöglich, wenn das Calcium nur deshalb wirkte, weil es durch Membranverdichtung den Eintritt des betreffenden Giftes verwehrt. Verständlich werden jedoch diese Vorgänge, wenn wir sie als an Grenzflächen sich abspielende Prozesse betrachten. Indem das Calcium als Elektrolyt die Kolloidstruktur bzw. die Grenzflächenbeschaffenheit des kolloiden Systems ändert, schafft es auch andere Bedingungen für die durch Adsorption aufzunehmenden bzw. aufgenommenen Substanzen. Auch ein ad-

---

1) BETHE, Wien. med. Wochenschr. 1916, Nr. 14.
2) SZÜCS: zit. nach HÖBER: Physikal. Chemie der Zelle u. Gewebe, S. 621, 1922.
3) WERTHEIMER, E.: Pflügers Arch. f. d. ges. Physiol. Bd. 202, S. 383. 1924.
4) POHLE, E.: Pflügers Arch. f. d. ges. Physiol. Bd. 203, S. 558. 1924.
5) WIECHMANN: Pflügers Arch. f. d. ges. Physiol. Bd. 189, S. 109. 1921.
6) ZONDEK, S. G.: Arch. f. exp. Pathol. u. Pharmakol. Bd. 88, S. 158. 1920.

sorbierter Stoff kann — dies entspricht den für adsorptive Vorgänge geltenden Regeln — ohne weiteres aus seiner Verbindung wieder verdrängt werden. — Gemäß den bisherigen theoretischen Überlegungen dürfte das Wesen der Elektrolytwirkung im Organismus also darin bestehen, den kolloiden Zellzustand bzw. die biologischen Grenzflächenstrukturen und die von diesen abhängenden Vorgänge zu beeinflussen. Da die Zellstruktur die Bedingungen, die wir an den Bau kolloider Systeme stellen, erfüllt, ist zu erwarten, daß auch die kolloidalen Zustandsänderungen der Zelle, die der Ausdruck ihres Lebens und ihrer Funktion sind, in denkbar weitgehendem Maße von den Elektrolyten bzw. ihren Ionen beherrscht werden.

Inwieweit die tatsächlichen Beobachtungen den theoretischen Erwartungen entsprechen, und was dies für das Zelleben bedeutet, werden wir in den folgenden Kapiteln sehen. Zuvor seien noch einige andere Fragen allgemeiner Art besprochen, so die Frage, welchen Gesetzmäßigkeiten die Wirkung der Elektrolyte auf die Zellkolloide folgt. —

7. Die Natur der biologischen Kolloidreaktionen.

Die Wirkungsart der Elektrolyte in kolloiden Systemen kann — wie in Kap. III ausgeführt worden ist — eine verschiedene sein. Bei hydrophoben Kolloiden spielen die Adsorptionsverbindungen im Sinne FREUNDLICHS eine größere Rolle als bei den hydrophilen Kolloiden, bei denen Verteilung und Wirkung der Elektrolyte Beziehungen zu den DONNANschen Gesetzen aufweisen können. Ein wesentlicher Unterschied ist in der Intensität der Wirkung gelegen. Die hydrophoben Kolloiden sind außerordentlich stark elektrolytempfindlich; schon kleine Mengen können Zustandsänderungen, Ausflockung usw., herbeiführen; die hydrophilen Kolloiden dagegen sind viel resistenter; zur Ausflockung sind relativ große Mengen von Elektrolyten notwendig. Wie steht es mit den Kolloiden der Zelle und ihren Reaktionen mit den Elektrolyten? Sind sie hydrophil oder hydrophob? Die Eiweißkörper, insbesondere das Albumin und Globulin, zeigen im allgemeinen alle charakteristischen Eigenschaften der hydrophilen Kolloide. Daß dies in gleicher Weise auch für die Nucleoproteide der Zellsubstanz gilt, ist möglich, aber keineswegs sicher. Noch weniger geklärt und komplizierter ist das Verhalten der Lipoide, die zweifellos auch zu den wesentlichen Bestandteilen der kolloidalen Teilchen der Zelle gehören. Sie nehmen wahrscheinlich eine Mittelstellung zwischen den hydrophilen und hydrophoben Kolloiden ein. Daß sie hydrophobe Charaktereigenschaften haben, geht z. B. daraus hervor, daß ihre Emulsionen und kolloiden Lösungen evtl. schon durch kleine Elektrolytmengen koaguliert werden können. Von den beiden bestbekannten Zellipoiden, dem Lecithin und Cholesterin, steht das erstere scheinbar mehr den hydrophilen, das letztere mehr den hydrophoben nahe. Bedenken wir ferner, daß in der Zelle die Lipoide evtl. auch noch bestimmte Bindungsverhältnisse mit den Eiweißkörpern eingehen, so wird uns klar, daß die Natur der Zellkolloide eine recht komplizierte und vorläufig noch gar nicht übersehbare sein muß. Wir können nicht anders erwarten, als daß die Reaktionen der Zellkolloide bald die Gesetzmäßigkeiten der hydrophilen, bald die der hydrophoben Kolloide aufweisen. Daß die Verhältnisse auch tatsächlich so liegen, dafür spricht folgendes. Das Protoplasma enthält eine Salzmenge, die für die Ausflockung hydrophober Kolloide vollkommen ausreichen würde. Das Protoplasma des Plasmodiums z. B. enthält (nach LEPESCHKIN) 0,3% wasserlösliche Salze; ebenso groß ist auch der Gehalt der Muskelzelle allein an Kaliumsalzen. Bei den anderen Zellarten und Geweben liegen — wie wir noch sehen werden — die Verhältnisse ganz ähnlich. Daß das Protoplasma trotz dieses relativ großen Salzgehaltes unter gewöhnlichen Umständen nicht ausflockt, zeigt ihre Verwandtschaft zu den hydrophilen Kolloiden. Andererseits ist die Empfindlichkeit der Zellen gegenüber Veränderungen des Elektrolytgehaltes ihres Milieus (d. h. der Außenflüssigkeit) außerordentlich groß. So vermögen schon kleine Änderungen im Kalium- oder Calciumgehalt große Wirkungen zu entfalten. Die schon wirksamen Mengen der genannten Salze sind so klein, daß sie für die Beeinflussung hydrophiler Kolloide kaum in Frage kommen. Ihre Konzentration beträgt nämlich kaum mehr als $^1/_{1000}$ n. In dieser Empfindlichkeit gegenüber den Elektrolyten des Milieus ähneln die Zellkolloide also wieder ganz den hydrophoben Kolloiden.

Es ist nicht denkbar, daß so kleine Salzmengen eine Wirkung auf die Zellkolloide ausüben könnten, wenn deren Zustandsform durch Elektrolyte gemäß den DONNANschen Gesetzen beeinflußt würde, wie es bei bestimmten hydrophilen Kolloiden (so Albumin und Globulin) der Fall zu sein scheint. Auch wäre, vom Standpunkte der DONNANschen Membrangleichgewichte aus betrachtet, nicht verständlich, weshalb Elektrolyte, wie Kalium und Calcium (s. Kap. V) in so kleinen Mengen auch noch prinzipiell verschiedene Wirkungen entfalten. — Daß Adsorptionsvorgängen im Leben der Zelle eine große Bedeutung zukommt, ist in diesem Kapitel ausführlich erörtert worden. Es liegt daher auch aus diesem Grund nahe, anzunehmen, daß die Elektrolyte, soweit sie das Auftreten der kolloidalen Zustandsänderungen bedingen, mit den Zellkolloiden ebenfalls Adsorptionsverbindungen eingehen. Daß daneben — wie wir sehen werden — auch rein chemische Bindungen zwischen Elektrolyt und Zellprotoplasma bestehen können, steht dieser Auffassung nicht im Wege. Anders als die Zellkolloide sind nämlich die kolloiden Bestandteile der Körperflüssigkeiten zu beurteilen. Das Blutplasma bzw. Serum (nicht die cellulären Blutelemente) enthalten — wie schon erwähnt wurde — im Gegensatz zu den Zellen in erster Linie Albumin und Globulin, also Kolloide, die wir als typische Vertreter der hydrophilen Gruppe kennengelernt haben. Im Reagensglasversuch erweisen sich das Albumin und Globulin als wenig elektrolytempfindlich; die Elektrolytverteilung erfolgt bei ihnen — wie LOEB gezeigt hat — den DONNANschen Gesetzen entsprechend. Für die Kolloidreaktionen der Körperflüssigkeiten scheint tatsächlich das gleiche zu gelten. Wie das Blut verhalten sich auch die anderen Körperflüssigkeiten, so der Liquor cerebrospinalis, das Augenkammerwasser und unter pathologischen Bedingungen die Ödemflüssigkeit und die Exsudate, deren Eiweißkörper ebenfalls aus Albuminen bzw. den verschiedenen Globulinen bestehen. Es ist nichts darüber bekannt, daß die kolloidale Beschaffenheit dieser Flüssigkeiten (nicht die ihrer cellulären Elemente) durch Elektrolyte, und zwar durch kleine Mengen, irgendwie beeinflußt wird. Durch Zusatz von Kalium bzw. Calcium in Mengen, die an einem Organ wie dem Herzen große Wirkungen herbeiführen (s. Kap. V), wird Serum in seinen Eigenschaften

(Viscosität usw.) in nicht merklicher Weise beeinflußt. Was die Elektrolytverteilung betrifft, so konnten Anlehnungen an die DONNANschen Membrangleichgewichte nachgewiesen werden. So haben RONA und PETOW[1]) Dialysierversuche mit Serum angestellt, dessen p_H so variiert wurde, daß die Serumeiweißkörper sich einmal diesseits, das andere Mal jenseits ihres isoelektrischen Punktes, der etwa bei $p_H = 5$ gelegen ist, befanden. In einem Falle mußten also die Eiweißkörper als Anionen, im anderen Falle als Kationen reagieren. Nach den DONNANschen Gesetzen (s. Kap. III) muß dies zur Folge haben, daß sich die diffusiblen Ionen ganz verschieden verteilen. Die Untersuchungsergebnisse fielen in diesem Sinne aus. So zeigte sich, daß bei einem p_H, das über dem des isoelektrischen Punktes gelegen ist, im Serum sich mehr Ca und weniger Cl befindet als im Dialysat, während umgekehrt bei einem p_H, das unter dem des isoelektrischen Punktes gelegen ist, im Serum weniger Ca und mehr Cl als im Dialysat nachweisbar ist. Interessant sind auch die von G. LEHMANN und A. MEESMANN[2]) am Augenkammerwasser und Liquor cerebrospinalis ausgeführten Untersuchungen. Beide Flüssigkeiten sind dadurch ausgezeichnet, daß sie wesentlich eiweiß-, also kolloidärmer als Blut sind. (Der Eiweißgehalt des Blutes beträgt etwa 7%, der des Liquor cerebrospinalis und des Augenkammerwassers nur 0,01—0,03%.) Bei der schwach alkalischen Reaktion, die im Blute besteht, muß angenommen werden, daß die Eiweißionen als Anionen existieren. Der Liquor bzw. das Augenkammerwasser sind vom Blute durch eine Membran (Capillarwände) getrennt, die für Kolloide wie Eiweiß praktisch undurchlässig ist; sonst wäre die große Differenz im Eiweißgehalt nicht verständlich. Besteht zwischen Blut einerseits, Liquor und Kammerwasser andererseits ein DONNANsches Membrangleichgewicht, dann muß im Blut entsprechend dem Übergewicht an indiffusiblen, negativ geladenen Ionen die Menge der negativen diffusiblen Ionen (Anionen) kleiner, die der Kationen größer sein als im Liquor bzw. Kammerwasser. Dies ist nach den Untersuchungen der genannten Autoren auch der Fall. Wie aus den folgenden Tabellen hervorgeht, ist Blut ärmer an Cl- und OH-Ionen, reicher dagegen an Na- und H-Ionen.

Tabelle nach LEHMANN und MEESMANN.

	Blut	Liquor	Kammerwasser
Eiweiß . .	7—9%	0,01—0,03%	0,01—0,03%
Cl^-	0,36%	0,44%	0,43%
Na^+	0,344%	0,29%	0,288%
p_H	7,3—7,5	7,8	7,7—7,8

Steigt unter pathologischen Bedingungen (z. B. bei entzündlichen Prozessen) der Eiweißgehalt im Liquor bzw. Kammerwasser, dann sinkt der Chlorgehalt; die $[H^\cdot]$ steigt bzw. das p_H wird kleiner. Es tritt also eine Annäherung an die Elektrolytverteilung, wie sie im Blute besteht, ein. Beim primären Glaukom, bei dem nach MEESMANN ein gegenüber der Norm erhöhtes p_H besteht, ist auch der Chlorgehalt ein größerer [ASCHER[3])]. Erwähnt sei ferner, daß auch die zwischen Blut und Kammerwasser bestehende und von LEHMANN und MEES-

[1]) RONA, P. u. H. PETOW: Biochem. Zeitschr. Bd. 137, S. 356. 1923.

[2]) LEHMANN, G. u. A. MEESMANN: Klin. Wochenschr. 1924, Nr. 23, S. 1028; Pflügers Arch. f. d. ges. Physiol. Bd. 205, S. 210. 1924.

[3]) ASCHER, K.: Arch. f. vergl. Ophth. Bd. 107, S. 247. 1922.

MANN gemessene Potentialdifferenz nach Richtung und Größe dem erwarteten DONNANschen Potential entspricht. — Was die Elektrolytverteilung zwischen Körperflüssigkeit und Zelle betrifft, so kann nicht behauptet werden, daß irgendwelche Beziehungen zu den DONNANschen Gleichgewichten bestehen. Daß dies nicht der Fall ist, geht schon daraus hervor, daß der Unterschied in der Elktrolytzusammensetzung von Zelle und Körperflüssigkeit ein gar zu verschiedener ist. Während die Körperflüssigkeiten viel Natrium, Chlor, Carbonat, daneben in kleineren Mengen Phosphat, Kalium, Calcium und Magnesium enthalten, ist in den Zellen bzw. Geweben fast nur Kalium und Phosphat vorhanden. Zwar ist in den Geweben auch Natrium, Chlor und Calcium nachweisbar; doch sind — wie wir noch sehen werden — besonders die Na- und Cl-Mengen im Verhältnis zu den im Blute und in den anderen Körperflüssigkeiten vorhandenen so gering, daß sie gar nicht ins Gewicht fallen. Dazu kommt, daß nicht sicher ist, ob sie wirklich der Zellsubstanz und nicht den ihr anhaftenden Körperflüssigkeiten bzw. der intercellulären Flüssigkeit angehören. —

8. Bindungsart und Verteilung der Elektrolyte im Organismus.

Die Frage, ob die zwischen Salzelektrolyt und Kolloid bestehenden Beziehungen auf DONNANsche Membrangleichgewichten beruhen oder mehr auf Adsorptionsvorgänge zurückgeführt werden müssen, hängt aufs engste mit der Frage zusammen, in welcher Form die Elektrolyte im Organismus vorkommen. Mit dem Nachweis des Bestehens DONNANscher Gleichgewichte wird zugleich bewiesen, daß die betreffenden Elektrolyte mit den Kolloiden salzartige Verbindungen eingehen; denn die Dissoziation dieser salzartigen Verbindungen (z. B. Na-Eiweiß) stellt ja die Voraussetzung für das Eintreten dieser Gleichgewichtszustände dar. Für die Verteilung bestimmter Elektrolyte im Serum gelten — wie schon erwähnt wurde — tatsächlich DONNANsche Gleichgewichte; doch trifft dies — wie RONA und PETOW gezeigt haben — nicht für alle Elektrolyte des Serums zu. Das Kalium z. B. folgt den DONNANschen Regeln in keiner Weise. Daraus folgern die genannten Autoren, daß das Kalium mit den Kolloiden des Serums, insbesondere den Eiweißkörpern, keine Salzverbindungen eingeht. Dagegen ist eine derartige Verbindung zwischen dem Calcium und den Eiweißkörpern, desgleichen zwischen dem Chlor und den Eiweißkörpern des Serums anzunehmen. Dies besagt aber nicht, daß das Gesamtcalcium und -chlor in dieser Form im Blute existiert. Besteht schon im Serum, das sicherlich das am einfachsten gebaute kolloide System darstellt, eine derartige Ungleichheit in der Existenzform der Elektrolyte, so ist nicht erstaunlich, wenn das gleiche für die Elektrolyte der Zellsubstanz gilt. Neben der salzartigen Verbindung zwischen Elektrolyt und Kolloid kommen sowohl bei der Zelle als auch bei den Körperflüssigkeiten noch folgende in Betracht. Die Elektrolyte können — wie schon erörtert wurde — von den Kolloiden, d. h. von den kolloidalen Grenzflächen adsorbiert sein; hierfür kommen in erster Linie die Ionen in Frage; denkbar ist jedoch auch die Adsorption des ganzen Salzmoleküls. Die Salze können sich ferner auch in echter Lösung befinden. Für das Blut und die anderen Körperflüssigkeiten ist eine derartige Erscheinungsform der Elektrolyte sogar sehr wahrscheinlich. Ob dies auch für die Gewebe zutrifft, ist nicht so sicher. Die echt gelösten Salze können als rein anorganische vorkommen (z. B. als $CaCl_2$) oder auch als solche, die durch einen organischen Säure- oder Basenrest ausgezeichnet sind (z. B. oxybuttersaures Natrium). Sie können wenig, teilweise oder ganz dissoziiert sein. Für die Annahme, daß in den Zellen Elektrolyte in Ionenform vorkommen, liegen auch direkte Beweise vor. So konnte HÖBER[1]) mit verschiedenen Methoden (Kapazitätsmethode, Dämpfungsmethode) eine nicht unbeträchtliche innere Leitfähigkeit der Zellen feststellen; bei den Blutkörperchen kann sie so groß wie die einer 0,4 proz. NaCl-Lösung sein. Daraus müssen wir folgern, daß sogar der größere Teil der Zellelektrolyte in Ionenform existiert. Die Frage, ob diese Ionen auf Dissoziation von Eiweißsalzen zurückzuführen sind oder von den Grenzflächen adsorbierte Ionen darstellen, ist hierdurch nicht geklärt. Zu den Elektrolyten, die die innere Leitfähigkeit der Zelle bedingen, dürfte neben dem Kalium die Phosphorsäure gehören; sie beide stellen nämlich die in größter Menge in den Zellen vorkommende Elektrolyte dar. Daß die Phosphorsäure ebenfalls in verschiedener Form in den Zellen existiert, ist sicher. Wir können z. B. eine wasserlösliche von einer wasserunlöslichen Fraktion trennen (s. Tabelle S. 72). Die Salze können auch in fester Form auftreten, so die Kalksalze im Knochen. Eine andere Möglichkeit ist folgende. Der Elektrolyt kann mit dem Eiweißmolekül (evtl. auch den Lipoiden) eine organische Bindung eingehen, d. h. im Eiweißmolekül organisch verankert sein (s. Kap. I). Zwar kann man unter diesen Umständen nicht mehr von einem „Elektrolyt" sprechen. Doch muß uns auch diese Bindung der Mineralien interessieren, da es möglich ist, daß zwischen dieser Bindungsform und den anderen Beziehungen bestehen. So ist folgendes festgestellt worden. Ein quergestreifter Muskel enthält etwa 0,3% KCl. Zerkleinert man die Muskulatur und laugt sie mit Wasser, und zwar unter mehrmaliger Erneuerung desselben, aus, so kann man den größten Teil des Kaliums entfernen. Ein kleiner Teil (etwa 0,06%) bleibt aber selbst nach stundenlanger Auslaugung zurück [NEUSCHLOSS u. TRELLES[2])]. Während der Gesamtkaliumgehalt relativ großen individuellen Schwankungen unterliegt, ist dieser Restgehalt fast immer der gleiche. Dies alles spricht dafür, daß es sich hier um eine Kaliumfraktion handeln muß, die chemisch außerordentlich fest mit den Zellsubstanzen verankert, vielleicht sogar in das Eiweißmolekül eingegangen ist. Von Bedeutung ist, daß die Menge dieser Kaliumfraktion experimentell beeinflußt werden kann; sie nimmt z. B. zu, wenn der Muskel für längere Zeit mit einer Lösung vorbehandelt wird, die viel Kalium enthält. Die Menge des chemisch festgebundenen Kaliums steht also in einem gewissen Verhältnis zu der Menge des in seinem Milieu vorhandenen anorganischen Kaliumsalzes bzw. der echt gelösten Kaliumionen. Es scheint sich hier um bestimmte Gleichgewichtszustände zu handeln, über die später noch einiges zu sagen sein wird. Zuvor sei noch mitgeteilt, was an bemerkenswerten Einzeltatsachen hinsichtlich der Elektrolytverteilung an Zelle und Körperflüssigkeit bekannt ist.

a) Die Elektrolyte im Blute.

Wie aus den angeführten Untersuchungen von RONA und PETOW[3]) hervorgeht, muß im Blute Calcium in Form von Eiweißsalzen existieren; doch gilt dies nicht

[1]) HÖBER: Pflügers Arch. f. d. ges. Phys. Bd. 133, S. 237. 1910 u. Bd. 148, S. 189. 1912.
[2]) NEUSCHLOSS u. TRELLES: Pflügers Arch. f. d. ges. Phys. Bd. 204, S. 374, 1924.
[3]) RONA u. PETOW: l. c.

für das Gesamtcalcium des Blutes. Die Verteilung des Gesamtkalkes, der unter normalen Bedingungen (s. S. 71) etwa 10—12 mg-% beträgt (nach der Methode von DE WAARD oder KRAMER und TISDALL festgestellt), ist vielmehr folgende: Das in Ionenform auftretende Calcium kommt nach den Untersuchungen von RONA und TAKAHASHI[1]) sowie BRINKMANN[2]) in einer Menge von etwa 3 mg-% vor. Der Restkalkgehalt stellt [den Untersuchungen liegt das Verfahren der Kompensationsdialyse von MICHAELIS und RONA[3]) zugrunde] zu 25—30% kolloidales, nichtdiffusibles Calcium (also die Calciumeiweißverbindungen, soweit sie nicht dissoziiert sind) und zu 65—75 % nichtdissoziiertes Calciumsalz (d. h. diffusibles, anorganisches Salz) dar (RONA und TAKAHASHI). Sowohl der Gesamtkalkgehalt des Blutes wie das relative Verhältnis der einzelnen Calciumfraktionen unterliegen für gewöhnlich nur außerordentlich geringen Schwankungen. Der Kalkspiegel im Blut ist weitgehend abhängig von der Calciumionenkonzentration; diese wiederum hängt von anderen im Blute befindlichen Ionen, so besonders den H- und HCO_3-Ionen ab. RONA und TAKAHASHI haben dies in folgender Formel zum Ausdruck gebracht. $Ca^{++} = \text{Konstante}\ \frac{H^{\cdot}}{HCO_3'}$, d. h. mit einer Änderung der Wasserstoff- bzw. Bicarbonationenkonzentration geht auch eine solche der Calcium-Ionenkonzentration einher. Diese Formel ist durch GYÖRGY noch erweitert worden, und zwar unter Berücksichtigung des Phosphatanions: $Ca^{++} = \text{Konstante}\ \frac{H^{\cdot}}{HCO_3' \cdot HPO_4''}$. Die $[H^{\cdot}]$ im Blute ist — auch unter pathologischen Bedingungen — eine fast absolut konstante; die Bicarbonat- und Phosphatkonzentration dagegen ist schon eher Schwankungen unterworfen. Bei verringertem Alkaligehalt wird die Ca-Ionenkonzentration steigen, bei vermehrtem Alkaligehalt fallen müssen. — Die angegebenen Calciumwerte sind die des Serums. Der Calciumgehalt des Gesamtblutes ist kleiner, da die Blutkörperchen praktisch calciumfrei sind. Genaueres über das Vorkommen der H-, HCO_3-, PO_4-Ionen s. Kap. VI. Hier sei nur erwähnt, daß sie ebenso wie die folgenden (K, Na, Cl) zum größten Teil in diffusibler Form, also nicht an die Kolloide (Eiweiß) gebunden, im Blut vorkommen [RONA[4])]. Was das Kalium betrifft, müssen wir das des Serums von dem des Gesamtblutes unterscheiden. Letzteres enthält wesentlich mehr als ersteres, da die Blutkörperchen wie alle cellulären Elemente sehr kaliumreich sind. Der Kaliumgehalt des Serums liegt zwischen 18 u. 22 mg-% (Methode nach KRAMER und TISDALL). Der Kaliumgehalt des Blutes ist viel weniger konstant, was daran liegt, daß die Blutkörperchen wie auch alle anderen Zellen in ihrem Mineralgehalt sehr schwanken. Es kann mit etwa 150—190 mg-% veranschlagt werden. Über die Form, in welcher das Kalium im Blute bzw. Serum vorkommt, läßt sich nichts Sicheres sagen. Wohl kann angenommen werden, daß ein Teil (wahrscheinlich sogar der größere) als Kaliumion existiert; wie groß diese Fraktion ist und in welcher Form der etwaige Rest erscheint, ist jedoch unbestimmt. Ähnliches gilt auch für das Natrium. In der Hauptsache existiert es im Blute zweifellos als anorganisches Salz (NaCl) bzw. als

[1]) RONA u. TAKAHASHI: Biochem. Zeitschr. Bd. 31, S. 336. 1911 u. Bd. 49, S. 370, 1913.

[2]) BRINKMANN: Biochem. Zeitschr. Bd. 95, S. 101. 1919.

[3]) MICHAELIS u. RONA: Biochem. Zeitschr. Bd. 14, S. 476. 1908.

[4]) RONA: Biochem. Zeitschr. Bd. 29, S. 501. 1910 (weitere Literatur s. HÖBER: Physikal. Chemie der Zelle und Gewebe S. 50. 1922).

freies Natriumion; wahrscheinlich ist jedoch, daß ein Teil in irgendeiner Form auch an die kolloiden Körper gebunden ist. Die größte Menge des NaCl bzw. Natriums und Chlors findet sich in der Blutflüssigkeit (s. Tabelle). Was die Blutkörperchen betrifft, so wird von manchen Autoren [so FALTA und RICHTER-QUITTNER[1])] behauptet, daß sie normalerweise überhaupt kein Chlor enthalten. Daß sie chlorhaltig gefunden werden, führen sie darauf zurück, daß bei den Untersuchungen eine Schädigung der Blutkörperchen eintrete, die das Eindringen von Chlor zur Folge habe. Dieser Standpunkt scheint zu extrem zu sein und wird auch im allgemeinen abgelehnt. Zu erwähnen ist noch, daß der Gehalt an den genannten Elektrolyten bei den einzelnen Tierarten nicht der gleiche ist. Dies gilt vor allem für die Blutkörperchen. Die Unterschiede können sogar — wie die durch ABDERHALDEN[2]) ausgeführten Analysen zeigen — recht beträchtlich sein.

1000 Gewichtsteile Gesamtblut enthalten:

	Pferd	Schwein	Kaninchen	Rind	Stier	Schaf	Ziege	Hund	Katze
Wasser	749,02	790,56	816,92	808,9	814,8	821,67	803,89	810,0	795,5
Na	2,691	2,406	2,78	3,635	3,712	3,638	3,579	3,675	3,686
K	2,738	2,309	2,108	0,407	0,407	0,405	0,396	0,25	0,26
Ca	0,051	0,068	0,072	0,069	0,064	0,07	0,066	0,062	0,053
Mg	0,064	0,088	0,057	0,035	0,036	0,033	0,04	0,052	0,059
Cl	2,785	2,69	2,898	3,079	3,081	3,08	2,92	2,93	2,815
Anorgan. Phosphors.	0,806	0,749	0,685	0,171	0,174	0,19	0,142	0,57	0,55

1000 Gewichtsteile Serum enthalten:

	Pferd	Schwein	Kaninchen	Rind	Stier	Schaf	Ziege	Hund	Katze
Wasser	902,05	917,6	925,6	913,64	913,38	917,4	907,69	923,98	926,93
Na	4,434	4,251	4,442	4,312	4,316	4,303	4,326	4,263	4,43
K	0,263 (= 26,3 mg-%)	0,27	0,259	0,255	0,262	0,256	0,246	0,226	0,262
Ca	0,111 (= 11,1 mg-%)	0,122	0,116	0,119	0,111	0,117	0,121	0,113	0,11
Mg	0,045	0,041	0,046	0,044	0,042	0,041	0,041	0,04	0,04
Cl	3,726	3,627	3,883	3,69	3,686	3,711	3,691	4,02	4,17
Anorgan. Phosphors.	0,071	0,052	0,064	0,084	0,062	0,073	0,07	0,08	0,07

1000 Gewichtsteile Blutkörperchen enthalten:

	Pferd	Schwein	Kaninchen	Rind	Stier	Schaf	Ziege	Hund	Katze
Wasser	613,15	625,61	633,53	591,85	618,6	604,7	608,7	644,2	624,1
Na	—	—	—	2,23	2,50	2,13	2,17	2,82	2,70
K	4,935	4,957	5,229	0,72	0,69	0,74	0,67	0,28	0,25
Ca	—	—	—	—	—	—	—	—	—
Mg	0,08	0,15	0,077	0,017	0,02	0,016	0,04	0,07	0,08
Cl	1,94	1,47	1,236	1,81	1,87	1,65	1,48	1,35	1,04
Anorgan. Phosphors.	1,45	1,65	1,73	0,35	0,39	0,45	0,27	1,29	1,186

[1]) FALTA u. RICHTER-QUITTNER: Biochem. Zeitschr. Bd. 100, S. 148. 1919.
[2]) ABDERHALDEN: HOPPE-SEYLERS Zeitschr. f. physiol. Chem. Bd. 25, S. 65. 1898.

Besonders auffallend ist, daß die Blutkörperchen einiger Tierarten (Pferd, Schwein, Kaninchen) gar kein Natrium, aber sehr viel Kalium enthalten, während die Blutkörperchen der anderen Gruppen, die Natrium enthalten, relativ arm an Kalium sind.

Der Chlorgehalt des menschlichen Blutes (Gesamtblut) beträgt etwa 0,35%. Geht man davon aus, daß Natrium und Chlor im Blut in der Hauptsache als NaCl vorkommen, müssen für Natrium äquivalente Mengen angenommen werden = etwa 0,23% (NaCl-Gehalt = 0,56—0,6%). Der Natriumgehalt scheint jedoch in Wirklichkeit ein höherer zu sein; nach Analysen von C. SCHMIDT[1]) beträgt er 0,343%, nach KRAMER und TISDALL[2]) 0,335%. Wir sind also zu der Annahme berechtigt, daß das Na nicht nur in Form des NaCl, sondern auch noch in anderen Bindungen im Blute existiert; in Frage kommen wie beim Calcium Bindungen mit den kolloidalen Eiweißkörpern.

Der Magnesiumgehalt des Blutes ist sehr gering; nach Analysen von PINCUSSEN und DIMITRIJEVIC[3]) beträgt er beim Menschen etwa 1,9—3,9 mg-%. — Der in den letzten Jahren erfolgte Ausbau der Mikromethoden hat eine bedeutende Vereinfachung der analytischen Untersuchungsmethoden gebracht; so verfügen wir jetzt über recht brauchbare und leicht durchführbare Methoden der quantitativen Kalium- und Calciumbestimmung im Blut bzw. Serum und in den anderen Körperflüssigkeiten. [In Frage kommen insbesondere die Methoden von DE WAARD sowie KRAMER und TISDALL[4]).] Die Resultate, die die einzelnen Untersucher mit diesen Methoden erheben, weichen — wie aus der folgenden Tabelle hervorgeht — nur relativ wenig voneinander ab.

Kalkgehalt des menschlichen Serums:

Methode	Autor	Ca mg-% im Serum	Ca mg-% im Gesamtblut
DE WAARD	KYLIN	unter 50 Jahren 10,7—12,0	
		über 50 Jahren 10,6—11,2	
	LEICHER	unter 40 Jahren 11,0—12,0	
		über 40 Jahren 10,6—11,2	
	NOGOUCHI	10,6—13	
	NELKEN u. STEINITZ	9,8—12,0	
KRAMER u. TISDALL	KRAMER u. TISDALL	9,3—10,1	5,3—6,7
	WESSELOW	9,3—10,5	
	H. ZONDEK, PETOW u. SIEBERT	10,2—10,7	
JANSEN	JANSEN	9,0—11,2	7,5—8,9

Kaliumgehalt des Serums:

Methode	Autor	K mg-% im Serum
KRAMER u. TISDALL	KRAMER u. TISDALL	18—21
	WOLLHEIM	18—24
	NELKEN u. STEINITZ	18—23
	H. ZONDEK, PETOW u. SIEBERT	16—18 (Plasma)

[1]) SCHMIDT, C.: zit. nach ABDERHALDEN: Lehrb. d. physiol. Chem.
[2]) KRAMER u. TISDALL: Journ. of biol. chem. Bd. 53, S. 241. 1922.
[3]) PINCUSSEN u. DIMITRIJEVIC: Klin. Wochenschr. 1926, Nr. 19, S. 849.
[4]) Ausführung der Methoden s. PINCUSSEN: Mikromethodik, Verlag: Thieme, Leipzig 1923.

Auch stimmen die Analysenwerte mit den von ABDERHALDEN gefundenen gut überein. Daß die Kenntnis der einzelnen Elektrolytfraktionen von Bedeutung für uns wäre, ist schon betont worden; leider fehlen aber in der Mehrzahl der Fälle die notwendigen zuverlässigen Methoden. Einen großen Fortschritt würde es schon bedeuten, wenigstens die in Ionenform existierende Fraktion der einzelnen Elektrolyte genau bestimmen zu können. Zunächst sind wir hierzu nur bei den H-Ionen in der Lage (s. Kap. VI). Was die anderen Ionen betrifft (so die Na- und Ca-Ionen), hat es an Versuchen, direkte Methoden zu ihrer quantitativen Bestimmung auszuarbeiten, nicht gefehlt; doch haben sie bisher nicht zu greifbaren und zuverlässigen Resultaten geführt. Daß im Blut — nach RONA und TAKAHASHI — die Ca-Ionenkonzentration etwa 3 mg-% beträgt, ist mehr auf indirektem Wege festgestellt worden. —

b) Die Elektrolyte in den Organen.

Noch wesentlich schwieriger als im Blute ist die fraktionierte Bestimmung der Elektrolyte in den Zellen und Geweben. Auch die gewöhnliche chemische Analyse ist bei ihnen schwieriger, da die relativ einfachen Mikromethoden — wenn überhaupt — nur unter bestimmten Modifikationen angewandt werden können, unter denen die Genauigkeit der Analyse wesentlich leidet. Die vorliegenden Analysen — nur die wenigsten von ihnen sind mit Mikromethoden ausgeführt — ergeben, daß der Elektrolytgehalt der meisten Organe ein sehr schwankender ist. Selbst der gleiche Untersucher findet bei ein und demselben Organ derselben Tierart große individuelle Unterschiede.

Für das Kaninchen lassen sich nach einer Zusammenstellung von MORAWITZ und NONNENBRUCH[1]) folgende Werte (auf frische Substanz berechnet) in mg-% angeben:

Organ	Na	K	Ca	Mg	Cl	Gesamt-HPO_4	Wasserlösl. HPO_4
Haut . . .	179	204	18,2	8,5			
Gehirn . . .		150—300	4—41	15	131—145	1000	
Muskel . .	50—89	330—400	3—19	20—30	60	500—700	250
Herz . . .	110	340	7—26	17,4	100—170	630	470—650
Lunge . . .			14—32		210—260	260	
Leber . . .			5—20	9—17	96—207	800—1200	

Aschegehalt der Organe eines gesunden Selbstmörders nach MAGNUS-LEVY[2]) (auf frische Substanz berechnet) in mg-%:

Organ	Cl	Ca	Mg
Muskel	61	6,5	21,5
Herz	124	7,9	17,4
Gehirn	130	10,6	13,9
Lunge	260	16,9	7,4
Leber	96	7,2	17,5
Milz	161	9,3	14,2
Niere	208	19,2	20,7
Darm	61	13,5	7,4
Schilddrüse	169	33,7 ?	9,6

[1]) MORAWITZ und NONNENBRUCH: Pathologie des Wasser- und Mineralstoffwechsels. Handb. d. Biochemie von Oppenheimer. II. Aufl. Bd. VIII, S. 290. 1925.

[2]) MAGNUS-LEVY: Biochem. Zeitschr. Bd. 24, S. 363. 1910 (zit. nach MORAWITZ und NONNENBRUCH).

RUMPF und DENNSTEDT[1]) verdanken wir eine Reihe von Analysen, die an den Organen verstorbener Menschen ausgeführt wurden. Ob und in welchem Ausmaße die vorangegangene Erkrankung Änderungen im Aschegehalt verursacht hat, läßt sich nicht sagen. Die Zahlen der folgenden Tabelle geben Mittelwerte an.

Tabelle nach RUMPF u. DENNSTEDT:

	Blut	Herz	Leber	Niere	Milz	Gehirn	Lunge
Wasser	80,6 %	79,8 %	79,7 %	83,7 %	86,0 %	82,0 %	90,1 %
Na	26,3 mg-%	36,6 mg-%	45,5 mg-%	43,9 mg-%	32,6 mg-%	54,5 mg-%	
K	133,8 „	161,0 „	171,8 „	164,3 „	169,1 „	245,0 „	
Ca	11,6 „	14,6 „	12,4 „	16,3 „	15,1 „	14,5 „	
Mg	10,0 „	12,2 „	14,5 „	12,7 „	12,2 „	98,0 „	
PO_4	99,4 „	186,4 „	324,1 „	243,4 „			

Calciumanalysen der einzelnen Organe sind in neuerer Zeit von HEUBNER und RONA[2]) bei Katzen ausgeführt worden. In der folgenden Tabelle seien aus einer großen Zahl von Analysen für jedes Organ nur einige der gefundenen Werte (berechnet auf frische Substanz) angegeben.

Muskel		5,1 mg-%	11,3 mg-%	6,9 mg-%	10,7 mg-%	26,5 mg-%
Leber		5,6 „	12,8 „	6,2 „	9,0 „	10,8 „
Gehirn	rechte Hälfte	7,3 „	11,0 „			
	linke „	7,0 „	10,1 „			
Gehirn	Scheibe aus Groß- u. Mittelhirn	5,0 „				
	Frontalscheibe	7,9 „	21,9 „			
Niere		8,4 „	6,6 „	11,5 „		
Dünndarm		15,1 „	16,4 „	23,7 „		
Herz		14,2 „	11,2 „	16,3 „	12,6 „	
Milz		9,5 „	13,5 „			
Lunge		zwischen 24 u. 35 mg-%				

Wie beim Gehirn hat sich auch bei den übrigen Organen (Niere, Darm usw.) gezeigt, daß die einzelnen Teile einen verschiedenen Kalkgehalt haben können.

Angeführt seien noch folgende vergleichende Untersuchungen über den Kalium- und Calciumgehalt der Organe von Meerschweinchen (nicht veröffentlichte Untersuchungen von S. G. ZONDEK und BENATT).

Die Zahlen geben Mittelwerte in mg-%:

	Gastrochemius		Uterus		Blase		Darm		Herz		Lunge		Leber		Gehirn	
	K	Ca	K	Ca	K	Ca	K	Ca	K	Ca	K	Ca	K	Ca	K	Ca
berechnet auf frische Substanz	500	8	400	15	450	—	500	20	320	20	350	15	350	—	390	6
berechnet auf Trockensubstanz	2200 =2,2%	30	2300 =2,3%		2500 =2,5%		2500 =2,5%	120	1800 =1,8%		1800 =1,8%	80	1400 =1,4%	35	1900 =1,9%	35

[1]) RUMPF, TH. und M. DENNSTEDT: Münch. med. Wochenschr. Nr. 9, S. 393. 1905.
[2]) HEUBNER, W. und P. RONA: Biochem. Zeitschr. Bd. 135, S. 248. 1923.

Was speziell den Gehalt des Muskels an Mineralien betrifft, so liegen folgende eingehende Untersuchungen von KATZ[1]) vor. Die Werte sind auf frische Substanz berechnet und in mg-% angegeben.

Muskulatur	K	Na	Ca	Mg	P	Cl	Fe	S
Mensch	320	79	7	21	203	70	14	207
Schwein	253	155	8	28	212	48	5	204
Rind	366	65	2	24	170	56	24	186
Kaninchen	398	45	18	28	253	51	5	199
Hund.	325	94	6	23	323	80	4	227
Katze	382	72	8	28	201	56	9	218
Frosch	307	55	15	23	186	40	6	163

Bezüglich des Phosphors muß noch erwähnt werden, daß er im Muskel (für die anderen Organe dürfte das gleiche zutreffen), in anorganischer (Phosphorsäure bzw. Phosphate) und organischer Form vorkommt. Der organische Anteil kann in zwei Fraktionen, die Lactacidogenphosphorsäure und die Nicht-Lactacidogenphosphorsäure (z. B. Phosphatide) getrennt werden. Nach Untersuchungen von EMBDEN und ADLER[2]) enthält der Bicepsfemoris des Kaninchens 26,6 % anorganische, 54,3 % Lactacidogenphosphorsäure und 19,1 % Nicht-Lactacidogenphosphorsäure. Weitere Angaben über den Mineralgehalt von Organen und Körperflüssigkeiten sind bei HEUBNER (Handb. der Balneologie Bd. II, S. 181. 1922) zu finden.

Daß die Analysenwerte nicht unbeträchtliche Abweichungen und Schwankungen zeigen, geht aus den Tabellen deutlich hervor. Welche Ursachen hierfür in Frage kommen, läßt sich nicht mit Sicherheit sagen. Wenn zweifellos auch vieles auf Kosten der Methodik zu setzen ist, so glaube ich nicht, daß damit alles erklärt ist. Es ist durchaus möglich, daß auch die verschiedenen Bedingungen, unter denen das Organmaterial zur Untersuchung gelangt, von Bedeutung ist; so könnte der jeweilige Funktionszustand eines Organes, der der Tötung des Tieres vorangeht, eine Rolle spielen; auch die Art der Tötung und Organexstirpation stellt vielleicht einen nicht zu vernachlässigenden Faktor dar. Daß fraktionierte Elektrolytbestimmungen in den Organen ebenso wie im Blute sehr zweckmäßig wären, ist selbstverständlich. Was bisher an Tatsachen bekannt ist, muß als sehr lückenhaft angesehen werden; zunächst mangelt es noch an den geeigneten Methoden. Es genügt nicht, wie bisher vornehmlich von der Löslichkeit und Dialysierfähigkeit als Unterscheidungsmerkmal der einzelnen Elektrolytformen auszugehen.

c) Die Beziehungen der Blut- und Zellelektrolyte zueinander.

Eine Frage, die noch erörtert werden muß, ist die des Austausches der Elektrolyte zwischen Blut bzw. Körperflüssigkeit und Zelle. Die Tatsache, daß letztere sowohl in qualitativer wie besonders quantitativer Hinsicht eine so verschiedene

[1]) KATZ, J.: Pflügers Arch. f. d. ges. Phys. Bd. 63, S. 1. 1896 (zit. nach *Embden*, Handbuch der normalen und pathologischen Physiologie von Bethe, v. Bergmann, Embden, Ellinger Bd. VIII, 1. Hälfte, S. 471. 1925).

[2]) EMBDEN und ADLER: Hoppe-Seylers Zeitschr. f. phys. Chem. Bd. 113, S. 219. 1921.

Elektrolytzusammensetzung haben, pflegt zumeist mit der selektiven Permeabilität der Zellmembran erklärt zu werden. Da wir das Bestehen der Membran leugnen und sie insbesondere ganz aus dem Fragenkomplex der Permeabilität ausschalten, können wir die angeführte Erklärung natürlich auch nicht akzeptieren. Was die sog. leicht permeablen Stoffe betrifft, so haben wir festgestellt, daß ihr Eindringen aus den Körperflüssigkeiten in die Zellen auf adsorptiven Vorgängen beruht. Daß die Elektrolyte diese Eigenschaft des Eindringens nicht oder nur in beschränktem Maße besitzen, läßt sich zwanglos mit den gleichen Prinzipien erklären; denn es ist — wie schon erwähnt wurde — eine Tatsache, daß die Elektrolyte eine wesentlich geringere Capillaraktivität als die in Frage kommenden leicht permeablen Stoffe besitzen. Für die Erklärung des verschiedenen Elektrolytgehaltes von Blut und Zelle ist die Annahme der mit einer selektiven Permeabilität ausgestatteten Zellmembran ebenfalls entbehrlich. Wie wir erfahren haben, können die Elektrolyte teils in freier Form (als Salz bzw. Ion), teils auch an die kolloiden Körper gebunden vorkommen. Daß die Körperflüssigkeiten und Zellen die Elektrolyte in gleicher Weise und Menge binden, wäre nur zu erwarten, wenn sie von gleicher chemischer bzw. kolloidchemischer Beschaffenheit wären. Daß dies aber durchaus nicht der Fall ist, wurde in diesem Kapitel ausführlich erörtert. Was die in freier Form — besonders als Ionen — auftretenden Elektrolyte betrifft, so ist ebenfalls begreiflich, daß sie in Blut und Organ sich in ungleicher Weise verteilen. Gleichgültig, ob wir für ihre Verteilung DONNANsche Membrangleichgewichte oder Adsorptionsvorgänge als maßgebend ansehen oder auch ihrer Löslichkeit eine Rolle zusprechen, die Natur des Kolloids bzw. der kolloiden Grenzflächen spielt in jedem Falle eine überragende Rolle. Daß Ionen von verschiedenen Kolloidsystemen in ganz verschiedener Weise adsorbiert werden, kann gewiß nicht überraschen. Die verschiedenartige Verteilung der Elektrolyte auf Körperflüssigkeit und Organzellen besagt aber nicht, daß ein Austausch zwischen diesen unmöglich sei. Daß in Wirklichkeit ein solcher stattfindet, steht außerhalb jeden Zweifels. Wird z. B. ein isoliertes Herz mit einer kaliumfreien Salzlösung ernährt, so gibt das Herz aus seinen Zellen Kalium in die Nährlösung ab [BÖHM[1])]. Leitet man durch Blut Kohlensäure oder erhöht man auf anderem Wege die $[H^{\cdot}]$ des Blutes, so nimmt der Gehalt der Blutflüssigkeit an Alkalien nachweisbar zu, der der Blutkörperchen ab; bei zunehmender Konzentration an OH-Ionen werden umgekehrt Alkalien (z. B. Na) von der Blutflüssigkeit an die Blutkörperchen abgegeben bzw. von letzteren aufgenommen (s. auch S. 186). Die durch die Körperflüssigkeiten und die Zellen dargestellten Kolloidsysteme scheinen demnach kein voneinander getrenntes Eigenleben zu führen. Dies ist vom kolloidchemischen Standpunkt aus nicht überraschend, da auch im Reagensglasversuch Reaktionen zwischen verschiedenen kolloiden Systemen, so einem hydrophilen und hydrophoben Kolloid, beobachtet werden. Hydrophile Kolloide wie Eiweiß können z. B. durch hydrophobe Kolloide zur Ausflockung gebracht werden [LANDSTEINER und JAGIC[2])]. Daß auch die biologischen Kolloide aufeinander einwirken, geht daraus hervor, daß eine Änderung des Globulins im Blute

[1]) BÖHM: Arch. f. exp. Pathol. u. Pharmakol. Bd. 75, S. 230. 1914.

[2]) LANDSTEINER u. JAGIC: Münch. med. Wochenschr. Nr. 27. 1904; zit. nach HÖBER: l. c.

Einfluß auf die Zellkolloide haben kann (s. S. 281). Welcher physiko-chemischen Art die Beziehungen zwischen den zwei genannten biologischen Kolloidsystemen sind, kann nicht gesagt werden; sie kommen jedenfalls darin zum Ausdruck, daß die Änderungen, die in dem einen System ablaufen, auch Veränderungen des anderen nach sich ziehen. Daß mit der Änderung des Kolloidsystems auch eine Verteilungsänderung der Elektrolyte einhergehen muß, erscheint selbstverständlich, wenn wir von der zuvor dargelegten Auffassung ausgehen, daß Elektrolytverteilung und Kolloidstruktur aufs engste zusammenhängen. Derselbe Gleichgewichtszustand, der zwischen den beiden Kolloidsystemen besteht, muß demnach auch die Elektrolytverteilung in ihnen beherrschen. Von jeder Änderung, die in der Elektrolytzusammensetzung des Blutes eintritt, werden wir auch eine Rückwirkung auf die Elektrolytverteilung in den Zellen und umgekehrt erwarten können. Die genaue Erfassung dieser Gleichgewichtszustände ist natürlich eine außerordentlich schwere, da wir es nicht mit einem einzigen Elektrolyt, sondern einem Gemisch vieler Elektrolyte zu tun haben.

V. Die Bedeutung der Elektrolyte für die Funktion der Zelle.

1. Allgemeines über die Natur und Analyse der Vorgänge bei der Zellfunktion.

(Die prinzipielle Bedeutung des „Elektrolytstoffwechsels“ gegenüber dem „chemischen Stoffwechsel“. Kolloidale Zustandsänderung und Funktion).

Die vorangehenden Erörterungen haben uns gelehrt, daß die Wirkung der Elektrolyte — theoretisch betrachtet — in einer direkten dynamischen Beeinflussung des physikalisch-chemischen Zustandes der Zellkolloide besteht. Mit letzterem hängt aber — wie im folgenden noch näher erläutert werden soll — die Funktion der Zelle eng zusammen. Mit der physikalisch-chemischen Zustandsänderung der Zelle, d. h. mit der Änderung ihrer Struktur und Formgestaltung, hat sich die physiologische Forschung lange Zeit fast gar nicht beschäftigt. Im Mittelpunkt des Interesses stand vornehmlich das Problem des Stoffwechsels. Der Ablauf der Dissimilation und Assimilation der Zellsubstanzen wurde eingehend erforscht. Untersucht wurden insbesondere die sog. Nährstoffe, d. h. die Eiweißkörper, Fette und Kohlenhydrate. Es läßt sich nicht leugnen, daß auf diesem Gebiete Außerordentliches geleistet worden ist und auch jetzt noch geleistet wird. So hat gerade in letzter Zeit die Erforschung des Zuckerstoffwechsels durch die Entdeckung des Insulins neue Impulse erhalten. Wir kennen die meisten chemischen Zwischenstufen, über die der Abbau und Aufbau der Nährstoffe geht; zum Teil ist uns sogar der komplizierte Chemismus klar, der zum Übergang eines Nährstoffes in den anderen führt (z. B. der Übergang von Kohlenhydraten in Fett). Auch die Frage, wie der Chemismus abläuft, wurde weitgehend geklärt. Erwiesen wurde, daß der Ablauf der chemischen Reaktionen nicht allein von Oxydationsprozessen, sondern auch von Fermentwirkungen abhängt. In vielen Fällen wissen wir auch, wo der Ort des Reaktionsablaufes sich befindet; ich verweise z. B. auf die in der Leber stattfindende Harnstoffsynthese. Aber nicht nur dieser allgemeine Stoffwechsel, der sich mit dem Schicksal der Nährstoffe und auch der anderen Substanzen (Gifte usw.) von ihrer Aufnahme in den Organismus bis zu ihrer Ausscheidung befaßt, ist zum Gegenstand der Untersuchung gemacht worden; auch der chemische Stoffwechsel, der die Funktion der Zellen und Organe begleitet, wurde eingehend studiert. So haben die Untersuchungen der letzten Jahre unser Wissen von den bei der Muskelzuckung stattfindenden Stoffumsetzungen in außerordentlichem Maße gefördert. Verwiesen sei auf die Arbeiten von FLETSCHER und HOPKINS, HILL, PARNAS, MEYERHOF, EMBDEN u. a. Wir wissen jetzt, daß im Augenblick der Muskelzuckung ein vom Luftsauerstoff unabhängiger, also anoxybiotischer, fermentativer Abbau des Glykogens zu Milchsäure erfolgt. Während der Muskelerholung wird ein Teil der letzteren mit Hilfe des Luftsauerstoffes zu CO_2 und H_2O verbrannt (oxybiotische Phase). Der andere Teil der Milchsäure (nach MEYERHOF beträgt er $^4/_5$ der Gesamtmenge) wird wieder in Glykogen zurückverwandelt. EMBDEN konnte wertvolle Aufschlüsse über die beim Abbau des Glykogens zur Milchsäure entstehenden chemischen Zwischenreaktionen geben (Nachweis der Lactacidogenbildung usw.). HILL hat (z. T. in Gemeinschaft mit v. WEIZSÄCKER) die Frage der Wärmeproduktion während der Zuckung und der Erholung studiert; die Untersuchungen haben zu wichtigen Ergebnissen geführt; so konnte gezeigt werden, daß die Hauptwärmemenge nicht während der eigentlichen Zuckung, sondern erst in der Phase der Muskelerholung entsteht. — Vermag die Kenntnis des allgemeinen wie auch speziellen Stoffwechsels uns eine Vorstellung von dem Wesen des eigentlichen Funktionsvorganges der Zelle zu vermitteln und den dabei ablaufenden Prozeß zu erklären? Diese Frage muß verneint werden. An einem Beispiel, und zwar an dem Verhalten des Muskels, sei dies erläutert. Die Funktion des Muskels besteht in der Verkürzung und Erschlaffung. Dies sind Änderungen der Formgestaltung des Muskels, die durch physikalisch-chemische Zustandsänderungen des kolloiden Systems der Muskelfibrillen bedingt sind. Wie schon erwähnt, kommt es bei der Verkürzung wenigstens teilweise zu einer Vermischung der isotropen und anisotropen Fibrillenschicht mit Bildung neuer, optisch nachweisbarer Querstreifen. Wenn wir auch die Einzelheiten dieses die Funktion der Zelle darstellenden Vorganges nicht kennen, so können wir doch mit Bestimmtheit sagen, daß er in einer Umgestaltung der Kolloidstruktur bestehen muß. Von den Elektrolyten haben wir gehört, daß die Natur ihrer Wirkungsweise sie prinzipiell zur Leistung solcher Aufgaben befähigt. Wie hängt nun der chemische Stoffwechsel mit diesen Vorgängen zusammen? Wir können uns ein Bild von der Bedeutung dieses Stoffwechsels machen, wenn wir zum Vergleich eine arbeitende Maschine heranziehen. Die Funktion einer Maschine besteht z. B. in dem Gehen ihres Räderwerkes. Wie dies geschieht, hängt von dem Bau der Maschine ab. Voraussetzung für das Funktionieren ist das Vorhandensein einer Energiequelle. Sie wird z. B. durch das Verbrennen der Kohle geliefert. Die verschiedene Funktionsart der Maschine ist aber allein durch den spezifischen Bau der Maschine gegeben und nicht durch eine etwaige verschiedene Art der Energieerzeugung. Die Muskelfunktion ist zwar nicht ohne weiteres mit der einer Maschine zu vergleichen. Daß aber der chemische Stoffwechsel, vor allem die Verbrennungsprozesse, für den Muskel eine ähnliche Bedeutung haben wie das Verbrennen der Kohle für den Gang der Maschine, ist sehr wahrscheinlich. Wie mit der Kohle Maschinen der verschiedensten Art gespeist werden können, so ist der chemische Stoffwechsel im Organismus auch nicht durchaus spezifisch für eine bestimmte Zellart, sondern läuft in gleicher oder ähnlicher Form auch bei der Funktion anderer Organe ab. Auch bei der Funktion der Leberzelle wird Milchsäure produziert, die mit Hilfe des Luftsauerstoffes zu H_2O und CO_2 oxydiert wird. Wahrscheinlich trifft dies sogar für alle Zellen zu. Auch ist anzunehmen, daß als Muttersubstanz für den der Energieerzeugung dienenden Stoffwechsel bei allen Zellarten das Glykogen in Frage kommt. Von der Mehrzahl der künstlichen Maschinen unterscheidet sich die Muskelmaschine vor allem dadurch, daß sie schon in ihrem sog. Ruhezustand die für die Funktion notwendige Energie gespeichert enthält. Damit die Muskelzuckung zustande kommt und Arbeit geleistet wird, wird die vorrätige Energie geweckt, d. h. aus der potentiellen in die kinetische Form übergeführt. Daß der für die Muskelzuckung notwendige Energieaufwand nicht durch den mit der Zuckung gleichzeitig einsetzenden fermentativen und oxydativen Stoffwechsel geliefert wird, ist durch die Kenntnis folgender Tatsachen sichergestellt. Im Augenblick der Zuckung kommt es zu einer fermentativen Spaltung von Glykogen in Milchsäure; von Fletscher und Hopkins ist letztere als Contractursubstanz angesehen worden, d. h. das Auftreten der Milchsäure bzw. ihrer H-Ionen sollte ihrer Meinung nach die Ursache für den Kontraktionsvorgang darstellen. In erster Linie wurde an Quellungsvorgänge gedacht, die durch die Säuerung der Muskelkolloide ausgelöst würden. Die Auffassung, daß der Kontraktionsvorgang der Muskelfibrillen einen Quellungsvorgang ihrer Kolloide darstellt, hat sich zwar nicht als unbedingt richtig erweisen können, doch ist sie eine durchaus diskutable Hypothese; denn die Quellung stellt ja auch nur einen speziellen Fall einer kolloidalen Zustandsänderung dar, und eine solche muß — wie erörtert worden ist — den Kontraktionsvorgang auf jeden Fall begleiten. Ob diese Zustandsänderung durch Quellung oder einen anderen kolloid-chemischen Vorgang bewirkt wird (es wurde von uns für Muskelkontraktion an eine Vermischung zweier verschiedener kolloider Phasen gedacht), ist für unsere Betrachtung letzten Endes von untergeordneter Bedeutung; auch soll nicht geleugnet werden, daß die Milchsäure bzw. ihre H-Ionen bei dem Gesamtvorgang eine gewisse Rolle spielen. Die Auffassung von Fletscher und Hopkins muß aber als viel zu weitgehend angesehen werden. Wohl gelingt es, mit Milchsäure beim Skelettmuskel Kontraktionsvorgänge auszulösen; beim Herzmuskel dagegen wirkt Milchsäure — wie ich gemeinsam mit Benatt nachweisen konnte — im Sinne einer Erschlaffung; dies wäre unmöglich, wenn das Entstehen der Milchsäure für die Auslösung des Kontraktionsvorganges verantwortlich wäre. Auch neuere Untersuchungen von Embden und Jost[1]) sprechen gegen die Auffassung von Fletcher und Hopkins. Es gelang Embden und Jost der Nachweis, daß die Milchsäurebildung den Kontraktionsvorgang überdauert, d. h. noch dann nachweisbar ist, wenn sich der Muskel bereits in der Erholungsphase befindet, also wieder erschlafft. In diesem Zusammenhang sei erwähnt, daß bei Einwirkung von Giften (Chinin u. a.), die eine tonische Contractur des Muskels bedingen, eine Milchsäurebildung, falls überhaupt, erst nach dem Eintritt der Contractur eintritt; sie hat mit dem Kontraktionsvorgang selbst nichts zu tun [S. G. Zondek und

---

[1]) Embden und Jost: Dtsch. med. Wochenschr. 1925, Nr. 16, S. 636.

F. MATAKAS[1])]. Bei der durch Acetylcholin hervorgerufenen tonischen Kontraktion, die der physiologischen wohl am nächsten steht, ist — wie auch aus Untersuchungen von MEYERHOF[2]) hervorgeht — selbst eine sekundäre Milchsäurebildung nicht nachweisbar. Es ist nach dem Gesagten also durchaus unwahrscheinlich, daß die Milchsäure den Kontraktionsvorgang auslöst; auch ist es ganz unmöglich, daß die bei dem fermentativen Zerfall von Glykogen in Milchsäure frei werdende Energie — sie ist nur eine sehr geringe — den bei der Muskelzuckung stattfindenden Energieaufwand decken könnte. Die aus dem chemischen Stoffwechsel entstehende Energie ist in erster Linie auf den Oxydationsstoffwechsel (so die Verbrennung der Milchsäure) zurückzuführen. Dieser läuft aber, wie insbesondere die Untersuchungen von MEYERHOF und HILL gezeigt haben, ausschließlich in der Erholungsphase ab. Mit der dabei frei werdenden Energie kann also keineswegs die vorausgegangene Zuckung erklärt werden, sondern nur die folgende. Hiermit gelangen wir an das Grundprinzip. Arbeitsleistung bzw. Energieaufwand, die mit der Muskelkontraktion einhergehen, sind nur möglich auf Kosten der im Muskelsystem aufgespeicherten freien Energie. Die aus dem chemischen Stoffwechsel stammende Energie wird dazu verwandt, die Erholung des Muskels zu besorgen, d. h. die ursprüngliche Struktur wieder aufzubauen und ihr wieder die für die folgende Kontraktion notwendige freie Energie aufzuladen. Durch den Stoffwechsel wird das Muskelräderwerk wieder aufgezogen. Eine Uhr, die nicht aufgezogen wird, kann nicht gehen. Mit dem Aufziehen der Uhr ist aber ihr Gang, das Ineinandergreifen ihres Räderwerkes, der Mechanismus ihres Ablaufes, nicht im geringsten erklärt. Ebenso verhält es sich mit dem Muskel. Der chemische Stoffwechsel ist eine conditio sine qua non; er schafft die Voraussetzung für die Funktion; die Art ihres Ablaufes aber, so die Vorgänge bei der eigentlichen Muskelkontraktion, erklärt er nicht. Er kann keine Auskunft darüber geben, weshalb im Anschluß an irgendeinen Erregungsvorgang eine Kontraktion eintritt, d. h. die vorhandene kolloidale Zellstruktur einen Zusammensturz erlebt oder eine sonstige Veränderung erfährt, bei welcher nach außen hin Arbeit geleistet wird. Bei dem Ablauf dieses Mechanismus spielen zweifellos die Elektrolyte eine große Rolle. Von ihnen wissen wir, daß sie für den kolloidalen Zustand der Materie und ihre Zustandsänderungen von größter Bedeutung sind. Im Anschluß an diese theoretische Erörterung sei ein praktisches Beispiel angeführt, welches das Verständnis für die hier aufgeworfenen Fragen fördern bzw. das bisher Erörterte gut illustrieren wird. Ein isoliertes Froschherz kann mehrere Tage leben, auch wenn ihm keine sog. Nährstoffe von außen zugeführt werden. Sein Vorrat an diesen Substanzen reicht aus, um den Energieverbrauch zu decken. Zur Aufrechterhaltung der Funktion ist aber unbedingt erforderlich, daß die Nährflüssigkeit bestimmte Elektrolyte enthält. Der Zusatz von Zucker oder Eiweißkörpern zur Nährflüssigkeit kann für die Dauer der Lebensfähigkeit des Herzens von Bedeutung sein; die augenblickliche Herzfunktion wird jedoch nicht beeinflußt. Die geringste Änderung in der Zusammensetzung der Elektrolyte ist dagegen von einer sofortigen Wirkung auf die Herzfunktion begleitet. Eine Vermehrung des Kaliumgehaltes der Nährlösung — Genaueres hierüber werden wir in den

[1]) ZONDEK, S. G und F. MATAKAS: Noch nicht veröffentlichte Versuche.
[2]) MEYERHOF: Klin. Wochenschr. S. 392. 1924.

folgenden Abschnitten erfahren — führt sofort zu einer Abnahme der Kontraktionsstärke bzw. zum vollkommenen Stillstand des Herzens und eine Vermehrung des Calciumgehaltes umgekehrt zu einer Steigerung der Kontraktionsfähigkeit. Mit den dem chemischen Stoffwechsel unterliegenden Nährstoffen können wir also auf den eigentlichen Funktionsablauf keinen Einfluß ausüben, wohl aber mit den Elektrolyten. Indirekt hat natürlich auch der chemische Stoffwechsel für die Funktion eines Zellsystems größte Bedeutung; denn wenn — z. B. beim Muskel — durch irgendeine Störung des fermentativen oder oxydativen Stoffwechsels die Erholung des Muskels bzw. die Wiederherstellung der ursprünglichen Struktur (d. h. das Wiederaufziehen des Räderwerkes) nicht in normaler Weise erfolgen kann, dann muß auch die Funktion (d. h. das Gehen des Räderwerkes) darunter leiden. Wird ein isolierter Froschmuskel unter Sauerstoffabschluß, d. h. bei Behinderung des oxydativen Stoffwechsels, gereizt, so ermüdet er viel schneller als bei Anwesenheit von Sauerstoff. Bei Warmblüterorganen ist die Abhängigkeit vom Sauerstoff eine noch viel größere. In diesem Sinne ist also auch der Stoffwechsel für die Funktion von Bedeutung. Fragen wir aber, wie ein Zellsystem, das sich im sog. Ruhezustand befindet, aus diesem in den Funktionszustand übergeht, wie z. B. beim Muskel die Möglichkeit für die kolloidale Zustandsänderung geschaffen wird bzw. wodurch letztere ausgelöst wird, dann müssen wir die Elektrolyte als diejenigen Körper bezeichnen, die in dem Ablauf dieser Prozesse eine Rolle spielen. Im Augenblick, in welchem die Funktion, d. h. die kolloidale Zustandsänderung, einsetzt, beginnt aber auch der chemische Stoffwechsel; beim Muskel die fermentative Spaltung von Glykogen in Milchsäure. Die Elektrolyte, die das Auftreten der kolloidalen Zustandsänderung bedingen, müssen also auch — zum mindesten indirekt — den Ablauf des chemischen Stoffwechsels beeinflussen. Zwischen dem Elektrolytstoffwechsel und dem rein chemischen, fermentativen bzw. oxydativen Stoffwechsel müssen innige Beziehungen bestehen; daß dies zutrifft, wird später noch im einzelnen dargelegt werden (s. Kap. V, 6). Mit dem Wort „Elektrolytstoffwechsel" seien hier lediglich die Vorgänge zwischen den Elektrolyten und den kolloiden Teilchen der Zelle, also die kolloid-chemischen Reaktionen, gemeint. Diese müssen in sich die Bedingungen für das Einsetzen und den Ablauf der chemischen Reaktionen enthalten.

Bisher wurde nur vom Muskel gesprochen. Bei den anderen Zellsystemen bzw. Organen sind die Verhältnisse im Prinzip auch keine anderen. Wohl kann die Arbeit, die sie leisten, sich in verschiedener Form äußern. Beim Muskel (Skelettmuskel, Herz, glatte Muskulatur der inneren Organe) imponiert die geleistete Arbeit in der Hauptsache als eine mechanische. Die Niere produziert Harn, der in seiner Zusammensetzung vom Blut vollkommen abweicht; so kann sein Molengehalt wesentlich größer sein. Die geleistete Arbeit kann als eine osmotische aufgefaßt werden. Ähnlich verhalten sich die anderen Drüsen mit ihren In- und Exkreten. Neben der osmotischen gibt es zweifellos noch andere Formen von physiko-chemischer Arbeitsleistung. In Frage kommt Quellungsarbeit, Oberflächenarbeit verschiedener Art sowie elektrische Arbeit in Form von Ionisierungsspannungen, Aufladungen, Ausbildung der verschiedenartigsten Potentialdifferenzen und bioelektrischen Ströme (s. hierzu Kap. VIII). Auch chemische Arbeit muß geleistet werden, da ständig durch Abnutzung und Verbrauch lebende Substanz zugrunde geht und wieder ersetzt werden muß.

Alle diese Arbeiten verbrauchen Energie. OPPENHEIMER[1]) sagt hierüber folgendes: „Auf Kosten chemischer Energie werden irgendwelche potentiellen Energien chemischer, mechanischer oder physikochemischer Natur gebildet, dann leisten diese Arbeit, und die Arbeit verzehrt sich zu (sekundärer) Wärme. Alles dient dazu, die Leistungen der Zelle jeglicher Art zu garantieren, die Zelle in jedem Moment in Arbeitsbereitschaft zu erhalten. Die Arbeitsbereitschaft besteht eben im Vorhandensein von potentiellen Energien oder Spannkräften mit hoher, freier Energie. Diese aber werden dadurch gebildet, daß man stabile Gleichgewichte durch Arbeitsleistung am System aufhebt. Denn im Zustand des stabilen Gleichgewichtes hat das System die geringste freie Energie, kann also überhaupt keine irgendwie geartete Arbeit leisten. Nur wenn man das System vom Gleichgewicht weg bewegt, also ein Ungleichgewicht schafft, schafft man Arbeitsfähigkeit, und um so größere, je weiter das System vom Gleichgewicht entfernt wird, je stärker sozusagen die Feder gespannt, das Gewicht gehoben wird. Diese Ungleichgewichte gleichen auch darin gespannten Federn, daß sie nach Auslösung und Ausgleich zum stabilen Gleichgewicht drängen, und dieser Ausgleich kann nur durch Hemmungen, Widerstände irgendwelcher Art aufgehalten werden.“ Aus dem chemischen Stoffwechsel stammen, wie schon erörtert worden ist, die Energien, die das Zellsystem auf das höhere Potential bringen, d. h. die Feder spannen, welche arbeitsbereit jeden Augenblick auf den Ausgleich ihres Ungleichgewichtes wartet. Die Entspannung der Feder, d. h. das Aufheben des Ungleichgewichtes, bedeutet Unterbrechung des sog. Ruhezustandes, und dies ist die Funktion. Das höhere Potential wird auf ein niedrigeres gebracht, die freie potentielle Energie wird zur Arbeitsleistung (mechanische, osmotische usw.) verwandt. Der „Elektrolytstoffwechsel“, d. h. die Elektrolyt-Kolloidreaktionen bedeuten für die Entspannung der Feder, also für den Übergang vom Ruhe- in den Funktionszustand das gleiche, was der chemische Stoffwechsel für die Spannung bedeutet. Betrachten wir von diesem Gesichtspunkte aus nochmals das Verhalten des quergestreiften Muskels. Im Ruhezustand sind zwei Schichten, die isotrope und anisotrope, vorhanden. Sie gleichen zwei wenig miteinander mischbaren Flüssigkeiten (einer kolloid- bzw. lipoidreicheren und einer lipoidärmeren). Für die Stabilität eines solchen Systems ist (s. Kap. III) das Bestehen einer Potentialdifferenz bestimmter Größe von Wichtigkeit. Wird sie unter einen kritischen Punkt gesenkt, dann stürzt das kolloide System zusammen, es kommt evtl. zu einer Ausflockung. Einen Zusammenbruch ähnlicher Art stellt die Muskelzuckung (also die eigentliche Muskelfunktion) dar; es tritt eine Vermischung beider Schichten und ihrer Teilchen auf. Die elektrische Potentialdifferenz können wir als eine Form der bestehenden potentiellen Energie ansehen. Letztere muß mit der Funktion zur Entfaltung gebracht werden. Daß gerade die Elektrolyte dies bewirken sollen, erscheint verständlich; denn sie sind diejenigen Körper, von denen wir wissen, daß sie Einfluß auf die elektrischen Potentialdifferenzen haben, daß sie dieselben bis unter den kritischen Punkt senken können (s. Kap. III). Es wird hierdurch ein höheres Potential auf ein niedrigeres gebracht; dies bedeutet Ausgleich von Ungleichgewichten bzw. Übergang von potentieller in kinetische Energie. Dies ist aber das

[1]) OPPENHEIMER, C.: Energetik der lebenden Substanz. Handbuch der Biochemie. 2. Aufl., Bd. 2. 1923.

Wesen der Funktion. — Mit den vorliegenden theoretischen Auseinandersetzungen war beabsichtigt, zu zeigen, daß wir schon auf rein deduktivem Wege zu der Einsicht gelangen müssen, daß die Elektrolyte mehr als alle anderen Körper dazu befähigt sind, den eigentlichen Funktionsvorgang der Zellen und Gewebe — gleichgültig, ob wir ihn vom Standpunkt der kolloidchemischen Zustandsänderung oder unter energetischen Gesichtspunkten betrachten — zu regulieren; sie sind es, die den Übergang vom sog. Ruhezustand in den Funktionszustand erst ermöglichen. Diesen Deduktionen kommt aber nur der Wert einer Theorie zu, wenn sie nicht durch die praktischen Erfahrungen bzw. das Experiment eine Bestätigung erfahren. Ob dies zutrifft, soll in den folgenden Kapiteln dargelegt werden. Sie sollen uns zeigen, daß die Elektrolyte tatsächlich auf jeder Stufe der phylogenetischen und ontogenetischen Entwicklung das funktionelle Geschehen der Zellen in denkbar stärkstem Maße beeinflussen.

2. Wie der Einfluß der Elektrolyte auf Funktionsvorgänge der verschiedensten Zellsysteme praktisch zum Ausdruck kommt.

Gesetzmäßigkeiten der Ionenwirkung.

Die Erforschung der Elektrolytwirkungen kann als Werk der letzten Jahrzehnte angesehen werden. Lange Zeit hat man die im Organismus vorkommenden anorganischen Salze als mehr oder weniger gleichgültige Ballaststoffe angesehen. Berücksichtigt wurde fast nur das NaCl, weil es (im Blute wenigstens) in verhältnismäßig großer Menge vorkommt. Eine irgendwie spezifische Wirkung wurde jedoch auch ihm nicht zuerkannt; vielmehr nahm man an, daß die Aufgabe des NaCl darin bestehe, den osmotischen Druck der Körpersäfte auf einer bestimmten Höhe zu erhalten. Es kann nicht bezweifelt werden, daß unter den osmotisch wirksamen Stoffen das NaCl an erster Stelle steht; denn alle anderen in Frage kommenden Substanzen (die anderen Salze, Zucker, Harnstoff usw.) kommen im Blute und in den anderen Körperflüssigkeiten nur in einer im Vergleich zum NaCl sehr geringen Konzentration vor. Als physiologische Lösung wurde noch bis in die jüngste Zeit die sog. physiologische NaCl-Lösung angesehen, deren Konzentration so stark ist (0,9%), daß ihr osmotischer Druck dem des Blutes gleich ist. Die biologische Bedeutung des osmotischen Druckes wurde lange Zeit weit überschätzt. Bei Vorhandensein semipermeabler Membranen können unter dem Einfluß osmotischer Kräfte Flüssigkeitsbewegungen stattfinden. Da man sich von der Zelle hinsichtlich ihrer Struktur die Vorstellung machte, daß sie einen Sack darstelle, der von einer halbdurchlässigen Membran umgeben sei, hat man auch die Flüssigkeitsbewegungen an der Zelle auf osmotische Druckwirkungen zurückzuführen versucht. Bei kolloiden Systemen hat aber der osmotische Druck (Makroosmose im Sinne von VAN T'HOFF) für die Flüssigkeitsverschiebungen und damit auch für die kolloidale Struktur meist nur eine untergeordnete Bedeutung. Er tritt hinter der Mikroosmose (Elektroendosmose usw.) zurück, die nicht von der Menge der vorhandenen Salze, sondern von ihrer spezifischen Art abhängig ist. Zum mindesten kommt die Wirkung des osmotischen Druckes in kolloiden Systemen, wenn überhaupt, nur in veränderter Form zur Geltung, so im Zusammenhang mit den DONNANschen Gleichgewichten (s. Kap. III). Der erste, der die biologische Wirkung der Elektrolyte in ihrem

Grundcharakter erkannte und die Forschung in die richtigen Bahnen lenkte, war JACQUES LOEB[1]). Seine Leistungen auf diesem Gebiete können zweifellos als medizinische und biologische Großtat angesehen werden. Es war sein genialer Blick, der intuitiv das Richtige erfaßte. Die Versuche, die er anstellte, sind höchst einfach, aber von überzeugender Kraft.

a) Die Wirkung der Elektrolyte auf die embryonale Entwicklung von Funduluseiern (Ionenantagonismus, Isoionie).

Die Salzbeschaffenheit des Meerwassers gleicht in qualitativer Hinsicht genau der des Blutes der Tiere und Menschen. In quantitativer Hinsicht stellt das Meerwasser aber ein Vielfaches des Blutes dar. Die Gesamtkonzentration der Salze im Blute entspricht ungefähr einer 0,9proz. NaCl-Lösung (bei Kaltblütern nur 0,65proz.), die des Meerwassers dagegen einer 3—4proz. Lösung. Qualitativ ist die Übereinstimmung eine recht weitgehende. So kommen im Blute auf 100 Moleküle NaCl etwa 2 KCl und 1,5 $CaCl_2$, im Meerwasser 2,2 KCl und 2,3 $CaCl_2$). Im Meerwasser, dem physiologischen Aufenthaltsort der Fundulustiere (Fundulus heteroclitus — ein kleines Meeresteleostier), geht die Entwicklung befruchteter Funduluseier natürlich gut vorwärts. Bringt man die Eier in eine reine NaCl-Lösung (sie kann den gleichen osmotischen Druck wie das Meerwasser haben), sterben die Eier ab; kein einziges entwickelt sich weiter. Dagegen ist eine Entwicklung in reinem, destillierten Wasser möglich. Die NaCl-Lösung wird zu einem brauchbaren Medium, wenn ihr geringste Mengen eines Salzes hinzugesetzt werden, dessen Kation zwei- oder mehrwertig ist (so das zweiwertige Calcium oder Barium, das dreiwertige Aluminium usw.). Der Zusatz eines Salzes mit einwertigem Kation (z. B. KCL) hat keinen Einfluß. Wie sehr die Entwicklungsfähigkeit der Eier durch Zusatz eines zwei- oder mehrwertigen Salzes begünstigt wird, geht aus folgender Tabelle hervor.

Zusammensetzung des Mediums	Prozente der sich zum Embryo entwickelnden Eier
100 ccm $^5/_8$m-NaCl	0
100 ccm $^5/_8$m-NaCl und 2 ccm 1m-$BaCl_2$	90
100 ccm $^5/_8$m-NaCl und 2 ccm $^5/_{16}$m-$SrCl_2$	90
100 ccm $^5/_8$m-NaCl und 1,5 ccm $^5/_4$m-$Ca(NO_2)_2$	80
100 ccm $^5/_8$m-NaCl und 2 ccm 1m-$MgCl_2$	75
100 ccm $^5/_8$m-NaCl und 2 ccm $^1/_8$m-$CoCl_2$	88
100 ccm $^{11}/_{16}$m-NaCl und 8 ccm $^1/_{28}$m-$ZnSo_4$	75
100 ccm $^5/_8$m-NaCl und 8 ccm $^1/_{16}$m-$MnCl_2$	55
100 ccm $^5/_8$m-NaCl und 4 ccm $^1/_8$m-$NiCl_2$	5
100 ccm $^4/_8$m-NaCl und 1 ccm $^1/_{64}$m-$Pb(CH_3COOH)_2$	17
100 ccm $^5/_8$m-NaCl und 1 ccm $^1/_{160}$m-$UO_2(NO_3)_2$	3

Damit eine so hohe prozentuale Entwicklungsfähigkeit der Eier erreicht wird, wie in der Tabelle angezeigt wird, muß die Äquilibrierung der Salze eine recht genaue sein. Wenn man Salze mit ein- oder mehrwertigem Kation in beliebigen Mengenverhältnissen miteinander vermischt, wird das Resultat ein wesentlich schlechteres. Ebensowenig wie die Kombination zweier Salze mit einwertigem

[1]) LOEB, J.: Americ. Journ. of physiol. Bd. 6, S. 411. 1902; Pflügers Arch. f. d. ges. Physiol. Bd. 88, S. 68. 1902.

Kation (NaCl und KCl) vermag auch die Kombination zweier Salze mit zweiwertigem Kation ($CaCl_2$ und $BaCl_2$) die Entwicklung der Eier zu fördern. Nur bei gleichzeitigem Vorhandensein von Salzen mit verschiedenwertigem Kation geht die Entwicklung gut vorwärts. Jedes einzelne Kation an sich wirkt giftig. Kationen verschiedener Ladung dagegen entgiften sich gegenseitig. Daß von einer direkten Giftwirkung des einzelnen Ions gesprochen werden kann, geht daraus hervor, daß — wie schon erwähnt — destilliertes Wasser für die Eier als Medium günstiger ist als eine NaCl-Lösung. Auch für die Organfunktion der höheren Lebewesen kann — wie wir später noch sehen werden — unter gewissen Umständen destilliertes Wasser als Nährlösung vorteilhafter sein als eine NaCl-Lösung. — Die Versuche LOEBS sind in vielfacher Hinsicht außerordentlich lehrreich. Zunächst haben wir ein praktisches Beispiel kennengelernt, durch welches wir auf die große Bedeutung, die die Elektrolyte für die Funktion von Zellen haben, in höchst anschaulicher Weise hingewiesen werden. Wir haben gesehen, wie selbst so komplizierte Vorgänge wie die embryonale Entwicklung von Lebewesen lediglich durch Salze bzw. ihre Ionen beherrscht werden. Im speziellen haben die Versuche das Bestehen eines Ionenantagonismus bewiesen, der — wie sich aus den folgenden Ausführungen ergeben wird — bei der Funktion aller Zellen und Organe eine ungemein große Rolle spielt. Er ist in erster Linie an die verschiedenartige Wertigkeit, d. h. (s. Kap. II) die verschieden starke elektrische Ladung der Ionen geknüpft (Na ist einfach positiv, Ca zweifach positiv geladen.) Weniger als für die Wirkungsart ist die Ladung für den Wirkungsgrad maßgebend. So lehrt uns die Tabelle, daß von den verschiedenen Salzen mit Kationen gleicher Wertigkeit zur Äquilibrierung verschiedene Konzentrationen notwendig sind. Eine annähernd gleich starke Wirkung wird z. B. durch 2 ccm 1m-$BaCl_2$ und 2 ccm $^1/_8$m-$CoCl_2$ erzielt.

Aus den LOEBschen Versuchen können wir noch andere prinzipiell wichtige Schlüsse ziehen. Die Entwicklung der Funduluseier schreitet im Meerwasser gut vorwärts; eine Entwicklung ist aber auch im destillierten Wasser möglich. In NaCl-Lösung dagegen gehen die Eier zugrunde, auch wenn der osmotische Druck der NaCl-Lösung und des Meerwassers gleich stark ist. Andererseits bestehen zwischen Meerwasser und destilliertem Wasser hinsichtlich des osmotischen Druckes die denkbar größten Unterschiede; trotzdem können aber beide der Entwicklung der Eier förderlich sein. Die Wirkung der Salze bzw. ihrer Ionen hängt also sicherlich nicht mit ihrer osmotischen Druckwirkung zusammen; vielmehr ist sie an die spezifische Natur des einzelnen Ions gebunden. Unsere theoretischen Erwägungen finden also in den erwähnten Versuchen eine einwandfreie Bestätigung. Als physiologische Lösungen können demnach nicht solche bezeichnet werden, die durch die Gleichheit des osmotischen Druckes ausgezeichnet sind, sondern die gleiche Kombination bestimmter Ionen aufweisen. Hierin offenbart sich die Wandlung, die unsere Anschauung vom Wesen der Salzwirkungen durchgemacht hat. Ihren praktischen Ausdruck findet sie in dem Ersatz der physiologischen NaCl-Lösung durch die Ringerlösung. Letztere enthält nämlich die wichtigsten anorganischen Blutsalze in dem natürlichen Kombinationsverhältnis. Sie dient als künstliche Nährlösung für Kalt- und Warmblüterorgane. Die Zusammensetzung ist folgende: 0,6% NaCl (für den Warmblüter 0,8% NaCl), 0,02% $CaCl_2$,

0,01% KCl_2 und 0,01% $NaHCO_3$. Als Nährlösung für Warmblüterorgane kann man statt der Ringerlösung auch die LOCKEsche oder THYRODEsche Lösung verwenden. Letztere ist in der Weise modifiziert, daß sie außer den genannten Salzen noch $MgCl_2$, NaH_2PO_4 und Traubenzucker enthält. Ihre genaue quantitative Zusammensetzung ist folgende: 0,8% NaCl, 0,03% KCl, 0,02% $CaCl_2$, 0,01% $MgCl_2$, 0,005% NaH_2PO_4, 0,05% $NaHCO_3$ und 0,1% Traubenzucker. Es soll nicht behauptet werden, daß der osmotische Druck im Organismus gar keine Rolle spielt; soweit aber die direkte Beeinflussung des Funktionszustandes oder des Funktionsgrades eines Organes in Frage kommt, tritt die osmotische Druckwirkung der Salze hinter der spezifischen Ionenwirkung ganz zurück. Von künstlichen Nährlösungen müssen wir verlangen, daß neben der Isotonie auf jeden Fall eine Isoionie besteht. —

b) Elektrolyte und künstliche Befruchtung.

Wie die Entwicklung der Funduluseier wird — wenigstens im Prinzip — alles funktionelle Geschehen im tierischen Organismus durch die Elektrolyte und ihre Ionen beeinflußt. Wir begegnen fast immer den gleichen Regeln. Bevor wir im einzelnen hierauf eingehen, soll noch eine andere Gruppe von Versuchen besprochen werden, die unser Interesse deshalb in Anspruch nehmen dürften, weil sie, abgesehen von den an sich sehr überraschenden praktischen Versuchsergebnissen, von neuem eine Bestätigung unserer theoretischen Erörterungen bringen. Sie zeigen nämlich, wie sehr funktionelle Vorgänge und kolloidale Zustandsänderungen miteinander verknüpft bzw. voneinander abhängig sind. — Daß bei bestimmten tierischen Eiern eine gewisse Entwicklungsanregung, z. B. das Entstehen der Befruchtungsmembran, auch ohne Spermatozoon möglich ist, so durch Einwirkung von Chloroform, Toluol u. a., konnte schon von O. und R. HERTWIG[1]), HERBST[2]) u. a. in Einzelversuchen gezeigt werden. MEAD gelang der Nachweis, daß Zusatz von Kalium zum Seewasser genügt, um im unbefruchteten Ei von Chaetopterus Kernteilungen hervorzurufen. Systematische Untersuchungen hat aber erst J. LOEB[3]) angestellt. Die künstliche Parthenogenese gelang ihm auf verschiedene Weise. Vermehrung des Kochsalzgehaltes, evtl. auch Zusatz von Zucker (also Hypertonie) bei gleichzeitiger Steigerung der OH-Ionenkonzentration reichten aus, um die Entwicklung unbefruchteter Seeigeleier bis zum Larvenstadium zu erzielen. Bei anderen Eiern (z. B. den von Chaetopterus und vom Seestern) war auch die osmotische Druckerhöhung nicht notwendig; vielmehr genügte im ersteren Falle der Zusatz von Kalium und Säuren, im letzteren Falle allein der von Säuren. Die Entwicklung der Eier auf dem eben geschilderten Wege vollzog sich jedoch ohne Bildung der sog. Befruchtungsmembran. Daß ihr Entstehen eine kolloidale Zustandsänderung darstellt, ist selbstverständlich. LOEB hat nun erkannt, daß alle Eingriffe, die zur Bildung der Membran führen, den natürlichen Befruchtungsvorgang ersetzen. Jedenfalls ist auf diese Weise das Entstehen von Larven wohl möglich. Vor allem sind es bestimmte chemische

[1]) HERTWIG, O. u. R.: Untersuchungen zur Morphologie und Physiologie der Zellen, Jena 1887.

[2]) HERBST, C.: Biol. Zentralbl. Bd. 13, S. 14. 1893.

[3]) LOEB, J.: Die chem. Entwicklungserregung des tierischen Eies. Berlin 1909.

Agenzien (einbasische Fettsäuren, Saponine, Glykoside wie Solanin und Digitalin), mit deren Hilfe die Bildung der Membran gelingt. Der relativ kurzdauernden Einwirkung der genannten Substanzen mußte aber — wenigstens in der Mehrzahl der Fälle — eine Nachbehandlung mit hypertonischer NaCl-Lösung folgen; sonst kommt es zwar auch zur Membranbildung, aber anschließend daran zur Cytolyse. Wie LOEB zeigen konnte, gelingt die künstliche Parthenogenese bzw. die Membranbildung überhaupt mit allen cytolytisch wirkenden Stoffen; doch darf die Einwirkung nicht eine so langdauernde sein, daß Cytolyse erfolgt. Der Nachbehandlung mit NaCl kommt nach LOEB die Bedeutung zu, die schädlichen Nebenwirkungen der Membranbildung zu beseitigen. Die Bedeutung der Spermatozoen für die Befruchtung sieht LOEB ebenfalls in der Bildung eines Lysins bzw. darin, daß mit ihm Lysine in die Eizelle hineingebracht werden. Da diese aber spezifisch, arteigen sind, führen sie nicht zu der schädlichen Nebenwirkung, die bei der künstlichen Befruchtung die Nachbehandlung erfordert. Die LOEBschen Versuche sind für uns aus den verschiedensten Gründen von Interesse. Zunächst zeigen sie uns, daß selbst so wichtige funktionelle Vorgänge wie Befruchtung und Entwicklung durch Salze bzw. Ionen hervorgerufen werden können. Neben der Hypertonie sind es vor allem die OH-Ionen, welche diesen wohl bedeutungsvollsten Prozeß im Leben der Zelle auslösen. Was die OH-Ionen bewirken, kann auch durch andere rein kolloidchemische Prozesse erreicht werden; jeder Eingriff, der Membranbildung zur Folge hat (z. B. die Behandlung mit bestimmten Giften) führt auch zur Weiterentwicklung, (Gifte und Ionen können also Gleichwertiges bewirken; wir wollen uns später dessen erinnern.) Bei den Eiern von Seetieren, welche eine natürliche Tendenz zur Entwicklung ohne Samenbefruchtung haben, so den Seesterneiern, genügen — wie LOEB annimmt — wahrscheinlich schon die OH-Ionen des Seewassers oder die durch die Eier oder Bakterien gebildete Kohlensäure, um die Membranbildung zu veranlassen. — Nach dem Ergebnis der angeführten Versuche kann kein Zweifel darüber bestehen, daß zwischen Ionenwirkungen und kolloidchemischen Vorgängen sehr nahe Beziehungen bestehen müssen. Auch die Wirkung der Ionen dürfte — selbst in den Fällen, in denen sie zur künstlichen Befruchtung ohne Membranbildung führt — auf kolloidchemische Beeinflussung der Eizelle zurückzuführen sein; die Membranbildung ist nur e i n e Form der kolloidalen Zustandsänderung.

Daß Ioneneinflüsse bzw. kolloidchemische Strukturveränderungen Parthenogenese bewirken können, ist für uns noch in anderer Hinsicht lehrreich. Wie O. WARBURG[1]) nachgewiesen hat, steigt der Sauerstoffverbrauch des Eies mit dem Augenblick der Befruchtung ungemein stark an, etwa um das Sechsfache. Der oxydative Stoffwechsel nimmt an Intensität zu, was nicht überraschend ist; denn der Übergang der Eizelle aus dem ruhenden Zustand vor der Befruchtung in den tätigen nach der Befruchtung stellt eine starke Steigerung des Funktionszustandes der Zelle dar. Daß die Zunahme der Oxydationen nicht darauf zurückzuführen ist, daß mit den Spermatozoen oder den zur künstlichen Parthenogenese notwendigen Agenzien Stoffe in die Eizelle gebracht werden, die als Fermente bzw. Katalysatoren wirken, hat LOEB indirekt bewiesen. Wäre dies nämlich der Fall, dann müßte eine Kombina-

[1]) WARBURG, O.: Hoppe-Seylers Zeitschr. f. physiol. Chem. Bd. 57, S. 1. 1908.

tion von natürlicher und künstlicher Parthenogenese die Geschwindigkeit der Entwicklung vergrößern. Dies trifft aber nicht zu. Zwischen der Ionenwirkung bzw. der zur künstlichen Befruchtung führenden kolloidchemischen Zustandsänderung einerseits und der Steigerung des chemischen oxydativen Stoffwechsels andererseits muß ein direkter Zusammenhang bestehen. Der Ablauf der kolloidchemischen Reaktionen (d. h. des sog. Elektrolytstoffwechsels) muß — wie S. 80 ausgeführt worden ist — die Bedingung für das Einsetzen bzw. die Steigerung des chemisch-fermentativen bzw. oxydativen Stoffwechsels schaffen (Näheres s. V, 6).

c) Der Ionenantagonismus als Allgemeinerscheinung (Anionen- und Kationenwirkung).

Die Versuche LOEBS an den Funduluseiern haben uns mit der Bedeutung der Ionenkombination und des Ionenantagonismus vertraut gemacht. Auch haben wir den Einfluß der Wertigkeit bzw. der elektrischen Ladung der Ionen kennengelernt. Den gleichen Erscheinungen wie bei den Funduluseiern begegnen wir im Prinzip auch bei allen höheren tierischen Organismen. Wie schon erwähnt, enthalten Meereswasser und Blut die gleichen Elektrolyte und zwar in fast annähernd demselben Verhältnis. Dies ist kein Zufall. Zu den Kationen des Blutes gehört das Natrium, Kalium, Calcium und Magnesium. Die Anionen haben nach LOEB für die Entwicklung der Funduluseier keine wesentliche Bedeutung. Ob z. B. NaCl oder $NaNO_3$ verwandt wird, ist gleichgültig. Wie wir noch sehen werden, üben auch die Anionen der Körperflüssigkeiten keinen direkten Einfluß auf den Funktionsablauf der Zellen aus; zum mindesten steht ihre Wirkung in dieser Beziehung weit hinter der der Kationen zurück. Eine große Bedeutung kommt den Anionen dagegen für die Pufferungsvorgänge zu (s. Kap. VI). Von den genannten Kationen ist das Natrium und Kalium einwertig, d. h. einfach positiv geladen, das Calcium und Magnesium zweiwertig, d. h. zweifach positiv geladen. Das Magnesium nimmt in vieler Beziehung eine Ausnahmestelle ein und wird deshalb von uns in einem besonderen Kapitel behandelt werden. Der gleiche Antagonismus, der bei den Funduluseiern zwischen den ein- und zweiwertigen Kationen besteht, ist auch bei den höheren Lebewesen auf jeder Stufe der phylogenetischen und ontogenetischen Entwicklung nachweisbar. Am häufigsten tritt er unter den körpereigenen Kationen zwischen den K- und Ca-Ionen in Erscheinung; ein Antagonismus besteht auch zwischen den Na- und Ca-Ionen, allerdings in abgeschwächter Form. Die Na- und K-Ionen dagegen wirken meist — keineswegs immer — synergistisch. Wie der Antagonismus zum Ausdruck kommt, ist an folgendem Beispiel zu ersehen.

Ionenantagonismus und Blastulabildung. Nach HERBST[1]) läßt sich die Entwicklung von Seetieren wie Sphaerechinus im Stadium der Blastulabildung durch Änderung des Salzgehaltes des Meerwassers stark beeinflussen. In K-freiem Meerwasser verliert die Blastula an Größe, nimmt ein trübes Gewebsaussehen an und vermag nicht, die vakuoläre Beschaffenheit der Wandung einer normalen Blastula zu erzielen. Bei Fehlen von Ca dagegen

[1]) HERBST: Arch. f. Entwicklungsmechanik Bd. 9, S. 424. 1900 u. Bd. 17, S. 440. 1904.

kommt es überhaupt nicht zur Bildung von geschlossenen Larven. Die Blastula löst sich in gewimperte Zellen auf. Einmal ist also die Vakuolenbildung zu gering, das andere Mal (Fehlen von Ca) gewissermaßen zu stark, so daß das Zusammenhalten der einzelnen Zellen unmöglich wird. Die normale Blastulaform ist abhängig von einem bestimmten Gleichgewichtszustand der K- und Ca-Ionen. Ihre antagonistische Wirkungsweise verhindert, daß die Entwicklung der Blastula nach der einen oder anderen Seite zu stark wird. — Es sei bereits an dieser Stelle darauf hingewiesen, daß es sich bei den genannten Ionenwirkungen — was auch von SPIRO[1]) betont wird — nicht um echte, sondern nur scheinbare Antagonismen handelt; hebt z. B. das Kalium die Calciumwirkung auf und umgekehrt, so braucht dies nicht darauf zu beruhen, daß die beiden genannten Ionen qualitativ gänzlich verschiedene Zellreaktionen auslösen. Schon ein quantitativer Unterschied in der Beeinflussung eines bestimmten Vorganges kann zu Wirkungen führen, die nach außen als antagonistische imponieren. Hingewiesen sei auf das Verhalten der Gelatine, die — wie in den HOFMEISTERschen Reihen zum Ausdruck kommt — durch Salze in ihrem Quellungsvermögen verschieden stark beeinflußt wird (s. S. 37). Der Unterschied ist ein rein quantitativer; nach außen aber kann die Wirkung der an den beiden Enden der Reihe stehenden Ionen (SO_4 und Tartrat einerseits, J und SCN andererseits) als eine antagonistische erscheinen; erstere hemmen, letztere fördern die Quellung im Wasser.

I o n e n a n t a g o n i s m u s u n d B a k t e r i e n e n t w i c k l u n g. Kurz erwähnt sei der Einfluß, den die Elektrolyte auf die Entwicklung von Bakterien ausüben können. Wie v. EISLER[2]) gezeigt hat, erfährt das Leben von Choleravibrionen durch Salze mit ein- oder mehrwertigem Kation erhebliche Störungen. Insbesondere kann es zu einer starken Ausbildung von Involutionsformen kommen. Bei geeigneter Mischung der genannten Kationen bleibt diese pathologische Wachstumsform aus. —

D i e B e d e u t u n g d e r E l e k t r o l y t e (s p e z i e l l d e s I o n e n a n t a g o n i s m u s) f ü r H e r z f u n k t i o n u n d A t m u n g (R e a k t i o n s t h e o r i e d e r A t m u n g). Im embryonalen Stadium stellt die an die Befruchtung sich anschließende Entwicklungsphase die Hauptfunktion der betreffenden Zelle dar. Daß die Elektrolyte und ihre Ionen bei Ablauf dieser Funktion eine sehr große Rolle spielen, dürfte durch die bisherigen Darlegungen hinreichend bewiesen sein. —

Wie macht sich der Einfluß der Elektrolyte auf die Funktionsvorgänge bei den Tieren geltend, die ihre Entwicklung schon abgeschlossen haben? Soweit höhere Lebewesen in Frage kommen, läßt sich diese Frage aus erklärlichen Gründen am besten auf Grund von Beobachtungen einzelner bestimmter Funktionen, d. h. durch das Studium am isolierten Organ, beantworten. Zu den geeignetsten Objekten gehört das Herz (besonders des Frosches). Das isolierte Froschherz (man läßt es nach der von W. STRAUB angegebenen Methode an einer Kanüle, die von der Aorta in den Ventrikel eingeführt wird, arbeiten) kann — wie schon an anderer Stelle erwähnt wurde — tagelang unter reiner Salzdiät (die Nährlösung wird durch die Kanüle zugeführt) arbeiten. Die für Aufrecht-

[1]) SPIRO: Schweiz. med. Woch. 1921, Nr. 25 und Verhdlg. der dtsch. Naturforscherversammlung Leipzig 1922.

[2]) v. EISLER: Zentralbl. f. Bakteriologie, Parasitenk. u. Infektionskrankh. Bd. 51, S. 546. 1909.

erhaltung der normalen Funktion notwendige Nährflüssigkeit ist die Ringersche Lösung (s. S. 84). Jede Änderung ihres Elektrolytgehaltes ist von einer sofort eintretenden starken Wirkung auf die Funktion begleitet. Eine Vermehrung des Kaliumgehaltes (d. h. ein relatives Kaliumübergewicht) führt zu einer Verminderung der Kontraktionsstärke. Ist der Kaliumzusatz beträchtlich (Erhöhung von 0,01% auf etwa 0,06%), kann das Herz auch in vollkommener Diastole stehenbleiben (s. Abb. 3). Erhöhung des Calciumgehaltes dagegen (relatives Calciumübergewicht) führt zu einer Verstärkung der Systole bzw. zum Stillstand in Systole (s. Abb. 4). Wird innerhalb gewisser Grenzen beides, also sowohl der Kalium- wie der Calciumgehalt, erhöht, so bleibt die Funktion eine annähernd normale.

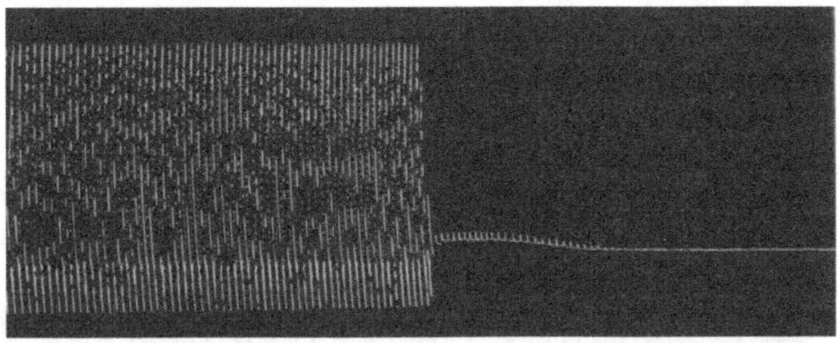

Ringerlösung. Zusatz von KCl.
Abb. 3.

Fehlt der Nährlösung das Calcium, tritt ebenfalls eine Verstärkung der Diastole bzw. ein diastolischer Stillstand ein; denn durch die Entfernung des Calciums wird auch nichts anderes als ein relatives Kaliumübergewicht geschaffen. Wird neben dem Calciumgehalt auch der an Natrium und Kalium stark reduziert, ist die Herzfunktion zum mindesten eine Zeitlang eine wesentlich bessere als bei Fehlen von Calcium allein [S. G. ZONDEK[1])]. Dies liegt daran, daß die Zellfunktion mehr von dem relativen Verhältnis der einzelnen Ionen zueinander als von ihrer absoluten Menge abhängt. Hieraus ist auch zu ersehen, daß die osmotische Druckwirkung der Salze hinter der spezifischen Wirkung ihrer Ionen zurückbleibt. Dafür sprechen aber noch andere Momente. Die Natriumwirkung ähnelt am Herzen sehr der des Kaliums. Natriumvermehrung (Erhöhung des NaCl-Gehaltes von 0,6 auf 1%) hat eine diastolische Herzwirkung zur Folge. Verminderung des NaCl-Gehaltes (von 0,6 auf etwa 0,2%) ist gleichbedeutend mit einer relativen Ca-Vermehrung; es muß also — was auch tatsächlich der Fall ist — zu einer systolischen Herzwirkung kommen. Unter den Salzen der Ringerlösung übt das NaCl, dessen Konzentration beträchtlich größer ist als die aller anderen, den größten osmotischen Druck aus. Wäre die Herzwirkung, die durch die NaCl-Verminderung hervorgerufen wird, durch die Erniedrigung des osmotischen Druckes bedingt, dann müßte

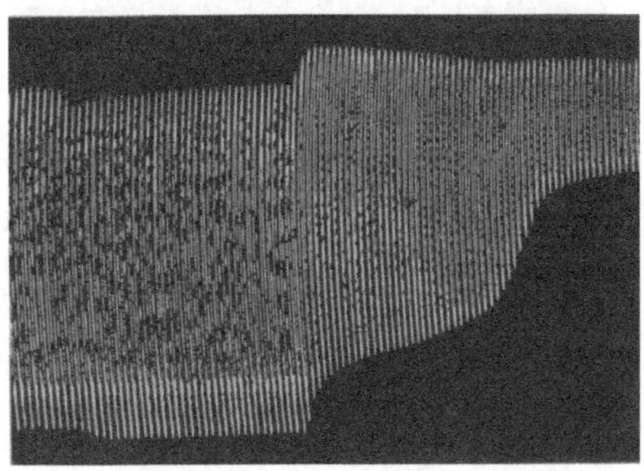

Ringerlösung. Zusatz von $CaCl_2$.
Abb. 4.

[1]) ZONDEK, S. G.: Biochem. Zeitschr. Bd. 121, S. 87. 1921.

die Wirkung ausbleiben, wenn man die fehlende NaCl-Menge durch isotonische Mengen anderer osmotisch wirksamer Substanzen (z. B. Zucker, Harnstoff usw.) ersetzt. Dies ist aber nicht der Fall [HOFMANN[1]), SAKAI[2]), S. G. ZONDEK[3])]. — Erhöhung des NaCl-Gehaltes (von 0,6 auf 1,0%) führt ähnlich wie Kaliumvermehrung zu einer diastolischen Herzwirkung. Daß auch diese Beeinflussung der Herzfunktion nicht auf eine Steigerung des osmotischen Druckes zurückzuführen ist, geht daraus hervor, daß alle anderen Stoffe, die eine osmotische Druckerhöhung bewirken (z. B. Zusatz von Traubenzucker, Harnstoff oder auch Lithiumchlorid zur Ringerlösung), eine systolische Herzwirkung hervorrufen (S. G. ZONDEK). Es ist sehr wahrscheinlich, daß der osmotische Druck, der durch den physiologischen NaCl-Gehalt gegeben ist, für die Herzarbeit der optimale ist; große Schwankungen sind sicherlich nicht belanglos. Die Kochsalzwirkung aber, die sich beim Herzen in der angegebenen Weise in der momentanen Beeinflussung seiner Funktion geltend macht, ist nicht die Wirkung des Salzes,

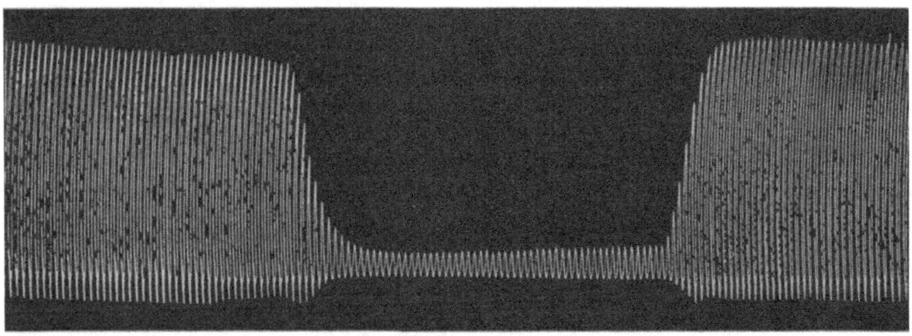

Ringerlösung. Nährlösung bestehend aus NaCl+KCl. Zusatz von $CaCl_2$.

Abb. 5.

sondern die spezifische Wirkung des Natriumions. Daß die Natriumwirkung der des Kaliums nahesteht, ist schon hervorgehoben worden. Beide wirken auf das Herz in diastolischem Sinne ein. Es kann, wie aus folgendem hervorgeht, zu einer Summation ihrer Wirkung kommen. Beschickt man das Herz mit einer Nährlösung, die nur aus NaCl besteht, werden die Systolen sofort sehr klein; fügt man dieser NaCl-Lösung die physiologischen KCl-Mengen hinzu, wird die Herzfunktion noch schlechter; es kommt zum vollkommenen diastolischen Stillstand. Zusatz der physiologischen $CaCl_2$-Mengen stellt die normale Funktion wieder blitzartig her (s. Abb. 5). Letztere ist — wie aus dem bisher Gesagten hervorgeht — eine Funktion des Gleichgewichtes $\frac{Na + K}{Ca}$. Jede Änderung des Quotienten zugunsten des Zählers (Na + K) hat eine sofortige diastolische, die des Nenners (Ca) eine sofortige systolische Wirkung zur Folge. Da die Bedeutung der genannten Kationen für die Funktion des Herzens (für die der anderen Organe gilt das gleiche) nur in ihrer gegenseitigen Wechselwirkung zu verstehen

[1]) HOFMANN, F. B.: Biochem. Zeitschr. Bd. 66, S. 293, 1915 und Bd. 156, S. 278, 1925.

[2]) SAKAI: Zeitschr. f. Biol. Bd. 62, S. 295. 1913.

[3]) ZONDEK, S. G.: l. c.

ist, kann die Darstellung ihrer Wirkungsweise nicht gesondert erfolgen. — Der Einfluß der Anionen auf die Herztätigkeit ist viel geringer als der der Kationen. So hat der Zusatz von Lithiumchlorid (bis zu 0,33%) — wie schon erwähnt worden ist — für die Herzfunktion keine andere Bedeutung als die von Traubenzucker und Harnstoff. Eine Chlorionenwirkung kommt hier also nicht in Frage. Eine Ringerlösung, die in der Weise modifiziert ist, daß sie statt NaCl, KCl und $CaCl_2$ die entsprechenden Brom- oder Jodsalze enthält, stellt für das Herz ebenfalls eine Nährlösung dar, mit der es — wenigstens eine Zeitlang — seine Funktion in normaler Weise aufrechterhalten kann. Die Lebensfähigkeit des Präparates ist jedoch herabgesetzt; nach einiger Zeit ($^1/_4$—1 Std.) können beträchtliche Störungen (Verminderung der Kontraktionsstärke, evtl. auch Stillstand oder Änderungen im Rhythmus) auftreten; diese Wirkung, die auf die Anionen bezogen werden muß, ist jedoch eine andere als die, welche wir bei den Kationen beobachten. Letztere vermögen die Herzfunktion momentan zu beeinflussen, so die Diastole oder Systole zu verstärken oder abzuschwächen. Fahnden wir nach Körpern, die für die Auslösung funktioneller Vorgänge in Frage kommen (s. S. 79), so müssen wir von ihnen unbedingt verlangen, daß sie ihre Wirkung blitzartig entfalten können. Dies trifft beim Herzen für die Kationen, nicht für die Anionen (zum mindesten nicht für die physiologisch vorkommenden) zu. — Bei der Beurteilung der Wirkung der verschiedenen Anionen kann man folgendem Irrtum unterliegen. Ernährt man das Froschherz statt mit NaCl mit Na_2HPO_4, dann werden die Herzkontraktionen wesentlich stärker; dies liegt aber nicht an der verschiedenartigen Wirkung des Cl- und PO_4-Ions, sondern daran, daß NaCl neutral, Na_2HPO_4 alkalisch reagiert. Die systolische Wirkung des Na_2HPO_4 ist auf die Vermehrung der OH-Ionen zurückzuführen. Daß die H- und OH-Ionen für das funktionelle Geschehen von Zellen von größter Bedeutung sein können, haben wir schon bei der Besprechung der LOEBschen, die künstliche Befruchtung betreffenden Versuche erfahren. Aber auch bei den höheren Organismen ist der Einfluß ein höchst bedeutsamer. So haben Untersuchungen von WINTERSTEIN[1]) uns gelehrt, daß das Atemzentrum nicht — wie man früher annahm — durch die Kohlensäure des Blutes, sondern in erster Linie durch die H-Ionen erregt wird. Das Atemzentrum würde sich demnach im Prinzip genau wie das Herz verhalten, bei dem — wie soeben erläutert wurde — die verschiedenartige Wirkung des salzsauren und phosphorsauren Natriums (NaCl und Na_2HPO_4) nicht oder zum mindesten viel weniger durch die verschiedenen Säuren (also die Cl- bzw. HPO_4-Ionen) als durch die verschiedene H-Ionenkonzentration hervorgerufen wird, die die beiden Salzlösungen auszeichnet. Daß die Anionen an der Wirkung evtl. auch beteiligt sind, soll nicht geleugnet werden. HASSELBACH[2]) vermutet dies auch hinsichtlich der Wirkung der Säuren auf das Atemzentrum. Ein sehr anschaulicher Versuch, den WINTERSTEIN ausgeführt hat, ist folgender. Neugeborene Kaninchen, die von der Aorta aus mit O_2 gesättigter Ringerlösung durchspült werden, verfallen alsbald in Apnoe. Atembewegungen lassen sich in diesem Zustand hervorrufen, wenn man der Lösung Kohlensäure zusetzt; der gleiche Erfolg tritt aber auch bei Zusatz von Salzsäure, Weinsäure und an-

[1]) WINTERSTEIN: Pflügers Arch. f. d. ges. Physiol. Bd. 138, S. 167. 1911.

[2]) HASSELBACH: Biochem. Zeitschr. Bd. 46, S. 403. 1912.

deren Säuren auf. Während das Ansteigen der [H˙] über einen bestimmten Wert zur Erregung des Atemzentrums führt, hat das Sinken der [H˙], d. h. die Zunahme der [OH′] eine Abnahme der Erregbarkeit zur Folge. Infusion von Laugen schränkt z. B. die Lungenventilation ein. An der Richtigkeit dieser WINTERSTEINschen Reaktionstheorie der Atmung ist ein Zweifel kaum mehr möglich; denn das gesamte bisher bekannte Tatsachenmaterial läßt sich unter diesen Gesichtspunkten zwanglos erklären (s. Kap. VI). Erwähnt sei, daß neben den H- und OH-Ionen auch andere Ionen Einfluß auf die Erregbarkeit des Atemzentrums haben. Die K-, HPO_4- und H_2PO_4-Ionen erhöhen sie, die Ca- und Mg-Ionen setzen sie herab [KL. GOLLWITZER-MEIER[1])]. Auch in dieser Beziehung verhält sich das Atemzentrum also ähnlich wie die verschiedenen Zellgruppen des Herzens. — Über die Einzelheiten der H- und OH-Ionenwirkung am Herzen sei folgendes mitgeteilt. Sie ist der der K- und Ca-Ionen sehr ähnlich. Infolge ihres Bicarbonatgehaltes ist die Ringerlösung ganz schwach alkalisch (das p_H beträgt ungefähr 7,3). Jede Erhöhung der [H˙] hat eine diastolische Wirkung, jede Verminderung der [H˙] eine systolische Wirkung zur Folge. Bei einem p_H der Nährlösung von ungefähr 6 tritt diastolischer, bei einem p_H von 8 systolischer Ventrikelstillstand ein [CLARK[2])]. Unter den Elektrolyten der Nährlösung (Außenelektrolyten) wirken also die H- wie die K- bzw. auch die Na-Ionen, die OH- wie die Ca-Ionen. Die Wirkung des OH-Ions ist eine intensive, obgleich es ein Anion ist; dies braucht aber nicht zu überraschen, da auch sonst (wenn es sich um Beeinflussung kolloider Systeme handelt) die H- und OH-Ionen eine vollkommene Ausnahmestellung einnehmen. Daß die H- und OH-Ionen einerseits, die Na-, K- und Ca-Ionen andererseits die gleiche Wirkung ausüben, ist kein Zufall; denn zwischen ihnen bestehen auch innere Beziehungen. Eine Änderung der Kationenzusammensetzung führt nämlich — nach F. KRAUS und S. G. ZONDEK[3]) — auf dem Wege über die Kolloidelektrolyte auch zu einer Änderung des H- und OH-Ionengleichgewichtes. Näheres hierüber s. S. 109.

Das Verhalten des Warmblüterherzens unterscheidet sich im Prinzip in nichts von dem des Kaltblüters; nur ist die Empfindlichkeit des ersteren gegenüber den Elektrolyten eine noch größere. Der Antagonismus K—Ca besteht in der gleichen Weise. Calcium wirkt systolisch [GROSS[4])], Kalium diastolisch [HERING[5])]. Bisher war nur von dem Einfluß der Elektrolyte auf die systolische und diastolische Funktion des Herzmuskels die Rede. Auf die anderen Herzteile ist die Wirkung der Elektrolyte aber durchaus keine geringere. Es gibt überhaupt keinen Herzabschnitt bzw. keine funktionelle Äußerung eines Herzteiles, die nicht durch die Elektrolyte entscheidend beeinflußt werden könnten. Bei einem durch Stanniusligatur stillgelegten Froschventrikel führt Calcium zu einer Steigerung, Kalium zu einer Herabsetzung der Erregbarkeit [LUSSANA[6]), ABDERHALDEN und GELLHORN[7]),

[1]) GOLLWITZER-MEIER, KL.: Biochem. Zeitschr. Bd. 151, S. 54. 1924.
[2]) CLARK: Journ. of pharmacol. a. exp. therap. Bd. 4, S. 425. 1913.
[3]) KRAUS, F. u. S. G. ZONDEK: Klin. Wochenschr. 1922, Nr. 20.
[4]) GROSS: Pflügers Arch. f. d. ges. Physiol. Bd. 99, S. 264. 1903.
[5]) HERING: Pflügers Arch. f. d. ges. Physiol. Bd. 161, S. 544. 1915.
[6]) LUSSANA: Arch. internat. de physiol. Bd. 11, S. 1. 1912.
[7]) ABDERHALDEN u. GELLHORN: Pflügers Arch. f. d. ges. Physiol. Bd. 183, S. 303. 1920.

ROTBERGER und WINTERBERG [1])]. In gleicher Weise wird auch die Reizleitung beeinflußt. So wird bei Ernährung des Herzens mit calciumfreier Ringerlösung das Intervall zwischen Atrium- und Ventrikelsystole vergrößert. Auf die Frequenz des Herzschlages haben die Elektrolyte ebenfalls Einfluß. Calciumübergewicht führt im allgemeinen zu einer Beschleunigung, Kalium zu einer Verlangsamung des Herzschlages; bei zu starker Dosierung kann jedoch durch Ca auch Verlangsamung herbeigeführt werden. Ferner sei betont, daß die hier beschriebenen Funktionsänderungen nicht in gleicher Weise fortbestehen müssen. Wird dem Herzen Calcium in vermehrter Menge zugeführt, so kann es allmählich zu einer Anpassung und hiermit zu einer Änderung der ursprünglichen Wirkungserscheinungen kommen. Auf diese praktisch sehr wichtigen Fragen wird an anderer Stelle eingegangen werden (s. S. 142). Der Einfluß auf die Pulsfrequenz stellt in erster Linie eine Wirkung auf die Ganglien des Sinusgebietes dar. In welcher Weise dieses durch die Elektrolyte beeinflußt wird, ist noch nicht ganz sichergestellt. Da Ca meist zur Pulsbeschleunigung, K zur Pulsverlangsamung führt, ist anzunehmen, daß Ca die Erregbarkeit der Ganglien des Sinusgebietes steigert, K dagegen herabsetzt. Nach Versuchen von KOLM und PICK[2]) am isolierten Präparat scheint jedoch das Gegenteil der Fall zu sein. K führt zu einer Beschleunigung, Ca zu einer Verminderung der Sinuserregungen. Was die automatischen Ganglien des Herzventrikels betrifft, so ist sicher, daß sie durch Ca (besonders stark auch durch Ba) erregt werden (KOLM und PICK). Beide führen deshalb auch häufig zum Auftreten von ventrikulären Extrasystolen. Wie schon erwähnt, bestehen in der Elektrolytempfindlichkeit Unterschiede zwischen Warm- und Kaltblüterherzen. Aber auch die einzelnen Teile desselben Herzens verhalten sich in dieser Beziehung verschieden. So ist nach F. B. HOFMANN[3]) der Vorhof des Froschherzens gegenüber NaCl weniger empfindlich als der Ventrikel. Die zur Erzielung eines sichtbaren Effektes notwendigen Kalium- und Calciummengen sind beim Ventrikel kleiner als beim Vorhof und bei diesem kleiner als beim Sinus [E. JACOBS[4])]. Schon dieser verschiedenen Empfindlichkeit wegen könnte eine Änderung in der Elektrolytzusammensetzung Störungen in der Zusammenarbeit der Herzteile, d. h. Rhythmusänderungen, bedingen. Letztere können aber auch aus anderen Gründen auftreten. Extrasystolen z. B. können entstehen, wenn unter dem Einfluß eines Calciumübergewichtes die im Ventrikel gelegenen Ganglien erregt werden. Auch die im Verlaufe einer Elektrolytwirkung auftretenden sekundären Erscheinungen (verschiedenartige Anpassung) machen das Entstehen von Rhythmusstörungen verständlich. Daß die Elektrolyte Änderungen dieser Art herbeiführen können, ist sichergestellt. Es lassen sich nämlich sowohl durch Kalium wie durch Calcium experimentell alle nur denkbaren Herzirregularitäten (Extrasystolie, partieller oder totaler Herzblock, Pulsus alternans, Gruppenbildungen) herbeiführen. Eine Arrhythmieform, die sich durch Elektrolytveränderungen am

---

[1]) ROTBERGER u. WINTERBERG: Pflügers Arch. f. d. ges. Physiol. Bd. 141, S. 343 u. Bd. 142, S. 461. 1911.

[2]) KOLM u. PICK: Pflügers Arch. f. d. ges. Physiol. Bd. 185, S. 235. 1920.

[3]) HOFMANN, F. B. l. c.

[4]) JACOBS, E.: Zeitschr. f. d. ges. exp. Med. Bd. 50, S. 336, 1926.

isolierten Herzen experimentell bisher nicht erzeugen ließ, ist die Arrhythmia perpetua.

Das bisher über die Wirkung der Elektrolyte am Herzen Gesagte läßt sich in folgender Weise zusammenfassen: Die körpereigenen Salzkationen Na, K und Ca sowie die H- und OH-Ionen vermögen die Funktion des Herzens in stärkstem Maße zu beeinflussen. Am deutlichsten nachweisbar ist die Wirkung auf die Funktion des Ventrikels (Kontraktion und Erschlaffung). Wie bei den primitiven Zellsystemen (so den befruchteten Funduluseiern) hat sich auch beim Herzen die Bedeutung der Ionenkombination und des Ionenantagonismus als entscheidend erwiesen. Während die einwertigen Na- und K-Ionen einerseits, die zweiwertigen Ca-Ionen andererseits für sich allein eine überaus schädliche Wirkung ausüben (sind nur die ersteren vorhanden, so ist das Herz lediglich zur Diastole fähig, während bei alleiniger Gegenwart der letzteren nur eine systolische Einstellung möglich ist), stellt ihre Kombination die für die normale Herzfunktion geeignete Nährlösung dar. — Auch die Analogie zu den bei der Bildung der Sphaerechinus-Blastula sich abspielenden Vorgängen ist offensichtlich. —

d) Die Beziehungen der physikalischen Natur der Ionen (Stellung im periodischen System) zu ihrer biologischen Wirkungsweise.

Bei den Versuchen an den Funduluseiern hat sich gezeigt, daß jedes einwertige Ion durch jedes zwei- oder mehrwertige Ion entgiftet werden kann, die elektrische Ladung des Ions also von größerer Bedeutung ist als alle seine sonstigen Eigenschaften. Die Intensität der Wirkung ist allerdings auch bei den Funduluseiern nicht bei allen Ionen gleicher Ladung gleich stark. Die dreiwertigen Kationen (Al, Fe usw.) wirken bei den höheren Organismen meist schon in sehr kleinen Dosen stark toxisch. Auch sind die Veränderungen, die sie hervorrufen, nur schwer reversibel; ihre Wirkung im Organismus (z. B. die des Eisens) muß deshalb in einer ganz anderen Richtung liegen und kann nicht zum Vergleich herangezogen werden (s. Kap. XII). Was aber die ein- und zweiwertigen Kationen betrifft, so ist der Einfluß der Ladungsverhältnisse sicherlich auch bei den höheren Organismen ein sehr großer. Die genannten Ionen lassen sich nämlich bis zu einem gewissen Grade durch andere Ionen gleicher Ladung ersetzen. Daß die Natriumwirkung der des Kaliums nahesteht, wurde schon betont; fast vollkommen gleicht der Kaliumwirkung die der beiden einwertigen körperfremden Kationen Caesium (Cs) und Rubidium (Rb) [Zwaardemaker[1])]. Unter den zweiwertigen Kationen nimmt — wie schon erwähnt — das Mg eine Ausnahmestellung ein. Von den übrigen Kationen der Erdalkalien können das Sr und Ba die Wirkung des Ca bis zu einem gewissen Grade ersetzen [Ringer[2]), Mines[3]), Wiechmann[4])]. Der Effekt, den sie am Herzen auslösen, ist jedenfalls auch ein rein systolischer. Nach Höber[5]) läßt sich auch ein durch K stillgestelltes

[1]) Zwaardemaker: Pflügers Arch. f. d. ges. Physiol. Bd. 173, S. 28. 1919.
[2]) Ringer: Journ. of phys. Bd. 4, S. 370. 1884.
[3]) Mines: Journ. of phys. Bd. 43, S. 467. 1912.
[4]) Wiechmann: Pflügers Arch. f. d. ges. Physiol. Bd. 195, S. 588. 1922.
[5]) Höber: Pflügers Arch. f. d. ges. Physiol. Bd. 182, S. 104. 1920.

Herz wie durch Ca durch Sr und Ba, unter Umständen sogar durch Co, Mn und Ni für längere oder kürzere Zeit zur Funktion bringen. Eine Ersetzbarkeit des Ca durch Sr und Ba kommt aber nicht nur bei der Herzfunktion, sondern auch bei anderen funktionellen Vorgängen in Frage, so nach HAMBURGER und ALONS[1]) bei der Durchlässigkeit der Nieren für Zucker. Es gibt jedoch auch Fälle, bei denen dies scheinbar nicht möglich ist. So vermögen nach HAMBURGER und DE HAAN[2]) allein die Ca-Ionen die phagocytären Eigenschaften der Leukocyten zu steigern. Trotzdem läßt sich nicht leugnen, daß im Prinzip auch bei den höheren Organismen die Wirkungsart der Ionen in erster Linie durch die elektrische Ladung bestimmt wird. Die Intensität der Wirkung dagegen hängt von anderen Eigenschaften, so vor allem der Schwere des Atoms bzw. seiner Ordnungszahl, ab [J. LOEB[3]), S. G. ZONDEK[4])]. Beim Herzen nimmt sie nach ZONDEK mit dem Atomgewicht bzw. der Ordnungszahl zu.

Ordnungzahl der einwertigen Kationen		Ordnungszahl der zweiwertigen Kationen	
Li	3	Be	4
Na	11	Mg	12
K	19	Ca	20
Rb	37	Sr	38
Cs	55	Ba	56

Dem Lithium gegenüber ist das Herz fast gänzlich unempfindlich; Lithiumchlorid wirkt — wie schon erwähnt — nicht anders als die ihm chemisch ganz fernstehenden Substanzen Traubenzucker und Harnstoff. Die Natriumwirkung ist schon wesentlich stärker; doch ist die Toleranz des Herzens immer noch eine ziemlich große. Beim Kalium erreicht die Empfindlichkeit des Herzens schon ihr Maximum (der NaCl-Gehalt der Ringerlösung beträgt 0,6%, der KCl-Gehalt dagegen nur 0,01%). Gegenüber den folgenden Elementen Rb und Cs steigt die Empfindlichkeit nicht mehr an, sondern hält sich ungefähr auf gleicher Höhe wie gegenüber dem Kalium; d. h. die zur Erzielung eines diastolischen Effektes notwendigen Mengen CsCl und RbCl sind ungefähr die gleichen wie die erforderlichen KCl-Mengen. Bei den zweiwertigen Kationen liegen die Verhältnisse ähnlich. Vom Magnesium müssen wir absehen, da es — wie schon erwähnt — bei fast allen Reaktionen eine Ausnahmestellung einnimmt; am Herzen ist seine Wirkung im Gegensatz zu der der anderen zweiwertigen Kationen eine diastolische. Die Empfindlichkeit gegenüber Beryllium ist gering, gegenüber Calcium dagegen sehr groß. Bei den folgenden steigt sie sogar noch weiter an; die Bariumwirkung ist eine sehr toxische; sie kommt deshalb auch für eine therapeutische Anwendung nur in den seltensten Fällen in Frage. Die Bedeutung der elektrischen Ladung einerseits, der Ordnungszahl andererseits tritt am klarsten bei einem Vergleich der Wirkung des Kaliums und Calciums in Erscheinung. Die Wirkungsart von K und Ca ist eine antagonistische entsprechend der verschiedenartigen elektrischen Ladung ihrer Ionen. Die Intensität ihrer Wirkung, d. h. die Empfindlichkeit des Herzens und auch die der meisten anderen Organe ihnen gegenüber, kann aber ungefähr als die gleiche betrachtet werden. Dementsprechend ist auch ihre Stellung im

[1]) HAMBURGR u. ALONS: Biochem. Zeitschr. Bd. 94, S. 129. 1919.
[2]) HAMBURGER u. DE HAAN: Biochem. Zeitschr. Bd. 24, S. 470. 1910.
[3]) LOEB, J.: Journ. of gen. phys. Bd. 3, S. 237. 1920.
[4]) ZONDEK, S. G.: Biochem. Zeitschr. Bd. 121, S. 87. 1921.

periodischen System. Sie stehen dicht nebeneinander. Ihre Ordnungszahl differiert nur um 1. Da die Wirkungsstärke annähernd gleich ist, kommt der Antagonismus ihrer Wirkungsart auch in reinster Form zum Ausdruck. Anders ist es in dieser Beziehung beim Na und Ca. Sie sind zwar ebenfalls Antagonisten; verschieden ist aber auch die Intensität der Wirkung; die des Na ist viel schwächer als die des Ca. (Ihre Ordnungszahl differiert um 9.) Bei anderen Zellen und Organen kann die Gesetzmäßigkeit — soweit man überhaupt von einer solchen sprechen kann — auch in anderer Richtung verlaufen. — Interesse verdienen auch die Beobachtungen von LOEB. Er konnte für die Kationenwirkung bei Arabazieneiern folgendes feststellen. Wie im periodischen System Na zwischen K und Li steht, so weichen auch Li und K in ihrer physiologischen Wirkung in entgegengesetzter Richtung vom Na ab. Arabazieneier vertragen Li in 5facher Menge, wenn Na durch K, Rb und Cs ersetzt wird. Das Bestreben, die Wirkung der Elemente in Beziehung zum periodischen System zu bringen, ist übrigens durchaus nicht neu; auch die Untersuchungen älterer Forscher (so BLAKE, RICHET und BOTKIN) waren darauf gerichtet. Es wird natürlich notwendig sein, an vielen biologischen Systemen zu prüfen, ob tatsächlich eine irgendwie gerichtete Gesetzmäßigkeit besteht. Daß sie bei bestimmten kolloidchemischen Reaktionen zu beobachten ist, geht z. B. aus dem Verhalten von Säure- und Laugeneiweiß hervor. Diese können durch Alkalikationen gefällt werden. Für Laugeneiweiß gilt die Reihe $Li < Na < K < Rb < Cs$, während sie für Säureeiweiß in umgekehrter Richtung verläuft: $Cs < Rb < K < Na < Li$. Der Einfluß des Atomgewichtes ist hier nicht zu verkennen. —

ZWAARDEMAKER und seine Schüler haben durch eine Reihe experimenteller Untersuchungen den Nachweis zu führen gesucht, daß im Organismus (besonders am Herzen) die Wirkung des Kaliums auf seiner Radioaktivität beruhe. Die Kaliumwirkung wäre demnach nicht ein Ionen-, sondern ein Elektroneneffekt. Daß das Kalium eine (allerdings äußerst geringe) Radioaktivität besitzt, trifft zu. Möglich ist, daß der Radioaktivität des Kaliums auch irgendeine Bedeutung zukommt. Die Kaliumwirkung aber, die wir am Herzen kennen, hängt sicherlich nicht mit ihr zusammen. Wie Kalium wirken am Herzen Rubidium und Caesium. Von diesen beiden ist zwar Rb ebenfalls schwach radioaktiv, Cs dagegen hat überhaupt keine radioaktiven Eigenschaften. Ferner ist folgendes zu bedenken. Wie die vorangehenden Ausführungen beweisen, bilden im Organismus (insbesondere am Herzen) Na, K und Ca eine physiologische Einheit. Zwischen ihnen besteht ein weitgehendes Abhängigkeitsverhältnis. Die Wirkung des einen hängt untrennbar mit der des anderen zusammen. Ihrer Wirkungsart können wir nur dann näherkommen, wenn wir für sie eine gemeinsame Grundlage finden. Diese ist in ihrer Ioneneigenschaft gelegen; die Radioaktivität, die nur dem K zukommt, kann dagegen die gemeinsame Plattform nicht darstellen [S. G. ZONDEK[1])]. Auch die Nachuntersuchungen, die zum Teil wie die Mehrzahl der ZWAARDEMAKERschen Versuche am Herzen [ZONDEK, NIEDERHOFF[2])], zum Teil auch an anderen Organen und Organismen vorgenommen worden sind [R. F. LOEB[3]) hat die Unter-

[1]) ZONDEK, S. G.: Biochem. Zeitschr. Bd. 121, S. 76. 1921.
[2]) NIEDERHOFF, P.: Pflügers Arch. f. d. ges. Physiol. Bd. 213, S. 823. 1926.
[3]) LOEB, R. F.: Journ. of gen. physiol. Bd. 3, S. 229. 1920.

suchungen an Arabazieneiern ausgeführt], haben ebenfalls zu keinen, die ZWAARDEMAKERsche Theorie stützenden Ergebnissen geführt [R. A. PETERS[1]), PH. ELLINGER[2]), H. J. HAMBURGER[3])].

3. Die Bedeutung der Elektrolyte für die Erregungsvorgänge im Organismus.

Bei einer Reihe ganz verschieden gearteter Zellsysteme, die sich auf einer ganz verschiedenen Stufe der Entwicklung befinden, haben wir hinsichtlich der Elektrolytwirkung im Prinzip das gleiche feststellen können. Im Verhalten der befruchteten Funduluseier, in der Entwicklung der Sphaerechinus-Blastula, in der diastolischen und systolischen Funktion des Froschherzens sind wir auf Gesetzmäßigkeiten derselben Art gestoßen. Gehen wir von dem Verhalten der einzelnen Organe desselben Tieres gegenüber den Elektrolyten aus, so sind erklärlicherweise noch einfachere Analogien zu beobachten. Bei sämtlichen glattmuskeligen Organen vermögen die Elektrolyte die Funktion in stärkstem Maße zu beeinflussen. Auch der Antagonismus der Ionen, insbesondere der von K und Ca, kommt bei ihnen in deutlicher Weise zum Ausdruck. Am Magen, Darm, Blase, Uterus bewirkt das Überwiegen von Kalium Tonussteigerung und Verstärkung der vorhandenen Peristaltik, während Calciumübergewicht zu Erschlaffung, also Tonussenkung, und Sistierung der Peristaltik führt [S. G. ZONDEK[4])]. Aber nicht nur die muskeligen Organe zeigen diese Beeinflussung durch die Elektrolyte. Auch die drüsigen Organe verhalten sich ähnlich. Von großem Interesse sind z. B. die Beobachtungen von HAMBURGER und BRINKMANN[5]). Bei künstlicher Durchströmung der Froschniere konnten sie feststellen, daß die Durchlässigkeit der Nieren für Glucose von dem Verhältnis abhängig ist, in welchem K und Ca sich in der Durchströmungsflüssigkeit befinden. Bei einem bestimmten Mengenverhältnis ist die Niere selbst für starke Glucosekonzentrationen vollkommen undurchlässig; jede kleinste Änderung des K-Ca-Gleichgewichtes führt sofort zu Glucosedurchlässigkeit. Auch die Ausschwemmung von Zucker aus der Leber in den Kreislauf wird durch die Elektrolyte beeinflußt. Ca bewirkt Hyperglykämie, K Hypoglykämie [ZONDEK und BENATT[6])]. Ein Beispiel ganz anderer Art stellt das phagocytäre Verhalten der weißen Blutkörperchen dar. Auch hier wirken K und Ca in entgegengesetzter Weise. Ersteres hemmt, letzteres dagegen fördert die Phagocytose. Dies zeigt sich z. B. in der Beladung der Leukocyten mit Kohlenpartikelchen [HAMBURGER und HEKMA[7])]. Selbst für Auf- und Abbau von chemischen Stoffen, die im Stoffwechsel eine Rolle spielen, sind die Elektrolyte von Bedeutung. So hat ILJIN[8]) zeigen können, daß bei Pflanzen (Rumex acetosa und Polygonum fagopyrum) sowohl Zerfall wie Bildung von Stärke in weitgehendem Maße und zwar in ant-

---

[1]) PETERS, R. A.: Journ. of physiol. Bd. 54, S. 51. 1920.

[2]) ELLINGER, PH.: Hoppe-Seylers Zeitschr. f. physiol. Chem. Bd. 116, S. 266. 1921.

[3]) HAMBURGER, H. J.: Biochem. Zeitschr. Bd. 139, S. 509. 1923.

[4]) ZONDEK, S. G.: Dtsch. med. Wochenschr. 1921, Nr. 50; Biochem. Zeitschr. Bd. 132, S. 362. 1922.

[5]) HAMBURGER u. BRINKMANN: Biochem. Zeitschr. Bd. 88, S. 97. 1918.

[6]) ZONDEK, S. G. u. BENATT: Zeitschr. f. d. ges. exp. Med. Bd. 43, S. 281. 1924.

[7]) HAMBURGER u. HEKMA: Biochem. Zeitschr. Bd. 9, S. 275. 1908.

[8]) ILJIN: Biochem. Zeitschr. Bd. 132, S. 494 u. 511. 1922.

agonistischer Weise durch ein- und mehrwertige Kationen (so K und Ca) beeinflußt wird. Daß auch die Stoffwechselvorgänge im tierischen Organismus in ähnlicher Weise beeinflußt werden, wird später ausführlicher dargelegt werden; überhaupt soll auf die Einzelheiten der erwähnten Erscheinungen noch an anderer Stelle genauer eingegangen werden. Aus der bisherigen Darstellung geht jedoch schon folgendes deutlich hervor: Es gibt kaum einen funktionellen Vorgang im tierischen Organismus, gleichgültig auf welcher Stufe der phylogenetischen und ontogenetischen Entwicklung er sich befindet, der nicht durch die Elektrolyte zu beeinflussen wäre. — Der Begriff „Beeinflussung" muß aber noch näher definiert werden.

a) Der Ruhe- und Funktionszustand einer Zelle. Über den „Tonus" und seine Bedeutung für das funktionelle Geschehen.

Nach den Ausführungen des Abschnittes 1 dieses Kapitels bedeutet Funktionsbeeinflussung eine kolloidale Zustandsänderung des Zellprotoplasmas gegenüber dem Ruhezustand. Letzterer ist aber kein absoluter, d. h. das Zellprotoplasma hat auch im sog. Ruhezustand eine Funktion, mit der die Leistung irgendeiner Arbeit verknüpft ist. Eine ständig zu leistende Arbeit ist z. B. die Protoplasmaströmung, unter welcher wir uns einen dauernden Flüssigkeitsstrom vorzustellen haben, der die Gewebe durchzieht; er kann bei Amöben direkt beobachtet werden; auch sieht man bei ihnen, wie unter dem Einfluß eines bestimmten funktionellen Vorganges eine Änderung dieser Strömung eintritt. Ein anderes Zeichen für ein ständiges Geschehen in der Zelle ist die Atmung. Jede Zelle atmet auch in der Ruhe, d. h. sie ist durch einen bestimmten Sauerstoffverbrauch ausgezeichnet. Dies gilt selbst für Blutkörperchen, die im Reagensglas in physiologischer Salzlösung suspendiert sind. Ob dieser auch in der Ruhe stattfindende Oxydationsprozeß mit den energetischen Bedürfnissen der Protoplasmaströmung zusammenhängt, soll nicht entschieden werden. Die Beziehungen zwischen Ruhe- und Funktionszustand lassen sich am besten bei den Muskelvorgängen überblicken. Bei jeder Muskelzuckung wird Milchsäure gebildet; sie wird in der Erholungsphase wenigstens teilweise mit Hilfe des Luftsauerstoffes zu CO_2 und H_2O oxydiert. Je häufiger der Muskel zuckt, desto mehr Milchsäure wird gebildet und desto mehr Sauerstoff ist zu dem sich anschließenden Oxydationsprozeß notwendig; es nimmt also die Gewebsatmung zu; am stärksten ist sie beim Tetanus. Milchsäure wird vom Muskel aber auch dann gebildet, wenn er sich in vollkommener Ruhe befindet; auch wird sie mit Hilfe der Sauerstoffatmung wie bei der Muskelzuckung wieder beseitigt. Die Protoplasmaströmung, die — wie schon erwähnt — auch im sog. Ruhezustand der Zelle besteht, können wir als den Ausdruck eines Prozesses ansehen, der den kolloidalen Zustand der Zelle betrifft. Die Strömung kann nur in der Weise erfolgen, daß die kolloidalen Teilchen ständig Flüssigkeit abgeben und in gleicher Weise wieder aufnehmen. Abgabe und Aufnahme müssen sich die Wage halten, damit nicht eine nach außen ins Gewicht fallende, evtl. sogar sichtbare Zustandsänderung eintritt. Trotzdem ist aber doch ein kolloidales Geschehen vorhanden; es stellt die Parallelerscheinung zu dem auch in der Ruhe stattfindenden chemisch-fermentativen und oxydativen Stoffwechsel dar.

Also auch in der Ruhe begegnen wir an der Zelle Erscheinungen, die wir als charakteristisch für den Funktionszustand bezeichnet haben. Wir können demnach die Funktion nicht als einen Vorgang ansehen, der sich grundsätzlich von dem im Ruhezustand unterscheidet; vielmehr handelt es sich in der Hauptsache nur um quantitative Änderungen. Folgendes Beispiel dürfte das Verständnis für diese Fragen erleichtern. Gehen wir — wie es in ähnlicher Weise auch W. KÖHLER[1]) tut — von der Strömung einer Flüssigkeit in einem Rohrsystem aus. Fließt an jedem Punkt stets ebensoviel ab wie zuströmt, so wird der ganze Komplex seine Eigenschaften nicht ändern, obwohl sich überall in ihm ein Geschehen abspielt. Vorgänge dieser Art werden als „stationär“ bezeichnet. Wechseln plötzlich die Bedingungen, denen das System unterworfen ist (z. B. Öffnen eines Ventils), so tritt eine dynamische Unterbrechung des Vorganges ein. Anschließend kommt es jedoch zur Ausbildung eines neuen stationären Zustandes, der von dem ursprünglichen verschieden ist. Die in der Raum- und Zeiteinheit fließende Wassermenge ist eine andere. Wird das Ventil wieder geschlossen, dann wiederholt sich vice versa das gleiche Geschehen: eine dynamische Unterbrechung und die Herstellung eines neuen stationären Zustandes, der in diesem Falle wieder dem ursprünglichen gleicht. Die Zelle in ihrem sog. Ruhestadium stellt nach dem Gesagten zweifellos auch ein stationäres System dar. Die Funktion bedeutet die dynamische Unterbrechung und die evtl. sich anschließende Herstellung eines neuen stationären Zustandes. Für den Zustand im Wasserrohr ist natürlich von Bedeutung, ob das Ventil längere Zeit offen bleibt oder sofort wieder geschlossen wird. Im letzteren Falle bildet sich schnell wieder der ursprüngliche stationäre Zustand. Ein biologisches Analogon zu diesem Vorgang stellt die Einzelzuckung des quergestreiften Muskels dar. Im ersteren Falle dagegen kommt es zur Ausbildung eines neuen „stationären“ Zustandes, der vom ursprünglichen verschieden ist. Mit Prozessen dieser Art dürften wir es bei den tonischen Vorgängen zu tun haben; wenn der glatte Muskel von einem tonischen Spannungszustand in den anderen übergeht und in diesem — wozu er ohne weiteres fähig ist — längere Zeit verharrt, so zeigt er — abgesehen von dem Moment des Überganges — keine Zeichen eines besonderen Geschehens. So geht der Zustand der tonischen Muskelkontraktion (s. S. 129) ohne Änderung des O_2-Bedarfes einher; auch ist er nicht mit Schwankungen der bioelektrischen Ströme verbunden. Die im Falle des Offen- bzw. Geschlossenseins des Ventils bestehenden Zustände im Wasserrohr unterscheiden sich voneinander dadurch, daß in der Zeiteinheit verschiedene Wassermengen das Rohr passieren; es bestehen quantitative Unterschiede. Ändert die Protoplasmaströmung, wie es z. B. bei den Amöben der Fall ist, ihre Richtung, so werden auch damit quantitative Differenzen in den Flüssigkeitsverhältnissen geschaffen; in prinzipiell ähnlicher Weise dürften sich auch die verschiedenen stationären Zustandsformen der tonisch arbeitenden Muskulatur voneinander unterscheiden.

Elektrolyte und Tonus. Bei den glattmuskeligen Organen sind — wie schon erwähnt — die Elektrolyte diejenigen Substanzen, die den Übergang von einem

---

[1]) KÖHLER, W.: Die physischen Gestalten in Ruhe und im stationären Zustand. Verlag: Friedrich Vieweg, Braunschweig 1920, S. 5.

tonischen Zustand in den anderen bewirken und ihn auch erhalten. Kaliumübergewicht in der Nährlösung führt zu Tonussteigerung bzw. tonischer Kontraktion, Calciumübergewicht zu Erschlaffung, also Tonussenkung. Der jeweilige Tonus ist eine Funktion der Elektrolytkonstellation. Bei der durch die Ringer- bzw. Tyrodelösung gegebenen Elektrolytkonstellation ist der Tonusgrad ein ganz bestimmter, und zwar ein solcher, der sich auf der mittleren Linie bewegt. Von ihr aus kann er aber durch Änderungen des Elektrolytgleichgewichtes einen Ausschlag nach oben oder unten bis zum Maximum erfahren. Die antagonistisch gerichteten Ionengruppen (so K und Ca) sind dabei von ausschlaggebender Bedeutung. Mit einem relativen K-Übergewicht einerseits und einem solchen von Ca andererseits können diese Maxima erreicht werden. Bei den meisten Zellen verstehen wir unter ihrer Funktion bzw. ihren Lebensäußerungen das Hin- und Herpendeln zwischen diesen beiden Extremen. Bei den Organen mit glatter Muskulatur sehen wir Tonusänderung und Funktionsäußerung ohne weiteres als identisch an. Wie beim glatten Muskel können wir aber auch bei allen anderen Geweben von einem bestimmten Tonus sprechen; bei Pflanzen pflegt dieser Spannungsgrad als Turgor bezeichnet zu werden; er charakterisiert das Maß und die Stärke der Flüssigkeitsdurchtränkung. Die Beziehungen zwischen Wasser bzw. Flüssigkeit einerseits und Teilchen andererseits sind von uns als ausschlaggebend auch für den kolloidchemischen Zustand der tierischen Zellen bezeichnet worden. In diesem Sinne können wir jeder Zelle einen bestimmten Tonus oder — nach F. Kraus und S. G. Zondek — eine bestimmte Durchtränkungsspannung zusprechen; daß diese z. B. für den Zustand der Drüsen und ihre Funktion, d. h. die Sekretion, von größter Bedeutung sein können, ist ohne weiteres verständlich. Aber auch bei anderen Geweben dürften die genannten Faktoren maßgebend für ihre Zustandsformen sein. Ich verweise auf die Bedeutung der Haut bzw. des Bindegewebes als Flüssigkeitsreservoire und auf die Abhängigkeit ihres Zustandes von dem Wassergehalt bzw. der Wasserbindung. (Die schlaffe und die straffe Haut, das pastöse Aussehen usw.) Bei den meisten Organen können wir ohne Bedenken im Tonus bzw. der Tonusschwankung (oder auch Turgiditätsschwankung) die wesentlichsten Kennzeichen ihres Zustandes bzw. ihrer Funktion erblicken. Wir sprachen schon davon, daß in keiner Zelle ein absoluter Ruhepunkt existiert; überall ist der Zustand nur ein stationärer bzw. quasi stationärer; immer haben wir einen gewissen Grad von Protoplasmaströmung, die ein Teilphänomen des Tonus darstellt. Die Zelle ist kein Nullinstrument, das nach Art eines Galvanometers ausschlägt. Ihre Funktion ist vielmehr in den Schwankungen schon vorhandener Spannungen zu erblicken; diese können gesteigert und vermindert werden. Dies zu bewirken, sind die antagonistisch gerichteten Ionengruppen in der Lage; sie stellen deshalb auch diejenigen Faktoren dar, die die Funktion der Organe in stärkstem Maße beeinflussen. Sie können die der betreffenden Zelle bzw. Gewebsart zukommende spezifische Funktion auf ein Maximum steigern bzw. auf ein Minimum reduzieren. Am Herzen bewirkt K stärkste Erschlaffung (Diastole), d. h. es führt die Kontraktion des Herzmuskels auf ein Minimum zurück, während Ca stärkste Systole bewirkt, d. h. die Kontraktion des Muskels auf ein Maximum steigert; am Darm führt K zu stärkster Tonussteigerung, Ca zu größter Tonussenkung.

b) Die Wesensart der vegetativen Organe. Die Funktion der vegetativen Nerven und ihre Beziehungen zum Ionenantagonismus.

Der jeweilige Tonus ist — wie im vorangehenden ausgeführt worden ist — an eine bestimmte Ionenkonstellation gebunden. Da die Funktion der Zellen mit Tonusschwankungen einhergeht bzw. eng mit ihnen verknüpft ist, muß an der Zelle die Möglichkeit für entsprechende Änderungen der Elektrolytkonstellation gegeben sein; wir müssen uns dessen bewußt sein, daß wir bisher nur auf dem Wege einer künstlichen Änderung der Elektrolytverhältnisse des Zellmediums, d. h. der sog. Außenelektrolyte, eine Beeinflussung der Funktion erzielt haben. Die gleichen Funktionsäußerungen, wie sie durch die Elektrolyte im Experiment erzwungen werden können, gehören aber zu den Kennzeichen des Lebens. Wollen wir aus dem Experiment Gewinn für die Erkenntnis der tatsächlichen physiologischen Vorgänge ziehen, dann müssen wir danach forschen, ob auch unter physiologischen Bedingungen an der Zelle Änderungen der Elektrolytverteilung möglich sind, und zwar von der Art, wie sie im Experiment durch Zusatz oder Entfernung bestimmter körpereigener Elektrolyte erzielt werden. Unter Verteilungsänderung der Elektrolyte ist auch die Änderung gemeint, die die Elektrolyte der Zellsubstanz selbst (die sog. Binnenelektrolyte) unter dem Einfluß der Änderung der Elektrolyte der Außenflüssigkeit (Blut, Gewebsflüssigkeit, im Experiment die künstliche Nährlösung) erleiden; denn zwischen letzteren und den Binnenelektrolyten bestehen zweifellos Gleichgewichtszustände (s. S. 75). Jede Änderung der einen muß von einer solchen der anderen begleitet sein. Bevor aber im einzelnen darauf eingegangen wird, welche Form einer Verteilungsänderung der Elektrolyte praktisch möglich ist, soll die prinzipielle Seite dieser Fragen näher behandelt werden. Es wurde behauptet, daß die Tonusschwankungen bzw. die Funktionsintensität der Zelle mit entsprechenden Änderungen der Elektrolytkonstellation einhergehen müssen. Zu dieser Auffassung gelangten wir auf Grund der experimentellen Beobachtungen, welche ergaben, daß wir mit künstlichen Änderungen der Elektrolytgleichgewichte die Stärke der Funktion fast jeder Zelle und jedes Organs beeinflussen können, und zwar in einer den physiologischen Verhältnissen adäquaten Weise. Die Beeinflussung der Funktion, insbesondere der Funktionsintensität, pflegt unter physiologischen Bedingungen der „Erregung" bzw. dem sog. „Reiz" zugeschrieben zu werden. „Erregt werden" kann eine Zelle oder ein Organ auf verschiedene Art und Weise; genannt sei der mechanische, chemische, thermische, elektrische und vor allem der nervöse Reiz. Es ist anzunehmen, daß die verschiedenen Reize, die den gleichen Wirkungseffekt haben, letzten Endes auch gleichwertige Vorgänge an der Zelle auslösen müssen. Von den Elektrolyten haben wir gehört, daß sie den bei einer bestimmten Ionenkonstellation gegebenen Tonusgrad bzw. die vorhandene Funktionsstärke steigern bzw. vermindern können. Die Beeinflussung der Funktion kann hier in antagonistischer Weise erfolgen. Diese Tatsache legt uns folgende Frage nahe. Ist denn überhaupt bei allen Zellarten bzw. Organen eine derartige „Bipolarität", d. h. ein nach zwei Seiten erfolgender Funktionsablauf möglich? Hierauf muß folgende Antwort erteilt werden. Der quergestreifte Muskel — soweit die Zuckung in Frage kommt — besitzt diese

Eigenart nicht. Die Zuckung — nicht die jedem Skelettmuskel auch zukommende tonische Funktion — erfolgt immer nur nach einer Richtung; dagegen sind alle Zellen und Organe, die den unserem Willen entzogenen sog. vegetativen Funktionen dienen, durch diesen zwischen zwei Extremen hin und her pendelnden Funktionsablauf ausgezeichnet. Auf letzteren allein haben aber die genannten Elektrolyte maßgebenden Einfluß. Durch Änderungen des K- und Ca-Gleichgewichtes können wir jede Änderung der Funktionsintensität bzw. des Tonus der glatten Muskulatur erzielen; ein Überwiegen des K genügt, um beim Darmtraktus stärkste peristaltische Kontraktionen auszulösen. Veränderungen des Ionengleichgewichtes reichen jedoch nicht aus, um eine reguläre Zuckung des Skelettmuskels zu bewirken. — Zu den physiologischen Reizen gehört vor allem der nervöse. Unter den dargelegten Gesichtspunkten wird die nervöse Versorgung des quergestreiften Muskels und die der rein vegetativen Organe ohne weiteres verständlich. Für die Auslösung der Muskelfunktion — soweit sie die Zuckung betrifft — kommt als erregender Nerv nur einer, und zwar der spinal motorische, in Frage. (Es sei ausdrücklich betont, daß es sich bei dieser Betrachtung nur um die Zuckungs- und nicht um die auch jedem Skelettmuskel zukommende tonische Funktion handelt.) Die vegetativen Organe dagegen, deren Funktion — wie erörtert wurde — darin zum Ausdruck kommt, daß die Tonusschwankungen von einer Mittellinie aus die Richtung nach zwei Seiten hin einschlagen, haben eine zweifache nervöse Versorgung, d. h. ihre Funktion wird durch zwei Nerven reguliert; es sind dies der Vagus und Sympathicus. Sie stellen bekanntlich die peripheren Ausläufer des sog. vegetativen Nervensystems dar. Statt vom „Vagus“ muß man in diesem Zusammenhang richtiger vom „Parasympathicus“ sprechen. Unter den parasympathischen Nerven ist zwar der Vagus der wichtigste, weil er an der Innervation der meisten Organe teilnimmt; bei einigen jedoch wird die dem Vagus zwar vollkommen analoge Wirkung von anderen Nerven (so N. oculomotorius und N. pelvicus) ausgeübt. Diese sind ebenfalls Glieder des Parasympathicus, der als Ganzes dem Sympathicus gegenübersteht. Wenn trotzdem in folgendem immer nur vom Vagus und Sympathicus gesprochen werden wird, so geschieht dies aus Gründen der Sprachgewohnheit. Über die zentrale Regulierung der Vagus- und Sympathicusfunktion, d. h. die Art des zentralen Regulationsmechanismus (Abhängigkeit des Vaguskerns von den Stammganglien usw.), soll an dieser Stelle nichts gesagt werden. Uns interessiert lediglich folgende Tatsache. Die beiden vegetativen Nerven üben an den Zellen und Organen eine Wirkung aus, die sich beim Vergleich als identisch erweist mit derjenigen, die durch Änderung des Elektrolytgleichgewichtes zu erzielen ist. Bevor von der Wirkungsweise der Elektrolyte überhaupt etwas bekannt war, wußte man schon, daß der Vagus und Sympathicus die Funktionsintensität der vegetativen Organe in entscheidender Weise zu beeinflussen vermag. Auch war ihr Antagonismus schon festgestellt, der überhaupt erst Anlaß gab zur Gegenüberstellung von Sympathicus und Parasympathicus. Am Herzen z. B. wirkt der Vagus diastolisch, der Sympathicus systolisch; am Magendarmtraktus führt Vagusreizung zu Tonussteigerung und Vermehrung der Peristaltik, Sympathicusreizung dagegen zur Erschlaffung und

Sistierung der vorhandenen spontanen Kontraktionen. Die Funktionsintensität hängt also nach den Ergebnissen der experimentellen Forschung einerseits von dem Ionengleichgewicht (d. h. dem an der Zelle bestehenden Verhältnis der antagonistischen Ionengruppen zueinander), andererseits von dem Erregungszustand der antagonistisch wirkenden vegetativen Nerven ab. Ein Übergewicht der Vaguserregung über die des Sympathicus bzw. umgekehrt führt zu denselben Erscheinungen wie ein K- bzw. Ca-Übergewicht. Der jeweilige Funktionszustand der vegetativen Organe resultiert also einerseits aus der Wirkung bestimmter Ionen, andererseits als Folge bestimmter Nerveneinflüsse. Durch die Erkenntnis dieser Tatsache gewann Verfasser dieses Buches[1]) die Überzeugung, daß zwischen der Funktion der vegetativen Nerven und der Wirkung der Elektrolyte irgendwelche innere Beziehungen bestehen müssen. Um zu erfassen, welcher Art sie sind, wollen wir folgende Überlegungen anstellen. Die Versuche mit den befruchteten Funduluseiern und der Sphaerechinus-Blastula haben uns gezeigt, daß der Einfluß der antagonistisch wirkenden Ionen auf die Funktion der genannten Zellen bzw. Zellgruppen ein sehr großer ist und im Prinzip sich in gleicher Weise äußert wie bei den Zellen und Organen der höher entwickelten Tiere. Daß die Funduluseier und die Sphaerechinus-Blastula keine vegetativen Nervenfasern besitzen, ist klar. Die Abhängigkeit der Funktion von den Ionen stellt also zweifellos das Ursprüngliche und allen Gemeinsame dar. Wenn wir erkennen, daß die Nervenfasern, die erst auf einer höheren Stufe der phylogenetischen und ontogenetischen Entwicklung hinzugekommen sind, auch nichts anderes bewirken können als die Ionen, so bleibt uns nichts anderes übrig, als den Nerven nur eine sekundäre Bedeutung zuzusprechen. Es wurde schon an anderer Stelle hervorgehoben, daß es an der Zelle den Funktionsänderungen entsprechend zu Verteilungsänderungen der Elektrolyte kommen muß. Die Funktionsänderung wird unter physiologischen Bedingungen durch die „Erregung" herbeigeführt. Letztere muß daher zur Ursache für das Auftreten der Elektrolytveränderungen werden. Erregend wirken die verschiedensten Reize (der chemische, mechanische, thermische, elektrische und schließlich der nervöse). Bei primitiven Lebewesen, besonders den einzelligen, kommen nur die erstgenannten in Frage; sie fließen ihnen in der Hauptsache von außen zu. Höher entwickelte Tiere stellen einen Zellenstaat dar, der eine Unterordnung unter zentrale Regulationsmechanismen fordert. Die Nerven sind es, die die Erregungen vermitteln, welche im Interesse einer zweckdienlichen Zusammenarbeit des Ganzen von den im Zentralnervensystem bzw. in bestimmten Ganglien gelegenen Regulationsstätten nach der Peripherie, d. h. zu den Organen, gelangen. Wie von den anderen Erregungen, müssen wir auch von den nervösen annehmen, daß sie zu Verteilungsänderungen der Elektrolyte führen. Dies würde bedeuten, daß die Wirkung der vegetativen Nerven nur auf dem Umwege über die Ionen erfolgt. Zu dieser Schlußfolgerung sind wir soeben auf rein deduktivem Wege gelangt. Dem Gesagten käme aber bloß der Wert einer Theorie zu, wenn nicht auch experimentelle Beweise erbracht werden könnten.

Elektrische Erregung und Elektrolytverteilung. Der Gedanke, daß eine Erregung zu Verteilungsänderungen der Elektrolyte führen könne, wird insbeson-

---

[1]) Zondek, S. G.: l. c. S. 97.

dere durch die Untersuchungen von NERNST gestützt; er ging vom elektrischen Reiz aus (die NERNSTsche elektrische Erregungstheorie). Wie im Kap. IV ausgeführt worden ist, können wir das Zellprotoplasma als ein Grenzflächensystem betrachten, das aus einer wässerigen und einer schlecht wasserlöslichen, mehr öligen Phase besteht. Beide Phasen sind elektrolythaltig. Die Wanderungsgeschwindigkeit für Elektrolyte bzw. ihrer Ionen ist in den beiden Phasen eine ganz verschiedene. In der öligen Phase ist sie kleiner als im Wasser; denn die Natur des Dielektricums (s. S. 11) spielt bei diesen Vorgängen eine große Rolle. Die an der Zelle bestehenden Grenzflächen werden durch folgendes von NERNST und RIESENFELD[1]) entworfene Modell nachgeahmt (s. Abb. 6).

In dem unteren Teil eines U-Rohres befindet sich eine wasserunlösliche bzw. mit Wasser nur wenig mischbare Flüssigkeit wie Phenol. Darüber — und zwar in beiden Schenkeln des Rohres — ist Wasser geschichtet. Beide Flüssigkeiten sollen einen bestimmten Elektrolyten (z. B. NaCl) im Gleichgewicht enthalten. Schickt man durch dieses System einen elektrischen Strom, dessen Wesen bei Leitern 2. Klasse in Ionenbewegung bzw. in Ionentransport besteht (s. Kap. VIII), so muß infolge der verschiedenartigen Wanderungsgeschwindigkeit in den beiden genannten Phasen, und zwar an ihren Grenzflächen, eine Konzentrationsänderung der Elektrolyte eintreten. Geht z. B. der Strom von links nach rechts, dann werden (in der wässerigen Phase) an die Grenzfläche links mehr Kationen gebracht, als (in der öligen Phase) von ihr entfernt werden; an die Grenzfläche rechts dagegen werden umgekehrt weniger Kationen herangebracht, als sich von ihr fortbewegen. NERNST[2]) gelang auch die mathematische Formulierung für diese Vorgänge. In den an der Grenzfläche eintretenden Veränderungen der Elektrolytkonzentrationen sieht NERNST das Wesen der elektrischen Erregung bzw. die Ursache für die an den Reiz mit dem elektrischen Strom sich anschließenden Vorgänge. Besteht die NERNSTsche Auffassung zu Recht, dann werden Ströme verschiedener Art (z. B. Wechselstrom, Gleichstrom, Kondensatorentladung) den gleichen biologischen Effekt auslösen müssen, wenn die durch sie hervorgerufene Konzentrationsänderung der Elektrolyte an der Grenzfläche dieselbe ist. Es hat sich gezeigt, daß zwischen den Ergebnissen der Berechnung und den Beobachtungen am biologischen Objekt (z. B. Muskel) tatsächlich eine im großen und ganzen befriedigende Übereinstimmung besteht. Daß eine elektrische Durchströmung zu Änderungen der Elektrolytkonzentration führen kann, geht auch aus Versuchen von BETHE[3]) bzw. BETHE und TOROPOFF[4]) hervor. Sie verwandten Diaphragmen, die aus Gelatinegallerte, Eiereiweiß, Schweinsblase, Collodium gebildet waren, und tauchten sie in bestimmte Salzlösungen. Je nachdem das Diaphragma mehr die Anionen oder Kationen adsorbiert, nimmt es eine negative oder positive Ladung an. Im ersteren Falle ist die Wanderungs-

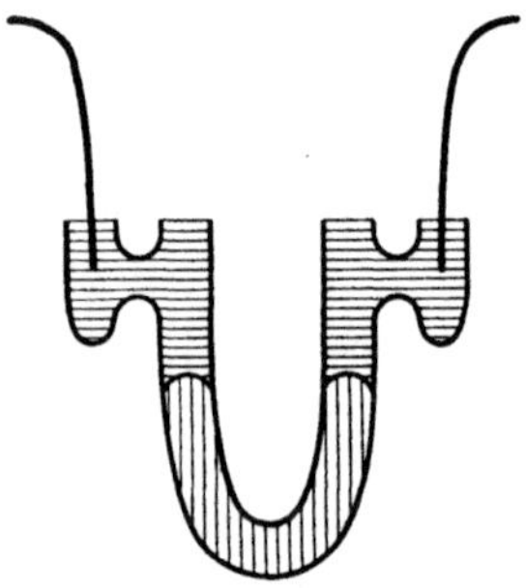

Abb. 6.

[1]) NERNST u. RIESENFELD: Ann. d. Phys. Bd. 8, S. 600. 1902.

[2]) NERNST: Göttinger Nachr. Math.-phys. Klasse 1899.

[3]) BETHE: Münch. med. Wochenschr. Nr. 3. 1911.

[4]) BETHE u. TOROPOFF: Zeitschr. f. physikal. Chem. Bd. 88, S. 686. 1914 u. Bd. 89, S. 597. 1915.

geschwindigkeit für Anionen eine scheinbar geringere als für Kationen; im letzteren Falle liegen die Verhältnisse umgekehrt. Für das Auftreten von Konzentrationsänderungen liegen also ähnliche Bedingungen wie in dem NERNSTschen Modell vor. Bei Durchströmung mit einem konstanten Strom hat BETHE auch tatsächlich entsprechende Verteilungsänderungen der Elektrolyte gefunden, und zwar nehmen nicht nur die Ionen des Salzes, sondern auch die Ionen des Wassers daran teil. Schickt man nämlich den Strom durch eine Gelatinemembran, die in Natriumsulfatlösung liegt, so zeigt sich folgendes. Auf der Seite des Stromeintrittes wird die Lösung alkalisch, auf der Seite des Stromaustrittes dagegen sauer; was das Salz betrifft, so wird es auf der einen Seite konzentriert, auf der anderen Seite verdünnt. Die Stärke der Alkalisierung bzw. Säuerung hängt von dem Grad der Adsorbierbarkeit der Anionen bzw. Kationen ab. Variiert man bei den Salzen das Anion bzw. Kation, so erhält man Unterschiede, die ihren Ausdruck in Reihen finden, die sich an die bekannten HOFMEISTERschen anlehnen. Für die Anionen z. B. gilt nach BETHE und TOROPOFF folgende Reihe:

$$NO_3 < Cl < Br < J < SO_4 < \text{Oxalat} < HPO_4 < \text{Citrat}.$$

Welches der beiden angeführten Modelle (das von NERNST oder BETHE) den physiologischen Verhältnissen sich besser anpaßt, braucht in diesem Zusammenhange nicht entschieden zu werden; in beiden Fällen ergaben die Versuche ein für uns wichtiges Resultat. *Der elektrische Strom führt an Grenzflächen zu einer Verteilungsänderung der Elektrolyte.*

Die Erregung durch die vegetativen Nerven. Wenn andere Reize als der elektrische den gleichen Wirkungserfolg haben wie dieser, so ist anzunehmen, daß auch die Ursache ihrer Wirkung identisch ist. Führt beim Skelettmuskel wie der elektrische auch der nervöse Reiz zu einer Zuckung, so ist verständlich, wenn auch der nervösen Erregung wie der elektrischen letzten Endes Verteilungsänderungen der Elektrolyte zugrunde liegen. Die nervöse Erregung der vegetativen Organe unterscheidet sich — wie schon erörtert worden ist — von der des quergestreiften Skelettmuskels dadurch, daß sie *bipolar* ist. Da bei ihnen die Funktion nach zwei Seiten ausschlagen kann, sind zu ihrer nervösen Erregung auch zwei verschiedene Nerven notwendig (Vagus und Sympathicus). Die Verteilungsänderung der Elektrolyte, die durch Vaguserregung herbeigeführt wird, muß eine ganz andere sein als die durch den Sympathicus ausgelöste. Die experimentellen Untersuchungen des Verfassers, die der Klärung dieser Frage dienen sollten, haben folgendes ergeben. Bei den vegetativen Organen, deren Funktion durch den Vagus und Sympathicus zu beeinflussen ist, besteht eine auffallende Übereinstimmung zwischen der Nerven- und Elektrolytwirkung. Der Vagus wirkt immer wie Kalium, der Sympathicus wie Calcium; reizt man den Vagus bzw. Sympathicus, so ist der Effekt der gleiche, als wenn künstlich ein Übergewicht von Kalium bzw. Calcium geschaffen wird. Es ist schon seit langem bekannt, daß die Vagus- und Sympathicuswirkung an verschiedenen Organen verschieden ist. Am Herzen z. B. ist der Vagus der hemmende, der Sympathicus der fördernde Nerv; umgekehrt wirkt am Magen-Darmtraktus der Vagus (bzw. das Muscarin) fördernd und der Sympathicus (bzw. das Suprarenin) hemmend. Entsprechend ist auch die Wirkung des K und Ca. Am Herzen wirkt (s. S. 89 Abb. 3 u. 4) K hemmend (bzw. diastolisch) und Ca fördernd (bzw.

systolisch), am Darm aber führt (s. die folgenden Abbildungen) K zu Steigerung des Tonus und der Peristaltik, Ca dagegen zu Erschlaffung und Sistierung der spontanen Kontraktionen. (Daß die Übereinstimmung bei allen vegetativen Organen besteht und sich auch auf alle ihre Teilfunktionen erstreckt, wird sich im einzelnen noch aus den Erörterungen des Abschnittes 7 dieses Kapitels über die

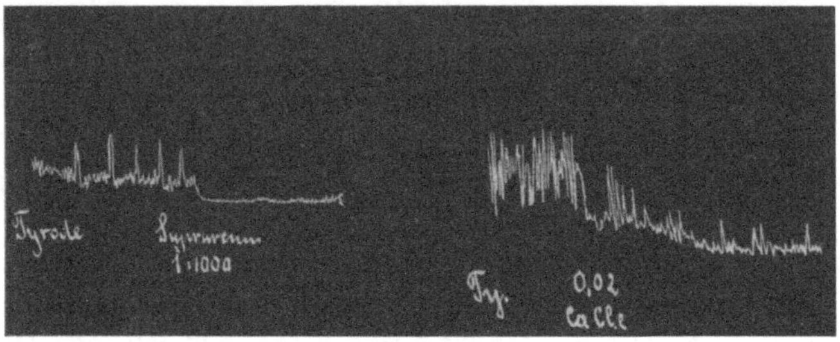

Abb. 7.

spezielle Wirkung der Elektrolyte ergeben.) Auf Grund der theoretischen Deduktionen und der Ergebnisse der experimentellen Untersuchung ist durch den Verfasser für die Vagus- und Sympathicusfunktion folgende Definition gegeben worden. Die Wirkung der vegetativen Nerven besteht darin, an den Grenzflächen der Zelle Verteilungsänderungen der Elektrolyte herbeizuführen, und zwar führt

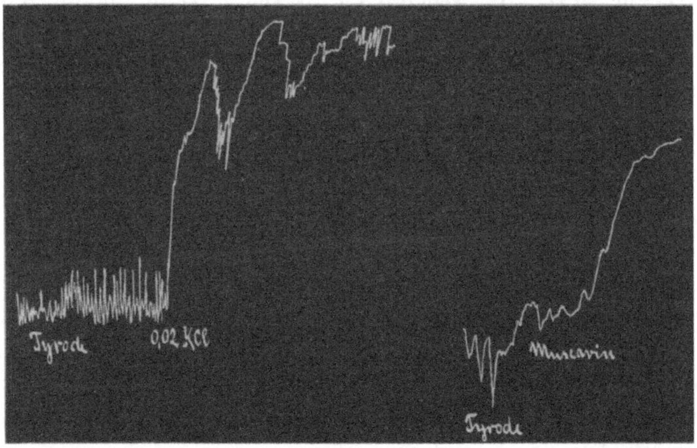

Abb. 8.

der Vagus zu einer Verteilungsänderung im Sinne einer relativen Kaliumkonzentrierung, der Sympathicus zu einer Verteilungsänderung im Sinne einer relativen Calciumkonzentrierung. Daß der Vagus Beziehungen zum Kalium hat, ist auch schon von Howell[1]) angenommen worden. Er stellte die Theorie auf, daß der Vagus das Kalium, das innerhalb der Herzmuskelzelle sehr stark angereichert ist, aus seinen fixen Verbindungen chemisch frei macht, nach außen abgibt und dadurch seine Wirkung entfaltet. Wenn auch seine tatsächlichen Befunde (Ver-

[1]) Howell: Americ. journ. of physiol. Bd. 15, S. 280. 1905.

mehrung das K-Gehaltes in der Nährlösung) nicht bestätigt werden konnten [HEMMETER[1]), O. LOEWI[2])], so ändert dies nichts an der Tatsache, daß er einem an sich durchaus richtigen Gedanken gefolgt ist.

Die Funktion der vegetativen Organe kommt — wie erörtert worden ist — in Tonusschwankungen zum Ausdruck. Diese bewegen sich zwischen zwei Maxima, welche die Funktionsbreite der betreffenden Zelle darstellen. Der jeweiligen Funktionsintensität muß eine entsprechende Elektrolytverteilung zugrunde liegen. Die beiden Maxima werden durch Überwiegen von Kalium bzw. Calcium dargestellt. Bei Zellen, die auf einer niedrigen Stufe der Entwicklung stehen, sind es in erster Linie die von der Außenwelt kommenden Erregungen (chemische, thermische, mechanische, elektrische bzw. elektromagnetische) daneben aber auch in ihnen selbst entstehende Erregungen, welche die für die Funktion notwendigen Tonusschwankungen und die mit ihnen verbundenen Konzentrationsänderungen der Elektrolyte hervorrufen. Die der vegetativen Funktion dienenden Zellen und Organe der höher entwickelten Tiere sind ebenfalls Erregungen dieser Art unterworfen und daher in der Lage, auch unabhängig vom Nervensystem Funktionsäußerungen zu zeigen, d. h. ein Eigenleben zu führen. In concreto ist aber ihre Funktion in stärkstem Maße auch dem regulierenden Einfluß der vegetativen Nerven unterworfen (ihre Verbreitung im Organismus ist eine ganz allgemeine; so sind durch BOEKE[3]) selbst im Bindegewebe Nervenfasern nachgewiesen worden). Die Annahme, daß das vegetative Nervensystem dem Elektrolytsystem übergeordnet ist (s. S. 103), muß zu folgender Konsequenz führen:

1. Die Wirkung der Elektrolyte am Erfolgsorgan muß unabhängig vom Nervensystem sein, d. h. sie muß auch nach Ausschaltung der vegetativen Nervenfasern auftreten; setzen wir nämlich der Nährflüssigkeit eines Organs Elektrolyte (z. B. Kalium) hinzu, so führen wir ein Experiment aus, durch welches von uns aus eine Änderung der vorhandenen Elektrolytverteilung erzwungen wird. Wir tun das, was eigentlich zur Aufgabe der Nerven gehört; wir ersetzen ihn in seiner Funktion und können ihn selbst deshalb entbehren. Die tatsächlichen Befunde entsprechen ganz diesen Erwartungen; wird beim Darm der Vagus durch Atropin ausgeschaltet, kommt eine Kaliumwirkung trotzdem zum Ausdruck. Jede Vermehrung des K-Gehaltes der TYRODEschen Nährlösung führt wie sonst zu starker Tonussteigerung usw. (S. G. ZONDEK). Die anderen Organe verhalten sich ebenso.

2. Die Wirkung der vegetativen Nerven dagegen muß abhängig von den Elektrolyten sein; besteht nämlich die Wirkung der vegetativen Nerven in einer Verteilungsänderung der Elektrolyte, dann muß sie je nach der Art der vorhandenen Elektrolyte verschieden ausfallen. Werden letztere ganz entfernt, so darf eine Nervenwirkung überhaupt nicht auftreten; sind nämlich Elektrolyte nicht vorhanden, kann auch ihre Verteilung nicht geändert werden. Den Nerven werden die Werkzeuge, mit denen sie ihre Funktion ausüben, entzogen. Wir müssen aber bedenken, daß auch experimentell die Entfernung der Elektrolyte nur in ganz beschränktem Maße möglich ist. Wohl können wir aus der Nährflüssigkeit sämtliche oder bestimmte Elektrolyte ganz fortlassen; die Zelle

---

1) HEMMETER: Biochem. Zeitschr. Bd. 63, S. 118. 1914.

2) LOEWI, O.: Pflügers Arch f. d. ges. Physiol. Bd. 189, S. 239. 1921.

3) BOEKE: Medizin. Klinik 1925, Nr. 16.

selbst enthält aber doch große Mengen von Elektrolyten (die sog. Binnenelektrolyte), die durch das Waschen mit der elektrolytfreien Nährlösung nur in geringem Maße ausgelaugt werden. Das Fortlassen eines oder aller Elektrolyte aus der Nährlösung führt daher lediglich zu einer Verteilungsänderung der Elektrolyte an der Zelle; denn zwischen den Elektrolyten der Zellsubstanz und denen der Außenflüssigkeit besteht ein Gleichgewichtszustand. Ist die Elektrolytverteilung von vornherein eine gegen die Norm veränderte, dann ist zu erwarten, daß auch die Erregung der Nerven zu einer anderen Verteilungsänderung und somit zu einer anderen Wirkung führt. Letzteres ist auch tatsächlich der Fall. Bei Fehlen von Ca in der Nährlösung kommt sowohl beim Froschherzen wie Kaninchendarm eine deutliche Adrenalin- bzw. Sympathicusreizwirkung nicht zustande (SPIRO, S. G. ZONDEK, TEZNER und TUROLT). Auch die Vagusreizwirkung ist unter diesen Umständen stark abgeschwächt. Sie bleibt beim Darm auch aus, wenn der Nährlösung das Na + K fehlt (S. G. ZONDEK). Besteht am Herzen ein Übergewicht an Calcium, dann führt Vagusreizung nicht wie sonst zu einer Hemmung, sondern zu einer Förderung der Herztätigkeit [F. KRAUS[1]), S. G. ZONDEK[2])]. Diese paradoxe Wirkung ist nicht allein beim Vagus zu beobachten. KOLM und PICK[3]) konnten unter dem Einfluß von Elektrolytveränderungen auch eine Umkehr der Adrenalin- bzw. Sympathicuswirkung erzielen. Nach TUROLT[4]) kann unter den genannten Bedingungen auch beim Uterus die Vagus- und Sympathicuswirkung ihren Charakter vollkommen ändern. — Während die Elektrolyte — wie wir gesehen haben — ihre Wirkung auch nach Ausschaltung der vegetativen Nerven in unveränderter Weise entfalten können, ist die Wirkung der letzteren an das Vorhandensein bzw. das Unversehrtsein des normalen Elektrolytsystems gebunden. Mit der Annahme, daß die Wirkung der vegetativen Nerven auf dem Wege über die Elektrolyte zustande kommt, stehen diese Ergebnisse der experimentellen Untersuchung in bester Übereinstimmung. Eine weitere Konsequenz unserer Auffassung ist, daß die Wirkung der vegetativen Nerven und die der Elektrolyte nicht nur parallel gehen, sondern wirklich identisch sind. Dies ist auch der Fall. Am Darm z. B. kann — ebenso wie am Herzen — die Wirkung des Kaliums durch Calcium ausgeglichen und der Erfolg einer Vagusreizung durch eine Sympathicusreizung kompensiert werden. In gleicher Weise aber ist die gegenseitige Aufhebung der Wirkung auch möglich, wenn wir Nervenreizung und Elektrolytzufuhr miteinander kombinieren. Die Kaliumwirkung kann wie durch Calcium auch durch Adrenalin bzw. Sympathicusreizung, die Vaguswirkung wie durch Sympathicusreizung auch durch Calcium ausgeglichen werden (S. G. ZONDEK). Immer zeigt sich, daß die Vagusreizwirkung identisch ist mit der des Kaliums, die Sympathicusreizwirkung mit der des Calciums, und umgekehrt. Wenn hier die Auffassung vertreten wird, daß die Vagus- und Sympathicuswirkung zu einer Verteilungsänderung der Elektrolyte führt, die ihren Ausdruck in einer relativen Kalium- bzw. Calciumkonzentrierung findet, so soll damit nicht gesagt sein, daß die anderen Elektrolyte an dem Vorgang gar nicht beteiligt sind. Kalium und Calcium werden vielmehr nur deshalb in den Vorder-

[1]) KRAUS, F.: Dtsch. med. Wochenschr. 1920, Nr. 8.
[2]) ZONDEK, S. G.: Arch. f. exp. Pathol. u. Pharmakol. Bd. 87, S. 342. 1920.
[3]) KOLM u. PICK: Pflügers Arch. f. d. ges. Physiol. Bd. 184, S. 79. 1920 u. Bd. 189. 1921.
[4]) TUROLT: Arch. f. Gynäkol. Bd. 115, S. 600. 1922.

grund gerückt, weil sie typische Exponenten der antagonistisch wirkenden Ionengruppen darstellen. Daß an der Verteilungsänderung auch das Na-Kation und evtl. auch die Anionen (HPO_4'', H_2PO_4', HCO_3', Cl' usw.) teilnehmen, ist durchaus wahrscheinlich, zumal — wie wir noch sehen werden — zwischen den einzelnen Ionen Beziehungen bestehen. Eine besondere Beachtung verdienen in diesem Zusammenhang noch die H- und OH-Ionen. Sie wirken auf die funktionellen Vorgänge der Zellen und Organe meist ebenfalls in ausgesprochen antaggonistischer Weise ein. Wenn der Antagonismus Kalium—Calcium trotzdem stärker betont wird als der zwischen den H- und OH-Ionen bestehende, so liegt dies daran, daß sowohl die Körperflüssigkeiten wie das Gewebe dank ihren Puffereigenschaften etwa eintretende Änderungen der [H˙] noch besser auszugleichen imstande sind als die der K- und Ca-Ionenkonzentration. Im übrigen besteht zwischen den K- und Ca-Ionen einerseits, den H- und OH-Ionen andererseits ein direkter Zusammenhang. Läßt man z. B. ein Froschherz mit einer calciumreichen Ringerlösung arbeiten, so nimmt die Nährlösung an H-Ionen zu; bei Kaliumübergewicht dagegen ist eine Vermehrung von OH-Ionen nachweisbar [F. KRAUS und S. G. ZONDEK[1])]. Diese werden höchstwahrscheinlich von den Plasmasubstanzen, die ja Kolloidelektrolyte darstellen und als Ampholyte (s. S. 39) sowohl als Säuren wie als Basen fungieren können, abdissoziiert. Mit den Veränderungen des K-Ca-Gleichgewichtes gehen an der Zelle also gleichzeitig auch Änderungen der H- bzw. OH-Konzentration einher. Auf die zwischen diesen Ionengruppen bestehenden Beziehungen dürfte auch die Tatsache zurückzuführen sein, daß ihre Wirkung — z. B. am Herzen — identisch ist. Gibt der Kolloidelektrolyt (unter dem Einfluß der Kaliumwirkung) nach außen OH-Ionen ab, so ist anzunehmen, daß er selbst hierdurch eine Zunahme an sauren Valenzen erfährt, und umgekehrt (unter dem Einfluß der Ca-Wirkung) bei Abspaltung von OH-Ionen nach außen eine Zunahme von alkalischen Valenzen. Daß Säurezusatz (z. B. HCl) zu einer Vermehrung der sauren Valenzen der Zellsubstanz, Alkalizusatz (z. B. NH_4OH) zu einer Zunahme der alkalischen Valenzen führt, ist selbstverständlich. Die gleichartige Wirksamkeit der K- und H-Ionen einerseits, der Ca- und OH-Ionen andererseits (s. S. 92) ist also erklärlich. Daß Veränderungen des K-Ca-Gleichgewichtes zu Änderungen der [H˙] führt, ist bei kolloiden Systemen auch in vitro nachgewiesen worden. $CaCl_2$ verschiebt die Reaktion bestimmter Aminosäuren (Gelatine)- bzw. Eiweißlösungen nach der sauren, KCl etwas nach der alkalischen Seite [SPIRO[2]), MOND[3])]. Die Analogie zu den biologischen Erscheinungen ist offensichtlich. Auch auf die Versuche von BETHE und TOROPOFF (s. S. 104) sei in diesem Zusammenhang nochmals hingewiesen. Über den Ablauf dieser kolloidchemischen Reaktionen läßt sich noch nichts Sicheres aussagen.

Die Ausführungen über die Frage der Verteilungsänderung der Elektrolyte nach Vagus- bzw. Sympathicusreizung müssen noch durch folgendes ergänzt werden. Wenn gesagt wird, der Vagus wirkt im Sinne einer relativen Kaliumkonzentrierung, so ist damit gemeint, daß der Vagus eine Verteilungsänderung der Elektrolyte herbeiführt, die von der gleichen Wirkung begleitet ist, die eintritt,

[1]) KRAUS, F. u. S. G. ZONDEK: Klin. Wochenschr. 1922, Nr. 20.
[2]) SPIRO: Schweiz. med. Wochenschr. 1921, Nr. 20, S. 457.
[3]) MOND: Pflügers Arch. f. d. ges. Physiol. Bd. 200, S. 422. 1923.

wenn im Experiment Kalium im Überschuß zugesetzt, also künstlich konzentriert wird. Diese Wirkung kann aber in Wirklichkeit auf verschiedene Weise erzielt werden; so ist Calciumverminderung meist von dem gleichen Wirkungserfolg begleitet wie Kaliumvermehrung (s. S. 89). Wenn also Vagusreizung in bestimmten Fällen nicht zu einer Kaliumkonzentrierung, sondern zu einer Calciumverminderung führt, so steht dies in keinerlei Widerspruch zu dem hier vertretenen Grundprinzip. Vice versa gilt dies auch für den Sympathicus und seine im Sinne einer relativen Calciumkonzentrierung gelegene Wirkung. Zu bedenken bleibt auch noch folgendes. Nicht bei allen Organen ist wie beim Herzen Kaliumverminderung unbedingt gleichzusetzen mit Calciumvermehrung. Beim Darm z. B. ruft ein Zuwenig ebenso wie ein Zuviel an Kalium Tonussteigerung hervor; auch wird durch eine Verminderung des normalen Calciumgehaltes wie durch eine Vermehrung Tonussenkung herbeigeführt. In solchen Fällen kann also die durch die Nervenreizung bedingte Verteilungsänderung der Elektrolyte eine recht mannigfache sein, ohne daß der Effekt ein anderer ist. So wäre es möglich, daß am Darm der Vagus statt einer Kaliumkonzentrierung eine Kaliumverminderung bewirkte. Das Wesentliche sind aber nicht die Einzelheiten, sondern das Grundprinzip, welches aussagt, daß 1. die vegetativen Nerven zu einer Verteilungsänderung des an der Zelle bestehenden Elektrolytgleichgewichtes führen, und daß 2. ihre meist antagonistische Wirkungsweise auf einer verschiedenartigen Verteilungsänderung beruhe. Daß meine Anschauung im Prinzip richtig ist, konnte von einer Reihe von Autoren teils direkt, teils indirekt bestätigt werden. BILLIGHEIMER[1]), DRESEL und KATZ[2]) u. a. fanden, daß nach Adrenalin, also nach Sympathicusreizung, der Kalkgehalt des Blutes sinkt; der Kalk wird ihrer Meinung nach in das Gewebe abgedrängt, d. h. es tritt an der Zelle des Erfolgsorgans eine Calciumkonzentrierung ein. WOLLHEIM[3]) hat bei Tieren den Vagus gereizt bei gleichzeitiger Ausschaltung des Sympathicus und umgekehrt den Sympathicus bei Ausschaltung des Vagus. Die Veränderungen, die er im Elektrolytgehalt des Blutes fand, waren in beiden Fällen ganz entgegengesetzter Art, und zwar in dem von mir postulierten Sinne. Noch wichtiger sind die an den Organen selbst ausgeführten Analysen; auch sie ergaben ein positives Resultat. So konnte gezeigt werden, daß Muskeln, die unter dem Einfluß ihres Nerven stehen bzw. vollkommen von ihm befreit sind, sich durch eine verschiedenartige Kaliumverteilung auszeichnen. [NEUSCHLOSS und TRELLES[4])]. Diese Versuche werden an anderer Stelle noch ausführlicher besprochen werden. Von Interesse sind auch Versuche von ALPERN[5]), welche ergaben, daß der Kalium- und Calciumgehalt des Speichels der Gl. submaxillaris ein verschiedener ist, wenn die Speichelsekretion unter dem Einfluß des Vagus oder des Sympathicus erfolgt. Nach Adrenalin z. B. nimmt der Ca-Gehalt des Speichels zu. Einen großen Einfluß auf den Quotienten K/Ca übt das Ganglion cervicale aus. Seine Exstirpation führt dazu, daß der Ca-Gehalt sinkt und der K-Gehalt steigt. An sich ist der verschiedene Gehalt an den genannten Kationen

---

1) BILLIGHEIMER: Klin. Wochenschr. 1922, Nr. 6.
2) DRESEL u. KATZ: Klin. Wochenschr. 1922, Nr. 32.
3) WOLLHEIM: Biochem. Zeitschr. Bd. 151, S. 416. 1924.
4) NEUSCHLOSS u. TRELLES: Pflügers Arch. f. d. ges. Physiol. Bd. 204, S. 374. 1924.
5) ALPERN: Pflügers Arch. f. d. ges. Physiol. Bd. 209, S. 723 u. 738. 1925.

für die Natur des Speichels wohl von ganz untergeordneter Bedeutung. Symptomatisch weist er aber auf große Unterschiede im Geschehensablauf der Drüse hin. Die Sekretion stellt zweifellos auch nur eine modifizierte Protoplasmaströmung dar; die in der bewegten Flüssigkeit enthaltenen Salze werden bei diesem Vorgang mit nach außen befördert. Aus den verschiedenen K- und Ca-Werten können wir — dies ist das Wesentliche — auf eine veränderte Elektrolytverteilung in dem an der Protoplasmaströmung teilnehmenden Flüssigkeitsgemisch schließen. Daß diese für die Art des Funktionsablaufes von größter Bedeutung ist, geht aus dem früher gesagten zur Genüge hervor. — Daß bei der Funktion Verteilungsänderungen der Elektrolyte auftreten, ist übrigens auch direkt, und zwar auf histochemischem Wege, nachgewiesen worden. Wie MACALLUM[1]) gezeigt hat, läßt sich im Gewebe das Kalium färberisch (durch Behandlung mit einem Kobaltnitritreagens) darstellen. Das unlösliche Salz fällt aus und wird mikroskopisch sichtbar. MACALLUM fand nun bei Kotfliegen, daß Muskeln, die sich im Kontraktionszustand befinden, eine andere Kaliumlokalisation als im Ruhezustande zeigen. Während der Funktion wandert das Kalium. Für die Verteilungsänderung der Elektrolyte kommen aber nicht nur derartige lokale Umlagerungen, sondern, wie wir noch sehen werden, auch andere Möglichkeiten in Frage.

c) Die Bedeutung der Elektrolyte für Reizentstehung und Reizablauf. Der Erregungskreislauf.

Die durch den Nerv bewirkte Verteilungsänderung der Elektrolyte an der Zelle des Erfolgsorgans stellt die Erregung des betreffenden Zellsystems dar und löst die spezifischen funktionellen Vorgänge aus. Die Erregung des peripheren Nerven erfolgt unter physiologischen Bedingungen in der Weise, daß die Erregungen, die im Zentralnervensystem bzw. in den zum Nerven gehörigen Ganglien entstehen, auf den Nerv übertragen und durch ihn zum Erfolgsorgan geleitet werden. Die Frage, wie es zur Erregung der Ganglien kommt, stellt zweifellos ein Problem dar, das die tiefsten Geheimnisse des Lebens berührt; denn wüßten wir, wie unter normalen Umständen die Erregung in der Großhirnrinde gelegener Ganglienzellen zustandekommt, dann könnten wir Vorgänge biologisch bzw. naturwissenschaftlich erfassen, die wir jetzt gewöhnlich als „psychisch" bedingt zu bezeichnen pflegen. Während wir über die Erregungsvorgänge in diesen Ganglienzellen (vor allem über ihre Auslösung) noch gar nicht unterrichtet sind, ist unsere Kenntnis von den entsprechenden Vorgängen bei den den vegetativen Funktionen übergeordneten zentralen nervösen Apparaten eine weit bessere. Ich erinnere an das, was über die Erregbarkeit des Atemzentrums ausgeführt worden ist. Es kann als absolut sicher gelten, daß ein Überschuß an H-Ionen das Atemzentrum erregt, ein Übergewicht an OH-Ionen dagegen die Erregung beseitigt. Dies geschieht nicht allein unter experimentellen Bedingungen; wir wissen, daß auch für die physiologische, rhythmische Erregung die abwechselnde Zu- und Abnahme der H-Ionen ursächlich in Frage kommt. Letztere werden dem Atemzentrum durch das Blut zugeführt. Sie haben für die Verteilung der vorhandenen Elektrolytgleichgewichte dieselbe Bedeutung wie der Zusatz bestimmter Elektrolyte zur Nährlösung isolierter Organe. Wird z. B. in der

[1]) MACALLUM: Ergebn. der Physiolog. (Asher-Spiro) 1908, S. 552.

Nährlösung des Herzens der Calciumgehalt erhöht, ist dies im Prinzip nichts anderes, als wenn der Nährlösung des Atemzentrums, d. h. dem Blute, H-Ionen zugeführt werden. Die durch die Zunahme an H-Ionen bedingte Erregung des Atemzentrums hat eine Atembewegung und damit einen Verlust des Blutes an Kohlensäure zur Folge. Hierdurch wird aber das Plus an H-Ionen (s. S. 183) und somit die Ursache der Erregung beseitigt. Da dem Blute bzw. dem Atemzentrum immer wieder von neuem H-Ionen zugeführt werden, wiederholt sich das Spiel ständig; es kommt auf diese Weise die Rhythmik bzw. die Automatie des Systems zustande. Interessant ist folgende Überlegung. Die H-Ionen, die durch Vermittlung des Blutes dem Atemzentrum zugeführt werden, dort eine Verteilungsänderung des Elektrolytsystems und damit die Erregung bedingen, entstammen dem Stoffwechsel der Erfolgsorgane; es ist der mit der Funktion der letzteren verbundene Säurestoffwechsel (Bildung von Milchsäure, Kohlensäure usw.), der das Auftreten neuer Elektrolyte bzw. Ionen (in erster Linie H-Ionen) bedingt. Diese neuentstandenen Ionen werden zur Ursache der Erregung zentraler nervöser Apparate (so des Atemzentrums); sie pflanzt sich entlang den Bahnen bestimmter Nerven (vor allem der vegetativen) fort; diese lösen ihrerseits an der Zelle des Erfolgsorgans Verteilungsänderungen der Elektrolyte und damit die Funktion aus. Es ist sehr wahrscheinlich, daß wie das Atemzentrum auch die anderen nervösen Regulationsorgane (Vasomotorenzentrum usw.) auf Veränderungen der Elektrolyte in ähnlicher Weise reagieren; neben den H- und OH-Ionen kommen — wie schon erwähnt — auch die anderen Ionen (K, Ca usw.) in Frage.

Über die Erregung von Zellen niederer Lebewesen, die noch keine Nervenfasern besitzen, wurde (s. S. 107) gesagt, daß sie durch die Reize der Außenwelt (mechanische, chemische, thermische, elektrische u. a.) und die in dem System selbst entstehenden Reize ausgelöst werde. Was wir uns unter letzterem vorzustellen haben, wurde verschwiegen. Die vorangehenden Erörterungen dürften jedoch — wie ich glaube — das Verständnis für diese Frage gefördert haben. Mit dem Leben jeder Zelle ist ein gewisser Stoffwechsel verbunden. Die Natur der entstehenden Stoffwechselprodukte (so der Kohlensäure, Milchsäure u. a.) ist die von Elektrolyten, sie gibt also zum Entstehen von Ionen (z. B. H-Ionen) Anlaß; daß letztere befähigt sind, Erregungen bzw. funktionelle Vorgänge auszulösen, kann nicht bezweifelt werden. Den Zellen stehen also Mittel zur Verfügung, aus sich selbst heraus Motoren für ihre Funktion zu erzeugen. Sie verschaffen sich auf diese Weise die Möglichkeit, ein Eigenleben zu führen und sich eine gewisse Unabhängigkeit gegenüber den von außen kommenden Erregungen zu bewahren. Zwischen dem Verhalten der primitiven und der höher organisierten Lebewesen besteht kein prinzipieller Gegensatz. Bei den einzelligen Organismen ist die Neubildung von Ionen und der Ort ihrer Wirkung auf ein und dieselbe Zelle beschränkt. Bei den höher organisierten, besonders den mit Nervenzentren und Nervenfasern versehenen Organismen, kann es zu einer gewissen Dissoziation kommen, indem die von einer Zelle bzw. einem Organ gebildeten Ionen ihre Wirkungen an von ihr entfernt gelegenen Zellsystemen (z. B. dem Atemzentrum) zur Entfaltung bringen. Indem die Erregung der Ganglien sich auf die peripheren Nerven fortpflanzt, diese wiederum an den ihr zugehörigen Zellen des Erfolgsorganes Verteilungsänderungen der Elektrolyte herbeiführen, dadurch also ebenfalls Ionenwirkungen zur Folge haben, so ist im Prinzip gegenüber den Einzelligen bzw. den sonstigen primitiven Organismen und ihren Erregungsvorgängen nichts geändert. Die Elektrolyte bzw. Ionen stehen im Mittelpunkt des Erregungsvorganges.

Über das Wesen des Erregungsablaufes in den Nervenfasern selbst sind wir noch verhältnismäßig wenig unterrichtet, obgleich diese Frage die Physiologen stets beschäftigt hat. Sicher ist, daß Elektrolyte an dem Vorgang auch beteiligt sind. Zunächst sei darauf hingewiesen, daß wir mit Hilfe von Elektrolytveränderungen die Erregbarkeit eines Nerven stark beeinflussen können. In isotonischer Zuckerlösung schwindet letztere ziemlich schnell; Zufuhr von Na oder Li stellt sie wieder her. Der Nerv verhält sich in dieser Beziehung ähnlich wie der Muskel [OVERTON[1])]. In einer stark kaliumangereicherten Ringerlösung büßt der Nerv seine Erregbarkeit ebenfalls ein. Bei kurzer Einwirkungsdauer hat JAHN[2]) aber durch K auch eine Steigerung der Erregbarkeit, und zwar sowohl für Momentan- wie für Zeitreize feststellen können; Calcium dagegen soll sie herabsetzen. Wie Calcium wirkt auch Sr und Mg, während Ba auf die Nerven erregend einwirkt. Jedenfalls führt das Eintauchen des Nerven in eine $BaCl_2$-Lösung dazu, daß der zugehörige Muskel zu zucken beginnt [MATHEWS[3])]. Die experimentellen Feststellungen stoßen beim Nerv auf viel größere Schwierigkeiten als bei anderen Organen; wahrscheinlich liegt dies an den histologischen Verhältnissen; die Nervenhüllen dürften einen Austausch zwischen den Elektrolyten der Nährlösung und denen der Nervensubstanz sehr erschweren. Die Untersuchungen, von denen soeben die Rede war, betrafen die animalischen Nerven; ob die vegetativen Fasern sich anders verhalten, ist bisher noch nicht festgestellt. Auch die Erregbarkeit der sensiblen Nerven unterliegt dem Einfluß der Elektrolyte. Menschen, bei denen man Hautwunden mit bestimmten Salzlösungen spült, empfinden einen brennenden Schmerz. Die Schnelligkeit des Eintretens und die Stärke des empfundenen Schmerzes sind bei Anwendung verschiedener Salze verschieden. Die Wirkung stuft sich folgendermaßen ab: $Cs > Rb > K > Na > Li$. Auch von der Froschhaut und dem zentralen Stumpf eines durchgeschnittenen Nerven lassen sich durch Salzlösungen sensible Reizerscheinungen auslösen, die Anlaß zu Fluchtreflexen geben (GRÜTZNER). Die oben angeführten Versuche an den motorischen Nerven galten der Frage, inwieweit Elektrolyte die Erregbarkeit für bestimmte Arten von Nervenerregung (so die mechanische und elektrische) beeinflußt. Von $BaCl_2$ haben wir aber gehört, daß es nicht nur die Erregbarkeit ändert, sondern selbst erregend wirkt. Ganz einwandfrei ist dies bei den sensiblen Nerven festgestellt; die Elektrolyte selbst sind es, die die Erregung bedingen und daher bestimmte Empfindungen auslösen. Gewöhnlich pflegt man zwischen Erregbarkeit und Erregung einen Unterschied zu machen; ein solcher besteht aber meines Erachtens in Wirklichkeit nicht. Bei den Nervenzentren und den Zellen des Erfolgsorganes haben wir als das Wesen der

---

1) OVERTON: Pflügers Arch. f. d. ges. Physiol. Bd. 105, S. 251. 1904.
2) JAHN: Pflügers Arch. f. d. ges. Physiol. Bd. 206, S. 66. 1924.
3) MATHEWS: Americ. journ. of physiol. Bd. 11, S. 455. 1904; zit. nach HÖBER: Physik. Chemie der Zelle und Gewebe. 1922.

„Erregung" die Änderung der Elektrolytverteilung angesehen. Die Annahme liegt nahe, daß auch bei der Nervenfaser für den Erregungsvorgang ähnliche Prozesse in Frage kommen; ist dies der Fall, dann ist verständlich, daß Elektrolyte auf diesen Vorgang einwirken können. Die Änderung der Erregbarkeit ist dann durch die Beeinflussung des Erregungsvorganges selbst bedingt. Dies gilt übrigens nicht nur für den Nerv, sondern auch für die Nervenzentren und die peripheren Organe. Von den H-Ionen pflegt man zu sagen, daß sie die Erregbarkeit des Atemzentrums steigern; diese Steigerung liegt aber darin begründet, daß die H-Ionen selbst den Erregungsvorgang beeinflussen bzw. ihn auslösen. Ebenso beruht beim Herzmuskel die Steigerung der Erregbarkeit durch Calcium (sog. bathmotrope Wirkung) darauf, daß die künstliche Zufuhr dieses Kations eine Verteilungsänderung der vorhandenen Elektrolyte herbeiführt und hierdurch die bestehenden Erregungsvorgänge ändert. Für andere Faktoren, die Einfluß auf die Erregbarkeit haben (z. B. bestimmte Giftwirkungen) gilt — wie wir später sehen werden — im Prinzip das gleiche. Daß der Erregungsvorgang bei der peripheren Nervenfaser mit Elektrolytveränderungen einhergeht, ist nicht lediglich eine auf Analogieschlüssen beruhende Vermutung; es sprechen für unsere Annahme auch einige tatsächliche Befunde. Wird z. B. ein Nerv durch einen elektrischen Strom erregt, dann lassen sich an den beiden Polen bestimmte Unterschiede nachweisen. In der Gegend der Kathode färben sich die Fibrillen mit Toluidinblau wesentlich stärker, in der Gegend der Anode dagegen beträchtlich schwächer als normale Fibrillen. BETHE, von dem diese Beobachtung stammt, führt die verschiedene Färbbarkeit auf eine bestimmte Säure zurück, die er „Fibrillensäure" nennt. An der Kathode häuft sie sich an, an der Anode ist sie vermindert. Das Auftreten bzw. Schwinden der Säure bringt BETHE in Zusammenhang mit dem Erregungsvorgang. Über die Natur dieser hypothetischen Fibrillensäure läßt sich zwar nichts aussagen; aus der verschiedenen Färbbarkeit können wir jedoch schließen, daß an den betreffenden Stellen höchstwahrscheinlich Differenzen der $[H^{\cdot}]$ (also Verteilungsänderungen der Elektrolyte) bestehen; denn — wie wir in Kap. VI, 3 noch sehen werden — hängen die Farbstoffreaktionen mit der $[H^{\cdot}]$ des Mediums aufs engste zusammen. Daß Verteilungsänderungen der Elektrolyte den Erregungsvorgang des Nerven begleiten, geht auch aus Untersuchungen von KRAUS, WOLLHEIM und ZONDEK[1]) hervor, welche ergaben, daß in dem K- und Ca-Gehalt des durch einen elektrischen Strom gereizten Nerven (Ischiadicus) Unterschiede gegenüber einem nicht erregten bestehen. Es ist anzunehmen, daß der Erregungsablauf des Nerven, der seine Erregung von dem zugehörigen zentralen Ganglion enthält, ebenso verläuft wie bei der elektrischen Reizung, zumal der Erregungsvorgang in den nervösen Zentren selbst (so der des Atemzentrums) aufs engste mit Elektrolytveränderungen verknüpft ist. *Nervenzentrum, Nerv und Zelle des Erfolgsorganes stellen somit eine Einheit dar, die dadurch ausgezeichnet ist, daß in dem ganzen funktionell zusammengehörigen Gebilde, Entstehung, Fortpflanzung und Auswirkung der Erregung in Elektrolytveränderungen zum Ausdruck kommen (Erregungskreislauf).*

[1]) KRAUS, F., E. WOLLHEIM u. S. G. ZONDEK: Klin. Wochenschr. 1924, S. 375.

Eine Änderung der Elektrolytverhältnisse, die im Zentralorgan einsetzt (beim Atemzentrum durch die Belastung mit H-Ionen), pflanzt sich gewissermaßen auf den ihr zur Verfügung stehenden Bahnen (den Nervenfasern) bis zur Peripherie fort. Der Vorgang läuft aber sicherlich nicht in der Weise ab, daß (im Falle der Erregung des Atemzentrums) die H-Ionen vom Zentrum nach der Peripherie einfach abfließen. Das Protoplasma jeder Zelle stellt (s. S. 59) ein sehr großes Grenzflächensystem dar. Der Nerv, der, wie BOEKE[1]) gezeigt hat, tief in die Zelle eindringt und sich dort auflöst, bildet mit der eigentlichen Zellsubstanz ebenfalls Grenzflächen; das gleiche gilt für den Nerv und das Ganglion. Die Existenz einer Grenzfläche ist von der der benachbarten abhängig; zwischen ihnen besteht ein Gleichgewichtszustand. Wird in dieses ganze, einem Faden vergleichbare System Unruhe gebracht, d. h. werden an einer Stelle durch Elektrolyte Änderungen der Grenzflächenstruktur herbeigeführt, dann muß sich diese Unruhe über das ganze zugehörige System verbreiten. Wir können uns dies etwa folgendermaßen erklären. Durch die primär erfolgte Verteilungsänderung der Elektrolyte am Ort des Erregungsbeginnes wird zunächst eine Änderung der Struktur der nächstliegenden Grenzfläche (I) herbeigeführt. Da zwischen dieser und der nächstfolgenden (II) hinsichtlich der Elektrolytverteilung ein Gleichgewicht besteht, so kann die Änderung der Elektrolytverteilung in der Grenzfläche I nicht ohne Einfluß auf die der Grenzfläche II bleiben. Die Folge ist eine Strukturänderung der letzteren, die sich in gleicher Weise wieder auf die nächstfolgende usw. überträgt. Auch die chemische Erregung (z. B. durch Gifte) ist — wie wir später sehen werden — auf ähnliche Vorgänge zu beziehen. Die Entstehung der Unruhe, d. h. die Erregung, braucht natürlich ihren Anfang nicht immer am Zentralorgan zu nehmen, sondern kann auch — so im Experiment — an einer mehr peripherwärts gelegenen Stelle des Systems, z. B. an der peripheren Nervenfaser, einsetzen; die Verbreitung der Unruhe, d. h. der Ablauf der Erregung, scheint im allgemeinen nur in einer Richtung möglich zu sein. Wie schon des öfteren hervorgehoben wurde, kann die Erregung des Zellsystems durch verschiedene Faktoren herbeigeführt werden (mechanische, elektrische, thermische, nervöse Reize). Der Nachweis, daß die Erregung in einer Verteilungsänderung der Elektrolyte besteht, ist hier nur für den nervösen und elektrischen Reiz erbracht worden. Daß die chemische Erregung (z. B. die durch Gifte) auf ähnliche Vorgänge zu beziehen ist, wird im nächsten Abschnitte (V, 4) gezeigt werden. Es ist auch wahrscheinlich, daß den durch die anderen Reize entstehenden Erregungen die gleichen biologischen Veränderungen zugrunde liegen. Die Identität *aller* Erregungsvorgänge kann jedoch nicht als *erwiesen* angesehen werden; für unsere Betrachtung ist dies auch nicht von ausschlaggebender Bedeutung. Wir wollen im Folgenden wieder zu unserem Ausgangspunkt, dem Verhalten der vegetativen Nerven, zurückkehren.

d) Zur Frage des Wirkungsmechanismus der vegetativen Nerven.

Der Vagus bewirkt, daß an der Zelle eine relative Kaliumkonzentrierung eintritt, während der Sympathicus eine relative Calciumkonzentrierung zur

[1]) BOEKE l. c. S. 107.

Folge hat. Wie führen die Nerven diese Aufgabe aus? Wie schon erwähnt wurde, ist es durchaus unwahrscheinlich, daß derselbe Elektrolyt, der z. B. einem Zentralganglion wie dem Atemzentrum zugeführt wird, den Nervenbahnen entlang zur Peripherie abfließt. Viel wahrscheinlicher ist es, daß die im Zentralapparat durch Elektrolyte bedingten Änderungen der Grenzflächenstruktur sich auf die benachbarten Grenzflächen fortpflanzen. Der Vagus und Sympathicus, die zu einer verschiedenartigen Änderung der Elektrolytverteilung führen, können hierzu nur fähig sein, wenn sie auch auf die Grenzflächenstruktur in verschiedener Weise einwirken. Wie ist dies denkbar? Die Lipoide haben für den Aufbau der kolloiden Teilchen des Zellprotoplasmas, d. h. für die Beschaffenheit der Grenzflächen, eine große Bedeutung (s. Kap. IV). Unter ihnen sind besonders das Lecithin und Cholesterin zu nennen. Im Blut und in den verschiedenen Geweben besteht zwischen diesen beiden meist ein annähernd konstantes Verhältnis. Ihr kolloidchemisches Verhalten ist ein verschiedenes. Das Lecithin steht mehr den hydrophilen, das Cholesterin den hydrophoben Kolloiden nahe. Daß die Lipoide einen großen Einfluß auf das biologische Verhalten vieler Zellen und Organe ausüben, ist schon vielfach festgestellt worden. Besonders wichtig ist aber, daß der Einfluß des Lecithins und Cholesterins meist ein antagonistischer ist. Brinkmann und van Daam konnten zeigen, daß das Verhältnis Lecithin und Cholesterin ausschlaggebend für die Resistenz der roten Blutkörperchen ist. Die Hämolyse wird durch Zusatz von Lecithin gefördert, durch Zusatz von Cholesterin dagegen gehemmt. Auch der Wassergehalt der Gewebe wird in ähnlicher Weise beeinflußt. Dresel und Sternheimer[1]) fanden diesen biologischen Antagonismus auch hinsichtlich der Funktionsbeeinflussung vieler anderer Zellsysteme bzw. Organe. Sie konnten zeigen, daß Zufuhr von Lecithin einen Effekt herbeiführt, der der Vagus- bzw. Kaliumwirkung entspricht, während die Cholesterinwirkung in der Richtung der Sympathicus- bzw. Calciumwirkung gelegen ist; so wirkt am Herzen Lecithin diastolisch, Cholesterin systolisch. Die Gefäße werden durch Lecithin zur Dilatation, durch Cholesterin zur Kontraktion gebracht. — Durch Untersuchungen von Neuschloss[2]) wurde zwar nicht direkt bewiesen, aber doch wahrscheinlich gemacht, daß die Lipoide in den Zellen den Angriffsort der Elektrolytwirkungen darstellen. Der Autor konnte nämlich zeigen, daß für das kolloidchemische Verhalten von Lecithinlösungen der biologische Ionenantagonismus von großer Bedeutung ist. Dies ist deshalb bemerkenswert, weil sich bis jetzt nur sehr wenige kolloidale Systeme haben finden lassen, die in vitro durch Elektrolyte wie die biologischen Kolloidsysteme beeinflußt werden können. Wohl haben wir in Kap. III gehört, daß die Elektrolyte vornehmlich befähigt sind, kolloidale Zustandsänderungen herbeizuführen; doch haben wir weder bei den charakteristischen Vertretern der hydrophoben Kolloide (Metallsole) noch bei den der hydrophilen Kolloiden (Gelatine, Eiweißkörper) eine Wirkungsweise der Elektrolyte kennengelernt, die ein zweifelfreies und vollkommenes Analogon zu dem biologischen Ionenantagonismus darstellt. Insbesondere gilt dies für den höchst merkwürdigen Antagonismus von Kalium und Calcium, die sonst bei der Mehrzahl der hydrophilen und hydro-

[1]) Dresel u. Sternheimer: Klin. Wochenschr. 1925, Nr. 17.

[2]) Neuschloss: Pflügers Arch. f. d. ges. Physiol. Bd. 181, S. 17. 1920 u. Bd. 187, S. 136. 1921.

phoben Kolloide in ihrer Wirkung nur mehr oder weniger starke quantitative Unterschiede zeigen. Vor allem ist es nicht möglich, die Wirkung eines Kations wie Kalium durch Calcium aufzuheben oder umzukehren. Der Antagonismus der H- und OH-Ionen ist allerdings ein weitverbreiteter und aus dem Wesen der Kolloidreaktionen ohne weiteres zu erklären. Das gleiche kolloidchemische Verhalten der Lecithinlösungen und der Zellkolloide gegenüber den Elektrolyten kommt nun in folgendem zum Ausdruck. Lecithin setzt die Oberflächenspannung von Wasser herab; Zusatz eines Salzes (z. B. KCl oder $CaCl_2$) führt zur Erhöhung der Oberflächenspannung der wässerigen Lecithinlösung bzw. des Lecithinsols. Kombiniert man aber mehrere Salze (insbesondere NaCl, KCl und $CaCl_2$), und zwar in ganz bestimmten Mengenverhältnissen, dann wird die Wirkung auf die Oberflächenspannung aufgehoben. Erinnert sei in diesem Zusammenhang an die Wirkung der Salze auf die befruchteten Funduluseier. Jedes einzelne Salz erweist sich als giftig; in bestimmter Kombination dagegen sind sie ungiftig und fördern die Entwicklung der Eier. Auffallend ist es, daß bei den Lecithinlösungen auch das Mengenverhältnis der zur Äquilibrierung erforderlichen Salze ungefähr dem entspricht, das auch für die physiologischen Nährlösungen (die Ringersche Lösung) in Frage kommt. So wird die Wirkung von NaCl, KCl und $CaCl_2$ auf die Oberflächenspannung aufgehoben, wenn sie in dem Verhältnis $1 : {}^1/_{50} : {}^1/_{50}$ in der Lecithinlösung vorhanden sind. Einem noch getreueren Abbild des physiologischen Ionenantagonismus begegnet man beim Studium der Wirkung, die die Salze auf eine Lecithin-Cholesterin-Ringerlösung ausüben (Dresel und Sternheimer). Bei diesem Sol hat schon der Zusatz des einzelnen Salzes eine verschiedenartige Wirkung zur Folge; KCl führt zu einer Erhöhung, $CaCl_2$ dagegen zu einer Erniedrigung der Oberflächenspannung. Gleichzeitige Zufuhr von KCl und $CaCl_2$ läßt die Oberflächenspannung nahezu unverändert. Die zur Erzielung der Wirkung notwendigen Salzmengen entsprechen ebenfalls ungefähr den physiologischen Konzentrationsverhältnissen. Bemerkenswert ist, daß auch Gifte wie Adrenalin (Sympathicusgift) und Cholin (Vagusgift) auf die Oberflächenspannung des genannten Sols einwirken.

Bei den vegetativen Organen wird (s. S. 108) die Vaguswirkung durch Kalium verstärkt und durch Calcium geschwächt, die Sympathicuswirkung durch Calcium gesteigert und durch Kalium vermindert (S. G. Zondek). Hiervon ausgehend, haben Dresel und Sternheimer entsprechende Versuche an den Lecithin-Cholesteringemischen angestellt; sie fanden, daß auch bei ihnen eine starke Beeinflußbarkeit der Cholin- und Adrenalinwirkung durch Kalium und Calcium möglich ist. — Bei dieser Sachlage ist es durchaus verständlich, wenn Dresel und Sternheimer die Auffassung vertreten, daß es im Protoplasma in erster Linie die Lipoide seien (besonders das Lecithin und Cholesterin), die den Angriffsort nicht nur für die Elektrolyte, sondern auch für die der vegetativen Nerven darstellen. — In einem Lecithin-Cholesteringemisch scheint der kolloidchemische Zustand des einen von dem des anderen abhängig zu sein. So hat Hattori nachgewiesen, daß bei einer Entquellung des Lecithins das Cholesterin bessere Lösungsbedingungen findet, während bei Wasseraufnahme durch das Lecithin das Cholesterin entmischt wird. Bedenkt man ferner, daß auch das Lecithin und Cholesterin selbst eine antagonistische Wirkung herbeiführen können (das Lecithin ruft im allgemeinen eine Vagus-, das Cholesterin eine

Sympathicuswirkung hervor), so wird man mit DRESEL und STERNHEIMER auch folgende Annahme für diskutabel ansehen können: Das Kalium, der Vagus und das Lecithin wirken deshalb identisch, weil sie das Gemisch der gesamten kolloidalen Zellsubstanzen derart verändern, daß das Lecithin in irgendeiner Form in den Vordergrund gerückt wird, während durch die Calcium-, Sympathicus- und Cholesterinwirkung ein entsprechender Einfluß auf das Cholesterin der kolloiden Zellteilchen ausgeübt wird. — Daß neben den Lipoiden auch die Eiweißkörper der Zelle an diesen kolloidchemischen Reaktionen und Zustandsänderungen teilnehmen, ist natürlich durchaus möglich. — Die Frage, von der wir ausgingen und die uns veranlaßte, auf die Lipoide einzugehen, lautete folgendermaßen: Ist es denkbar, daß die vegetativen Nerven auf die Grenzflächen einer Zelle in verschiedener Weise einwirken? Die vorangehenden Erörterungen geben zwar hierauf keine direkte Antwort; sie sind für uns aber doch wichtig, weil sie uns gezeigt haben, daß mit einer verschiedenartigen Einstellung der Lipoide wenigstens die Grundlage für die geforderte Änderung der Grenzflächenstruktur gegeben sein könnte. Offen bleibt die Frage, wie die vegetativen Nerven diese Strukturänderung herbeiführen. Wir können vom Vagus und Sympathicus annehmen, daß sie sich in der Zelle in verschiedener Weise auflösen. Würden der Vagus und Sympathicus bzw. ihre Grenzflächen mit den Grenzflächen der Zellsubstanzen verschiedene Systeme bilden, die dadurch charakterisiert sind, daß z. B. die einen sehr lecithinreich, die anderen sehr cholesterinreich sind (nichts zwingt uns zu der Annahme, daß das Lecithin und Cholesterin auf die kolloiden Teilchen bzw. die Grenzflächen der Zellen absolut gleichmäßig verteilt sind), dann wäre es durchaus verständlich, daß die auf dem Wege des Vagus und Sympathicus fortgeleiteten Erregungen zu einer verschiedenartigen Änderung der Grenzflächenstrukturen in der Zelle führen; dem Nerven selbst käme nur die Aufgabe der Leitung bzw. der Übertragung zu. Eine spezifische Leistung brauchte nicht angenommen zu werden; die verschiedenartige Wirkung des Vagus und Sympathicus wäre darauf zurückzuführen, daß die beiden Nerven nicht zu denselben Grenzflächen innerhalb der Zelle in Beziehung treten. Jede Erklärung, welche die Annahme einer spezifischen Leistung der Nerven nicht nötig hat, ist zu begrüßen, weil sie mit den tatsächlichen Ergebnissen der experimentellen Forschung im Einklang steht; denn wir wissen durch die Untersuchung von HEIDENHAIN, daß ein Nerv, der in einen anderen eingenäht wird (z. B. Lingualis in der Hypoglossus), dessen Funktion übernehmen kann. —

O. LOEWI[1]) hat gezeigt, daß nach Vagusreizung in der Nährlösung eines isolierten Organs (z. B. Herz) ein Körper auftritt, der sich auf ein anderes Herz übertragen läßt und dort den Effekt eines Vagusreizes auslöst. Die Substanz wurde von ihm als cholinähnlich definiert und als Parasympathicusstoff bezeichnet. An dem Auftreten solcher Substanzen ist kaum zu zweifeln; denn die LOEWIschen Untersuchungen sind gut durchgeführt, und die Mehrzahl der Nachuntersucher haben (zum Teil auch mit anderen Methoden) im Prinzip das gleiche gefunden [so z. B. HAMBURGER, BRINKMANN und J. V. D. VELDE[2]) u. a.]. Ob

[1]) LOEWI, O.: Pflügers Arch. f. d. ges. Physiol. Bd. 189, S. 239. 1921. (1. Mitt.) 2.—9. Mitt. Dieselbe Zeitschr. (1921—25).

[2]) BRINKMANN u. J. V. D. VELDE: Pflügers Arch. f. d. ges. Physiol. Bd. 207, S. 488. 1925

nach Sympathicusreizung in den Organen auch eine Substanz in Freiheit gesetzt wird (etwa eine adrenalinähnliche), ließ sich bisher noch nicht erweisen. LOEWI vertritt die Auffassung, daß der bei der Vagusreizung entstehende Körper die Ursache für den an der Zelle auftretenden Effekt darstelle. Daß Cholin bzw. cholinähnliche Substanzen eine Vaguswirkung hervorrufen können, ist nicht zweifelhaft; sie gehören zu den Stoffen, von denen man annimmt, daß sie erregend auf die Vagusendigungen bzw. neuromuskuläre Zwischensubstanz wirken (s. S. 127). Wie das Entstehen der von LOEWI gefundenen Stoffe zu erklären ist, läßt sich zur Zeit noch nicht mit Bestimmtheit sagen. Obgleich ich das Auftreten dieser Stoffe nicht bezweifle und auch nicht leugne, daß ihre Wirkung der des Vagus entspricht, halte ich es nicht für wahrscheinlich, daß sie in concreto für den eigentlichen Effekt der Vagusreizung verantwortlich sind. Im Rahmen der zuvor gegebenen Erklärung des Erregungsablaufes wäre auch folgendes denkbar. An der mit der Vagusreizung einhergehenden Strukturänderung der Grenzflächen sind — wie erwähnt wurde — wahrscheinlich die Lecithine beteiligt; nun ist bekannt, daß zwischen Lecithin und Cholin eine nahe chemische Verwandtschaft besteht, daß ersteres die Muttersubstanz des letzteren darstellen kann. Es ist daher wohl denkbar, daß bei dem kolloidchemischen Umbau des Lecithins Cholin bzw. cholinähnliche Stoffe frei werden. Daß infolge der Vagusreizung bzw. des Vaguseffektes Stoffe frei werden, die wiederum vaguserregend wirken, ist weder paradox noch unwahrscheinlich. Dieser Kreislauf ist auch schon für andere Fälle erwiesen; Sympathicusreizung z. B. führt dazu, daß in der Nebenniere Adrenalin in vermehrter Menge gebildet wird; letzteres ist aber die Substanz, die wiederum sympathicuserregend wirkt. Daß es bei der Vagusreizung zu ähnlichen Vorgängen kommen kann, ist sehr naheliegend. Die Untersuchungen LOEWIS bleiben trotzdem sehr interessant; sie beweisen, daß neben den Drüsen mit innerer Sekretion auch die in der Peripherie gelegenen Erfolgsorgane zur Produktion von Hormonen (LOEWI selbst bezeichnet den von ihm nachgewiesenen Stoff als ein Hormon) befähigt sind. Der Unterschied ist in der Quantität gelegen. Die Drüse, die das Hormon in viel größerer Menge liefern kann, stellt das Reservoir dar. Die Ergebnisse der neueren Insulinforschungen weisen ebenfalls darauf hin. Nicht das Pankreas allein, sondern auch die meisten anderen Gewebe (diese natürlich in geringerem Maße) sind zur Insulinbildung fähig. Die innersekretorische Drüse, welche für die Produktion der Choline in Frage kommt, ist die Nebenniere (die Nebennierenrinde). Welche Rolle diese LOEWIschen Stoffe bei der Funktion spielen, möchte ich nicht entscheiden. Sollte sich die Deutung als richtig erweisen, die LOEWI selbst gibt, dann wird auch hierdurch nicht das Grundprinzip berührt, das zur Diskussion steht; denn wie wir im folgenden Kapitel sehen werden, üben auch Gifte, wie Cholin, Einfluß auf die Elektrolytverteilung aus. —

Den Gegenstand der vorangehenden Erörterungen bildeten bisweilen Fragen, welche eine Analyse des Ablaufes höchst wichtiger Lebensprozesse betrafen. Hierher gehört zweifellos der Versuch einer Klärung des Wesens der Erregung. Es ist nur ganz natürlich, daß wir vielfach nicht über Vermutungen und Hypo-

---

u. Bd. 209, S. 383. 1925; weitere Literatur zu dieser Frage: L. JENDRASSIK: Biochem. Zeitschr. Bd. 144, S. 520. 1924. — PLATTNER: Pflügers Arch. f. d. ges. Physiol. Bd. 214, S. 112. 1926.

thesen hinauskamen. Einiges kann aber als gesichert gelten, und dies ist folgendes:

Die Erregung der vegetativen Nerven führt an den Zellen der Erfolgsorgane zu einer Verteilungsänderung der Elektrolyte, die im Sinne einer relativen Kalium- bzw. Calciumkonzentrierung gelegen ist. Mit der Änderung der Elektrolyte ist die der Grenzflächenstruktur aufs engste verbunden. Zusammen geben sie die Grundlage für die Erregung der vegetativen Organe und die durch sie ausgelöste Funktionsäußerung ab. Es ist durchaus wahrscheinlich, daß auch die Erregung der animalischen, spinalmotorischen Nerven sich auf prinzipiell ähnliche Vorgänge zurückführen lassen wird; Elektrolytreaktionen dürften ebenfalls eine große Rolle spielen. Genaueres hierüber läßt sich aber noch nicht angeben (s. hierzu auch Abschnitt 7a dieses Kapitels).

4. Die Identität von Nerv-, Ion- und Giftwirkung.

Wir haben bisher zwei Mechanismen kennengelernt, über die der Organismus verfügt, um den Intensitätsgrad der vegetativen Funktionen zu bestimmen: 1. das vegetative Nervensystem, 2. das Elektrolytsystem. Zwischen beiden wurde eine Brücke geschlagen, indem gezeigt wurde, daß das vegetative Nervensystem letzten Endes auch nur auf dem Wege über das Elektrolytsystem wirkt. Es gibt aber noch eine Möglichkeit, auf die Zellfunktion in obigem Sinne einzuwirken, und zwar mit Hilfe von Giften. Es sei hierbei nicht allein an diejenigen Gifte gedacht, die — wie schon erwähnt — Beziehungen zum vegetativen Nervensystem haben und deshalb auch als vagotrope bzw. sympathicomimetrische Gifte bezeichnet werden (so die Muscaringruppe, das Atropin und Adrenalin), sondern auch an die Gifte, deren Angriffspunkt die Zellsubstanz selbst ist. Einen prinzipiellen Unterschied zwischen den erst- und letztgenannten Giften zu machen, ist übrigens nicht mehr ganz gerechtfertigt, da wir wissen, daß auch die sog. vegetativen Nervengifte wie Muscarin, Cholin, Atropin usw. nicht an der Nervenendigung, sondern ebenfalls weiter peripher bzw. an der von Langley postulierten neuromuskulären Zwischensubstanz angreifen. Doch sind wir bei ihnen gewohnt, ihre Wirkung ohne weiteres mit der der vegetativen Nerven zu identifizieren. Im Prinzip verhalten sich die sog. Zellgifte auch nicht anders; denn sie vermögen ebenfalls nur, falls sie nicht die Zelle töten, auf die Zellfunktion in quantitativem Sinne einzuwirken, d. h. wir können mit ihnen nur — dies ist schon eine alte Auffassung der Pharmakologen — die Funktion einer Zelle steigern oder abschwächen. Eine qualitative Änderung können wir im allgemeinen nicht erzielen. Am Herzen z. B. steigert die Digitalis die Systole, das Chinin dagegen die Diastole. Es ist im Prinzip die gleiche Wirkung, die sich auch durch Elektrolyte wie Kalium und Calcium hervorrufen läßt. Es bestehen in der Hauptsache nur Unterschiede in dem zeitlichen Eintritt des Effektes. Auf die Elektrolytveränderungen reagiert das Herz mit einer schnell einsetzenden, aber auch entsprechend schnell abklingenden Wirkung, auf die Giftapplikation im allgemeinen mit einer langsamer einsetzenden und länger anhaltenden Wirkung. Bevor die zwischen den Elektrolyten und Giften bestehenden Beziehungen erläutert werden sollen, erscheint es mir notwendig, erst den Begriff „Gift", wie er hier aufgefaßt wird, etwas näher zu definieren. Die Unterscheidung Gift—Elektrolyt kann nur biologisch gedacht sein. Ein chemisch-physikalischer Unterschied braucht nicht zu bestehen. Gifte können nämlich auch Elektrolyte sein (so das Chininchlorid); doch verstehen wir unter der biologischen Elektrolytwirkung nur die der anorganischen, körpereigenen und der diesen verwandten Elektrolyte. Charakteristisch ist es, daß die Zufuhr von Elektrolyten in einer Menge erfolgen muß, die der schon physiologisch vorhandenen Menge in gewissem Umfange entspricht. Zum Beispiel können stärkere NaCl-Wirkungen im Organismus nur durch Zufuhr von NaCl-Mengen herbeigeführt werden, die mehrere Gramm betragen. Was die Gifte betrifft, so soll es sich bei unserer Betrachtung nur um solche handeln, die — wie die Elektrolyte — auf den Intensitätsgrad der Funktion direkt einwirken. Gifte, deren Wirkung in einer ganz anderen Richtung liegen (s. Kap. XII), so das Cyan, das in erster Linie zum chemischen Stoffwechsel, und zwar zu den Oxydationen, Beziehungen unterhält, gehören nicht hierher. Im Gegensatz zum „Elektrolyt" sind „Gifte" Substanzen, die schon in ganz kleinen Mengen große Wirkungen entfalten können. Auch wenn diese Elektrolyte sind (Chinin, Guanidin), so kann ihre Wirkung doch nicht darauf beruhen, daß sie mit den physiologisch vorkommenden Elektrolyten an den Grenzflächen in direkte Beziehung treten, und zwar in solche, für die etwa Gesetze der Massenwirkung maßgebend wären. Außerdem gibt es ja viele Gifte, die nicht den Charakter von Elektrolyten haben (so Glykoside wie Digitalis). Die hier zu behandelnden Gifte sind ferner dadurch ausgezeichnet, daß sie meist organischer Natur sind. Sie können körpereigen oder körperfremd sein. An sich ist es zwar nicht angebracht, körpereigene Substanzen auch als Gifte zu bezeichnen; dies ist aber nur von formaler Bedeutung. Außerdem ist eine scharfe Trennung gar nicht möglich. Hätten wir das Adrenalin schon in Händen gehabt, ehe entdeckt worden ist, daß es von der Nebenniere produziert wird, so würden wir es sicherlich als eines der stärksten Gifte bezeichnet haben. Andererseits gibt es genug Stoffe, die wir lange als körperfremde Gifte angesehen haben, und von denen jetzt mit großer Wahrscheinlichkeit angenommen werden kann, daß sie körpereigene lebenswichtige Substanzen darstellen (so Cholin, Histamin, Guanidin). Die Gifte teilen — wie schon erwähnt — mit den Elektrolyten die Fähigkeit, auf den Intensitätsgrad der vegetativen Funktionen einzuwirken. Sie sind aber vor den Elektrolyten dadurch ausgezeichnet, daß sie viel stärker wirken, d. h. daß sie schon bei wesentlich geringerer Dosierung den gleichen Effekt auslösen. Am isolierten Froschherzen tritt ein systolischer Stillstand bei einer $CaCl_2$-Konzentration von etwa 0,1% ein. (Der physiologische $CaCl_2$-Gehalt der Ringerlösung ist 0,01%.) Strophanthin dagegen führt zum Stillstand in Systole schon bei einer Konzentration von etwa 0,00001%. Daß, am Wirkungseffekt gemessen, zwischen den Giften und Elektrolyten eine nahe Verwandtschaft besteht, kann nicht zweifelhaft sein. Am Herzen gleicht die Wirkung der Digitaliskörper ganz der des Calciums [Konscheg[1]) und O. Loewi[2])]. Beide führen zum systolischen Herzstillstand und zu gleichartigen rhythmischen Störungen. Die Chinin- und Arsenwirkung entspricht am Herzen ganz der des Kaliums [S. G. Zondek[3])].

---

[1]) Konscheg: Arch. f. exp. Pathol. u. Pharmakol. Bd. 71, S. 251. 1913.
[2]) Loewi, O.: Arch. f. exp. Pathol. u. Pharmakol. Bd. 82, S. 131; Bd. 83, S. 366. 1918.
[3]) Zondek, S. G.: Arch. f. exp. Pathol. u. Pharmakol. Bd. 88, S. 158. 1920.

Am Skelettmuskel erweist sich die Kalium- und Guanidinwirkung als identisch; sie steigern beide den Tonus und verursachen fibrilläre Zuckungen. Diese Gleichförmigkeit der Gift- und Elektrolytwirkung beruht ebensowenig auf einer Zufallserscheinung wie die der Nerv- und Elektrolytwirkung. Auch zwischen ersteren bestehen ähnliche innere Beziehungen wie zwischen letzteren. Hierfür sprechen folgende Tatsachen. Wird ein isoliertes Herz mit calciumfreier Nährlösung gespült, so hat Digitaliszufuhr keinen Erfolg, zum mindesten ist sie stark abgeschwächt. In ähnlicher Weise ist bei Fehlen von Kalium die tonussteigernde Wirkung mancher Substanzen (so des Guanidins) am quergestreiften Muskel wesentlich herabgesetzt (NEUSCHLOSS). — KONSCHEG und O. LOEWI kamen zu der Schlußfolgerung, daß die Digitaliswirkung darin bestehe, das Herz für Calcium zu sensibilisieren. Wie Digitalis und Calcium, so summieren sich am Herzen in ihrer Wirkung auch Chinin bzw. Arsen und Kalium. Für die Gleichartigkeit der Chinin- und Arsenwirkung einerseits, der Kaliumwirkung andererseits spricht folgendes. Ebenso wie die Wirkung des Kaliums durch seinen Antagonisten, das Calcium, kompensiert werden kann, läßt sich auch die Chinin- und Arsenwirkung durch Calcium aufheben (S. G. ZONDEK). In gleicher Weise läßt sich am Skelettmuskel wie die Kaliumwirkung, so auch die des Guanidins durch Calcium kompensieren [FÜHNER[1])]. Die Beziehungen, die zwischen den genannten Giften und den Elektrolyten bestehen, sind um so auffallender, als es sich um Stoffe ganz verschiedener Konstitution handelt (Alkalien wie Chinin, Glykoside wie Digitalis, anorganische Salze wie die des Arsens usw.). Was die Bindung des Chinins und Arsens mit den kolloidalen Substanzen der Herzmuskelzelle betrifft, so ist durchaus möglich, daß sie eine rein chemische und auch spezifische ist. Was aber als weitere Folge dieser evtl. chemischen Bindung auftritt, muß unbedingt etwas Unspezifisches sein, es muß sich im Falle der Chinin- und im Falle der Arsenvergiftung als gleichartig erweisen; denn sonst wäre nicht dasselbe Verhalten gegenüber dem Calcium zu verstehen. Es ist am wahrscheinlichsten, daß diese unspezifische, durch die verschiedenen Gifte in gleicher Weise erzielte Veränderung wiederum das Elektrolytsystem bzw. das von ihr abhängige und mit ihm eine Gemeinschaft bildende kolloide Grenzflächensystem betrifft. Ist dies erwiesen, dann ist verständlich, was bisher über die tatsächlichen Beziehungen zwischen Gift- und Elektrolytwirkung gesagt worden ist. Es ist dann erklärlich, weshalb die Giftwirkung der der Elektrolyte gleicht und weshalb sie auch durch Elektrolyte, und zwar die antagonistisch gerichteten, wieder aufzuheben ist. Was bisher angeführt worden ist, kann aber im besten Falle nur als indirekte Bestätigung unserer Vermutung angesehen werden. Es fehlt aber auch nicht an direkten Beweisen (S. G. ZONDEK).

Die Wirkung der vegetativen Nerven deckt sich — wie wir in den vorangehenden Kapiteln gesehen haben — mit der bestimmter Kationen (K und Ca). Die Vaguswirkung entspricht der Kalium-, die Sympathicuswirkung der Calciumwirkung. Es handelt sich hierbei nicht nur um eine analoge, sondern um eine artgleiche Wirkung; denn es ist unter ihnen ein vollkommener Austauch möglich (s. S. 108). Es sind die verschiedensten Kombinationen möglich, die dadurch charakterisiert sind, daß an die Stelle des Vagus das Kalium, an Stelle des Sym-

[1]) FÜHNER: Arch. f. exp. Pathol. u. Pharmakol. Bd. 58, S. 1. 1908.

pathicus das Calcium und das Umgekehrte treten kann. Diese Tatsachen waren es in erster Linie, die neben den theoretischen Erwägungen die Auffassung zuließen, daß die Wirkung der vegetativen Nerven mit dem Elektrolytsystem zusammenhänge. Wie wir gesehen haben, zeichnen sich auch viele Giftwirkungen dadurch aus, daß sie den Elektrolytwirkungen gleichen, durch Elektrolyte kompensiert werden können und in vielen Fällen auch nur dann zustande kommen, wenn bestimmte Elektrolyte vorhanden sind. Dazu kommt noch folgendes. Wie die Wirkung vieler Gifte durch Elektrolyte, so kann auch umgekehrt die Wirkung von Elektrolyten durch Gifte aufgehoben werden. Am Darm verursacht Histamin (Imidazolyläthylamin) eine starke Tonussteigerung bzw. Steigerung der Peristaltik. Calcium vermag diese Wirkung zu beseitigen. In gleicher Weise wird auch die Darmlähmung bzw. Atonie, die nach Calcium auftritt, durch Histamin aufgehoben. Die folgenden Versuche dürften die Beweiskette schließen; denn ihr positiver Ausfall ist nur möglich, wenn die Voraussetzungen richtig sind. Die Vaguswirkung, die — wie schon auseinandergesetzt wurde — zu einer Verteilungsänderung der Elektrolyte im Sinne einer relativen Kaliumkonzentrierung führt, ist durch künstliche Calciumzufuhr zu kompensieren, weil hierdurch dem durch den Nervenreiz bedingten Kaliumübergewicht entgegengewirkt wird. Vom Histamin, das am Darm ebenso wie der Vagus eine Tonussteigerung hervorruft, soll angenommen werden, daß es ebenfalls dadurch wirke, daß es eine Verteilungsänderung der Elektrolyte im Sinne einer Kaliumkonzentrierung herbeiführe und daß aus diesem Grunde Calciumzufuhr seine Wirkung aufhebe. Ist diese Annahme richtig, d. h. ist ebenso wie die Nerv- auch die Giftwirkung letzten Endes auf den gleichen Wirkungsmodus, d. h. die Verteilungsänderung der Elektrolyte, zurückzuführen, dann muß es möglich sein, beide (etwa nach dem Grundsatz: Zwei Größen, die einer dritten gleich sind, sind auch unter sich gleich) in gegenseitige Beziehungen zu bringen, so durch ihre Kombination eine verstärkte bzw. sich gegenseitig kompensierende Wirkung zu erzielen. Vagusreizung bzw. Muscarin muß am Darm die Histaminwirkung steigern; dies ist (s. Abb. 9) auch der Fall.

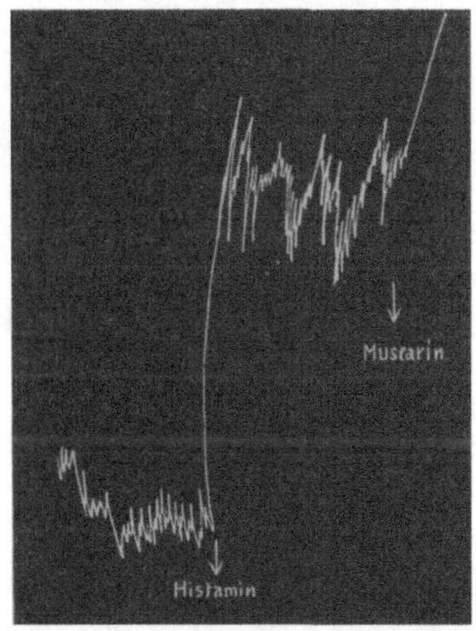

Abb. 9.

Führt das Histamin zu einer Kaliumkonzentrierung, so muß seine Wirkung durch Calcium (also durch künstliche Calciumkonzentrierung) zu beseitigen sein, was — wie schon erwähnt worden ist — auch zutrifft. Es muß aber auch möglich sein, die Histaminwirkung durch Sympathicusreizung (Adrenalin) aufzuheben; denn diese ist ja nach unserer Definition identisch mit Calciumkonzentrierung. Wie Abb. 10 zeigt, ist dies auch tatsächlich der Fall.

Das gleiche gilt auch für andere Gifte. Strophantin hat am Darm eine tonisierende Wirkung; sie beruht nicht auf Vagusreizung. Der Angriffspunkt ist die Kolloidsubstanz der glatten Muskulatur selbst. Trotzdem hebt Adrenalin bzw. Suprarenin — wie Abb. 11 zeigt — die Wirkung sofort auf.

Nervenwirkung, Giftwirkung und Elektrolytwirkung lassen sich also — wie die angeführten Versuche von S. G. ZONDEK[1]) zeigen — gegenseitig austauschen. Dies ist natürlich nur möglich, wenn ihr Wirkungsmodus der gleiche ist, d. h. wenn sie letzten Endes alle das gleiche bewirken. — Der Einfluß der Nervenreizung auf die Elektrolytverteilung kann auch auf chemisch-analytischem Wege nachgewiesen werden (s. S. 110). Bisher wurden zu diesem Zwecke in erster Linie Blutuntersuchungen herangezogen. Im HÖBERschen Institut wurden jedoch in neuerer Zeit von OKAMOTO[2]) mit Nervengiften auch entsprechende Organuntersuchungen ausgeführt, deren Resultat ebenfalls im Sinne der von mir vertretenen Auffassung der Nervenwirkung ausgefallen ist. Gastrocnemien von Fröschen wurden in Ringerlösung gebracht, der Adrenalin bzw. Physostigmin oder Pilocarpin zugesetzt war. Nach einigen Stunden wurde der Versuch unterbrochen und die Nährlösung auf ihren Gehalt an Kalium analysiert. Beim Adrenalinmuskel wurde gegenüber den Kontrollversuchen geringere, beim Physostigmin- bzw. Pilocarpinmuskel höhere Kaliumwerte gefunden. Durch Vagus- bzw. Sympathicuswirkung konnten also Verteilungsänderungen des Kaliums nachgewiesen werden, die sich in entgegengesetzter Richtung bewegten. Unter dem Einfluß eines Giftes wie Guanidin, dessen Wirkung — wie erwähnt wurde — der des Kaliums bzw. der vagotropen Gifte (Muscarin, Acetylcholin usw.) gleicht, treten dieselben Veränderungen ein [S. G. ZONDEK und BENATT[3])]. Letztere entsprechen auch in ihrer Quantität den von OKAMOTO nach Zusatz von Physostigmin gefundenen. **Der gleichartigen funktionellen Wirkung entspricht also auch die gleichartige Veränderung der Elektrolytverteilung.**

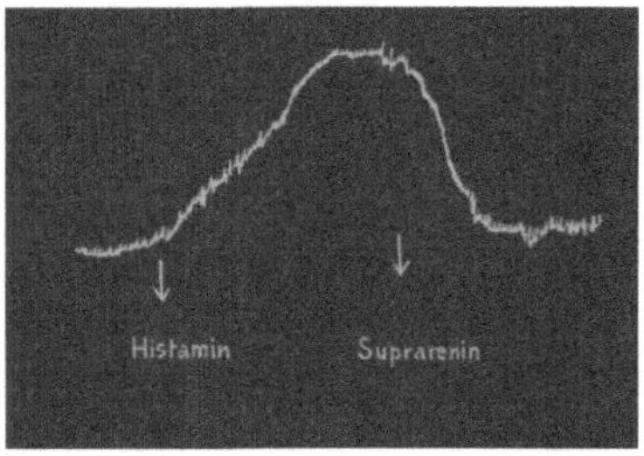

Abb. 10.

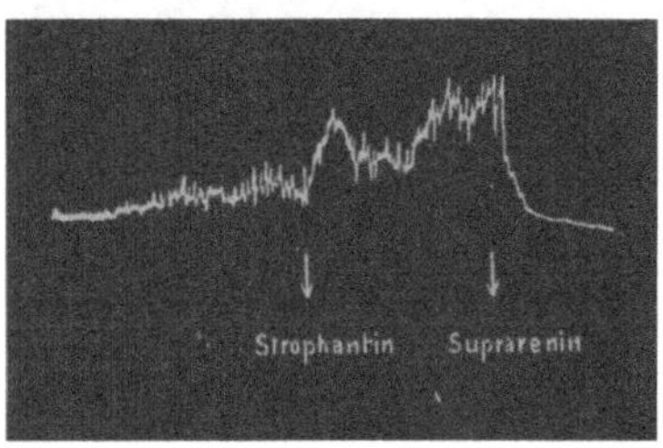

Abb. 11.

Wir müssen uns noch mit der Frage beschäftigen, ob und wie es zu erklären ist, daß Gifte auf die Elektrolytverteilung an der Zelle einwirken. Das funktionelle Geschehen an der Zelle wird — wie eingangs dieses Kapitels erörtert worden ist — von kolloidalen Zustandsänderungen begleitet. Die Kolloid- bzw. Grenzflächenstruktur wird in jedem Augenblicke des Ruhe- bzw. Funktionszustandes durch die zwischen den kolloiden Teilchen und den Elektrolyten bestehenden Beziehungen bestimmt. Die sog. Binnen- und Außenelektrolyte haben eine ganz verschiedenartige Zusammensetzung, d. h. die Elektrolytverteilung zwischen

[1]) ZONDEK, S. G.: Klin. Wochenschr. 1925, Nr. 17 u. 19.
[2]) OKAMOTO: Pflügers Arch. f. d. ges. Physiol. Bd. 204, S. 726. 1924.
[3]) ZONDEK, S. G. u. BENATT: Klin. Wochenschr. 1925, Nr. 17.

den eigentlichen kolloiden Plasmateilchen (ölige Phase) und der Zellflüssigkeit (wässerige Phase) ist eine ungleiche. Sie ist durch die die Zelle charakterisierende Kolloidstruktur bedingt. In diesem System Elektrolyt-Kolloid herrscht ein Gleichgewichtszustand, d. h. zwischen den Elektrolyten und den kolloiden Plasmabestandteilen besteht ein gegenseitiges Abhängigkeitsverhältnis. Jede Änderung der Elektrolyte bzw. Elektrolytverteilung, wie sie im Experiment durch die künstliche Zufuhr von Elektrolyten zur Nährlösung oder in vivo durch das Entstehen neuer Elektrolyte, so der H-Ionen, erzwungen werden kann, muß zu einer Änderung der Kolloidstruktur führen; ebenso muß aber auch eine primäre Änderung der Kolloidstruktur eine Änderung der Elektrolytverteilung zur Folge haben. Ob nämlich die Unruhe in das durch ein bestimmtes Gleichgewicht ausgezeichnete System Elektrolyt-Kolloid von der Elektrolyt- oder Kolloidseite aus gebracht wird, die Folge ist, daß sich ein neues Gleichgewicht bildet; an Änderungen von Gleichgewichten nehmen aber stets alle an ihnen beteiligten Faktoren teil. So muß es auch hier zu einer anderen Elektrolytverteilung und zu einer veränderten Kolloidstruktur kommen. Nach dem Gesagten ist es daher verständlich, daß auch auf die funktionellen Vorgänge an der Zelle von der Kolloidseite aus der gleiche Einfluß wie von der Elektrolytseite aus ausgeübt werden kann. Die Wirkung der Gifte ist nun sicherlich auf primäre Veränderungen der Kolloidbeschaffenheit zurückzuführen; dabei dürfte es gleichgültig sein, ob die Reaktion zwischen Kolloid und Gift eine rein chemische oder physikalisch-chemische (etwa auf Adsorptionsvorgängen beruhende) ist. Bindungen letzterer Art gehen z. B. — wie in Kap. IV erörtert worden ist — die sog. leicht permeablen Stoffe (so die Narkotica) ein. Daß diese dank ihrer Oberflächenaktivität, d. h. ihrer Einwirkung auf die Oberflächenspannung, die Grenzflächenstruktur beeinflussen, ist verständlich. Von den Elektrolyten wissen wir, daß sie Änderungen der Grenzflächenbeschaffenheit auf anderem Wege bewirken (s. S. 62). Daß also das System Elektrolyt-Kolloid in diesen Fällen nicht von der gleichen Seite aus angegriffen wird, ist zweifellos. Sicher ist es aber, daß ihr Endeffekt trotzdem der gleiche sein kann. So ist erwiesen, daß bestimmte Vorgänge, die als Oberflächenprozesse ablaufen (so die Atmung), durch beide, d. h. durch Elektrolyte und Narkotica, in gleicher Richtung beeinflußt werden können. Daß Gifte, die mit den Zellsubstanzen echte chemische Bindungen eingehen, neben einer Änderung ihrer chemischen Beschaffenheit auch eine solche ihres kolloidalen Zustandes bedingen können, erscheint ebenfalls verständlich. So sei daran erinnert, daß die beiden chemisch verschiedenen Lipoide Lecithin und Cholesterin ganz andere kolloidchemische Eigenschaften haben. Ob Körper wie die Digitalis mit den Zellsubstanzen chemische oder physikalisch-chemische Bindungen eingehen, läßt sich nicht ohne weiteres entscheiden. Daß sie aber bei kolloiden Körpern Zustandsänderungen herbeiführen können, läßt sich sogar in vitro nachweisen. So hat die Digitalis Einfluß auf die Quellungsfähigkeit der Gelatine und des Agars [Pietrokowski[1]), S. G. Zondek] und verändert den Dispersitätsgrad einer kolloidalen Goldlösung (Pietrokowski). Schließlich sei auch in diesem Zusammenhang nochmals auf

[1]) Pietrokowski: Arch. f. exp. Pathol. u. Pharmakol. Bd. 85, S. 300. 1920

die Wirkung des Adrenalins und Cholins auf das Lecithin und Cholesterin hingewiesen (s S. 117). Die Verteilungsänderung der Elektrolyte, die durch Gifte herbeigeführt wird, müssen wir also wahrscheinlich als eine indirekt entstandene ansehen. Im übrigen gilt dies — wie aus den Ausführungen des vorigen Kapitels hervorgeht — evtl. auch für die Verteilungsänderung der Elektrolyte, soweit sie auf den Nervenreiz zurückzuführen ist.

5. Das vegetative System. Die Bedeutung des Vegetativen im Rahmen des gesamten funktionellen Zellgeschehens.

Es ist im vorangehenden gezeigt worden, wie verschiedenartige biologische Prozesse letzten Endes einheitlich erklärt werden können; und zwar handelt es sich um Prozesse, von denen angenommen werden kann, daß sie auf die Stärke der Zellfunktion maßgebenden Einfluß ausüben. Letzteres wird auch durch die Erfahrungen des Experimentes bestätigt. Wenn es uns darauf ankommt, die Funktion eines Organs bzw. eine seiner Teilfunktionen abzuschwächen oder zu verstärken, so tun wir es wohl immer auf einem der genannten Wege. Wir bedienen uns des zugehörigen Nerven (insbesondere des vegetativen) oder eines bestimmten spezifischen Giftes oder der Elektrolyte. Diese Identität der Wirkung kommt aber nicht allein unserer experimentellen Arbeit zugute. Auch der Organismus bedient sich ihrer; die Tatsache, daß die höher entwickelten Lebewesen sich immer mehr von den Erregungen der Außenwelt (den exogenen) unabhängig machen, ist verständlich, weil bei ihnen die im Organismus selbst entstehenden, d. h. die endogenen Erregungsursachen zunehmen; zu diesen gehören die Elektrolyte, die vegetativen Nerven und die Gifte. Der Ausgangspunkt ihrer erregenden Wirkung ist ein verschiedener; der Endeffekt für die Zelle des Erfolgsorgans ist aber — darauf kommt es bei der Beurteilung des funktionellen Geschehens allein an — der gleiche. Daß die Gifte auch beim natürlichen Ablauf dieser Zellprozesse eine große Rolle spielen, unterliegt keinem Zweifel. Es wurde schon betont, daß der Organismus selbständig Gifte produziert; insbesondere sind es die Hormone, welchen dieser Giftcharakter zukommt. Zu nennen sind vor allem das Adrenalin und das Cholin (vgl. hierzu das über die Loewischen Versuche auf S. 118 Gesagte), deren Wirkung genau der der vegetativen Nerven entspricht. Dies ist um so auffallender, als die Anschauung, die genannten Gifte wirkten durch Reizung der Nervenendigungen, sich als nicht richtig erwiesen hat. Außer dem Adrenalin und Cholin ist das Guanidin zu nennen, das aus dem Kreatinstoffwechsel stammt und wie das Kalium höchstwahrscheinlich Beziehungen zu dem Muskeltonus hat; ferner das Insulin, von dem wir später noch hören werden, daß seine Wirkung in vieler Beziehung der des Vagus und des Kaliums gleicht. Auch an das Thyroxin, das Hormon der Schilddrüse, ist zu denken, dessen Herzwirkung in der Richtung des Sympathicus bzw. Calciums gelegen ist. Die Wirkung der Nerven und Elektrolyte betrifft alle Erfolgsorgane und macht sich in prinzipiell gleicher Weise geltend. Die Giftwirkung dagegen ist eine spezifische, nur auf bestimmte Zellsysteme gerichtete. — Wie betont wurde, ist der Ausgangspunkt der Elektrolyt-, Nerv- und Giftwirkung ein verschiedener. Wie die Identität der Nerv- und Elektrolytwirkung zu erklären ist, wurde im Abschnitt 3 dieses Kapitel erörtert.

Wir gingen von folgenden Gesichtspunkten aus. Wenn der Zelle des Erfolgsorgans durch Vermittlung der Nährlösung (wie es im Experiment oder bei der therapeutischen Anwendung von Salzen geschieht) Elektrolyte zugeführt werden, so wird hierdurch das zwischen der wässerigen und kolloiden (bzw. öligen) Phase bestehende Elektrolytgleichgewicht gewaltsam gestört; das neu eintretende Gleichgewicht muß unbedingt durch eine anders gerichtete Elektrolytverteilung und damit auch durch eine andere Kolloidstruktur charakterisiert sein. Wird der Nerv bzw. sein zugehöriges Ganglion erregt, dann kommt es zunächst am Orte des Erregungsbeginnes zu einer ähnlichen Gleichgewichtsstörung, die sich den peripheren Nerven entlang bis zum Erfolgsorgan fortpflanzt. Dabei wurde vorausgesetzt, daß die Endplatten des Nerven innerhalb der Zelle Anlaß geben zum Entstehen von Grenzflächen, die mit den in der Zelle schon bestehenden in Wechselwirkung treten (s. S. 115). Beim Übergang der Erregung vom Nerven auf die Zelle muß eine Änderung der Grenzflächenstruktur des ersteren sich auf die der letzteren übertragen. Wir können uns aber ohne weiteres vorstellen, daß das Grenzflächensystem der Zelle auch direkt beeinflußt werden könnte. Diese direkte Beeinflussung dürfte den sog. Nervengiften zuzusprechen sein. Indem wir dies annehmen, gewinnen wir gleichzeitig eine Erklärung für die Tatsache, daß diese Gifte nicht — wie früher angenommen, durch die Untersuchungsergebnisse LANGLEYS aber widerlegt worden ist — durch Reizung der Nervenendigungen wirken. (Die Muscarin-Atropin-Adrenalinwirkung kommt auch nach vollkommener Ausschaltung der Nerven zustande; ferner: der Antagonismus Muscarin-Atropin ist auch bei tierischen Organismen nachweisbar, die gar kein vegetatives Nervensystem besitzen.) Die Identität der Wirkung der betreffenden Gifte und der vegetativen Nerven würde darauf beruhen, daß erstere an den in Frage kommenden Grenzflächen direkt dieselben Veränderungen hervorrufen, wie sie indirekt durch den Nerven ausgelöst werden. Die Gifte ersetzen die Nervenwirkung. Die LANGLEYsche hypothetische neuromuskuläre Zwischensubstanz wäre identisch mit dieser Grenzfläche, die allerdings erst den Übergang zu den mit dem Funktionsvorgang direkt zusammenhängenden Grenzflächen darstellt. Es ist nämlich wahrscheinlich, daß letztere noch eine weiter peripherwärts gelegene, d. h. die letzte Station in dem gesamten Grenzflächensystem darstellen; denn es gibt Gifte, deren Angriffsort noch peripher von der der vegetativen Gifte gelegen sein muß. Atropinisierung z. B. verhindert das Zustandekommen der Muscarinwirkung und auch die der direkten Vagusreizung. Das Atropin ruft höchstwahrscheinlich eine derartige Veränderung in dem die Brücken darstellenden Grenzflächensystem hervor, daß die dem Muscarin bzw. Vagus entsprechende Wirkung nicht mehr entfaltet werden kann. Gifte wie Histamin, Digitalis usw. wirken aber noch trotz Atropinisierung; am Darm rufen sie eine

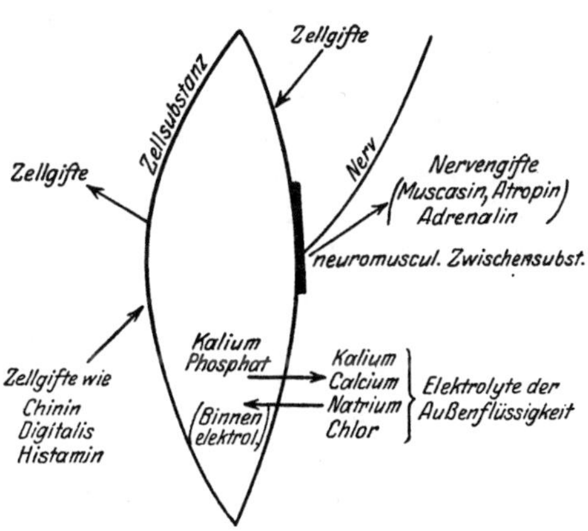

Abb. 12.

starke Tonussteigerung hervor. Die Wirkung der Elektrolyte bleibt natürlich durch Atropin ebenfalls vollkommen unbeeinflußt; denn ihr Angriffspunkt muß, da sie die Funktionsvorgänge direkt auslösen, so weit peripherwärts gelegen sein, als möglich ist. Nerv, Gift und Elektrolyt greifen in dasselbe System ein, aber an verschiedenen Stellen (s. Abb. 12). Es ist für uns ganz selbstverständlich, daß eine Muskelzuckung von den verschiedensten Stellen im Organismus ausgelöst werden kann. Es gibt lange und kurze Wege. Der kürzeste wird durch die direkte Reizung des Muskels, der längste durch die Erregung bestimmter Großhirnteile (Zentralwindungen) beschritten. Dazwischen liegt der Weg, der z. B. durch Reizung des peripheren Nerven eingeschlagen wird. Der Vorgang der Muskelzuckung hängt mit der Funktion des animalischen Nervensystems zusammen. Die Zellvorgänge, mit denen wir uns bisher beschäftigt haben und deren Ablauf in so starkem Maße von den vegetativen Nerven, Giften und Elektrolyten bestimmt wird, hängen mit der vegetativen, d. h. der unserem Willen nicht unterworfenen Zellfunktion zusammen. Die Beeinflussung der letzteren kann jedoch — wie aus den vorausgehenden Erörterungen hervorgeht — ebenso wie die der animalischen Funktion auf längerem oder kürzerem Wege erfolgen. Dies bezieht sich auch auf die Vorgänge an der Zelle des Erfolgsorganes selbst. In den der vegetativen Funktion dienenden Zellsystemen stellen Nerv, Gift und Elektrolyt die Faktoren dar, denen die Fähigkeit zukommt, zwar auf verschiedenen Wegen, aber letzten Endes doch in gleicher Weise und mit gleichem Erfolge „erregend" zu wirken. Der höher organisierte Organismus ist — wie schon betont wurde — von den aus der Außenwelt stammenden Erregungen weniger abhängig als der primitive; dafür muß aber die Zahl der im Organismus selbst entstehenden Erregungsmöglichkeiten bei ersteren größer als bei letzteren sein. Das vegetative Nervensystem und die innersekretorischen Drüsen mit den von ihnen produzierten Giften stellen solche auf einer späteren Stufe der phylogenetischen Entwicklung entstehenden Gebilde dar, die dem genannten Zwecke dienen. Den Ablauf der vegetativen Zellvorgänge hat man gewöhnlich immer nur als die Funktion des vegetativen Nervensystems angesehen. Letzteres stellt aber nur *einen* in Frage kommenden Faktor dar. Will man die Vorgänge zusammenfassen, die das vegetative Geschehen an der Zelle bestimmen, dann ist es zweckmäßig, vom **„vegetativen System"** zu sprechen, in welchem das vegetative Nervensystem nur **ein** Glied darstellt [F. KRAUS und S. G. ZONDEK[1])]. Was zu diesem vegetativen System gehört, ergibt sich nach dem Gesagten von selbst. Es wird dargestellt durch das kolloidale Grenzflächensystem der Zelle, die Elektrolyte, die vegetativen Nerven und die (endogenen und exogenen) Gifte (F. KRAUS und S. G. ZONDEK). Das Ergebnis ihres Zusammenwirkens ist stets die Herstellung eines bestimmten Gleichgewichtszustandes zwischen Elektrolyt und kolloiden Teilchen; von ihm ist (s. S. 98) der jeweilige tonische Zustand der Zellen abhängig. Daß außer den Elektrolyten auch die vegetativen Nerven und die Gifte für die Tonuseinstellung in Frage kommen, bedarf jetzt keiner weiteren Erklärung. *Der Tonus ist das direkte Abbild der im vegetativen System sich abspielenden Vorgänge.*

[1]) KRAUS, F. u. S. G. ZONDEK: Klin. Wochenschr. Bd. 36, S. 1773. 1922.

a) Das vegetative und chemische Betriebsstück der Zelle. Die biologischen Grundlagen des vegetativen und animalischen Systems. Zur Wirkungsart der animalischen Nerven.

Mit den funktionellen Zustandsänderungen im vegetativen System können nicht alle funktionellen Vorgänge im Organismus erklärt werden. Dies wird uns nicht überraschen, wenn wir daran denken, daß es neben der vegetativen auch eine animalische Funktion gibt. Am Skelettmuskel tritt diese Doppelfunktion am besten in Erscheinung. Jeder quergestreifte Muskel ist wie ein glatter Muskel auch der tonischen Verkürzung fähig. Außerdem ist er durch die animalische Funktion ausgezeichnet, die in der Fähigkeit zur Zuckung zum Ausdruck kommt. Wie wir noch sehen werden, sind wir zu der Annahme berechtigt, daß auch die sog. vegetativen, dem Willen nicht unterworfenen Organe eine der Zuckung des quergestreiften Muskels entsprechende Funktion besitzen. Der Unterschied besteht nur darin, daß bei ihnen keine Trennung zwischen der vegetativen und animalischen Funktion wie beim quergestreiften Muskel besteht. Die Tatsache, daß beim Muskel diese Trennung möglich ist, kommt unserer Betrachtung außerordentlich zugute. Zunächst können wir an seinem Verhalten die Richtigkeit dessen, was über das Wesen des Tonus gesagt wurde, beweisen. Nach unserer Definition ist letzterer lediglich das Resultat der im vegetativen System, d. h. zwischen Kolloid, Elektrolyt, Nerv und Gift sich abspielenden Vorgänge. Dementsprechend können wir am Muskel auch feststellen, daß seine tonische Funktion (d. h. die tonische Erschlaffung und Verkürzung) durch die vegetativen Nerven, Elektrolyte und Gifte beherrscht wird, daß also die Faktoren, die den Zustand im vegetativen System bestimmen, auch für die tonische Muskelfunktion maßgebend sind. (Über die Einzelheiten s. Abschnitt 7a dieses Kapitels.) Dazu kommt, daß andere Prozesse bei diesen tonischen Vorgängen nicht nachweisbar sind; so ist die Tonussteigerung des Muskels nicht von Schwankungen des elektrischen Stromes und vor allem nicht von einer Steigerung des O_2-Bedarfes, also der Atmungsvorgänge, begleitet [Parnas[1]), Bethe[2]), Roaf, Bayliss[3]), A. Fröhlich und H. H. Meyer[4])]. Der tonischen Funktion des Muskels ist die animalische aufgesetzt. Erstere stellt das Ursprüngliche dar; die animalische Funktion dagegen ist erst später hinzugekommen, auf einer Entwicklungsstufe, die die Tiere zwang, zur Erhaltung ihres Daseins, d. h. zur Erlangung ihrer Nahrung, zur Verfolgung ihrer Feinde und zur Flucht, schnellere Bewegungen auszuführen. Hierzu ist ein großer Energieaufwand notwendig, der durch den Stoffwechsel bestritten werden muß. Daß die animalische Funktion des Muskels mit einem großen Energieumsatz einhergeht, ist zweifellos. Während die tonische Contractur des Muskels — wie schon erwähnt — zu keiner Erhöhung des O_2-Bedarfes führt, wird dieser durch eine Zuckung oder gar eine tetanische Contractur aufs höchste gesteigert. Bei der rein vegetativen tonischen Funktion des Muskels muß, da ein chemischer Stoffumsatz nicht statthat, die Arbeitsleistung in erster Linie

---

[1]) Parnas: Pflügers Arch. f. d. ges. Physiol. Bd. 134, S. 441. 1910.

[2]) Bethe: Pflügers Arch. f. d. ges. Physiol. Bd. 142, S. 291. 1911.

[3]) Roaf, Bayliss: zit. nach Fürth: Handbuch d. Biochem. von Oppenheimer 2. Aufl., Bd. 8, S. 51. 1913.

[4]) Fröhlich, A. und H. H. Meyer: Münch. med. Wochenschr. 1917, S. 289; Arch. f. exp. Pathol. u. Pharmakol. Bd. 87, S. 173. 1920.

auf Kosten der kolloidchemischen bzw. physikalisch-chemischen Energiequellen (z. B. Änderung der Oberflächenenergie, des elektrischen Potentials usw.) erfolgen. Kommt ein chemischer Stoffumsatz hinzu, so nimmt die Menge der zur Verfügung stehenden Energie naturgemäß stark zu. Der Chemismus erfolgt auf zwei Wegen: er kann ein fermentativer und ein oxydativer sein. Der Gewinn an chemischer Energie bei einem rein fermentativen Stoffwechsel ist kein großer; durch ihn erfolgt nämlich der Abbau der Muttersubstanz (diese wird wohl durchweg in der lebenden Zelle durch das Glykogen dargestellt) in der Hauptsache nur bis zu Substanzen wie der Milchsäure. Würde die zur Ausführung großer Arbeitsleistungen erforderliche Energiemenge nur durch diesen fermentativen Stoffwechsel, d. h. durch Spaltungsvorgänge bereitgestellt werden, so müßten letztere außerordentlich große Dimensionen annehmen, d. h. es müßten große Mengen der lebenden Substanz der Spaltung unterworfen werden und verloren gehen. Durch das Hinzukommen des oxydativen Stoffwechsels wird dies jedoch verhindert. Dieser führt nämlich zur Verbrennung eines Teiles der auf dem Spaltungswege frei gewordenen Milchsäure zu H_2O und CO_2, wodurch große Energiemengen frei werden; zum Teil werden diese zur Resynthese der Milchsäure zu Glykogen verwandt, wodurch also der Verbrauch an energiespendender Substanz vermindert wird [MEYERHOF[1])]. Beim quergestreiften Muskel ist der oxydativ-chemische Stoffwechsel genau so groß wie der fermentative bzw. Spaltungsstoffwechsel, d. h. sein Sauerstoffverbrauch ist gerade so groß, um die Milchsäure zum vollständigen Verschwinden (Resynthese zu Glykogen bzw. Verbrennung zu CO_2 und H_2O) zu bringen. Da die Oxydationen den Spaltungsvorgängen die Wage halten, ist der Nachweis der Milchsäure im Muskel auch nur möglich, wenn künstlich die Sauerstoffatmung verhindert wird (Aufenthalt des isolierten Muskels in Wasserstoff- bzw. Stickstoffatmosphäre). Eine Steigerung des fermentativen und oxydativen Stoffwechsels tritt beim Muskel aber nur ein, wenn er seine animalische Funktion, d. h. Zuckungen, ausführt. Daß die tonische Verkürzung nicht mit einer Steigerung des O_2-Verbrauches einhergeht, wurde schon erwähnt; es findet aber auch keine Erhöhung des fermentativen Stoffwechsels statt; so nimmt die Milchsäurebildung (s. S. 78) nicht zu. Soweit im Experiment bei Substanzen, die tonussteigernd wirken, eine Zunahme der Milchsäureproduktion zu beobachten ist, kann sie nur als eine sekundäre, in keinem ursächlichen Zusammenhang mit dem Tonus stehende Erscheinung angesehen werden [S. G. ZONDEK und F. MATAKAS[2])]. Diese Trennung der rein vegetativen, ohne Chemismus einhergehenden tonischen Funktion und der von chemischem Stoffumsatz begleiteten animalischen Funktion treffen wir indes *nur* beim Skelettmuskel an. Bei allen anderen Organen und Organismen besteht eine Trennung dieser Art nicht; bei ihnen geht jede Funktionsäußerung auch mit Änderungen des chemischen Stoffwechsels, bei den höheren Organismen insbesondere auch des oxydativen einher. Daß der quergestreifte Skelettmuskel sich in dieser Beziehung anders verhält, muß natürlich seinen Grund haben; wir werden ihn später erfahren. Die rein vegetativen Vorgänge stellen zweifellos das Ursprüngliche jeder Zelle dar; denn ohne das Zusammenwirken von Elektrolyt-Kolloid ist ein biologisches Geschehen gar nicht denk-

---

[1]) MEYERHOF: Naturwissenschaften 1925, H. 49/50, S. 980.

[2]) ZONDEK, S. G. und F. MATAKAS: Noch nicht veröffentlichte Versuche.

bar. Daß der chemische Stoffumsatz sich dem vegetativen erst hinzugesellt hat, dafür spricht 1. die Tatsache, daß beim Skelettmuskel der höheren Tiere die Zuckungsfunktion, die doch zweifellos einer späteren Entwicklungsstufe angehört als die tonische, gerade diejenige ist, die mit starken chemischen Umsetzungen einhergeht, und 2. daß bei primitiven Organismen die Anlage zum chemischen Stoffwechsel meist nicht so ausgebildet ist wie bei den höheren. Viele Organismen leben nur von fermentativen Spaltungen; den oxydativen kommt bei ihnen — wenn überhaupt — nur eine geringfügige Bedeutung zu. Dies gilt z. B. für die Hefe, die in der Hauptsache nur spaltet. Daß das Carcinom einen Rückfall in eine primitivere Entwicklungsstufe darstellt, wurde aus morphologischen Gründen schon lange angenommen. Interessant ist nun, daß auch entsprechende stoffwechselchemische Änderungen bestehen. Wie WARBURG[1]) nämlich nachgewiesen hat, steigt im Carcinomgewebe der Spaltungsstoffwechsel (d. h. die Milchsäurebildung) stark an; die Oxydationen bleiben stark zurück; sie reichen in keiner Weise aus, um die entstehende Milchsäure zu verbrennen. Das Carcinomgewebe ist also in stoffwechselchemischer Beziehung der Hefe nahe verwandt. — Die volle Ausbildung des chemischen Stoffwechsels stellt — wie aus den vorangehenden Ausführungen hervorgeht — das Ergebnis eines fortschreitenden Differenzierungsprozesses dar. Daß z. B. beim Muskel die mit dem Chemismus verknüpfte Zuckungsfunktion eine besondere Differenzierung des ursprünglich nur tonisch sich zusammenziehenden Muskels darstellt (bei primitiveren Organismen gibt es nur tonische Verkürzungen der Muskeln), kann nicht zweifelhaft sein. Aber auch die anderen Organe zeichnen sich durch eine ähnliche Differenzierung aus. So kann keineswegs behauptet werden, daß ein Organ wie die Leber weniger spezifische Funktionen ausführt als der Muskel. Verschieden ist lediglich die Art der Arbeitsleistung. Während vom Muskel in erster Linie mechanische Arbeit geleistet wird, steht bei der Leber die chemische Arbeitsleistung im Vordergrund; es werden komplizierte Synthesen ausgeführt. Der spezifischen Leberfunktion entspricht auch ein ganz spezieller chemischer Stoffwechsel. Bei allen anderen Organen sind die Verhältnisse im Prinzip ganz ähnlicher Art. Die Niere z. B. leistet starke osmotische Arbeit. Dieser spezifischen Differenzierung entsprechend sind die genannten Organe auch von einem fermentativen und oxydativ-chemischen Stoffwechsel begleitet, der hinter dem des Muskels in keiner Weise zurückbleibt. Von den angeführten Gesichtspunkten ausgehend, haben F. KRAUS und ich eine Teilung der der Zellfunktion zugrundeliegenden Prozesse vorgeschlagen. Wir unterscheiden *das vegetative und das fermentative bzw. oxydativ-chemische Betriebsstück.* Das erstere umfaßt in der Hauptsache die Kolloidreaktionen und bestimmt den kolloidalen Zustand, d. i. die tonische Einstellung der Zelle; das letztere bestimmt den Ablauf des chemischen, für die Gestaltung der spezifischen Funktion so bedeutungsvollen Stoffwechsels.

Beim quergestreiften Skelettmuskel können wir die beiden Betriebsstücke in ihrer Funktion direkt beobachten. Die Elektrolyte, vegetativen Nerven und Gifte, die wir als Regulatoren des vegetativen Betriebsstückes (Regulatoren im vegetativen System) ansehen können, sind diejenigen Faktoren, die den ohne chemische Stoffwechselvorgänge ablaufenden Tonus beherrschen

[1]) WARBURG: Zusammenfassende Darstellg. s. Naturwissenschaften 1924, H. 50, S. 1131.

und beeinflussen. Letzterer ist als die ursprüngliche, vegetative Funktion des Muskels anzusehen. Die spezifische Muskelfunktion — die Zuckung — ist diejenige, die an den chemischen Stoffwechsel, vor allem auch an den oxydativen, gebunden ist. Die Regulatoren im vegetativen System (vegetativer Nerv, Gift und Elektrolyt) sind nicht befähigt, diese spezifische Funktion auszulösen. Wie liegen die Verhältnisse bei den anderen Organen, d. h. also den sog. vegetativen Organen (Herz, Leber, Darm usw.)? Daß sie ebenso spezifisch differenziert sind wie der Muskel, kann nicht bezweifelt werden. Auch haben sie wie der Muskel einen spezifisch-chemischen Stoffwechsel; indes unterscheiden sie sich vom Muskel in folgendem sehr wichtigen Punkte. Die Regulatoren des vegetativen Systems sind gerade diejenigen, von denen ihre spezifische Funktion bestimmt wird. In den vorangehenden Kapiteln ist dies ja eingehend erörtert worden; so haben wir erfahren, daß die antagonistisch wirkenden Elektrolyte K und Ca (desgleichen die vegetativen Nerven und bestimmte Gifte) entscheidend auf die Funktion von Herz, Darm usw. einwirken, so Systole und Diastole des Herzens, Peristaltik und Erschlaffung des Darmes herbeiführen. Verfolgt man die Verhältnisse weiter, so stellt man Tatsachen fest, die zum Teil schon lange bekannt sind, deren Bedeutung aber bisher gar nicht erfaßt wurde. Dem Umstande entsprechend, daß die Elektrolyte und die anderen Regulatoren des vegetativen Systems bei den vegetativen Organen im Gegensatz zum Muskel die spezifische Funktion beeinflussen, rufen sie bei ihnen auch — wie aus der folgenden, von A. Loewy zusammengestellten Tabelle 1 hervorgeht — Änderungen des chemischen Stoffwechsels, so Änderungen im O_2-Verbrauch, hervor. Ferner, während die vegetative, d. h. die von den vegetativen Nerven usw. abhängige tonische Funktion des Muskels — was immer schon als höchst auffallend erkannt wurde —, ohne Steigerung des O_2-Verbrauches einhergeht, ist bei den sog. vegetativen Organen der O_2-Verbrauch während ihrer Funktion, obgleich diese

Tabelle 1[1]).

Tierart	O_2-Verbrauch pro kg Herz u. Min. in ccm	Bemerkungen	Autor
Hund	40 bzw. 38	normal	Barcroft-Dixon
„	80 „ 48	Adrenalinwirkung	„
„	10 „ 3	Pilocarpinwirkung	„
Kaninchen	19 —	normal	„
„	36 —	Adrenalinwirkung	„
Hund	33 „ 41	normal	„
„	14 „ 36	Pilocarpin	„
„	21 „ 8	Atropin	„
„	31 „ 61	normal	„
„	12 „ 25	KCl	„
„	40 „ 10	$BaCl_2$	„
Katze	14 „ 38	normal	„
„	9 „ 5	Vagusreizung	„
„	22 „ 15	Nachwirkung	„
„	22 „ 30	normal	„
„	13 „ 14	Vagusreizung	„

[1]) Loewy, A.: Der Gaswechsel der Organe, Gewebe und isolierten Zellen. Oppenheimers Handb. d. Biochem., 1. Aufl., Ergänzungsbd. S. 201—209, 211—217. 1913.

von denselben Regulatoren wie der Muskeltonus beeinflußt wird, ein sehr großer. Er bleibt — wie aus Tabelle 2a und b hervorgeht — nicht hinter dem zurück, der bei der spezifischen Muskelfunktion, der Zuckung, auftritt.

Tabelle 2[1]).

a) Ruheumsatz der Organe.

Organ	O_2-Verbrauch pro kg Organ u. Min. in ccm	Autor
Herz	35	BARCROFT-DIXON
Magen-Darm	18	BRODIE und Mitarbeiter
Niere	85	BARCROFT, BRODIE
Leber	a) 27 b) 15—20	a) VERZAR, b) MASING
Speicheldrüse	25	BARCROFT mit MÜLLER u. PIPER
Pankreas	40	BARCROFT, STARLING
Muskulatur	4	CHAUVEAU u. KAUFMANN, VERZAR

b) Umsatz der tätigen Organe.

Organ	O_2-Verbrauch pro kg Organ u. Min. in ccm
Herz	350
Magen-Darm	36
Niere	340
Leber	50
Speicheldrüsen	75
Pankreas	160
Muskulatur	32

Zu Tabelle 1 sei übrigens noch bemerkt, daß auch bei diesen Stoffwechselversuchen die Wirkung der Vagusreizung und des K einerseits, die der Sympathicusreizung (bzw. des Adrenalins) und des $CaCl_2$ bzw. $BaCl_2$ andererseits sich als gleichartig erwies. Ferner sei noch erwähnt, daß der Einfluß von vegetativem Nerv und Elektrolyt auf den O_2-Verbrauch nicht allein beim Herzen festgestellt worden ist. Bei den Speicheldrüsen z. B. führt Reizung des N. Jacobsonii zu einer Steigerung des O_2-Verbrauches von 1,31 ccm pro Min. auf 3,09 ccm [MOUSSU und TISSOT[2])]. Beim Darm haben Eingießungen von Salzlösungen (NaCl und $MgSO_4$) eine Steigerung des O_2-Verbrauches um das $1^1/_2$—$2^1/_2$ fache zur Folge. Daß also die vegetativen Regulatoren (vegetativer Nerv, Gift und Elektrolyt) auf den Ablauf des rein chemischen, insbesondere des oxydativen Stoffwechsels bei den vegetativen Organen großen Einfluß haben, steht außer Zweifel. Beim quergestreiften Muskel dagegen kommt ihnen — wie schon hervorgehoben wurde — ein derartiger Einfluß nicht zu. Zum mindesten geht die durch sie hervorgerufene Tonusänderung des Muskels ohne Steigerung des O_2-Verbrauches einher. Wie ist dies zu erklären? Wollen wir den tatsächlichen Befunden gerecht werden, so können wir meines Erachtens nur folgende Schlüsse ziehen. Der Unterschied zwischen den vegetativen Organen und dem Skelettmuskel ist — wie wir gesehen haben — nicht prinzipiell im Stoffwechsel selbst gelegen; d. h. für beide ist zur Ausführung der spezifischen Funktion die Steigerung des chemischen Stoffwechsels notwendig. Daß wir beim Skelettmuskel ein vegetatives und fermentativ- bzw. oxydativ-chemisches Betriebsstück haben, ist nicht zweifelhaft. Nichts berechtigt zu der Annahme, daß bei den anderen Organen dies nicht der Fall ist; denn

[1]) LOEWY, A.: Der Gaswechsel der Organe und Gewebe. Oppenheimers Handb. d. Biochem., 2. Aufl., Bd. 8, S. 22. 1923.

[2]) MOUSSU u. TISSOT: Cpt. rend. des séances de la soc. de biol. Bd. 137, S. 1085. 1909.

auch sie sind ebenso wie der Muskel differenziert. Ferner ist auch für sie charakteristisch, daß sie einerseits mit Chemismus einhergehen, andererseits von den Regulatoren im vegetativen System beeinflußt werden, also die Eigentümlichkeiten zeigen, die den beiden Betriebsstücken eigen sind. Worin sie sich aber unterscheiden, ist folgendes: Vegetatives und fermentativ- bzw. oxydativ-chemisches Betriebsstück ist bei den vegetativen Organen fest aneinandergekuppelt; d. h. durch die Veränderungen, die im ersteren hervorgerufen werden, werden gleichzeitig auch die Bedingungen geschaffen, um die Vorgänge im letzteren anzuregen. Deshalb sind die vegetativen Regulatoren in der Lage, den spezifischen Stoffwechsel und damit auch die spezifische Funktion zu regulieren. Wie wir uns den Mechanismus dieser Wirkung vorzustellen haben, wird im folgenden Kapitel genauer erörtert werden. Beim quergestreiften Muskel dagegen ist eine Dissoziation dieser beiden Betriebsstücke eingetreten, das vegetative und chemische Betriebsstück sind nicht mehr aneinander gebunden; und deshalb müssen sie von zwei verschiedenen Seiten aus in Erregung versetzt werden. Der quergestreifte Muskel ist bekanntlich auch das einzige Organ, das von zwei verschiedenen Nervensystemen innerviert wird, vom vegetativen und animalischen. Weil beim Skelettmuskel die beiden Teilsysteme nicht aneinandergekuppelt sind, haben die Veränderungen im vegetativen System nicht gleichzeitig auch solche im chemischen Betriebsstück, d. h. im Ablauf des Stoffwechsels, zur Folge. Deshalb pflegen auch die vegetativen Regulatoren beim Muskel keine Änderung des Stoffwechsels herbeizuführen, und deshalb ist es auch — im Gegensatz zu allen anderen Organen — nicht möglich, mit ihrer Hilfe die spezifische Funktion (d. h. die reguläre Zuckung) auszulösen. (Die Dissoziation braucht allerdings keine ganz absolute zu sein; mit Hilfe der vegetativen Gifte und auch durch Elektrolyte kann man neben den Tonusveränderungen fibrilläres Zucken herbeiführen [s. S. 159]. Diese Zuckungen sind gewiß nicht den regulären, vom animalischen Nerv ausgelösten gleichwertig; doch haben sie zweifellos mit ihnen Verwandtschaft; auch ist es sehr wahrscheinlich, daß sie mit Steigerung des O_2-Verbrauches einhergehen. Das fibrilläre Zucken stellt aber mehr oder weniger nur eine pathologische Erscheinung dar. Die Verbindung zwischen den beiden Betriebsstücken kann jedenfalls nur eine sehr lockere sein.) Mit der gegebenen Erklärung wird — wie ich glaube — zum ersten Male der Versuch gewagt, biologisch (physikalisch-chemisch) zu analysieren, welche Vorgänge im Zelleben auf Konto des vegetativen und animalischen Nervensystems zu setzen sind.

Zusammenfassend läßt sich folgendes sagen: Bei den höher organisierten Tieren setzt sich die Funktion eines Organs aus dem Zusammenwirken von rein vegetativen Vorgängen (Elektrolyt-Kolloidreaktionen) und den an die spezifische Organfunktion geknüpften chemischen Stoffwechselprozessen zusammen. Dies gilt sowohl für die unserem Willen nicht unterworfenen vegetativen Organe als auch für den von unserem Willen abhängigen quergestreiften Skelettmuskel. Die Funktion der Leber ist genau so spezifisch wie die des

Muskels (Zuckung). Dementsprechend bestehen auch in der Qualität ihrer Zellprozesse keine prinzipiellen Unterschiede. Beide sind durch einen Stoffwechsel ausgezeichnet, der bei der Funktion größer als im Ruhezustand ist. Da aber bei den vegetativen Organen (z. B. Leber) die Ausführung der spezifischen Funktion nicht unserem Willen unterworfen ist, so ist verständlich, daß die Regulierung des Stoffwechsels durch die gleichen Faktoren wie die Regulierung des rein vegetativen Anteils der betreffenden Zelle besorgt wird und daher den Elektrolyten ein großer Einfluß auf den Ablauf des Stoffwechsels zukommt. (Genaueres hierüber s. Abschnitt 6 dieses Kapitels.) Beim quergestreiften Muskel, dessen spezifische Funktion (die Zuckung) lediglich unserem Willen unterstellt ist, darf natürlich der Teil der Zellprozesse, mit denen die spezifische Funktion zusammenhängt, nicht den vegetativen Regulatoren unterworfen sein. Es war daher notwendig, daß sich der chemische Stoffwechsel von den vegetativen Vorgängen emanzipierte; er mußte seinen eigenen Regulator erhalten. Dieser ist das autonome bzw. animalische Nervensystem. Darauf ist zurückzuführen, daß beim Muskel allein die Reizung des animalischen Nerven zu Steigerung des Stoffwechsels führt, während Reizung des vegetativen Nerven bzw. Zusatz eines vagotropen Giftes wie Acetylcholin dies nicht zur Folge hat. Dies gilt auch für die Elektrolyte, soweit sie die vegetative (d. h. tonische) Einstellung des Muskels besorgen. (Da die Reizung des animalischen Nerven letzten Endes an der Zelle auch mit Ionenänderungen einhergehen dürfte, so ist verständlich, daß auch diese Einfluß auf den Stoffwechsel haben. Versuche von EMBDEN, die an anderer Stelle [S. 150] erörtert werden, bestätigen es; doch sind die in Frage kommenden Elektrolytveränderungen wahrscheinlich anderer Natur als jene, welche die tonische Einstellung bedingen und durch die antagonistischen Ionengruppen [insbesondere K und Ca] charakterisiert werden. So ist vor allem von Bedeutung, daß z. B. Kalium, desgl. auch Acetylcholin, die eine tonische Muskelkontraktion herbeiführen, keine Steigerung der Milchsäureproduktion zur Folge haben. Auch tritt nach NEUSCHLOSS[1]) keine vermehrte Lactacidogenspaltung auf.) Summe und Art der der Funktion zugrunde liegenden Zellprozesse ist bei den vegetativen Organen und beim Skelettmuskel die gleiche; d. h. durch das Hinzukommen des animalischen Nerven ist an der Summe der Zellprozesse nichts geändert worden. Während aber bei den vegetativen Organen die beiden für die Funktion notwendigen Teilsysteme (vegetatives und chemisches Betriebsstück) einem einzigen Regulationssystem, und zwar dem vegetativen, unterworfen sind, hat der Skelettmuskel für jedes Betriebsstück einen besonderen Regulator.

b) Die Bedeutung des Vegetativen für das Konstitutionelle.

Ich glaube annehmen zu dürfen, daß die bisherigen Darlegungen die Berechtigung zur Teilung der Zelle in das vegetative und fermentativ- bzw. oxydativ-chemische Betriebsstück zur Genüge erwiesen haben. Im folgenden werden wir sehen, daß diese Teilung für eine kritische biologische Betrachtung der physiologischen und pathologischen Zellvorgänge von Bedeutung ist. Obgleich beim quergestreiften Skelettmuskel vegetatives und chemisches Betriebsstück

[1]) NEUSCHLOSS: Pflügers Arch. d. ges. Physiol. Bd. 207, S. 37. 1925.

nicht aneinandergekuppelt sind, sondern isoliert existieren und isoliert erregt werden können, besteht in concreto die Muskelfunktion doch aus einem Zusammenwirken beider Teile. Wenn wir Muskelarbeit leisten, so lassen wir unsere Muskeln weder sich allein tonisch verkürzen noch allein zucken; die isolierte Zuckung ist mehr oder weniger ein experimentelles Geschehen. Die wirklichen Muskelbewegungen stellen das Resultat der in beiden Betriebsstücken ablaufenden, von beiden Nervensystemen ausgelösten Vorgängen (Tonus und Zuckung) dar. Verwiesen sei in diesem Zusammenhang vor allem auf die Untersuchungen von UEXKÜLL, der mit dem Begriff der „Sperrung" zum Ausdruck bringen wollte, wie die tonische Funktion in den Zuckungsvorgang eingreift. v. STRÜMPELL charakterisiert die Beziehungen zwischen Zuckung und Tonus, indem er die Funktion des Hebens der des Haltens gegenüberstellt. Auch A. FRÖHLICH und H. H. MEYER[1]) kommen zu gleichen Ergebnissen. Sie glauben festgestellt zu haben, daß eine Einrichtung besteht, „die quergestreiften, durch willkürliche, unter Energieaufwand bewirkte Kontraktion verkürzten hypertonischen Muskel auf einer beliebigen Verkürzungsstufe der äußeren und auch inneren Arbeit festzustellen, zu sperren, die Gliedmaßen also ohne nachweisbaren Kraftaufwand entgegen der Schwerkraft zu halten". Da hierzu kein nachweisbarer Kraftaufwand nötig ist, eine Steigerung des O_2-Verbrauches also nicht erfolgt, kann dieser Mechanismus nur auf Vorgänge des vegetativen Systems, d. h. auf tonische Veränderungen, zurückgeführt werden. — Es ist verständlich, daß Krankheiten der Muskelbewegungen ihre Ursache in pathologischen Vorgängen beider Systeme haben können (pyramidale = animalische und extrapyramidale = vegetative Erkrankungen). Die beiden Teilsysteme arbeiten aber nicht nur zusammen, sondern sind auch in ihrem Erfolg voneinander abhängig. Insbesondere ist der Erfolg der spezifischen Muskelfunktion, der Zuckung, abhängig von den Vorgängen im vegetativen System, d. h. der tonischen Einstellung. Dies ist auch verständlich, wenn man bedenkt, daß ihr anatomisches Substrat dasselbe ist, zum mindesten einander sehr nahesteht. (Erwähnt sei in diesem Zusammenhang, daß allerdings von manchen Autoren, so BOTAZZI[2]), für die tonische Funktion ein besonderes anatomisches Substrat, das Sarkoplasma, angenommen wird. Das Substrat der Zuckung sind bekanntlich die Querstreifen. Eine absolut scharfe Trennung dieser Zellbestandteile ist aber keinesfalls möglich.) Vom chemischen bzw. physikalisch-chemischen Standpunkt läßt sich hierzu folgendes anführen. Für das Zustandekommen der Zuckung ist die Produktion von Milchsäure und der sonstige chemische Stoffwechsel zweifellos von größter Bedeutung. Zwar sind die Milchsäure selbst bzw. ihre H-Ionen entgegen der Annahme von FLETCHER und HOPKINS nicht die Substanz, die die Zuckung herbeiführen; daß Ionen überhaupt an der Auslösung der Zuckung beteiligt sind, dürfte kaum zweifelhaft sein (s. S. 79). Die in Frage kommenden Ionenreaktionen unterscheiden sich von denen, die dem vegetativen System zugehören, dadurch, daß sie — s. hierzu auch S. 102 — nur nach einer Richtung hin erfolgen können; es ist daher auch nicht möglich, durch Elektrolyte wie K bzw. Ca, deren Wirkungsweise eine antagonistisch gerichtete ist, eine

[1]) FRÖHLICH, A. u. H. H. MEYER: Münch. med. Wochenschr. 1914, S. 289 u. Arch. f. exp. Pathol. u. Pharmakol. Bd. 87, S. 173. 1920.

[2]) BOTAZZI: Arch. f. Physiologie 1901, S. 377.

Zuckung des Muskels auszulösen. Das K und Ca haben in erster Linie Beziehungen zur tonischen Funktion des Muskels. Welche Ionenreaktionen für die Zuckung in Frage kommen, läßt sich jetzt noch nicht sagen. Der Angriffspunkt dieser Ionenwirkungen ist aber letzten Endes doch die gleiche kolloidale Grundsubstanz des Muskels, die auch die Grundlage für die vegetativen Vorgänge darstellt. Die Veränderungen, die die Ionen im Falle der Zuckung hervorrufen, müssen mehr explosionsartig erfolgen und viel intensiver sein als bei der tonischen; denn — wie S. 77 ausgeführt worden ist — kommt es bei der Zuckung zu einer Entmischung des ganzen kolloidalen Systems. Durch welchen Mechanismus auch die Zuckung ausgelöst werden mag, verständlich ist es, daß die primäre Einstellung der kolloidalen Grundsubstanz, an der die Substanzen, die die Zuckung auslösen, ihre Wirkung erst entfalten können, für das Zustandekommen, insbesondere für den Erfolg der Zuckung von Bedeutung ist. Diese primäre Einstellung ist aber zweifellos identisch mit der tonischen Funktion, d. h. jenem Vorgang, der auf das Konto des vegetativen Betriebsstückes zu setzen ist und durch die Verteilungsart der antagonistischen Ionen bzw. die Wirkung der anderen vegetativen Regulatoren (vegetativer Nerv, Gift) bestimmt wird. Dies läßt sich auch experimentell nachweisen. Wie schon erwähnt, gelingt es nicht, mit Hilfe von Änderungen des Kalium- oder Calciumgehaltes der Nährlösung eine Zuckung oder gar eine tetanische Contractur auszulösen; dagegen haben diese Ionen auf den Erfolg einer in der üblichen Weise herbeigeführten Zuckung (direkte Reizung des Muskels oder indirekte vom motorischen Nerven aus) großen Einfluß. Erhöhung des Kaliumgehaltes steigert den Muskeltonus; reizt man gleichzeitig den Muskel, verändert sich auch die Stärke der Zuckung [F. Kraus und S. G. Zondek[1])]. Das gleiche tritt ein, wenn statt Kalium ein vagotropes Gift (z. B. Acetylcholin) zugeführt wird [Riesser und Neuschloss[2])]. Auch folgender Versuch sei in diesem Zusammenhang erwähnt. Reizt man einen quergestreiften Muskel mit Induktionsschlägen so lange, bis relative Ermüdung eintritt und erhöht dann den Kaliumgehalt der Nährlösung, dann vermag der Muskel wieder einige Zuckungen auszuführen. Calciumvermehrung dagegen hat zur Folge, daß aus der relativen eine absolute Ermüdung wird [F. Kraus und S. G. Zondek[3])]. Die Ursache der bei fortgesetzter und schneller Reizung eintretenden Ermüdung ist darin gelegen, daß die mit jeder einzelnen Zuckung entstehende Milchsäure schließlich nicht mehr in gleich schnellem Tempo oxydiert werden kann, die Wiederherstellung der ursprünglichen Struktur also beeinträchtigt wird. Die Erholung nach einer so angestrengten Muskeltätigkeit nimmt längere Zeit in Anspruch. Daß Kalium die Ermüdung abschwächt, wäre verständlich, wenn es befähigt wäre, die Oxydationsvorgänge an der Muskelzelle zu beschleunigen. Wie wir gehört haben, führen aber Tonussteigerungen des Muskels, selbst tonische Contracturen, zu keiner Vermehrung des O_2-Bedarfes (s. S. 129). Da das Kalium eine Substanz ist, die tonussteigernd wirkt, ist von ihm nicht anzunehmen, daß es beim Muskel auf die Atmung, d. h. die Oxydationen, direkten Einfluß hat. Daß eine etwaige Steigerung der letzteren nicht die Ursache für die beobachteten Erscheinungen ist, geht auch

[1]) Kraus, F. u. S. G. Zondek: Biochem. Zeitschr. Bd. 156, S. 216. 1925.
[2]) Riesser und Neuschloss: Arch. f. exp. Pathol. u. Pharmakol. Bd. 91, S. 342. 1921.
[3]) Kraus, F. u. S. G. Zondek: l. c.

aus folgendem hervor. Die Ermüdung tritt erst nach einer mehrere Minuten dauernden Reizphase und ganz allmählich ein; auch die Erholung nach Aussetzen der Reizung erfolgt langsam, d. h. die Restitution der oxydativ-chemischen Vorgänge bedarf einer längeren Zeitspanne. Der Einfluß der Elektrolyte auf die Ermüdungserscheinungen macht sich aber sofort geltend. Für das Calcium trifft vice versa dasselbe wie für das Kalium zu. Ihre Wirkung kann in diesem Falle nur darauf beruhen, daß sie die Grundeinstellung der Muskelsubstanz so verändern, daß letztere gegenüber den Einzelzuckungen bzw. mit den sie auslösenden Faktoren in anderer Weise reagiert. Wie durch Kalium kann die relative Ermüdung durch Anwendung stärkerer Reize überwunden werden. Wir können demnach die Kaliumwirkung auch als Steigerung, die Calciumwirkung als Verminderung der Reizempfindlichkeit ansehen. Dies beweisen übrigens auch Untersuchungen von NOTHMANN[1]), der am Menschen gezeigt hat, daß nach Calciuminjektion die zur Auslösung einer Zuckung notwendige Reizschwelle ansteigt. — Die angeführten Versuche zeigen uns von neuem, wie zweckmäßig für die Analyse biologischer Vorgänge die Trennung in das vegetative und fermentativ- bzw. oxydativ-chemische Betriebsstück sein kann. Sie hat hier zur Erkenntnis der Tatsache beigetragen, daß ein Vorgang wie die Zuckung, der doch in engster Beziehung zum chemischen Stoffwechsel steht, letzten Endes von Vorgängen ganz anderer Natur — und zwar den vegetativen — abhängig sein kann. Dieser Frage kommt, wie aus dem folgenden sich ergeben wird, eine prinzipielle Bedeutung zu. Der chemische Stoffwechsel war und ist auch jetzt noch der Gegenstand der eifrigsten und gründlichsten Erforschung. Der Stoffwechsel des Muskels kann als weitgehend geklärt angesehen werden. Selbst über die einzelnen Phasen des Stoffumsatzes sind wir bestens unterrichtet (so den Abbau des Glykogens über das Lactacidogen zur Milchsäure, deren Oxydation bzw. Resynthese zu Glykogen usw., auch die Thermodynamik dieser Prozesse). Die Bedeutung dieser Untersuchungen soll nicht geschmälert werden; sie haben uns Aufklärung verschafft über bestimmte Voraussetzungen, die für das Zustandekommen einer Muskelzuckung unerläßlich sind; sie erklären aber nicht den Akt der Muskelzuckung selbst, d. h. die der Zuckung zugrunde liegenden kolloidchemischen Vorgänge (s. auch S. 76). Kann die chemische Stoffwechselforschung schon das Wesen der Zuckung selbst nicht erklären, so versagt sie vollkommen, wenn es sich darum handelt, Aufschluß über die Muskeltätigkeit zu geben, wie sie im lebenden Organismus sich darstellt; denn abgesehen davon, daß der Erfolg der Zuckung nicht allein von den stoffwechselchemischen Prozessen, sondern auch von den vegetativen abhängt, ist die Muskelarbeit nicht allein mit Muskelzuckungen zu erklären. Erst das Zusammenwirken von Tonus und Zuckung führt das herbei, was wir Muskelfunktion bzw. Muskelarbeit nennen. — In der Einstellung des vegetativen Systems liegt nach dem Gesagten scheinbar das Konstitutionelle. Gehen wir von folgender Überlegung aus! Zu den Bedingungen für das Zustandekommen von Zuckungen gehört der chemische Stoffwechsel. Je mehr Zuckungen ausgeführt werden, desto mehr Milchsäure wird gebildet; auch wird entsprechend mehr Sauerstoff verbraucht, um durch Oxydation bzw. Resynthese wieder die Erholung des Muskels zu besorgen. Wenn wir zwei Menschen, die sich einander in jeder

[1]) NOTHMANN: Arch. f. exp. Pathol. u. Pharmakol. Bd. 19, S. 312. 1921.

Beziehung gleichen, unter den gleichen Bedingungen arbeiten ließen, dann könnten wir aus der Menge der gebildeten Milchsäure bzw. aus der Menge des verbrauchten Sauerstoffes (methodisch kommt nur letzteres in Frage) die geleistete Arbeit berechnen. Dies ist aber nur eine Fiktion, da es absolut identische Menschen nicht gibt. In Wirklichkeit liegen die Dinge ganz anders. Der asthenische Mensch z. B. kann nur wenig Arbeit leisten, obgleich sein Sauerstoffverbrauch ein sehr großer ist. Der Chemismus funktioniert bei ihm genau so gut wie bei einem Menschen, der sich stark anstrengen, also viel Arbeit leisten kann. Gegenüber dem muskelkräftigen Menschen ist aber beim Astheniker die Grundeinstellung der Muskelsubstanz eine derartige, daß sie das, was vom chemischen Stoffwechsel aus ihr zugeführt wird, nicht richtig verwerten kann. Hierin kommt seine konstitutionell andersartige Grundeinstellung zum Ausdruck. Daß diese Einstellung tatsächlich in das Gebiet des Vegetativen fällt, geht aus den schon erwähnten Versuchen über die Beeinflussung der Ermüdungsvorgänge und Reizempfindlichkeit hervor.

Ein anderes und zwar klinisches Beispiel, das hierher gehört, stellt das Verhalten des Basedowkranken dar. Bei ihm sind bekanntlich die Oxydationen, d. h. die Verbrennungsvorgänge, stark gesteigert. Zweifellos wird also in ausreichender, wahrscheinlich sogar in vermehrter Menge chemische Energie frei und dem Muskel zur Verfügung gestellt. Trotzdem ist aber die Muskelleistung eine minderwertige; es tritt schnell Ermüdung ein. Auch in diesem Falle wird also das, was vom chemischen Betriebsstück, d. h. durch den Stoffwechsel dargeboten wird, schlecht verwertet. Daß für diese veränderte Einstellung des Basedowkranken ebenfalls das vegetative System bzw. die Elektrolyte verantwortlich sind, ist sehr wahrscheinlich. Der Basedowische zeigt nämlich im allgemeinen eine Verschiebung seiner Organeinstellung im sympathicotonischen Sinne; dies bedeutet ein Überwiegen der Calciumwirkung. Wie schon erwähnt, vermag Calcium aber durch Beeinflussung der Vorgänge im vegetativen System eine schnellere Ermüdbarkeit herbeizuführen. — Wenn schon beim Skelettmuskel zwischen den beiden Betriebsstücken trotz ihres isolierten Bestehens ein gegenseitiges Abhängigkeitsverhältnis besteht, so ist dies bei den vegetativen Organen, bei denen die beiden Systeme aneinandergekuppelt sind, erst recht zu erwarten. Während beim Muskel die Vorgänge im vegetativen System lediglich die Grundeinstellung der Zelle bedingen, von der der Erfolg der an sich selbständig ablaufenden stoffwechselchemischen Vorgänge abhängt bzw. beeinflußt wird, kommt bei den vegetativen Organen noch hinzu, daß vom vegetativen System aus auch Art und Stärke der Stoffwechselprozesse bestimmt werden. Darüber wird im folgenden Kapitel noch zu sprechen sein. Hier interessiert uns vor allem die Bedeutung der „vegetativen“ (konstitutionellen) Grundeinstellung der Zellen.

Wenn wir das vegetative System für das Konstitutionelle verantwortlich machen, so müssen alle Faktoren, die für die Gestaltung des vegetativen Anteils der Zelle von Bedeutung sind, auch für die konstitutionelle Einstellung maßgebend sein. Zu diesen Faktoren gehören in erster Linie die vegetativen Nerven, Gifte und Elektrolyte. Daß die beiden ersteren die Konstitution eines Individuums beeinflussen, lehrt uns die Klinik; wissen wir doch, daß gerade die Menschen, die wir als vagolabil bezeichnen oder bei denen Störungen der inneren Sekretion (also Störungen in der Giftproduktion) bestehen, diejenigen sind, die sich durch eine besondere Konstitution, d. h. eine abnorme Reaktion auf bestimmte Reize, auszeichnen. Daß die Elektrolyte selbst auch zur Ursache konstitutioneller Reaktionsänderungen werden können, dafür sprechen neben den schon erwähnten Beobachtungen am Skelettmuskel (Beeinflussung der Ermüdung usw.) eine Reihe anderer experimenteller Versuchsergebnisse. F. KRAUS[1]) und ich[2]) konnten nachweisen, daß der Erfolg der Vagusreizung in sein Gegenteil verwandelt werden kann, wenn an der Peripherie ein anderes Ionenmilieu, so ein Übergewicht an Calcium, besteht. Änderungen des Wirkungstypus habe ich außerdem auch bei einer Reihe von chemisch definierten Giften erzielen können. So beantwortet ein normales Froschherz eine Chloralhydratvergiftung mit einem diastolischen Stillstand, ein mit Calcium vorbehandeltes Herz dagegen die gleiche Vergiftung mit einem systolischen Stillstand. KOLM und PICK[3]) haben ähnliche Wirkungsänderungen beim Adrenalin nachweisen können. Selbst die Wirkung der Hormone, so der Schilddrüse und des Thymus, kann — wie H. ZONDEK und REITER[4]) gefunden haben — je nach der an der Peripherie herrschenden Ionenkonstellation eine verschiedene sein. Von den Kaulquappen wissen wir, daß sie in ihrer Entwicklung durch Schilddrüsen- bzw. Thymuspräparate stark beeinflußt werden. Erstere beschleunigen die Metamorphose, verzögern aber das Größenwachstum, letztere dagegen verzögern die Metamorphose, beschleunigen aber das Wachstum. Wie die genannten Autoren nachgewiesen haben, kann aber diese Schilddrüsen- und Thymuswirkung in entgegengesetzter Weise zum Ausdruck kommen, wenn der Flüssigkeit, in welcher die Kaulquappen sich aufhalten, bestimmte Elektrolyte, so Calcium und Kalium, hinzugesetzt werden. Auch die H-Ionenkonzentration ist für das Eintreten der Schilddrüsenwirkung bei den Kaulquappen von Bedeutung [H. ZONDEK und UCKO[5])]. Die Wirkung von Hypophysenhinterlappenpräparaten (z. B. Physormon) unterliegt ebenfalls der Beeinflussung durch die Elektrolyte. Bei Kranken mit Diabetes insipidus bewirkt das genannte Präparat eine Hemmung der Diurese mit Konzentrationssteigerung des Harns. Kombination mit Kalium hat eine Verstärkung, Kombination mit Calcium eine Abschwächung bzw. vollkommene Aufhebung der Wirkung zur Folge [H. ZONDEK und BERNHARDT[6])]. ABELIN[7]) kam hinsichtlich der Variation der Schilddrüsenwirkung bei Kaulquappen zu prinzipiell ähnlichen Ergebnissen wie ZONDEK und REITER. — Wie ABDERHALDEN und WERTHEIMER[8]) in einer Reihe von Untersuchungen gezeigt haben, kommt auch dem durch eine verschiedene Ernährung bedingten Ioneneffekt eine Bedeutung für die Reaktionsart des Organismus zu. So ist bei Verabreichung von saurer bzw. basischer Nahrung die Empfindlichkeit gegen-

---

[1]) KRAUS, F.: Dtsch. med. Wochenschr. 1920, Nr. 8, S. 201.
[2]) ZONDEK, S. G.: Arch. f. exp. Pathol. u. Pharmakol. Bd. 87, S. 342. 1920.
[3]) KOLM u. PICK: Pflügers Arch. f. d. ges. Physiol. Bd. 184, S. 79. 1920 u. Bd. 189. 1921.
[4]) ZONDEK, H. u. REITER: Klin. Wochenschr. 1923, Nr. 29, S. 1344.
[5]) ZONDEK, H. u. UCKO: Klin. Wochenschr. 1924, Nr. 29, S. 1752.
[6]) ZONDEK, H. u. BERNHARDT: Zeitschr. f. klin. Med. Bd. 101, H. 3—4. 1925.
[7]) ABELIN: Klin. Wochenschr. 1923, S. 1650.
[8]) ABDERHALDEN u. WERTHEIMER: Pflügers Arch. f. d. ges. Physiol. Bd. 205, S. 559. 1924.

über Adrenalin und Insulin eine ganz verschiedene. Auf die Bedeutung der Ionen für die Konstitution weisen auch die wichtigen und höchst interessanten Untersuchungen WIECHOWSKIS[1]) und seiner Schüler (insbesondere LUITHLEN) hin. LUITHLEN[2]) hat zeigen können, daß unter dem Einfluß verschiedener Ernährung bei Kaninchen eine Änderung in dem Mineralgehalt der Haut auftritt, die sich zahlenmäßig — in Äquivalentprozenten — folgendermaßen äußert:

Haut von Kaninchen

Normalfutter	Na 65,0	K 24,3	Ca 6,0	Mg 4,7
Haferfutter	44,5	44,1	6,8	4,6
Grünfutter	49,5	34,2	7,2	9,1

Die Abweichungen im Mineralhaushalte kommen nicht so sehr in den veränderten absoluten Mengenverhältnissen wie in der Störung des gegenseitigen Relationsverhältnisses zum Ausdruck. So ist bei normaler Fütterung der Quotient $\frac{Na}{K}$ in der Haut etwa 3, bei ausschließlicher Haferfütterung etwa 1. Diese verschieden ernährten Tiere zeigen nun nach LUITHLEN einen veränderten Reaktionstyp. Die Hafertiere sind durch eine größere Empfindlichkeit der Haut gegenüber entzündlichen Reizen und gegenüber fiebererregenden Eingriffen ausgezeichnet, während die Grünfuttertiere eine herabgesetzte Empfindlichkeit der Haut für Entzündungsreize aufweisen. Daß diese Reaktionsänderung des Hautgewebes mit seinem veränderten Mineralgehalt zusammenhängt, ist durchaus wahrscheinlich; zweifelhaft dagegen ist, ob die Änderung des Mineralgehaltes der Haut allein die Folge des verschiedenen Mineralstoffgehaltes der einzelnen Futterarten ist; denn es gelingt nur sehr selten (s. S. 320), durch Zufuhr bestimmter Elektrolyte nachweisbare Veränderungen des Elektrolytgehaltes der Gewebe herbeizuführen (HEUBNER und RONA). Es ist auch möglich, daß bei den LUITHLENschen Versuchen die Änderung im Mineralgehalt der Haut indirekt zustande kommt (qualitative bzw. quantitative Änderung des Vitamingehaltes). Verwiesen sei in diesem Zusammenhang auf die indirekte Mineralstoffbeeinflussung durch die Einwirkung der Nerven und Gifte. — Interesse beansprucht auch das Verhalten der Blutkörperchen verschiedener Tiere gegenüber hämolytisch wirkenden Stoffen. Wie RYWOSCH[3]) gefunden hat, besteht bei den Blutkörperchen verschiedener Tiere eine verschiedene Resistenz gegenüber einer Hämolyse durch Hypotonie und Saponine; d. h. die Erythrocyten, die resistent gegen hypotonische NaCl-Lösungen sind, sind wenig resistent gegenüber Saponin und umgekehrt. Das Auffallende ist nun, daß mit der anders gerichteten Resistenz eine andersartige Mineralzusammensetzung der Blutkörperchen einhergeht [PORT[4]), HÖBER und NAST[5])]. Sehr lehrreich sind auch die Untersuchungsreihen von HÖBER und NAST, die den kombinierten Einfluß von Saponin und verschiedenen Salzen auf die Hämolyse feststellten. Je nach der Tierart kommt die Wirkung der salzsauren

[1]) WIECHOWSKI: Prager med. Wochenschr. 1914.

[2]) LUITHLEN: Arch. f. exp. Path. u. Pharmakol. Bd. 69, S. 365. 1912.

[3]) RYWOSCH: Pflügers Arch. f. d. ges. Physiol. Bd. 116, S. 229. 1907.

[4]) PORT: Dtsch. Arch. f. klin. Med. Bd. 99, S. 259. 1910; zit. nach HÖBER: Physik. Chemie der Zelle u. Gewebe 1922.

[5]) HÖBER u. NAST: Biochem. Zeitschr. Bd. 60, S. 131. 1914; zit. nach HÖBER: l. c., S. 594.

Salze auf die Saponinhämolyse in einer Stärke zum Ausdruck, die durch folgende Tabelle wiedergegeben wird.

Saponinhämolyse.

Pferd	Li < Na < Rb < K
Schwein	Na < Li < Rb < K
Kaninchen	Na < Li < Rb < K
Meerschweinchen . . .	Li < Na < Rb < K
Hund	Li < Na < K < Rb
Katze	Li < Na < Rb < K
Ziege	K < Rb < Na < Li
Mensch	K < Rb < Na < Li
Rind.	K < Rb < Na < Li
Hammel	K < Rb < Na < Li

In ihrer Empfindlichkeit gegenüber Saponin und Salz stehen sich also zwei Gruppen von Tieren gegenüber. (Pferd, Schwein, Kaninchen, Meerschweinchen einerseits, Ziege, Mensch, Rind und Hammel andererseits. Hund und Katze stehen in der Mitte.) Der verschiedenartigen Empfindlichkeit der Blutkörperchen entspricht auch ein verschiedener Elektrolytgehalt. Folgende Zusammenstellung von Höber, die sich auf Analysen von Abderhalden stützt (s. hierzu auch S. 70), zeigt dies in einwandfreier Weise.

	Phosphorsäure	Kalium	Natrium
Kaninchen . . .	1,733	5,229	—
Pferd	1,687	4,130	—
Schwein	1,653	4,957	—
Katze	1,186	0,258	2,705
Hund	1,298	0,273	2,839
Ziege	0,279	0,679	2,174
Rind.	0,35	0,722	2,232
Hammel	0,365	0,741	2,257

Aus diesen Untersuchungen können wir zwar keine direkten Schlußfolgerungen hinsichtlich der Bedeutung der Elektrolyte für die Konstitution ziehen; denn es wurde nicht festgestellt, daß die Blutkörperchen derselben Tierart infolge von Elektrolytveränderungen verschieden empfindlich gegenüber hämolytisch wirkenden Substanzen sind; den Ausgangspunkt der Untersuchungen bildete vielmehr der Vergleich im Verhalten verschiedener Tierarten. Da aber Konstitution letzten Endes doch mit Reaktionsempfindlichkeit bzw. Reaktionsart gleichzusetzen ist, so ist das Ergebnis der Untersuchungen auch vom Standpunkt der Konstitutionslehre aus sehr beachtenswert.

Elektrolytanpassung. Bei der Mehrzahl der erwähnten Versuche erweist sich der Einfluß des vegetativen Betriebsstückes bzw. der Elektrolyte auf die konstitutionelle Empfindlichkeit eines Organes als Folge von künstlich, und zwar plötzlich herbeigeführten Elektrolytänderungen. In Wirklichkeit ist die besondere konstitutionelle Einstellung eines Individuums aber nicht auf akute Veränderungen zurückzuführen, sondern entspricht mehr oder weniger einem Dauerzustand. Wir müssen uns daher die Frage stellen, ob es möglich ist, durch

Elektrolyte auch eine dauernde Änderung des vegetativen Betriebsstückes zu bewirken, und zwar eine solche, die zur Ursache einer geänderten Reaktionsart wird. Diese Frage hängt aufs engste mit der Elektrolytanpassung zusammen.

Ändert man den Elektrolytgehalt der Nährlösung eines isolierten Organes, so kommt es — wie in Abschnitt 1 dieses Kapitels erörtert worden ist — momentan zu einer Funktionsänderung. Der Beginn der Wirkung ist ein sofortiger, da durch den Zusatz des Elektrolyten die vorhandene Elektrolytverteilung bzw. das bestehende Gleichgewicht zwischen den Außenelektrolyten und den Binnenelektrolyten bzw. den Kolloidelektrolyten eine momentane Durchbrechung erfährt. Führt man dem Gesamtorganismus eines Individuums Elektrolyte zu, z. B. auf dem Wege einer intravenösen Injektion, dann ist eine Wirkung dieser Art ebenfalls möglich. Da die überflüssigen Elektrolyte wieder ausgeschieden werden bzw. durch die Puffervorrichtungen (s. Kap. VI) irgendwie ausgeglichen werden, so ist verständlich, daß der ursprüngliche Zustand bald wiederhergestellt sein kann und die Funktionsänderung abklingt.

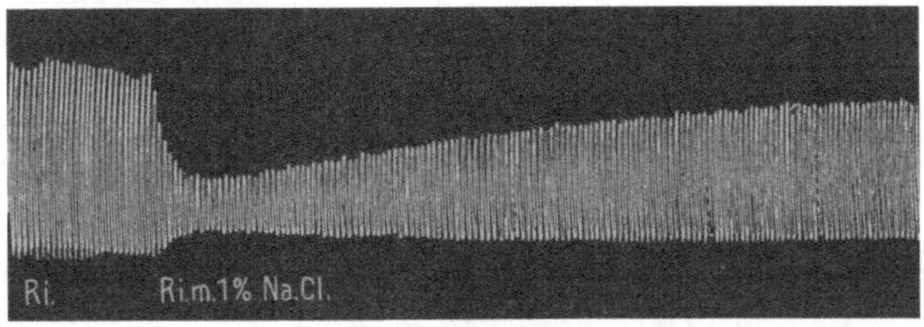

Abb. 13.

Für das isolierte Organ kann diese Voraussetzung nicht gemacht werden. Bei dem STRAUBschen Froschherzpräparat verbleiben — wenn wir die Nährlösung nicht wechseln — die zugeführten Elektrolyte im Organsystem. Trotzdem hält die durch die Elektrolytveränderung bewirkte Funktionsstörung nicht dauernd an, sondern gleicht sich allmählich wieder von selbst aus. Wird z. B. der Kaliumgehalt der Ringerlösung so stark erhöht, daß gerade noch ein diastolischer Stillstand eintritt, so setzt schon nach etwa 1 Minute wieder der Beginn von systolischen Kontraktionen ein. In diesen Fällen muß es sich also tatsächlich um eine Anpassung handeln. Sehr instruktiv in dieser Beziehung sind Versuche an Froschherzen, bei denen der NaCl-Gehalt der Ringerlösung eine Änderung erfährt [S. G. ZONDEK[1]), ZONDEK und BENATT]. Eine Erhöhung des NaCl-Gehaltes von 0,6 auf 1% führt zu einer diastolischen Herzwirkung; diese klingt aber bald ab, um einer scheinbar wieder ganz regulären Herzfunktion Platz zu machen (s. Abb. 13). Die Ursache für diese Anpassung liegt nicht darin, daß von dem überschüssigen NaCl in die Herzmuskelzelle so viel eindringt, bis ein Ausgleich zwischen der Außenflüssigkeit und den

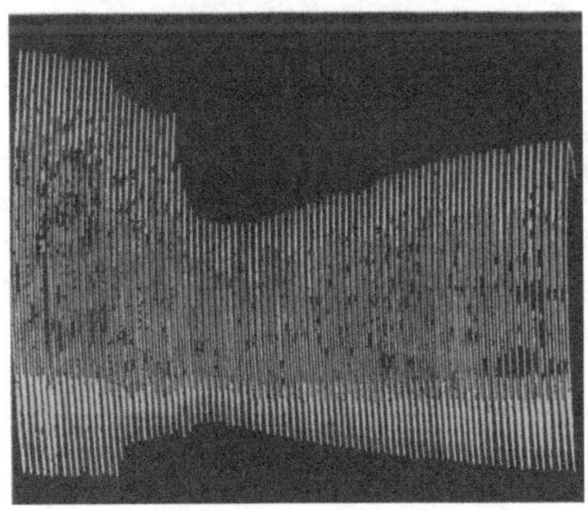

Abb. 14.

[1]) ZONDEK, S. G.: Biochem. Zeitschr. Bd. 121, S. 87. 1921.

Zellbestandteilen erfolgt ist. Die Anpassung kommt zustande, obgleich der NaCl-Gehalt der Nährlösung sich nicht verändert; so ist die elektrische Leitfähigkeit der NaCl-reichen Ringerlösung vor Zusatz zum Herzen und im Stadium der schon erfolgten Anpassung fast die gleiche; es sind also aus der Nährlösung keine Elektrolyte verschwunden. Ein anderer, und zwar biologischer Beweis ist folgender. Wenn man nach bereits erfolgter Anpassung die Nährlösung absaugt und sie auf ein normales Herz überträgt, so tritt bei diesem zunächst wieder die Wirkung des NaCl-Übergewichtes ein (s. Abb. 14).

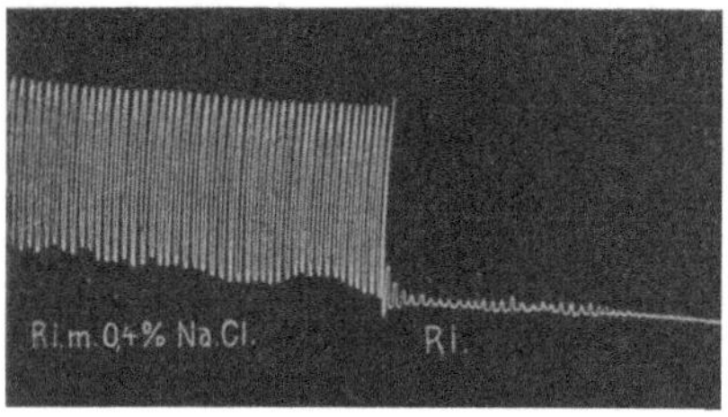

Abb. 15.

Daß bei Kaliumvermehrung kein stärkeres Eindringen in das Zellinnere erfolgt, ist im Loewischen Institut auch chemisch-analytisch nachgewiesen worden. Ein Ausgleich durch Diffusion der Elektrolyte findet also in diesen Fällen nicht statt; vielmehr müssen wir annehmen, daß die Änderung der Außenelektrolyte automatisch eine Änderung des Kolloid-Elektrolytgleichgewichtes der Zelle selbst nach sich zieht. Für die Dauer dieser Gleichgewichtseinstellung macht sich die starke Funktionsbeeinflussung geltend. Nach erfolgter Herstellung des neuen Gleichgewichtes ist jedoch die Möglichkeit für eine wenigstens annähernd regelrechte Funktion wieder gegeben. Wir können uns vorstellen, daß die neue Gleichgewichtseinstellung ebensogut auch durch eine primäre Änderung der kolloiden Teilchen bzw. der Binnenelektrolyte der Zelle ausgelöst wird, die dann zu Rückwirkungen im Elektrolytsystem der künstlichen bzw. natürlichen Nährlösungen führt; dieser Fall ist gegeben, wenn der Einfluß der vegetativen Nerven und Gifte in Frage kommt. Demnach müßten sich die Organe auch an die von Nerven ausgehenden Reize anpassen können, was der Fall zu sein scheint. Reizt man z. B. den Vagus eines Hundes anhaltend, und zwar faradisch, so kommt es nur am Anfang zu einem Herzstillstand; schon nach kurzer Zeit beginnt das Herz wieder zu schlagen. In gleicher Weise existiert scheinbar auch eine Anpassung an Gifte. So wissen wir aus den Untersuchungen von W. Straub[1]), daß die Wirkung vieler Gifte zeitlich nur an die Dauer des Eindringens in die Zellsubstanz gebunden ist; höchstwahrscheinlich hängt dies aber auch nur mit Veränderungen der genannten Art zusammen. — Vom Standpunkte der Konstitution aus betrachtet, ist es von Interesse, zu wissen, ob die auf ein neues Gleichgewicht eingestellten Systeme den physiologischen gleichwertig sind bzw. durch die gleichen Reaktionseigentümlichkeiten ausgezeichnet sind. Dies ist nicht der Fall. Das an den höheren NaCl-Gehalt angepaßte Herz arbeitet nur scheinbar ganz normal. Seine Lebensdauer ist nämlich geringer als die des

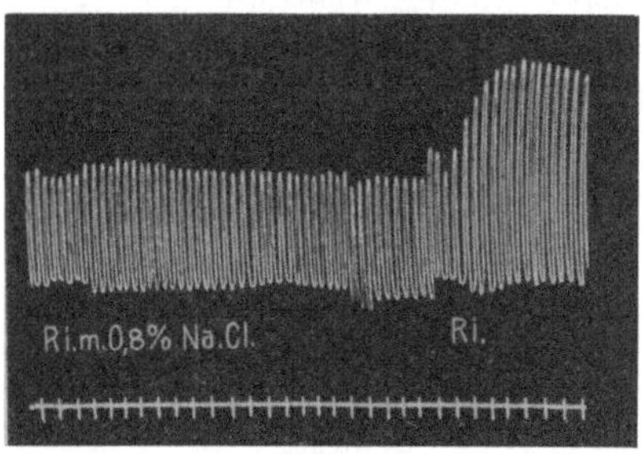

Abb. 16.

[1]) Straub, W.: Pflügers Arch. f. d. ges. Physiol. Bd. 119, S. 127. 1907.

isolierten, unter physiologischen Bedingungen funktionierenden Herzens. Auch die Reaktionsart kann eine ganz andere sein. Das Herz kann sich wie einer NaCl-reichen so auch einer NaCl-armen Lösung anpassen. Ist der Ausgleich erfolgt, arbeiten die auf den verschiedenen NaCl-Gehalt eingestellten Herzen scheinbar ganz gleichartig. Äußerlich ist ihnen jedenfalls kein Unterschied anzumerken. Ändert man aber bei ihnen die Nährlösung in gleicher Weise, tauscht man z. B. letztere wieder gegen die gewöhnliche Ringerlösung um, dann reagieren die beiden Herzen ganz verschieden. Bei dem an den geringeren NaCl-Gehalt (0,4 %) gewöhnten Herzen ruft Ringerlösung einen starken diastolischen Effekt hervor (evtl. diastolischen Stillstand), während sich bei dem an den höheren NaCl-Gehalt (0,8 %) angepaßten Herzen eine starke systolische Wirkung geltend macht (s. Abb. 15 und 16).

Es wurde als wahrscheinlich angenommen, daß die Änderung der Elektrolyte der Nährlösung eine Umstellung des Elektrolyt-Kolloidsystems der Zelle zur Folge habe. Die eben angeführten Versuche beweisen dies; bei den an NaCl-Armut gewöhnten Herzen wirkt Ringerlösung diastolisch, weil sie jetzt für das Herz eine NaCl-reiche Nährlösung darstellt. Umgekehrt bedeutet sie für das an den vermehrten NaCl-Gehalt angepaßte Herz eine kochsalzärmere Nährlösung, der nach unseren Erfahrungen eine systolische Wirkung zukommt. — Die prinzipielle Bedeutung dieser Versuche liegt darin, daß sie zeigen, wie veränderte Gleichgewichtseinstellungen der Zellen die Ursache für Reaktionsverschiedenheiten, also konstitutionelle Empfindlichkeiten, darstellen können; daß für diese Gleichgewichtseinstellungen dem vegetativen System und seinen Regulatoren eine überragende Bedeutung zukommt, kann nicht zweifelhaft sein. Klinische Erfahrungen und experimentelle Untersuchungsergebnisse ergänzen sich hier in durchaus befriedigender Weise.

6. Die Elektrolyte als Regulatoren des chemischen Stoffwechsels.

a) Der Stoffwechsel bei der Zellfunktion.

Im Gegensatz zum quergestreiften Skelettmuskel ist bei den vegetativen Organen — wie im Abschnitt 5 dieses Kapitels ausgeführt worden ist — die Bedeutung des vegetativen Betriebsstückes nicht allein darin gelegen, die konstitutionelle Grundeinstellung der Zelle herbeizuführen und die Verwertung dessen, was vom Stoffwechsel aus geliefert wird, zu übernehmen, sondern sie besteht auch darin, den Ablauf des Stoffwechsels zu regulieren; denn die an den Chemismus gebundene spezifische Organfunktion wird bei den vegetativen Organen nicht — wie beim Muskel — durch ein besonderes Nervensystem reguliert, vielmehr sind bei ihnen die Regulatoren des vegetativen Betriebsstückes gleichzeitig auch die der spezifischen Funktion. Da neben den vegetativen Nerven und Giften die Elektrolyte, insbesondere die antagonistischen Ionengruppen, die Vorgänge im vegetativen System bestimmen, müssen sie — wenn unsere Gedankengänge richtig sind — den Ablauf der Stoffwechselvorgänge entscheidend beeinflussen können, und zwar in einer den jeweiligen Bedürfnissen der spezifischen Organfunktion entsprechenden Weise. Daß ein so wichtiger Vorgang wie der Oxydationsprozeß (gemessen am O_2-Verbrauch) bei den vegetativen Organen durch die Elektrolyte bestimmt wird, ist bereits an einigen Beispielen gezeigt worden (s. S. 132). Bevor jedoch auf weitere Einzelheiten eingegangen wird, muß erörtert werden, wie diese Einwirkung der Elektrolyte auf den chemischen Stoffwechsel erklärt werden kann. —

Auch im Ruhezustand weist jede Zelle einen chemischen Stoffwechsel auf (s. S. 98); er erfährt im Augenblick der Funktion eine mehr oder weniger starke quantitative Veränderung. Die Wirkung der Elektrolyte muß demnach in erster Linie darin bestehen, diesen Intensitätsfaktor der chemischen Vorgänge zu bestimmen. Schon dies macht es unwahrscheinlich, daß ihre Wirkung auf einer direkten Anteilnahme an den chemischen Reaktionen selbst beruhe; vielmehr ist anzunehmen, daß sie indirekt nur die Wirkungsbedingungen für den Stoffwechselablauf ändern. Wir müssen nämlich bedenken, daß die für den Stoffwechsel notwendigen Substanzen in der Zelle stets vorrätig sind; in der Muskel- und Leberzelle (wahrscheinlich auch in den Zellen aller anderen Organe) ist unter physiologischen Bedingungen stets Glykogen vorhanden (das Glykogen kann wohl als die Muttersubstanz aller energieliefernden Zellreaktionen angesehen werden). Auch die notwendigen Fermente sind stets vorrätig, desgleichen der für die Oxydation erforderliche Sauerstoff. Daß die Fermente erst im Augenblick der Funktion gebildet werden sollten, ist ganz undenkbar. Wenn trotzdem im Ruhezustand der Stoffwechsel nur ein ganz geringfügiger ist, so kann dies nur daran liegen, daß die Wirkungsbedingungen für den zwischen den genannten Substanzen sich abspielenden Prozeß ungünstig sind. — Die Wirkung der Elektrolyte auf das vegetative System besteht in einer Beeinflussung der kolloidalen Grenzflächenstruktur. Wenn mit dieser gleichzeitig die Bedingungen für eine Ingangsetzung des chemischen Stoffwechsels gegeben sein sollen, so muß der Ablauf des letzteren in irgendeiner Beziehung zu den Grenzflächen- bzw. Oberflächenerscheinungen stehen. Daß dies zutrifft, geht aus den Erörterungen des Kap. IV deutlich hervor. Sie haben uns gezeigt, daß der ganze Oxydationsprozeß als ein an Oberflächen sich abspielender Vorgang angesehen werden muß. Die Wirkung der Oberflächen ist eine katalytische; indem sie die an der chemischen Reaktion teilnehmenden Substanzen adsorbieren, bringen sie dieselben in stärkerer Konzentration miteinander in Berührung und ermöglichen eine entsprechende Reaktionssteigerung (Adsorptionskatalyse). Das Adsorptionsvermögen hängt natürlich von der Natur und Struktur der Oberflächen ab. Da diese aber von den Elektrolyten entscheidend beeinflußt werden, so ist ohne weiteres verständlich, daß letzteren ein regulierender Einfluß auf den Ablauf der chemischen Prozesse zukommt. Da die Elektrolytwirkung mit der Oberflächenwirkung aufs engste zusammenhängt, so kann sie mit Bezug auf den Stoffwechsel ebenfalls als eine katalytische bezeichnet werden. Katalysen dieser Art bezeichnet WARBURG[1]) als physiko-chemische; er unterscheidet sie von den chemischen, bei welchen die katalytische Wirkung durch die Gegenwart bestimmter chemischer Stoffe hervorgerufen wird. Eine derartige katalytische (reaktionsbeschleunigende bzw. fördernde) Wirkung kommt im Organismus bestimmten Mineralien, so dem Eisen, ferner den sog. Fermenten zu. Die katalytische Wirkung des Eisens spielt besonders bei den Oxydations-

[1]) WARBURG, O.: Beiträge zur Physiologie der Zelle, insbesondere über die Oxydationsgeschwindigkeit in den Zellen. Ergebn. d. Physiol. (ASHER-SPIRO) Bd. 14. 1914.

prozessen, die der Fermente vor allem bei den anoxybiotischen, fermentativen Vorgängen eine große Rolle. Wenn die Elektrolyte gemäß unserer Annahme den Stoffwechsel in einer den Funktionsbedürfnissen entsprechenden Weise auslösen sollen, dann müssen sie ebenso wie die Oxydationsvorgänge auch die fermentativen zu regulieren vermögen. Daß sie hierzu in der Lage sind, ist verständlich; denn auch die chemischen Katalysatoren können von den Oberflächen adsorbiert und hierdurch erst zu ihrer Wirkungsentfaltung befähigt werden. Für das Eisen ist dies von WARBURG direkt bewiesen worden (s. S. 56). Das gleiche dürfte aber auch für die organischen Katalysatoren, die Fermente, zutreffen. Zu berücksichtigen ist außerdem noch folgendes. Für die Gestaltung der Grenzflächen- bzw. Oberflächenstrukturen spielen (s. Kap. III) die elektrischen Doppelschichten, an deren Bildung die H- und OH-Ionen stark beteiligt sind, eine große Rolle. Grenzflächen und elektrische Doppelschichten ändern sich gleichzeitig. Es ist daher verständlich, daß unter dem Einfluß von Elektrolyten (so K und Ca), die auf die Grenzflächenbeschaffenheit einwirken, an der Zelle auch Änderungen der H-Ionenkonzentration eintreten können. Daß dies tatsächlich der Fall ist, konnten F. KRAUS und S. G. ZONDEK direkt, BETHE indirekt nachweisen (s. S. 109). Eine Änderung der $[H^{\cdot}]$ an den Grenzflächen kann aber eine Wirkung auf den Ablauf des Stoffwechsels ausüben; so ist bekannt, daß jedes Ferment sein Wirkungsoptimum bei einem ganz bestimmten p_H hat (s. S. 155). Auch für die oxydativen Vorgänge, z. B. das Freiwerden des Sauerstoffes aus dem Hämoglobin und seine Ausnutzungsmöglichkeit, haben die an der Zelle bestehenden Säureverhältnisse Einfluß (s. S. 185). Auf einen Zusammenhang zwischen $[H^{\cdot}]$ und Stoffwechselablauf weisen auch Versuche von GOTTSCHALK und POHLE[1]) hin, die nach Adrenalin eine p_H-Änderung des Pfortaderblutes im Sinne einer Zunahme der $[H^{\cdot}]$ nachweisen konnten. Vom Adrenalin wissen wir aber andererseits, daß es zu starken Stoffwechselwirkungen in der Leber (Abbau des Glykogens zu Dextrose) führt. — Ist der Stoffwechselvorgang erst eingeleitet, dann können evtl. infolge des Auftretens bestimmter Stoffwechselprodukte (so Phosphorsäure und Milchsäure) Änderungen der $[H^{\cdot}]$ eintreten, die einen weiteren Ablauf des Stoffwechsels verhindern bzw. ihn unterbrechen (Selbststeuerung). Auf nähere Einzelheiten dieser Vorgänge soll nicht eingegangen werden, da es sich hier zum Teil um Hypothesen handelt. — Die Bedeutung, die der rein adsorptionskatalytischen Wirkungsweise der Elektrolyte bei ihrer Beeinflussung der Stoffwechselvorgänge — besonders der oxydativen — zukommt, scheint indes die überragende zu sein. Im einzelnen sei hierzu noch folgendes angeführt. —

Wie wenig die rein chemischen Katalysatoren wirksam sind, wenn sie nicht an die Zellsubstanz gebunden sind, eine membrankatalytische Wirkung also ausgeschaltet ist, geht daraus hervor, daß die Preßsäfte von Organen — wenn überhaupt — nur in ganz geringem Maße atmen, d. h. oxydieren. Auch eine Strukturzerstörung führt fast immer zu einer ganz erheblichen Verminderung der Oxydationsfähigkeit. Dies geht aus folgender Tabelle hervor, die WARBURG auf Grund von Versuchen an Blutzellen zusammengestellt hat:

[1]) GOTTSCHALK u. POHLE: Klin. Wochenschr. 1922, Nr. 26, S. 1310.

		Sauerstoffverbrauch in ccm (0° – 760 mm)			Sauerstoffverbrauch in ccm (0° – 760 mm)
1.	Zellen intakt	0,465	4.	Zellen intakt	0,431
	„ zerstört	—		„ zerstört	—
2.	„ intakt	0,206	5.	„ intakt	0,334
	„ zerstört	—		„ zerstört	0,003
3.	„ intakt	0,315	6.	„ intakt	0,36
	„ zerstört	0,053		„ zerstört	—

Bei diesen Versuchen war die Zerstörung der Struktur der einzelnen Zellen eine möglichst vollkommene. Zu unterscheiden hiervon sind Eingriffe, die nicht die Struktur der Zelle selbst, sondern in der Hauptsache nur das zwischen den einzelnen Zellen bestehende Gefüge vernichten (z. B. Zerhacken oder Zerschneiden eines Organes usw.). Auch diese Veränderungen sind von starken Störungen der Atmungsfähigkeit begleitet. Bei einer durch eine Fleischhackmaschine zerkleinerten Leber geht z. B. nach etwa 1 Stunde der O_2-Verbrauch auf $^1/_3$—$^1/_4$ der Anfangsatmung zurück [Batelli und Stern[1])]. Beim quergestreiften Muskel dagegen führt nach O. Meyerhof Zerkleinerung des Organes zu starker Steigerung des O_2-Verbrauches (etwa auf das 12fache). Auf weitere Einzelversuche soll nicht eingegangen werden; die wenigen hier erwähnten reichen aus, um zu zeigen, wie sehr die normale Zellatmung an die normale Struktur gebunden ist. Welche Bedeutung dabei speziell der Grenzflächenstruktur bzw. den Oberflächenerscheinungen zukommt, soll noch an Hand folgender sehr wichtiger und interessanter Versuche erörtert werden. Bei Eiern von Arabacia pustulosa und auch bei Seeigeleiern steigt im Augenblick der Befruchtung der O_2-Bedarf um das 6fache an [Warburg, J. Loeb und Wasteney, O. Meyerhof, Mac Clendon[2])]. Der Atmungsanstieg setzt schon ein, wenn als Veränderung der Eizelle lediglich die der Oberfläche wahrnehmbar ist (Warburg); letztere wird etwas runzlig und scheidet meist eine Lamelle, die sog. Befruchtungsmembran, ab. Daß tatsächlich gerade die Oberflächenveränderung mit der Atmungssteigerung zusammenhängt, dafür spricht nach Warburg auch die Tatsache, daß alle die Substanzen, die sonst die Atmung der unbefruchteten Eier zu steigern vermögen, auch die genannten Oberflächenänderungen herbeiführen; es sind dies die Substanzen, mit deren Hilfe sich auch (s. S. 85) die künstliche Parthenogenese anregen läßt. —

Daß die Elektrolyte die Stärke der Oxydationsvorgänge bzw. den O_2-Verbrauch in einem dem Funktionsbedürfnis der Zelle entsprechenden Maße beeinflussen, ist an einer Reihe von Beispielen gezeigt worden. Mit der Atmung bzw. dem O_2-Verbrauch einer Zelle wird nicht die Stärke einer einzelnen Stoffwechselreaktion bestimmt; die Atmung ist vielmehr der Indicator für die Gesamtheit aller chemischen Zellreaktionen, die mit Oxydationen einhergehen. Sind aber die Elektrolyte bzw. die Vorgänge an den Grenzflächen für den Ablauf bzw. die Stärke der Zellatmung von Bedeutung, so sind sie es selbstverständlich auch — wie die folgenden Ausführungen zeigen werden — für alle oxydativchemischen Teilreaktionen. Für die Gesamtheit der fermentativen Vorgänge haben wir keinen so leicht bestimmbaren Indicator wie den O_2-Verbrauch für die Oxydationsvorgänge. Hier müssen wir uns also allein mit der Feststellung

---

1) Batelli u. Stern: Biochem. Zeitschr. Bd. 21, S. 487. 1909.

2) Zit. nach Warburg: l. c.

von Veränderungen einzelner fermentativer Stoffwechselreaktionen begnügen. Die vorliegenden Einzeluntersuchungen, die sich mit der Wirkung der Elektrolyte auf bestimmte oxydative und fermentative Stoffwechselprozesse befassen, sind zwar an Zahl noch recht gering; sie zeigen aber trotzdem das prinzipiell Wichtige. Wie schon an anderer Stelle erwähnt worden ist, konnte ILJIN[1]) nachweisen, daß bei bestimmten Pflanzen (Rumex acetosa und Polygonum fagopyrum) sowohl Zerfall wie Bildung von Stärke (also Dissimilation und Assimilation) in weitgehendem Maße, und zwar in antagonistischer Weise, durch ein- und zweiwertige Kationen (so K und Ca) beeinflußt wird. Im Tierexperiment läßt sich durch Ca in der Leber eine Steigerung des Glykogenzerfalles und damit Hyperglykämie, durch K dagegen Hypoglykämie hervorrufen [S. G. ZONDEK und BENATT[2]), HOCHFELD[3])]. Eingehender untersucht wurde der Einfluß von Säuren und Basen bzw. der bestimmter Salze (insbesondere Phosphate) auf den Zuckerstoffwechsel. Von der Phosphorsäure wissen wir, daß sie im intermediären Zuckerstoffwechsel eine große Rolle spielt. Insbesondere war es EMBDEN, der nachgewiesen hat, daß die im Muskel beim Ab- und Aufbau des Glykogens entstehenden Zwischenstufen Komplexe von Zucker und Phosphorsäure darstellen (Hexosediphosphorsäure-Lactacidogen). Wir müssen aber bedenken, daß wir es hier mit dem Einfluß des Phosphatanions auf den chemischen Vorgang selbst zu tun haben; die Phosphorsäure geht in den chemischen Prozeß mit ein und gehört somit zu den Substanzen, die an der chemischen Reaktion selbst teilnehmen. Mit den Elektrolytwirkungen dieser Art wollen wir uns aber nicht beschäftigen. Hier interessieren uns zunächst nur die Elektrolytwirkungen, soweit sie für die Auslösung von Stoffwechselvorgängen bzw. deren Regulierung in einem für die Funktion notwendigen Maße in Frage kommen. Insbesondere handelt es sich um die Wirkung der antagonistischen Ionengruppen (so K und Ca, H und OH). Der Wirkung der verschiedenen Phosphate auf Stoffwechselvorgänge kann auch unter diesem Gesichtspunkte eine Bedeutung zukommen, weil es sich vielfach bei ihnen weniger um die spezifische Wirkung des Phosphatanions, als um die der H-Ionen des sauren (primären) Phosphates und die der OH-Ionen des basischen (sekundären) Phosphates handelt. — Daß das Adrenalin auf die Leber glykogenmobilisierend wirkt, ist bekannt. Erwähnt wurde auch schon, daß mit der Adrenalinwirkung eine lokale Acidosis in der Leber bzw. Pfortader einhergeht. Diese ist sicherlich keine Nebenerscheinung, sondern steht mit der Wirkung des Adrenalins ursächlich in Beziehung; denn es ist möglich, durch intravenöse Zufuhr von Säuren — wie schon von NAUNYN, FRERICHS, EHRLICH u. a. beobachtet, aber erst von ELIAS[4]) und seinen Schülern systematisch untersucht worden ist — Hyperglykämie und Glykosurie und durch Alkalien Hypoglykämie herbeizuführen [ELIAS und BRICKER[5])]. Vor allem läßt sich aber die Adrenalin-Hyperglykämie durch Alkali ($NaHCO_3$, Na_2HPO_4 u. a.) hemmen bzw. ganz aufheben [UNDERHILL[6]), FRÖHLICH und POLLACK[7]), ELIAS

[1]) ILJIN: Biochem. Zeitschr. Bd. 132, S. 494 u. 511. 1922; Bd. 145, S. 14. 1924.
[2]) ZONDEK, S. G. u. BENATT: Zeitschr. f. d. ges. exp. Med. Bd. 43, S. 281. 1924.
[3]) HOCHFELD: Zeitschr. f. d. ges. exp. Med. Bd. 37. 1923.
[4]) ELIAS: Biochem. Zeitschr. Bd. 48, S. 120. 1913.
[5]) BRICKER: Klin. Wochenschr. 1924, Nr. 52, S. 2389.
[6]) UNDERHILL: Journ. of biol. chem. Bd. 25, S. 463. 1916.
[7]) FRÖHLICH u. POLLACK: Arch. f. exp. Pathol. u. Pharmakol. Bd. 77, S. 265. 1914.

und SAMMARTINO[1])]. Während also die H-Ionen den Glykogenabbau, scheinen die OH-Ionen den Glykogenaufbau zu begünstigen (ELIAS). Auf die chemische Natur der Säuren und Basen kommt es in diesen Fällen nur wenig an. Auch die hypoglykämische Wirkung des Insulins wird durch die Phosphate beeinflußt. Im Tierexperiment führt das sekundäre Phosphat zu einer Abschwächung, das primäre Phosphat zu einer Verstärkung der Hypoglykämie [ABELIN und GOLDENER[2])]. Neben den H- und OH-Ionen scheinen in diesem Falle allerdings auch die Phosphat-Ionen eine Rolle zu spielen; denn mit $NaHCO_3$ läßt sich nicht die gleiche Wirkung wie mit dem sekundären Phosphat erzielen. Elektrolyte wie K und Ca wirken ebenfalls auf die Intensität der Insulinwirkung ein [H. ZONDEK und UCKO[3])].

Interessant ist, daß die Elektrolyte — wie insbesondere aus Untersuchungen der EMBDENschen Schule hervorgeht — auch beim Skelettmuskel den Stoffwechselablauf beeinflussen. Dies wird zunächst überraschen, da wir doch davon ausgingen, daß nur bei den vegetativen Organen das vegetative System bzw. seine Regulatoren (so die Elektrolyte) gleichzeitig auch die Bedingungen für die Auslösung der Stoffwechselvorgänge schaffen, während beim quergestreiften Muskel der mit der spezifischen Funktion (der Zuckung) einhergehende Chemismus der Regulierung durch das animalische Nervensystem unterliegt. Verständlich wird dies jedoch, wenn man bedenkt, daß auch der Erregung durch den animalischen Nerv letzten Endes Elektrolytveränderungen zugrunde liegen müssen, d. h. daß auch Elektrolyte es sein müssen, die den kolloidchemischen Vorgang der Zuckung auslösen (s. S. 79). Der Unterschied gegenüber den vegetativen Organen ist nur darin gelegen, daß diese Elektrolytwirkungen nicht auf dem Wege über das vegetative System eintreten und daher auch nicht durch den Ionenantagonismus charakterisiert sind, der die Reaktionen bei den vegetativen Organen beherrscht. Über die speziellen Untersuchungsergebnisse der EMBDENschen Schule [EMBDEN und LANG[4]), EMBDEN und LEHNHARTZ[5])] sei folgendes mitgeteilt. Muskeln, die durch Aufenthalt in Rohrzuckerlösungen gelähmt werden, erhalten nach SCHWARZ[6]) ihre Erregbarkeit wieder, wenn der Nährlösung Natriumsalze zugeführt werden. Die Natriumsalze der verschiedenen Säuren wirken aber nicht gleichwertig. Am besten gelingt die Muskelrestitution mit NaJ; dann folgen NaBr und NaCl. Wenig wirksam ist Na_2SO_4 und Natriumcitrat. EMBDEN und LEHNHARTZ fanden nun (die Versuche wurden mit Muskelbrei angestellt), daß diejenigen Salze, die die Erholung des Muskels am meisten fördern, auch die stärkste Beschleunigung der Phosphorsäureabspaltung aus Lactacidogen (Hexosediphosphorsäure) bewirken. Das Citration, das die Erholung am wenigsten fördert, verhindert die Abspaltung von anorganischer Phosphorsäure bzw. begünstigt die Lactacidogensynthese. Bei Fortsetzung ihrer Versuche fanden sie, daß auch andere Ionen Einfluß auf den Lactaci-

---

[1]) ELIAS u. SAMMARTINO: Biochem. Zeitschr. Bd. 117, S. 10. 1921.

[2]) ABELIN u. GOLDENER: Klin. Wochenschr. 1925, Nr. 37, S. 1777 u. Nr. 51, S. 2446.

[3]) ZONDEK, H. u. UCKO: Hoppe-Seylers Zeitschr. f. physiol. Chem. Bd. 148, S. 111. 1925.

[4]) EMBDEN u. LANGE: Klin. Wochenschr. 1924, Nr. 4, S. 129 (dort auch weitere Literaturangaben).

[5]) EMBDEN u. LEHNHARTZ: Hoppe-Seylers Zeitschr. f. physiol. Chem. Bd. 134, S. 243. 1924.

[6]) SCHWARZ: Pflügers Arch. f. d. ges. Physiol. Bd. 117, S. 161. 1907.

dogenstoffwechsel haben; stark wirksam ist z. B. das Fluorion, das fast die gesamte, ursprünglich vorhandene anorganische Phosphorsäure — diese spaltet sich bei der Funktion ab und entsteht in größerer Menge auch bei Herstellung von Muskelbrei — unter Lactacidogenaufbau zum Verschwinden bringen kann. Was die Kationen betrifft, so zeigte sich, daß das Calcium ebenfalls zu einer Beeinflussung des Lactacidogenstoffwechsels im Sinne einer Synthesebegünstigung führt, während z. B. das Magnesium (unter den Anionen auch das Chlor und Brom) der Synthese entgegenwirkt. Ihre Meinung fassen die genannten Autoren dahin zusammen: „So ist es wohl berechtigt zu sagen, daß der Lactacidogenstoffwechsel geradezu beherrscht wird durch das Spiel und Gegenspiel der Ionen.“ Wie der Einfluß der Ionen auf den Lactacidogenstoffwechsel zu erklären ist, läßt sich nicht sagen. EMBDEN und LEHNHARTZ denken in erster Linie an Permeabilitätsänderungen. —

b) Elektrolyte und allgemeine Stoffwechsellage.

Die Auslösung des für die Funktion notwendigen Stoffwechsels erfolgt — wie ausgeführt wurde — in der Weise, daß für das Ingangsetzen der chemischen Reaktionen bessere Wirkungsbedingungen geschaffen werden, so eine günstigere räumliche Lagerung der an der Reaktion teilnehmenden Substanzen (Adsorptionskatalyse), evtl. auch eine Änderung des Milieus (andere $[H^{\cdot}]$ an den Grenzflächen). Bei unserer Betrachtung gingen wir davon aus, daß die an der chemischen Reaktion teilnehmenden Substanzen schon im Ruhezustande in der Zelle vorhanden sind und nicht erst durch die Erregung, die die Funktion auslöst, an die Zelle herangebracht werden. Für die unter physiologischen Bedingungen erfolgende Auslösung des Stoffwechsels, d. h. seine quantitative Steigerung beim Übergang der Zelle vom Ruhezustand in den Funktionszustand scheint mir eine andere Auffassung gar nicht denkbar zu sein. Es kann dagegen zweifelhaft erscheinen, ob unter allen Umständen die am Stoffwechsel teilnehmenden Substanzen in einer den physiologischen Bedingungen entsprechenden Form in der Zelle vorhanden sein müssen. Es wäre z. B. denkbar, daß ein Ferment fehlte. Ob dies — unter pathologischen Bedingungen — eintreten kann, sei hier nicht entschieden. Wäre es der Fall, so würde sich eine Änderung des Stoffwechsels ergeben, die auch den Ruhestoffwechsel der Zelle betrifft. Aber nicht nur um das Vorhandensein des Fermentes handelt es sich. Voraussetzung für einen normalen Ablauf des Stoffwechsels ist, daß den einzelnen chemischen Substanzen der Weg in die Zelle hinein und aus der Zelle heraus in bestimmter Weise offensteht. Es muß der Stofftransport ein geregelter sein [F. KRAUS, W. ARNOLDI[1])]. Eine normale Leber- und Muskelfunktion hat zur Voraussetzung, daß der Eintritt des Zuckers bzw. des Glykogens in die Leberzelle möglich ist, daß die Bedingungen für die Fixierung in der Zelle günstige sind und daß im Falle des Glykogenabbaues der Austritt des Zuckermoleküls aus der Leber und sein Eindringen in die Muskelzelle nicht erschwert ist. Wenn eine Zelle kein Glykogen fixieren kann, also kein Glykogen enthält, dann kann dieses auch bei der Funktion nicht gespalten werden. Dies trifft auch für alle anderen Substanzen zu, die an den chemischen Reaktionen teilnehmen. Ein

---

[1]) W. ARNOLDI, Dtsch. med. Wochenschr. 1922, Nr. 8.

normaler Stofftransport stellt also eine Voraussetzung für den normalen Ablauf der Funktion dar, hat aber nichts direkt mit dem Auslösungsvorgang des Stoffwechsels beim Übergang des Ruhezustandes der Zelle in den der Funktion zu tun. Störungen des Stofftransportes können nicht ohne Einfluß auf die Funktionsvorgänge bzw. die ihnen zugrunde liegenden Stoffwechselprozesse bleiben; es ist aber klar, daß ebenso wie im Falle des Fehlens von Fermenten nicht nur die Vorgänge bei der Funktion, sondern in prinzipiell gleicher Weise auch die im Ruhezustand, also der Ruhestoffwechsel, beeinflußt werden. Kurz, es kann die gesamte Stoffwechsellage bzw. Stoffwechselrichtung eine Änderung erfahren. Bei Besprechung der Ursachen pathologischer Stoffwechselvorgänge wird hierauf noch näher eingegangen werden (s. S. 251). Die Frage des Stofftransportes hängt aufs engste mit der der Zellpermeabilität zusammen. Daß letztere ebenfalls in Beziehung zu den Grenzflächenerscheinungen bzw. den Oberflächenstrukturen steht, ist in Kap. IV ausführlich erörtert worden. Es ist daher nicht erstaunlich, wenn die Elektrolyte und die anderen vegetativen Regulatoren (vegetativer Nerv und Gifte) auch auf genannte Vorgänge Einfluß haben. So sei darauf hingewiesen, daß sowohl die Resorption wie Exkretion saurer und basischer Farbstoffe von der [H˙] stark beeinflußt werden [E. POHLE[1]]. Auch der Zuckerstoffwechsel bietet in dieser Beziehung interessante Einzelheiten. Schon ELIAS[2]) hat beobachtet, daß bei Säureüberschuß aus der isolierten Leber Glykogen in die Nährlösung ausgeschieden wird und bei Alkaliüberschuß Zucker aus der Nährlösung in die Leber eindringt. Wie neuerdings BRICKER[3]) gezeigt hat, gilt dies in ähnlicher Weise auch für andere Gewebsarten, so Niere und Muskel. Schließlich sei noch erwähnt, daß nach Versuchen von HÄUSLER und O. LOEWI[4]) selbst dem Insulin eine derartige, den Zuckertransport betreffende Wirkung zuzukommen scheint. Da das Insulin wie alle Hormone ein Gift darstellt, braucht uns diese Wirkungsart, welche der der vegetativen Regulatoren entspricht, nicht zu überraschen. Dazu kommt, daß die Insulinwirkung auch sonst noch Verwandtschaft mit der bestimmter Elektrolyte (so Kalium) und der des Vagus zeigt [CITRON[5])]. Es ist denkbar, daß ebenso wie die Adrenalinwirkung mit der des Calciums, so die zum Adrenalin sich meist antagonistisch verhaltende Insulinwirkung mit der des Kaliums zusammenhängt. Daß letzteres auf den Zuckerstoffwechsel Einfluß hat, ist zweifellos. Es vermag — ähnlich wie das Insulin — sowohl beim Gesunden wie beim Diabetiker eine Senkung des Blutzuckerspiegels herbeizuführen [S. G. ZONDEK und BENATT[6]), SEMLER[7])]. Daß die Wirkung wesentlich schneller abklingt als die des Insulins, ist selbstverständlich; denn in dieser Beziehung unterscheiden sich die Elektrolyte stets von den Giften. Ob und inwieweit die von HÄUSLER und O. LOEWI gefundene Insulinwirkung mit derjenigen zusammenhängt, die uns aus den Stoffwechseluntersuchungen bekannt ist, kann allerdings noch nicht entschieden werden. Nur so viel sei

[1]) POHLE, E.: Pflügers Arch. f. d. ges. Physiol. Bd. 203, S. 558. 1924.
[2]) ELIAS: l. c.
[3]) BRICKER: l. c.
[4]) HÄUSLER, H., und O. LOEWI: Biochem. Zeitschr. Bd. 156, S. 295. 1925.
[5]) CITRON: Med. Klin. 1924, Nr. 39.
[6]) ZONDEK, S. G. u. BENATT: l. c.
[7]) SEMLER: Klin. Wochenschr. 1925, Nr. 15, S. 667.

gesagt, daß bei der bisher üblichen Betrachtungsweise dem Insulin vor allem die Rolle eines Fermentes, also die eines chemischen Katalysators (im Sinne O. WARBURGS) zufiel, während die hier erwähnten Befunde auch auf eine membrankatalytische Funktion des Insulins hinweisen. Für die praktischen Ergebnisse der Insulinforschung hat diese verschiedene Betrachtungsweise kaum eine Bedeutung; wohl aber wird hierdurch unsere Auffassung von den Grundlagen des Stoffwechsels und den für seinen Ablauf maßgebenden Faktoren aufs tiefste berührt.

Im folgenden seien zur Ergänzung des bisher Gesagten einige Befunde wiedergegeben, die die Bedeutung der Elektrolyte für den Stoffwechsel und seinen Ablauf in weiteren Einzelheiten darlegen. Erwähnt sei, daß es sich um Versuche handelt, die nicht — wie die Mehrzahl der bisher angeführten — bei isolierten Zellen und Organen angestellt worden sind, sondern den Gesamtorganismus betreffen. Versuche von ZUNTZ, MAEDER u. a. haben ergeben, daß die Zufuhr von Anionen zu einer leichten Vermehrung des O_2-Verbrauches und Steigerung des respiratorischen Quotienten führen kann. Daß auch den Kationen eine Einwirkung zukommt, geht aus Versuchen von ARNOLDI und FERBER[1]) hervor. Zu Schlußfolgerungen hinsichtlich der Spezifität bestimmter Ionen berechtigen diese Versuche nicht. BICKEL[2]) und seine Schüler, die eine andere Versuchsanordnung gewählt haben, sind zu praktisch bedeutungsvolleren Ergebnissen gelangt. Sie bestimmten nicht den Einfluß dieses oder jenes Salzes auf den Stoffwechsel, sondern stellten zunächst fest, welche Folgen eine Ernährung mit sehr salzarmer Kost auf den Stoffwechsel ausübt und welche Änderung dann durch die Zufuhr der einzelnen in der Nahrung physiologischerweise vorkommenden Salze auftritt. Eine weitgehende Ausschaltung der Zellsalze aus der Nahrung bei Ratten — bei gleichzeitiger genügender Vitaminzufuhr — führt in den ersten beiden Wochen zu einer Steigerung des Gaswechsels, dann aber zu einer progressiv fortschreitenden Senkung desselben [ASADA[3]) und HAENDEL[4])]. Werden in diesem Stadium der Nahrung Kaliumsalze hinzugesetzt, dann hebt sich der Gaswechsel wieder, zum mindesten wird sein weiterer Abfall verlangsamt; Calciumzulage dagegen führt zu einer noch rascheren Senkung des Gaswechsels. Einseitiger Calciummangel in der Nahrung setzt den Gaswechsel ebenfalls herab; der respiratorische Quotient bleibt unverändert. Die Wirkung ist also dieselbe wie bei alleinigem Calciumzusatz bei Mangel aller übrigen Zellsalze. Wie BICKEL richtig betont, ist die Wirkung eben nicht immer allein auf ein bestimmtes Ion, sondern auf die Änderung des allgemeinen Ionengemisches zu beziehen. Dem veränderten Gaswechsel des Gesamtorganismus muß natürlich ein Einfluß der Elektrolyte auf Maß und Stärke der Verbrennung der in Frage kommenden Substanzen (Eiweiß, Fette und Kohlenhydrate) zugrunde liegen. Über diese Fragen liegen allerdings noch verhältnismäßig wenig Einzeluntersuchungen vor; immerhin sind einige Tatsachen bekannt, denen von unserem Standpunkt aus Bedeutung beizumessen ist. Was den Eiweißstoffwechsel betrifft, so ist in der Hauptsache die Beeinflussung durch NaCl studiert worden [BELLI, DUBELIR, GABRIEL, PUGLIESE,

[1]) ARNOLDI u. FERBER: Zeitschr. f. klin. Med. 1923.
[2]) BICKEL: Dtsch. med. Wochenschr. 1924, Nr. 40 u. 43.
[3]) ASADA: Biochem. Zeitschr. Bd. 140, S. 236. 1923.
[4]) HAENDEL: Biochem. Zeitschr. Bd. 146, S. 420. 1924.

STRAUB u. a.[1])]. In letzterer Zeit hat sich mit dieser Frage KÄTHE FRANKENTHAL[2]) beschäftigt, die zu folgendem Ergebnis kam. Sehr kleine NaCl-Mengen — wie sie einer schwach gesalzenen Nahrung entsprechen — wirken leicht erhöhend auf den N-Umsatz, etwas größere Gaben — bis zu etwa 0,5 g pro Kilogramm Körpergewicht — schränken den N-Umsatz ein, während noch größere NaCl-Mengen wieder zu einer Steigerung desselben führen. — Bei lange Zeit zellsalzarm ernährten Hunden steigt der Reststickstoffgehalt des Blutes, und die N-Bilanz wird negativ; durch Kalizulage erfährt sie eine Besserung [ASADA und TADENUMA[3])]. Über den Purinstoffwechsel läßt sich folgendes anführen. Nach Calciumsalzen tritt eine Verminderung des Harnallantoins ein (STARKENSTEIN); das gleiche gilt auch für die Harnsäure (MIYADERA). Eine verminderte Ausscheidung der letzteren ist auch nach Zufuhr von $NaHCO_3$ wie von allen alkalischen Mineralwässern zu beobachten [KAPLAN, HIRSCH und AUFRECHT, BICKEL, MUSTAPHA KEMAL[1])]. Nach Alkaligaben ändert sich — wie BICKEL hervorhebt — nicht so sehr die gesamte N-Bilanz, als vielmehr die prozentige Verteilung der N-haltigen Stoffe im Harn. Ob es sich in den erwähnten Fällen mehr um Änderung der Harnsäurebildung oder Ausscheidung oder auch um beides handelt, läßt sich zunächst noch nicht entscheiden. Es ist daher — wie BICKEL mit Recht betont — nicht erstaunlich, wenn von anderer Seite auch widersprechende Befunde — besonders unter pathologischen Bedingungen — erhoben werden. Über den Fettstoffwechsel und seine Beeinflussung durch Elektrolyte ist noch sehr wenig bekannt. Nach LOEWY fördern die Alkalien die Fettoxydation; von borsauren Salzen haben RUBNER und ROST das gleiche beobachtet. Bei Hunden tritt nach langdauernder zellsalzarmer, aber calorisch ausreichender Nahrung Körpergewichtsabnahme (Fettschwund), ferner Änderungen des Blutfettspiegels, und zwar Erhöhung desselben, ein (TADENUMA).

Wie der Kohlenhydratstoffwechsel im einzelnen durch Elektrolyte beeinflußt werden kann, ist schon zuvor erörtert worden. Jetzt sei noch auf folgende, höchst merkwürdige und interessante tierexperimentelle Versuchsergebnisse ABELINS[4]) hingewiesen (die Versuche wurden an Ratten ausgeführt). Nach Kohlenhydratnahrung steigt bekanntlich der respiratorische Quotient an; er erreicht Werte bis zu 1,0 evtl. noch darüber. Verfüttert man die gleichen Mengen von Kohlenhydrat unter Zusatz von Phosphaten, so ist die Erhöhung des respiratorischen Quotienten wesentlich geringer, und auch die Menge der produzierten Kohlensäure geht zurück. Welcher Zucker verabreicht wird, ist im Prinzip gleichgültig. Die Versuche ergaben sowohl bei Rohrzucker- und Traubenzuckerernährung wie auch nach Darreichung von Maltose, Lävulose und selbst von Reis ähnliche Ergebnisse. Wir haben es hier zweifellos mit einer Beeinflussung der spezifisch-dynamischen Wirkung der Nahrungsstoffe durch die Elektrolyte zu tun. Die Versuche weisen darauf hin, daß durch die Elektrolyte selbst die Richtung des ganzen intermediären Stoffwechsels eine Änderung erfahren kann; denn wir müssen bedenken, daß das Kleinerwerden des respiratorischen Quotienten im allgemeinen dafür spricht, daß in die Verbrennungsvorgänge

---

1) Zit. nach BICKEL: l. c.

2) FRANKENTHAL, KÄTHE: Zeitschr. f. physikal.-diät. Therapie Bd. 24. 1920.

3) TADENUMA: Biochem. Zeitschr. Bd. 145, S. 481. 1924.

4) ABELIN: Klin. Wochenschr. 1925, Nr. 36, S. 1732.

neben den Kohlenhydraten auch andere Nährstoffe (Eiweiß bzw. Fett) hineinbezogen werden, ein Vorgang, der sonst bei ausschließlicher Kohlenhydratnahrung nicht einzutreten pflegt. Da bei den ABELINschen Versuchen die aus den Verbrennungen stammende Calorienzahl auch bei Phosphatzufuhr unverändert blieb, ist anzunehmen, daß die Kohlenhydrate in verminderter Menge zur Verbrennung gelangten. ABELIN vermutete daher zunächst, daß die Phosphate zu einer stärkeren Speicherung der Kohlenhydrate in der Leber führten und sie so der Verbrennung entzögen. Dies ist aber nicht der Fall; denn der Glykogengehalt der Leber wurde bei den mit Kohlenhydrat-Phosphat ernährten Tieren sogar niedriger als bei den übrigen gefunden. Wie diese zweifellos tief in den Stoffwechselvorgang eingreifende Elektrolytwirkung zu erklären ist, darüber läßt sich zunächst noch nichts Bestimmtes sagen. Sollte sich zeigen, daß sie nur den Phosphaten und nicht auch anderen Elektrolyten zukommt, dann wäre sie derjenigen an die Seite zu stellen, die uns durch die Untersuchungen EMBDENs betreffend die Bedeutung der Phosphorsäure beim Ab- und Aufbau des Glykogens bekanntgeworden ist. Die Wirkung der Phosphate wäre in diesem Falle nicht eine katalytische, da sie an den chemischen Stoffwechselvorgängen in irgendeiner Weise direkt beteiligt sind und nicht nur indirekt die Wirkungsbedingungen für die an den chemischen Reaktionen teilnehmenden Substanzen ändern.

Daß auch bei anderen chemischen Prozessen die Elektrolyte Substanzen darstellen können, welche — ähnlich wie die Phosphorsäure — zum Auf- und Abbau von Nährstoffen usw. notwendig sind, soll durchaus nicht geleugnet werden; trotzdem dürfte die membrankatalytische Wirkung der Elektrolyte diejenige sein, auf welche die zwischen den Elektrolyten und den chemischen Vorgängen bestehenden Beziehungen in erster Linie zurückzuführen sind. *Insbesondere gilt dies dann, wenn die Elektrolyte — wie in diesem Abschnitt ausgeführt worden ist — als die Regulatoren der funktionellen Organerscheinungen und der mit ihnen einhergehenden quantitativen Stoffwechseländerungen in Frage kommen.* —

Anhang.

H-Ionenkonzentration und Fermentwirkung.

Die Wirkung der Elektrolyte auf den Ablauf speziell der fermentativen Stoffwechselprozesse kann — wie S. 147 erörtert wurde — evtl. auch darauf beruhen, daß sie an der Zelle eine der Wirkung des Fermentes besonders günstige $[H^{\cdot}]$ herbeiführen. Diese Ausführungen sollen uns veranlassen, auf den Zusammenhang zwischen $[H^{\cdot}]$ und Fermentwirkung etwas näher einzugehen. Die ersten, die die Bedeutung der $[H^{\cdot}]$ für die Wirksamkeit der Fermente ins rechte Licht setzten, waren SÖRENSEN[1]) und L. MICHAELIS[2]). Wie aus folgender, von OPPENHEIMER[3]) zusammengestellten, hier aber nur teilweise wiedergegebenen Tabelle hervorgeht, hat jedes Ferment sein Wirkungsoptimum bei einer bestimmten $[H^{\cdot}]$.

[1]) SÖRENSEN: Biochem. Zeitschr. Bd. 21, S. 131 und 201; Bd. 22, S. 352. 1909.
[2]) MICHAELIS, L.: Die Wasserstoffionenkonzentration. Berlin 1914.
[3]) OPPENHEIMER: Handbuch der Biochemie 2. Aufl., Bd. I, S. 792. 1924.

Optimale Wasserstoffzahl der Fermente.

Name des Fermentes	p_H	Autor	Literatur
Lipasen: Pankreas	8	Davidsohn	Biochem. Zeitschr. Bd. 45
„ Serum	8		
„ Darm	8,5		
„ Magen	4,5		
„ Serum	8	Rona und Bien	„ „ „ 59
Diastase: Malz	4,9	Adler	„ „ „ 77
„ Speichel	um 6,7	Michaelis	„ „ „ 59
„ Pankreas	6,8	Sherman	Il. Am. Chem. Soc. „ 41
Pepsin: Magen	1,5—1,6	Sörensen	Biochem. Zeitschr. „ 21
	1,4	Michaelis	„ „ „ 65
Pepsinasen: Hefe und Organe	3,0—3,5	Dernby	„ „ „ 81
Lab: fällende Wirkung	6,0—6,4	Michaelis	„ „ „ 58
Tryptase: Pankreas	9,7	Palitzsch und Walbaum	„ „ „ 47
„ „	ca. 9,5	Ringer	Ztschr.f.phys.Chem. „ 124
Proteasen: Hefe	6,7—8,5	Abderhalden und Fodor	Fermentforschung I
Peptidasen: Pankreas	8,0	Michaelis	Biochem. Zeitschr. Bd. 36
„ Darm	7,8	Rona	„ „ „ 57
„ Bakterien	7,2	Kurt Meyer	„ „ „ 81
Urease	ca. 7,3	Rona	„ „ „ 111
Peroxydase	ca. 4,5	Abel	Zeitschr. f. Elektrochem. 28

Die bestehende [H˙] kann im Organismus im allgemeinen als der optimalen naheliegend angesehen werden; so liegt unter normalen Verhältnissen die [H˙] des Magensaftes bei einem p_H von 1,5 und 2,0 (optimales $p_H = 1{,}4$—$1{,}6$). Die Reaktion des Darmes ist schwach alkalisch, was der Wirksamkeit der Darmfermente, deren Wirkungsoptima (Lipasen, Peptidasen, Tryptasen) bei einem p_H von etwa 8 bzw. 9 gelegen sind, sehr förderlich ist. Bei saurer Reaktion sind die Darmfermente ebenso unwirksam wie das Magenferment (Pepsin) bei alkalischer Reaktion. Über die optimale [H˙] der in den Organzellen wirksamen Fermente sind wir weniger gut orientiert; doch kann wohl als sicher gelten, daß auch hier die bestehende und optimale [H˙] nicht weit entfernt voneinander liegen. Dies schließt jedoch nicht aus, daß unter dem Einfluß bestimmter Elektrolyte die [H˙] an den Zellen der optimalen noch weiter genähert wird. — Worin die Bedeutung der H-Ionen für die Fermentwirkungen begründet liegt, ist noch nicht geklärt. In Frage kommt der Einfluß der H-Ionen auf das Ferment selbst (z. B. Änderung seiner Dissoziationsfähigkeit), sowie der auf das Substrat der Fermentwirkung. Dieses kann durch die H-Ionen in seinem chemischen bzw. physiko-chemischen Verhalten so beeinflußt werden, daß hierdurch eine Reaktion zwischen ihm und dem Ferment erst ermöglicht wird. — Übrigens kommt auch den Salzen eine direkte Wirkung auf die Fermentreaktionen zu. So haben Michaelis und Pechstein[1]) nachgewiesen, daß die Amylase elektrolytfrei überhaupt nicht wirkt. Nur die Komplexe mit den Neutralsalzen sind wirksam, am stärksten die Chloride, viel schwächer die Sulfate.

[1]) Michaelis u. Pechstein: Biochem. Zeitschr. Bd. 59, S. 77. 1914; zit. nach Oppenheimer.

7. Die Elektrolytwirkungen bei den verschiedenen Organen.

Die Analyse der allgemeinen Natur der Elektrolytwirkung, die der Gegenstand der bisherigen Erörterungen gewesen ist, dürfte das Verständnis für die Tatsache geweckt haben, daß die Elektrolyte die Funktion der Zellen und Organe in starkem Maße zu beeinflussen in der Lage sind. Insbesondere haben wir eine Vorstellung davon gewonnen, wie die Bedeutung der Elektrolyte für die konstitutionelle Reaktionsempfindlichkeit der Zellen gegenüber Reizen jeder Art zu erklären ist, ferner wie die Wirkung auf die spezifische Funktionsleistung zustande kommt. Auch sei daran erinnert, daß die Identität von Elektrolyt-, Nerv- und Giftwirkung nachgewiesen werden konnte, eine Tatsache, welche sich als bedeutsam für die Frage der Erregungsursachen erwiesen hat. Wie die Wirkung der Elektrolyte auf die Zell- und Organfunktionen im Einzelfall zum Ausdruck kommt, wurde in den vorangehenden Abschnitten zum Teil auch schon ausgeführt; dies war meist aus didaktischen Gründen notwendig; so wurde die Wirkung auf den Befruchtungsvorgang, auf die embryonale Entwicklung und auf verschiedene Organfunktionen (Herz, Darm usw.) geschildert. Im folgenden sei deshalb nur nachgetragen bzw. systematisch dargestellt, was uns sonst noch an speziellen Einzelheiten über die Beeinflussung von Zell- und Organfunktionen durch Elektrolyte bekannt ist.

a) Quergestreifter Muskel.

Der für die spezifische Funktion des Muskels, die Zuckung, notwendige Stoffwechsel wird (s. S. 129) vom animalischen Nervensystem ausgelöst. Allein beim quergestreiften Muskel sind die Elektrolyte bzw. die für das vegetative System charakteristischen antagonistischen Ionengruppen nicht in der Lage, den Stoffwechsel auszulösen, weshalb durch Elektrolytveränderungen auch keine regulären, sondern bestenfalls nur irreguläre, d. h. fibrilläre Zuckungen herbeigeführt werden können. Das gleiche gilt für die anderen Regulatoren im vegetativen System, die vegetativen Nerven und die Gifte. Der Einfluß der Elektrolyte betrifft in erster Linie die tonische Funktion des Muskels; da der Erfolg der Zuckung aber auch von der tonischen Einstellung des Muskels abhängig ist, kommt den Elektrolyten auch für die Gesamtfunktion des Muskels große Bedeutung zu. Vor allem wird die konstitutionelle Reizempfindlichkeit, d. h. die Erregbarkeit, durch die Elektrolyte stark beeinflußt. (Ausführlich wurde hierüber S. 135 berichtet.) Der Tonus des Muskels unterliegt zweifellos dem vegetativen Nervensystem; doch ist die Frage noch nicht ganz geklärt, ob der Vagus bzw. Parasympathicus oder der Sympathicus der tonusfördernde Nerv ist. Für O. Frank[1]), der sich für den Vagus als den Tonusnerven entschieden hat, spricht — wie insbesondere aus Untersuchungen von Riesser und Neuschloss[2]) hervorgeht — die Tatsache, daß die Gifte, welche allgemein als Vagusreizgifte bekannt sind, tonussteigernd wirken (so insbesondere das Acetycholin, Muscarin, Physostigmin). Der Wirkung des Vagus bzw. der Vagusgifte pflegt — wie sich aus meiner in Abschnitt 3 dieses Kapitels erörterten Theorie ergibt — stets die Kaliumwirkung zu entsprechen. Demgemäß war zu erwarten, daß beim Muskel auch das Kalium den Tonus bestimme (S. G. Zondek); daß dies der Fall ist, kann jetzt keinem Zweifel mehr unterliegen. Die Tonuswirkung wird am besten durch nebenstehende Kurve illustriert.

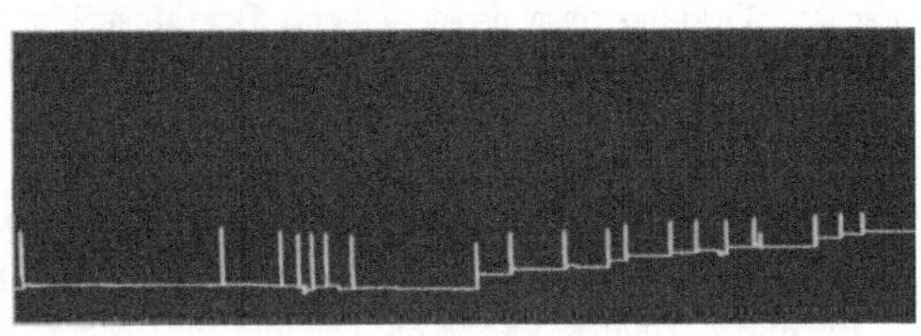
KCl

Abb. 17.

[1]) Frank, O.: Berlin. klin. Wochenschr. 1920, Nr. 31, S. 725.

[2]) Riesser und Neuschloss: Arch. f. exp. Path. u. Pharmak. Bd. 92, S. 342. 1921.

Der Eintritt der Tonussteigerung nach Kalium wird noch beschleunigt durch gleichzeitige direkte bzw. indirekte Reizung des Muskels. Dies gilt auch für die durch Acetylcholin oder auch andere Gifte (z. B. Chinin) bewirkte Tonussteigerung [RIESSER und NEUSCHLOSS, F. KRAUS und S. G. ZONDEK[1])]. Auch für die durch Kalium bewirkte Tonussteigerung des Blutegelmuskels trifft dies zu (F. KRAUS und S. G. ZONDEK). Daß die Tonussteigerung des Muskels direkt mit dem Kalium zusammenhängt, konnte neuerdings auch NEUSCHLOSS[2]) (zum Teil in Gemeinschaft mit TRELLES) durch folgende Untersuchungen beweisen. Der Muskel ist sehr reich an Kalium; letzteres kommt im Muskel allerdings in verschiedener Form vor. Eine bestimmte Menge, und zwar beim Gastrocnemius des Frosches etwa 0,06—0,08%, der Trockensubstanz ist so fest gebunden, daß sie selbst durch Zerkleinerung des Muskels und Auslaugung mit H_2O nicht entfernt werden kann. Nach allen Eingriffen, die zu Tonussteigerung führen (z. B. Behandlung mit Acetylcholin oder Tetanustoxin), wird diese Kaliumfraktion vermehrt gefunden (nach Cholin bzw. Acetylcholin beträgt sie etwa 0,15—0,2%). Interessant ist, daß auch nach Nervendurchschneidung die Menge des gebundenen Kaliums sich ändert, und zwar nimmt sie ab. Bei der Tonussteigerung des Muskels, die sich durch Zusatz von Kalium zur Nährflüssigkeit erzeugen läßt, nimmt sowohl der Gehalt an Gesamtkalium wie an gebundenem Kalium im Muskel zu. Die Tonuszunahme geht nicht mit Milchsäureproduktion einher. Auch führt die veränderte Kaliumverteilung nach NEUSCHLOSS nicht zu einer Beeinflussung des Lactacidogenstoffwechsels des Muskels. Die Wirkung des Kaliums auf den Tonus kommt also nicht indirekt durch Auslösung bestimmter Stoffwechselvorgänge zustande, sondern ist als Folge der veränderten Kaliumverteilung, d. h. also als eine primäre Elektrolyt-Kolloidwirkung, anzusehen; dies gilt in gleicher Weise für die durch Acetylcholin und auch durch andere Gifte (z. B. Chinin) herbeigeführten Tonussteigerungen bzw. Tonuscontracturen [S. G. ZONDEK und F. MATAKAS[3])]. Was Gifte wie Chinin, Chloroform, Coffein u. a. betrifft, war bisher die Ansicht vorherrschend, daß ihre Contracturwirkung eine Säurewirkung sei, d. h. daß sie durch Steigerung der Milchsäureproduktion ihre Wirkung entfalten [RIESSER u. NEUSCHLOSS[4]), MEYERHOF[5]) u. MATSUOKA[6])]. Diese Auffassung besteht aber nicht zu Recht; denn, wie die von mir und F. MATAKAS durchgeführten Untersuchungen ergeben haben, tritt bei allen Substanzen, die den Muskeltonus steigern bzw. Contractur hervorrufen, die Milchsäurebildung — wenn überhaupt — erst nach Eintritt der Contractur auf. Die Milchsäurebildung stellt in diesen Fällen sicherlich nur etwas Sekundäres dar; wahrscheinlich hängt sie mit Schädigungen der Muskelsubstanz zusammen. Das Calcium setzt im Gegensatz zum Kalium den Muskeltonus herab; dies zeigt sich im Versuch am isolierten Muskel darin, daß durch Calciumzufuhr die Wirkung der tonussteigernden Substanzen (Kalium und Acetylcholin), verhindert wird [OVERTON[7]), SIMONSON[8])]. Wie S. 135 ausgeführt worden ist, zeichnet sich der quergestreifte Muskel gegenüber den anderen Organen dadurch aus, daß zwischen dem vegetativen und chemischen Betriebsstück (dies bedeutet — ins Mechanisch-Funktionelle übertragen — zwischen der allgemein tonischen und der spezifischen Funktion) eine Dissoziation eingetreten ist. Letztere ist jedoch keine absolute, so daß Veränderungen im vegetativen Betriebsstück, z. B. Tonussteigerungen, wenn auch nicht echte Zuckungen, so doch fibrilläres Zucken auslösen können. Unter den angeführten Gesichtspunkten lassen sich eine Reihe zum Teil schon alter Beobachtungen erklären, die im folgenden angeführt werden sollen. Daß Fehlen von Calcium für die Funktionsvorgänge meist das gleiche bedeutet wie Vermehrung von Kalium, entspricht der für das vegetative System charakteristischen antagonistischen Wirkungsweise dieser Ionen. Der Muskel bzw. sein vegetativer Anteil verhält sich in dieser Beziehung auch nicht anders als die anderen Organe. In calciumfreier Ringer-

[1]) KRAUS, F. u. S. G. ZONDEK: Biochem. Zeitschr. Bd. 156, S. 216. 1925.

[2]) NEUSCHLOSS u. TRELLES: Pflügers Arch. f. d. ges. Physiol. Bd. 204, S. 374. 1924.

[3]) ZONDEK, S. G. u. F. MATAKAS: Noch nicht veröffentlichte Versuche.

[4]) RIESSER u. NEUSCHLOSS: zit. nach RIESSER: Handb. d. normalen u. pathol. Physiol. von BETHE, v. BERGMANN, EMBDEN und ELLINGER Bd. 8, 1. Hälfte, 1. Teil, S. 234.

[5]) MEYERHOF: Klin. Wochenschr. 1924, S. 392.

[6]) MATSUOKA (unter MEYERHOF): Pflügers Arch. f. d. ges. Physiol. Bd. 204, S. 51. 1924.

[7]) OVERTON: Pflügers Arch. f. d. ges. Physiol. Bd. 105, S. 176. 1904.

[8]) SIMONSON: Arch. f. exp. Pathol. u. Pharmakol. Bd. 96, S. 284. 1923.

lösung und in isotonischer NaCl-Lösung verkürzt er sich ein wenig, und zwar tonisch. Gleichzeitig treten — wie LOEB[1]) gefunden hat — fibrilläre Zuckungen auf (am besten sind diese bei dünnen Muskeln, z. B. dem M. sartorius, zu beobachten; bei dicken Muskeln [Gastrocnemius] ist der Austausch zwischen den Außenelektrolyten und denen der Muskelfasern erschwert, und die Wirkung tritt erst nach längerer Zeit ein). Zusatz von Calcium bringt diese Zuckungen sofort wieder zum Verschwinden. Erhöhung des Kaliumgehaltes der Ringerlösung hat neben der Tonussteigerung [HERING[2])] ebenfalls fibrilläre Zuckungen zur Folge; beide werden durch Vermehrung des Calciumgehaltes bzw. durch Adrenalin aufgehoben oder zum mindesten gehemmt [OVERTON, S. G. ZONDEK]. Auch nach Acetylcholin bzw. Physostigmin kommt es neben der Tonussteigerung zu fibrillären Zuckungen, die ebenfalls durch Calcium bzw. Adrenalin gehemmt werden. Dies läßt sich auch in Versuchen am lebenden Tier (Hund) zeigen [FRANK[3]), SCHÄFFER[4])]. Wie in NaCl verfallen die Muskeln auch in isotonischen Lösungen von LiCl in fibrilläres Zucken; letzteres ist schwächer bei Aufenthalt in isotonischen Lösungen von KCl, CsCl und RbCl (LOEB). In den Lösungen von $CaCl_2$, $SrCl_2$, $MgCl_2$ bleibt der Muskel vollkommen ruhig. $BaCl_2$ dagegen wirkt stark erregend. Die verschiedenen Na-Salze wirken nicht gleich stark. In den Oxalat-, Tartrat-, HPO_4- und Citratsalzen des Na kommt die Wirkung viel stärker zum Ausdruck als in den Cl- und SO_4-Salzen. — Daß die Zuckungsfähigkeit des Muskels bzw. seine Erregbarkeit von seiner tonischen Einstellung bzw. den Elektrolyten abhängig ist, wurde in Abschnitt 3 dieses Kapitels erörtert. Wie wir erfahren haben, steigert eine Kaliumvermehrung der Ringerlösung (etwa von 0,01 auf 0,08%) — für einige Zeit wenigstens — die Muskelerregbarkeit bzw. mildert etwaige Ermüdungserscheinungen; Ca dagegen setzt die Erregbarkeit herab und fördert die Ermüdungserscheinungen. (Hält sich der Muskel lange Zeit in der K-reichen Ringerlösung auf, so wird seine Erregbarkeit allerdings nicht nur nicht gesteigert, sondern geht ganz verloren.) Bei Fehlen sämtlicher Elektrolyte, z. B. bei Aufenthalt in isotonischen Lösungen von indifferenten Nichtleitern wie Zucker, schwindet die Erregbarkeit des Muskels ganz; eine Zuckung läßt sich nicht mehr auslösen. Es sei ausdrücklich betont, daß diese Wirkung nicht durch den Zucker, sondern durch das Fehlen der Elektrolyte bedingt ist. Einen teilweisen Ersatz des NaCl durch Nichtelektrolyte wie Zucker kann der Muskel vertragen. Je kleiner aber der NaCl- und entsprechend größer der Zuckergehalt wird, desto schlechter wird die Erregbarkeit. Der NaCl-Gehalt von etwa 0,07% stellt die Grenze dar, unterhalb welcher die Erregbarkeit ganz erlischt [OVERTON[5])]. Jedoch führt selbst nach langem Aufenthalt in der Zuckerlösung Übertragung in NaCl-Lösung (selbstverständlich auch in Ringerlösung) zur Wiederherstellung der Erregbarkeit des Muskels. In den der Ringerflüssigkeit isotonischen Lösungen von K- und Rb-Salzen (etwa 0,7—0,8%) bleibt die Erregbarkeit des Muskels nicht aufrechterhalten, vielmehr kommt es — wie schon erwähnt wurde — zu einer vollständigen Lähmung. Diese ist natürlich anderer Art als die Lähmung, die bei Aufenthalt in der Zuckerlösung auftritt. So ist nach H. VOGEL[6]) bei ersterer eine Herabsetzung, bei letzterer dagegen eine Steigerung der Permeabilität für Phosphorsäure nachweisbar. Die Calciumsalze sind ebenfalls wenig geeignet, den Muskeln die Erregbarkeit wiederzugeben [OVERTON[5])]. Längerer Aufenthalt in isotonischen Lösungen der Erdalkalien führt sogar zu irreversibler Schädigung des Muskels, der sich verkürzt und an Gewicht zunimmt. In bestimmten isotonischen Kaliumsalzen (Sulfat, Tartrat, Phosphat, Acetat) wird selbst nach 1—2tägiger Einwirkung durch Übertragung in NaCl-Lösung eine rasche Wiederherstellung des Muskels ermöglicht. Für andere Kaliumsalze dagegen (so Chlorid, Bromid, Nitrat, Jodid) trifft dies nicht zu. Während die Muskeln im ersteren Falle ihr normales Aussehen bewahren, zeigen sie im letzteren Falle eine Veränderung, die darin besteht, daß trotz Isotonie Schwellung und Gewichtszunahme eintritt. Der Einfluß

---

[1]) LOEB: Pflügers Arch f. d. ges. Physiol. Bd. 91, S. 248. 1902.

[2]) HERING: Sitzungsber. Wien. Akad. Bd. 89, Abt. 3. 1879.

[3]) FRANK: l. c.

[4]) SCHÄFFER, H.: Pflügers Arch. f. d. ges. Physiol. Bd. 185, S. 42. 1920.

[5]) OVERTON: Pflügers Arch. f. d. ges. Physiol. Bd. 92, S. 346. 1902 u. Bd. 105, S. 176. 1904.

[6]) VOGEL, H.: Hoppe-Seylers Zeitschr. f. physiol. Chem. Bd. 118, S. 50. 1922.

der Anionen ist also unverkennbar. Er trat übrigens schon in den S. 150 erwähnten Versuchen von C. SCHWARZ deutlich in Erscheinung. Sie haben uns gelehrt, daß die restituierende Wirkung der Natriumsalze bei den durch Aufenthalt in Zuckerlösung gelähmten Muskeln keine gleichwertige ist. Nachweisbar wird dies besonders dann, wenn nur ein Teil des Zuckers durch entsprechend isosmotische Mengen von Natriumsalzen (z. B. 0,2% NaCl) ersetzt wird. Unter diesen Bedingungen ist für die Muskelerholung am günstigsten das Natriumrhodanid und Jodid; es folgen das Bromid, Nitrat und Chlorid. Wenig wirksam ist das Acetat, Tartrat, Sulfat und schließlich das Citrat. Die Wirkungsstärke der Anionen ordnet sich also in einer der HOFMEISTERschen Reihe entsprechenden Folge: SCN < J < NO_3 < Br < Cl < CH_3COOH < SO < Tartrat < Citrat. Bei den erwähnten Kalisalzwirkungen entspricht die Stärke der Anionenwirkung ebenfalls ihrer Stellung in der HOFMEISTERschen Reihe. Das Sulfat, Tartrat, Phosphat und Acetat einerseits, das Chlorid, Bromid, Jodid und Nitrat andererseits sind untereinander durch gleiche Wirkungsart ausgezeichnet. Die Tatsache, daß erstere (Sulfat usw.) im Gegensatz zu letzteren keine Schwellung bzw. Wasseraufnahme bedingen, hat ihr Analogon in den HOFMEISTERschen Versuchen betreffend die Gelatinequellung, die übrigens erst den Anlaß zu der Aufstellung der Anionenreihen gegeben haben. Eine Anionengruppe wirkt hemmend, die andere fördernd auf die Quellung.

Über den Austausch der Elektrolyte zwischen Nährflüssigkeit und Zellbestandteilen s. Kap. IV. Hier sei nur erwähnt, daß die Durchlässigkeit der Muskelzellen für die Elektrolyte, z. B. Kalium, nur eine sehr beschränkte ist (OVERTON); selbst bei langdauernder Auslaugung durch die Zuckerlösungen büßt der Muskel nach URANO[1]) und FAHR[2]) nur wenig K ein (nach FAHR etwa nur 6%). Größer ist der Verlust an Na (nach FAHR etwa 90%), der aber, wie HÖBER[3]) vermutet, nicht auf Konto des Muskels, sondern der an Natriumsalzen reichen Lymphflüssigkeit des Zwischengewebes zu setzen ist.

Erwähnt seien noch Versuche von HÖBER und SPÄTH[4]), die die Wirkung seltener Erden (Lanthan, Cerium u. a.) auf die Muskelerregbarkeit prüften. Diese geht um so schneller verloren, je stärker die angewandte Konzentration der genannten Substanzen ist. Das Merkwürdige und für uns besonders Interessante ist in folgendem gelegen. Bei Anwendung von relativ kleinen oder relativ großen Dosen kann durch Wegspülen des Giftes die Muskelfunktion wiederhergestellt werden; dagegen führt die Vorbehandlung mit mittleren Dosen zu einer vollkommen irreversiblen Schädigung des Muskels. Ähnliche Beobachtungen kann man auch bei Blutkörperchenaufschwemmungen machen. Sie werden nach MINES[5]) und KOZAWA[6]) bei Anwendung mittlerer Konzentrationen von $La(NO_3)_3$ zur Agglutination gebracht; größere Dosen dagegen sind weniger schädlich. HÖBER und SPÄTH führen dieses eigenartige Phänomen darauf zurück, daß die seltenen Erden wie Lanthan, dessen Ionen (La^{+++}) dreifach positiv geladen sind, eine besonders starke Wirkung auf die im allgemeinen negativ geladenen Zellkolloide ausüben; während nun die mittleren Dosen zu einer Entladung der Kolloide führen (im isoelektrischen Punkt flocken alle Kolloide aus), haben die größeren Konzentrationen eine Umladung der Kolloide zur Folge, was mit dem Leben auf jeden Fall besser zu vereinbaren ist als die Entladung. (Über den Einfluß der Elektrolyte auf die elektrischen Erscheinungen am Muskel s. Kap. VIII.)

b) Gefäße, Blutdruck.

Die vorliegenden Untersuchungen über den Einfluß der Elektrolyte auf die Gefäße sind zum Teil noch recht widersprechend. Schuld daran trägt meines Erachtens in erster Linie die Methodik. Sehr beliebt für die in Frage kommenden

---

[1]) URANO: Zeitschr. f. Biol. Bd. 50, S. 212. 1908 u. Bd. 51, S. 483. 1908; zit. nach HÖBER: Physikal. Chemie der Zelle und Gewebe 1922, S. 472.

[2]) FAHR: Zeitschr. f. Biol. Bd. 52, S. 72. 1908.

[3]) HÖBER: l. c.

[4]) HÖBER u. SPÄTH: Pflügers Arch. f. d. ges. Physiol. Bd. 159, S. 433. 1914.

[5]) MINES: Kolloidchem. Beiheft Bd. 3, S. 191. 1912; zit. nach HÖBER: l. c. S. 634.

[6]) KOZAWA: Biochem. Zeitschr. Bd. 60, S. 146. 1914; zit. nach HÖBER: l. c. S. 634.

pharmakologischen Prüfungen ist die LÄWEN-TRENDELENBURGsche Methode, die von einer künstlichen Durchströmung der Hinterextremitäten des Frosches ausgeht. Aus der abfließenden Tropfenzahl wird auf die Gefäßweite geschlossen. Nach Adrenalin z. B. kommt es zu einer Gefäßkontraktion, so daß die Tropfenzahl stark absinkt. Es muß aber berücksichtigt werden, daß letztere nicht ausschließlich von der Wirkung des zu untersuchenden Körpers auf die Gefäße abhängt. Treten z. B. Muskelkrämpfe auf, so kann es sekundär zu Gefäßkontraktionen kommen, die ebenfalls Änderungen der Abflußgeschwindigkeit zur Folge haben. Da die Elektrolyte — wie wir gesehen haben — einen großen Einfluß auf den Kontraktionszustand des Muskels haben, so ist vielfach nicht ohne weiteres zu entscheiden, inwieweit die durch sie erzielten Veränderungen am LÄWEN-TRENDELENBURGschen Präparat auf eine primäre Gefäßwirkung zurückzuführen sind. Es ist durchaus verständlich, daß Versuchsergebnisse verschieden ausfallen, wenn die Faktoren, die für das Ergebnis entscheidend sind, nicht einheitlicher Natur sind. Auffallend sind z. B. die gegensätzlichen Befunde, die mit $CaCl_2$ erhoben worden sind. Während ALDAY-REDONNET[1]) und TESCHENDORF[2]) nach Erhöhung des Calciumgehaltes der Ringerlösung, die zur Durchströmung des Froschgefäßpräparates benutzt wurde, Gefäßverengerung (also Verlangsamung der Ausflußgeschwindigkeit) beobachteten, konnte A. K. E. SCHMIDT[3]) Erweiterung derselben feststellen. Dies ist um so auffallender, als ALDAY-REDONNET und SCHMIDT ungefähr die gleichen Konzentrationen (Erhöhung des Calciumgehaltes der Ringerlösung von etwa 0,02 auf 0,2%) anwandten. Erhöhung des Kaliumgehaltes (desgl. auch des Natriums) führt fast immer zur Gefäßverengerung [BRAUN[4]), A. K. E. SCHMIDT, TESCHENDORF]. Bei stärkerer Erhöhung treten allerdings starke Muskelzuckungen auf, die — wie auch TESCHENDORF hervorhebt — aus den oben angeführten Gründen die Beurteilung der Wirkungsweise erschweren. Auffallend ist, daß nach kleinen Dosen — wie ALDAY-REDONNET angibt — keine Änderung der Abflußgeschwindigkeit auftritt. Gleichzeitige Vermehrung von K und Ca führt nicht nur nicht zu einer Steigerung, sondern sogar zu einer Abschwächung der beiden zukommenden Kontraktionswirkung (TESCHENDORF). Auch die kontrahierende Wirkung des Adrenalins wird durch K gehemmt, mitunter sogar umgekehrt. Befinden sich die Gefäße — wie nach Adrenalin bzw. Calcium — in kontrahiertem Zustande, kann also Kalium gefäßerweiternd wirken. In diesem Zusammenhang sei darauf hingewiesen, daß auch unter physiologischen Bedingungen die Gefäße natürlich nie so erschlafft sind wie bei dem von seinem Nervensystem getrennten Froschpräparat. Auch durch Calcium kann die Adrenalinwirkung abgeschwächt werden (SCHMIDT). Die Lithiumwirkung ähnelt der des Kaliums; doch ist sie eine wesentlich schwächere. Nach Magnesium tritt Gefäßerweiterung auf (SCHMIDT). Eine äußerst starke Kontraktionswirkung kommt den Bariumsalzen zu [HANDOVSKY und PICK[5]), AMSLER und PICK[6])]. Die Wirkung des

---

[1]) ALDAY-REDONNET: Biochem. Zeitschr. Bd. 110, S. 306. 1920.
[2]) TESCHENDORF: Biochem. Zeitschr. Bd. 118, S. 267. 1921.
[3]) SCHMIDT, A. K. E.: Arch. f. exp. Pathol. u. Pharmakol. Bd. 89, S. 144. 1921.
[4]) BRAUN: Pflügers Arch. f. d. ges. Physiologie Bd. 103, S. 476. 1904.
[5]) HANDOVSKY u. PICK: Arch. f. exp. Pathol. u. Pharmakol. Bd. 71, S. 89. 1913.
[6]) AMSLER u. PICK: Arch. f. exp. Pathol. u. Pharmakol. Bd. 85, S. 61. 1919.

Strontiums dagegen ist eine sehr schwache. Wegfall der einzelnen Bestandteile der Ringerlösung hat bei den Gefäßen eine Wirkung zur Folge, die derjenigen entgegengesetzt ist, die bei Vermehrung der betreffenden Substanzen beobachtet wird (SCHMIDT). In dieser Beziehung verhalten sich die Gefäße wie die anderen Organe (Herz, Muskel usw.). Was den Antagonismus von Kalium und Calcium betrifft, so kommt er — wie aus den bisherigen Ausführungen hervorgeht — bei ihnen nicht in so reiner Form wie bei den anderen vegetativen Organen zum Ausdruck; allerdings haben wir gesehen, daß die genannten Kationen sich gegenseitig in ihrer Wirkung kompensieren, und dies ist — vom physiologischen Gesichtspunkte aus betrachtet — das Wesentliche. Wie zwischen K und Ca besteht auch zwischen der Vagus- und Sympathicuswirkung bei den Gefäßen kein eindeutiger Antagonismus. Wohl kann die Wirkung des einen durch die des anderen ausgeglichen werden; allein angewandt, haben aber sowohl die Vagusgifte (Muscarin, Acethylcholin) wie das Sympathicusreizgift Adrenalin eine ähnliche, und zwar kontrahierende Wirkung. Beim LÄWEN-TRENDELENBURGschen Gefäßpräparat führen beide zu einer starken Verlangsamung der Ausflußgeschwindigkeit. — Die Beurteilung der Gefäßwirkungen mit Hilfe der meisten hierfür in Frage kommenden Methoden (Froschpräparat, Kaninchenohr usw.) leidet auch noch unter der Schwierigkeit, daß die Wirkung auf die verschiedenen Gefäßabschnitte (Arterien, Arteriolen, Capillaren usw.) nicht isoliert bestimmt wird; es wäre denkbar, daß sie mitunter eine verschiedene ist. So könnte die Arterienwirkung eine andere sein als die der Capillaren. Würde Kalium auf die Arteriolen kontrahierend und auf die Capillaren erschlaffend wirken und Calcium gerade umgekehrt, so würden sie trotz ihrer antagonistischen Wirkungsweise — an der Durchflußgeschwindigkeit gemessen — einen ähnlichen Wirkungseffekt zeigen. Die Möglichkeit für Fehlerquellen liegt also vor, doch soll sie andererseits nicht überschätzt werden. Versuche, die ich[1]) am isolierten Gefäßstreifen (Arterienwand von Hunden) ausführte, ergaben nämlich Resultate, die den bei den Durchströmungsversuchen gewonnenen entsprachen. Daß Adrenalin am Gefäßstreifen eine Kontraktion auslöst, hat schon O. B. MEYER[2]) festgestellt. Bei der gleichen Versuchsanordnung ließ sich auch durch Muscarin (Vagusgift) eine starke Kontraktion auslösen. Die Vaguswirkung ist also in diesem Falle der des Sympathicus ähnlich. Das gleiche gilt auch für die Kalium- und Calciumwirkung. Beide wirken am isolierten Gefäßstreifen kontrahierend. Ob sie sich trotzdem in ihrem Effekt kompensieren, ist nicht untersucht worden, kann aber als wahrscheinlich angesehen werden. — Daß auch die Wirkung von Giften, die nicht zu den vegetativen Nerven in Beziehung stehen, durch die Elektrolyte beeinflußt wird, ist nach den im Abschnitt 4 dieses Kapitels gemachten Ausführungen verständlich. Viele der quartären Ammoniumbasen (z. B. Guanidin, Tetramethylammoniumchlorid, Tetraäthylammoniumchlorid u. a.) wirken stark gefäßkontrahierend. Sie stellen Substanzen mit einem einwertigen organischen Kation dar. Ihre Wirkung wird durch die zweiwertigen anorganischen Kationen stark gehemmt, und zwar in der Reihenfolge Mg, Ca, Sr, Ba [TESCHENDORF[3])].

---

[1]) ZONDEK, S. G.: Biochem. Zeitschr. Bd. 132, S. 362. 1922.
[2]) MEYER, O. B.: Zeitschr. f. Biol. Bd. 48, S. 352. 1910.
[3]) TESCHENDORF: l. c.

Der Einfluß von Säuren und Alkalien auf die Gefäße ist vielfach studiert worden [GASKELL[1]), ISHIKAWA[2]), BAYLISS[3]), ALDAY-REDONNET, SCHWARZ und LEMBERGER[4]) u. a.]. Fast allgemein wurde festgestellt, daß der Zusatz von Säuren eine Gefäßdilatation zur Folge hat. In besonders eingehender Weise haben sich in letzter Zeit mit dieser Frage FLEISCH[5]) sowie ATZLER und LEHMANN[6]) beschäftigt, deren Untersuchungen deshalb besondere Bedeutung zukommt, weil sie den jetzigen Anschauungen über Säure- und Alkaligrad (H-Ionenkonzentration und Pufferung) Rechnung getragen haben; andernfalls übersieht man nämlich zu leicht die große Zahl von Fehlerquellen. Werden z. B. zu den Durchströmungsversuchen ungepufferte Lösungen verwandt, deren Säuerung bzw. Alkalisierung nur durch Zusatz bestimmter Säuren bzw. Alkalien herbeigeführt wird, so zeigt sich innerhalb eines gewissen Bereiches eine Unempfindlichkeit der Gefäße gegenüber diesen Veränderungen; dies liegt daran, daß — wie in Kap. VI näher ausgeführt werden wird — den Geweben starke Puffereigenschaften zukommen. Die Gefäße vermögen die $[H^{\cdot}]$ der ungepufferten Durchströmungsflüssigkeit ihrer eigenen $[H^{\cdot}]$ weitgehend anzupassen (ATZLER und LEHMANN). Bei Warmblütern ist die Pufferungspotenz der Organe noch größer als bei Kaltblütern. Die Reaktion der Gefäße auf Änderungen der $[H^{\cdot}]$ ist bei Kalt- und Warmblütern ungefähr die gleiche. Bei Anwendung stark gepufferter Lösungen (s. S. 203) zeigt sich, daß die Gefäßweite am größten ist bei einem etwa zwischen 5,0 und 7,0 gelegenen p_H (das Optimum liegt bei p_H 5,7). Ist die $[H^{\cdot}]$ noch geringer als einem p_H von 7 entspricht, wird die Lösung also alkalischer, tritt Gefäßkontraktion auf; das gleiche ist auch der Fall, wenn die $[H^{\cdot}]$ größer wird als einem p_H von 5 bzw. 4,5 entspricht, die Lösung also saurer wird. Da das p_H des Blutes bei Kalt- wie Warmblütern größer als 7,0 (etwa 7,3—7,5) ist, so ist verständlich, daß unter physiologischen Bedingungen die Gefäße stets etwas kontrahiert, zum mindesten nicht maximal dilatiert sind. Diese Gefäßreaktion auf die Änderung der $[H^{\cdot}]$ ist unabhängig vom Zentralnervensystem (ATZLER und LEHMANN). Die genannten Autoren sprechen von einer physiologischen Laugencontractur. — Es können — wie wir soeben erfahren haben — sowohl die H- wie OH-Ionen Gefäßkontraktionen auslösen. Ein Antagonismus bestände demnach zwischen diesen Ionen nicht; doch ist dieser Schluß nicht berechtigt; denn geht man von den physiologischen Verhältnissen aus, so ergibt sich etwas anderes. Wird die Reaktion des Blutes etwas alkalischer als es der Norm entspricht, d. h. wird das p_H größer, so tritt eine noch stärkere Kontraktion als die physiologische ein; wird das Blut dagegen saurer, d. h. wird das p_H kleiner, so tritt Gefäßerschlaffung ein (Gefäßkontraktion tritt erst wieder bei einem p_H von unter 5 auf). Das Einsetzen des physiologischen Ionenantagonismus hat aber das Bestehen physiologischer Verhältnisse zur Voraussetzung; daß auch zwischen der K- und Ca-Wirkung bei den Gefäßen nicht immer ein ausgesprochener Antagonismus nach-

[1]) GASKELL: Journ. of physiol. Bd. 3, S. 62. 1880—83.
[2]) ISHIKAWA: Zeitschr. f. allg. Physiol. Bd. 16, S. 235. 1914.
[3]) BAYLISS: Journ. of physiol. Bd. 26, S. 32. 1900—01.
[4]) SCHWARZ u. LEMBERGER: Pflügers Arch. f. d. ges. Physiol. Bd. 141, S. 149. 1911.
[5]) FLEISCH: Pflügers Arch. f. d. ges. Physiol. Bd. 171, S. 86. 1918; Zeitschr. f. allg. Physiol. Bd. 19, S. 310. 1921.
[6]) ATZLER u. LEHMANN: Pflügers Arch. f. d. ges. Physiol. Bd. 190, S. 118. 1921, Bd. 193, S. 463. 1922 u. Bd. 197, S. 206 u. 221. 1922.

weisbar ist, wird jetzt noch besser verständlich; denn die Versuchsbedingungen waren bei den in Frage kommenden Versuchen keine physiologischen. Die Gefäße befanden sich schon von vornherein meist in maximaler Dilatation; wo sie es nicht waren, ließ sich auch eher eine antagonistische Wirkungsweise nachweisen. Bei gleichzeitiger genauer Berücksichtigung der p_H-Verhältnisse würden die Versuchsergebnisse zum Teil wahrscheinlich anders ausfallen. Auch das, was über die Beziehungen zwischen Giftwirkung und $[H^{\cdot}]$ ausgeführt werden wird, spricht dafür. —

Der Erweiterung der Gefäße bei zunehmender $[H^{\cdot}]$ kommt höchstwahrscheinlich eine physiologische Bedeutung zu. Organe, die stark arbeiten, werden bekanntlich besser durchblutet; die Gefäße erschlaffen. Es ist, wie die genannten Autoren annehmen, nun durchaus möglich, daß dies auf die bei der Arbeit entstehenden sauren Stoffwechselprodukte (z. B. Milchsäure) und die durch sie bedingte lokale Verschiebung des p_H nach der sauren Seite zurückzuführen ist. Die Empfindlichkeit der Gefäße gegenüber Änderungen des p_H ist eine sehr große. In dem physiologischen p_H-Bereich werden — selbst unter experimentellen Bedingungen — p_H-Verschiebungen von 0,2—0,3 von deutlichen funktionellen Änderungen begleitet (FLEISCH, ATLER und LEHMANN). Die Regulation der Gefäßfunktion durch die $[H^{\cdot}]$ ist der des Atemzentrums an die Seite zu stellen (s. S. 91 und 112).

Erwähnt sei, daß auch die Reaktionen zwischen Gefäßen und Giften von der $[H^{\cdot}]$ beeinflußt werden. Besteht in der Durchströmungsflüssigkeit längere Zeit ein kleiner Überschuß an OH-Ionen, so tritt nach TESCHENDORF eine Umkehr der Muscarin- und Acethylcholinwirkung ein (statt Kontraktion Dilatation). Die Adrenalinwirkung dagegen nimmt bei stärkerer Alkalität (p_H 7,8—8,1) an Intensität zu, während Steigerung des Säuregrades sie abzuschwächen vermag; allerdings ist hierzu eine Steigerung der $[H^{\cdot}]$ bis zu einem unter 6,4 gelegenen p_H-Wert notwendig [D. ALPERN[1])].

Mit der Einwirkung auf die Gefäße hängt aus erklärlichen Gründen auch der Einfluß der Elektrolyte auf die Blutdruckverhältnisse zusammen; denn die Gefäßbeschaffenheit gehört neben der Herzarbeit zu den Faktoren, von denen der Blutdruck in erster Linie abhängt. Kontraktion der Splanchnicusgefäße (nach Adrenalin) ist von Blutdrucksteigerungen gefolgt, während ihre Erschlaffung Anlaß zu Blutdrucksenkung gibt. Aus den an den Froschextremitäten und am isolierten Gefäßstreifen durchgeführten Versuchen haben wir entnehmen können, daß die Wirkung der K- und Ca-Ionen vielfach in gleicher Richtung gelegen ist; beide können kontrahierend wirken. Der Blutdruck wird aber von ihnen trotzdem ganz verschieden beeinflußt. Es ist daher durchaus wahrscheinlich, daß auch die Gefäßwirkung eine verschiedene ist, und der andersartige Ausfall des Experimentes auf unphysiologische Bedingungen zurückzuführen ist, unter denen die Versuche ausgeführt worden sind; von einigen die Beurteilung erschwerenden Faktoren war bereits die Rede. Zu erwähnen bleibt noch, daß die Wirkung der Elektrolyte auf die Gefäße bisher vornehmlich an den Extremitäten geprüft worden ist. Das für den Blutdruck besonders wichtige Gefäßgebiet ist aber das des Splanchnicus. Was den Einfluß der K- und Ca-Ionen

---

1) ALPERN, D.: Pflügers Arch. f. d. ges. Physiol. Bd. 205, S. 578. 1924.

auf den Blutdruck betrifft, so zeigt er die gewohnten Analogien zu der Wirkung des Vagus und Sympathicus. Reizung des Vagusstammes am Halse führt bekanntlich zu Herzverlangsamung und Blutdrucksenkung, Sympathicusreizung (auch Adrenalin) zu Herzbeschleunigung und Blutdrucksteigerung.

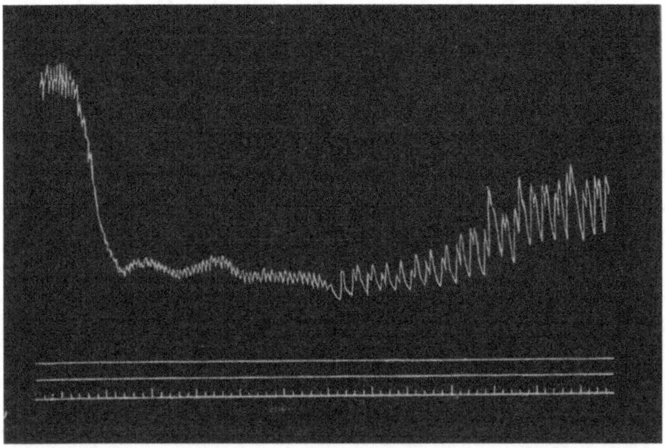

Abb. 18.

Nach intravenöser Injektion von etwa 0,02 g KCl bei Kaninchen, 0,03—0,04 g bei Katzen und Hunden tritt (s. Abb. 18) sofort eine starke Blutdrucksenkung und Pulsverlangsamung auf, die von der nach Vagusreizung beobachteten meist gar nicht zu unterscheiden ist. Insbesondere lassen sich auch die die Vagus-

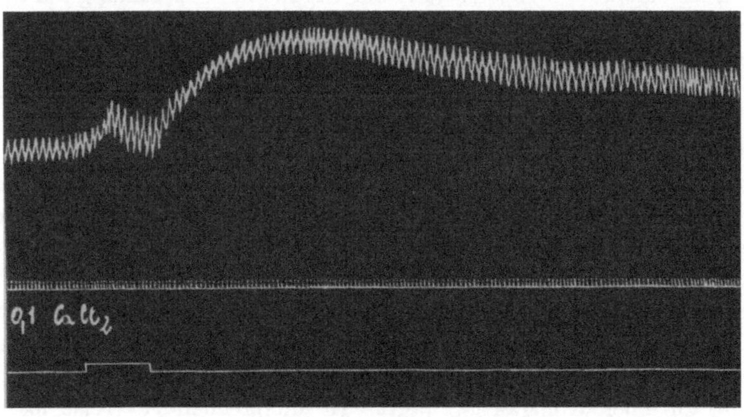

Abb. 19.

wirkung charakterisierenden langsamen, aber hohen und steilen Pulse, die sog. Vaguspulse, bei der Kaliumwirkung nachweisen [Ludwig Braun[1])]. Die von ihm aufgenommene Kurve ist oben wiedergegeben.

Natrium (bzw. NaCl) wirkt ebenfalls blutdrucksenkend; doch ist der Effekt ein wesentlich schwächerer. Calcium (s. Abb. 19) führt nach intravenöser Injektion von etwa 0,1—0,3 g bei Katzen und Hunden zu Pulsverlangsamung und

[1]) Braun, L.: Pflügers Arch. f. d. ges. Physiol. Bd. 103, S. 476. 1904.

Blutdrucksteigerung [F. KRAUS[1]), LANGENDORFF und HUECK[2])]. Die Veränderungen sind allerdings meistens nicht so stark wie die nach Adrenalin. Die Pulsbeschleunigung nach Adrenalin macht gewöhnlich schnell einer Pulsverlangsamung Platz, da starke Blutdrucksteigerung sekundär zur Erregung der Vaguskerne führt. Durchschneidung der beiden Halsvagi läßt infolge Ausschaltung der zentralen Vaguserregung wieder die primäre, pulsbeschleunigende Adrenalinwirkung in den Vordergrund treten. Wie aus Versuchen von SMIRNOW[3]) hervorgeht, gilt das gleiche auch für das Calcium. Im Gegensatz zum Adrenalin ist beim Calcium aber (besonders bei Kaninchen) häufig schon von Anfang an eine Pulsverlangsamung nachweisbar. — Die per orale Verabreichung der genannten Elektrolyte — auch bei starker Dosierung — ist von keinem nennenswerten Einfluß auf den Blutdruck begleitet.

c) Glattmuskelige Organe.

(Magen, Darm, Blase, Uterus.)

Bei der Besprechung der Nerven- und Ionenwirkung (s. S. 101) ist hervorgehoben worden, daß bei den glattmuskeligen Organen die Übereinstimmung zwischen der Vagus- und Sympathicuswirkung einerseits, der Kalium- und Calciumwirkung andererseits eine sehr weitgehende ist. Entsprechende Versuche am isolierten Organ haben ergeben, daß Vermehrung des Kaliums am ganzen Magendarmtraktus, desgleichen an der Blase und am Uterus eine starke Tonussteigerung, Verstärkung der Spontanbewegungen bzw. Steigerung der Peristaltik zur Folge hat [S. G. ZONDEK[4]), TEZNER und TUROLT[5])], während ein Überschuß an Calcium zu Erschlaffung der Organe bzw. Hemmung der Spontanbewegungen führt [S. G. ZONDEK[4])]. Auch über den gegenseitigen Austausch bzw. die gegenseitige Hemmung von Nerv- und Elektrolytwirkung ist berichtet worden. Hier soll nur noch auf nähere Einzelheiten eingegangen werden. Wie Calcium vermag auch das Magnesium am isolierten Katzendarm den Tonus herabzusetzen und die Pendelbewegungen zu hemmen [STARKENSTEIN[6])]; die Phosphorsäure (Ortho-, Meta- und Pyrophosphorsäure) wirkt erregend, was STARKENSTEIN auf ihre calciumfällenden Eigenschaften zurückführt; doch ist zu bedenken, daß am Magendarmtraktus auch Calciumentfernung ebenso wie Calciumvermehrung zu Hemmung der Eigenbewegungen führen kann (s. S. 110). Die Wirkung der Phosphorsäure ist demnach wahrscheinlich auf das Phosphorsäureanion zurückzuführen. — Der Froschmagen nimmt insofern eine Ausnahmestellung ein, als bei ihm nicht nur der Vagus, sondern auch der Sympathicus (Adrenalin) zu einer Kontraktion führt. In entsprechender Weise lösen auch sowohl Kalium wie Calcium Kontraktionsbewegungen aus (S. G. ZONDEK). Von besonderem Interesse ist das Verhalten des Uterus; denn

[1]) KRAUS, F.: Dtsch. med.. Wochenschr. 1920, Nr. 8, S. 201.

[2]) LANGENDORFF u. HUECK: Pflügers Arch. f. d. ges. Physiol. Bd. 96, S. 473. 1903.

[3]) SMIRNOW, A. I.: Pflügers Arch. f. d. ges. Physiol. Bd. 205, S. 687. 1924.

[4]) ZONDEK, S. G.: Dtsch. med. Wochenschr. 1921, Nr. 50 u. Biochem. Zeitschr. Bd. 132, S. 362. 1922.

[5]) TEZNER u. TUROLT: Zeitschr. f. d. ges. exp. Med. Bd. 24, S. 1. 1921.

[6]) STARKENSTEIN: Arch. f. exp. Pathol. u. Pharmakol. Bd. 77, S. 45. 1914.

1. ist seine Reaktion bei den verschiedenen Tierarten nicht dieselbe, und 2. bestehen bei derselben Tiergattung noch Unterschiede, die durch den augenblicklichen Zustand des Tieres (Gravidität) bedingt sind. Der Vagus ist bei den Uteri aller Tiere der fördernde Nerv; die Wirkung des Sympathicus dagegen ist wechselnd [LANGLEY und ANDERSON[1]), DALE[2])]. Während der nichtschwangere Meerschweinchenuterus auf Adrenalin mit einer Erschlaffung und Sistierung der Spontankontraktionen antwortet, reagiert der schwangere mit Kontraktion und Verstärkung der Eigenbewegungen. Beim Katzenuterus (wahrscheinlich auch beim menschlichen) wirkt Sympathicusreizung auch im nichtgraviden Zustand erregend. Wie Vagusreizung führt bei allen Uteri auch Kaliumvermehrung zu Kontraktionssteigerungen; das Calcium andererseits macht die gleichen physiologischen Schwankungen der Sympathicusreizwirkung mit, d. h. beim nichtgraviden Meerschweinchenuterus wirkt es hemmend, beim graviden, ferner beim Katzenuterus fördernd (S. G. ZONDEK).

Bei verändertem Elektrolytgleichgewicht können sowohl Nervenreiz- wie Giftwirkung Abweichungen gegenüber der Norm zeigen, evtl. auch eine Umkehrung erfahren. Beim Uterus ist dies eingehend von TUROLT[3]) studiert worden. Über Reaktionsverschiebungen beim Magendarmtraktus sei folgendes angeführt. Bei vollständigem Fehlen von Calcium bleibt der Erfolg der Vaguswirkung aus (TEZNER und TUROLT, S. G. ZONDEK). Unter den gleichen Bedingungen bleibt aber auch — was unter dem Gesichtspunkt der zwischen Nerv- und Elektrolytwirkung bestehenden Beziehungen besonders interessiert — die Natrium- bzw. Kaliumvermehrung wirkungslos (S. G. ZONDEK). In kaliumfreier Nährlösung zeigen sowohl Adrenalin wie Acetylcholin eine gegenüber normalem Ringer verstärkte Wirksamkeit (TEZNER und TUROLT). Diese Untersuchungsergebnisse seien noch durch einige allgemeine Bemerkungen betreffend die Veränderlichkeit der Nervenwirkung bei geänderten Elektrolytverhältnissen ergänzt. Bei der von mir vertretenen Auffassung, daß die Vaguswirkung im Sinne einer relativen Kaliumkonzentrierung, die des Calciums im Sinne einer relativen Calciumkonzentrierung gelegen sei, erscheint die Annahme naheliegend, daß sich die Vagus- und Kaliumwirkung bzw. die Sympathicus- und Calciumwirkung summieren müßten. Meist ist dies auch tatsächlich der Fall. Wie ich schon in einer der ersten meiner Veröffentlichungen[4]) ausdrücklich hervorgehoben habe, braucht dies aber nicht immer so zu sein; „denkbar ist z. B., daß gelegentlich auch Calcium- und Sympathicusreizwirkung sich gegenseitig aufheben. Wenn wir der Zelle Calcium im Überschuß zuführen, also eine künstliche Calciumkonzentrierung schaffen, so führen wir auf jeden Fall eine Membran- d. h. Grenzflächenveränderung an der Zelle herbei. Reizen wir jetzt den Sympathicus (Adrenalin), so trifft dieser Reiz schon eine veränderte Membran an, und es ist nicht gesagt, daß er an ihr dieselbe Wirkung wie sonst entfalten muß. Diese Überlegung hat besonders dann eine Berechtigung, wenn wir davon ausgehen, daß der Nerv primär die Membranen beeinflußt und von ihnen erst sekundär die Elektrolytverschiebung erzwungen wird. Ist die Membran aber schon primär

---

[1]) LANGLEY u. ANDERSON: Journ. of physiol. 1922, S. 1895.
[2]) DALE: Journ. of physiol. Bd. 34, S. 163. 1906.
[3]) TUROLT: Arch. f. Gynäkol. Bd. 115, S. 600. 1922.
[4]) ZONDEK, S. G.: Biochem. Zeitschr. Bd. 132, S. 362. 1922.

verändert, so kann die auf den Nervenreiz erfolgende Membranbeeinflussung dergestalt sein, daß jetzt eine andere Elektrolytverschiebung als sonst herbeigeführt wird. Wenn wir die Nervenwirkung und zwar die Vagus- und Sympathicuswirkung definieren, so gilt die Definition nur in bezug auf ein normales Membran- und ein normales Elektrolytsystem. Dies muß scharf betont werden; denn wir wissen, daß schon bei gering verändertem Elektrolytsystem die Elektrolyte selbst ihre Wirkung ändern können. Während z. B. das Kalium am normalen Herzen immer diastolisch wirkt, hat es bei einem Herzen, das mit kleinen Calciummengen vorbehandelt ist, eine systotische Wirkung [O. LOEWI[1])]." Die Na- und K-Wirkung bleibt — wie zuvor schon erwähnt wurde — beim Darm aus, wenn Ca fehlt. Ist also selbst die uns bekannte Wirkung der einzelnen Elektrolyte nur eine relative und zwar relativ zu einem ganz bestimmten Elektrolytsystem, so ist gewiß nicht erstaunlich, wenn dies auch bei der Nervenwirkung der Fall ist. Ich hebe dies besonders hervor, weil in Unkenntnis meiner früheren Ausführungen von manchen Autoren gewisse hierher gehörende Einzeltatsachen gegen die Richtigkeit meiner Auffassung vom Wesen der Vagus- und Sympathicuswirkung ausgewertet werden; so von BRICKER u. TSCHARNY[2]), die festgestellt haben, daß die elektrische Vagusreizwirkung auf den Blutdruck durch Kalium nicht verstärkt werde.

Elektrolyte als Abführmittel. Zu den Elektrolyten, die darmentleerend wirken, gehören in erster Linie das Natriumsulfat (Glaubersalz) und das Magnesiumsulfat (Bittersalz); zu nennen sind auch die hypertonischen Natriumchloridlösungen. Die Frage, ob es sich bei diesen Salzen um spezifische Wirkungen handelt, ist schon öfter Gegenstand von Erörterungen und Untersuchungen gewesen. Der Anschauung von MACALLUM[3]) und TYRODE[4]), die eine spezifisch erregende Wirkung dieser Salze auf die Darmmuskulatur annehmen, stehen entgegengesetzte Ansichten von FRANKL, AUER, PADTBERG, DE HEER[5]) u. a. gegenüber. Daß die angeführten Salze eine Wirkung auf die Darmmuskulatur ausüben können, ist zweifellos; besonders deutlich zeigt sich dies, wenn man den Einfluß der Salze mit Hilfe der MAGNUSschen Methode prüft, die übrigens auch für die Untersuchung der anderen Salze (K, Ca usw.) angewandt wird; der isolierte Darmabschnitt wird in die Nährlösung gelegt, welche die zu untersuchenden Elektrolyte enthält; letztere umspülen den ganzen Darm, insbesondere auch von der Serosa her; bei den Abführmitteln kommt aber physiologischerweise nur die Wirkung vom Darmlumen, also von der Mucosa aus, in Betracht. Bei Anwendung einer Methode, die diesem Umstand Rechnung trug — die Versuche wurden auch am isolierten Darmstück vorgenommen — fand M. BAUR[6]), daß die Wirkung der betreffenden Abführmittel derjenigen, die bei Berührung mit der Serosa eintritt, zwar ähnlich, aber wesentlich schwächer ist. Die zur Erzielung eines Effektes notwendigen Elektrolytmengen stehen in gar keinem Verhältnis zu den für das Eintreten einer Kalium- bzw. Calciumwirkung erforder-

[1]) LOEWI, O.: Arch. f. exp. Pathol. u. Pharmakol. Bd. 83, S. 366. 1918.
[2]) BRICKER und TSCHARNY: Zeitschr. f. d. ges. exp. Med. Bd. 52, S. 550. 1926.
[3]) MACALLUM: Americ. journ. of phys. Bd. 10 u. 19. 1903.
[4]) TYRODE: Arch. internat. de pharmacodyn. et de thérapie 1910, 20.
[5]) Zit. nach BAUR.
[6]) BAUR, M.: Arch. f. exp. Pathol. u. Pharmakol. Bd. 100, S. 95. 1923 u. Bd. 109, S. 22. 1925.

lichen. Eine Erhöhung des 0,02 bzw. 0,03% betragenden Ca- bzw. K-Gehaltes der TYRODEschen Nährlösung auf etwa 0,06—0,08% reicht aus, um auf die Peristaltik des Darmes stark einzuwirken; dagegen tritt in den BAURschen Versuchen eine Beeinflussung der Darmkontraktion durch die genannten Abführmittel ein, wenn der das Darmlumen durchspülenden Tyrodeflüssigkeit die betreffenden Salze in einer Konzentration von z. B. 1,4% Na_2SO_4 hinzugesetzt wird, der osmotische Druck der Nährlösung sich dadurch auf das 2—3fache erhöht. Zwischen der Wirkung des Na_2SO_4 und der $MgSO_4$ ließ sich kein wesentlicher Unterschied nachweisen; auch die durch Kochsalzzulage in ihrem osmotischen Druck in gleicher Weise gesteigerte Tyrodelösung zeigte den gleichen Effekt. Er besteht darin, daß es primär zu einer Erregung des Darms mit Hyperperistaltik und Mehrförderung kommt, denen aber bald ein Lähmungsstadium folgt; dieses hält so lange an, bis ein Ausgleich der Hypertonie erfolgt ist. Am längsten dauert dies beim Magnesiumsulfat, am kürzesten bei der NaCl-Tyrodelösung. Ist die Salzkonzentration keine zu große, so läßt sich während der Hemmungsperiode durch Steigerung des Füllungsdruckes wieder eine peristaltische Tätigkeit auslösen. Bei Anwendung von reiner, der Tyrodeflüssigkeit isosmotischer Natriumsulfatlösung ist eine erregende Wirkung auf den Darm gar nicht nachweisbar (auch bei Anwendung der MAGNUSschen Methode); dagegen tritt eine gewisse Hemmung ebenfalls ein. Während also die erregende Wirkung mit der spezifischen Natur der Salze gar nicht zusammenhängt, trifft dies für die Hemmungswirkung wenigstens zum Teil zu; daß letztere bei der therapeutischen Anwendung nicht zum Ausdruck kommt, liegt vor allem daran, daß durch die primär erregende Wirkung eine schnelle Verteilung der Salze erfolgt; dazu kommt, daß die Zunahme des Füllungsvolumens, von der sogleich noch die Rede sein wird, die durch die Hypertonie sekundär gesetzte Hemmung wieder auszugleichen in der Lage ist. Die Zunahme des Füllungsvolumens gehört zu den wichtigsten Wirkungen der salinischen Abführmittel. Sie ist zunächst von BUCHHEIM und HAY[1]) erkannt worden und beruht auf folgendem. Na_2SO_4 und $MgSO_4$ gehören zu den die Darmwand schwer diffundierbaren Krystalloiden. Die Folge ist, daß sie entsprechend ihrem Wasseranziehungsvermögen ihr Lösungswasser festhalten, also Wasser, welches sonst resorbiert wird, retinieren, evtl. sogar noch eine Diffusion von Wasser aus der Blutbahn in den Darm veranlassen. Auch wird durch die Salze die Sekretion der Darmdrüsen angeregt, wodurch es ebenfalls zu einer Zunahme der Flüssigkeitsmenge kommt. Verständlich ist nach den BAURschen Versuchsergebnissen auch, weshalb die salinischen Abführmittel nicht in zu starker Konzentration gegeben werden dürfen; die Hemmung durch die Hypertonie ist in diesen Fällen eine zu starke. Der Erfolg ist um so besser, je mehr Wasser gleichzeitig mit dem betreffenden Salz aufgenommen wird. Die natürlichen Quellen (z. B. Elisabethquelle in Homburg, Karlsquelle Mergentheim, Kreuzbrunnen Marienbad) stellen relativ dünne Lösungen dar (der Gesamtgehalt an Salzen beträgt nicht mehr als 2%). Liegt die Konzentration der Salze über 10—20%, so ist nach den Erfahrungen am Menschen und auch nach den tierexperimentellen Ergebnissen die Abführwirkung eine sehr verzögerte. Daß der Wirkungsmechanismus der salinischen Abführmittel ein prinzipiell anderer ist als der der bisher behandelten Salzelektrolyte, ergibt sich

[1]) HAY: Journ. of anat. a. phys. Bd. 16 u. 17. 1884.

nach dem Gesagten von selbst. So kann als sicher angesehen werden, daß der spezifischen Ionenwirkung, wenn überhaupt, nur eine sekundäre Bedeutung zukommt. Ob Salze wie die des K und Ca auf den Darm eine spezifische Wirkung ausüben, wenn sie nicht der Serosa direkt zugeführt werden bzw. von der Blutbahn aus einwirken, sondern lediglich mit dem Darmlumen, also der Mucosa, in Berührung kommen, ist bisher noch nicht untersucht worden. Vom Calcium wissen wir, daß es — bei der MAGNUSschen Versuchsanordnung — hemmend auf den Darm wirkt. Andererseits ist bekannt, daß Calciumsalze hemmend bzw. antidiarrhoisch wirken können, auch wenn sie peroral verabreicht werden. Man könnte daran denken, daß diese Wirkung auf dem Wege über das Blut erzielt werde; dieser Annahme steht jedoch die Tatsache gegenüber, daß die antidiarrhoische Calciumwirkung auch bei schlecht resorbierbaren Calciumsalzen ein (Calc. lacticum oder phosphoric.) eintritt. Daß in diesen Fällen eine spezifische Ca-Wirkung auf die Darmmuskulatur von der Mucosa aus zustande kommt, ist durchaus möglich; denn auch bei den salinischen Mitteln ist ja vom Darmlumen aus eine geringe spezifische Wirkung zu erzielen; nur ist sie nicht identisch mit der therapeutischen; sie ist hemmend statt fördernd. Beim Calcium stimmt aber die spezifische Ionenwirkung und die therapeutisch beobachtete gut überein. Sie besteht in einer Hemmung der Darmtätigkeit. Die antidiarrhöische Calciumwirkung ist aber trotzdem nicht nur als Folge der spezifischen Beeinflussung der Darmmuskulatur durch das Ca-Ion anzusehen; es kommt zweifellos auch der Salznatur eine große Bedeutung zu. So hat STOLTE bei Kindern zeigen können, daß die Festigkeit der Stühle von ihrem Gehalt an fettsauren Kalksalzen (Kalkseifen) abhängt, deren Bildung im oberen Teil des Dünndarmes erfolgt. Die Hemmung der Darmtätigkeit erfolgt in diesem Falle also durch Beeinflussung der Faeces selbst.

d) Drüsige Organe.

Von den Beziehungen der Elektrolyte zu den drüsigen Organen (Speicheldrüsen, Leber usw.) war schon in Abschnitt 3 dieses Kapitels die Rede. Im folgenden sei ergänzend nur auf die Funktionsbeeinflussung der betreffenden Organe durch die Elektrolyte hingewiesen; das vorliegende Tatsachenmaterial ist allerdings noch sehr gering. Bezüglich der Speichelsekretion s. S. 110. Über die Magensaftsekretion läßt sich folgendes sagen. Erregend wirken die freie Kohlensäure bzw. alle diejenigen Substanzen, durch deren Verweilen in der Magenhöhle Gelegenheit zur Entwicklung von CO_2 gegeben ist [BICKEL[1])]. Passieren aber solche Substanzen (z. B. Natr. bicarbon.) die Magenhöhle unzersetzt, „so können sie sich indifferent, ja sogar unter Umständen durch Reflexwirkung vom Duodenum aus hemmend verhalten". Daß es sich bei der Kohlensäurewirkung um eine Ionenwirkung handelt, ist sehr unwahrscheinlich; auch der Wasserstoff in statu nascendi hat für die Magensekretion die gleiche Bedeutung (BICKEL). Säftetreibend wirken auch die NaCl-Lösungen, und zwar in allen Konzentrationen mit Ausnahme der 0,9proz. Je stärker die Konzentration, desto größer ist der Effekt [LÖNNQUIST[2]),

[1]) BICKEL: Oppenheimers Handb. d. Biochem. Bd. IV, S. 531. 1925.
[2]) LÖNNQUIST: Skandinav. Arch. f. Physiol. Bd. 18, S. 194. 1906.

ROZENBLAT[1])]. Inwieweit es sich hier um eine spezifische Ionenwirkung handelt, sei dahingestellt; es bestehen dieselben prinzipiellen Bedenken, die im vorangehenden Abschnitte für alle vom Lumen des Magen-Darmtraktus aus dargereichten Substanzen geäußert worden sind. Gehen wir von der direkten Beeinflussung der sekretorischen Magenfunktion durch die Elektrolyte aus, so dürften folgende Untersuchungsergebnisse mehr Interesse beanspruchen. Nach intravenöser Injektion von kleinen KCl-Mengen tritt beim nüchternen Tier eine Magensaftsekretion ein (MUKOGAMA); Calcium dagegen hat eine Hemmung der Sekretion zur Folge. Im Zusammenhang damit sei daran erinnert, daß beim Magen der Vagus der Nerv ist, der in jeder Hinsicht sekretionsfördernd wirkt, während dem Sympathicus neben bestimmten sekretionsfördernden Eigenschaften vor allem die Fähigkeit der Sekretionshemmung (insbesondere der HCl-Produktion) zukommt. — Noch weniger als die sekretorische Funktion des Magens ist die der Leber hinsichtlich ihrer Beeinflussung durch Elektrolyte exakt untersucht worden. Wird infolge der Einwirkung irgendeines Salzes ein vermehrter Gallenfluß beobachtet, so beweist dies noch nicht, daß die Gallensekretion vermehrt ist. Eine vorübergehende Steigerung kann unter physiologischen Verhältnissen auch dadurch erzielt werden, daß Gallenblase und Gallengänge zur Kontraktion gebracht werden und infolgedessen die in der Gallenblase vorhandene Galle nach außen (in den Darmkanal) befördert wird. Von bestimmten Mitteln wie Witte-Pepton und konzentrierten $MgSO_4$-Lösungen wissen wir, daß sie vom Duodenum aus eine derartige Wirkung auslösen können. Ob andere Elektrolyte ebenfalls dazu befähigt sind, ist nicht bekannt. Wäre dies der Fall, so ließe sich aus dieser Tatsache aber noch nicht die Folgerung ableiten, daß die betreffenden Elektrolyte die motorische Funktion der Gallenblase und Gallengänge beeinflussen; denn die vom Duodenum ausgelöste Wirkung des $MgSO_4$ ist sicherlich nicht auf eine direkte Beeinflussung der Gallenblasenmuskulatur durch das Mg zu beziehen, sondern als reflektorische Fernwirkung aufzufassen. Geeignet zur Klärung dieser Fragen wären Untersuchungen an der isolierten Gallenblase. Noch weniger als über die Kontraktion der Gallenwege sagen die angeführten Versuche etwas über den sekretorischen Vorgang in der Leber selbst aus; daß die Elektrolyte diese beeinflussen, ist durchaus wahrscheinlich. Die günstigen klinischen Erfolge, die bei Leberkranken mit den verschiedenen Brunnen (Karlsbad, Marienbad, Mergentheim usw.) erzielt werden, sprechen durchaus dafür, auch wenn sie es natürlich nicht direkt beweisen. Es liegen aber auch einige experimentelle Versuchsergebnisse vor; so tritt bei Tieren mit einer Gallenfistel nach K eine Verminderung des Gallenflusses ein (ALCIRA ADACHI). Über die Bedeutung der Elektrolyte für den Sekretionsvorgang in den Nieren s. Kap. VII, das sich mit den Flüssigkeitsbewegungen im Organismus beschäftigt.

e) Blut.

Zu den eingehend untersuchten Eigenschaften des Blutes und seiner Bestandteile gehört die Hämolyse der Erythrocyten. Suspendiert man letztere in ganz verschiedenen neutralen Alkalisalzlösungen, tritt Hämolyse bei dem gleichen Grad von Hypotonie auf; dies trifft aber nur für den kurzdauernden

[1]) ROZENBLAT: Biochem. Zeitschr. Bd. 4, S. 500. 1907.

Versuch zu, dessen Gelingen davon abhängig ist, daß die Erniedrigung des osmotischen Druckes eine relativ große ist. Ist sie eine sehr geringe, dann tritt die Hämolyse erst nach langer Zeit ein (nach mehreren Stunden oder auch Tagen). Unter diesen Verhältnissen tritt aber ein spezifischer Einfluß der einzelnen Salze in Erscheinung; trotz der zwischen den verschiedenen Salzlösungen herrschenden Isotonie tritt nämlich die Hämolyse verschieden schnell auf. Wie HÖBER[1]) zeigen konnte, spielen hierbei sowohl die Anionen wie die Kationen eine Rolle. Bei gleichbleibendem Kation läßt sich für die Anionen folgende Reihe aufstellen: $SO_4 < Cl < Br < NO_3 < SCN < J$. In Na_2SO_4- oder NaCl-Lösungen hämolysieren die Erythrocyten also später als in NaJ-Lösungen. Die Reihe gleicht der bekannten HOFMEISTERschen. Die Kationenreihe lautet:

$$Li,\ Na < Cs < Rb < K\,.$$

Also selbst bei Vorgängen wie der Hämolyse, deren Zustandekommen lange Zeit dazu diente, um die physiologische Bedeutung der osmotischen Druckverhältnisse gewissermaßen ad oculos zu demonstrieren, hat sich gezeigt, daß auch der spezifischen Wirkung der einzelnen Ionen Bedeutung zukommt. Sie spielen sowohl bei der durch Hypotonie wie bei der durch Eingriffe anderer Art (Gifte wie Saponin und die Narkotica, Temperatureinflüsse) erzielten Hämolyse eine große Rolle [JARISCH, FÜHNER und NEUBAUER, JODLBAUER und HAFFNER, HAFFNER[2])]. — Die Agglutination der Blutkörperchen (ein Prozeß, der der Flockung hydrophober Kolloide ähnelt) wird durch die Elektrolyte in bestimmter Weise beeinflußt. Zunächst sei hervorgehoben, daß weder die Alkali- noch die Erdalkalisalze Agglutination der Erythrocyten herbeiführen können; vielmehr kommt ihnen eine gewisse Hemmungswirkung zu. Blutkörperchen agglutinieren, wenn sie mehrmals mit den reinen Lösungen von Nichtelektrolyten (Zucker usw.) gewaschen werden. Voraussetzung ist allerdings das Bestehen einer schwach sauren Reaktion, die durch die Absorption der Kohlensäure der Luft oder auch durch Zersetzung des Zuckers entsteht [ROHONY[3]), RADSMA[4]), COULTER[5])]. Als Ursache der Agglutination (Flockung) wird die Entladung der Blutkörperchen im isoelektrischen Punkte angesehen (s. Kap. III). Ein Überschuß von H-Ionen, der zur Aufladung der Blutkörperchen führt, verhindert die Agglutination. Auch die Neutralsalze vermögen — wie RADSMA gezeigt hat — die Agglutination rückgängig zu machen bzw. zu hemmen. Der Grad der Wirksamkeit ist bei den verschiedenen Salzen nicht der gleiche. Die Anionenreihe ist ungefähr die gleiche wie die bei dem Hämolyseversuch aufgestellte. Die Wirkung der Kationen nimmt in folgender Reihenfolge an Intensität zu:

$$K < Na < Li < Ca < Ba\,.$$

Nach HAFFNER ist diese Wirkung der Neutralsalze darauf zurückzuführen, daß ihre Gegenwart die Empfindlichkeit der Blutkörperchenkolloide gegenüber den aktiven H-Ionen vermindert; denn je salzärmer Kolloide sind, desto mehr nehmen sie den Charakter von hydrophoben (also elektrolytempfindlichen)

[1]) HÖBER: Biochem. Zeitschr. Bd. 14, S. 209. 1908.
[2]) Zit. nach HÖBER: Physikal. Chemie der Zelle und Gewebe 1922, S. 598.
[3]) ROHONY: Kolloidchem. Beihefte Bd. 8, S. 337. 1916.
[4]) RADSMA: Arch. néerland de physiol. de l'homme et des anim Bd. 3, S. 365. 1919; zit. nach HÖBER.
[5]) COULTER: Journ. of gen. physiol. Bd. 3, S. 309. 1921; zit. nach HÖBER.

Kolloiden an. Eine größere Wahrscheinlichkeit dürfte aber der Erklärung HÖBERS zukommen, der annimmt, daß entsprechend den Untersuchungsergebnissen von RONA und MICHAELIS[1]) durch die Neutralsalze das Flockungsoptimum für die H-Ionen verschoben wird. Beim hitzedenaturierten Eiweiß oder Casein fällt es nicht mehr mit dem isoelektrischen Punkt zusammen, sondern wird je nach dem Überwiegen des zugesetzten Anions bzw. Kations nach der sauren bzw. alkalischen Seite verschoben. Wie schon erwähnt wurde, können die Elektrolyte allein eine Agglutination der Blutkörperchen nicht herbeiführen; ihr Einfluß ist vielmehr ein indirekter. Nach RONA und GYÖRGY[2]) kommt die Hämagglutination durch die Agglutinine (z. B. Ricin) in der Weise zustande, daß durch das betreffende Gift die Blutkörperchen so verändert werden, daß sie mehr den Charakter von Suspensionskolloiden annehmen, hierdurch den schon vorhandenen Ionen gegenüber empfindlicher bzw. durch sie ausgeflockt werden. Die betreffenden Gifte wirken also in diesem Falle mit Hilfe der Elektrolyte (vgl. hierzu das in Abschnitt 4 dieses Kapitels über Elektrolyt- und Giftwirkung Gesagte). Der Agglutinationsvorgang hängt — wie betont worden ist — mit den elektrischen Ladungsverhältnissen der Blutkörperchen zusammen. Daß letztere tatsächlich eine elektrische Ladung tragen, ist nicht nur nach dem, was in Kap. III über die elektrische Ladung kolloider Teilchen gesagt wurde, verständlich, sondern kann auch direkt nachgewiesen werden. Im Kataphoreseversuch wandern — wie HÖBER[3]) gezeigt hat — die Blutkörperchen nach der Anode; sie sind also negativ geladen. Experimentell lassen sich Umladungen erzielen (z. B. durch Einwirkung von CO_2 auf Blutkörperchen, die in Lösungen von Nichtleitern suspendiert sind). Mit der elektrischen Ladung hängt noch ein anderer Vorgang zusammen, dem besonders in neuerer Zeit größere Beachtung geschenkt worden ist; es ist dies die Senkungsgeschwindigkeit der Erythrocyten [FÄHRAEUS[4]), HÖBER u. a.]. Sie kann unter bestimmten Bedingungen (Gravidität, Infektion) beschleunigt sein. Der Zusammenhang mit den Elektrolyten ist hier ebensowenig wie bei der Agglutination ein direkter, d. h. die Elektrolyte selbst sind kaum die unmittelbare Ursache der veränderten Sedimentierungsgeschwindigkeit. Vielmehr müssen wir nach HÖBER sowie HÖBER und MOND von folgendem ausgehen. Wie besonders aus den Untersuchungen von FÄHRAEUS hervorgeht, tritt unter den erwähnten pathologischen Bedingungen eine Änderung in der Eiweißzusammensetzung der Blutkörperchen ein; so nimmt ihr Gesamtglobulingehalt im Verhältnis zum Albumingehalt zu. Der isoelektrische Punkt des Globulins (p_H — 5,4) liegt aber näher dem Neutralpunkt als der des Albumins (p_H — 4,7). Da im Blute annähernd H-Ionenneutralität herrscht, so ist bei Überwiegen des Globulins die Voraussetzung für Flockungsvorgänge (die Sedimentierung ist auch nichts anderes als Flockung) besser als bei Überwiegen des Albumins; so sind die zur Ausflockung notwendigen Elektrolytmengen in ersterem Falle geringer als in letzterem. Dies hat FÄHRAEUS auch direkt, und zwar experimentell mit Hilfe von Lanthansalzen, nachweisen

¹) RONA u. MICHAELIS: Biochem. Zeitschr. Bd. 94, S. 225. 1919.
²) RONA u. GYÖRGY: Biochem. Zeitschr. Bd. 105, S. 120. 1920.
³) HÖBER: Pflügers Arch. f. d. ges. Physiol. Bd. 101, S. 607 u. Bd. 102, S. 196. 1904.
⁴) FÄHRAEUS s. HÖBER: Physik. Chemie der Zelle u. Gewebe, S. 608 (dort auch weitere Literaturangaben).

können. Die Bedeutung der Elektrolyte für diese Vorgänge ist also eine indirekte; es ändert sich die Empfindlichkeit der betreffenden Zellen ihnen gegenüber.

Auf die Bedeutung der Elektrolyte für das Verhalten der Leukocyten ist schon kurz an anderer Stelle hingewiesen worden (s. S. 97). Es wurden die Versuche von HAMBURGER und HEKMA erwähnt, die ergaben, daß Calcium die phagocytären Eigenschaften der weißen Blutkörperchen (gemessen an ihrer Aufnahmefähigkeit für Kohlenpartikelchen) steigert, während Kalium sie hemmt. Von Bedeutung sind aber auch die anderen Elektrolyte. Was die Alkaliionen betrifft, so kommt dem Na und Rb etwa die gleiche Wirkung wie dem K zu; Cs und Li dagegen hemmen die Phagocytose noch stärker als K [RADSMA[1])]. Ein hemmender Einfluß kommt auch den Anionen zu. Die Intensität der Wirkung ist eine verschiedene; HAMBURGER und HEKMA haben folgende Reihe aufgestellt:

$$Br < Cl < J .$$

Bisher wurde nur von dem Einflusse der Elektrolyte auf das Geschehen bzw. die funktionellen Vorgänge an den einzelnen Blutkörperchen gesprochen. Eine prinzipiell andere Frage ist, welche Bedeutung den Elektrolyten für die Blutzusammensetzung, speziell hinsichtlich der corpusculären Elemente zukommt. (Der Einfluß auf den Wassergehalt des Blutes wird in Kap. VII behandelt werden. Für eine Änderung der corpusculären Blutzusammensetzung kommen verschiedene Ursachen in Frage. 1. Die in der Blutbahn vorhandenen Blutkörperchen können eine Verteilungsänderung erfahren, und 2. die Bildung von Blutkörperchen kann beeinflußt werden (erregender oder lähmender Einfluß auf die blutbildenden Organe). Welches — ganz allgemein betrachtet — die Wirkungsweise der Elektrolyte ist, läßt sich nicht ohne weiteres entscheiden; vielleicht kommt in concreto beiden Faktoren eine Bedeutung zu. Der erstere scheint jedoch — wie sich aus den folgenden Ausführungen ergeben wird — eine größere Rolle zu spielen. An Tatsachen läßt sich folgendes anführen. E. WOLLHEIM[2]) fand im Tierversuch, daß nach Nahrungsaufnahme (Milch) gleichzeitig mit der sich einstellenden und im Ohrvenenblut nachweisbaren Leukocytose (Verdauungsleukocytose) Änderungen im K- und Ca-Gehalt des Pfortaderblutes auftreten; der K-Gehalt nimmt zu bzw. der $\frac{K}{Ca}$-Quotient wird größer. Die Leukocytose dürfte in diesem Falle — wie aus Untersuchungen von GOLDSCHEIDER und JACOB[3]), WORMS und SCHREIBER[4]) sowie E. F. MÜLLER[5]) hervorgeht — auf Verteilungsänderungen der weißen Blutkörperchen zurückzuführen sein. Es ist nämlich wahrscheinlich, daß mit der peripheren Leukocytose eine Leukocytenverminderung besonders in der Leber einhergeht und umgekehrt einer Leukopenie in der Peripherie eine Zunahme der Leukocyten in der Leber entspricht (E. F. MÜLLER, WOLLHEIM). Daß diese Verteilungsänderung der Leukocyten mit den Elektrolyten zusammenhängt, dafür spricht nicht allein die Tatsache, daß die erwähnte Verdauungsleukocytose von Änderungen im K- und Ca-Gehalt des Pfortaderblutes begleitet wird. WOLLHEIM ging den entgegengesetzten Weg, indem er künstlich im Pfort-

---

[1]) RADSMA: Arch. néerland. de physiol. de l'homme et des anim. Bd. 4, S. 197. 1920.
[2]) WOLLHEIM, E.: Klin. Wochenschr. 1924, Nr. 17, S. 736 u. 1925, Nr. 41.
[3]) GOLDSCHEIDER u. JACOB: Zeitschr. f. klin. Med. Bd. 25, S. 373. 1894.
[4]) WORMS u. SCHREIBER: Zeitschr. f. klin. Med. Bd. 93, S. 323. 1922.
[5]) MÜLLER, E. F.: Münch. med. Wochenschr. 1924, Nr. 21, S. 672.

aderblut Änderungen des Elektrolytgleichgewichtes schuf und die Einwirkung auf die Verteilung der Leukocyten beobachtete. Nach Injektion von KCl (etwa 0,03—0,13) in die Pfortader tritt bei Hunden und Katzen im Ohrvenenblut eine Leukocytose und nach $CaCl_2$ (0,03—0,1 g) eine Leukopenie auf. Der gleiche Effekt wie durch K ließ sich durch NaOH (0,2 ccm $^1/_{10}$n-NaOH) und der gleiche Effekt wie durch $CaCl_2$ durch HCl (0,2 ccm $^1/_{10}$n-HCl) erzielen. (Über die Beziehungen der K- und Ca-Wirkung zu der der H- und OH-Ionen s. S. 109.)

Auch die qualitative Zusammensetzung der Leukocyten kann durch Elektrolyte beeinflußt werden. Der Hypertonie der injizierten Salzlösungen kommt bei der Einwirkung auf das Blutbild evtl. eine Bedeutung zu; zweifellos ist aber der Einfluß der spezifischen Ionenwirkung der größere [E. Schilling und K. Gröbel[1])]. Es sei betont, daß die Ergebnisse der einzelnen Autoren nicht ganz übereinstimmen; dies liegt zum Teil daran, daß mit ganz verschiedenen Salzkonzentrationen experimentiert worden ist. So injizierte Rösler bei seinen Versuchen 0,1 g Calc. lact. intravenös, während Schilling und Gröbel etwa 1,0 g Calc. chlorat. verwandten. Vor allem müssen wir aber bedenken, daß gerade beim weißen Blutbild die verschiedene Reaktionsart des einzelnen Individuums eine sehr große Rolle spielt. So wissen wir, daß auch nach den bekannten Vagus- und Sympathicusgiften (Adrenalin, Pilocarpin, Atropin usw.) Änderungen im weißen Blutbild auftreten, die keineswegs immer gleichartige und konstante sind [Schenk[2])]. Trotzdem konnten Schilling[3]) und Gröbel unter dem Einfluß von Kalium und Calcium Veränderungen im Blutbild feststellen, die in der Mehrzahl der Fälle durch einen bestimmten und zwar antagonistisch gerichteten Typ ausgezeichnet sind. Nach intravenöser Calciuminjektion tritt beim Menschen eine relative Zunahme der Lymphocyten und Monocyten sowie eine Abnahme der Neutrophilen auf. Kalium dagegen führt zu einer relativen Abnahme der Lymphocyten und Monocyten und einer relativen Zunahme der Neutrophilen. — Eine konstante und ins Gewicht fallende Änderung der absoluten Zahl der Leukocyten ist nach der intravenösen Injektion der betreffenden Salze nicht nachweisbar. Bei den zuvor angeführten Versuchen von Wollheim, die deutliche Schwankungen der Leukocytenzahl ergaben, wurden die Salze in die Pfortader injiziert. Erwähnt sei noch, daß auch Schilling und Gröbel die von ihnen gefundenen Veränderungen des weißen Blutbildes in erster Linie auf Verteilungsänderungen der Leukocyten und nicht auf Knochenmarksreizungen usw. zurückführen. Eine deutliche Linksverschiebung im Sinne von Arneth-v. Schilling ließ sich nämlich nicht nachweisen.

VI. Wesen und Bedeutung des Puffersystems.

Zu den speziellen Funktionsvorgängen, die im Organismus durch die Elektrolyte entscheidend beeinflußt werden und daher jetzt noch behandelt werden müßten, gehören auch der Wasserhaushalt bzw. die Flüssigkeitsbewegungen. Aus bestimmten Gründen ist es aber zweckmäßig, die Erörterung einer anderen Frage einzuschalten. — Wir haben im vorangehenden Kapitel erfahren, daß

[1]) Schilling, E. u. K. Gröbel: Zeitschr. f. d. ges. exp. Med. Bd. 40, S. 167. 1924.
[2]) Schenk: Dtsch. med. Wochenschr. 1920, Nr. 43.
[3]) Schilling, E.: Verhandl. d. dtsch. Ges. f. inn. Med., 36. Kongr. 1924. S. 241.

jede Änderung der Elektrolytkonzentrationen von größter Bedeutung für die Zellfunktion ist, daß die Zellen die ihre Funktion regulierenden Impulse durch Änderungen der Elektrolytverteilung erhalten; so sei daran erinnert, daß die Erregung des Atemzentrums bzw. die Regulation des Atmungsvorganges durch die geringen Schwankungen der [H˙] des Blutes unterhalten wird. Bei dieser außerordentlichen Empfindlichkeit der Zellen und Organe gegenüber den Elektrolyten ist aber die Tatsache, daß wir ohne besondere Nachwirkung für die Zellfunktion z. B. mit der Nahrung ganz verschieden große Elektrolytmengen aufnehmen können, nicht verständlich. An sich wäre zu erwarten, daß jede Änderung in der aufgenommenen Elektrolytmenge von großen Wirkungen im Organismus begleitet sein müßte. Träfe dies zu, dann wäre aber ein irgendwie geregelter Ablauf der Zellvorgänge nicht möglich. Zu bedenken ist ferner, daß nicht nur mit der Nahrung Elektrolyte in den Organismus gelangen, sondern auch durch die endogenen Prozesse (so durch die Stoffwechselvorgänge) Elektrolyte stets in Freiheit gesetzt werden, die ebenfalls von starker Wirkung auf alle Zellvorgänge sein müßten. Vor diesen stürmischen, das Leben bedrohenden Elektrolytwirkungen muß der Organismus aber geschützt sein. Es müssen unbedingt Mechanismen existieren, welche dafür zu sorgen haben, daß die Zellen und Organe nur so viel Elektrolytmengen zugeführt bekommen, wie es ihrem Funktionsbedürfnis entspricht; die übrigen müssen irgendwie unschädlich gemacht werden. Mechanismen, die diese Funktion ausüben, sind tatsächlich vorhanden. Es ist das Puffersystem, dem diese Aufgabe zufällt. Am genauesten studiert ist das Puffersystem des Blutes, welches verhindert, daß die [H˙] des Blutes Änderungen erleidet, die mit dem Leben des Individuums unvereinbar sind, andererseits aber doch zuläßt, daß Schwankungen in einem Maße auftreten, wie sie zur Aufrechterhaltung der Funktion, z. B. zur Erregung des Atemzentrums erforderlich sind. Wie wir sehen werden, sind die hierzu notwendigen Schwankungen nur ganz geringe. Puffereigenschaften besitzen nicht allein das Blut, sondern auch die Organe. Auch ist — was bisher zuwenig beachtet worden ist — ganz selbstverständlich, daß Puffervorrichtungen nicht allein für die H-Ionen, sondern auch für die anderen Ionen, die Einfluß auf die Zellfunktion haben, bestehen müssen (so für die Kationen). Der Mechanismus ihrer Pufferwirkung weicht zwar in vieler Hinsicht ganz von dem ab, der der Regulation der [H˙] dient; ihre Bedeutung ist indes keine geringere. In diesem Kapitel soll jedoch vor allem der Aufbau und die Bedeutung des Blutpuffersystems erörtert werden, weil es uns am besten bekannt ist. Welche Puffervorrichtungen für die Regulierung der Konzentration der anderen Ionen in Frage kommen, wird sich aus späteren Erörterungen, besonders denen des folgenden Kapitels ergeben.

1. Das Puffersystem des Blutes zur Regulation der [H˙] und seine Bedeutung für die Funktionsvorgänge.

a) Die Salzpuffer.

Die Pufferwirkung des Blutes muß darin bestehen, Säuren und Alkalien, die ins Blut gelangen, abzufangen; denn es ist eine Tatsache, daß trotz Trinkens saurer oder alkalischer Wässer, ja sogar trotz intravenöser Injektion von Säuren bzw. Basen — vorausgesetzt, daß die zugeführten Mengen ein bestimmtes Quantum nicht übersteigen — die [H˙] des Blutes sich nicht wesentlich verändert. Sie schwankt im allgemeinen zwischen einem p_H von 7,3 und 7,45 [L. MICHAELIS[1]), H. STRAUB und KL. MEIER[2])]. Welches sind die Mechanismen, die die Konstanz der Blutreaktion garantieren? Interessant ist, daß auch an ihnen Ionenwirkungen beteiligt sind. Es handelt sich hier allerdings in erster Linie um die Wirkung von Anionen und nicht die von Kationen. Das p_H des Blutes beträgt 7,3—7,45, seine Reaktion ist also nicht weit vom Neutralpunkt ($p_H = 7$) entfernt. Sie ist als nur ganz schwach alkalisch zu bezeichnen. (Näheres über den Begriff des p_H s. Kap. II.) Wir begehen — für unsere Betrachtung wenigstens — kaum einen Fehler, wenn wir die Reaktion auch als neutral bezeichnen, etwa wie die des destillierten Wassers. Nehmen wir den Fall an, das Blut wäre wirklich destilliertes Wasser und enthielte keinerlei Salze usw.; jeder Zusatz von Säure bzw. Alkali würde in diesem Falle sofort die Reaktion entsprechend den zugefügten Mengen von H- bzw. OH-Ionen ändern. Die Reaktion des Blutes ist auch dann eine neutrale, wenn es die gleichen Mengen von Säure bzw. Alkali enthält, vorausgesetzt, daß Säure und Alkali gleich stark dissoziieren. Starke Säuren (HCl) und starke Basen (NaOH) dissoziieren vollständig. Gleiche Mengen von HCl und NaOH liefern die gleiche Zahl von H- und OH-Ionen. Gehen wir davon aus, daß die Blutflüssigkeit in der Weise zusammengesetzt wäre, daß z. B. 100 ccm Blut je 1 ccm n/10 NaOH und n/10 HCl enthielte; die Reaktion wäre in diesem Fall vollständig neutral. Was würde geschehen, wenn man diesem System noch etwas Säure (z. B. $^1/_2$ ccm HCl) hinzufügen würde? Die Reaktion würde sofort sauer werden, und zwar würde die Zahl der H-Ionen die der OH-Ionen genau um die Zahl der neu hinzugekommenen H-Ionen übertreffen. Da die Salzsäure vollständig dissoziiert, bedeutet der Zusatz des $^1/_2$ ccm n/10 HCl zu der schon vorhandenen Menge von 1 ccm n/10 HCl lediglich eine Addition ihrer H-Ionen. Blut, das diese hypothetische Zusammensetzung hat, ist gegenüber Zusatz von Säuren kaum besser geschützt als reines Wasser. Von einer Pufferung könnte in diesem Falle nicht die Rede sein. Viel zweckmäßiger wäre die Zusammensetzung, wenn es sich nicht um ein Gemisch von starken Säuren und Basen, sondern um ein solches von schwachen Säuren und Basen handelte. Nehmen wir den Fall an, daß das Blut soviel Essigsäure (CH_3COOH) und Ammoniak (NH_4OH) enthielte, daß die Reaktion neutral wäre. Essigsäure ist eine schwache Säure, Ammoniak eine schwache Base, d. h. sie dissoziieren nicht vollständig. Die Dissoziation der Essigsäure ist nach den im Kap. II besprochenen Grundsätzen durch folgende Formel charakterisiert:

$$\frac{[CH_3COO'] \cdot [H^{\cdot}]}{[CH_3COOH]} = K,$$

d. h. zwischen den dissoziierten Anteilen (den CH_3COO- und den H-Ionen) und den nicht dissoziierten CH_3COOH-Molekülen bestehen bestimmte Beziehungen, die in der für die Essigsäure charakteristischen Dissoziationskonstante (K) zum Ausdruck kommen. Das entsprechende gilt für die Dissoziation des Ammoniaks

$$\frac{[NH^{\cdot}_4] \cdot [OH']}{[NH_4OH]} = K.$$

[1]) MICHAELIS: Die Wasserstoffionenkonzentration 1914.

[2]) STRAUB, H. u. KL. MEIER: Dtsch. Arch. f. klin. Med. Bd. 129, S. 54. 1919.

Ist so viel Essigsäure und Ammoniak miteinander vermischt, daß die Lösung neutral ist, dann muß die Zahl der freien H-Ionen und die der freien OH-Ionen natürlich gleich groß sein. Was geschieht, wenn man einem solchen Gemisch neue Säure (z. B. HCl) hinzufügt? Kommt es auch in diesem Falle zu einer einfachen Summation der H-Ionen der vorhandenen Säuren? Dies geschieht nicht, und zwar aus folgenden Gründen. In der Essigsäurelösung sind neben den Acetationen (CH_3COO') und den H-Ionen nichtdissoziierte Essigsäuremoleküle vorhanden. Zwischen ersteren und letzteren besteht ein Gleichgewichtszustand, der in der bereits angeführten Gleichung seinen Ausdruck findet. Nach dem Massenwirkungsgesetz, dessen Regel auch für die Dissoziation von Elektrolyten gelten (s. Kap. II), muß eine Änderung e i n e s Gliedes des Systems auch eine Änderung der anderen Glieder nach sich ziehen. Variiert man in der Essigsäurelösung die Zahl der freien H-Ionen, dann kann dies nicht ohne entsprechenden Einfluß auf die Zahl der Essigsäuremoleküle bleiben. Rechnerisch ergibt sich dies ohne weiteres auch aus der genannten Formel. Nimmt die Zahl der H-Ionen zu, dann muß — da K eine Konstante darstellt — auch der Wert für CH_3COOH größer werden. Wird der Wert für H kleiner, dann muß auch CH_3COOH kleiner werden. Fügt man zu einer Essigsäurelösung HCl hinzu, dann wird infolge der H-Ionen des HCl der Wert für H in der Lösung größer werden. Dies muß nach dem Gesagten zur Folge haben, daß auch der Wert für CH_3COOH zunimmt. Die Zahl der Essigsäuremoleküle kann aber nur steigen, wenn zuvor dissoziiert gewesene Essigsäure wieder in den nichtdissoziierten Zustand zurückkehrt, ein Teil der H- und CH_3COO-Ionen sich unter dem Einfluß der neu hinzugekommenen H-Ionen der Salzsäure wieder zu Essigsäure verbinden. Je mehr Salzsäure hinzugefügt wird, in desto stärkerem Maße verschwinden die H-Ionen der Essigsäure aus der Lösung. Die H-Ionen der Essigsäure gehen aus dem aktiven in den potentiellen Zustand über. Man bezeichnet dementsprechend auch bei einer schwachen Säure oder Base die freien H- und OH-Ionen als aktive bzw. aktuelle Ionen, die im Molekül verankerten H- und OH-Ionen dagegen als die potentiellen Ionen. Aus dem bisher Gesagten können wir folgendes ableiten: Fügt man einer schwachen Säure eine stärkere hinzu, so tritt keine gewöhnliche Summation der H-Ionen beider ein, vielmehr können in dem Maße, in welchem neue H-Ionen in die Lösung eintreten, andere freie H-Ionen aus der Lösung wieder verschwinden. D i e s t ä r k e r e S ä u r e d r ä n g t d i e D i s s o z i a t i o n d e r s c h w ä c h e r e n S ä u r e z u r ü c k. — Wir gingen von einem Gemisch Essigsäure-Ammoniak aus. Betrachten wir die Folgen, die die Salzsäure auf die Dissoziationsverhältnisse des Ammoniaks $\frac{[NH_4^{\cdot}] \cdot [OH']}{[NH_4OH]} = K$ ausüben wird! Durch die H-Ionen des HCl werden OH-Ionen des Ammoniak weggefangen; sie verbinden sich zu Wasser. Wird der Wert für OH kleiner, dann muß auch der für NH_4OH zurückgehen. Dies kann aber nur in der Weise geschehen, daß zuvor nichtdissoziiertes Ammoniak in den dissoziierten Zustand übergeht. Dabei werden neue OH-Ionen frei. Z u s a t z v o n S ä u r e b e g ü n s t i g t d i e D i s s o z i a t i o n e i n e r s c h w a c h e n B a s e. Das System Essigsäure-Ammoniak reagiert auf den Zusatz von HCl, also in der Weise, daß die Dissoziation der Essigsäure zurückgeht (es verschwinden H-Ionen), die Dissoziation des Ammoniaks dagegen zunimmt (es entstehen neue OH-Ionen). Hierdurch kann das Plus an H-Ionen, das durch die Salzsäure in das System gelangt, wieder ausgeglichen werden. Es ist selbstverständlich, daß das Ausmaß der Reaktionen von den beteiligten Mengenverhältnissen abhängt. Wird zu einem Gemisch von wenig Essigsäure und Ammoniak viel Salzsäure hinzugefügt, dann ist ein Ausgleich natürlich nur in ganz geringem Maße möglich. Umgekehrt liegen die Verhältnisse erklärlicherweise wesentlich günstiger. — Wird in das System Essigsäure-Ammoniak nicht eine starke Säure, sondern eine starke Base, wie NaOH, eingeführt, dann sind die Reaktionen vice versa dieselben. Die Dissoziation der schwachen Base wird zurückgedrängt (es verschwinden OH-Ionen aus der Lösung), die Dissoziation der schwachen Säure dagegen wird gefördert (es entstehen neue H-Ionen). Es kommt wiederum zu einem Ausgleich. Schwache Säuren und schwache Basen sind — wie aus dem Gesagten jetzt ohne weiteres hervorgeht — gute Puffer; dies trifft besonders dann zu, wenn sie in einem System kombiniert vorkommen. Der Vorzug der schwachen Säure und Base gegenüber der starken ist darin gelegen, daß sie neben den aktuellen auch potentielle H- bzw. OH-Ionen haben. Die nichtdissoziierten Moleküle als Träger der potentiellen Ionen sind mit Reservestellungen zu vergleichen. Im Moment der Gefahr können diese Reserven angegriffen werden, und zwar in der Weise, daß in der Front notwendige H- bzw. OH-Ionen von ihnen abgegeben oder in der Front überflüssige H- bzw. OH-Ionen von ihnen wieder aufgenommen werden. Je größer die Reserven sind, desto besser ist das System gegenüber Angriffen geschützt, die von außen kommen. Starke Säuren und Basen, die vollständig dissoziieren, verfügen über diese Reserven nicht und sind deshalb als Puffer ungeeignet. — Wenn man die Dissoziation einer schwachen Säure oder Base zurückdrängt, dann vermehrt man ihre Reserven an potentiellen Ionen und macht sie auf diese Weise als Puffer noch geeigneter. Die Beschränkung der Dissoziation gelingt z. B. durch Zusatz eines Salzes der betreffenden Säure oder Base. So wird die Dissoziation der Essigsäure zurückgedrängt durch Zusatz von essigsaurem Natrium, die des Ammoniaks durch Ammoniumchlorid. Daß der Salzzusatz die Dissoziation der Säure bzw. Base vermindert, ist verständlich. Die Salze nämlich, so Natriumacetat, dissoziieren stark; es entstehen Natrium-($Na^{\cdot}$) und Acetationen (CH_3COO'). Das Auftreten der letzteren führt dazu, daß die für die Dissoziation der Essigsäure geltende Gleichung $\frac{[CH_3COO'][H^{\cdot}]}{[CH_3COOH]} = K$ eine Änderung in dem Sinne erfährt, daß der Wert für $[CH_3COO']$ größer wird. Es muß, da K eine Konstante darstellt, auch der Wert für $[CH_3COOH]$ größer werden, und dies kann wiederum nur in der Weise geschehen, daß zuvor dissoziiert gewesene Essigsäure in den nichtdissoziierten Zustand übergeht. Je größer der Zusatz von Natriumacetat, desto größer ist die Zahl der entstehenden CH_3COO-Ionen und desto stärker ist die Zurückdrängung der Dissoziation der Essigsäure. Die Menge des zu einem bestimmten Quantum Essigsäure hinzugefügten essigsauren Salzes ist also maßgebend für die Zahl der freien H-Ionen, d. h. der Wasserstoffionenkonzentration. Letztere ist lediglich eine Funktion des Verhältnisses $\frac{\text{Säure}}{\text{Salz}}$. Ein verschiedenes Mischungsverhältnis ergibt eine verschiedene $[H^{\cdot}]$. Für $\frac{\text{Essigsäure}}{\text{Natriumacetat}}$ gilt folgende Tabelle:

Mischungsverhältnis von $\frac{\text{Essigsäure}}{\text{Natriumacetat}}$ in Volumen %	[H˙]
32/1	$5{,}76 \cdot 10^{-4}$
16/1	$2{,}88 \cdot 10^{-4}$
8/1	$1{,}44 \cdot 10^{-4}$
4/1	$0{,}72 \cdot 10^{-4}$
2/1	$0{,}36 \cdot 10^{-4}$
1/1	$1{,}80 \cdot 10^{-5}$
1/2	$0{,}9 \cdot 10^{-5}$
1/4	$0{,}45 \cdot 10^{-5}$
1/8	$0{,}22 \cdot 10^{-5}$
1/16	$0{,}11 \cdot 10^{-5}$
1/32	$0{,}51 \cdot 10^{-6}$
1/64	$0{,}28 \cdot 10^{-6}$

Gemische dieser Art (d. h. die Kombination von schwachen Säuren oder Basen mit ihren Salzen) sind ausgezeichnete Puffer, welche die ihnen zukommende [H˙] mit großer Energie zu verteidigen in der Lage sind. Sie werden deshalb mit Vorliebe auch für Versuchszwecke verwandt, wenn es darauf ankommt, den Ablauf bestimmter Reaktionen bei einer bestimmten und auch konstant bleibenden [H˙] kennenzulernen. Außer dem Gemisch Essigsäure-Natriumacetat gibt es noch eine Reihe anderer brauchbarer „Puffergemische“, die besonders von FRIEDENTHAL[1]) und SÖRENSEN[2]) in die Biologie eingeführt worden sind, und auf die wir noch später zurückkommen werden. Diese Puffergemische sind noch dadurch ausgezeichnet, daß sie beliebige Verdünnungen vertragen, ohne dabei eine Änderung ihrer [H˙] zu erfahren. Verdünnt man eine Salzsäurelösung, fällt die [H˙] sofort ab. Eine n/10 HCl- und eine n/100 HCl-Lösung haben eine [H˙], die etwa im Verhältnis von 1 : 10 steht. Ganz anders verhalten sich in dieser Beziehung die genannten Puffergemische. Da ihre [H˙] lediglich abhängt von dem Mischungsverhältnis der Säure bzw. Base und ihren Salzen, kann eine Verdünnung mit H_2O keine Änderung herbeiführen; der Mischungsquotient bleibt der gleiche. Daß die Verdünnung keine ins Gewicht fallende Änderung der [H˙] zur Folge hat, ist auch experimentell mit den uns für die Messung der [H˙] zur Verfügung stehenden Methoden festgestellt worden. Nach MICHAELIS hat eine Lösung von $^1/_{10}$ n-Essigsäure + $^1/_{10}$ n-Natriumacetat ein p_H von 4,615. Wird die Lösung 5fach verdünnt, beträgt das p_H 4,665. Die Differenz ist also außerordentlich gering. Die Methoden zur Messung des p_H werden später besprochen werden.

Gemische von schwachen Säuren und ihren Salzen sind auch im Blute enthalten. Das Gemisch ist allerdings nicht $\frac{\text{Essigsäure}}{\text{Natriumacetat}}$. Die schwache Säure des Blutes ist die Kohlensäure (CO_2), ihr Salz das Natriumbicarbonat. Neben diesem Gemisch existiert aber noch ein anderes, welches natürlich dazu beiträgt, die Sicherheit der Pufferwirkung zu erhöhen. Die schwache Säure ist das primäre Natriumphosphat (NaH_2PO_4), ihr Salz das sekundäre Phosphat (Na_2HPO_4). Die [H˙] des Blutes kann in der Hauptsache als eine Funktion des Verhältnisses von $\frac{CO_2}{NaHCO_3} \cdot \frac{NaH_2PO_4}{Na_2HPO_4}$ angesehen werden. Diese Erkenntnis verdanken wir besonders HENDERSON[3]). Auch den Eiweißkörpern, insbesondere dem Hämoglobin, kommt für die Pufferung eine große Bedeutung zu. Wir werden von ihnen noch zu sprechen haben. Die anderen im Blute vorkommenden Substanzen können ganz außer acht gelassen werden, weil sie entweder in viel zu kleiner

[1]) FRIEDENTHAL: Zeitschr. f. Elektrochem. 1904, Bd. 10, S. 113.

[2]) SÖRENSEN: Biochem. Zeitschr. Bd. 7, S. 45. 1908; Bd. 21, S. 131 u. Bd. 22, S. 352. 1909; Ergebn. d. Physiol. (ASHER-SPIRO) Bd. 12, S. 393. 1912.

[3]) HENDERSON, LAWRENCE, J.: Biochem. Zeitschr. Bd. 24, S. 40. 1910; Ergebn. d. Physiol. (ASHER-SPIRO) Bd. 8, S. 254. 1909.

Menge vorkommen (Ammoniak, Harnsäure usw.) oder auf die [H˙] keinen Einfluß haben (Zucker, Harnstoff, Kochsalz). Wenn wir sagen, daß die [H˙] von dem Mischungsverhältnis einer schwachen Säure und ihrem Salz abhängt, so ist damit natürlich nicht gemeint, daß die Säuren unter sich die gleiche [H˙] aufweisen, wenn sie nur durch ein gleiches Mischungsverhältnis ausgezeichnet sind. Die [H˙] der Mischung $\frac{CH_3COOH}{CH_3COONa}$ ist eine andere als die der Mischung $\frac{CO_2}{NaHCO_3}$, auch wenn bei beiden das Mischungsverhältnis das gleiche ist. Da die Essigsäure stärker dissoziiert als die Kohlensäure, ist auch die [H˙] der erstgenannten Lösung größer als die der letzteren. Wollen wir zwei verschiedene Säuren untereinander vergleichen, dann müssen wir ihre Dissoziationsfähigkeit berücksichtigen, die in ihrer Dissoziationskonstanten zum Ausdruck kommt. Die Wasserstoffionenkonzentration, die dem im Blute bestehenden Gemisch $\frac{CO_2}{NaHCO_3}$ entspricht, ist als die [H˙] des Blutes anzusehen. Sie läßt sich aus dem Mischungsverhältnis unter Berücksichtigung der Dissoziationskonstanten der Kohlensäure berechnen: $[H^{\cdot}] = \frac{CO_2}{NaHCO_3} \cdot K_{CO2}$. Die Wasserstoffionenkonzentration, die dem im Blute bestehenden Phosphatgemisch entspricht, kommt in folgender Gleichung zum Ausdruck: $[H^{\cdot}] = \frac{NaH_2PO_4}{Na_2HPO_4} \cdot K_{Phosphors.}$ Da es im Blute nur eine Wasserstoffionenkonzentration gibt, so muß $K_{CO2} \frac{CO_2}{NaHCO_3} = K_{Phosphors.} \cdot \frac{NaH_2PO_4}{Na_2HPO_4}$ sein. Hieraus können wir ohne weiteres folgendes ableiten. Kommt es aus irgendeinem Grunde im Blute zu einer stärkeren Überladung mit CO_2, so daß sich das Mischungsverhältnis $\frac{CO_2}{NaHCO_3}$ zugunsten des CO_2 ändert, so muß dies auch eine Rückwirkung auf das Verhältnis von $\frac{NaH_2PO_4}{Na_2HPO_4}$ haben. Der Wert für NaH_2PO_4 muß größer werden, d. h. sekundäres Phosphat muß in primäres Phosphat übergehen. Dieser Vorgang ist auch vom rein chemischen Standpunkt aus verständlich. Es kommt zu folgender Reaktion $Na_2HPO_4 + H_2CO_3 = NaH_2PO_4 + NaHCO_3$. Eine Änderung eines am Puffersystem beteiligten Faktors hat also gleichzeitig eine Änderung aller anderen Faktoren zur Folge.

Die Menge der im Blute vorkommenden Gesamtkohlensäure (also einschließlich der Carbonat-Kohlensäure) beträgt etwa 0,14%. Sie entspricht einem Gehalt von etwa 0,03 molar [Michaelis[1])]. Der Gehalt an gesamter anorganischer Phosphorsäure ist dagegen nur 0,003 molar. Die Bedeutung des Kohlensäuregemisches für das Puffersystem ist daher eine größere als die des Phosphatgemisches. Legen wir uns die Frage vor, wie stark der Schutz des Blutes gegenüber Zufuhr von Säuren und Basen ist, dann begehen wir kaum einen Fehler, wenn wir die Reaktionen lediglich unter Berücksichtigung des $\frac{CO_2}{NaHCO_3}$ -Gemisches als des praktisch wichtigsten Salzpuffers verfolgen. L. Michaelis hat quantitativ berechnet, welche Änderungen die [H˙] eines $\frac{CO_2}{NaHCO_3}$ -Gemisches, wie es im Blute existiert, durch Zufuhr verschiedener Säuren erleidet. Die Berechnung ist

[1]) Michaelis, L.: l. c.

folgende. Das Blut enthält pro Liter 0,01 Mol CO_2 und 0,12 Mol $NaHCO_3$. Die $[H^{\cdot}]$ einer solchen Lösung ist $\frac{0,01}{0,12} \cdot K_{CO_2}$. K_{CO_2} = Dissoziationskonstante der Kohlensäure = etwa $3 \cdot 10^{-7}$; demnach ist

$$[H^{\cdot}] = \frac{0,01}{0,12} \cdot 3 \cdot 10^{-7} = 0,25 \cdot 10^{-7}.$$

MICHAELIS geht von dem hypothetischen Fall aus, daß sich in der Lösung der CO_2-Gehalt verdoppelte. Auf die $[H^{\cdot}]$ würde dies folgenden Einfluß haben:

$$[H^{\cdot}] = \frac{0,02}{0,12} \cdot 3 \cdot 10^{-7} = 0,5 \cdot 10^{-7}.$$

Die $[H^{\cdot}]$ hat sich also genau verdoppelt, und zwar entsprechend dem in gleicher Weise veränderten Mischungsverhältnisses der schwachen Säuren (CO_2) und ihres Salzes ($NaHCO_3$). Dies stellt nichts Überraschendes dar. Die Verhältnisse liegen aber anders, wenn zu dem Gemisch eine stärkere Säure (z. B. 0,01 Mol HCl) hinzugefügt wird. Die Salzsäure setzt sich — wie MICHAELIS annimmt — zunächst mit dem $NaHCO_3$ um, und zwar in folgender Weise: 0,12 Mol $NaHCO_3$ + 0,01 Mol HCl = 0,11 Mol $NaHCO_3$ + 0,01 Mol H_2CO_3. Diese Umsetzung kann auch physikalisch-chemisch erklärt werden. Die durch die HCl-Zufuhr entstehenden H-Ionen führen zu einer stärkeren Dissoziation des Bicarbonats; OH-Ionen und CO_2 werden frei. Die OH-Ionen verbinden sich mit den H-Ionen des HCl; der Wert für $NaHCO_3$ wird jedenfalls kleiner und der für CO_2 größer. Auf die $[H^{\cdot}]$ hat dies bei Zugrundelegung der oben angeführten Formel folgenden Einfluß:

Statt 0,01 Mol CO_2 haben wir 0,02 Mol CO_2.

Statt 0,12 Mol $NaHCO_3$ haben wir nur 0,11 Mol $NaHCO_3$, demnach ist

$$[H^{\cdot}] = \frac{0,02}{0,11} \cdot 3 \cdot 10^{-7} = 0,54 \cdot 10^{-7}.$$

Wir sehen also, daß die Zufuhr von 0,01 Mol einer so starken Säure wie HCl auf die $[H^{\cdot}]$ keinen merklich größeren Einfluß hat als die Zufuhr von 0,01 Mol einer so schwachen Säure wie CO_2. Die CO_2-Zufuhr führt zu einer Steigerung der $[H^{\cdot}]$ von 0,25 auf $0,5 \cdot 10^{-7}$, die Zufuhr der gleichen Menge von HCl zu einer Steigerung der $[H^{\cdot}]$ auf $0,54 \cdot 10^{-7}$. Der Unterschied ist so minimal, daß er als nicht bestehend angesehen werden kann. Dies ist um so auffallender, als die angeführte Menge von 0,01 Mol HCl für sich allein eine $[H^{\cdot}]$ von etwa 10^{-2} hat. Durch das Puffergemisch von $\frac{0,01\,m \cdot CO_2}{0,12\,m \cdot NaHCO_3}$ ist also die starke Säure HCl mit ihrem p_H von etwa 2 vollkommen unschädlich gemacht worden; denn eine Steigerung des p_H von $0,25 \cdot 10^{-7}$ auf 0,5 oder $0,54 \cdot 10^{-7}$ ist auch nur eine außerordentlich geringe, praktisch kaum ins Gewicht fallende. Daß das Blut tatsächlich ebenso gut gepuffert ist wie dieses $\frac{CO_2}{NaHCO_3}$ -Gemisch und so große Mengen von Säuren und Basen vertragen kann, wie den angeführten Mengen entspricht, geht aus einem sehr einfachen Versuch von FRIEDENTHAL[1]) hervor. Um Blutserum mit NaOH so zu alkalisieren, daß es zu einer Rotfärbung von Phenolphthalein kommt, ist etwa 40—70mal

[1]) FRIEDENTHAL: Arch. f. Physiol. Verhandl. d. physiol. Ges. Berlin, 8. V. 1903; zit. nach HÖBER: Physikal. Chemie der Zellen und Gewebe, S. 134.

soviel Lauge wie für eine gleichstarke Alkalisierung von Wasser erforderlich. Zur Säuerung des Serums bis zu einer bestimmten Rötung durch Methylorange ist sogar 327 mal soviel HCl notwendig wie zur gleichstarken Säuerung von Wasser. — Zusammenfassend läßt sich folgendes sagen. Setzt man dem $\frac{CO_2}{NaHCO_3}$-Gemisch HCl hinzu, dann kommt es nur zu einer ganz geringfügigen Steigerung der [H˙]. In nicht unbeträchtlichem Maße steigt aber der CO_2- und sinkt der $NaHCO_3$-Gehalt. (In dem angeführten Falle war der Quotient $\frac{0{,}01}{0{,}12}$; nach Zufuhr einer bestimmten Menge von HCl betrug er $\frac{0{,}02}{0{,}11}$.) Mit den angeführten Reaktionen kann im Blute der Prozeß noch nicht beendet sein. Es müssen noch Regulationsmechanismen vorhanden sein, die auch diese geringfügige Steigerung der [H˙] wieder ausgleichen, d. h. den Quotienten wieder auf die ursprüngliche Höhe bringen. Dieser Mechanismus ist mit der Atmung gegeben. Das Atemzentrum gehört zu den Organen, die gegenüber einer Änderung der [H˙] außerordentlich empfindlich sind. Jede Steigerung der [H˙] führt nach WINTERSTEIN (s. S. 91) zu einer Erregung des Atemzentrums und infolgedessen zu einer verstärkten Atmung (Hyperpnoe), jede Verminderung der [H˙] zu einer Herabsetzung der Erregbarkeit und infolgedessen zu einer abgeschwächten Atmung (Hypopnoe). Ist also nach Säurezufuhr auch nur eine geringfügige Steigerung der [H˙] eingetreten, dann setzt Hyperpnoe ein, die zur Folge hat, daß CO_2 das Blut verläßt. Die Hyperpnoe hält so lange an, bis die Ursache ihres Auftretens geschwunden, d. h. die ursprüngliche [H˙] erreicht ist. Da Säurezufuhr — wie wir gesehen haben — zu einer Verminderung des Gehaltes an $NaHCO_3$ führt, muß auch in entsprechender Weise der CO_2-Gehalt sinken; denn nur auf diese Weise kann der Quotient $\frac{CO_2}{NaHCO_3}$ und damit die [H˙] auf die ursprüngliche Höhe gebracht werden. Durch die Hyperpnoe wird auch die kleinste Steigerung der [H˙] ganz ausgeglichen. Das Atemzentrum, das die Impulse zu seiner Funktion durch die H-Ionen enthält, beseitigt andererseits durch seine Funktion die Ursachen, die zu seiner Erregung geführt haben. Wir haben es hier mit einem klassischen Beispiel von Autoregulation zu tun. — Aus dem Gesagten geht hervor, daß wir nach Säurezufuhr im Blute zwar keine Steigerung der [H˙], dagegen folgende Änderung erwarten können. Es muß zu einer Verringerung des $NaHCO_3$- und des CO_2-Gehaltes kommen. Die Verminderung des letzteren bezeichnen wir als „Herabsetzung der CO_2-Spannung“ im Blute. Unsere theoretischen Erörterungen führen zu einer Konsequenz, die an sich paradox erscheint. Säurezufuhr soll nicht nur nicht eine Zunahme des Säuregrades des Blutes, sondern eine Verminderung der Menge der vorhandenen Säuren (z. B. CO_2) zur Folge haben. Daß die Verhältnisse tatsächlich so liegen, haben — wie wir noch sehen werden — die entsprechenden Messungen ergeben. Nach Zufuhr von Alkali kommt es im Blut zu den entgegengesetzten Veränderungen.

Zunächst steigt der Gehalt an $NaHCO_3$ und sinkt der Gehalt an CO_2. Die Folge ist eine Veränderung des Quotienten $\frac{CO_2}{NaHCO_3}$ zugunsten des $NaHCO_3$ und eine entsprechende, allerdings nur geringfügige Verminderung der [H˙]. Letztere führt zu einer Hypopnoe, deren Zweck und Folge die Retention von CO_2 im Blute ist. Die Hypopnoe hält so lange an, bis der Quotient wieder auf die ursprüngliche Höhe gebracht ist. Dies ist, da der Wert für $NaHCO_3$ erhöht ist, nur möglich, wenn in entsprechendem Maße auch der Wert für CO_2 steigt.

Alkalizufuhr muß also zu einer Steigerung des $NaHCO_3$-Gehaltes und zu einer Erhöhung der alveolären CO_2-Spannung des Blutes führen. Bisher war nur von dem Puffergemisch $\frac{CO_2}{NaHCO_3}$ die Rede. Wie wir gehört haben, führt aber eine Änderung in diesem System auch zu einer Änderung in dem Puffersystem $\frac{NaH_2PO_4}{Na_2HPO_4}$. Säurezufuhr führt zunächst zu einer Erhöhung des CO_2-Gehaltes auf Kosten des $NaHCO_3$-Gehaltes. Dieser Steigerung parallel geht eine Erhöhung des NaH_2PO_4- auf Kosten des Na_2HPO_4-Gehaltes. In der Atmung haben wir einen Mechanismus kennengelernt, der die Wiederherstellung des ursprünglichen Quotienten $\frac{CO_2}{NaHCO_3}$ besorgt. Die entsprechende Aufgabe für das Phosphatgemisch fällt den Nieren zu, die somit ebenfalls zu den Regulatoren gehören, die an der Aufrechterhaltung einer bestimmten $[H^{\cdot}]$ im Blute beteiligt sind. Wie die Empfindlichkeit der Niere eingestellt ist, läßt sich noch nicht sagen. Doch ist anzunehmen, daß auch hier die $[H^{\cdot}]$ eine Rolle spielt. Die Niere scheidet, wenn die $[H^{\cdot}]$ erhöht ist, saures Phosphat (NaH_2PO_4), wenn sie erniedrigt ist, alkalisches Phosphat (Na_2HPO_4) aus. Daß an der Regulation der $[H^{\cdot}]$ bzw. des Säurebasengleichgewichtes (HENDERSON) im Blute neben Atmung und Nierenfunktion auch noch andere Organfunktionen, insbesondere die der Sekretionsorgane, beteiligt sind, ist sehr wohl möglich. So wäre an den Magen zu denken, der durch seine HCl-Produktion dem Blute in starkem Maße saure Valenzen zu entziehen in der Lage ist. Nach neueren Versuchen von LÖFFLER[1]) scheint auch dem Darm nach dieser Richtung eine Bedeutung zuzukommen.

b) Die Eiweißpuffer.

Was Atmung und Nierenfunktion für die Konstanz der $[H^{\cdot}]$ im Blute leisten, kann nicht direkt als Pufferwirkung bezeichnet werden. Im Gegenteil, die kleinen Differenzen des p_H, die die Puffersubstanzen des Blutes nicht vollkommen auszugleichen vermögen — sie verhüten nur die größeren Veränderungen der $[H^{\cdot}]$ — stellen für die Funktion der genannten Organe bzw. Zellsysteme, insbesondere für die des Atemzentrums, die stärksten Triebfedern dar. Wäre die Pufferung des Blutes eine so gute, daß auch nicht die geringsten Schwankungen des p_H möglich wären, dann gäbe es gar keine Atmung. Da das Atemzentrum schon auf kleinste Änderungen des p_H reagiert (es ist so fein eingestellt wie kein uns zur Verfügung stehender Meßapparat), so genügen die natürlichen Schwankungen des p_H im Blute bzw. in der das Atemzentrum umgebenden Gewebsflüssigkeit vollkommen, um den für das Leben wichtigsten Mechanismus, nämlich den durch die Atmung besorgten Gasaustausch zwischen Geweben, Blut und Luft, in Gang zu setzen. Diese natürlichen Schwankungen werden durch die beim Gewebsstoffwechsel ständig entstehende Kohlensäure, die den Quotienten $\frac{CO_2}{NaHCO_3}$ und damit die $[H^{\cdot}]$ erhöht, hervorgerufen. Leidet die Empfindlichkeit des Atemzentrums, d. h. reagiert letzteres nicht mehr auf ganz so feine Änderungen des p_H wie unter normalen Bedingungen, kann die $[H^{\cdot}]$ des Blutes nicht unbeeinflußt

[1]) LÖFFLER, W.: Klin. Wochenschr. Nr. 5, S. 179. 1926.

bleiben; die Atmung muß kleiner werden. Gifte, die in der genannten Weise auf das Atemzentrum wirken, sind die Narkotica. Sie haben, wie HASSELBACH zeigen konnte, ein Kleinerwerden des p_H im Blute zur Folge. Wird das Atemzentrum durch die Narkotica gelähmt, genügen selbst starke Veränderungen des p_H nicht, um den Atemmechanismus aufrechtzuerhalten. Die Atmung sistiert; es kommt zum Erstickungstode.

Die kleinen Schwankungen der [H˙], die durch die anorganischen Puffersubstanzen nicht ausgeglichen werden, sind — wie ausgeführt wurde — für die Aufrechterhaltung der Atmung von größter Bedeutung. Indirekt sind somit auch die Puffersubstanzen am Atmungsvorgang beteiligt. Besonders trifft dies für die bisher nur kurz erwähnten Puffer, die Eiweißkörper, zu. Letztere gehören — wie in Kap. III näher ausgeführt worden ist — zu den Ampholyten, d. h. zu den Elektrolyten, die sowohl als schwache Säure wie als schwache Base fungieren können. Sie können also sowohl H- als OH-Ionen abdissoziieren. Diese allen Eiweißkörpern zukommende Eigenschaft ist es, die ihnen Puffereigenschaft verleiht. Die Bedeutung der Eiweißkörper für das gesamte Puffersystem ist eine sehr große; sie tritt besonders bei den Pufferungsvorgängen der Gewebe in Erscheinung; denn letztere haben im Gegensatz zum Blute nur wenig Puffersubstanzen in Form der genannten Säure-Salzgemische. Im Blute spielen die Eiweißpuffer aber auch eine große Rolle. Dies trifft weniger für die Blutflüssigkeit, in der die Säure-Salzgemische als Puffersubstanzen überwiegen, als für die Blutkörperchen, die ja ebenfalls ein Gewebe darstellen, zu. Die Pufferung des Blutes wird nun keineswegs allein von der Blutflüssigkeit besorgt; auch die Blutkörperchen nehmen an ihr in hervorragendem Maße teil. Zwischen Blutflüssigkeit und Blutkörperchen kommt ein Austausch von Säure- und Basenvalenzen zustande, der nicht allein die Pufferung, d. h. die Aufrechterhaltung der [H˙], sondern darüber hinaus auch den physiologischen Ablauf der Atmungsvorgänge in höchst zweckmäßiger Weise begünstigt.

Unter den in Frage kommenden Eiweißkörpern des Blutes bzw. der Blutkörperchen kommt die größte Bedeutung dem Hämoglobin zu. Der isoelektrische Punkt des Hämoglobins liegt bei $p_H = 6{,}8$. Da das p_H des Blutes über 7 liegt, muß sich das Hämoglobin im Blute — s. S. 40 — wie eine schwache Säure verhalten, die die Eigenschaft hat, bis zu einem gewissen Grade in Hämoglobinanionen und H-Ionen zu dissoziieren. Das Oxyhämoglobin ist nach HASSELBACH[1]), HENDERSON[2]), HILL[3]) u. a. eine stärkere Säure als das Hämoglobin. Nimmt der Wert für die freie CO_2 (die CO_2-Spannung) im Blute zu, steigt also die [H˙] des Blutes etwas an, wird die Dissoziation der Hämoglobinsäure zurückgedrängt. Aus den Hämoglobinionen werden Hämoglobinmoleküle, deren Affinität zum O_2 aber geringer zu sein scheint als die der Hämoglobinionen. Jedenfalls begünstigt eine Zunahme der Wasserstoffzahl bzw. der CO_2-Spannung das Freiwerden von Sauerstoff aus dem Oxyhämoglobin; sie steigert die Sauerstoffdissoziation des Hämoglobins. Experimentell ist dies besonders von BARCROFT[4]), MATHISON[5]),

---

[1]) HASSELBACH: Biochem. Zeitschr. Bd. 78, S. 112. 1917.
[2]) HENDERSON: Journ. of biol. chem. Bd. 41, S. 401. 1920.
[3]) HILL: Biochem. Journ. Bd. 15, S. 577. 1921; Journ. of biol. chem. Bd. 51, S. 359. 1922.
[4]) BARCROFT, J.: The respiratory function of the blood. Monographie Cambridge 1914.
[5]) MATHISON: Journ. of physiol. Bd. 43, S. 347. 1911.

RONA und YLPPÖ[1]) nachgewiesen worden. Biologisch muß dieser physiko-chemische Vorgang als sehr zweckmäßig angesehen werden; denn er führt dazu, daß die im Gewebe aus dem Stoffwechsel frei werdende Kohlensäure die Versorgung des Gewebes mit Sauerstoff fördert. Es handelt sich hier zweifellos um eine Autoregulation. Eine Pufferwirkung des Hämoglobins liegt in diesem Falle auch vor; das Oxyhämoglobin, das eine stärkere Säure als das Hämoglobin ist, bindet entsprechend mehr Alkali. Geht nun bei der Gewebsatmung das Oxyhämoglobin in das Hämoglobin über, so wird Alkali frei, das zur Bindung der gebildeten Kohlensäure verwandt wird (s. hierzu KL. GOLLWITZER-MEYER[2]).

Wenn Zunahme der CO_2-Spannung ein Freiwerden von Sauerstoff aus dem Oxyhämoglobin zur Folge hat, so ist verständlich, daß aus den gleichen physicochemischen Gründen Abnahme der CO_2-Spannung die Sauerstoffaufnahme fördert. Zu einer Verminderung des CO_2 kommt es in der Lunge. Es liegt auch hier eine zweckmäßige Autoregulation vor; sie ist darin zu erblicken, daß der Verlust an CO_2, wie er durch die Atmung bewirkt wird, gleichzeitig günstige Bedingungen für die Aufnahme von Sauerstoff schafft. Umgekehrt kann man auch sagen, daß die durch die Atmung, d. h. die starke Sauerstoffaufnahme, erzwungene Oxyhämoglobinbildung notwendigerweise die Abnahme der CO_2-Spannung in der Lunge zur Folge haben muß, was durch die Ausatmung besorgt wird. Zu dieser Vorstellung gelangt man, wenn man die Vorgänge mehr vom chemischen Standpunkt aus betrachtet. Da nämlich das Oxyhämoglobin stärker sauer ist als das Hämoglobin, bedarf es zu seiner Neutralisierung mehr Alkali. Dieses entzieht es dem $NaHCO_3$, wodurch CO_2 frei wird und ausgeatmet werden kann (KL. GOLLWITZER-MEYER). — Daß das Hämoglobin Puffereigenschaften besitzt, läßt sich — wie aus Versuchen von HASSELBACH hervorgeht — auch durch entsprechende Messungen feststellen. Mißt man z. B. bei bestimmten CO_2-Spannungen das p_H von Serum, Blut und Blutkörperchenbrei, so erhält man, wie die folgende Tabelle zeigt, verschiedene Werte.

	p_H bei einer CO_2-Spannung von		
	20 mm Hg	40 mm Hg	Differenz
$NaHCO_3$	—	—	0,30
Serum	7,64	7,37	0,27
Blut	7,46	7,27	0,19
Blutkörperchenbrei	7,15	7,04	0,11

Am sauersten ist der Blutkörperchenbrei; dies liegt daran, daß er am meisten Hämoglobin enthält. Die Versuche lehren uns aber noch etwas anderes. Die Differenz des p_H bei den verschiedenen CO_2-Spannungen (20 mm gegenüber 40 mm Hg) ist am größten in $\frac{CO_2}{NaHCO_3}$-Gemischen, am kleinsten im Blutkörperchenbrei. Dies beweist die Pufferkraft der Eiweißkörper, besonders die des Hämoglobins, das im Blutkörperchenbrei natürlich in größter Menge vorhanden ist. Die Bindung von CO_2 an Eiweißkörper ist auch direkt, und zwar von SETSCHENOW[3]), festgestellt worden. Er konnte zeigen, daß Paraglobulin und Serumalbumin,

[1]) RONA, P. und ARVO YLPPÖ: Biochem. Zeitschr. Bd. 76, S. 87. 1916.
[2]) KL. GOLLWITZER-MEYER: Klin. Woch. Nr. 17, S. 737. 1926.
[3]) SETSCHENOW: zit. nach LOEWY: Die Gase des Körpers und der Gaswechsel. Oppenheimers Handb. d. Biochem. Bd. VI B 1—10, S. 45. 1923.

die durch Dialyse von der größten Menge ihres Alkalis befreit waren, mehr CO_2 binden, als dem ihnen noch anhaftendem Alkali entspricht. —

Den Puffereigenschaften des Hämoglobins ist — zum Teil wenigstens — auch zuzuschreiben, daß die [H˙] im arteriellen und venösen Blute trotz des bestehenden Unterschiedes im CO_2-Gehalt annähernd die gleiche ist. Der vermehrte Gehalt an Kohlensäure wird nämlich ausgeglichen durch den verminderten Gehalt an Oxyhämoglobin, das — wie schon erwähnt wurde — eine stärkere Säure als Hämoglobin ist. —

Zwischen Blutkörperchen und Blutflüssigkeit besteht hinsichtlich der Pufferungsvorgänge zweifellos ein Gleichgewichtszustand. Änderungen in einem Puffersystem haben gleichzeitig Änderungen bestimmter Art im anderen System zur Folge (s. auch S. 188). Es genügt daher, etwaige Pufferänderungen an einem System nachzuweisen. Aus methodischen Gründen eignet sich hierfür am besten das aus dem Säure-Salzgemisch der Blutflüssigkeit bestehende.

c) Die physiologischen Schwankungen in der Zusammensetzung der Puffersubstanzen und ihr Nachweis.

Im Vorangehenden wurde gezeigt, daß eine Säureüberladung des Blutes dazu führen muß, daß sowohl der Wert für CO_2 wie für $NaHCO_3$ kleiner wird, während das p_H des Blutes unverändert bleiben kann. Die Kohlensäure kommt im Blute — wie aus den bisherigen Ausführungen hervorgeht — in zweifacher Form vor; als freies, physikalisch absorbiertes CO_2-Gas (CO_2-Spannung des Blutes) und als chemisch an Alkali (vor allem in Form des $NaHCO_3$) gebundene Kohlensäure. Letztere wird nach Cullen und van Slyke allgemein als Alkalireserve bezeichnet. Kohlensäurespannung und Alkalireserve stehen bis zu einem gewissen Grade in einem gegenseitigen Abhängigkeitsverhältnis. Das arterielle Blut bindet bei einer CO_2-Spannung von 40 mm Hg im Mittel ca. 50 Vol.-% CO_2. (Genaueres hierüber s. A. Loewy: Die Gase des Körpers und der Gaswechsel. Oppenheimers Handb. der Biochemie 1923.) Das venöse Blut bindet etwa 8,3 Vol.-% CO_2 mehr als das arterielle. Wichtig ist, daß dieses Plus in erster Linie auf die Blutkörperchen zu beziehen ist. Das Plasma von 100 ccm venösem Blut zeigt nämlich gegenüber dem des arteriellen nur eine Differenz von 0,7 Vol.-%, die Blutzelle dagegen eine Differenz von 7,6 Vol.-%. Die große Bedeutung des Hämoglobins für den CO_2-Transport geht also auch aus diesen Untersuchungsergebnissen hervor. — Die genannten Werte stellen nur Mittelwerte dar. Die Schwankungen sind durchaus nicht gering. Beim Menschen ist die CO_2-Spannung im Arterienblut auch direkt gemessen worden. Da aber die im Arterienblut und den Lungenalveolen bestehenden CO_2-Spannungen nur geringe Unterschiede aufweisen, können wir uns im allgemeinen mit der Feststellung der alveolären CO_2-Spannung begnügen. Sie wird durch Untersuchung der Exspirationsluft bestimmt (so nach den Methoden von Haldane und Priestley oder Fridericia). Die Werte, die man erhält, liegen zwischen 4 und $5^1/_2$%; sie entsprechen einer CO_2-Spannung von 30—40 mm Hg. Die venöse CO_2-Spannung ist natürlich etwas größer als die arterielle. Die Differenz beträgt im allgemeinen jedoch nicht mehr als 5—6 mm Hg. (Eine Methode zur Messung der venösen CO_2-Spannung stammt von J. Plesch.) Für die Feststellung der Alkalireserve bzw. der Kohlensäurebindungsfähigkeit des Blutes existieren eine Reihe von Methoden. Die gebräuchlichste ist die von VAN SLYKE.

Der Grundgedanke der Methode ist folgender. Blut wird in eine Atmosphäre gebracht, deren CO_2-Spannung der des Blutes entspricht. Nach Eintritt des Gleichgewichtszustandes wird dem Blut H_2SO_4 zugesetzt, das die gebundene Kohlensäure in Freiheit setzt. Diese kann dann direkt gemessen werden, und zwar in einem der Ausführung der Methode eigens dienenden Apparate. [Genaueres über Methodik s. PINCUSSEN[1]). Die Normalwerte für die Alkalireserve liegen nach VAN SLYKE etwa zwischen 53 und 72%.]

Für die Feststellung der Alkalireserve bzw. Kohlensäurebindungsfähigkeit ist die Berücksichtigung der CO_2-Spannung von größter Bedeutung. Wie groß die Differenzen sein können, zeigt folgende Tabelle, die den Untersuchungen JAQUETS[2]) zu verdanken ist.

CO_2-Spannung mm Hg	100 ccm Serum binden chemisch ccm CO_2
14,8	45,8
16,5	57,4
17,0	58,5
26,6	61,7
42,7	63,7

Gewöhnlich bestimmt man die Alkalireserve bei der physiologischen CO_2-Spannung von 40 mm Hg. Will man aber genauere Einsicht in die jeweiligen, das Säure- und Basengleichgewicht betreffenden Verhältnisse gewinnen, so empfiehlt es sich, das Kohlensäurebindungsvermögen auch noch bei Spannungen, die oberhalb und unterhalb der physiologischen gelegen sind, festzustellen. Die Untersuchungen von H. STRAUB und KL. MEYER, die wir später besprechen werden, sind zumeist in dieser Weise ausgeführt. Ist das CO_2-Bindungsvermögen (d. h. die Alkalireserve) ein normales, so spricht man von Eukapnie, ist es vermindert, von Hypokapnie, und ist es vermehrt, von Hyperkapnie. Daß bei Säureüberladung des Blutes Verminderung der Alkalireserve, also Hypokapnie besteht, ist schon erörtert worden. Ist andererseits jede Hypokapnie bzw. jede Verminderung der alveolaren CO_2-Spannung beweisend für das Vorliegen einer Säureüberladung, d. h. einer Acidosis? Diese Frage muß verneint werden. Wird z. B. aus irgendeinem Grunde das Atemzentrum übererregt, dann muß es zu einer starken Ventilation der Lungen, d. h. zu einer übermäßig starken Austreibung von CO_2 aus dem Blute kommen. Der Verminderung der alveolären CO_2-Spannung muß zwecks Aufrechterhaltung des normalen p_H des Blutes ein entsprechender Rückgang der Alkalireserve folgen. Dies kann in der Weise erfolgen, daß $NaHCO_3$ bzw. Na_2HPO_4 durch die Nieren ausgeschieden oder aus der Blutflüssigkeit in die Gewebe abgedrängt werden. Das Gewebe, das hierfür in erster Linie in Frage kommt, sind die Blutkörperchen. Dies ist ohne weiteres verständlich. Infolge der Hyperpnöe nimmt das Oxyhämoglobin in den Erythrocyten auf Kosten des Hämoglobins zu. Das Oxyhämoglobin, das eine stärkere Säure als das Hämoglobin ist, braucht aber zu seiner Neutralisierung entsprechend mehr Alkali; dieses nimmt es aus der Blutflüssigkeit auf. Auch hier zeigt sich die Abhängigkeit und gegenseitige Ergänzung von Blutflüssigkeit und Blutkörperchen bei den Pufferungsvorgängen

[1]) PINCUSSEN: Mikromethodik, Leipzig, Verlag Thieme 1923.

[2]) JAQUET: zit. nach A. LOEWY: l. c.

in recht anschaulicher Weise. Neben den Blutkörperchen dürften an diesen Vorgängen auch andere Körpergewebe durch Aufnahme bezw. Abgabe von sauren und alkalischen Valenzen teilnehmen [Henderson und Haggard[1]), van Slyke und Cullen[2])]. Dies ist verständlich, da viele Gewebe die Eigenschaft haben, auch für andere Elektrolyte als Reservoir dienen zu können (s. Kap. VII). Zu einer primären Überventilation der Lungen kommt es z. B. im Beginn der Narkose, weshalb bei ihr mitunter eine verminderte alveoläre CO_2-Spannung nachweisbar ist[3]). Als primäre Überventilation der Lungen bzw. Hyperpnöe ist nach Winterstein[4]) vor allem die Dyspnöe bei Sauerstoffmangel anzusehen. Sie wird nicht — wie man ursprünglich anzunehmen geneigt war — dadurch hervorgerufen, daß infolge des O_2-Mangels in größerer Menge saure, nicht verbrannte Stoffwechselprodukte (so Milchsäure) in die Blutbahn gelangen. Die Blutanalysen sprechen unbedingt dagegen. Nach Winterstein führt der Sauerstoffabschluß vielmehr zu lokalen Veränderungen des Atemzentrums (evtl. eine lokale Anhäufung von sauren Stoffwechselprodukten), als deren Folge eine starke Erregbarkeit des letzteren eintritt. Diese Dyspnöe wird von Winterstein als zentrogene bezeichnet und der hämatogenen, durch Säureüberladung des Blutes entstandenen, gegenübergestellt. Daß beide Formen von Dyspnöe zu einer Verminderung der alveolären CO_2-Spannung und der Alkalireserve führen müssen, geht aus dem Gesagten ohne weiteres hervor; verständlich ist aber auch, daß nur die hämatogen bedingten Veränderungen der genannten Art das Vorliegen einer Acidosis beweisen. Wie man evtl. diese beiden Formen unterscheiden kann, und welche Schlußfolgerungen sich besonders für die Pathologie ziehen lassen, wird noch zu erörtern sein.

Unter physiologischen Bedingungen kommen Schwankungen der alveolären CO_2-Spannung auf vielfache Weise zustande. Einen Einfluß auf die CO_2-Spannung kann z. B. die Nahrung ausüben. Nach Fleischkost, die als eine an sauren Valenzen reiche Nahrung angesehen werden muß (s. S. 332), sinkt die CO_2-Spannung und mit ihr gleichzeitig auch die Alkalireserve [Hasselbach[5])]. Nahrungsaufnahme — gleichgültig welcher Art — kann auch zu einer Steigerung der CO_2-Spannung (besonders der venösen) führen, da das Blut infolge der Salzsäuresekretion in den Magen saure Valenzen abgibt. Bei Anacidität tritt die Steigerung nicht ein [Essen, Kauders und Porges[6])]. Auch die Verschiedenheit der CO_2-Spannung bei nüchternen Personen führt Porges auf Einflüsse der Ernährung zurück. Eine besondere Bedeutung mißt er den Chloriden bei, von denen er annimmt, daß sie die Blutcarbonate verdrängen und so indirekt die CO_2-Spannung erniedrigen. Meist gehen hohe Chlorwerte mit niedrigen CO_2-Spannungen einher und umgekehrt. Kohlenhydratnahrung ist eine an alkalischen Valenzen reiche Kost. Ihre völlige Entziehung kann daher zu den gleichen Veränderungen führen, die bei Fleischkost auftreten. Das p_H des Blutes bleibt natürlich in jedem Falle unverändert. — Herabgesetzt werden CO_2-Spannung und Alkalireserve auch durch starke Muskelarbeit, und zwar durch die bei der Arbeit in gesteigerter Menge entstehenden

[1]) Henderson u. Haggard: Journ. of biol. chem. Bd. 33, S. 333. 1917.
[2]) van Slyke u. Cullen: Journ. of biol. chem. Bd. 30, S. 289. 1917.
[3]) Winterstein: Pflügers Arch. f. d. ges. Physiol. Bd. 187, S. 293. 1921.
[4]) Winterstein: Biochem. Zeitschr. Bd. 70, S. 45. 1915.
[5]) Hasselbach: zit. nach Höber: Physik. Chemie der Zelle u. Gewebe. 1922, S. 138.
[6]) Essen, Kauders u. O. Porges: Dtsch. med. Wochenschr. 1921, Nr. 47, S. 1415.

sauren Stoffwechselprodukte [CHRISTIANSEN, DOUGLAS, HALDANE, MORAWITZ und WALKER, PARSONS und BACROFT, BARR[1]), HASSELBACH[2])]. Die Abnahme kann 30—40% betragen. Bei gleicher CO_2-Spannung bindet nach MORAWITZ und WALKER das Blut in der Ruhe 45—47 Vol.-%, unmittelbar nach Dreharbeit 30 Vol.-% CO_2.

Für die vor und nach starker Muskelarbeit im Blute bestehende CO_2-Spannung fand HASSELBACH folgende Werte:

	p_H		mm Hg alveol. CO_2-Spannung
Vor der Arbeit	7,33	bei	38,2
Nach der Arbeit	7,21	„	29,4
Vor der Arbeit	7,33	„	38,1
Nach der Arbeit	7,21	„	31,3
1 Stunde später	7,35	„	35,5

Die Zunahme der [H˙] bzw. des p_H ist nur außerordentlich gering (7,21 gegenüber 7,33), die Abnahme der CO_2-Spannung dagegen ziemlich beträchtlich (29,4 gegenüber 38,2).

Bemerkenswert ist, daß sportliches Training zu einer dauernden Erhöhung der CO_2-Spannung und Alkalireserve führt [ARNOLDI[3]), HERXHEIMER[4]), FULL und HERXHEIMER[5])]. Mit Recht sehen die genannten Autoren diese Änderung als den Ausdruck einer zweckmäßigen Anpassung an. Bei starken Muskelanstrengungen kann viel CO_2 abgegeben werden und das in entsprechender Menge frei werdende Alkali die sauren Valenzen absättigen. DOUGLAS sowie STRAUB, BECKMANN, ERDT und METTENLEITER[6]), ferner ARNOLDI fanden auch im Schlaf- und Wachzustande Unterschiede in der alveolären CO_2-Spannung. Sie steigt vor dem Einschlafen an (herabgesetzte Erregbarkeit des Atemzentrums, also zentrogene Hypopnoe), um nach dem Erwachen wieder abzufallen. Auch die Jahreszeit spielt — wie STRAUB[7]) und seine Mitarbeiter zeigen konnten — bei der Einstellung des Säure-Basengleichgewichtes eine Rolle

Anhang.

Die Bedeutung der NH_3-Ausscheidung für die Pufferungsvorgänge.

Bevor wir uns mit der Frage beschäftigen, welche Änderungen unter pathologischen Bedingungen CO_2-Spannung und Alkalireserve erfahren, und wie diese das symptomatische Krankheitsbild beeinflussen können, sei der Vollständigkeit halber noch auf einen anderen, der Säureneutralisierung dienenden Regulationsvorgang hingewiesen, nämlich die Ammoniakausscheidung. Es gehört zur Funktion der Leber, den beim Eiweißabbau frei werdenden Ammoniak in Harnstoff zu verwandeln. Ein Teil des Ammoniaks entgeht jedoch stets dem Umbau und wird durch die Nieren ausgeschieden. Wie aus Untersuchungen von NAST und BENEDIKT[8]) hervorgeht, scheint die Niere sogar aktiv in der Lage zu sein, aus Harn-

1) Zit. nach LOEWY: l. c.
2) HASSELBACH: Biochem. Zeitschr. Bd. 78, S. 112. 1917.
3) ARNOLDI: Dtsch. med. Wochenschr. 1924, Nr. 41.
4) HERXHEIMER: Zeitschr. f. klin. Med. Bd. 98. 1924.
5) FULL und HERXHEIMER: Klin. Wochenschr. 1926, Nr. 6, S. 228.
6) STRAUB, BECKMANN, ERDT u. METTENLEITER: Dtsch. Arch. f. klin. Med. Bd. 117, S. 397. 1915.
7) H. STRAUB: 34. Kongr. f. inn. Med. 1922. Wiesbaden.
8) NAST u. BENEDIKT: Journ. of biol. chem. Bd. 48, S. 463. 1921.

stoff Ammoniak zu bilden. Die Bedeutung der Niere für die Regulierung der [H˙] des Blutes würde demnach nicht allein in der Ausscheidung überflüssiger Säure- und Basenvalenzen, sondern auch in ihrer Neutralisierung bestehen. Die tägliche Menge des ausgeschiedenen NH_3 beträgt bei gemischter Nahrung etwa 0,6—0,8 bis 1,0 g; dies sind 3—5% des gesamten Harnstoffes. Bei steigendem Eiweißumsatz steigen auch die absoluten Ammoniakmengen. Als Base vermag NH_3 im Blute Säuren zu binden. Bei vermehrter Säurebildung nimmt die zur Ausscheidung gelangende Ammoniakmenge zu. Sie ist z. B. bei Fleischnahrung, die an sauren Valenzen reich ist, größer als bei vegetabilischer Kost. Säurezufuhr steigert die Ammoniakausscheidung, Alkalizufuhr vermindert sie. So konnte WALTHER[1]) bei einem Versuch am Hunde feststellen, daß $^3/_4$ einer größeren Menge per os zugeführter Salzsäure im Harn an Ammoniak gepaart erschien. Nach 12 g $NaHCO_3$ dagegen sinkt beim Hunde die Ammoniakausscheidung um $^1/_3$ [HALLERVORDEN[2])]. Bei vollständigem Fehlen der Kohlenhydrate in der Nahrung kommt es bekanntlich zur Bildung von Acetonkörpern (Acetessigsäure und β-Oxybuttersäure), die mit dem Harn zur Ausscheidung gelangen. Gleichzeitig steigt in solchen Fällen, wie GERHARD und SCHLESINGER sowie MAGNUS LEVY zeigen konnten, auch die ausgeschiedene Ammoniakmenge, und zwar bis zu 2 und auch 3 g pro die (dies sind 20—25% des Gesamtstickstoffes). Eine Steigerung der Ammoniakausscheidung beobachten wir demgemäß auch beim acidotischen Diabetes wie überhaupt bei allen Prozessen, die zu einer pathologischen Säurebildung führen. Vermehrte Ammoniakausscheidung im Harn und verminderte CO_2-Spannung bzw. Alkalireserve im Blut sind Erscheinungen, die häufig parallel verlaufen, weil sie die gleiche Genese (Bestehen einer Acidosis) haben können. Indem der Organismus einen Teil des Ammoniaks der Harnstoffsynthese entzieht bzw. ihn aus dem Harnstoff frei macht und ihn für die Säurebindung benutzt, verhindert er, daß bei großer Säureüberladung das für das p_H des Blutes so wichtige $\frac{CO_2}{NaHCO_3}$-Gemisch zu stark verändert wird; die Alkalireserve wird geschont. An den feineren physiologischen Regulationen (so der des Atmungsvorganges) dürfte das NH_3 keinen Anteil haben; denn die im Blute vorkommenden Ammoniakmengen sind so klein, daß sie für das p_H des Blutes keine Bedeutung haben. Zur vermehrten Ammoniakausscheidung kann es übrigens auch aus ganz anderen als den genannten Gründen kommen; so kann, wenn Leberschädigungen vorliegen, die Umwandlung des Ammoniaks in Harnstoff gestört sein (akute gelbe Leberatrophie); dies gehört jedoch nicht hierher. —

2. Das Puffersystem des Blutes unter pathologischen Bedingungen und seine Beziehung zur klinischen Symptomatik.

(Diabetes, Nieren- und Leberkrankheiten, Schwangerschaft, Epilepsie.)

Unter den Erkrankungen, die zu einer vermehrten bzw. abnormen Säurebildung führen können, ist an erster Stelle der Diabetes melitus zu nennen. Die in Frage kommenden Säuren sind die Acetessigsäure und die β-Oxybutter-

---

1) WALTHER: Arch. f. exp. Path. u. Pharmak. Bd. 7, S. 148. 1877.

2) HALLERVORDEN: zit. nach MAGNUS-LEVY: Physiol. d. Stoffwechsels, im Handb. v. NOORDEN: Pathologie des Stoffwechsels, S. 111. 1906.

säure. Als freie Säuren können sie durch die Nieren nicht ausgeschieden werden. Nur zum Teil werden sie an Ammoniak gebunden; der Rest verbindet sich mit dem $NaHCO_3$; die Alkalireserve wird hierdurch vermindert. Zur Aufrechterhaltung des p_H des Blutes ist erforderlich, daß auch die CO_2-Spannung kleiner wird; dies kann nur durch eine Hyperventilation der Lungen geschehen; oder anders ausgedrückt — die durch Verminderung der Alkalireserve momentan zunehmende $[H^{\cdot}]$ führt zu einer stärkeren Erregung des Atemzentrums, die so lange anhält, bis durch die Hyperventilation auch die CO_2-Spannung so weit gesunken ist, daß der Quotient $\frac{CO_2}{NaHCO_3}$ wieder der ursprüngliche, d. h. die $[H^{\cdot}]$ wieder normal wird. Die große (KUSSMAULsche) Atmung, die für Diabeteskranke mit schwerer Acidosis, besonders im Zustand des Komas, charakteristisch ist, hängt zweifellos mit diesen Vorgängen zusammen. Es ist nach dem Gesagten auch verständlich, daß man die beim Diabetes bestehende Acidosis im Blute nicht an der Höhe der $[H^{\cdot}]$ erkennen kann. Sie ist vielmehr wie alle Zustände von Säureüberladung durch Veränderungen der am Puffergemisch beteiligten Faktoren charakterisiert. Vermindert ist die CO_2-Spannung und die Alkalireserve. Zu einer gröberen Veränderung des p_H des Blutes kommt es beim Diabetes nur in den allerschwersten Fällen von Koma, meist erst kurz vor dem Exitus. Die Ursache hierfür dürfte darin liegen, daß die Säurevergiftung eine so große ist, daß die Puffervorrichtungen versagen; vor allem ist anzunehmen, daß die lange Dauer der Säurevergiftung zu einer Störung der Regulationsfähigkeit der Atmungsapparate (z. B. verminderte Reizbarkeit des Atemzentrums) führt. L. MICHAELIS hat bei einer großen Zahl von Diabetesfällen das p_H des Blutes bestimmt und die Ergebnisse in folgender Tabelle zusammengestellt:

Diagnose	p_H a	p_H b
1. Präkomatöser Diabetes	7,51	7,52
2. ,, ,,	7,51	7,51
3. Leichter Diabetes	7,61	7,63
4. Diabetes, Akromegalie	7,57	7,57
5. Präkomatöser Diabetes	7,57	7,59
6. ,, ,,	7,52	7,52
7. ,, ,,	7,50	7,49
8. Leichter Diabetes	7,52	7,57
9. Diabetes mit Acidose	7,56	7,56
10. Coma diabeticum vor dem Exitus letalis	7,11	7,13

Die p_H-Werte der Fälle 1—9 sind absolut normale. An anderer Stelle (s. S. 177) ist als Normalwert für das p_H des Blutes 7,3—7,45 angegeben worden; daß hier das p_H etwas höher liegt, die Reaktion also mehr alkalisch erscheint, ist lediglich auf die damals von MICHAELIS[1]) angewandte Methode zurückzuführen. Für uns ist von Interesse, daß lediglich im Fall 10 eine deutliche Veränderung, und zwar im Sinne einer Zunahme des Säuregrades, nachweisbar ist. H. STRAUB[2]) und seine Mitarbeiter kamen zu ganz ähnlichen Resultaten. Wir können aber annehmen und uns dabei auf entsprechende Untersuchungen vieler Autoren

[1]) MICHAELIS, L.: Die Wasserstoffionenkonzentration, S. 105. Berlin: Julius Springer 1914.

[2]) STRAUB, H.: Dtsch. Arch. f. klin. Med. Bd. 109, S. 223. 1913; Münch. med. Wochenschr. 1911, S. 930.

[Beddard, Pembrey und Spriggs[1]), Porges, Leimdörfer und Markovici[2]), Endres[3]) u. a.] berufen, daß in den Fällen, die mit stärkerer Acidosis verbunden waren, sicherlich eine Verringerung der CO_2-Spannung und der Alkalireserve bestanden hat. Im Koma ist sie natürlich am stärksten ausgeprägt. Der erste, der bei acidotischen Diabetikern überhaupt eine Verminderung des Blut-Kohlensäuregehaltes festgestellt hat, war Minkowski. Bei einem Fall von schwerem Koma ging der CO_2-Gehalt bis auf 3,34% zurück. Die aveoläre CO_2-Spannung kann nach den Angaben der erstgenannten Autoren bis auf Werte von etwa 12—15 mm Hg, die Alkalireserve auf die Hälfte des Normalwertes, also 25—30%, und noch tiefer sinken. Bei leichteren Fällen von Acidosis sind mitunter gar keine nachweisbaren Veränderungen vorhanden. Daß bei schwerem acidotischen Diabetes trotz normaler [H˙] eine Behandlung mit $NaHCO_3$ berechtigt ist, braucht nicht besonders erörtert zu werden; die Alkalireserve wird aufgefüllt. Während die Insulinbehandlung das Entstehen der Acidosis verhüten soll, ist die Alkalibehandlung nur gegen die Folgen der Acidosis gerichtet. Sie schließen sich also keineswegs aus.

Auf die Wintersteinsche Reaktionstheorie der Atmung, d. h. die Bedeutung des p_H des Blutes bzw. des Quotienten $\frac{CO_2}{NaHCO_3}$ für die Atmung ist in diesem Kapitel schon mehrfach hingewiesen worden. Bei einer großen Reihe von Krankheitsgruppen können Störungen bzw. Abweichungen der Atmung vom normalen Typ häufig vorkommende und wichtige Krankheitssymptome darstellen. Von der großen Atmung bei der diabetischen Acidosis war schon die Rede. Am häufigsten beobachten wir aber Atemstörungen (z. B. Dyspnoe) bei kardialen, pulmonalen und renalen Prozessen. Hingewiesen sei auf das Asthma cardiale und das urämische Asthma, auf die Dyspnoe bei Pneumonie usw. Hängen diese Formen von Dyspnoe auch mit einer Veränderung des p_H des Blutes bzw. seiner Puffer zusammen? Daß bei Erkrankungen des Respirationsapparates, die zu einer Ausschaltung von Lungenteilen aus der Atmung führen, so bei Pneumonie, Pneumothorax, Lungenkompressionen, Verschluß von Bronchien usw., das arterielle Blut infolge Verminderung seiner mit der Alveolarluft in Gasaustausch stehenden Fläche unter Umständen abnorm reich an Kohlensäure werden kann, ist verständlich. Nach dem bisher Gesagten ist auch erklärlich, wie dieser Überschuß an CO_2 die Ursache einer Erregung des Atemzentrums und damit einer Dyspnöe bzw. Hyperventilation wird. Wie eine Ausschaltung von Lungenteilchen kann bei normaler Größe der atmenden Lungenfläche auch eine Erschwerung des Gasaustausches wirken. Zweifellos spielt das Lungengewebe bei der Atmung auch eine a k t i v e Rolle, und zwar insofern, als der Gasaustausch zwischen arteriellem bzw. venösem Blut und der Alveolarluft auch von dem physikalisch-chemischen Zustand der Lungengefäße und der Alveolen abhängt. Ist dieser verändert (es muß sich nicht unbedingt um organische Störungen handeln), kann der Gasaustausch kein normaler sein. Brauer bezeichnet Krankheitsprozesse, die durch derartige Störungen ausgezeichnet sind, als „Pneumonosen". Daß sie nicht nur theoretisch möglich sind, sondern auch tatsächlich

[1]) Beddard, Pembrey u. Spriggs: The Lancet 1903, S. 1366.
[2]) Porges, Leimdörfer u. Markovici: Zeitschr. f. klin. Med. Bd. 73, S. 389. 1911.
[3]) Endres: Dtsch. Arch. f. klin. Med. Bd. 146, S. 51. 1925.

vorkommen, ist besonders durch englische und amerikanische Autoren erwiesen worden. Wie an anderer Stelle erwähnt worden ist, gleicht die CO_2-Spannung des arteriellen Blutes der der Alveolarluft. Dies trifft unter physiologischen Verhältnissen stets zu; dagegen können unter pathologischen Bedingungen, wie vergleichende Messungen der CO_2-Spannung der Alveolarluft und des nach einem Verfahren von HÜRTER durch Arterienpunktion gewonnenen Blutes seitens der englischen und amerikanischen Autoren ergeben haben, auch deutliche Unterschiede vorkommen. Sie finden sich — wie auch aus Untersuchungen von KORNFELD (s. S. 300) hervorgeht — besonders häufig bei Herzkranken. Die alveoläre CO_2-Spannung ist in diesen Fällen wesentlich niedriger als die arterielle. Das Lungengewebe ist also für die Kohlensäure weniger durchgängig als gewöhnlich. Zur Austreibung des CO_2 ist eine entsprechende Steigerung der Atmung notwendig. Die CO_2-Stauung im Blute stellt den notwendigen Reiz für das Atemzentrum dar. H. STRAUB und KL. GOLLWITZER-MEYER[1]) nennen diese Form von Atemnot „Dyspnoe durch Pneumonose". Daß sie bei Lungenkrankheiten bestehen kann, ist selbstverständlich. Sie spielt jedoch — was nach dem Gesagten ebenfalls erklärlich ist — auch bei Fällen von kardialer Dyspnoe eine Rolle, allerdings in Kombination mit anderen Faktoren, von denen noch die Rede sein wird. — Wie sind nun die Dyspnoeformen bei Nierenkrankheiten zu erklären? Die Dyspnoe kann kardialer Herkunft, d. h. durch Herzinsuffizienz bedingt sein; diese wollen wir zunächst übergehen. Dyspnoe beobachten wir bei Nierenkranken aber oft auch dann, wenn Störungen von seiten des Zirkulationsapparates nicht vorliegen; hierher gehört z. B. das Asthma der Urämischen. H. STRAUB und Kl. MEYER unterscheiden bei Nierenkranken zwei Dyspnoeformen; die hämatogene und zentrale Dyspnoe. Erstere wird auch als die urämische bezeichnet. Daß eine Dyspnoe nicht nur durch entsprechende Blutveränderungen, sondern auch durch zentrale Störungen im Bereiche des Atemzentrums ausgelöst werden kann, ist schon an anderer Stelle erörtert worden (s. S. 189); so kann als zentrale Dyspnoe die bei Sauerstoffmangel entstehende angesehen werden. Worin unterscheiden sich diese beiden Dyspnoeformen bei Nierenkranken und wodurch sind sie bedingt? Auf die Bedeutung der Nieren für die Aufrechterhaltung des normalen Säure-Basengleichgewichtes ist schon hingewiesen worden (s. S. 184). Daß eine kranke, insuffiziente Niere diese Aufgabe nicht so gut lösen kann wie eine gesunde Niere, ist verständlich; so kann es zu einer Retention von sauren Schlacken kommen; daß diese besonders schlecht ausgeschieden werden, geht aus folgender Tatsache hervor. Der Harn gesunder Menschen ist sauer; seine $[H^{\cdot}]$ ist viel größer als die des Blutes. Der Harn niereninsuffizienter Menschen zeigt dagegen eine $[H^{\cdot}]$, die im allgemeinen von der des Blutes viel weniger abweicht. Auch sonst ist ja die kranke Niere in vielfacher Hinsicht dadurch ausgezeichnet, daß sie nicht einen Harn produzieren kann, der eine wesentlich andere molare Zusammensetzung als die des Blutes hat. Dies gilt z. B. auch für die NaCl-Ausscheidung. Die kranke Niere degradiert immer mehr zu einem Organ mit gewöhnlichen Filtrationseigenschaften. Die Insuffizienz der Niere für die Ausscheidung der Säure- und Baseschlacken ist durchaus vergleichbar mit der Insuffizienz für die Ausscheidung der anderen Stoffwechselprodukte, so des Reststickstoffes; die Insuffizienzerscheinungen brauchen

[1]) STRAUB, H. u. KL. GOLLWITZER-MEYER: Klin. Wochenschr. 1924, Nr. 1, S. 5.

jedoch — wie H. Straub und Kl. Meyer nachgewiesen haben — keinewegs parallel zu verlaufen. Der Rest-N-Gehalt des Blutes kann abnorm groß sein, auch wenn das Säure-Basengleichgewicht normal ist; umgekehrt kommen Störungen des letzteren bei normalen Rest-N-Werten vor. Ein Überschuß des Blutes an retinierten Säureschlacken muß zu einer Verminderung der Alkalireserve, d. h. zur Hypokapnie führen. Diese ist — wie die Untersuchungen von H. Straub und Kl. Meyer[1]) ergeben haben und aus folgender von ihnen zusammengestellten Tabelle hervorgeht — bei vielen Nierenkranken, insbesondere im Spätstadium einer Niereninsuffizienz (z. B. Schrumpfniere, in der Tabelle s. Fall 50), aber auch bei insuffizienten akuten Glomerulonephritiden (Fall 12) nachweisbar. Bei Vorliegen urämischer Symptome fehlt sie wohl nie. Fast regelmäßig scheint sie auch bei quecksilbervergifteten Nieren vorzukommen (Fall 3). Daß die Hypokapnie zu einer Erregung des Atemzentrums und damit zur Dyspnoe führen kann, ist nach dem früher Gesagten ohne weiteres verständlich. Diese Dyspnoe ist eine

Tabelle nach H. Straub und Kl. Meyer.

Diagnose	Nr.	Dat.	p_H reduz.	p_H regul.	Alveol. CO_2 Span.	CO_2-Gehalt des Arterienblutes
Hg-Nieren	3	4. 7. 17	6,95	7,17	20,3	16
		6. 7. 17	7,04	7,345	18,5	22
Akute Glomerulonephritis ohne Niereninsuffizienz	6	2. 6. 17	7,32	7,326	37,9	47,5
		22. 6. 17	7,32	7,326	37,9	47,5
	7	12. 11. 17	7,42	7,466	36,7	65
	8	12. 5. 17	7,33	7,308	43,3	53
mit Niereninsuffizienz	11	5. 10. 17	7,30	7,349	33,1	44,5
		6. 11. 17	7,33	7,297	46,3	55,5
	12	2. 7. 17	7,10	7,11	35,6	26
Chron. Glomerulonephritis ohne Niereninsuffizienz	14	21. 11. 17	7,38	7,394	40,7	61
	15	11. 6. 17	7,33	7,360	36,1	49
mit Niereninsuffizienz	22	26. 7. 17	7,12	7,204	25,8	22
	23	8. 6. 17	7,24	7,347	29,5	37,5
	24	14. 5. 17	7,24	7,297	33,5	38,5
		10. 7. 17	7,17	7,215	34,6	32,5
	26	18. 5. 17	7,21	7,301	31,8	36,5
		5. 6. 17	7,15	7,21	34,5	32
		25. 11. 17	7,22	7,399	24,3	34,5
	28	10. 11. 17	7,27	7,338	30,1	42,0
Sklerosen ohne Niereninsuffizienz . . .	29	11. 10. 17	7,35	7,408	35,1	53,5
	31	15. 5. 17	7,34	7,355	38,5	57
		14. 11. 17	7,30	7,334	36,9	47
mit Dyspnoe ohne Hypokapnie . .	35	4. 6. 18	7,54	7,690	25,9	76,5
				7,555	21,1	72,5
	37	9. 1. 18	7,47	7,478	39,1	72
	39	12. 10. 17	7,36	7,631	19,9	49,5
				7,504	29,4	55
mit Niereninsuffizienz und Hypokapnie	43	10. 10. 17	7,29	7,432	26	40,5
	44	7. 5. 17	7,34	7,326	41,8	53
		12. 6. 17	7,25	7,233	40,8	41
	50	19. 7. 17	6,87	7,031	20,9	12

[1]) Straub, H. u. Kl. Meyer: Dtsch. Arch. f. klin. Med. Bd. 125, S. 477. 1919; Bd. 138, S. 208. 1922; Biochem. Zeitschr. 1921.

hämatogen bedingte. Infolge der Hyperventilation der Lungen kann die alveoläre CO_2-Spannung so weit herabgesetzt werden, daß das p_H des Blutes normal bleibt. Die Acidosis wird als kompensierte bezeichnet. In allen Fällen von Niereninsuffizienz mit Hypokapnie wird eine Kompensation dieser Art aber nicht erreicht. Leidet aus irgendeinem Grunde die Erregbarkeit des Atemzentrums, dann hält die Herabsetzung der alveolaren CO_2-Spannung nicht Schritt mit der Verminderung der Alkalireserve; die Acidosis ist eine „dekompensierte" und die Folge ist, daß die Blutreaktion tatsächlich sauer wird. (Fall 3, 12 und 50 zeigen dies; das p_H erreicht Werte von etwa 7,1 und 7,03.) — Das regulierte p_H gibt die tatsächliche im Blute bestehende [H˙] an, wie sie durch entsprechende Messungen (die Methodik und ihre Prinzipien werden am Ende dieses Kapitels erörtert werden) oder auch durch Berechnung aus dem Quotienten $\frac{CO_2}{NaHCO_3}$ festgestellt werden kann. Das reduzierte p_H bzw. die reduzierte Wasserstoffzahl gibt dagegen einen fiktiven Wert an. Er wird nach dem Vorschlag von HASSELBACH ermittelt, indem man stets von einer konstanten CO_2-Spannung (40 mm Hg) ausgeht. Da diese Spannung den mittleren physiologischen Durchschnittswert darstellt, wird bei den Messungen von der etwaigen kompensatorischen Erniedrigung bzw. Erhöhung Abstand genommen. Die p_H-Werte, die man auf diese Weise erhält, lassen die wirkliche Änderung der Alkalireserve gut erkennen. Folgendes Beispiel (Fall Nr. 3 der Tabelle) erläutert dies in vortrefflicher Weise. Die Alkalireserve ergibt einen Wert von 22% (also eine sehr starke Verminderung; normal etwa 50%). Die alveoläre CO_2-Spannung ist in entsprechender Weise herabgesetzt, und zwar von etwa 35—45 mm Hg auf 18,5 mm Hg; die [H˙] des Blutes kann als ganz normal bezeichnet werden (p_H 7,345). Stellt man aber die Blutreaktion nicht bei der in diesem Falle tatsächlich bestehenden, sondern bei der unter physiologischen Bedingungen herrschenden CO_2-Spannung von 40 mm Hg fest, dann zeigt der p_H-Wert eine starke Säuerung an (p_H 7,04). Allein aus der alveolaren CO_2-Spannung läßt sich nicht in allen Fällen die Stärke der vorliegenden Säureüberladung berechnen; denn ist die Acidosis nicht kompensiert, dann ist die Verminderung der CO_2-Spannung nicht so stark, wie es dem eigentlichen Säureüberschuß entspricht. Wollen wir ein wirklich einwandfreies und vollständiges Bild gewinnen, dann müssen mehrere Werte gleichzeitig festgestellt werden (so CO_2-Spannung und Alkalireserve oder reduziertes und reguliertes p_H oder CO_2-Spannung und reguliertes p_H). Auch die folgenden Ausführungen werden ergeben, wie leicht man sich irren kann, wenn man seine Vorstellung über das Säure-Basengleichgewicht des Blutes nur aus Ermittlungen eines Wertes ableitet. Trotzdem soll nicht geleugnet werden, daß in vielen Fällen, besonders in der Praxis, z. B. auch die Feststellung der CO_2-Spannung allein uns mancherlei wertvolle Aufklärung verschaffen kann. — Kehren wir zur speziellen Frage der bei Nierenkranken zur Beobachtung kommenden Veränderungen zurück. Wir haben erfahren, daß es Fälle gibt, bei denen eine primäre Hypokapnie vorkommt; von dieser sind wir anzunehmen berechtigt, daß sie die Ursache von Dsypnoe wird. Wie H. STRAUB und KL. MEYER nachgewiesen haben, gibt es aber auch Nierenkranke, bei denen keine Hypokapnie besteht, und die trotzdem Anfälle von Dyspnoe bekommen können. Die Alkalireserve ist normal oder zeigt sogar erhöhte Werte an; dagegen ist die alveoläre CO_2-Spannung infolge der Dyspnoe bzw. der Hyperventilation stark erniedrigt. Die tatsächliche Blutreaktion ist infolgedessen eine stärker alkalische (bei Fall 39 z. B. ist das reguliert p_H 7,631). Das reduzierte p_H ist in diesem Falle natürlich ein normales (p_H 7,36); denn die Alkalireserve ist gegenüber der Norm nicht verändert, und bei der Feststellung des p_H wird von der physiologischen CO_2-Spannung ausgegangen. Diese Dyspnoeformen können nicht hämatogen bedingt sein; zum mindesten liegt keine primäre Säuerung des Blutes vor, die als ursächlicher Faktor für die Hyperventilation in Frage käme. Nach H. STRAUB und KL. MEYER sind sie zentrogen bedingt im Sinne WINTERSTEINS. Ihr Entstehen soll auf Schädigung des Atemzentrums durch lokale Kreislaufstörungen (Asphyxie) zurückzuführen sein. Diese Form der Dyspnoe tritt nach den Feststellungen der genannten Autoren nicht wie die hämatogene als Folge einer Niereninsuffizienz auf, sondern ist vornehmlich im Verlauf von Erkrankungen zu beobachten, bei denen Gefäßprozesse im Vordergrund stehen. STRAUB und MEYER bezeichnen diese Dyspnoeform auch als „cerebrales Asthma der Hypertoniker". Die Schädigung des Atemzentrums kann ihrer Meinung nach durch anatomisch nachweisbare Gefäßveränderungen, aber auch durch Spasmen hervorgerufen werden, also durch die gleichen Veränderungen, die bei Hypertonien Anlaß zu starken Blutdruckschwankungen geben und auch zur Ursache von transitorischer Amaurose und Hemiplegie werden können. Diese Dyspnoe ist meist eine anfallsweise auftretende. Sie ist sicherlich nicht der Ausdruck einer akuten Niereninsuffizienz. Auch O. ROSENBACH hatte früher schon lediglich auf Grund klinischer Beobachtungen das Krankheitsbild der cerebralen Dyspnoe bzw. des cerebralen Asthmas aufgestellt und war sich klar darüber, daß hier ebensowenig wie eine Niereninsuffizienz eine Herzinsuffizienz eine Rolle spielt. Es fehlt die Cyanose; die Atmung ist vertieft, aber nicht sehr beschleunigt. Charakteristisch ist auch das starke Angstgefühl, das diese Anfälle begleitet. In der Tabelle stellen die Fälle 35, 37, 39 typische Beispiele dieser Dyspnoeform dar. Es handelt sich ätiologisch um Sklerosen (Nephrosklerosen) bzw. genuine Hypertonien.

Zu den Organen, die zur Aufrechterhaltung des Säure-Basengewichtes beitragen, gehört auch die Leber. Sie stellt dem Organismus Ammoniak zur Verfügung, wodurch ein Teil der Säurevalenzen abgesättigt und der vorhandene Alkalivorrat geschont wird (s. S. 190). Daß bei Lebererkrankungen diese regulatorische Funktion leiden könnte, ist verständlich. Wie LABBÉ[1]), ferner ADLER und JABLONSKI[2]) nachgewiesen haben, sind dementsprechend bei der Mehrzahl der Lebererkrankungen tatsächlich Störungen des Säure-Basengleichgewichtes nachweisbar. Die Veränderungen liegen in der Richtung der Acidosis. In Fällen schwerer Leberinsuffizienz (z. B. Leberatrophie) kann die Alkalireserve bis auf 30% (normal ca. 60 %) zurückgehen. Auch bei Stauungslebern infolge kardialer Insuffizienz kann die Acidosis ähnliche Grade erreichen. Noch wesentlich stärkere Reduktionen der Alkalireserve fanden ADLER und JABLONSKI bei Leukämien und schweren Anämien. Ob auch in diesen Fällen die Veränderungen vornehmlich der Leberschädigung zuzuschreiben sind, ist zum mindesten zweifelhaft; denkbar wäre auch, daß im Blute selbst die Ursache der Störung gelegen ist; denn — wie

[1]) LABBÉ: zit. nach ADLER und JABLONSKI.
[2]) ADLER u. JABLONSKI: Klin. Wochenschr. 1924, Nr. 25, S. 1124.

in diesem Kapitel erörtert wurde — kommen den Blutkörperchen, insbesondere dem Hämoglobin starke Puffereigenschaften zu. (Über das Verhalten des Säure-Basengleichgewichtes bei Herzkranken s. S. 300.)

Geringe Schwankungen der alveolären CO_2-Spannung und Alkalireserve kommen auch unter physiologischen Bedingungen vor. Selbst Jahreszeit, Schlaf- bzw. Wachzustand, leichte körperliche Arbeit u. a. sind Faktoren, die hier eine Rolle spielen (s. S. 189). Es kann daher nicht überraschen, wenn Schwankungen von dieser Stärke sich auch bei den verschiedensten pathologischen Zuständen feststellen lassen. Es erübrigt sich, alle Fälle anzuführen, die durch Veränderungen der genannten Art ausgezeichnet sind, zumal wir nicht immer über die Ursache etwas Sicheres aussagen können. Erwähnt sei, daß Veränderungen des Säure-Basengleichgewichtes im Blute z. B. bei der Schwangerschaft bestehen (Blumenreich, Zangemeister, Michaelis u. a.). Porges, Novak[1]) und Leimdörfer[2]) fassen die normale Schwangerschaft als physiologisch-acidotischen Zustand auf. Sie fanden, daß während der Schwangerschaft die alveoläre CO_2-Spannung sinkt, um nach der Geburt des Kindes wieder anzusteigen. Daß auch die Alkalireserve bzw. das Kohlensäurebindungsvermögen vermindert ist, zeigten Bokelmann und Rother[3]) (Methode von Rohonyi). Nach ihren Feststellungen ist diese Veränderung in den ersten Monaten der Gravidität nur geringgradig; gegen Ende nimmt sie aber wesentlich zu. Bei Bestehen von Schwangerschaftstoxikosen (Hydrops, Dermatosen, Albuminurien, Nephrosen, präeklamptischen Zuständen) ist die Acidosis von Anfang an stärker ausgeprägt als bei der unkomplizierten Schwangerschaft; doch besteht zwischen dem Grad der Acidose und der Schwere der klinischen Symptome, insbesondere der klinisch nachweisbaren Nierenschädigung, keine direkte Proportion. Aus letzterer Tatsache schließen sie, daß die Acidosis nicht auf einer durch Nierenaffektion bedingten Retention von sauren Stoffwechselprodukten beruhe, sondern eine primäre Störung darstelle. Welcher Art diese ist, läßt sich nicht bestimmen. Ob es sich um eine Stoffwechseländerung im Sinne einer vermehrten oder abnormen Säureproduktion oder um eine Regulationsstörung handelt (etwa nach Art der zentral bedingten Erregbarkeitsänderungen des Atemzentrums) ist ganz ungewiß. Bei der mit Konvulsionen einhergehenden Eklampsie ist die Acidosis besonders stark ausgeprägt. Dies ist jedoch in erster Linie auf die starke Muskelarbeit zurückzuführen. Andere Krampfformen führen ebenfalls sekundär zu einer Acidosis. — Interessant sind die bei der genuinen Epilepsie nachweisbaren Veränderungen. Wie aus den Untersuchungen von Jarloev[4]), Bisgaard und Noervig[5]), Noervig[6]) und Bigwood[7]) hervorgeht, besteht im Blut und Harn von Epileptikern eine Alkalose. Dieser Zustand wird durch den Anfall beendet. Vollmer[8]) hat in Anlehnung an die Gedankengänge der genannten Autoren weitere Untersuchungen angestellt und gefunden, daß in der Zeit bis zum Anfall die täglichen Säureausscheidungen

[1]) Porges u. Novak: Berlin. klin. Wochenschr. 1911, Nr. 39.
[2]) Leimdörfer, Novak u. Porges: Zeitschr. f. klin. Med. Bd. 75, S. 301. 1912.
[3]) Bokelmann u. Rother: Zeitschr. f. d. ges. exp. Med. Bd. 33, 1923 u. Bd. 40. 1924.
[4]) Jarloev: Om Syre-Baselige vaegten i det memeskelige blod. Kopenhagen 1919.
[5]) Bisgaard u. Noervig: Hospitalstidende 1920, Jg. 63, S. 49.
[6]) Noervig: Cpt. rend. soc. de biol. Bd. 85, S. 363 u. Bd. 85, S. 616. 1921.
[7]) Bigwood: Cpt. rend. soc. de biol. Bd. 89, S. 842 u. Bd. 90, S. 98. 1924.
[8]) Vollmer: Klin. Wochenschr. 1923, S. 396 u. 1925, Nr. 31, S. 1508.

durch die Nieren ständig zurückgehen und der Harn schließlich alkalisch wird. Das Minus an Säureausscheidung ist aber nicht auf eine Insuffizienz der Nieren, sondern auf die alkalotische Stoffwechseländerung zurückzuführen. Hat die Alkalose ihr Maximum erreicht, dann kommt es gewissermaßen zum Zwecke der Selbstheilung zum epileptischen Anfall; die Konvulsionen bewirken eine Acidosis und gleichen die Alkalosis aus. Die Untersuchungen sind zweifellos interessant und wichtig; doch halte ich es nicht für sichergestellt, ja sogar für sehr unwahrscheinlich, daß in der Alkalose des Blutes die Ursache für den epileptischen Anfall gelegen ist; denn Krämpfe können — wie die Untersuchungen von Bokelmann und Rother bei Eklamptischen erwiesen haben — auch bei einer bestehenden Acidosis auftreten. Eine Alkalose dagegen ist auch bei der Tetanie nachweisbar. Welche Folgerungen wir aus den Blutveränderungen für die Genese der betreffenden Krankheiten ziehen können, wird an anderer Stelle erörtert werden (s. S. 254).

3. Die Methodik zur Bestimmung der [H˙] und der Puffersubstanzen; ihr Anwendungsgebiet.

Die Erörterung der Frage, welche Bedeutung dem Säure-Basengleichgewicht bzw. dem p_H des Blutes für physiologische und pathologische Vorgänge zukommt, hat uns folgendes gelehrt. Die Puffersubstanzen des Blutes (so die Säure-Salzgemische, ferner die Eiweißkörper, und zwar in erster Linie das Hämoglobin) verhüten, daß die Reaktion des Blutes, d. h. seine Wasserstoffionenkonzentration zu großen Schwankungen unterworfen wird. Kleine Änderungen lassen sie jedoch zu, was von größter Bedeutung ist. Von diesen geringen Schwankungen der [H˙] ist nämlich die Erregung des Atemzentrums abhängig. Auch greifen die H-Ionen in den Atmungsvorgang selbst ein, indem sie an den Zellen der Erfolgsorgane Aufnahme und Abgabe von O_2 bzw. CO_2, ferner ihren Transport in zweckentsprechender Weise regulieren. Was für das Atemzentrum gilt, trifft auch für alle anderen Zellen des Organismus zu; auch ihre Funktion wird weniger durch die Puffersubstanzen selbst als durch ihr Produkt, die H- bzw. OH-Ionen, beeinflußt. Daher ist folgendes zu beachten: Wollen wir feststellen, bei welcher Reaktion ein Organ am besten arbeitet, oder sonst etwas über die Bedeutung von Säuren oder Basen für die Funktion der Zellen erfahren, müssen wir in erster Linie die [H˙] berücksichtigen. Die Menge der an der Herstellung der [H˙] beteiligten Säuren und Basen ist gleichgültig. Die Klärung anderer Fragen dagegen braucht durch die Bestimmung der [H˙] allein gar nicht gefördert zu werden. Ob in dem Quotient $\frac{CO_2}{NaHCO_3}$ beide Werte groß oder klein sind, kommt in der [H˙] nicht zum Ausdruck. In vielen Fällen ist aber gerade eine Kenntnis dieser Größenwerte von Bedeutung. Niedrige Werte im Blute bei normalem p_H, d. h. verminderte CO_2-Spannung und Alkalireserve deuten — wie in den vorangehenden Abschnitten erörtert worden ist — auf eine Acidosis hin und geben uns Kenntnis davon, daß eine Überladung des Blutes mit Säuren stattgefunden hat; sie können aus einem quantitativ oder qualitativ veränderten Stoffwechsel stammen oder auch von einer Retention infolge Störung in der Ausscheidung herrühren. Die einzelnen am Puffergemisch beteiligten Säuren und Basen werden wir also quantitativ bestimmen müssen, wenn wir Auskunft über die Folgezustände bestimmter Zell- bzw. Organfunktionen erhalten wollen. Die Gegenüberstellung von Funktion und den Folgezuständen funktionellen Geschehens erweist sich in dieser Beziehung als sehr wichtig. —

Je nach der Fragestellung ist es also wichtig, einmal die [H˙] einer Lösung (z. B. Blut), das andere Mal die Menge der Säuren und Basen, die die bestehende [H˙] bedingen, zu bestimmen. Die Methodik, die hierfür in Frage kommt, ist eine gänzlich verschiedene. — Vergleichen wir zwei Säuren miteinander: eine Normal-Salzsäure- und eine Normal-Essigsäurelösung. Sie haben die gleiche Anzahl von Molekülen. Da HCl stark, CH_3COOH aber relativ schwach dissoziiert, ist die Zahl der freien H-Ionen in der HCl-Lösung größer als in der CH_3COOH-Lösung und infolgedessen erstere auch stärker sauer als letztere. Die Geschmacksnerven unserer Zunge werden diesen Unterschied ohne jede Schwierigkeit konstatieren. Für ihre Erregbarkeit, d. h. ihre Funktion, ist nämlich wie für die Funktion anderer Zellen die [H˙] von Bedeutung.

Als chemisch analytische Methode zur Bestimmung von Säuren bzw. Basen ist seit langer Zeit die Titrationsmethode bekannt.. Was stellen wir mit ihrer Hilfe fest? Titrieren wir die genannte HCl- und CH_3COOH-Lösung in üblicher Weise mit NaOH gegen Phenolphthalein bis zum Farbenumschlag in Rot, so finden wir, daß beide Lösungen die gleiche Menge NaOH gebraucht haben. Nach der Titrationsmethode wären also beide Lösungen gleich stark sauer, was aber unserer Erfahrung durchaus widerspricht. Der Fehler liegt in folgendem: Mit der Titrationsmethode stellen wir nicht die Zahl der freien, aktuellen H-Ionen, die allein maßgebend für die Stärke einer Säure sind, sondern auch die nichtdissoziierten, also potentiellen H-Ionen fest. Die HCl-Lösung, die praktisch vollkommen dissoziiert, hat nur aktuelle OH-Ionen, die NaOH-Lösung, die ebenfalls sehr stark dissoziiert, hat nur aktuelle OH-Ionen. Werden von beiden gleich starke molare Lösungen zusammengebracht, dann verbinden sich die H- und OH-Ionen zu Wasser, und die Reaktion ist neutral. Ein weiterer Zusatz von NaOH macht die Reaktion alkalisch, was zur Rotfärbung des Phenolphthaleins führt. Wie kommt es aber, daß Essigsäure, die doch viel weniger freie H-Ionen als HCl hat, mit NaOH in einer quantitativ gleichen Weise reagiert? Für die Dissoziation der Essigsäure gilt — wie schon öfter erwähnt worden ist — folgende Formel: $\frac{[CH_3COO'] \cdot [H^{\cdot}]}{[CH_3COOH]} = K$. Die OH-Ionen, die in die Essigsäurelösung gelangen, verbinden sich mit deren H-Ionen. Während diese aus der Lösung verschwinden, entstehen (s. S. 179) neue H-Ionen durch Dissoziation der zuvor nicht dissoziiert gewesenen Essigsäuremoleküle. Zusatz von Basen fördert nämlich die Dissoziation schwacher Säuren. Je mehr NaOH zugeführt wird, desto stärker dissoziiert die CH_3COOH-Lösung. Schließlich gehen sämtliche CH_3COOH-Moleküle in den dissoziierten Zustand über; gegenüber dem HCl besteht dann kein Unterschied mehr. Durch den Zusatz von NaOH ist also das ursprüngliche System grundsätzlich geändert worden. Gemessen werden nicht nur die freien H-Ionen der Lösung, sondern auch ihre potentiellen Ionen, d. h. sämtliche Säurevalenzen überhaupt. Für die Messung des Säuregrades der HCl-Lösung ist die Titrationsmethode brauchbar, da bei ihr infolge der vollkommenen Dissoziation Säuregrad und Zahl der Säurevalenzen gleich groß ist. Dies gilt aber nicht für die schwachen Säuren und Basen. Da die physiologischen Puffergemische nur schwache Säuren und Basen enthalten, kann die Titrationsmethode nichts über ihre wirkliche Reaktion, d. h. ihren Säuregrad aussagen. Dagegen ist sie geeignet, Aufschluß über die Quantität der an dem Puffergemisch beteiligten Säuren und Basen zu geben. Die Titrationsmethoden können z. B. angeben, wieviel CO_2 und $NaHCO_3$ an dem Quotienten $\frac{CO_2}{NaHCO_3}$ beteiligt sind. Die Methoden, die uns zur Bestimmung der alveolären CO_2-Spannung und der Alkalireserve zur Verfügung stehen, beruhen dementsprechend auch im Prinzip auf Titration. So wird, um die alveoläre CO_2-Spannung zu messen, der CO_2-Gehalt der Exspirationsluft festgestellt, und zwar (Methode von Fridericia) in der Weise, daß Luft in einen Apparat geblasen wird, in welchen auch NaOH geschickt wird. Dieses bindet das gasförmige CO_2, wodurch eine meßbare Luftverdünnung eintritt. Eine der am meisten angewandten Methoden zur Bestimmung der Alkalireserve ist die von van Slyke. Das Prinzip ist folgendes. Das Blut wird, nachdem es unter die physiologische CO_2-Spannung gebracht ist (etwa 40 mm Hg), mit H_2SO_4 versetzt, wodurch das gesamte an Alkali gebundene CO_2 in Freiheit gesetzt wird und dann in einem eigens dazu dienenden Apparat gemessen werden kann. Die Messung der CO_2-Spannung erfolgt also durch Titration mit NaOH, die Messung der Alkalireserve durch Titration mit H_2SO_4. Daß als Indicator nicht ein Farbstoff wie Phenolphthalein, sondern andere Meßapparate verwandt werden, ist gleichgültig. — Wollen wir die [H˙] einer Lösung (z. B. einer CH_3COOH-Lösung) bestimmen, dann dürfen wir in das betreffende System keine neuen und zwar starken Säuren bzw. Basen hineinbringen, wie es bei der Titration geschieht; denn — wie schon auseinandergesetzt wurde — verändern letztere den Zustand des Systems, indem sie die Dissoziation der vorhandenen Säuren (bzw. auch Basen) beeinflussen. Fügen wir zur Essigsäure NaOH zu, wird ihre Dissoziation gesteigert, fügen wir H_2SO_4 hinzu, wird ihre Dissoziation herabgesetzt; infolgedessen können wir von ihrem wirklichen Dissoziationsgrad auf diese Weise nicht Kenntnis erhalten. Unbeeinflußt bleibt die Dissoziation der Essigsäure nur, wenn wir ihr eine Säure hinzufügen, die noch viel schwächer ist als sie selbst. — Die exakteste Methode, die uns zur Bestimmung der [H˙] einer Lösung zur Verfügung steht, ist die Gaskettenmethode. Das Prinzip, das ihr zugrunde liegt, ist folgendes. Bei einer Silberelektrode ist das elektrische Potential abhängig von der Zahl der Silberionen der Lösung, in die die Elektrode eintaucht. In entsprechender Weise bildet sich ein elektrisches Potential, wenn man eine Wasserstoffelektrode (sie wird dadurch erhalten, daß man eine Platinelektrode Wasserstoffgas absorbieren läßt) in eine Lösung bringt, die Wasserstoffionen enthält. Für die Größe des entstehenden Potentials ist die Konzentration der Ionen von größter Bedeutung. Wir besitzen keine allgemeine Methode, um ein einzelnes Potential zu messen; meist bestimmen wir die Differenz zweier Potentiale; die elektromotorische Kraft einer derartigen Kette ist identisch mit der Potentialdifferenz der beiden Elektroden. Um die [H˙] einer Lösung zu bestimmen, wird eine Kette aus zwei Wasserstoffelektroden hergestellt, von denen die eine in eine Lösung mit bekannter [H˙] eintaucht (Normalelektrode), die andere dagegen mit der zu untersuchenden Lösung in Berührung steht. Aus der Größe der elektromotorischen Kraft, die diese Kette anzeigt, läßt sich dann die [H˙] berechnen. Auf die Art der Berechnung sowie auf die technische Ausführung der Methode kann hier nicht eingegangen werden. Genaue Angaben finden sich bei HÖBER (Physikalische Chemie der Zellen und Gewebe) und L. MICHAELIS (Die Wasserstoffionenkonzentration). Die technischen Schwierigkeiten sind durchaus keine außergewöhnlichen, aber immerhin doch so groß, daß nur ein Erfahrener und Geübter die Methode ausführen kann. Die Praxis erfordert eine einfachere; eine solche ist die Indicatorenmethode. Um ihre theoretische Begründung und praktische Ausarbeitung haben sich besonders FRIEDENTHAL, SALM, SALESKY, FELS, SÖRENSEN und MICHAELIS verdient gemacht. Auch beim Titrationsverfahren werden Indicatoren angewandt, und zwar in Form von Farbstoffen. Sobald eine Lösung alkalisch wird, nimmt z. B. in ihr gelöstes Phenolphthalein rote Farbe an. Worauf beruht dieser Farbumschlag? Viele Farbstoffe, so das Phenolphthalein, sind ganz schwache Säuren und als solche besitzen sie auch die Eigenschaft der Dissoziation. Die Farbstoffmoleküle sind aber ganz anders gefärbt als ihre Ionen. Die Phenolphthaleinmoleküle sind farblos, die Phenolphthaleinionen dagegen rot. Da die Phenolphthaleinsäure nur eine ganz schwache Säure ist, wird ihre Dissoziation von jeder anderen Säure, die stärker ist als sie, zurückgedrängt. In einer sauren Lösung existieren daher nur Phenolphthaleinmoleküle, die Lösung ist infolgedessen farblos; sobald eine Lösung aber einen Überschuß an OH-Ionen hat, also alkalisch ist, wird die Dissoziation der schwachen Säure gefördert; es entstehen rote Phenolphthaleinionen. Damit es zu einer sichtbaren Dissoziation des Phenolphthaleins kommt, muß der Überschuß an OH-Ionen so groß sein, daß das p_H der Lösung etwa 9 beträgt. Dieses p_H wird als der Umschlags- oder Übergangspunkt des Phenolphthaleins bezeichnet. (Daß das p_H — 9 beträgt, ist mit Hilfe der Gaskettenmethode festgestellt. Diese stellt also die Basis dar, auf der die anderen Methoden erst aufgebaut werden konnten.) Die übrigen Farbstoffe haben, da ihre chemische Natur und Dissoziationsfähigkeit von der des Phenolphthaleins verschieden ist, einen anderen Umschlagspunkt (s. folgende Tabelle).

Tabelle aus L. MICHAELIS: Die Wasserstoffionenkonzentration.

Indicator	Gelöst in	Ungefähres p_H des Übergangspunktes	Farbänderung im Sinne zunehmender Acidität
Nilblau	1‰ in H_2O	10—11	violett-blau
Phenolphthalein	1% in 90proz. Alkohol	9	rot-farblos
Neutralrot	¼‰ in Wasser	7,5	blaßgelb-rot
Lackmus	käufl. Lösung	6,8	blau-rot
p-Nitrophenol	1% in 90proz. Alkohol	6	gelb-farblos
Methylrot	½% in 90 „ „	5	blaßgelb-rot
Methylorange	½% in 90 „ „	4	blaßgelb-rot
Kongorot	½% in 50 „ „	4	rot-blau
Methylviolett	1‰ in Wasser	3	violett-blaugrün
Methylviolett	1‰ „ „	2—1	grün-gelb

Der Unterschied der Indicatorenmethode gegenüber der Titrationsmethode besteht darin, daß der zu untersuchenden Lösung keine Säure oder Base (HCl bzw. NaOH) zugesetzt wird; es wird vielmehr aus der Reaktion, die die Lösung mit dem Farbstoff eingeht, auf die [H˙] geschlossen; die sich ergebende

Farbe ist — wie aus dem zuvor Gesagten hervorgeht — eine Funktion der bestehenden [H˙]. Setzt man nämlich einer Lösung Phenolphthalein zu, und bleibt sie trotzdem farblos, so kann man folgern, daß die [H˙] größer als 10^{-9}, das p_H also zwischen 1 und 9 gelegen sein muß. Setzt man zu einer anderen Probe derselben Lösung Lackmus hinzu, und tritt blaue Farbe auf, so beweist dies, daß die [H˙] kleiner als $10^{-6,8}$, das p_H also zwischen 6,8 und 9 gelegen sein muß; dagegen würde das Auftreten von roter Farbe anzeigen, daß das p_H einen zwischen 1 und 6,8 gelegenen Wert haben muß. Hat man durch eine Variation das ungefähre p_H ermittelt, läßt sich die genaue Feststellung colorimetrisch durch Vergleich der Farbintensität der zu untersuchenden Lösung mit der Farbstofftiefe einer Lösung von bekanntem p_H ermöglichen. Lösungen mit konstant bleibendem und bekanntem p_H können wir ohne Schwierigkeiten stets vorrätig halten. Es sind dies die besonders von Sörensen[1]) untersuchten Puffergemische. Auf das Gemisch $\frac{\text{Essigsäure}}{\text{Na-Acetat}}$ wurde schon an anderer Stelle hingewiesen. Außer diesem gibt es noch viele andere, so die aus primärem und sekundärem Natriumphosphat, Ammoniak-Ammoniumchlorid, Salzsäure-Glykokoll u. a. hergestellten. Wie aus folgender Tabelle hervorgeht, können wir uns mit Hilfe der wichtigsten dieser Puffergemische Lösungen von ganz verschiedenem p_H (zwischen 3,2 und 11,0) herstellen.

Tabelle aus Höber: Physikalische Chemie der Zelle und Gewebe.

Molares Verhältnis	Essigsäure / Na-Acetat	Prim. Phosphat / Sek. Phosphat	Ammoniumchlorid / Ammoniak
32/1	3,2	5,22	8,0
16/1	3,5	5,52	8,3
8/1	3,8	5,82	8,58
4/1	4,1	6,1	8,9
2/1	4,4	6,4	9,2
1/1	4,7	6,7	9,5
1/2	5,0	7,0	9,8
1/4	5,3	7,3	10,1
1/8	5,6	7,7	10,4
1/16	5,92	8,0	10,7
1/32	6,22	8,3	11,0

Daß die Feststellung der [H˙] mit Hilfe dieser Art von Colorimetrie umständlich ist, läßt sich nicht bezweifeln. Ein Mangel, der der Methode anhaftet, ist ferner, daß nicht unwesentliche Abweichungen auftreten können, wenn in der zu untersuchenden Lösung viel Salze oder Eiweißkörper vorhanden sind (Salzfehler bzw. Eiweißfehler). Ersterer macht sich allerdings erst bei Konzentrationen geltend, die in physiologischen Flüssigkeiten kaum vorkommen. [Die genannten Puffergemische können übrigens auch für andere Zwecke wertvoll sein. Wollen wir z. B. feststellen, wie die Funktion eines isolierten Organs bzw. irgendeines Zellsystems oder auch der Ablauf einer chemischen Reaktion in vitro bei einer bestimmten [H˙] ist, und wollen wir verhindern, daß während des Versuches wesentliche Änderungen des p_H auftreten, dann bedienen wir uns zweckmäßigerweise dieser Puffer. Ein Flüssigkeitsgemisch, das primäres oder

---

[1]) Sörensen, S. P. L.: l. c., S. 180.

sekundäres Phosphat in einem molaren Verhältnis von 1 : 4 enthält, hat — wie aus der Tabelle ersichtlich — die physiologische [H˙] des Blutes ($p_H = 7,3$).] Eine sehr einfache und auch brauchbare Indicatorenmethode zur Feststellung des p_H ist in letzterer Zeit von L. MICHAELIS und GYEMANT[1]) angegeben worden. Sie hat abgesehen von der Leichtigkeit der Ausführung auch noch den Vorzug, daß der Salz- und Eiweißfehler bei ihr nur eine geringe Rolle spielt. Die in Frage kommenden Farbstoffe sind einfarbig. Das Verfahren ist ebenfalls ein colorimetrisches. Eine bestimmte Menge der zu untersuchenden Lösung wird mit einer bestimmten Menge Farbstoff versetzt und die entstehende Farbe mit der von Testlösungen verglichen. Letztere befinden sich in zugeschmolzenen Röhrchen, auf denen das p_H direkt abzulesen ist. (Die zur Ausführung der Methode notwendige Apparatur sowie die notwendigen Farbstoffe werden von den Vereinigten Fabriken für Laboratoriumsbedarf, Berlin, geliefert.) Es handelt sich um vier Farbstoffe, von denen jeder für ein anderes p_H-Gebiet in Frage kommt, und zwar das α-Dinitrophenol für das von 2,8—4,4, das γ-Dinitrophenol für das von 4,0—5,4, das p-Nitrophenol für das von 5,4—7,0 und das m-Nitrophenol für das von 6,8—8,4. Die Ausführung der Methode nimmt nicht mehr als einige Minuten Zeit in Anspruch. Für stark saure und stark basische Lösungen kommen die Indicatoren von MICHAELIS nicht in Frage. Die physiologischen Körperflüssigkeiten dagegen (Liquor, Harn, Magensaft, Darmsekret, Galle usw.) umfassen ein p_H-Gebiet, dem die genannten Indicatoren voll genügen. Eine schwache Eigenfärbung der zu untersuchenden Lösung stört im allgemeinen nicht. Sind Flüssigkeiten wie der Harn gut gepuffert (letzterer enthält bekanntlich primäres und sekundäres Phosphat), dann kann die Eigenfarbe noch dadurch abgeschwächt werden, daß die Lösung mit destilliertem Wasser verdünnt wird; das p_H wird hierdurch (s. S. 180) nicht beeinflußt. Für die p_H-Bestimmung des Blutes kommen die Indicatorenmethoden nicht in Frage (die Eigenfärbung ist zu stark, und auch die in so großer Menge vorhandenen Eiweißkörper wirken störend). Dagegen kann die Gaskettenmethode angewandt werden; sie ist aber gerade beim Blute besonders kompliziert, da sie nur unter bestimmten Kautelen ausgeführt werden kann. So darf die natürliche CO_2-Spannung des Blutes keinerlei Änderung erfahren; die Beschickung der Elektrode mit Wasserstoff (zum Zwecke der Herstellung der Wasserstoffelektrode) muß so erfolgen, daß CO_2 aus dem Blute nicht ausgetrieben wird. (Genaueres über die Methode s. HÖBER: l. c.)

Eine wesentliche Vereinfachung der Gaskettenmethode stellt die in neuerer Zeit von BIILMANN angegebene Chinhydronmethode dar, die sich auf älteren Untersuchungen von HABER und RUSS aufbaut. Das Wesen der Methode besteht darin, daß man eine Substanz anwendet, die in gelöstem Zustande einer blanken Platinelektrode ein von der Wasserstoffzahl der Lösung abhängiges Potential verleiht. Diese Substanz ist das Chinhydron, welches gelöst in äquimolekulare Mengen von Chinon und Hydrochinon zerfällt. Die Einleitung von gasförmigem Wasserstoff, wie es bei der Gaskettenmethode geschieht, ist überflüssig. Die Handhabung der Methode ist eine sehr leichte. Je ein blanker Platindraht wird in die zu untersuchende Lösung und in eine Standardlösung von bestimmter [H˙] getaucht; beiden Lösungen wird Chin-

[1]) MICHAELIS, L. u. GYEMANT: Biochem. Zeitschr. Bd. 109, S. 165. 1920.

hydron zugesetzt; zwischen den beiden Elektroden herrscht eine Potentialdifferenz, aus deren Größe die [H˙] berechnet werden kann. Nähere Einzelheiten der Methode finden sich in den Arbeiten von MISLOWITZER[1]) und SCHÄFER[2]) (daselbst auch weitere Literaturangaben).

Erwähnt sei noch das gasanalytische Verfahren von HASSELBACH[3]). Die Bestimmung der [H˙] des Blutes erfolgt hier auf indirektem Wege. Da die [H˙] — worauf schon öfters hingewiesen wurde — in erster Linie eine Funktion des Quotienten $\frac{CO_2}{NaHCO_3}$ ist, läßt sie sich durch Feststellung der freien und gebundenen Kohlensäure berechnen. $[H^{\cdot}] = K \cdot \frac{CO_2}{NaHCO_3}$ (K = Dissoziationskonstante der Kohlensäure). Es hat sich gezeigt, daß die berechneten Werte sehr gut mit den durch die Gaskettenmethode ermittelten übereinstimmen.

4. Die [H˙] der Gewebe und ihre quantitative Bestimmung.

Es wurde schon mehrfach betont, daß auch die Gewebe durch Puffereigenschaften ausgezeichnet sind. Hinter der Pufferung des Blutes bleibt die der Gewebe aber insofern zurück, als letztere in der Hauptsache nur auf die Eiweißkörper als Puffersubstanzen angewiesen sind. Über Salzpuffer verfügen sie nur in sehr geringem Maße. Trotzdem ist die Gewebspufferung zweifellos ausreichend, um gröbere Änderungen ihrer [H˙] zu verhindern; es dürften aber doch etwas größere Schwankungen als im Blute möglich sein. Dies geht auch aus den vorliegenden Messungen der [H˙] der Gewebe hervor. Daß die Methodik große Schwierigkeiten bereitet, kann nicht überraschen, da die üblichen Methoden für wässerige Lösungen bestimmt sind. L. MICHAELIS[4]) bestimmte mit der Gaskettenmethode die [H˙] im Gewebspreßsaft; einen Rückschluß über die im unverletzten Gewebe bestehende [H˙] gestatten diese Untersuchungen jedoch nicht. SCHADE, NEUKIRCH und HALPERT[5]) verwandten eine Subcutanelektrode; mit ihr mißt man aber nicht die [H˙] der Gewebssubstanz, sondern in erster Linie die der intercellulären Gewebsflüssigkeit. Auch mit Farbstoffindicatoren sind in neuerer Zeit Versuche gemacht worden. M. SCHMIDTMANN[6]) brachte mit Hilfe des PETERFIschen Mikromanipulators kleinste Farbstoffkörnchen in das Innere von Zellen und schloß aus den auftretenden Farbnuancen auf die [H˙]; bei den von ihr untersuchten Zellen fand sie ein p_H von etwa 6,6—6,7. Das angewandte Verfahren ist zweifellos ein recht kompliziertes und schwieriges; eine Fortsetzung dieser Untersuchungen scheint jedoch für die Klärung bestimmter physiologischer Fragen recht aussichtsreich zu sein. Zu erwähnen sind noch die Farbstoffmethoden von GRÄFF[7]) sowie H. PETOW, E. WITTKOWER und DOROTHEE

---

[1]) MISLOWITZER: Biochem. Zeitschr. Bd. 159, S. 68. 1925 u. Klin. Wochenschr. 1926, S. 1863.

[2]) SCHÄFER: Biochem. Zeitschr. Bd. 167, S. 433. 1926.

[3]) HASSELBACH, K. A.: Biochem. Zeitschr. Bd. 78, S. 112. 1917.

[4]) MICHAELIS, L.: Die Wasserstoffionenkonzentration 1914.

[5]) SCHADE, H., P. NEUKIRCH u. A. HALPERT: Zeitschr. f. d. ges. exp. Med. Bd. 24, S. 11. 1921.

[6]) SCHMIDTMANN, M.: Biochem. Zeitschr. Bd. 150, S. 253. 1924.

[7]) GRÄFF: Klin. Wochenschr. 1924, Nr. 11, S. 451.

PIETRKOWSKI[1]). GRÄFF benetzt kleinste Gewebsstückchen mit einigen Tropfen bestimmter Indicatoren (so Methylrot, Propylrot, Neutralrot, Phenolrot u. a.) und schließt aus dem Farbenton auf das p_H. Es dürften bei dieser Methode wohl nur die gröberen Unterschiede erkennbar sein. Interessant ist, daß deutliche Unterschiede z. B. zwischen rechtem und linkem Herz gefunden wurden. PETOW, WITTKOWER und PIETRKOWSKI spritzten 14 Tage lang Mäusen und Meerschweinchen täglich konzentrierte Indicatorlösungen und untersuchten mikroskopisch die kurz nach der letzten Spritze vivisektorisch entnommenen Organe. Als Farbstoffe benutzten sie Bromphenolblau (Umschlag bei $p_H = 4{,}3$), Bromkresolpurpur (blau bei $p_H = 6{,}7$; gelb bei $p_H = 5{,}2$), Neutralrot (Umschlag bei $p_H = 7{,}0$) u. a. Es ergab sich, daß mit Bromphenolblau der ganze Situs der Tiere blau, mit Neutralrot aber rot war. Die $[H^{\cdot}]$ muß also — wie die genannten Autoren folgern — zwischen p_H 7 und p_H 4,3 liegen. Die Farben änderten sich sehr schnell, was auf postmortale Änderungen der $[H^{\cdot}]$ schließen läßt. Zwischen den einzelnen Geweben und Organen wurden große Differenzen gefunden. Stärker sauer reagiert z. B. die Niere; ihr p_H liegt zwischen 4,3 und 5,8. In der Leber wurden die Sternzellen saurer als die eigentlichen Leberzellen gefunden. Daß die angeführten Methoden noch einer gründlichen Durcharbeitung und Vervollkommnung bedürfen, um den Ansprüchen der physiologischen und pathologischen Forschung auch nur einigermaßen genügen zu können, ist selbstverständlich; immerhin stellen sie wenigstens einen Versuch dar, der Bestimmung der $[H^{\cdot}]$ im Gewebe näherzukommen. Daß eine genaue Kenntnis der H-Ionenverhältnisse uns wertvolle Aufschlüsse über die Funktionsvorgänge der Zellen geben könnte, braucht nicht näher ausgeführt zu werden. — Hingewiesen sei aber noch auf folgendes: Aus dem Umschlagspunkt eines Farbstoffes wird auf das p_H geschlossen. Der Umschlag hängt (s. S. 202) mit der Dissoziation des Farbstoffes zusammen. Daß letzterer bei einer bestimmten $[H^{\cdot}]$ dissoziiert bzw. nichtdissoziiert, wissen wir aus Messungen in wässerigen Lösungen. In den vorliegenden Untersuchungen handelt es sich jedoch nicht um die Dissoziation des Farbstoffes in Wasser, sondern in der Plasmasubstanz, der aber zweifellos auch ölige Eigenschaften zukommen. Die Plasmasubstanz hat höchstwahrscheinlich (s. S. 11) eine andere Dielektrizitätskonstante als Wasser, und es ist sehr wohl möglich, daß die Farbstoffe in der Plasmasubstanz bei einer anderen $[H^{\cdot}]$ dissoziieren als in Wasser. Die von den Autoren angegebenen Werte sind daher nicht als absolute anzusehen. — Bis zu einem gewissen Grade gilt dies übrigens — wie insbesondere R. KELLER[2]) hervorhebt — auch für die Messungen der $[H^{\cdot}]$ des Blutes und der übrigen Körperflüssigkeiten. Aus den Werten, die z. B. die Messungen des elektrischen Potentials bei der Gaskettenmethode ergeben, schließen wir auf die $[H^{\cdot}]$ der untersuchten Lösungen. Auch dies ist nur gestattet, wenn letztere die Dielektrizitätskonstante des Wassers besitzen; denn die NERNSTsche Formel, die der Berechnung zugrundeliegt, gilt für wässerige Lösungen. Hat das Blut infolge seines Gehaltes an Eiweiß und evtl. auch Lipoiden eine andere Dielektrizitätskonstante als Wasser, so kann die wirkliche $[H^{\cdot}]$ eine andere sein als die berechnete. Es ist nach dem Gesagten also sehr wohl möglich, daß die wirkliche $[H^{\cdot}]$ des Blutes und der Körperflüssigkeiten nicht mit der in diesem Kapitel

[1]) PETOW, WITTKOWER u. PIETRKOWSKI: Klin. Wochenschr. 1925, Nr. 13, S. 598.
[2]) KELLER, R.: Die Elektrizität in der Zelle, S. 22. Mährisch-Ostrau 1925.

angegebenen ganz übereinstimmt. Für die Beurteilung der im Blute ablaufenden physiko-chemischen Vorgänge hat dies keine praktische Bedeutung. Der Fehler kann aber ins Gewicht fallen, wenn z. B. die [H˙] des Blutes mit der der Gewebe oder die [H˙] der einzelnen Gewebe untereinander verglichen wird. Es ist in diesen Fällen möglich, daß die Unterschiede der [H˙] gar nicht oder nicht in der angegebenen Stärke bestehen, sondern nur auf die Tatsache zu beziehen sind, daß unsere Messungen in Medien von verschiedener Dielektrizitätskonstante erfolgen.

Anhang.

1. Pufferung des Harns und seine Aciditätsverhältnisse.

Die Niere spielt in der Regulation der Blutpuffer eine große Rolle, da sie überschüssige Säure- bzw. Alkalivalenzen, und zwar hauptsächlich in Form des primären und sekundären Phosphats, zur Ausscheidung bringt. Besteht im Blut eine Acidosis, so reagiert die Niere mit einer Mehrausscheidung von primärem Phosphat, besteht eine Alkalosis, dann ist eine Mehrausscheidung von sekundärem Phosphat die Folge. Während das Blut mehrere Puffergemische enthält (neben den Phosphaten die Kohlensäure und ihr Salz, ferner die Eiweißkörper), ist der Harn fast nur auf die Phosphate angewiesen. Die Pufferung kann daher nicht so gut wie beim Blut sein; Schwankungen der [H˙] sind eher möglich. Der Harn reagiert normalerweise sauer; er entzieht dem Blute im allgemeinen also mehr Säuren als Alkalien; da der Stoffwechsel des Organismus ein Säurestoffwechsel ist, erscheint dies durchaus verständlich. Das p_H des Harns schwankt beim Menschen zwischen 5 und 7. Mehr als 7 bzw. 7,3 oder 7,4 (dies ist die Reaktion des Blutes) beträgt es selbst unter abnormen Bedingungen nur höchst selten. Die angegebenen Zahlen gelten nur für den frischen Harn. Ist schon ammoniakalische Gärung eingetreten, dann bestehen natürlich ganz andere Aciditätswerte. Bei Kindern wird die p_H-Breite von 5—7 leichter als bei Erwachsenen überschritten. So konnte YLPPÖ[1]) bei Kindern, die viel Emser Wasser getrunken hatten, p_H-Werte bis zu 8,5 feststellen. Daß auch sonst die Ernährung von Einfluß auf die Harnsekretion sein kann, ist begreiflich. Nach Fleischdiät ist das p_H des Harns saurer als nach vegetarischer Kost. v. SKRAMLIK[2]) fand im ersteren Falle p_H-Werte von etwa 5,38—5,27, im letzteren Falle unter sonst gleichen Bedingungen p_H-Werte von 5,84—5,89. Große Unterschiede in den Aciditätsverhältnissen des Harns bestehen dementsprechend auch bei den fleich- und pflanzenfressenden Tieren. Die [H˙] des Harns kann aber nicht ohne weiteres als sicherer Indicator für die im Organismus sich abspielenden Vorgänge, soweit sie zu einer Acidosis bzw. Alkalosis Beziehung haben, angesehen werden. ARNOLDI und BENATT[3]) fanden z. B., daß mitunter trotz Darreichung größerer Mengen $NaHCO_3$ der Harn nicht alkalischer wurde. Eine sichere Erklärung läßt sich hierfür nicht geben; wir können nur Vermutungen äußern. Das aufgenommene $NaHCO_3$ bewirkt im Blut eine Alkalose. Diese kann dazu führen, daß primäres Phosphat in sekundäres übergeht, welches dann durch

[1]) YLPPÖ: Veröffentl. d. Zentralstelle f. Balneologie Bd. 3, S. 83. 1918.
[2]) v. SKRAMLIK: Hoppe-Seylers Zeitschr. f. physiol. Chem. Bd. 71, S. 290. 1911.
[3]) ARNOLDI u. BENATT: Zeitschr. f. d. ges. exp. Med. Bd. 34, S. 119. 1923.

die Nieren in vermehrter Menge ausgeschieden wird. Die Folge müßte eine stärkere Alkalescenz des Harns sein; dies trifft für viele Fälle auch zu. Es ist aber folgendes zu bedenken. Durch den Übergang der sauren in die basischen Salze erfolgt eine Verarmung des Blutes an sauren Valenzen; allmählich wird dies wieder ausgeglichen, indem der Organismus aus seinen Gewebsvorräten — auch die Gewebe sind durch Puffereigenschaften ausgezeichnet — saure Valenzen an den Kreislauf abgibt; umgekehrt muß er bei plötzlichen Säureüberladungen, also bei Vorliegen einer Acidosis, alkalische Valenzen vorschicken; sonst wäre nicht — was doch der Fall ist — die völlige Wiederherstellung der Blutpufferung denkbar. Lassen wir in das Blut Säure infundieren, dann sinkt die CO_2-Spannung und die Alkalireserve. Nach einiger Zeit steigt jedoch der Wert für beide wieder zur normalen Höhe an. Das Steigen der CO_2-Spannung ist auf dem Wege einer geringeren Lungenventilation denkbar; das Steigen der Alkalireserve kann aber nur durch Regulationsvorgänge bedingt sein, an denen der Organismus in der Weise beteiligt ist, daß er Alkalien in vermehrter Menge an den Kreislauf bzw. die Blutflüssigkeit abgibt. Diese Regulationsvorgänge pflegen häufig — dies gilt für alle Regulationsvorgänge — das uns nötig scheinende Maß zu überschreiten. Injizieren wir z. B. intravenös Wasser, so kommt es zu einer Blutverdünnung, der häufig aber eine Bluteindickung über den physiologischen Wert hinaus folgt. Nach Zuckerbelastung tritt Hyperglykämie auf, die vielfach aber einer vorübergehenden Hypoglykämie Platz macht. Ebenso können wir uns vorstellen, daß bei einer Alkalose, die zunächst zu einer Verminderung der Säurevalenzen führt, die Regulationsvorgänge sekundär eine Überproduktion dieser Körper herbeiführen, die dann ebenfalls durch die Nieren zur Ausscheidung gelangen. Würde man den Harn in ganz kleinen Zeitabständen entnehmen und untersuchen (wie z. B. das Blut bei Blutzuckerbestimmungen), dann kämen evtl. die feineren Unterschiede auch zur Beobachtung. In den einer größeren Zeitspanne entsprechenden Harnportionen können aber die primären Veränderungen durch die sekundär eintretenden Regulationsvorgänge wieder ganz ausgeglichen werden. In solchen Fällen könnte einer vermehrten Ausscheidung von sekundärem Phosphat eine solche von primärem Phosphat folgen. Da die $[H^{\cdot}]$ von dem Verhältnis $\frac{NaH_2PO_4}{Na_2HPO_4}$ und nicht von ihren absoluten Mengen abhängt, braucht sie also gegen die Norm nicht wesentlich verändert zu sein. Mit der Messung der $[H^{\cdot}]$, d. h. der Ionenacidität, kommen wir also beim Harn nicht aus; sie klärt uns über den Quotienten $\frac{NaH_2PO_4}{Na_2HPO_4}$ auf und gibt uns Aufschluß, ob die Ausscheidung der Gesamtsäurevalenzen größer als die der Alkalivalenzen ist oder umgekehrt. Die $[H^{\cdot}]$ des Harns gibt aber nicht an, ob viel primäres und sekundäres oder wenig von beiden ausgeschieden ist. Dies läßt sich nur mit Hilfe der Titrationsmethode feststellen. Das primäre Phosphat wird mit NaOH gegen Phenolphthalein titriert; solange noch primäres, d. h. saures Phosphat vorhanden ist, kann Phenolphthalein nicht dissoziieren; erst wenn durch die NaOH alles primäre in das sekundäre Phosphat übergeführt ist, tritt die Dissoziation des Farbstoffes, d. h. Rotfärbung auf. Das sekundäre Phosphat wird mit HCl gegen Methylorange titriert. Das Methylorange ist ein Farbstoff mit stärkeren Säureeigenschaften als das Phenolphthalein. Solange primäres und sekundäres Phosphat gleichzeitig vorhanden sind, ist die

[H˙] niedrig genug, um die Dissoziation zu ermöglichen. Erst wenn alles sekundäre Phosphat (z. B. durch HCl) in primäres übergeführt ist, dann ist die [H˙] so groß, daß die Dissoziation ganz zurückgedrängt wird. Der dissoziierte Farbstoff sieht gelb, der nichtdissoziierte rot aus. Es wird also mit HCl bis zur Rotfärbung titriert. Daß Ionen- und Titrationsacidität nicht parallel zu verlaufen brauchen, ist nach dem Gesagten ohne weiteres verständlich. Auch aus der folgenden Tabelle, deren Aufstellung Untersuchungen von HÖBER und JANKOWSKI[1]) zu verdanken ist, geht dies in deutlicher Weise hervor.

Menschlicher Harn.

p_H	Titer (die zur Titration verbrauchte Menge von $^1/_{10}$ n-NaOH)
5,24	46
5,28	34
5,30	42
5,34	69
5,51	75

Der letzt angeführte Harn ist der am wenigsten saure; seine Titrationsacidität (d. h. Gehalt an saurem Phosphat) ist aber die größte. Dies ist nur denkbar, wenn mit der großen Titrationsacidität eine noch relativ größere Titrationsalkalität einhergeht. Um einen wahren Einblick in die Aciditätsverhältnisse des Harns zu gewinnen, ist es also unbedingt erforderlich, neben der [H˙] auch die Säure- und Alkalivalenzen titrimetrisch zu bestimmen. — Sind wir in der Lage, aus dem Harnbefund einen Rückschluß auf die Natur der im Organismus sich abspielenden Vorgänge zu machen? Die Frage darf nur unter großem Vorbehalt bejaht werden. Wir haben gesehen, wie schwierig es ist, selbst aus den Aciditätsverhältnissen des Blutes brauchbare Schlüsse zu ziehen, und wie groß die Zahl der Fehlerquellen ist, wenn man die vielfachen physiologischen Schwankungen nicht genügend berücksichtigt. Beim Harn, der die Aciditätsverhältnisse des Blutes gewissermaßen nur widerspiegelt, sind die Fehlerquellen dementsprechend größere. Trotzdem soll nicht geleugnet werden, daß mitunter doch erkennbare Zusammenhänge zwischen den Aciditätsverhältnissen des Harns und den Vorgängen im Organismus bestehen; so wird eine hohe [H˙] mit gleichzeitig großen titrimetrischen Aciditätsverhältnissen meist die Folge von acidotischen Zuständen sein. Bei einem Magenulcus, das zu starker Salzsäureausscheidung in den Magen und daher zu einer Verarmung des Blutes an Säurevalenzen führt, pflegen [H˙] und titrimetrische Säurewerte kleiner zu sein. Dies kann auch — wie schon erwähnt wurde — bei insuffizienten Nieren der Fall sein, die nicht fähig sind, die überschüssigen Säurevalenzen so gut wie gesunde Nieren auszuscheiden. Ist die Pathogenese eines Krankheitszustandes wie in den letztgenannten Fällen bekannt, dann ist man zu dem Versuch berechtigt, auch die Harnbefunde und seine Abweichungen in das Krankheitsbild mit einzubeziehen. Es ist aber sehr gewagt, aus den Aciditätsverhältnissen des Harns allein auf die Pathogenese bestimmter Krankheiten schließen zu wollen, d. h. aus ihnen allein z. B. das Bestehen einer allgemeinen Acidosis oder Alkalosis zu diagnostizieren. Versuche dieser Art sind gemacht worden, jedoch — wie ich glaube — ohne Erfolg. So

[1]) HÖBER u. JANKOWSKI: zit. nach HÖBER: Physik. Chemie der Zelle u. Gewebe 1922, S. 145.

hat DOBLE[1]) charakteristische Aciditätsverhältnisse bei bestimmten Hautkrankheiten festgestellt. Er hält sie für so eindeutig, daß er ihnen differentialdiagnostische Bedeutung beimißt. Andere Autoren, so JACOBSOHN[2]), haben aber seine Befunde nicht bestätigen können; vor allem hat sich nicht gezeigt, daß die Veränderungen immer in der gleichen Richtung liegen. — Daß dagegen Aciditätsbestimmungen des Harns eine zweckmäßige Ergänzung entsprechender Blutuntersuchungen darstellen können, ist verständlich. FREUDENBERG und GYÖRGY[3]) fanden, daß bei der Tetanie im Blute die Zeichen der Alkalosis vorhanden sind. Außerdem konnten sie den Nachweis bringen, daß auch mit dem Harn eine starke Ausscheidung von alkalischen bzw. eine verminderte Ausscheidung von sauren Valenzen erfolgt. Auch die schon erwähnten Untersuchungen von VOLLMER (s. S. 198), welche ergaben, daß bei der genuinen Epilepsie bis zum Anfall die Säureausscheidung im Harn auf ein Minimum reduziert ist, um nach dem Anfall stark anzusteigen, sind durch entsprechende Blutuntersuchungen ergänzt (BIGWOOD, JARLOEV). Sollte sich tatsächlich eine Konstanz dieser Veränderungen nachweisen lassen, dann könnte den Untersuchungen evtl. auch eine Bedeutung für die pathogenetische Erklärung des Krankheitszustandes zukommen.

2. Zur Frage der Magenacidität und ihrer quantitativen Bestimmung.

Die Wirkung des Pepsins kommt nur in saurem Medium zustande; sein Wirkungsoptimum liegt nach MICHAELIS bei einem p_H von 1,5—2,0. Die Bedeutung der HCl-Produktion besteht in erster Linie darin, den für die Pepsinwirkung notwendigen Säuregrad, d. h. die erforderliche $[H^{\cdot}]$ herbeizuführen. Wollen wir prüfen, ob die Magensekretion dieser Aufgabe gerecht wird, müssen wir die $[H^{\cdot}]$ bestimmen. Ob dies mit der Gasketten- oder Indicatorenmethode geschieht, ist gleichgültig. An Versuchen, diese Methoden in die Klinik der Magenuntersuchung einzuführen, hat es nicht gefehlt [MICHAELIS[4]), LANZ[5])]; selbst die Indicatorenmethode hat sich aber trotz ihrer ziemlich einfachen Handhabung nicht durchsetzen können; fast allgemein wird auch heute noch die Titrationsmethode mit Dimethylamidoazobenzol und Phenolphthalein angewandt. Daß mit den Titrationsmethoden nicht allein die bestehende $[H^{\cdot}]$, d. h. die aktuellen H-Ionen, sondern gleichzeitig auch die potentiellen H-Ionen gemessen werden, ist in diesem Kapitel (s. S. 200) ausführlich erörtert worden. Bei der Magensaftuntersuchung spielt dies keine große Rolle; denn das HCl ist als starke Säure praktisch vollkommen dissoziiert, besteht also nur aus aktuellen H-Ionen. Die Titrations- und Indicatoren- bzw. Gaskettenmethode zeigen daher in diesem Falle das gleiche an. Sind im Magensaft neben HCl noch Säuren vorhanden, die nur schwach dissoziieren, dann können allerdings mit der Titrationsmethode Säurewerte gefunden werden, die nicht dem bestehenden Säuregrad entsprechen. Die neben HCl im Magensaft vorkommenden Säuren (Phosphorsäure, Milchsäure u. a.) sind jedoch so schwach, daß sie durch das

---

1) DOBLE: Lancet 1925, S. 272.

2) JACOBSOHN: Medizin. Klinik 1925, Nr. 47.

3) FREUDENBERG u. GYÖRGY: Münch. med. Wochenschr. 1922, S. 422. — GYÖRGY: Jahrb. f. Kinderheilk. 1922, Bd. 99, S. 104.

4) MICHAELIS: Die Wasserstoffionenkonzentration. 1914.

5) LANZ: Schweiz. med. Wochenschr. 1921, Nr. 46, S. 1057.

Dimethylamidoazobenzol nicht erfaßt werden. Das Umschlagen dieses Farbstoffes (von rot nach lachsgelb) wird durch die Anwesenheit dieser schwachen Säuren nicht beeinflußt. H. KALK und B. KUGELMANN[1]) haben in einer sehr großen Zahl von Fällen den Magensaft mit der Indicatorenmethode [insbesondere der von SAHLI[2]) modifizierten] und der Titrationsmethode untersucht und vollkommen übereinstimmende, d. h. parallel verlaufende Werte gefunden. Einem p_H von 1,5—2,0, das das Wirkungsoptimum des Pepsins darstellt, entsprechen die für freies HCl zwischen 33 und 10 gelegenen Aciditätszahlen. „Wenn wir", folgern KALK und KUGELMANN, „bei der Titration der freien Salzsäure Werte etwa zwischen 10 und 33 erhalten, können wir praktisch ohne weiteres annehmen, daß genügend Säure zur Herstellung der optimalen [$H^{\cdot}$] im Magen produziert ist".

Die Titrations- und Indicatorenmethode können jedoch — wie aus den Untersuchungen der genannten Autoren deutlich hervorgeht — auch ungleiche Resultate ergeben, und zwar dann, wenn der Magensaft stark eiweißhaltig ist (Schleim, Blut usw.). Dies ist nicht überraschend. Das Eiweiß bindet HCl; es entsteht ein Eiweißsalz (Eiweißchlorhydrat). Bei der Titration mit NaOH gegen Dimethylamidoazobenzol wird diese Säuremenge wieder in Freiheit gesetzt und mitgemessen. In diesen Fällen gibt also die Titrationsacidität zu große Werte an, d. h. der eigentliche Säuregrad ist nicht so stark, wie der Titrationsacidität entspricht. In stark eiweißhaltigem Magensaft ist auch die Differenz zwischen freiem HCl (Titration gegen Dimethylamidoazobenzol) und der sog. Gesamtacidität (Titration gegen Phenolphthalein) eine ungewöhnlich große (40—50 gegenüber 10—15 in der Norm). Dies kann daran liegen, daß mit dem Eiweiß gleichzeitig auch die Menge der schwach dissoziationsfähigen organischen Säuren (KALK und KUGELMANN denken z. B. an die Milchsäure) zunimmt, die bei der Titration gegen Phenolphthalein (sein Umschlagspunkt liegt bei einem p_H von über 9) als Säuren erfaßt werden, aber auch daran, daß beim Phenolphthalein der Eiweißfehler ein größerer als beim Dimethylamidoazobenzol ist. KALK und KUGELMANN empfehlen daher, die Untersuchung des Magensaftes mit Hilfe der Indicatorenmethode nur in den Fällen auszuführen, bei denen die Titrationsmethode eine große Differenz in den Aciditätswerten für freie Salzsäure und Gesamtacidität ergibt. Allein in diesen Fällen ist zu erwarten, daß die Indicatorenmethode andere Säurewerte als die Titration mit NaOH gegen Dimethylamidoazobenzol anzeigt. Als Indicatorenmethode kommt in erster Linie die von SAHLI modifizierte in Frage; sie ist leicht durchführbar und hat den Vorzug, daß ihre Werte mit denen der Titrationsmethode direkt vergleichbar sind. Zu 10 ccm filtriertem Magensaft wird eine bestimmte Menge Farbstoff (Methylviolett) zugesetzt. Sein Umschlagsbereich liegt zwischen p_H 0,1—3,2. Der Umschlag geht von Violett über Blau nach Grün. Im sauren Magensaft tritt also eine bestimmte Farbe auf. 10 ccm H_2O werden mit der gleichen Farbstoffmenge vermengt; ferner wird so viel $^1/_{10}$ n-HCl zugesetzt, bis die gleiche Farbe wie im Magensaft auftritt. Die Menge des gebrauchten HCl gibt die vorhandene HCl-Menge im Magensaft an. Sehr empfohlen wird die SAHLIsche Methode besonders von BÜTTNER[3]).

[1]) KALK, H. u. B. KUGELMANN: Klin. Wochenschr. 1925, Nr. 38, S. 1806.
[2]) SAHLI: Schweiz. med. Wochenschr. 1924, Nr. 1.
[3]) BÜTTNER: Klin. Wochenschr. 1925, Nr. 18, S. 877.

VII. Die Bedeutung der Elektrolyte für den Wasserhaushalt und die Flüssigkeitsbewegungen im Organismus.

1. Elektrolyte und Wassergehalt der Zellen.

Im Kap. III ist ausgeführt worden, daß das Wesen einer kolloidalen Zustandsänderung in einer Änderung der Beziehungen der kolloidalen Teilchen zu ihrem Lösungsmittel, dem Wasser, besteht. Es erscheint daher ganz selbstverständlich, daß dem Wasser und seinem Stoffwechsel eine außerordentliche Bedeutung für die Funktionsvorgänge der Zellen und Organe zukommen muß; eine Erkenntnis, die sich übrigens auch schon vor der kolloidchemischen Ära Bahn gebrochen hat. Die Zellen und Organe halten an ihrem Wasserbestand mit derselben Zähigkeit fest wie an allen anderen Bestandteilen bzw. Konstanten (so Isotonie, Isoionie usw.). Daß bei der Funktion Wasserverschiebungen auftreten, läßt sich zum Teil auch direkt nachweisen. Bei der Zuckung des Muskels (s. S. 48) kommt es zu einer Vermischung der isotropen und anisotropen Substanz; da die beiden Schichten durch einen verschiedenen Wassergehalt ausgezeichnet sind, ist eine Wasserbewegung bei dem genannten Vorgang unausbleiblich. RUBNER[1]), der mehr der Quellungstheorie der Muskelzuckung zuneigt, glaubt, daß bei der Zuckung unter Umstellung der inneren Struktur eines in der Längsrichtung des Muskels angelegten kolloiden Systems gebundenes Wasser frei und von einem zweiten kolloiden System, das in querer Richtung verläuft, aufgenommen wird. Eine Änderung der Wasserverteilung wird also auch hier als Grundlage der die Funktion bedingenden kolloidchemischen Zustandsänderungen angesehen. Bei primitiveren Lebewesen läßt sich die Wasserbewegung auch makroskopisch beobachten. Bei der Kontraktion der Aplysia wird Wasser direkt hinausgeschleudert (s. S. 49). — Das Wasser kommt zweifellos in verschiedener Form in den Zellen vor. RUBNER unterscheidet das ungebundene und gebundene; letzteres unterliegt nicht der Vereisung; es wird von RUBNER beim Froschmuskel auf etwa 22,8% des Gesamtwassers, das wiederum etwa 79—80% des Gesamtgewichtes beträgt, geschätzt. Da die Elektrolyte die Funktion der Zellen und die mit ihr einhergehende kolloidale Zustandsänderung regulieren, so ergibt sich von selbst, daß sie auf den Wasserhaushalt der Zellsysteme einen großen Einfluß haben müssen. Die Beurteilung dieser Vorgänge begegnet großen Schwierigkeiten, da das Wasser — wie schon erwähnt worden ist — in verschiedener Form (gebunden und ungebunden) vorkommt. In letzterer Form dürfte es vor allem das Lösungswasser, d. h. das Dispersionsmittel des kolloidalen Systems darstellen. Bekannt ist auch, daß das Wasser nicht nur intracellulär, sondern auch intercellulär, d. h. zwischen den Zellen und in den Gewebsspalten gelegen ist. So ist die Hauptmenge des Ödemwassers im Bindegewebe in letzterer Form vorhanden. Um einen genauen Einblick in den Wasserhaushalt der Zelle zu gewinnen, ist unbedingt erforderlich, die Schwankungen der einzelnen Fraktionen zu ermitteln. Ginge z. B. bei der Funktion gebundenes in freies Wasser oder intracellulär gelegenes in intercellulär gelegenes über, dann hätten wir es mit Veränderungen zu tun, die durch die übliche Methodik, d. h.

[1]) RUBNER: Über die Wasserbindung in Kolloiden mit besonderer Berücksichtigung des quergestreiften Muskels. Aus den Abh. d. preuß. Akad. d. Wiss. Phys.-Math. Klasse, I. 1922.

die Gesamtwasserbestimmung, nicht erfaßt würden. Isolierte Bestimmungen der einzelnen Fraktionen sind nicht nur sehr schwierig, sondern zunächst auch wenig aussichtsreich, weil die einzelnen Formen, in denen das Wasser vorkommt, uns doch noch mehr oder weniger unbekannt sind. Die Trennung in gebundenes und ungebundenes ist nur eine und wahrscheinlich auch noch ziemlich grobe Unterscheidung. (In Frage kommt z. B. das zur Hydratbildung verwandte Wasser, das Quellungswasser usw.) Die Verhältnisse liegen hier ähnlich wie bei den Elektrolyten; durch Gewebsanalysen kann man die feinen Veränderungen, die bei der Funktion in der Elektrolytverteilung auftreten, nicht oder zum mindesten nur sehr ungenau erfassen. Im übrigen sei darauf hingewiesen, daß das Wasser auch ein Elektrolyt ist; es unterliegt der Dissoziation, bei welchem Prozeß H- und OH-Ionen entstehen (s. Kap. II). Es ist daher durchaus wahrscheinlich, daß Wasser wie die anderen Elektrolyte auch eine aktive Rolle bei der Funktionsbeeinflussung der Zellen spielt. Von dieser Wirkung des Wassers und seiner Bedeutung für die Funktionsvorgänge soll hier nicht gesprochen werden; vielmehr soll gezeigt werden, wie der Einfluß der Salzelektrolyte auf den Wasserhaushalt der Zellen und Organe zum Ausdruck kommt. Dabei wollen wir im Auge behalten, daß wir nur die groben Änderungen zu erfassen in der Lage sind. Daß Änderungen der Elektrolytkonzentration schon auf rein osmotischem Wege (d. h. auf dem der klassischen Makroosmose) zu Wasserverschiebungen Anlaß geben können, geht aus dem Verhalten der roten Blutkörperchen hervor, bei denen Hämolyse durch Hypotonie und Schrumpfung durch Hypertonie eintritt. Die Blutkörperchen stellen im tierischen Organismus zweifellos diejenigen Zellen dar, bei denen der rein osmotische Einfluß der Salze noch ein überaus großer ist. Bei den anderen Zellen tritt er hinter dem der spezifischen Wirkung der einzelnen Ionen stark zurück (s. S. 90); aber auch bei ihnen geht er nicht ganz verloren. Froschmuskeln, die in 0,7 proz. NaCl-Lösung sich befinden, behalten ihr Anfangsgewicht stundenlang bei. Bei Aufenthalt in 0,6 proz. Lösung schwellen sie an, und in 0,9 proz. NaCl-Lösung schrumpfen sie [Overton[1])]. Bei den anderen Salzen prävaliert der Einfluß des spezifischen Ions. In KCl sowie einigen anderen K-Salzen (KBr, KNO_3, KJ) schwellen die Muskeln trotz Isotonie an (Overton); dabei verlieren sie auch ihre Erregbarkeit. Die Wasserzunahme ist in diesen Fällen im allgemeinen eine irreversible; bei geringer Versuchsdauer läßt sich allerdings durch Übertragung in Ringerlösung der Prozeß wieder rückgängig machen [Siebeck[2]) Meigs[3])]. In anderen isotonischen K-Salzen (Sulfat, Phosphat, Acetat) nimmt der Muskel kein Wasser auf und behält auch seine Erregbarkeit. In den isotonischen Lösungen von $CaCl_2$ schrumpfen die Muskeln, und zwar irreversibel; dagegen behalten sie in Lösungen von 0,5% NaCl + 0,2% $CaCl_2$ ihr normales Gewicht (Overton). Noch weniger als der quergestreifte Muskel ist der glatte Muskel in seiner Gewichtseinstellung von osmotischen Druckdifferenzen abhängig. Froschmagenstreifen z. B. nehmen in halbkonzentrierten Ringerlösungen ebensoviel Wasser auf wie in normaler Ringerlösung (Meigs). Daß es bei Einwirkung der letzteren überhaupt zu einem

[1]) Overton: Pflügers Arch. f. d. ges. Physiol. Bd. 105, S. 176. 1904.

[2]) Siebeck: Pflügers Arch. f. d. ges. Physiol. Bd. 150, S. 316. 1913.

[3]) Meigs: Journ. of exp. zool. Bd. 13, S. 520. 1920; zit. nach Höber: Physik. Chemie der Zelle und Gewebe. 1922, S. 471.

Eindringen von Wasser in das Gewebe kommt, ist sehr auffallend. Wahrscheinlich liegt es an dem Fehlen der Kolloide, die neben den Elektrolyten im Wasserhaushalte eine große Rolle spielen (s. u.). Bemerkenswert aus den Versuchsergebnissen MEIGS ist noch, daß bei Verkürzungsvorgängen der glatten Muskeln Wasserabgabe und bei Prozessen, die zu Erschlaffung führen, Wasseraufnahme stattfindet. — Isolierte Froschnieren behalten in den isotonischen Lösungen von NaCl, LiCl, NaBr usw. ihr Anfangsgewicht lange Zeit bei, in den isotonischen Lösungen von $NaNO_3$, KNO_3 u. a. treten relativ geringe Gewichtsänderungen ein. Eine starke Wasseraufnahme erfolgt bei Aufenthalt der Nieren in isotonischen KCl-Lösungen; nach einigen Stunden kann die Gewichtszunahme bis zu 100% betragen. Die in den Versuchen angewandten Salzlösungen stellen natürlich vollkommen unphysiologische Medien dar. Versuche, die den Einfluß von physiologisch möglichen Konzentrationsänderungen der Elektrolyte (z. B. geringe Steigerung des K- und Ca-Gehaltes der Ringerlösung) auf den Wassergehalt der Muskeln und auch der übrigen Organe zu ermitteln suchen, stehen noch aus; ob sie einen Erfolg versprechen, ist allerdings zweifelhaft; denn die Veränderungen, die in diesen Fällen zu erwarten sind, dürften durch unsere Methodik nicht erfaßt werden.

2. Die treibenden Kräfte der Flüssigkeitsbewegungen. Die Bedeutung der kolloidchemischen Vorgänge.

Der Wasserhaushalt des Gesamtorganismus ist den gleichen Gesetzen wie der eines Organes unterworfen; daß er sowohl in der Physiologie wie Pathologie großes Interesse beansprucht, ist selbstverständlich, da mit ihm die Probleme des Kreislaufes aufs engste verknüpft sind. Daß der Flüssigkeitsaustausch zwischen Geweben und Blutgefäßen zu den wichtigsten Vorgängen im Organismus gehört, bedarf keiner besonderen Erwähnung. Die Erforschung der diesen Mechanismus unterhaltenden Triebkräfte hat die Physiologen immer stark interessiert. LUDWIG sah im mechanischen Druck (dem Blutdruck) den wichtigsten Faktor; der höhere Druck, der in den Capillaren herrscht, treibt das Wasser bzw. die Blutflüssigkeit in das Gewebe, in dem ein geringerer Druck besteht. Daß der mechanische Druck, dessen Erhaltung vor allem durch die Triebkraft des Herzens und den Zustand der Gefäße garantiert wird, für den Flüssigkeitsaustausch von größter Bedeutung ist, unterliegt keinem Zweifel; ebensowenig auch, daß das Versagen dieses Motors und die dadurch bedingten Änderungen in den Druckverhältnissen zur Ursache für Störungen der Flüssigkeitsbewegung werden können (die Ödeme der Herzkranken können auf diese Weise zustande kommen). Sicherlich stellen aber die mechanischen Druckverhältnisse nicht das allein Wesentliche dar. Wissen wir doch, daß Ödeme auch auftreten können, wenn der Kreislaufapparat als solcher intakt ist; neben den nephritischen und besonders nephrotischen kommen die Ödeme in Frage, die bei Inanitionszuständen auftreten (Hungerödem), ferner jene, die sich bei bestimmter Ernährung, so einseitiger Kohlehydratnahrung, zeigen (nach Haferkuren bei Diabeteskranken). Auch sei an jene Ödeme erinnert, die bei bestimmten Störungen der inneren Sekretion, so bei Myxödem, auftreten. Auch auf die Bedeutung bestimmter Salze (NaCl), für Entstehung und Bekämpfung von Ödemen sei in diesem Zusammenhang hingewiesen. Neben den mechanischen (hydrostatischen) Druckverhältnissen spielen wahrscheinlich auch die osmotischen Druckkräfte eine gewisse Rolle; daß aber auch sie allein nicht ausschlaggebend sein können, geht aus den schon erwähnten Muskelversuchen hervor. Angeführt seien noch die klassischen Versuche HEIDENHAINS, die ergaben, daß aus einer Darmschlinge sowohl hypertonische wie hypotonische Kochsalzlösungen vollkommen resorbiert werden, was unmöglich wäre, wenn der Flüssigkeitsaustausch zwischen Darmlumen und den Darmgefäßen durch osmotische Kräfte reguliert würde. — In letzterer Zeit hat sich das Interesse den Kolloiden zugewandt, von denen wir schon erfahren haben, daß sie in engsten Beziehungen zum Wasser stehen; d. h. von der Natur des Kolloids hängt sein Bindungsvermögen für Wasser usw. ab. Wie dieses Wasser von den Kolloiden gebunden wird, läßt sich nicht immer entscheiden. In Gelen bzw. Gallerten handelt es sich vielfach um Quellungswasser; man spricht demgemäß auch von Quellungsdruck des betreffenden Systems. Bei Solen dagegen ist vielfach noch vom osmotischen Druck der Lösungen die Rede, da der Ausdruck „Quellung" bei Solen nicht angewandt zu werden pflegt. Davon ausgehend, daß es zweckmäßig sei, den infolge der wasserbindenden Kraft der Kolloide auftretenden und meßbaren Druck einheitlich zu bezeichnen, hat H. SCHADE[1]) — in Gegenüberstellung zu dem osmotischen Druck der echt gelösten Substanzen — für den wasseranziehenden Druck der Kolloide (gleichgültig, ob es sich um Sole oder Gele handelt) den Ausdruck „onkotischer Druck" in Vorschlag gebracht. Daß die kolloiden Substanzen für den Wasser- bzw. Flüssigkeitsaustausch zwischen Gefäßen und Geweben von größter Bedeutung sein müssen, scheint bei Berücksichtigung der zwischen Kolloid und Wasser bestehenden innigen Beziehungen selbstverständlich zu sein; dies läßt sich aber auch experimentell zeigen. So hat AD. CZERNY[2]) schon 1894 beobachtet, daß nach intravenöser Injektion von Gelatine oder Gummi arabicum ein Einstrom von Wasser aus den Geweben in die Blutbahn erfolgt. [Hierauf ist übrigens die besonders während des Weltkrieges von BAYLISS[3]) beobachtete günstige Wirkung der etwa 6—7 proz. Gummiarabicum-Lösung als Infusionsflüssigkeit nach starken Blutverlusten zurückzuführen.] Eingehend haben sich mit dem hier zur Behandlung stehenden Problem besonders ELLINGER und seine Schüler[4]) befaßt. Die Ergebnisse ihrer experimentellen Untersuchungen sollen im folgenden kurz erläutert werden. Bei der künstlichen Durchströmung des LÄWEN-TRENDELENBURGschen Froschpräparates mit der RINGERschen Nährflüssigkeit treten nach einiger Zeit in den durchströmten Extremitäten Ödeme auf. Die Wasserbilanz ist also in diesem Falle eine positive; sie wird negativ, wenn der Ringerlösung etwas Serum (arteigenes oder artfremdes) zugesetzt wird. Der Wasserstrom schlägt also unter diesen Umständen eine andere Richtung ein. Die Wirkung des Serums ist keineswegs auf eine Steigerung der osmotischen Druckes zurückzuführen; denn erhöht man den osmotischen Druck der Ringer-

[1]) SCHADE, H.: Wasserstoffwechsel. Handb. d. Biochem. v. OPPENHEIMER. 2. Aufl., Bd. VIII, S. 165; — SCHADE, H. u. H. MENSCHEL: Zeitschr. f. klin. Med. Bd. 96, S. 279. 1923.

[2]) CZERNY, AD.: Arch. f. exp. Pathol. u. Pharmakol. Bd. 34, S. 279. 1894.

[3]) BAYLISS: Journ. of pharmacol. a. exp. therap. Bd. 15, S. 29. 1920.

[4]) ELLINGER: Münch. med. Wochenschr. 1920, S. 1399; Klin. Wochenschr. 1922, S. 1. — ELLINGER u. HEYMANN: Arch. f. exp. Pathol. Pharmakol. Bd. 90, S. 336. 1921. — ELLINGER, HEYMANN u. KLEIN: Ebenda. Bd. 91, S. 1. 1921.

lösung durch Zusatz von NaCl so, daß sie der Ringer-Serumlösung isotonisch ist, kommt es trotzdem zu den Erscheinungen der Wasserretention. Wird andererseits nach Auftreten von Ödemen die Durchströmungsflüssigkeit in der Weise geändert, daß das eine Bein mit einer extrem stark hypertonischen Lösung (etwa einer 25proz. Traubenzuckerlösung), das andere Bein mit Serum durchspült wird, so schwellen trotzdem in letzterem Falle die Ödeme stärker ab als im ersteren (der Wasserentzug beträgt z. B. 1,4 gegenüber 0,3 g). Die wasseranziehende Kraft der Serumkolloide ist also wesentlich größer als die der osmotisch wirksamen Stoffe. Wird das Serum nicht der Durchströmungsflüssigkeit zugesetzt, sondern vor Beginn des Versuches in die Schenkelmuskulatur injiziert (etwa 0,5—1,0 ccm verdünntes froschisotonisches Serum), so wird das Bein, dessen Eiweißgehalt erhöht wurde, bei Durchspülung mit der Ringerlösung viel stärker ödematös als das andere. Daß die Wirkung des Serums mit seinem Gehalt an Kolloiden zusammenhängt, geht daraus hervor, daß Wirkungen ähnlicher Art auch mit Gummilösungen erzielt werden können. Nach den angeführten Versuchsergebnissen ist also ein Zweifel nicht möglich, daß für den Wasseraustausch die Kolloide von größter Bedeutung sind. Es ist natürlich, daß die verschiedenartigsten Kolloide hier in Frage kommen, so die des Blutes, der Gefäßwandungen und schließlich die der Gewebe, mit denen das Blut in Austausch tritt. Das Wasser geht nach der Richtung, von welcher die größte wasseranziehende Kraft wirkt. Gegen diese Behauptung läßt sich sicherlich nichts einwenden; die Frage ist, welcher Art diese Kräfte sind. Daß sie nicht rein osmotischer Natur sind, hat die Erfahrung und das Experiment in einwandfreier Weise ergeben. Solange die Biologen für Wasserbewegung bzw. Wasseranziehung neben der gewöhnlichen Diffusion keine anderen Kräfte als die der Osmose kannten, mit letzteren aber die tatsächlichen Beobachtungen nicht erklärt werden konnten, waren sie bereit, für Vorgänge wie die Resorption, Sekretion usw. besondere „vitale" Kräfte anzunehmen. Die Bedeutung der kolloidchemischen Betrachtungsweise liegt darin, daß wir durch sie noch andere Kräfte als die rein mechanischen und osmotischen kennenlernen, die für die Wasserbewegung in Frage kommen und deren genaue Kenntnis uns vielleicht einmal gestatten wird, sog. „vitale" Vorgänge auch naturwissenschaftlich zu erklären. Im folgenden soll auf diese kolloidchemischen Fragen etwas näher eingegangen werden. Nach STARLING[1]) läßt sich der onkotische Druck des Serums auf 25—30 mm Hg berechnen. Nach H. SCHADE und CLAUSSEN[2]), deren Messungen mit einer für diesen Zweck geschaffenen Methode durchgeführt worden sind, schwankt der Normalwert des onkotischen Druckes beim menschlichen Blutplasma zwischen 19—27 mm Hg. Werte von ungefähr der gleichen Größe wurden von SCHADE und MENSCHEL[3]) auch für den onkotischen Druck des Unterhautbindegewebes gefunden. Ob die Messungen der Druckverhältnisse uns Einblick in den Prozeß der Flüssigkeitsbewegung gestatten werden, läßt sich angesichts der an Zahl noch recht wenigen Untersuchungen kaum sagen; auch scheint der mit der bisherigen Methode gemessene Druck summarische Werte für mehrere

---

[1]) STARLING: Journ. of physiol. Bd. 24, S. 317. 1899; zit. nach SCHADE: l. c.

[2]) SCHADE, H. u. CLAUSSEN: Zeitschr. f. klin. Med. Bd. 100, S. 363. 1924.

[3]) SCHADE, H. u. MENSCHEL: Zeitschr. f. klin. Med. Bd. 96, S. 279. 1923; Kolloid-Zeitschr. Bd. 31, S. 171. 1923.

Einzelkräfte anzugeben. Vor allem muß aber der onkotische Druck, d. h. die wasseranziehende Kraft der einzelnen an dem Flüssigkeitsaustausch beteiligten Organe (Blut, Gefäße, Gewebe), unter den verschiedensten physiologischen Bedingungen gemessen werden; da nämlich der Flüssigkeitsstrom in verschiedener Richtung abläuft (vom Blut ins Gewebe und vom Gewebe ins Blut), müssen je nach den Umständen Druckdifferenzen entgegengesetzter Natur auftreten. Die Frage, die im Mittelpunkt der folgenden Betrachtungen stehen muß, lautet: Wie können Druckdifferenzen zustande kommen? Gehen wir von dem Flüssigkeitsstoffwechsel aus, der zwischen Blut und Gewebe sich vollzieht, so ist nicht anzunehmen, daß die Summe der auf beiden Seiten des Systems (d. h. diesseits und jenseits der Gefäßcapillaren) vorhandenen Kolloide unter den verschiedenen physiologischen Bedingungen sich ändert. Die Druckdifferenz, deren Auftreten eine Wasserverschiebung nach einer Richtung verursacht, kann vielmehr nur dadurch entstehen, daß sich auf einer Seite die Natur des Kolloids ändert. Daß das Wasserbindungsvermögen eines Kolloids von seiner Beschaffenheit abhängt bzw. eine Änderung des Kolloids sich in einer Änderung seiner Beziehung zum Wasser ausdrückt, ist eine Tatsache, die den Grundstein unserer kolloidchemischen Vorstellungen bildet (s. Kap. III). Ausgehend von Gedankengängen, wie sie soeben skizziert worden sind, haben ELLINGER und seine Schüler[1]), so HEYMANN und KLEIN, zur Klärung einer speziellen Frage des Flüssigkeitsstoffwechsels, nämlich des Vorganges der Diurese, interessantes Tatsachenmaterial geliefert. Sie konnten zeigen, daß alle Diuretica (insbesondere die Purinkörper wie Coffein, Theobromin usw.) dadurch ausgezeichnet sind, daß sie den Quellungsdruck von Eiweißkörpern (z. B. denen des Blutes) herabsetzen. Daß mit dieser Eigenschaft der Purinkörper ihre diuretische Wirkung zusammenhängen soll, ist verständlich; denn eine Verminderung des Quellungsdruckes führt dazu, daß gebundenes Wasser frei wird; als solches kann es dann zur Ausscheidung gelangen.

Die Veränderung der Kolloide durch die Diuretica ist ein ganz spezieller und vor allem nicht physiologischer Vorgang. Die Substanzen, die normalerweise die Gewebskolloide beeinflussen, sind — wie aus den Ausführungen der vorangehenden Kapitel hervorgeht — vor allem die Elektrolyte. Es ist daher zu erwarten, daß auch sie den Flüssigkeitsstoffwechsel werden beeinflussen können. Dies ist übrigens schon seit langer Zeit bekannt. So sei nur auf die Bedeutung des NaCl für die Entstehung von Ödemen, insbesondere bei Nierenkranken, hingewiesen. Ein Gewebe, das für den Flüssigkeitsaustausch zwischen Blut und Erfolgsorganen von besonderer Bedeutung zu sein scheint, ist das Bindegewebe. Ihm kommt nach H. SCHADE[2]), der sich mit dieser Frage besonders eingehend beschäftigt hat, sogar der wesentlichste Anteil an den genannten Regulationsvorgängen zu. Daß das Bindegewebe sich hierzu eignet, wird verständlich, wenn man bedenkt, daß es neben der Muskulatur die größten Wassermengen aufzunehmen in der Lage ist. Auch wissen wir, daß bei Störungen des Wasserhaushaltes das Bindegewebe dasjenige ist, in welchem das meiste

1) ELLINGER: l. c.

2) SCHADE, H.: Die physikalische Chemie in der inneren Medizin. Leipzig 1921; Zeitschr. f. exp. Pathol. Bd. 14, S. 1. 1913.

Wasser, und zwar als Ödem, gespeichert werden kann. Zu bedenken ist ferner, daß im Organismus Blutgefäße und Organzellen sich niemals direkt berühren, sondern stets eine mehr oder minder starke Schicht von Bindegewebskolloid verkehrsvermittelnd dazwischengelagert ist (SCHADE). Wie die Elektrolyte im einzelnen sich an der Regulation des Flüssigkeitssaustausches zwischen den verschiedenen Gewebsarten beteiligen, läßt sich noch nicht sagen; doch sind einige Befunde erhoben worden, denen prinzipielle Bedeutung zukommt. So hat SCHADE — wie aus folgender Tabelle hervorgeht — einen Quellungsantagonismus von Bindegewebe und Zelle festgestellt, der insbesondere für die H- und OH-Ionen gilt.

Quellungsantagonismus von Bindegewebe und Zelle (nach H. SCHADE).

	Milieuverschiebung in der Richtung			
	zum Sauren	zum Alkalischen	zum Hypotonischen	zum Hypertonischen
Bindegewebe	−	+	+	−
Zelle	+	−	−	+

+ = Quellung, − = Entquellung.

Da der Stoffwechsel der Gewebe ein saurer ist (es entstehen ständig Stoffwechselprodukte von saurem Charakter, so Milchsäure und Kohlensäure), ist trotz der Pufferung Gelegenheit für geringe Änderungen der H-Ionenkonzentration gegeben (s. S. 184). Diese reichen — wie wir erfahren haben — aus, um die automatische Funktion des Atemzentrums zu unterhalten. Es ist sehr wohl denkbar — SCHADE vermutet dies ebenfalls —, daß sie auch für die Flüssigkeitsbewegungen von Bedeutung sind, zumal die beteiligten Gewebsarten durch die H- bzw. OH-Ionen in entgegengesetzter Weise beeinflußt werden. Im Augenblick der Zunahme der $[H^{\cdot}]$ dürfte ein Einstrom von Wasser aus dem Bindegewebe in die Organzelle erfolgen; bei Abnahme der $[H^{\cdot}]$ dagegen dürfte der Wasserstrom die entgegengesetzte Richtung einschlagen. Daß Säuren wie Alkalien überhaupt zu einer Änderung des Wasserhaushaltes führen können, ist erwiesen. So schwellen Froschmuskeln in sauren und alkalischen Lösungen stärker als in neutralen Lösungen an. Auch bei der Durchspülung der Froschextremitäten von den Gefäßen aus kommt es sowohl bei Säure- wie Alkaliüberschuß der Nährlösung zu Ödemen [HEYMANN[1])]. Ob die Wasserretention — was nach den SCHADEschen Versuchsergebnissen der Fall sein müßte — in dem einen Falle mehr die Organzellen, im anderen Falle mehr das inter- bzw. extracellulär gelegene Bindegewebe betrifft, ist nicht erwiesen. M. H. FISCHER[2]) konnte feststellen, daß ein abgebundenes, außer Zirkulation gesetztes Froschbein an Gewicht stark zunimmt, wenn man es in Wasser taucht. Er führt dies auf die durch den Sauerstoffmangel entstandene Säuerung des Gewebes und die sich anschließende Quellung zurück. In einer Säuerung des Gewebes sieht M. H. FISCHER überhaupt die Ursache des Ödems. Es läßt sich nicht leugnen, daß FISCHER seine Auffassung durch eine Reihe sehr schöner Versuche wie auch durch theoretische Argumente zu fundieren versucht hat. Ihm gebührt auch zweifellos das Verdienst, als einer der ersten die kolloidchemische Betrachtungsweise für die Erklärung der Pathogenese des Ödems herangezogen zu haben. Doch mußte seine Theorie als zu einseitig abgelehnt

[1]) HEYMANN: Arch. f. exp. Pathol. u. Pharmakol. Bd. 90, S. 27. 1921.
[2]) FISCHER, M. H.: Das Ödem. Dresden 1910.

werden; denn abgesehen davon, daß neben den kolloidchemischen Faktoren — wie schon ausgeführt wurde — auch die mechanischen Druckverhältnisse (der hydrostatische Druck) und bis zu einem gewissen Grade auch die rein osmotischen eine Rolle spielen, sind die H-Ionen sicherlich nicht die einzigen, die die in Frage kommenden kolloidchemischen Reaktionen bestimmend beeinflussen. Was das Bindegewebe betrifft, das ja vornehmlich der Sitz der Ödeme ist, so wird es nach den schon erwähnten Versuchen von SCHADE und MENSCHEL durch die Zunahme der [H˙] sogar zur Entquellung, also zur Wasserabgabe, gebracht. Auch ist es bisher noch nicht gelungen, beim Ödem eine abnorme Säuerung nachzuweisen. Daß neben den H- und OH-Ionen auch den übrigen Elektrolyten für die Regulierung des Wasserhaushaltes eine große Bedeutung zukommt, soll im folgenden erörtert werden. Wie schon an anderer Stelle erwähnt worden ist, pflegen bei den künstlichen Durchströmungsversuchen der Froschextremitäten Ödeme aufzutreten. Ihr Auftreten läßt sich — wie ELLINGER gezeigt hat — durch Zusatz von Kolloiden zur Nährflüssigkeit vermeiden. R. HAMBURGER[1]) fand, daß diese abnorme Wasserdurchlässigkeit der Gefäße auch verhindert werden kann, wenn die RINGERsche Lösung auf einen ganz bestimmten Kationenspiegel eingestellt wird. Insbesondere kommt es auf das Verhältnis von Kalium zu Calcium an; schon geringste Änderungen dieses K-Ca-Gleichgewichtes führen wieder zum Ödem. Wie groß der Einfluß der Kationen auf die Flüssigkeitsbewegungen bzw. den Wasserhaushalt ist, lehren in sehr illustrativer Weise die Versuche am lebenden Tier und Menschen sowie unsere klinischen Erfahrungen. Am besten und längsten bekannt ist der Zusammenhang zwischen NaCl und Wasserstoffwechsel. Wir wissen, daß das Maß der Wasserausscheidung (sowohl der renalen wie extrarenalen) weitgehend von der NaCl-Zufuhr abhängig ist. Es ist unmöglich, hier auf alle Einzelheiten dieser Spezialfrage einzugehen; ich verweise auf die bestens gelungenen, zusammenfassenden Darstellungen von W. H. VEIL[2]), H. SCHADE, MORAWITZ und NONNENBRUCH[3]), in denen auch die notwendigen Literaturangaben sich finden. Hier seien nur die wichtigsten Tatsachen wiedergegeben. Daß Kochsalzzufuhr bzw. kochsalzreiche Nahrung das Durstgefühl steigert, ist bekannt. Wird gleichzeitig dem Durst entsprechend viel Wasser aufgenommen, so kann auch beim Gesunden das Körpergewicht ansteigen. Es wird NaCl und H_2O retiniert. Alleinige Wasserzufuhr ohne gleichzeitige Steigerung der NaCl-Zufuhr führt unter physiologischen Bedingungen nicht zu einer H_2O-Retention. 1500 ccm Wasser, die innerhalb einer Stunde getrunken werden, gelangen schon in den nächsten 4—5 Stunden zur Ausscheidung. Durst bzw. Flüssigkeitsbeschränkung bei kochsalzarmer Kost führt in den ersten Tagen zu einer gesteigerten Wasser- und Salzdiurese, so daß beim Erwachsenen ein Gewichtsverlust von etwa 2—3 kg eintritt. Schon nach wenigen Tagen stellt sich aber der Organismus auf ein niedrigeres Wasser- und Salzniveau ein, und das Gewicht hält sich; die Harnsekretion wird ganz gering; desgleichen sinkt die NaCl-Ausscheidung bis auf ein Minimum. Durst bei reich-

[1]) HAMBURGER, R.: Biochem. Zeitschr. Bd. 129, S. 153. 1922.

[2]) VEIL, W. H.: Physiologie und Pathologie des Wasserhaushaltes. Ergebn. d. inn. Med. u. Kinderheilk. 1923.

[3]) MORAWITZ, P. u. W. NONNENBRUCH: Pathologie des Wasser- und Mineralstoffwechsels. Oppenheimers Handb. der Biochem. 2. Aufl., Bd. VIII.

licher Kochsalzzufuhr führt — wie MORAWITZ und NONNENBRUCH ausführen — beim Gesunden zu einer starken Diurese und rapidem, durch Wasserabgabe aus den Geweben bedingten Gewichtsverlust, der in einem dreitägigen Versuch etwa 4,9 kg betragen kann. Zur Ausscheidung des NaCl wird aus dem Bestande des Körpers Wasser mobilisiert; etwas NaCl wird aber trotzdem retiniert. Wasserzufuhr führt unter diesen Umständen zu schneller Gewichtszunahme, was bei der nach Durst und NaCl-armer Kost eingetretenen Gewichtsabnahme nicht der Fall ist [NONNENBRUCH[1])]. Interessant ist, daß weder nach kochsalzreicher Trockenkost noch nach großen, NaCl-freien Flüssigkeitsaufnahmen (also unter absolut entgegengesetzten Bedingungen) wesentliche Änderungen in der Blutzusammensetzung (d. h. eine Verdünnung bzw. Konzentrierung) einzutreten brauchen. Auch für den Fall gleichzeitiger Wasser- und Salzzufuhr trifft dies zu; Wasser und Salz wandern also, sofern sie nicht sofort ausgeschieden werden, in die Gewebe ab [MAGNUS[2]), VEIL[3]), NONNENBRUCH[4])]. Daß der Flüssigkeitsstoffwechsel durch das NaCl in starkem Maße beeinflußt wird, geht selbst aus den wenigen hier dargelegten Tatsachen zur Genüge hervor. Vor allem haben wir erfahren, wie das Wasserbindungsvermögen des Organismus in gewissem Grade parallel dem Kochsalzgehalte geht. So schwemmt der Organismus bei Flüssigkeitsbeschränkung und NaCl-freier Diät Wasser solange im Übermaß aus, als er noch NaCl ausscheidet. Versiegt die Ausscheidung des letzteren, läßt auch die des Wassers nach. Umgekehrt besteht nach kochsalzreicher Nahrung, die zu Kochsalzretention geführt hat, eine starke Tendenz zu Wasseraufnahme. Da die Blutveränderungen nur minimal und höchstens ganz passager sind, muß die durch die Kochsalzentziehung bzw. -belastung eingetretene Änderung des Wassergehaltes sich an den Geweben manifestieren. Der Mechanismus der Kochsalzwirkung läßt sich nicht ohne weiteres erklären. Daß auch in diesem speziellen Falle osmotische Faktoren keine wesentliche Rolle spielen, wird durch folgende Tatsachen bewiesen. Nach einer Infusion von 1500 ccm physiologischer NaCl-Lösung kommt es zu einer Diurese, die in den ersten 4 Stunden nicht mehr als 1200—1300 ccm beträgt. Dagegen setzt nach einer Infusion der gleichen Menge isotonischer Glucoselösung (5,6 proz.) eine wesentlich stärkere Diurese ein [W. H. VEIL[5])]; die ausgeschiedene Menge beträgt über 2000 ccm. Zu einer die eingeführte Flüssigkeitsmenge übersteigenden Diurese kommt es auch nach peroraler Zufuhr von größeren Mengen (etwa 1500 ccm) reinen Brunnenwassers. Die Aufnahme muß schnell, d. h. innerhalb weniger Minuten, ohne gleichzeitige sonstige Nahrungszufuhr erfolgen. In ihrem diuretischen Effekt stehen sich also Zuckerlösung und reines Brunnenwasser nahe. Anders verhält sich die physiologische NaCl-Lösung, deren osmotischer Druck jedoch dem der Glucoselösung gleicht. VEIL macht darauf aufmerksam, daß ebensowenig wie die Isotonie auch die Hydrämie für die Diurese von größerer Bedeutung ist. Nach der Infusion der Zuckerlösung sowie nach der per-

[1]) NONNENBRUCH W.: Zeitschr. f. d. ges. exp. Med. Bd. 29, S. 547. 1922.

[2]) MAGNUS: Arch. f. exp. Pathol. u. Pharmakol. Bd. 42, S. 250. 1899; Bd. 44, S. 396. 1900; Bd. 45, S. 210. 1900.

[3]) VEIL: Dtsch. Arch. f. klin. Med. Bd. 119, S. 376.

[4]) NONNENBRUCH, W.: l. c.

[5]) VEIL, W. H.: Physiol. u. Pathol. des Wasserhaushaltes, S. 688.

oralen Aufnahme der großen Wassermengen kommt es nämlich zu keiner wesentlichen Blutverdünnung und trotzdem zu einer stärkeren Diurese als nach Infusion der physiologischen NaCl-Lösung, die zu einer so beträchtlichen Blutverdünnung führt, daß der Serumeiweißgehalt um etwa 2%, und zwar von 7 auf etwa 5%, sinkt. Daß nach Infusion der physiologischen NaCl-Lösung die Diurese nicht über die eingeführte Flüssigkeitsmenge hinausgeht, ist durchaus nicht überraschend. Dagegen fällt auf, daß nach Zuckerlösung bzw. Wasser die ausgeschiedene Flüssigkeitsmenge größer als die eingeführte ist. Mit Recht bringt VEIL diese Tatsache mit der nach Wasser bzw. Zuckerlösung auftretenden Demineralisation in Zusammenhang. Daß das elektrolytfreie Wasser bzw. die Zuckerlösung als solche im Organismus nicht bestehen können, sondern sich irgendwie mit den vorhandenen Blut- bzw. Gewebsflüssigkeiten vermengen und auf diese Weise Elektrolyte an sich reißen müssen, ist selbstverständlich. Mit den überschüssigen Flüssigkeitsmengen werden daher gleichzeitig Salze ausgeschieden, was aus den entsprechenden Versuchen von VEIL, REGNIER sowie HERMANN STRAUSS direkt hervorgeht. (Die im Harn zur Ausscheidung gelangenden NaCl-Mengen nehmen zu.) Aus den Geweben werden also Salze mobilisiert, d. h. die Gewebe werden demineralisiert. VEIL denkt in erster Linie an solche Salze, denen eine besondere diuretische Wirkung zukommt, z. B. den Kaliumsalzen. Meines Erachtens ist jedoch die große, über die Einfuhrmenge hinausgehende Diurese schon allein durch die Tatsache, daß die Gewebe an Salzen, vor allem an NaCl, verarmen, zur Genüge erklärt; denn — wie schon ausgeführt worden ist — besteht zwischen NaCl-Gehalt der Gewebe und ihrem Wasserbindungsvermögen ein direkter Zusammenhang. Kommt es nach Wasser bzw. stark hypotonischen NaCl-Lösungen zu den eben erwähnten Erscheinungen der Demineralisation, so kommt es — wie aus Tierversuchen von MAGNUS[1]) hervorgeht — nach Infusion stark hypertonischer NaCl-Lösungen umgekehrt zu einer primären Abnahme des Wassergehaltes der Gewebe (Deshydratation). Die in das Blut eingeführten Salze ziehen das Wasser aus den Geweben an; denn wie in den Geweben ist auch im Blut der NaCl-Gehalt von Bedeutung für die gebundene Wassermenge. Hierauf ist auch zurückzuführen, daß — wie aus Untersuchungen von VEIL hervorgeht — bei kochsalzfreier Nahrung die Gesamtblutmenge um etwa 1 l kleiner ist als bei gewöhnlicher Kost mit mittlerem NaCl-Gehalt (Kochsalzplethora). Daß die Verminderung der Gesamtblutmenge auf Kosten des Wassers geht, leitet VEIL daraus ab, daß der Eiweißgehalt des Blutes steigt (von 7 auf etwa 7,7%). NONNENBRUCH sieht allerdings in der Zunahme des Eiweißgehaltes keinen Beweis für eine erfolgte Wasserverarmung des Blutes, sondern glaubt, daß es unter dem Einfluß der NaCl-Veränderung zu einem Einstrom von Eiweiß kommt (Hyperproteinämie). Daß mit den Wasserverschiebungen auch solche des Eiweißes einhergehen, kommt auch in den Untersuchungen von MAGNUS zum Ausdruck; jedoch ist das vorliegende Untersuchungsmaterial, das eine Beurteilung dieser Frage gestatten könnte, zunächst noch sehr lückenhaft. — Schon die erwähnten Untersuchungen betreffend den Einfluß der NaCl- und der ihr isotonischen Zuckerlösung auf den Wasserstoffwechsel sprechen dafür, daß die Wirkung des NaCl nicht allein durch Osmose zu erklären ist; dies geht nun vor allem auch daraus

[1]) MAGNUS: l. c.

hervor, daß andere Salze eine prinzipiell andere Wirkung entfalten können. Daß das NaCl hydropigen, d. h. wasserretinierend wirkt, haben schon die bisher angeführten Versuche gezeigt; noch deutlicher kommt dieser Einfluß des NaCl unter pathologischen Bedingungen zum Ausdruck. Daß NaCl bei Nierenkrankheiten die Ödembereitschaft fördert (H. STRAUSS und WIDAL haben dies als erste entdeckt), ist eine Tatsache, die nicht angezweifelt werden kann. Das gleiche gilt auch für die bei anderen Krankheitszuständen auftretenden Ödeme (z. B. bei kardialer Dekompensation, Diabeteskranken usw.). NaCl-Zufuhr begünstigt, NaCl-Entziehung hemmt ihre Entstehung. (Genauer wird auf die unter pathologischen Bedingungen auftretenden Veränderungen des Salz- und Wasserstoffwechsels in Kap. X eingegangen werden.) Im Gegensatz zum NaCl wirken die Kalium- und Calciumsalze entwässernd. Daß den Kaliumsalzen eine diuretische Wirkung zukommt, ist schon seit langem bekannt. Wir wenden sie vielfach in der Behandlung kardialer wie renaler Ödeme an. Von den Calciumsalzen ist ebenfalls beobachtet worden, daß sie mitunter, so bei nephrotischen Ödemen, zu guter Entwässerung führen können. Die unterschiedliche Wirkung der verschiedenen Salze ist der sichere Beweis dafür, daß die Wirkung der Elektrolyte auf den Flüssigkeitsaustausch zwischen Blut und Gewebe nicht auf Osmose beruht, sondern eine spezifische ist. Lange Zeit hat man — dies entsprach insbesondere der Anschauung WIDALS — dem Chloranteil des NaCl die hydropigene Eigenschaft zugewiesen. Wie neuere Untersuchungen ergeben haben, ist es aber in erster Linie das Natrium bzw. das Natriumion, das verantwortlich zu machen ist. Schon die Tatsache, daß KCl und $CaCl_2$ wassereliminierend, keineswegs aber wasserretinierend wirken, ist auffallend; doch könnte man einwenden, daß sie in viel kleineren Mengen als NaCl dargereicht werden. Wichtig ist nun, daß E. PFEIFFER[1]) und v. WYSS[2]) feststellen konnten, daß auch das $NaHCO_3$ bei ödembereiten Nierenkranken bzw. bei Diabetikern ödemfördernd wirkt. Mit der Wasserretention geht allerdings auch eine solche von NaCl einher. Auch dies ist erklärlich; denn entsprechend der Summe der retinierten Na^+ muß (s. S. 25) schon aus elektrostatischen Gründen eine mindestens annähernd ebenso große Menge negativ geladener Ionen zurückgehalten werden. Da die Bicarbonationen sich mit den Puffersubstanzen des Blutes bzw. des Gewebes umsetzen und durch die der Aufrechterhaltung der $[H^{\cdot}]$ dienenden Regulationsvorgänge schnell ausgeglichen werden, so ist erklärlich, daß sie nicht mit den Natriumionen zusammen retiniert werden können, sondern andere Ionen für sie einspringen müssen; es sind dies, da ihre Vorratsmengen im Organismus am größten sind, erklärlicherweise die Chlorionen. Daß letztere für die Wasserretention nicht verantwortlich zu machen sind, gehtauch daraus hervor, daß HCl auf die insbesondere durch $NaHCO_3$ gesteigerte Ödembildung nicht nur nicht begünstigend, sondern sogar hemmend einwirkt (v. WYSS). Dieser Effekt dürfte als der der H-Ionen anzusehen sein; denn sie führen — wie schon an anderer Stelle erwähnt worden ist — zu einer Entquellung des Bindegewebes, das als der Hauptsitz der Ödeme anzusehen ist. Daß Säuren bzw. deren H-Ionen zu einer Steigerung und Alkalien bzw. deren OH-Ionen zu einer Verminderung der

[1]) PFEIFFER, E.: Verhandl. d. dtsch. Kongr. f. inn. Med. 1911, S. 506.
[2]) v. WYSS: Dtsch. Arch. f. klin. Med. Bd. 111, S. 93. 1913.

Wasserausscheidung führen, läßt sich übrigens auch beim Gesunden nachweisen [OEHME und PAAL[1])].

Die diabetischen Ödeme hat v. NOORDEN[2]) zuerst bei Kranken gesehen, die mit der von ihm vorgeschlagenen Haferkur behandelt wurden; er nannte sie daher auch Haferödeme; sie treten aber auch bei anderer Ernährung, so bei Weizenmehlkost, auf. Über die Genese der Ödeme wird an anderer Stelle noch einiges zu sagen sein; hier sei nur angeführt, daß der Diabetes nur die Ödembereitschaft bedingt, während für die Ausbildung der Ödeme die Zufuhr von Salzen und Wasser notwendig ist. So wurden besonders häufig — und zwar vor der Insulinära — Ödeme bei solchen Diabeteskranken beobachtet, die wegen ihrer Acidose nach dem Vorschlage von NAUNYN mit großen Dosen von $NaHCO_3$ behandelt wurden. Von prinzipieller Bedeutung ist nun, daß Ersatz des Natriumbicarbonates durch äquivalente Mengen von Kaliumbicarbonat zu einer Ausschwemmung der Ödeme führt [v. NOORDEN-SALOMON[2])]. Hieraus können wir am deutlichsten ersehen, daß der Einfluß der Kationen der überragende ist. Daß den Anionen auch eine Bedeutung zukommt, soll nicht bezweifelt werden. Hierzu sei noch folgendes angeführt. Unter physiologischen Bedingungen können NaCl-Darreichungen zu Wasserdiurese führen. Wie M. H. FISCHER und SYKES[3]) gefunden haben, kommt den übrigen Na-Salzen eine ähnliche Wirkung zu; in quantitativer Hinsicht bestehen jedoch Unterschiede, die in folgender Reihe ihren Ausdruck finden:

$$Cl < NO_3 < Br < \text{Acetat} < \text{Phosphat} < \text{Sulfat}.$$

Die Chloride haben also die geringste, die Sulfate die stärkste Wasserdiurese zur Folge. Die Reihe deckt sich mit der bekannten HOFMEISTERschen Quellungsreihe. Daß Na_2SO_4 stärker diuretisch wirkt, hat auch schon R. MAGNUS[4]) beobachtet. Ferner sei darauf hingewiesen, daß in der Klinik schon seit Jahrzehnten die diuretische Wirkung des Kalium-Aceticum bekannt ist. Daß sie der des KCl überlegen ist, ist nach dem Gesagten durchaus verständlich. —

3. Zur Frage der Regulation der Flüssigkeitsbewegungen.

Wenn wir auf Grund des angeführten Tatsachenmaterials ein Urteil über den Einfluß der Salzelektrolyte auf den Wasserhaushalt bzw. Flüssigkeitsstoffwechsel im Organismus abgeben sollen, so werden wir sagen müssen, daß er nicht nur ein sehr großer, sondern wie bei allen anderen Organfunktionen von richtunggebendem Charakter ist; hierin liegt das Wesentliche. Die Wirkung ist wie bei allen anderen Organfunktionen an die spezifische Natur der Ionen gebunden; auch zeichnen sich letztere durch eine antagonistische Wirkungsweise aus. So haben wir den Antagonismus der H- und OH-Ionen sowie den der Na- sowie K- und Ca-Ionen kennengelernt. Weshalb hier nicht der übliche, allerdings nicht obligatorische Antagonismus zwischen den Na- und K-Ionen einerseits und den Ca-Ionen andererseits besteht, läßt sich nicht ohne weiteres erklären; doch braucht uns dies nicht zu überraschen. Der gesamte Flüssigkeitsstoffwechsel kann zwar auch als eine Organfunktion des Organismus

---

1) OEHME und PAAL: Arch. f. exp. Pathol. u. Pharmakol. Bd. 104, S. 115. 1924.
2) v. NOORDEN-SALOMON: Handb. d. Ernährungslehre Bd. I, S. 68.
3) FISCHER, M. H. u. SYKES: Kolloid-Zeitschr. Bd. 13, S. 112. 1913.
4) MAGNUS, R.: Arch. f. exp. Pathol. u. Pharmakol. Bd. 44, S. 68. 1900.

angesehen werden; doch müssen wir bedenken, daß diese Funktion nicht an ein einzelnes, ganz bestimmtes Organ gebunden ist, sondern die Summe von Funktionsäußerungen verschiedener Organe darstellt; man kann sogar sagen, daß an der Funktion des Flüssigkeitsstoffwechsels sämtliche Organe beteiligt sind. (Unter den inneren Organen spielt in dieser Beziehung — wie die Untersuchungen der letzten Jahre ergeben haben — vor allem die Leber eine sehr große Rolle.) Wir wollen aber nur die Organe bzw. Organsysteme ins Auge fassen, deren spezielle Funktion dem Flüssigkeitsstoffwechsel und seiner Regulierung dient. Zu den wichtigsten Organen dieser Art gehören die Nieren, das Blut und das Bindegewebe. Letzteres stellt das größte Flüssigkeitsreservoir dar, das der Organismus besitzt. Daß er über ein derartiges Reservoir verfügt, muß als sehr zweckmäßige Einrichtung angesehen werden. Der Organismus macht sich hierdurch — wenigstens für einige Zeit — von der äußeren Wasserzufuhr unabhängig. Vor allem wird aber das Blut, d. h. das Gefäßsystem, entlastet, das sonst die für die Organfunktion erforderlichen Flüssigkeitsmengen selbst vorrätig halten müßte; bedenken wir doch, daß die für die äußere Sekretion (Magen-Darmtraktus) notwendigen Flüssigkeitsmengen sich täglich auf 5—6 l belaufen. Hätte der Organismus nicht diese Vorratskammern bzw. Ablagerungsstätten, so müßte das Blutvolumen je nach der Menge der sezernierten bzw. wieder rückresorbierten Flüssigkeit ständig ab- oder zunehmen, also Schwankungen durchmachen, die für die Aufrechterhaltung des Kreislaufes undenkbar wären. Wieviel Wasser bzw. Flüssigkeit das Bindegewebe aufzunehmen vermag, ist am besten unter pathologischen Bedingungen beim Ödem zu sehen. Aber auch das Experiment gibt hier aufschlußreiche Daten. Bei Hunden, denen innerhalb kurzer Zeit relativ sehr große Wassermengen (bei einem Körpergewicht von etwa 5—8 kg 1200 ccm einer 0,6—0,9proz. NaCl-Lösung) intravenös injiziert werden, läßt sich nachweisen, daß einige Stunden nach der Infusion die Wasserzunahme der einzelnen Organe auch relativ am stärksten bei Haut und Muskulatur, also den besonders bindegewebsreichen Organen, ist [Engels[1]]. Sie beträgt bei ihnen etwa 3,8%, d. h. der Wassergehalt steigt bei der Haut von 63,8 auf 67,7% und beim Muskel von 73,5 auf 77,3%. Ein Organ wie der Darm zeigt dagegen nur eine Zunahme von 0,62%. Da Haut und Muskulatur auch die Organe mit größter Masse darstellen, so ist natürlich, daß nicht nur relativ, sondern auch absolut die größte Wassermenge, soweit sie nicht ausgeschieden ist, von ihnen retiniert wird. Nach den Engelschen Versuchen wird zurückgehalten:

von der Muskulatur . .	482 g	von dem Blut	11 g
„ „ Haut	126 „	„ der Niere	10 „
„ „ Leber	21 „	„ dem Hirn	8 „
„ dem Darm	16 „	„ „ Uterus	2 „
„ der Lunge	14 „		

Während also das Blut im ganzen nur 11 g Flüssigkeit retiniert, stapelt Muskulatur und Haut zusammen 608 g. (Ob bei diesen Organen neben dem Bindegewebe auch die spezifischen Organelemente an der Wasserbindung teilnehmen, sei nicht entschieden.) Daß auch beim Menschen das Blut nach Aufnahme abundanter Wassermengen, desgleichen auch nach Injektion von

[1]) Engels, W.: Arch. f. exp. Pathol. u. Pharmakol. Bd. 51, S. 346. 1904.

Salzlösungen, nur geringe Veränderungen zeigt, ist im vorangehenden schon erwähnt worden. — Die Vorratskammern fassen natürlich nur eine bestimmte Flüssigkeitsmenge; was ihre unter den jeweils gegebenen Verhältnissen mögliche Aufnahmefähigkeit übersteigt, wird durch die Nieren (zum Teil auch durch Lunge, Schweißdrüsen) ausgeschieden. Das Ziel ist stets, den Gehalt des Blutes an Wasser, Salzen oder sonstigen gelösten Stoffen auf einer bestimmten und konstanten Höhe zu erhalten.

Diese Regulation ist für den Organismus von der gleichen Bedeutung wie die Aufrechterhaltung der normalen [H˙]. Auch glaube ich, daß das Prinzip der Regulationsvorrichtungen in beiden Fällen das gleiche ist. Auch für die H- bzw. OH-Ionen existiert eine Vorratskammer; sie wird durch die Puffer dargestellt, deren Bedeutung darin besteht, im Augenblick überflüssige H- bzw. OH-Ionen abzufangen und notwendige abzugeben. Sobald eine gewisse Menge dieser Puffersubstanzen überschritten wird, treten bestimmte Organe in Funktion, um sie aus dem Körper zu eliminieren; so die Lungen, welche das CO_2, und die Nieren, welche das Phosphat ausscheiden. Was die Puffersubstanzen bzw. die Gewebe, an welche die Puffersubstanzen gebunden sind, für die Erhaltung der [H˙] des Blutes bedeuten, bedeutet das periphere Gewebe (insbesondere das Bindegewebe) für die Erhaltung der normalen Konzentration des Blutes an H_2O, Neutralsalzen und wahrscheinlich auch vielen anderen im Blute gelösten Substanzen (Nichtelektrolyte). Die Funktion der Lunge und Niere wird auch bei der Wasser- und Salzregulation in dem gleichen Sinne wie bei der Regulierung der [H˙] in Anspruch genommen. Während aber bei letzterer die Lunge die Hauptarbeit leistet, steht bei ersterer die Nierenarbeit im Vordergrund. Daß aber Wasser auch durch die Lungen den Körper verlassen kann, ist bekannt. Zu erwähnen bleibt noch, daß für die Wasser- und Salzausscheidung auch die Schweißdrüsen zur Verfügung stehen. Die auf diesen extrarenalen Wegen ausgeschiedenen Wassermengen sind nicht unbeträchtlich. Auch der Darm ist ein Ausscheidungsorgan, das sowohl für Wasser und Salz wie für Puffersubstanzen (Phosphate) in Frage kommt, jedoch nur in beschränktem Maße. Wie schon erwähnt, ist das periphere Gewebe wahrscheinlich auch eine Vorratskammer für die im Blute gelösten Nichtelektrolyte. Dies gilt z. B. sicher für den Zucker. Zwar wird er nicht von allen Organen und nicht gerade vom Bindegewebe, sondern von der Leber (in Form von Glykogen) vorrätig gehalten; von ihr wird nur so viel an das Blut abgegeben, daß eine bestimmte Konzentration aufrechterhalten bleibt. Wird diese — was beim Diabetes der Fall ist — überschritten, treten ebenfalls die Nieren in Funktion, um den Überschuß nach Möglichkeit zu eliminieren. Daß auch andere Nichtelektrolyte gestapelt werden können, ist zweifellos. So wissen wir aus der Pathologie der Nierenkranken (insbesondere bei Glomerulonephritiden und Schrumpfnieren), daß stickstoffhaltige Substanzen (Harnstoff usw.) in großen Mengen von der Haut retiniert werden können. Daß für Salze außer dem Bindegewebe auch andere Organe als Vorratskammern dienen können, ist ebenfalls sehr wahrscheinlich; so kann z. B. der Knochen diese Funktion für die Kalksalze übernehmen. — Was die Elimination der überflüssigen Puffersubstanzen betrifft, so wissen wir, daß die Impulse hierzu von bestimmten Elektrolyten ausgehen. Es sind die H-Ionen, die das Atemzentrum erregen und hierdurch die Atemmechanik in Gang setzen, und es sind die überschwelligen Konzentrationen an Phosphationen (H_2PO_4' bzw. HPO''), die die Nierensekretion so beeinflussen, daß ihr Überschuß ausgeschieden wird. Es ist durchaus wahrscheinlich, daß auch die Regulation der Wasser- bzw. Salzkonzentration des Blutes durch die Nieren auf Impulse von prinzipiell gleicher Art zurückzuführen ist. Sowohl nach Injektion hypotonischer wie hypertonischer Salzlösungen tritt eine Diurese ein. In ersterem Falle ist wahrscheinlich das Wasser, in letzterem Falle das NaCl der überschwellig konzentrierte Anteil, der die Niere erregt, d. h. zur Sekretion zwingt. Es sind also auch hier Elektrolyte (auch das Wasser ist ein Elektrolyt), die auf die Niere einwirken und ihre Funktion beeinflussen; für diese Annahme haben wir noch andere Anhaltspunkte. So sei auf die schon an anderer Stelle erwähnten Versuche HAMBURGERS hingewiesen, die ergaben, daß bei isolierten Froschnieren je nach der Konzentration der Nährlösung an K und Ca die Durchlässigkeit der Niere für Zucker sich ändert. — Daß die Elektrolyte auf die Nierenfunktion Einfluß haben, ist um so wahrscheinlicher, als auch den vegetativen Nerven — wie insbesondere von ASHER[1]) und seiner Schule gezeigt werden konnte — nach dieser Richtung eine große Bedeutung zukommt. Weitere Versuche, den Einfluß der Elektrolyte auf die Funktion der Niere zu prüfen, erscheinen mir sehr aussichtsreich. Allerdings ist die Methodik keine leichte, da die Versuche in erster Linie am isolierten Organ vorgenommen werden müßten; denn sonst läßt sich nicht mit Sicherheit bestimmen, wo der primäre Ausgangspunkt einer evtl. beobachteten Flüssigkeits- bzw. Stoffbewegung gelegen ist. — Wie wir gesehen haben, kommen für die Flüssigkeitsbewegungen in der Hauptsache das periphere Gewebe (insbesondere das Bindegewebe), das Gefäßsystem bzw. Blut und neben den anderen Exkretionsorganen vor allem die Nieren in Frage. Die Flüssigkeitsbewegungen können in verschiedener Richtung ablaufen. Fassen wir eine ganz bestimmte Richtung ins Auge, nämlich die nach außen gerichtete, d. h. also die Diurese, so müssen wir uns darüber im klaren sein, daß sie von ganz verschiedenen Punkten des den ganzen Organismus ständig durchfließenden Flüssigkeitsstromes ausgehen kann. Wird das periphere Gewebe, insbesondere das Bindegewebe, so verändert, daß sein Bindungsvermögen für Wasser bzw. in ihm gelöste Stoffe sich vermindert, daß also die Aufnahmefähigkeit der Vorratskammern reduziert wird, so muß ein verstärkter Flüssigkeitsstrom aus dem Gewebe in das Blut einsetzen. Die Überladung des Blutes mit Wasser bzw. Salzen wird dann den gleichen diuretischen Reiz auf die Nieren auslösen, der eintritt, wenn von außen (z. B. durch intravenöse Infusion) Salzlösungen in die Blutbahn gelangen. Es ist auch denkbar, daß primär das Blut bzw. seine Kolloide so verändert werden, daß sie mehr Wasser abgeben, daß also ihr onkotischer Druck im Sinne H. SCHADES sinkt. Wie schon erwähnt (s. S. 217) ist nach ELLINGER die Wirkung der Diuretica aus der Puringruppe auf Blutveränderungen dieser Art zurückzuführen; der Quellungsdruck der Blutkolloide nimmt ab, Wasser wird frei und der Niere zur Ausscheidung angeboten. Eine diuretische Wirkung kann aber auch durch direkte Einwirkung auf die Nieren ausgelöst werden; denn die Nierenarbeit ist keineswegs eine passive, die darin besteht, daß Wasser und gelöste Stoffe, wenn

[1]) ASHER, L. u. PEARCE: Zeitschr. f. Biol. Bd. 63, S. 83. 1914. — ASHER, L. u. W. JOST: Zentralbl. f. Phys. Bd. 28, S. 1. 1914.

sie in überschwelliger Konzentration im Blut vorhanden sind, durch die Nieren hindurchfiltrieren; durch das in überschwelliger Konzentration vorhandene Wasser bzw. die Salze (so NaCl, $Na_2HPO_4NaH_2PO_4$) wird vielmehr das normale Ionengleichgewicht gestört, und hierdurch wird die Niere zu einer aktiven Funktionsleistung angeregt. Die Veränderungen des Wasser- und Salzgehaltes des Blutes (Hydrämie, Hyperchlorämie usw.) stellen nur eine Form des gestörten Ionengleichgewichtes dar. Daß aber bei der Niere wie bei allen anderen Organen auch sonst noch (z. B. durch die vegetativen Nerven oder Gifte) Elektrolytveränderungen herbeigeführt werden können, ist ganz selbstverständlich. Es ist daher erklärlich, daß die Nieren auch von sich aus durch aktive Arbeitsleistung (also unabhängig davon, daß die Substanzen, die zur Ausscheidung gelangen, sich im Blute in vermehrter Konzentration befinden) Diurese bewirken können. Die Flüssigkeitsbewegungen im Organismus, die ein zusammenhängendes Ganzes darstellen, können also von verschiedenen Punkten aus beeinflußt werden. Zur Erreichung ein und desselben Zieles stehen dem Organismus viele Wege (lange und kurze) zur Verfügung. Es herrscht hier das gleiche Prinzip, dem wir auch sonst schon (so bei der Nervenwirkung) begegnet sind. Der längste Weg, der zur Auslösung einer bestimmten Flüssigkeitsbewegung, so der der Diurese, in Frage kommt, ist derjenige, der von der Beeinflussung der im peripheren Gewebe gelegenen Flüssigkeitsvorratskammern ausgeht; der kürzeste ist derjenige, der sein Ziel durch direkte Beeinflussung der Niere selbst erreicht. Was nun die Elektrolyte betrifft, so können sie an jeder Stelle des Systems angreifen, und deshalb ist die Beurteilung ihrer Wirkung eine nicht ganz leichte.

Von großer Bedeutung für die Regulation des Flüssigkeitsstoffwechsels im Organismus sind das Zentralnervensystem und die Hormone; hingewiesen sei auf das Zwischenhirn, in dem — wie besonders die Forschungen der letzten Jahre ergeben haben — Zentren für die Regulation des Wassers- und Salzstoffwechsels gelegen sind. Auch wissen wir, daß von tiefer gelegenen Abschnitten des Zentralnervensystems Einfluß auf diesen Stoffwechsel ausgeübt werden kann. Bewiesen ist dies durch den zuerst von JUNGMANN und ERICH MEYER[1]) am Boden des 4. Ventrikels ausgeführten Salzstich. Daß die Verbindung dieser zentral gelegenen Regulationsapparate mit den peripheren Erfolgsorganen durch das vegetative Nervensystem erfolgt, kann als sicher angenommen werden. Auf die Bedeutung der vegetativen Nerven für die Nierenfunktion ist schon hingewiesen worden. Daß aber auch die anderen Organe und Gewebe, denen nach den Darlegungen dieses Kapitels eine große Bedeutung für den Flüssigkeitsstoffwechsel zukommt, vom vegetativen Nervensystem beeinflußt werden, ist nicht mehr zweifelhaft; verwiesen sei auf die Arbeiten von BOEKE, der Nervenfasern selbst im Bindegewebe anatomisch nachgewiesen hat. Was die Hormone betrifft, so sei vor allem auf die Bedeutung der Schilddrüse hingewiesen; bekannt ist die diuretische Wirkung der Schilddrüsenpräparate (Thyreoidin usw.); andererseits wissen wir, daß das Fehlen der Schilddrüse zu Ödembildung führt (Myxödem). Daß auch exogene Gifte den Flüssigkeitsstoffwechsel beeinflussen können, braucht nicht besonders hervorgehoben zu werden. Genannt seien die schon erwähnten Diuretica der Puringruppe, ferner Hg-Verbindungen wie das Novasurol oder Salyrgan. Es stellen also neben den Elektrolyten die vegetativen Nerven und Gifte diejenigen Faktoren dar,

[1]) JUNGMANN, P. u. ERICH MEYER: Arch. f. exp. Pathol. u. Pharmakol. Bd. 73, S. 49. 1913.

welche die Organe und Gewebe beeinflussen, von denen der Flüssigkeitsstoffwechsel abhängt. Auch hier zeigt sich wie bei allen anderen Organfunktionen die Gleichförmigkeit der Nerv-, Gift- und Elektrolytwirkung (s. Kap. V, 4). Da aber die Wirkung der Nerven und Gifte letzten Endes auch mit der der Elektrolyte zusammenhängt, so können wir von letzteren sagen, daß sie im Ablauf der Flüssigkeitsbewegungen — soweit letztere nicht auf mechanischen Faktoren beruhen — eine zentrale Stellung einnehmen.

VIII. Die Beziehungen der Elektrolyte zu den elektrischen Erscheinungen an der Zelle.

1. Die im Organismus auftretenden elektrischen Ströme und ihre Entstehungsmöglichkeit.

Zu den Erregungsursachen einer Zelle gehört bekanntlich der elektrische Reiz. Seine Wirkung beruht (s. S. 104) wahrscheinlich darauf, daß es an den Grenzflächen zu Änderungen der Ionenkonzentration kommt, welche die Ursache für die die Funktion bedingenden kolloidchemischen Zustandsänderungen sind. Daß dies im Prinzip zutrifft, geht daraus hervor, daß auf andere Weise erzielte Änderungen der Elektrolytverteilung die gleiche Wirkung wie der elektrische Reiz hervorrufen, und daß unter dem Einfluß des letzteren tatsächlich kolloidchemische Zustandsänderungen der verschiedensten Art auftreten können. Sehr gut läßt sich dies bei Pflanzenzellen nachweisen, bei denen — wie aus einer zusammenfassenden Darstellung von KURT STERN[1]) hervorgeht — unter dem Einfluß des elektrischen Stromes Auftreten oder Verschwinden, Beschleunigung oder Verlangsamung aller Art Plasma- und Körnchenbewegung, Quellungen und Entquellungen, Expansionen und Kontraktionen, Koagulationen und Peptisationen, Fällungen und Lösungen, Verschwinden und Auftreten von Granulationen, Entmischungen und Mischungen, Zunahme und Abnahme der Viscosität beobachtet werden können. Besonders seien Untersuchungen erwähnt, die GREELEY[2]) an Paramäcien ausgeführt hat. Er fand, daß unter den Elektrolyten die Säuren (also die H-Ionen) und die Salze mit mehrwertigen Kationen verfestigend, die Laugen (also die OH-Ionen), ferner die Salze mit mehrwertigen Anionen verflüssigend wirken. Ähnliche Veränderungen konnte er auch nachweisen, wenn Paramäcien, in Gelatine eingebettet und dadurch unbeweglich gemacht, einem elektrischen Strom ausgesetzt wurden. An der der Anode zugekehrten Seite trat Verfestigung, an der der Kathode zugekehrten Seite Verflüssigung auf. Gehen wir von den Untersuchungen BETHES und TOROPOFFS[3]) aus, die ergaben, daß der elektrische Strom auf den verschiedenen Seiten einer Membran zu Konzentrationsänderungen der Elektrolyte, insbesondere der H- bzw. OH-Ionen, führen könne (s. auch S. 104), dann werden die GREELEYschen Versuche ohne weiteres verständlich. STERN deutet letztere in der gleichen Weise. Die Zellen aller Organismen sind aber nicht nur dadurch ausgezeichnet, daß sie auf von außen zugeführte elektrische Energie reagieren, sondern auch dadurch, daß sie

[1]) STERN, KURT: Elektrophysiologie der Pflanzen, S. 39. Berlin: Julius Springer 1924.

[2]) GREELEY: Biol. bull. of the marine biol. laborat. Bd. 7, S. 1. 1904; zit. nach STERN.

[3]) BETHE u. TOROPOFF: Zeitschr. f. physikal. Chem. Bd. 88, S. 686. 1914 u. Bd. 89, S. 597. 1915.

selbst elektrische Energie produzieren können. Die grundlegenden diesbezüglichen Beobachtungen gehen auf DU BOIS-REYMOND zurück. Verletzt man irgendein lebendes Organ und leitet mit unpolarisierbaren Elektroden von der verletzten Stelle und einer unverletzten Stelle desselben Organes ab, so tritt ein elektrischer Strom von etwa 0,02—0,1 Volt auf (Verletzungsstrom). Die verletzte Stelle verhält sich negativ zur unverletzten. Auch die verschiedenen Teile eines Organes (z. B. Sehnen—Muskeln, Wurzel—Blatt, Blattfläche—Blattrippe) können nachweisbare Potentialdifferenzen aufweisen. Daß bei Ableitung von unverletzten, homologen Stellen eines Organes im allgemeinen keine nachweisbaren Ströme auftreten, spricht — wie bereits PFEFFER ausdrücklich betont hat — keineswegs dafür, daß unter diesen Umständen Potentialdifferenzen im Gewebe zwischen den ableitenden Stellen nicht bestehen. Sie können vorhanden sein und entgehen dem Nachweis nur deshalb, weil sie sich derart kompensieren, daß eine nach außen ableitbare Potentialdifferenz zwischen den betreffenden Punkten nicht zustande kommt (STERN). Die Ströme, von denen bisher die Rede war, werden als Ruheströme bezeichnet; ihnen gegenüber stehen die Aktionsströme, die bei jeder Erregung einer Zelle auftreten. Die Ruheströme sind langdauernd und der Ausdruck der stationären Vorgänge im sog. Ruhezustand der Zelle (s. S. 98). Die Erregung einer Zelle bedeutet die dynamische Unterbrechung dieses Zustandes. Der Aktionsstrom, der stets nur kurzdauernd ist, entspricht diesem dynamischen Geschehen. Die erregte Stelle verhält sich gegenüber der unerregten negativ. Der Aktionsstrom ist vielfach ein biphasischer, d. h. die beiden Stellen, von denen abgeleitet wird, verhalten sich abwechselnd negativ und positiv zueinander. Die elektrischen Vorgänge im Organismus haben begreiflicherweise die Physiologen immer stark interessiert. Große und erfolgreiche Arbeit wurde darauf verwendet, alle Einzelerscheinungen festzustellen, die bei der Reaktion der Zelle auf von außen zugeführte elektrischer Energie zu beobachten sind. Diese Untersuchungen auch nur kurz hier aufzuführen, ist eine vollkommene Unmöglichkeit; auch entspricht es nicht dem Zwecke dieser Abhandlung.

Schwierigkeiten hat den Physiologen stets die Frage nach der Entstehungsmöglichkeit der im Organismus auftretenden Ströme bereitet. Eine einigermaßen befriedigende — keineswegs sichere — Klärung dieser Frage haben erst die von physikalischer Seite herrührenden Untersuchungen der letzten Jahrzehnte gebracht. Von Interesse ist, daß die betreffenden Physiker die Anregungen für ihre Arbeiten zumeist durch physiologische Fragestellungen erhalten haben. Weshalb uns die biologischen Ströme vom Standpunkt der Elektrolyt- bzw. Ionenlehre aus interessieren, wird sich aus dem folgenden ohne weiteres ergeben. — Wir unterscheiden Leiter I. und II. Klasse. Zu den ersteren gehören z. B. die Metalle, zu den letzteren die Flüssigkeiten. Zwischen beiden besteht ein prinzipieller Unterschied. Die Stromleitung bei den Leitern I. Klasse beruht auf Elektronenbewegung, die bei Leitern II. Klasse auf Ionenbewegung. Da im Organismus Leiter I. Klasse nicht existieren, müssen alle elektrischen Erscheinungen mit Ionenbewegungen zusammenhängen. Daß bei Durchleitung eines elektrischen Stromes durch eine leitfähige Flüssigkeit eine Ionenbewegung eintritt, kommt in dem Vorgang, der der Elektrolyse zugrunde liegt, deutlich zum Ausdruck. Die verschieden geladenen Ionen trennen sich und wandern je nach ihrer Ladung zur Anode bzw. Kathode. Die von außen dem System zugeführte elektrische Energie führt demnach — sofern es zu keinen störenden sekundären Vorgängen kommt — zu dem Auftreten einer Potentialdifferenz an den beiden Elektroden. Umgekehrt geben bestehende Potentialdifferenzen Anlaß zur Entstehung eines elektrischen Stromes; dabei kann ein Ausgleich der Potentialdifferenzen nur in der Weise erfolgen, daß voneinander getrennte Ionen sich wieder nähern, also wiederum eine Ionenbewegung eintritt. Zum besseren Verständnis sei das Verhalten einer gewöhnlichen, aus Leitern I. Klasse hergestellten Konzentrationskette angeführt: Zwei Silberelektroden, die in verschieden starken Lösungen eines Silbersalzes (z. B. $AgNO_3$) sich befinden,

$$Ag \mid \underset{c_1}{AgNO_3} \qquad \underset{c_2}{AgNO_3} \mid Ag$$

liefern, wenn sie miteinander verbunden werden, einen elektrischen Strom. Er geht in der Richtung der verdünnten zur konzentrierten Lösung. Daß es in diesem Falle zur Strombildung kommt, hat seine Ursache in folgendem: Jedes Metall, das in Wasser taucht, hat die Tendenz, sich etwas in ihm zu lösen (elektrolytischer Lösungsdruck) und dabei Ionen zu bilden. Taucht also Silber in Wasser, so treten im Wasser Silberionen auf. Bei diesem Übergang der Metallatome in Ionen (Kationen) werden Elektronen frei (s. Kap. II); letztere bleiben an dem Metall haften, wodurch es negativ aufgeladen wird. Das Wasser, das die freien Metallkationen enthält, ist den Metallen gegenüber positiv geladen. Zwischen Metall und Wasser besteht also ein Potential. Der elektrostatische Zug, der zwischen Metall und Wasser auftritt, verhindert ein Fortschreiten dieses Dissoziationsvorganges. Die Tendenz der einzelnen Metalle, im Wasser Ionen abzuspalten, ist eine verschieden große. Bringt man ein Metall (Silber) in eine Lösung, die schon ein entsprechendes Metallsalz (Silbernitrat), d. h. auch Silberionen enthält, und zwar in einer Menge, die gerade der Lösungstendenz des metallischen Silbers entspricht, dann gehen keine Silberatome mehr in Silberionen über. Allein in diesem Falle ist das Potential des Silbers zum Wasser = 0. Bei allen anderen Konzentrationen des Silbersalzes dagegen kommt es zu Potentialbildungen, deren Größe von der Konzentration des Silbersalzes abhängt; bei der in eine weniger konzentrierte Lösung tauchenden Elektrode findet eine Auflösung von Silber statt (Silberatome gehen in Silberionen über), bei der in eine konzentriertere Lösung tauchenden kommt es evtl. zu einer Abscheidung von Silber (Silberionen gehen in Atome über). Im ersteren Falle tritt also ein Plus an Elektronen, im letzteren Falle ein Minus an Elektronen an der Elektrode auf. — Ein vereinzeltes Potential zu messen, sind wir nicht imstande. Wir können nur Potentialdifferenzen feststellen, so das verschieden starke Potential der beiden in die verschiedenen Silbersalzlösungen tauchenden Silberelektroden. Werden nämlich beide Silberelektroden miteinander verbunden, kommt es zu einem Ausgleich ihrer Potentiale; er erfolgt in der Weise, daß ein Fließen der Elektronen einsetzt. Dieser Elektronenfluß im Metall ist der elektrische Strom. Seine Entstehung ist die Folge der bestehenden Potentialdifferenzen; sein Sinn besteht darin, die Potentialdifferenz auszugleichen. Im Falle der Silberelektroden tritt noch folgendes auf: Werden durch den auftretenden elektrischen Strom die beiden Elektroden entladen, fällt also der elektrostatische Zug zwischen Metall und Wasser fort, so kann die Auflösung von Silber an der einen Elektrode, die Abscheidung von Silber an der anderen Elektrode von neuem beginnen. Der elektrische Strom wird also so lange fließen, bis ein Konzentrationsausgleich der Silbersalzlösungen an den beiden Elektroden erfolgt ist. In diesem Falle haben beide Elektroden das gleiche Potential, ein weiterer Stromfluß ist nicht mehr möglich. Man kann das System von neuem aufladen, d. h. den ehemaligen Zustand wieder herstellen, wenn man einen der ursprünglichen Stromrichtung entgegengesetzten Strom durchleitet. Unter dem Einfluß der von außen zugeführten elektrischen Energie kommt es an der einen Elektrode wieder zur Auflösung, an der anderen zur Abscheidung von Silber, wodurch von neuem Konzentrationsunterschiede bzw. Potentialdifferenzen auftreten. Wir haben es hier mit sog. reversiblen Silberelektroden zu tun. Bei den Leitern II. Klasse sind die Verhältnisse im Prinzip dieselben, d. h. auch bei ihnen kann ein Strom nur entstehen, wenn Potentialdifferenzen vorhanden sind. Der Unterschied gegenüber den Leitern I. Klasse ist — wie schon betont — nur darin gelegen, daß der Stromfluß, d. h. der Ausgleich der Potentialdifferenzen nicht durch Elektronenfluß, sondern durch Ionenbewegung erfolgt. — Wie sich bei den Metallelektroden Potentialdifferenzen ausbilden, haben wir soeben erfahren. Wie kommt es aber zur Bildung von Potentialdifferenzen bei Fehlen von Metallen, also in Systemen, die wie der Organismus nur aus Leitern II. Klasse bestehen? Hierüber müssen wir uns im klaren sein, wenn wir uns von der Entstehungsart der biologischen Ströme eine Vorstellung machen wollen. Es würde zu weit führen, die diesbezüglichen Fragen in allen Einzelheiten zu erläutern; dargestellt sei lediglich das prinzipiell Wichtige. [Zusammenfassende ausführliche Abhandlungen finden sich in den schon erwähnten Werken von FREUNDLICH[1]), HÖBER[2]), L. MICHAELIS[3]), KURT STERN[4]) u. a.]

Diffusionspotentiale. Eine Strombildung ist unter verschiedenen Bedingungen möglich. Kommt eine elektrolythaltige Lösung mit einer anderen elektrolythaltigen in Berührung, so werden sie, falls sie verschieden stark konzentriert sind oder eine verschiedenartige qualitative Zusammensetzung haben, sich durch Diffusion auszugleichen suchen. Aus einer konzentrierten HCl-Lösung dringt HCl in die weniger konzentrierte ein. Da die H-Ionen schneller wandern als die Cl-Ionen, wird während des Diffusionsvorganges in der verdünnteren Lösung ein Übergewicht der H-Ionen gegenüber den Cl-Ionen bestehen, die verdünntere Lösung gegenüber der konzentrierteren also positiv geladen sein. Der elektrostatische Zug läßt allerdings eine stärkere Trennung der positiv geladenen H- und der negativ geladenen Cl-Ionen nicht zu. Die elektromotorische Kraft, die sich durch diese Diffusionspotentiale erzielen läßt, ist daher nur sehr gering. Sie beträgt im allgemeinen nur einige Millivolt. Die biologischen Potentiale haben dagegen eine Größenordnung von mindestens 0,02—0,05 Volt; sie lassen sich daher nicht als Diffusionspotentiale charakterisieren.

Membran- und Grenzflächenpotentiale. Eine starke Förderung hat die Frage nach der Entstehungsart von Strömen in Systemen, die nur aus Leitern

[1]) FREUNDLICH: Capillarchemie.
[2]) HÖBER: Physikalische Chemie der Zellen und Gewebe.
[3]) MICHAELIS, L.: Die Wasserstoffionenkonzentration.
[4]) STERN, K.: Elektrophysiologie der Pflanzen.

II. Klasse bestehen, durch WILHELM OSTWALD[1]) erfahren, der den Gedanken der Membranpotentiale entwickelte und ihn auch für die physiologischen Fragen verwertete. Er ging davon aus, daß die Membranen für Anionen und Kationen nicht in gleicher Weise durchlässig zu sein brauchen, weshalb es auf beiden Seiten der Membran zu Potentialunterschieden kommen kann. Die Membranseite, auf der ein Übergewicht an Kationen sich befindet, muß positiv gegenüber der anderen Seite geladen sein. Als eine besondere Abart der OSTWALDschen Membranpotentiale sind die in neuerer Zeit viel besprochenen Donnanpotentiale anzusehen; sie verdanken ihre Entstehung ebenfalls einer verschiedenartigen Membrandurchlässigkeit (Durchlässigkeit für molekular gelöste Elektrolyte, Undurchlässigkeit für kolloidal gelöste). Daß die OSTWALDsche Auffassung sehr befruchtend auf die weiteren Untersuchungen gewirkt hat, steht außerhalb jeden Zweifels; daß sie aber in der von ihm gegebenen Form für die Klärung der physiologischen Fragen nicht ausreichte, wird uns kaum überraschen; denn — wie in Kap. IV ausgeführt worden ist — können wir den Austausch der Zellsubstanzen, also die Permeabilitätsvorgänge, nicht mit einer selektiven Membrandurchlässigkeit in Zusammenhang bringen. Auf Donnangleichgewichte kann bestenfalls nur eine kleine Zahl physiologischer Zellvorgänge zurückgeführt werden (s. S. 65), weshalb auch die Donnanpotentiale in physiologischer Hinsicht keine große Rolle spielen können. Andererseits haben wir erfahren, welch große Bedeutung den Oberflächenkräften bzw. den Grenzflächenerscheinungen für die Zellvorgänge zukommt. Es muß uns daher interessieren, zu erfahren, ob auch Grenzflächen Sitz von elektrischen Potentialen sein können. Daß dies zutrifft, unterliegt keinem Zweifel. Wir verdanken die Kenntnis dieser Phasengrenzpotentiale in erster Linie den theoretisch-physikalischen sowie praktischen Untersuchungen von Forschern wie NERNST[2]), M. CREMER[3]), F. HABER[4]), HABER und KLEMENSIEWICZ[5]), und in neuerer Zeit auch R. BEUTNER[6]). Von den biologischen Grenzflächen können wir — wie in Kap. IV ausgeführt wurde — annehmen, daß sie denjenigen ähneln, die zwischen einer mehr wässerigen und einer mehr öligen Phase bestehen. Daß die Durchleitung eines Stromes durch ein Wasser-Ölgemisch an der Grenzfläche dieser beiden nicht miteinander mischbaren Flüssigkeiten zu Potentialdifferenzen führen muß, hat W. NERNST — geleitet von thermodynamischen Gesichtspunkten — exakt bewiesen. Verständlich ist es, daß umgekehrt Potentialdifferenzen, die an diesen Grenzflächen bestehen, zur Ursache von Strombildung werden können. Die zu diskutierende Frage ist, wie ein Vorhandensein solcher Potentialdifferenzen erklärt werden könnte. Bei den für Silber reversiblen Silberelektroden haben wir als Voraussetzung für die Strombildung die an beiden Elektroden bestehenden Konzentrationsunterschiede der

---

[1]) OSTWALD, W.: Zeitschr. f. physikal. Chem. Bd. 6, S. 71. 1890.

[2]) NERNST: Zeitschr. f. physikal. Chem. Bd. 9, S. 140. 1892; Theoretische Chemie. Stuttgart: Ferdinand Enke 1921. — NERNST u. RIESENFELD: Ann. d. Physik Bd. 8, S. 600. 1902.

[3]) CREMER: Zeitschr. f. Biol. Bd. 47, S. 1. 1906.

[4]) HABER: Ann. d. Physik Bd. 26, S. 947. 1908.

[5]) HABER u. KLEMENSIEWICZ: Zeitschr. f. physikal. Chem. Bd. 67, S. 385. 1909.

[6]) BEUTNER, R.: Die Entstehung elektrischer Ströme in lebendem Gewebe. Stuttgart 1920.

Silbersalzlösungen erkannt. Wie aus dem Metall und der Metallsalzlösung lassen sich nun auch aus einem Wasser-Ölgemisch und beliebigen Elektrolyten Konzentrationsketten aufbauen; die einfachste ist z. B. folgende:

$$\underset{c_1}{\text{Wässerige NaCl-Lösung}} \;\underset{\text{I}}{|}\; \text{Öl} \;\underset{\text{II}}{|}\; \underset{c_2}{\text{Wässerige NaCl-Lösung}}$$

Das Entscheidende ist in diesem Falle, daß die NaCl-Konzentration auf beiden Seiten des Öles eine verschiedene ist. Wird von diesen sich berührenden Flüssigkeiten etwa in der aus der Abb. 20 sich ergebenden Weise mit Kalomelelektroden zu einem Galvanometer abgeleitet, so läßt sich das Auftreten eines Stromes nachweisen. Die Strombildung ist die Folge der an der Grenzfläche I und II bestehenden verschieden starken Potentiale. Die Entstehung dieser Einzelpotentiale ist folgendermaßen zu erklären: Aus den wässerigen Lösungen dringt NaCl in das Öl ein; das chemische Gleichgewicht erfordert, daß so viel eindringt, als dem Teilungskoeffizienten zwischen Öl und Wasser entspricht. Der Teilungskoeffizient für die einzelnen Ionen (in diesem Falle $Na^{\cdot}$ und Cl') ist aber nicht der gleiche, d. h. es muß von einer Ionenart mehr als von der anderen in das Öl gelangen. Die positiv und negativ geladenen Ionen müssen sich also voneinander trennen; dies ist infolge der bestehenden elektrostatischen Kräfte aber nur in geringem Maße möglich. Die Folge davon ist, daß die Verteilung der einzelnen Ionen nicht genau dem Verteilungssatze entsprechend erfolgt, sondern von dem einen Ion mehr, von dem anderen Ion weniger eindringt, als dem chemischen Verteilungsgesetz entspricht. Die Tendenz des Systems, sich dem wahren Gleichgewicht nach Möglichkeit zu nähern, wobei eine Trennung der verschieden geladenen Ionen unumgänglich ist, hat das Auftreten eines elektrischen Potentials zur Folge. Daß es bei verschiedenen Konzentrationen desselben Salzes verschieden groß ist, dürfte ohne weiteres verständlich sein. Das Auftreten eines Stromes in der angeführten Konzentrationskette ist also erklärlich. Von Bedeutung für die Strombildung in einer Kette dieser Art ist auch die chemische Natur des Öls. Säure bzw. säurehaltige Öle (z. B. Öl + Salicylsäure) geben einen umgekehrt gerichteten Strom wie basische (z. B. Öl + Anilin). Bei einer aus

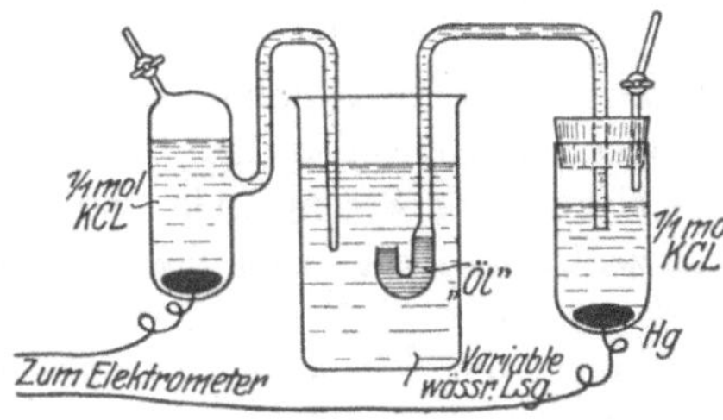

Abb. 20. Die Entstehung elektrischer Ströme nach BEUTNER.

$$\underset{c_1}{\text{NaCl}} \;|\; \text{Öl} + \text{Salicylsäure} \;|\; \underset{c_2}{\text{NaCl}}$$

bestehenden Kette kommt es nämlich zunächst zu einer chemischen Umsetzung von NaCl und Salicylsäure; im Öl entsteht Natriumsalicylat bzw. treten Na- und Salicylsäureionen auf. Die Kette erhält hierdurch folgende Beschaffenheit:

$$\begin{array}{c|c|c} Na^{\cdot}(c_1) & \text{Öl} & Na^{\cdot}(c_2) \\ Cl'(c_1) & \text{Salicylsäure-Anionen} & Cl'(c_2) \\ & Na^{\cdot}(c_1) \qquad Na^{\cdot}(c_2) & \end{array}.$$

Wie MICHAELIS ausführt, kann in diesem Fall „die Potentialbildung an den Phasengrenzen zurückgeführt werden auf das Bestreben der im Öl gelösten, in einem elektrostatisch erzwungenen Gleichgewicht befindlichen Na-Ionen, durch

Übergang ins Wasser sich dem wahren Gleichgewicht, wie es ohne elektrostatische Gegenwirkung sich einstellen würde, zu nähern. Die ins Wasser gelangenden freien Na-Ionen laden daher das Wasser positiv gegen das Öl, und diejenige Seite des Wassers ist positiver, an deren Seite im Öl die größere $Na^{\cdot}$-Konzentration besteht. Ist das gemeinschaftliche Ion aber ein negatives wie in der Kette

$Na^{\cdot}(c_1)$ $Cl'(c_1)$	Öl Anilin-Ionen $Cl'(c_1)$ $Cl'(c_2)$	$Na^{\cdot}(c_2)$ $Cl'(c_2)$.

so gelten dieselben Betrachtungen für das Cl-Ion und die Seite, die in der vorigen Kette die positivere war, wird jetzt die negativere. Hiervon hängt die Stromrichtung dieser Ketten ab.“ Wenn für das Entstehen des elektrischen Potentials der Verteilungskoeffizient eines Salzes bzw. seiner Ionen maßgebend ist, so ist nicht erstaunlich, daß verschiedenartige Salze, die einen verschiedenen Verteilungskoeffizienten haben, nicht das gleiche Potential ergeben, auch wenn sie in gleicher Konzentration vorhanden sind. Es ist daher verständlich, daß ein elektrischer Strom nicht nur auftritt, wenn in der wässerigen Phase der Konzentrationskette sich das gleiche Salz in verschiedener Konzentration befindet, sondern auch dann, wenn verschiedene Salze in gleicher Konzentration vorhanden sind. Verschiedene Salze ungleicher Konzentration ergeben natürlich auch Ströme. Eine Kette der letztgenannten Art ist z. B. folgende:

$$\underset{c_1}{Na_2SO_4 \text{ in } H_2O} \mid \text{Öl} \mid \underset{c_2}{KCl \text{ in } H_2O}\,.$$

Nach dem Gesagten ist es erklärlich, daß die Möglichkeit für Strombildung auch gegeben ist, wenn in den wässerigen Phasen sich das gleiche Salz in gleicher Konzentration befindet, die Ölphase aber inhomogen ist; denn der Verteilungskoeffizient des Salzes ist bei verschiedenen Ölen keineswegs der gleiche. Eine Kette dieser Art ist folgende:

wässerige Salzlösung | Kresol | Benzaldehyd | wässerige Salzlösung.

Der Aufbau dieser Kette erinnert wiederum an den von metallischen Ketten, so Zink-Kupfer. Bei gleichbleibender Salzkonzentration in der wässerigen Phase (z. B. 1/m KCl) ist die elektromotorische Kraft je nach der Zusammenstellung der Öle eine verschiedene; so ergibt nach Messungen von Beutner

Benzaldehyd gegen	Kresol	— 0,13 Volt	
„ „	Phenol	+ 0,13 „	
„ „	Guajacol	+ 0,08 „	
„ „	Amylalkohol	+ 0,02 „	usw.

Daß in der organischen Materie die Bedingungen für aus Wasser und Öl bestehende Grenzphasen gegeben sein können, wurde schon betont. Beutner hat nun gefunden, daß die elektromotorischen Kräfte (Ruhe- bzw. Verletzungsströme), die man bei der üblichen Ableitung erhält, in ihrer Art und Größe die gleichen sind wie bei den Konzentrationsketten, deren ölige Phase Säuren gelöst enthält; d. h. bei beiden stimmt die nachweisbare elektromotorische Kraft gut überein mit derjenigen, die auf Grund thermo-dynamischer Überlegungen (Nernst, Haber) errechnet werden kann. Beutner führte seine Versuche an Äpfeln aus. Bei Ableitung von zwei Stellen der Apfeloberfläche unter

Benutzung von wässerigen Salzlösungen gleicher Art und gleicher Konzentration als Ableitungsflüssigkeit läßt sich kein Strom nachweisen. Elektromotorische Kräfte treten dagegen auf, wenn die beiden unverletzten Stellen, von denen abgeleitet wird, mit Salzlösungen in Berührung gebracht werden, die entweder gleichartig, aber verschieden konzentriert sind oder die gleiche Konzentration haben, aber qualitativ verschieden sind. Wurde der Apfel verletzt (teilweise entschält) und von der Schale und dem Apfelfleisch abgeleitet, so waren Ströme auch nachweisbar, wenn diese Stellen mit Salzlösungen gleicher Art und gleicher Konzentration abgeleitet wurden. Nach BEUTNER ist in diesem Falle die Strombildung auf die Inhomogenität der öligen Beschaffenheit der Apfelschalen und des Apfelfleisches zurückzuführen. Daß es sich bei den letztgenannten Versuchen BEUTNERS um ein Analogon zu den auch bei tierischen Organen auftretenden Verletzungsströmen handelt, ist sehr wahrscheinlich. Auch bei ihnen treten diese Ströme selbst dann auf, wenn die Stellen, von denen abgeleitet wird, mit der gleichartigen und gleich starken Salzlösung (z. B. einer physiologischen NaCl-Lösung) in Berührung stehen. Andererseits lassen sich wie beim unversehrten Apfel von homogenen Stellen eines unversehrten tierischen Organes (Muskel) Ströme (sog. Ruheströme) auch nur ableiten, wenn diese Stellen mit Salzen verschiedener Art in Berührung stehen. So haben BIEDERMANN[1]) sowie HÖBER[2]) schon vor BEUTNER gefunden, daß die Stelle eines Muskels, die mit Kaliumsalzen benetzt wird, sich negativ zu jeder anderen verhält, die mit einer physiologischen NaCl-Lösung in Berührung steht. Auch andere Salze wirken in dieser bzw. auch entgegengesetzter Weise auf die Stromerzeugung im Muskel ein. HÖBER, der genauere Untersuchungen hierüber anstellte, konnte, wie aus der folgenden Tabelle hervorgeht, Unterschiede sowohl in der Wirkung der verschiedenen Anionen wie Kationen feststellen.

Tabelle nach HÖBER.

— = negativ gegenüber einer Stelle, die mit physiol. NaCl-Lösung abgeleitet wird.
+ = positiv „ „ „ „ „ „ „ „ „
± = wirkungslos; der Muskel bleibt stromlos.

	K	Rb	NH_4	Cs	Na	Li	Ba	Sr	Ca	Mg
Tartrat . . .	— — —		—		—	—				
SO_4	— — —	— —	—	—	—	—				±
HPO_4 . . .					—					
CH_3COOH .					—	—				
Cl	— — —	—	—	±	±	+	±	±	±	±
Br			—	±	+	+				
J	— — —	— —	—	+	+	+	±	±		±
NO_3			—		+	+	±	±		+
SCN_4	—		±		++	++	+	+		++

Erwähnt sei, daß auch bei den angeführten, aus Wasser und Öl zusammengesetzten Konzentrationsketten ein deutlicher Unterschied in der Beeinflussung der Stärke der elektromotorischen Kraft durch die einzelnen Anionen und Kationen besteht. Dies geht aus folgender Tabelle hervor, die Versuche BEUTNERS wiedergibt:

[1]) BIEDERMANN: Sitzungsber. d. Akad. d. Wiss., Wien, Mathem.-naturw. Kl. III, Bd. 81, S. 76. 1880; zit. nach HÖBER.

[2]) HÖBER: Pflügers Arch. f. d. ges. Physiol. Bd. 106, S. 599. 1905.

Salz	Saurer Mittelleiter		Basischer Mittelleiter	
	Salicylaldehyd + Salicylsäure	Nitrobenzol + m/8 o-Nitrobenzolsäure	Nitrobenzol + m/8 Dimethylanilin	o-Toluidin
	I	II	III	IV
a) NaCl	0 Millivolt	0 Millivolt	0 Millivolt	0 Millivolt
b) NaJ	0 „	+ 3 „	+ 68 „	+ 133 „
c) NaSCN	+ 15 „	+ 16 „	+ 92 „	+ 140 „
d) Dimethylanilinchlorid	− 110 Millivolt	− 210 Millivolt	− 6 Millivolt	− 25 Millivolt
e) KCl	− 24 „	− 44 „	0 „	0 „
f) $CaCl_2$	+ 40 „	+ 2 „	− 3 „	+ 10 „

Die Salze unter a—f wurden in der betreffenden Kette in einer Konzentration von $^1/_{10}$ n angewandt und befanden sich auf der linken Seite der öligen Flüssigkeit. Die zur rechten des Öls befindliche wässerige Flüssigkeit enthielt in allen Versuchen $^1/_{10}$ n-NaCl. Bei den basischen Ölen ist der durch die verschiedenen Anionen, bei den sauren Ölen dagegen der durch die verschiedenen Kationen erzielte Wirkungsunterschied ein besonders großer.

Was die Anionen betrifft, so nimmt ihre positivierende Wirkung, wie aus diesen und anderen Versuchen hervorgeht, in der Reihenfolge

$$SO_4 < Cl < Br < J < SCN$$

zu, die negativierende Wirkung der Kationen in der Reihenfolge

$$K < Rb < Cs < Na < Ba < Ca < Mg$$

ab.

Die Reihen, die sich aus den Höberschen Muskeluntersuchungen ableiten lassen, stimmen mit diesen gut überein. Sie stehen den Hofmeisterschen sehr nahe. — Außer den Ölketten lassen sich — wie Matsuo[1]) und insbesondere R. Mond[2]) gezeigt haben — auch elektromotorisch wirksame Eiweißketten darstellen (z. B. aus hochprozentiger Gelatinegallerte und Euglobulin bzw. Casein). In ihrem Verhalten scheinen sie in mancher Hinsicht den „biologischen“ Ketten sogar näherzustehen als die Ölketten; so sind bei letzteren die organischen Ionen von besonders hoher elektromotorischer Wirksamkeit, während sie bei biologischen Objekten weniger wirksam sind. Was nun die Eiweißketten betrifft, so ist auch bei ihnen keine Überlegenheit der organischen gegenüber den anorganischen Ionen nachweisbar. Da die kolloidalen Zellsubstanzen sowohl aus Lipoiden (also ölähnlichen Substanzen) wie aus Eiweißstoffen bestehen, können wir in der Biologie evtl. auch mit der Existenz beider Kettenarten rechnen. Auch sind die verschiedensten Kombinationen und Übergänge denkbar; auf eine weitere Erörterung dieser ganz speziellen Fragen kann verzichtet werden, da ihnen von unserem Standpunkte aus keine prinzipielle Bedeutung zukommt.

Das Phasengrenzpotential, mit dem wir es bisher zu tun hatten, kann als thermodynamisches angesehen werden; die von thermodynamischen Überlegungen ausgehende Berechnung der Potentialgröße bzw. elektromotorischen Kraft dieser Konzentrationsketten ergibt nämlich Werte, die mit den tatsächlich beobachteten sehr gut übereinstimmen. Dieses auch als ε bezeich-

[1]) Matsuo (unter Höber): Pflügers Arch. f. d. ges. Physiol. Bd. 200, S. 132. 1923.
[2]) Mond, R.: Klin. Wochenschr. 1924, Nr. 9, S. 360.

nete Potential umfaßt sämtliche Potentialsprünge, die zwischen dem Innern der beiden verschiedenen Phasen (so Wasser und Öl) bestehen. Neben dem ε-Potential gibt es an Grenzphasen aber noch ein anderes Potential, das als das FREUNDLICHsche Adsorptionspotential (ζ) bezeichnet wird. Es bestimmt die Potentialdifferenz, die direkt an der Grenze zweier Phasen — nicht in ihrem Innern — besteht; sie ist mit jener identisch, die — wie in Kap. III ausführlich behandelt worden ist — für den kolloidalen Zustand der Materie von größter Bedeutung ist. Während das ε-Potential von der verschiedenartigen Verteilung der Ionen eines Salzes herrührt, hängt das ζ-Potential davon ab, daß die Ionen verschieden stark von der Oberfläche adsorbiert werden. Adsorbiert z. B. eine wässerige Kohlesuspension von den in Wasser gelösten Salzen mehr Kationen als Anionen, sind die Kohleteilchen positiv gegenüber dem Wasser geladen. Es kommt zur Bildung elektrischer Doppelschichten. Das ε- und ζ-Potential schließen sich gegenseitig nicht aus; im Gegenteil, sie bestehen zumeist gleichzeitig. Das ε-Potential ist das übergeordnete; das ζ-Potential stellt einen bestimmten Teilbetrag des ε-Potentials dar; es besteht daher zwischen ihnen — wie v. SMOLUCHOWSKI[1]) gezeigt hat — ein Abhängigkeitsverhältnis. — Das ζ-Potential ist elektromotorisch nicht wirksam, d. h. bei der üblichen Ableitung mit Elektroden messen wir stets das ε-Potential. Das Adsorptionspotential ζ kommt jedoch in anderen Erscheinungen zum Ausdruck. Von ihm hängen bestimmte elektrokinetische Vorgänge ab, so die Kataphorese und Elektroendosmose. Schickt man durch eine Flüssigkeit, in der bewegliche kolloide Teilchen oder Tropfen einer anderen, mit ihr nicht mischbaren Flüssigkeit sich befinden, einen elektrischen Strom, so wandern die Teilchen je nach ihrer Ladung nach dem negativen bzw. positiven Pol (Kataphorese). Haben wir es mit nichtbeweglichen Teilchen zu tun, so mit einem porösen Diaphragma, das die in einem Gefäß enthaltene Flüssigkeit teilt, und schicken durch dieses System einen elektrischen Strom, dann wandert das Wasser von einer zur anderen Seite des Diaphragma, und zwar in einer Richtung, die derjenigen entgegengesetzt ist, die die Teilchen, sofern sie aus derselben Substanz wie das Diaphragma beständen, einschlagen würden, wenn sie beweglich wären (Elektroendosmose). Dieser Wasserstrom hängt nicht von den Gesetzen der gewöhnlichen Osmose ab und wird daher auch als anormale Osmose bezeichnet. Der Vorgang der Kataphorese und Elektroendosmose als Folge der zwischen Teilchen und Wasser bzw. den beiden Grenzflächen bestehenden Potentialdifferenz ist ohne weiteres verständlich. Teilchen und Wasser verhalten sich einfach wie verschieden geladene, große Ionen; daß Ionen im elektrischen Gefälle je nach ihrer Ladung an die Anode bzw. Kathode wandern, ist uns bekannt. Von den an das Teilchen adsorbierten Ionen müssen wir annehmen, daß sie bei ihrer unter dem Einfluß des elektrischen Gefälles erfolgenden Wanderung das Teilchen mitschleppen, von den im Wasser befindlichen Ionen, daß sie die mit ihnen durch Hydratation verbundenen Wassermoleküle mitnehmen. Adsorbierte Ionen können von stärker adsorbierbaren Ionen aus ihrer Bindung verdrängt werden (s. S. 57). Was nun die kataphoretischen und elektroendosmotischen Vorgänge betrifft, so sind sie tatsächlich dadurch ausgezeichnet, daß sie besonders durch die stark adsorbierbaren Ionen (zu ihnen gehören in erster Linie die H- und

[1]) v. SMOLUCHOWSKI: Grätz, Handb. d. Elektrizität Bd. II. 1914.

OH-Ionen, ferner die mehrwertigen Kat- und Anionen) zu beeinflussen sind. Durch sie kann die Wanderung von Teilchen bzw. Wasser aufgehoben werden; dies ist der Fall, wenn durch den Elektrolytzusatz die bestehende Potentialdifferenz ausgeglichen wird (isoelektrischer Punkt). Die Wanderungsrichtung kann auch umgekehrt werden. Die Ursache hierfür ist in der Umladung von Teilchen und Wasser gelegen.

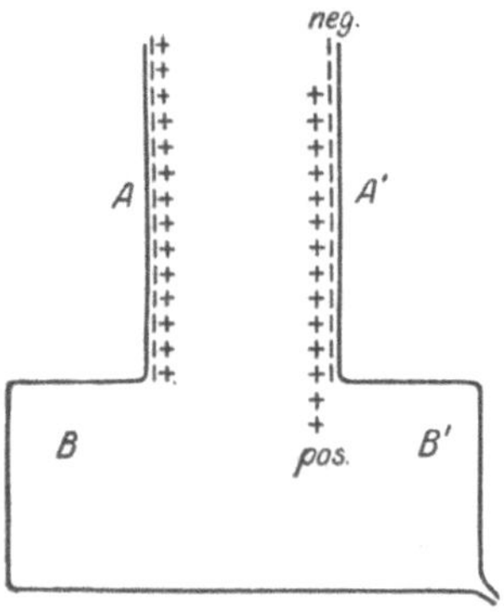

Abb. 21.

Wenn die Anlegung eines elektrischen Gefälles zu den erwähnten Bewegungsänderungen von Teilchen und Wasser führt, dann ist verständlich, daß umgekehrt eine auf anderem Wege erzielte Bewegungsänderung in Systemen der genannten Art Anlaß zur Strombildung geben muß. Ein aus zwei Phasen bestehendes System stellt z. B. eine Glaskapillare dar, die Wasser enthält. Wir haben es hier statt mit der Grenzfläche Wasser-Öl mit der Grenzfläche Wasser-Glas zu tun. Wird eine in Wasser tauchende Capillare dem Einfluß eines elektrischen Stromes ausgesetzt, dann steigt — wie LEMSTRÖM[1]) zeigen konnte — das Wasser in der Capillare an (Elektroendosmose). Das Wasser steigt, solange der Strom fließt. (Dem Anstieg sind allerdings Grenzen gesetzt, weil die Schwerkraft ihm entgegenwirkt.) Wird umgekehrt mechanisch Wasser durch eine Capillare hindurchgepreßt, so entsteht zwischen den beiden Enden der Capillare eine Potentialdifferenz; man erhält — wie zuerst durch QUINCKE festgestellt worden ist — einen elektrischen Strom (Strömungspotential bzw. Strömungsstrom). Die Entstehung des Potentials ist in einfacher Weise zu erklären, wenn wir von dem über die Elektroendosmose Gesagten ausgehen; hierzu sind wir ohne weiteres berechtigt, da der Strömungsstrom nur die Umkehrung der Elektroendosmose darstellt. Wir müssen uns vorstellen (s. S. 27), daß an der Grenze Glas-Wasser eine elektrische Doppelschicht besteht: das Glas bzw. die ihm anhaftende Wasserschicht ist negativ gegenüber der angrenzenden, beweglichen Wasserschicht geladen. Solange das Wasser in der Capillare sich nicht bewegt, werden (nach L. MICHAELIS) die Verhältnisse durch die Linie A (Abb. 21) wiedergegeben. Wird das Wasser hindurchgepreßt, dann kommt es zu einer Verschiebung zwischen den negativen und positiven Ladungen (B); letztere werden fortbewegt; die beiden Enden zeigen eine Potentialdifferenz. Allerdings ist das Strömungspotential nicht nur eine Funktion des ζ-Potentials. Andere Faktoren, z. B. die Leitfähigkeit der Lösung, spielen auch eine Rolle; so ist das Strömungspotential um so kleiner, je größer die Leitfähigkeit ist. — Auch eine Umkehrung der Kataphorese ist möglich. Während die Anlegung einer Potentialdifferenz zur Bewegung der Teilchen führt, hat eine Teilchenbewegung (so eine mechanisch herbeigeführte) das Auftreten einer Potentialdifferenz, d. h. eines elektrischen

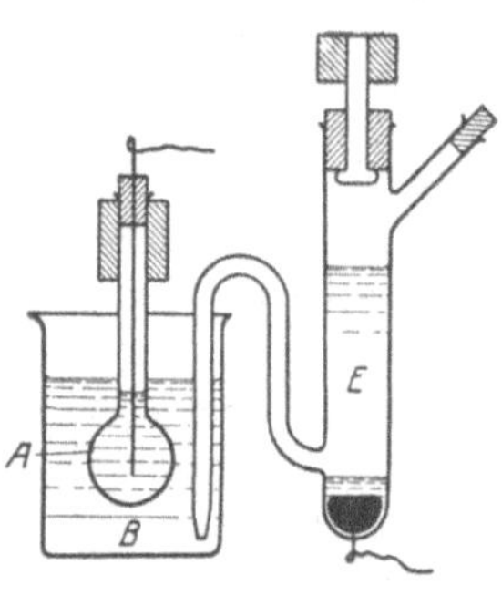

Abb. 22. (Nach FREUNDLICH.)

[1]) LEMSTRÖM: zit. nach K. STERN: l. c.

Stromes zur Folge. Dieser läßt sich z. B. nachweisen, wenn man feines Pulver in eine Flüssigkeit herabfallen läßt und seitlich oben und unten von der Flüssigkeit ableitet, ohne daß die fallenden Teilchen mit den Elektroden in Berührung kommen (das Potential bzw. die Ströme fallender Teilchen).

Die Grenzphase Glas-Wasser kann auch der Sitz eines thermodynamischen Potentials ε sein. Wird ein Glasröhrchen in seinem unteren Ende zu einer ganz dünnwandigen Glaskugel aufgeblasen, mit einer sauren Lösung gefüllt und in ein Becherglas gestellt, in dem sich ebenfalls eine saure Lösung befindet, so läßt sich — wie CREMER[1]) sowie HABER und KLEMENSIEWICZ[2]) gezeigt haben — bei Ableitung von den beiden Lösungen (s. Abb. 22) ein elektrischer Strom nachweisen. Die Größe der elektromotorischen Kraft hängt ausschließlich von der Differenz der H-Ionenkonzentration der in der Glaskugel und im Becherglas befindlichen Lösung ab [HABER, FREUNDLICH und RONA[3])]. Eine Differenz der [H˙] um eine Zehnerpotenz kann bereits eine Spannungsdifferenz von etwa 0,05 Volt ergeben. Am größten ist die Wirkung, wenn die Änderungen in der Nähe des Neutralitätspunktes der Lösungen gelegen sind. Wir haben es hier mit einer Konzentrationskette folgender Art zu tun:

Wasser H-Ionen (c_1)	Glas	Wasser H-Ionen (c_2)

c_1 und c_2 = verschiedene Konzentration.

Daß auch diese Kette, die sich von den zuvor genannten darin unterscheidet, daß sie als zweite Phase nicht ein Öl, sondern Glas enthält, stromliefernd wirkt, kann nach HABER nur darauf beruhen, daß auch das Glas H-Ionen, und zwar in einer konstanten, von der Außenlösung unabhängigen Menge enthält. Die H-Ionen dürften nach HABER von dem im Glase zum mindesten in Spuren vorhandenen Quellungswasser herrühren. War bei den Ölketten die Potentialdifferenz auf die verschiedenartige Verteilung eines von uns gewählten Kations oder Anions (z. B. Na oder Cl) in den einzelnen Phasen zurückzuführen, so kommt bei der Glaskette nur ein bestimmtes Ion, nämlich das H-Ion, in Frage; dieses allein ist in allen Phasen vorhanden. Die Größe der Potentialdifferenz ergibt sich aus den zwischen dem Glas und den beiden Lösungen mit verschiedener [H˙] bestehenden Einzelpotentialen. Andere Elektrolyte, die den Lösungen zugeführt werden, haben, sofern sie die bestehende [H˙] nicht verändern, keinen Einfluß auf die Größe der elektromotorischen Kraft dieser Kette (FREUNDLICH und RONA). Dies ist ohne weiteres verständlich, da die betreffenden Elektrolyte bzw. ihre Ionen in das Glasinnere nicht eindringen, sich also dort nicht verschiedenartig verteilen können; letzteres stellt aber die Voraussetzung für das Auftreten des thermodynamischen Potentials ε dar. Das Interessante liegt nun darin, daß das Potential ζ, gemessen am Strömungspotential der Glascapillare, gegenüber Zusatz von Elektrolyten außerordentlich empfindlich ist (FREUNDLICH und RONA). So genügen schon ganz kleine Mengen des stark adsorbierbaren Aluminiumchlorids (1—2 Mikromole), um das Potential umzukehren, so daß die vorher positive Elektrode zur negativen wird, und umgekehrt. Dies ist verständlich,

[1]) CREMER: l. c.
[2]) HABER u. KLEMENSIEWICZ: l. c.
[3]) FREUNDLICH u. RONA: Sitzungsber. d. preuß. Akad. d. Wiss. Bd. 20, S. 397. 1920.

da die genannten Ionen zwar nicht in das Glasinnere eindringen, wohl aber — wie im Kap. III ausführlicher erörtert worden ist — die direkt an der Grenze Wasser-Glas bzw. zwischen der dem Glase fest anhaftenden und der beweglichen Wasserschicht bestehende elektrische Doppelschicht beeinflussen können (Änderung der Potentialgröße, evtl. auch Umladung). Daß das Potential ε und ζ ein verschiedenes ist, kann nach diesen, am gleichen System erfolgten Messungen nicht mehr zweifelhaft sein. Trotzdem können zwischen ihnen — entsprechend der Annahme von v. SMOLUCHOWSKI — gewisse Beziehungen bestehen.

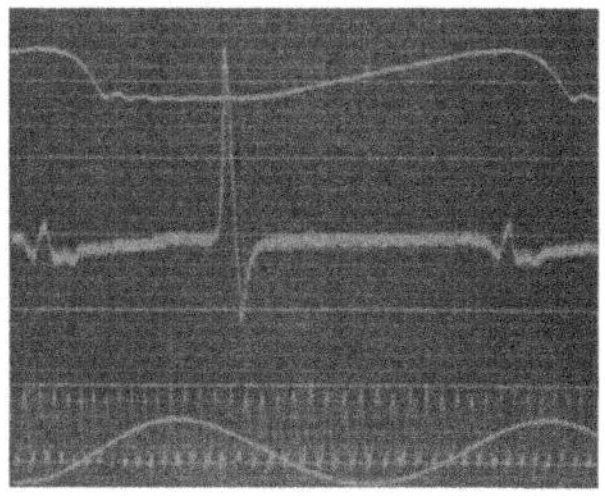

Abb. 23. Herz, das mit Ringerlösung ernährt wird.

Da bei den biologischen Vorgängen die Grenzflächenprozesse eine hervorragende Rolle spielen, ist — wie schon betont wurde — die Annahme berechtigt, daß auch für das Zustandekommen der bioelektrischen Erscheinungen in erster Linie Grenzflächenpotentiale in Frage kommen. Festzustellen bleibt aber, welchem von ihnen, dem ε- oder ζ-Potential, die größere Bedeutung zukommt. Eine entscheidende Klärung dieser Frage ist zur Zeit nicht möglich, vielleicht auch nicht von zu großem Werte, da die beiden genannten Potentiale nicht unabhängig voneinander sind. Was die Ruhe- und insbesondere die Verletzungsströme betrifft, so wurde darauf hingewiesen, daß sie zweifellos eine gewisse Analogie zu den Strömen zeigen, die die genannten, aus Wasser-Öl bestehenden BEUTNERschen Konzentrationsketten ergeben, demnach also das ε-Potential als ausschlaggebend angesehen werden müßte. (Ob auch bei den Eiweißketten von MOND, deren elektromotorisches Verhalten ebenfalls dem der biologischen Objekte ähnelt, das ε-Potential eine überragende Rolle spielt, scheint noch nicht erwiesen zu sein.) Abgesehen davon, daß die Verletzungsströme eine durchaus pathologische Erscheinung darstellen, ist — wie ebenfalls schon betont wurde — noch zu bedenken, daß bei der Art unserer Ableitung keineswegs ein getreues Bild aller im Gewebe kreisenden Ströme zu erwarten ist. Immerhin stößt die Annahme eines ε-Potentials für die Erklärung des Zustandekommens und Verhaltens der Verletzungsströme nicht auf zu große Schwierigkeiten. Dies ist aber der Fall, wenn wir in gleicher Weise die Aktionsströme zu erklären versuchen. Der Aktionsstrom ist beim Menschen zumeist ein biphasischer Strom; er tritt bei jeder Zellfunktion auf. Charakteristisch ist, daß er zeitlich der eigentlichen Zellfunktion, so beim Muskel der

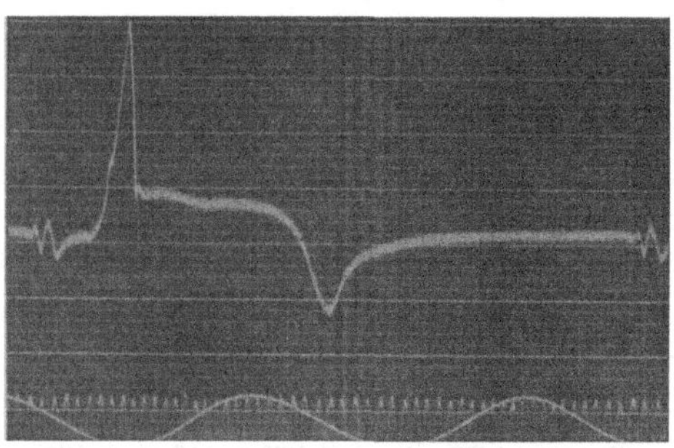

Abb. 24. Ringerlösung mit erhöhtem Kaliumgehalt.

Zuckung, vorangeht (s. Abb. 23); er entspricht dem Erregungsvorgang. Daß dieser mit einer Strombildung einhergeht, dürfte für uns nicht überraschend sein; haben wir doch erfahren (s. Kap. V, 3), daß die Erregung einer Zelle, gleichgültig aus welcher Ursache die Erregung erfolgt, in einer Änderung der Elektrolytverteilung an der Zelle besteht. Daß letztere bei Leitern II. Klasse entscheidend für die Strombildung ist, wurde in diesem Kapitel ausführlich erörtert. Da jede Erregung (so die durch Nerv, Gift und Elektrolyt hervorgerufene) zu einer prinzipiell gleichen Verteilungsänderung der Elektrolyte führt (s. Kap. V, 4), so ist auch verständlich, daß sie gleiche Aktionsströme bewirken. Daß dies der Fall ist, kann am Herzen, das sich für Aktionsstromstudien besonders eignet, sehr leicht nachgewiesen werden. So beeinflussen Vagusreizung, Chinin und Kalium das Elektrokardiogramm in gleicher Weise (F. Kraus und S. G. Zondek). — Für das Zustandekommen eines ε-Potentials sind die Konzentrationsdifferenzen der Elektrolyte von größter Bedeutung; die spezifische Natur der Elektrolyte spielt eine wesentlich geringere Rolle. Wäre der Aktionsstrom auf ein ε-Potential zurückzuführen, dann wäre nicht verständlich, warum Elektrolyte wie Kalium und Calcium so grundverschieden, ja sogar vollkommen entgegengesetzt auf das Elektrokardiogramm einwirken. Bei einem isolierten Froschherzen (Ableitung von Vorhof — in der Nähe des Sinus — und der Ventrikelspitze) hat Kalium, wie aus Abbildung 24 hervorgeht, ein Kleinerwerden der J- bzw. R-Zacke und Größerwerden der F- bzw. T-Zacke (der Nachschwankung) zur Folge; die Jp- bzw. S-Zacke fällt meist ganz fort; Calcium dagegen führt (s. Abb. 25) zu einer starken Ausbildung der Jp-Zacke und Kleinerwerden der F-Zacke [F. Kraus und S. G. Zondek[1]]. Es ist sehr wohl möglich, daß bei anderer Ableitung die Wirkung des K und Ca sich in anderer Form geltend macht; darauf kommt es hier aber nicht an, da nur im Prinzip gezeigt werden soll, wie verschiedenartig die Wirkung ist; sogar die Stromrichtung kann unter dem Einfluß dieser Elektrolyte stark verändert werden. — Ernährt man das Herz statt mit Ringerlösung mit H_2O, dann nimmt der Aktionsstrom (s. Abb. 26) an Stärke ungemein zu (F. Kraus und S. G. Zondek). Die Zacken des Elektrokardiogramms behalten ihre Größe, auch wenn die mechanische Funktion unter dem Einfluß der abnormen Ernährungsweise schon vollkommen sistiert. Man könnte daran denken, in diesem Falle die Größe der elektromotorischen Kraft tatsächlich mit der künstlichen Herbei-

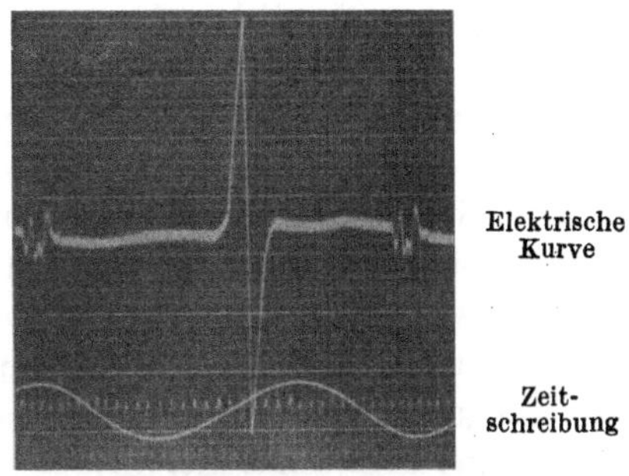

Abb. 25. Ringerlösung mit erhöhtem Calciumgehalt.

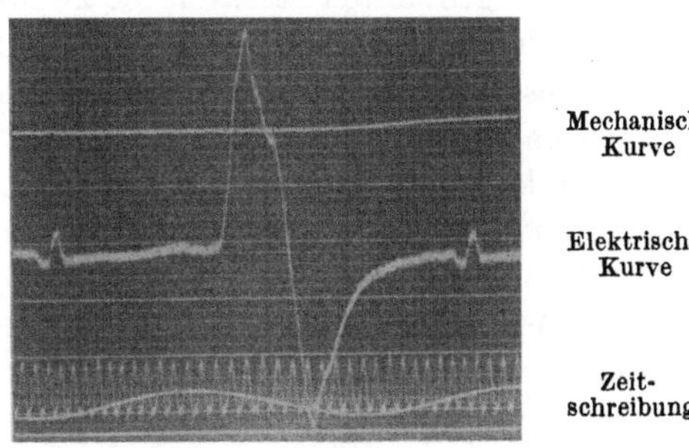

Abb. 26. Statt Ringerlösung Wasser.

[1]) Kraus, F. u. S. G. Zondek: Klin. Wochenschr. 1922, Nr. 36, S. 1773.

führung einer großen Konzentrationsdifferenz der Elektrolyte zu erklären; denn der Ersatz der Ringerlösung durch H_2O bedeutet zweifellos eine starke Erniedrigung der Elektrolytkonzentration der wässerigen Außenflüssigkeit gegenüber der Elektrolytkonzentration im Inneren der Zellsubstanz. Wir müssen jedoch auch hier die Verhältnisse anders beurteilen; denn durch andere Eingriffe, so Zusatz von Calcium- oder OH-Ionen zur Ringerlösung, kann eine Wirkung ganz ähnlicher Art erzielt werden. Diese Schwierigkeiten, die der Annahme eines ε-Potentials als Ursache der Aktionsströme entgegenstehen, treffen nicht für das Adsorptionspotential ζ zu; eher verständlich ist z. B., daß die verschiedenen Elektrolyte so gänzlich verschiedene elektrische Erscheinungen bedingen können; daß nämlich durch Adsorption der Elektrolyte bzw. ihrer Ionen in verhältnismäßig einfacher Weise Umladungen der Zellen herbeigeführt werden können, ist bekannt. Gegen die Annahme von ε- und für die von ζ-Potentialen sprechen noch folgende Tatsachen: Erhöhung des Kaliumgehaltes der Ringerlösung ruft — wie schon erwähnt wurde — eine starke Veränderung des Elektrokardiogramms hervor. Die Annahme eines ε-Potentials hätte zur Voraussetzung, daß das Kaliumsalz aus der wässerigen Phase in die ölige (also in die Plasmasubstanz) eindringe und sich verschiedenartig in diesen beiden Phasen verteile. Dies kann aber nicht angenommen werden; denn es verschwinden überhaupt keine nachweisbaren Mengen von Kalium aus der wässerigen Nährlösung (s. S. 144). Für die Annahme eines ζ-Potentials bedeutet dies keine Schwierigkeit; denn auch bei der Wirkung eines Salzes wie Aluminiumchlorid auf das ζ-Potential (das Strömungspotential) in Glascapillaren kommt ein Eindringen des genannten Salzes in die zweite Phase nicht in Frage. Auch folgendes ist zu bedenken. Der Aktionsstrom ist die Begleiterscheinung der Zellfunktion, deren Wesen wir in einer kolloidalen Zustandsänderung des Zellplasmas zu erblicken haben. Wie in Kap. IV erörtert worden ist, kommt für die Gestaltung der kolloiden Materie den Grenzflächen- bzw. Adsorptionspotentialen eine überragende Rolle zu; meist besteht sogar eine alleinige Abhängigkeit des Kolloidzustandes von Art und Größe dieses Potentials. Daß bei der Zellfunktion die Adsorptionspotentiale der kolloiden Materie gegenüber denen im Ruhezustand verändert sind, ist kaum zu bezweifeln; es wäre daher keineswegs überraschend, wenn sie auch für den die Zellfunktion begleitenden Aktionsstrom von Bedeutung wären. Dazu kommt noch, daß die Wirkungsweise der die Zellfunktion und den Aktionsstrom beeinflussenden Agenzien die gleichen Eigentümlichkeiten aufweist; so ist die Wirkung der Elektrolyte auf die Herzfunktion und auf das Elektrokardiogramm durch die gleichen Antagonismen ausgezeichnet.

Es wurde schon hervorgehoben, daß die ζ-Potentiale elektromotorisch unwirksam sind, daß die gewöhnliche Ableitung stets eine Messung des ε-Potentials ergibt. Das ζ-Potential kommt elektromotorisch nur in Form der Strömungspotentiale (bzw. als Potential fallender Teilchen) in Frage. Wenn also das ζ-Potential beim Zustandekommen des Aktionsstromes eine Rolle spielen soll, so ist dies nur denkbar, wenn eine Bewegung der wässerigen Phase gegen die zweite (ölige Phase) statthat. Dieser Annahme stehen Schwierigkeiten nicht im Wege; denn wie im Kap. V (s. S. 98) ausgeführt worden ist, müssen wir annehmen, daß selbst im sog. Ruhezustand der Zellen ein ständiger Wasser-Salzstrom (Tonusstrom oder vegetative Strömung) durch die Gewebe zieht. Was die Zellfunktion betrifft, so haben wir als wahrscheinlich angenommen, daß sie eine dynamische Unterbrechung dieses gleichmäßigen Stromes (Verstärkung, evtl. auch Umkehrung des Stromes) darstelle. — Es gibt auch Gründe, die gegen die Annahme eines ζ- bzw. Strömungspotentials als Ursache der Aktionsströme sprechen. Der schwerwiegendste Einwand ist folgender: Strömungspotentiale erhält man experimentell zumeist nur in relativ elektrolytarmen Lösungen. Während in 10^{-5}n-KCl-Lösungen Potentiale von 20—40 Millivolt gemessen werden, lassen sich in 10^{-3}- bis 10^{-2}-Lösungen keine meßbaren Potentiale mehr nachweisen. Störend wirkt in letzterem Falle die starke Leitfähigkeit der Lösung. Die Salzkonzentration der Gewebe bzw. Gewebsflüssigkeiten ist zum Teil aber eine wesentlich größere. In erster Linie ist das NaCl zu erwähnen, dessen Konzentration in der Zellflüssigkeit gegen $^1/_{10}$n beträgt. Die Konzentration der anderen Salze (so des KCl und $CaCl_2$) würde weniger störend wirken. F. KRAUS[1]), der zur Erklärung der Aktionsströme ebenfalls mehr die ζ-Potentiale als die ε-Potentiale heranzuziehen geneigt ist, erwägt, ob nicht durch die bei der Funktion eintretenden Wasserverschiebungen zwischen kolloiden Teilchen und Dispersionsmittel eine momentane Verdünnung der Salzkonzentration eintritt, die das Auftreten von Strömungspotentialen ermöglichen könnte. Auf eine weitere Erörterung dieser speziellen Fragen soll verzichtet werden, da eine sichere Entscheidung zur Zeit noch nicht möglich ist. Auch sei nochmals darauf hingewiesen, daß die beiden Potentiale ε und ζ, die an den Grenzphasen stets gleichzeitig vorhanden sind, keineswegs miteinander konkurrieren; im Gegenteil, sie hängen voneinander ab. Erkennen wir, daß für einen bestimmten Vorgang und seinen Ablauf das ζ-Potential von Bedeutung ist, so besagt dies durchaus nicht, daß das ε-Potential an dem Geschehen unbeteiligt ist, und umgekehrt.

2. Die Bedeutung der elektrobiologischen Vorgänge für die Zellfunktion.

Bei unserer bisherigen Betrachtung gingen wir davon aus, daß die bioelektrischen Ströme ein bestimmtes Geschehen anzeigen, daß sie Begleiterscheinungen bestimmter Vorgänge seien. So haben wir gerade im letzten Teil erörtert, wie bei der Zellfunktion etwaige Strömungsvorgänge elektrische Phänomene auslösen können. Umgekehrt kann aber auch eine bestehende elektromotorische Kraft ein materielles Geschehen einleiten. Erinnert sei an das, was über die Elektroendosmose und die Strömungspotentiale gesagt wurde. Wird Flüssigkeit durch Capillaren gepreßt, entsteht ein Potential (Strömungspotential); wird umgekehrt durch die Capillare ein elektrischer Strom geschickt, die Capillare also dem Einfluß eines elektrischen Feldes ausgesetzt, dann tritt eine Bewegung der Flüssigkeit auf (Elektroendosmose). Können wir annehmen, daß im Organismus auch die Bedingungen für Vorgänge letzterer Art bestehen, daß also elektromotorische Kräfte zur Wirkung gelangen, die mechanische Prozesse zur Folge haben? Die Voraussetzung für das Auftreten elektromotorischer Kräfte ist das Bestehen von Potentialdifferenzen und die Möglichkeit ihres Ausgleichs bzw. Abfließens. Die Potentialdifferenzen an der Zelle können — wie im vorangehenden ausführlich erörtert worden ist — mit jenen verglichen werden, die in den Konzentrationsketten (Wasser-Öl) bestehen. Damit sie in letzteren

[1]) KRAUS, F.: „Kreislaufinsuffizienz" im Handb. von KRAUS-BRUGSCH. Spezielle Pathologie u. Therapie innerer Krankheiten. Urban & Schwarzenberg.

elektromotorisch wirksam werden, ist notwendig, daß die Ketten geschlossen werden. Im Experiment, d. h. bei den künstlichen Konzentrationsketten, geschieht dies durch die Elektrodenverbindung. Auch im Organismus können wir durch eine Elektrodenverbindung Ströme erhalten (die Ruhe-, Verletzungs- und Aktionsströme gelangen auf diese Weise zur Darstellung). Die Elektrodenverbindung dürfte aber — wie auch STERN annimmt — nur einen Nebenschluß darstellen; es ist nämlich sehr wahrscheinlich, daß auch der lebenden Substanz selbst die Eigenschaft zukommt, die leitende Verbindung herzustellen und das Fließen bestehender Potentialdifferenzen zu ermöglichen. Es könnte sich in diesem Falle nur um die ε-Potentiale handeln; denn die ζ-Potentiale sind — wie schon mehrfach betont wurde — elektromotorisch unwirksam. Dagegen wäre verständlich, wenn als Folge der entstehenden elektromotorischen Kräfte, d. h. unter dem Einfluß des sich bildenden elektrischen Feldes, die mit den ζ-Potentialen zusammenhängenden elektrokinetischen Vorgänge (elektroendosmotische und kataphoretische) ausgelöst würden. Daß mit dem Auftreten elektroendosmotischer Vorgänge evtl. höchst wichtige biologische Prozesse erklärt werden könnten, ist leicht einzusehen; so gewönnen wir eine Möglichkeit, die Flüssigkeitsbewegungen des Organismus erklären zu können. Lange Zeit hat man versucht, sie auf die Gesetze der klassischen Osmose im Sinne VAN T'HOFFS zurückzuführen; daß dies unmöglich ist, unterliegt jetzt keinem Zweifel mehr. Die Elektroendosmose als anormale Osmose bietet für die Erklärung bessere Aussichten. Insbesondere ist verständlich, weshalb gerade die Elektrolyte, wie in Kap. VII ausgeführt worden ist, geeignet sein sollen, die Flüssigkeitsbewegungen zu dirigieren; sind doch die Elektrolyte diejenigen Faktoren, die auf Art und Größe der Potentiale entscheidend einwirken. — Mit Flüssigkeitsbewegungen haben wir es nicht nur während des Funktionsvorganges der Zellen zu tun; wir müssen annehmen, daß auch im sog. Ruhezustand ein ständiger Flüssigkeitsstrom (vegetative Strömung) durch die Gewebe zieht. Dieser könnte nur dann elektroendosmotischer Natur sein, wenn ständig eine elektromotorische Kraft wirksam wäre, also ein Dauerstrom (der sog. Ruhestrom) flösse. Daß ein solcher existiert, ist von uns als wahrscheinlich angenommen worden. Wir können uns auch vorstellen, wie er zustande kommt. Daß im Ruhezustand ein ständiger chemischer Stoffwechsel der Zellen statthat, ist an anderer Stelle dargelegt worden (s. S. 80 u. 98). Auch wurde betont, daß anzunehmen sei, daß die dabei frei werdende Energie zum Teil wenigstens dazu diene, die Zellen immer von neuem mit elektrischen Energien zu laden. Wirkt die Zelle selbst als leitende Substanz und führt den Ausgleich der bestehenden Potentialdifferenz herbei, so kann ein Strom nur dann dauernd fließen, wenn immer wieder neue Potentiale bzw. Potentialdifferenzen geschaffen werden. Daß der chemische Stoffwechsel hierzu beitragen kann, ist verständlich; durch ihn werden nämlich ständig neue Elektrolyte (Kohlensäure, Milchsäure usw.) in Freiheit gesetzt, die die Elektrolytverteilung zweifellos immer wieder von neuem verändern. Damit sind aber die Voraussetzungen für das Entstehen neuer Potentialdifferenzen gegeben.

Daß trotz allen neuen Erkenntnissen unser Wissen von dem Wesen und der Bedeutung der elektrobiologischen Vorgänge ein noch sehr unzulängliches ist, kann nicht geleugnet werden. Welchen Weg die elektrophysiologische Forschung in Zukunft einschlagen sollte, sicher ist — dies dürfte aus den Erörterungen dieses Kapitels unbedingt hervorgehen —, daß die Elektrolyte im Rahmen dieser Forschungen eine große Rolle spielen werden.

IX. Die Sonderstellung des Magnesiums im Elektrolytstoffwechsel und seine Wirkungsweise.

Bei der bisherigen Erörterung der physiologischen Wirkung der körpereigenen Anionen und Kationen ist das Magnesium fast gar nicht berücksichtigt worden. Was die Kationen betrifft, so war ausschließlich von den Na-, K- und Ca-Ionen die Rede. Sie wurden gemeinsam besprochen, weil ihre Wirkung in einem gegenseitigen Abhängigkeitsverhältnis steht, das besonders durch den Antagonismus der beiden einwertigen Kationen Na und K zum zweiwertigen Ca-Ion charakterisiert ist. Das Magnesium nimmt eine Ausnahmestellung ein, die sich in vielfacher Hinsicht äußert. Von den Na-, K- und Ca-Ionen wird die Funktion aller Organe in entscheidender Weise beeinflußt; für das Magnesium gilt dies nicht. Das isolierte Herz wird durch das Fehlen oder Vorhandensein von Mg in der Nährlösung in seiner Funktionsleistung kaum beeinflußt. Das gleiche gilt auch für die Mehrzahl der anderen Organe, so Darm, Muskel usw. Um am Froschherzen überhaupt mit Mg einen Effekt zu erzielen, sind relativ große Konzentrationen (mindestens 0,1 proz. $MgCl_2$) erforderlich. Bedenkt man, daß die normale Blutkonzentration aber nur etwa 0,003% beträgt (s. S. 71), so ist klar, daß es sich hier um eine physiologisch nicht in Frage kommende Wirkung handeln kann. Auffallend ist ferner, daß der am Herzen besten Falles zu erzielende Effekt ein diastolischer ist, während alle anderen zweiwertigen Kationen (Ca, Br, Sr) durch eine systolische Wirkungsweise ausgezeichnet sind. Die Wirkung des zweiwertigen Magnesiums ähnelt also mehr der der einwertigen Kationen (Na, K). Das Magnesium weicht aber auch sonst — worauf Höber[1]) hinweist, um Anhaltspunkte zur Erklärung des besonderen Verhaltens des Magnesiums zu gewinnen — von den Erdalkalien (Ca usw.) ab; besonders eigenartig scheinen z. B. die Dissozationsverhältnisse des $MgSO_4$ zu sein. Es kommt wahrscheinlich zu einer komplexen Dissoziation von Doppelmolekülen. Dabei entstehen folgende Ionen: $Mg \cdot MgSO_4''$ und $MgSO_4 \cdot SO_4''$. Daß die Mg-Wirkung der der einwertigen Kationen ähnelt und sich zu der der zweiwertigen antagonistisch verhält, geht auch aus einer Reihe anderer Versuche hervor. J. Boehm[2]) und O. Loew[3]) stellten fest, daß Mg-Salze auf Pflanzengewebe (Keimwurzeln) eine schädliche Wirkung ausüben, die durch Ca-Salze wieder ausgeglichen werden kann. Nach Hansteen-Cranner[4]) beruht diese Wirkung des Mg darauf, daß die Zellwand ebenso wie in reinen Na- oder K-Salzlösungen aufquillt und schleimig gelatinös wird; aus seinen Versuchen ergibt sich ferner, daß es vor allem die in der Zellwand der Keimwurzeln vorhandenen Phosphatide sind, die dem Quellungseinfluß unterliegen. Die Anteilnahme der Lipoide an den Elek-

[1]) Höber: Physikal. Chem. d. Zellen u. Gewebe. 1922 S. 682.

[2]) Boehm, J.: Sitzungsber. d. kaiserl. Akad. d. Wissensch. Wien, 71. Abt., I., 1875; zit. nach Höber: l. c.

[3]) Loew, O.: Flora Bd. 75, S. 368. 1892; zit. nach Höber: l. c.

[4]) Hansteen-Cranner: Jahrb. f. wiss. Bot. Bd. 47, S. 288. 1910 u. Bd. 53, S. 536. 1914; zit. nach Höber: l. c.

trolytreaktionen steht also auch hier im Vordergrund (s. S. 116). Als ergänzende Modellversuche seien die von NEUSCHLOSZ erwähnt. Während in den reinen Lösungen von $CaCl_2$ und $MgCl_2$ die Oberflächenspannung von Lecithinlösungen zunimmt, ist sie bei einer geeigneten Mischung dieser Salze nur so groß wie in reinem Wasser. Die Wirkung des einen Salzes kompensiert also die des anderen. Daß bei den Lecithinlösungen ähnliche Antagonismen auch für die Na- bzw. K- und Ca-Wirkung bestehen, wurde an obengenannter Stelle ausführlich erörtert. Unter den mehrwertigen Kationen übt auf die Keimwurzel nach WIECHMANN[1]) nur noch das Hexaminkobaltion, auf die tierischen Organe auch das gewöhnliche Co-Ion, ferner das Mn- und Ni-Ion die gleiche Wirkung wie Mg aus; die Funktion von Herz, Magen und Darm wird stillgestellt. Ca, Ba und Sr wirken antagonistisch; sie können die Automatie wiederherstellen. Aus der Tatsache, daß bei den genannten Organen des tierischen Organismus das Fehlen oder Vorhandensein von Mg-Salzen in der physiologischen Konzentration für ihre Funktion ohne nachweisliche Bedeutung ist, eine Wirkung vielmehr erst durch solche Mg-Mengen erzielt werden kann, die physiologischerweise gar nicht in Frage kommen, können wir — wie schon erwähnt wurde — entnehmen, daß das Mg-Ion nicht in das für die Funktion der vegetativ innervierten Organe so außerordentlich wichtige Na-K-Ca-Ionengleichgewicht einzubeziehen ist. Die bisher erwähnten Versuche sind für uns nur insofern von Wert, als sie zeigen, daß die Wirkung des Mg, wenn sie künstlich erzwungen ist, von dem Wirkungstyp der anderen zweiwertigen Kationen nicht nur abweicht, ihm sogar entgegengesetzt ist. Dies zeigt sich auch bei der narkotischen Mg-Wirkung, der höchstwahrscheinlich eine große physiologische Bedeutung zukommt. Wie MELTZER und AUER[2]) gefunden haben, verfallen Tiere nach parenteraler Zufuhr größerer Mengen von Mg-Salzen ($MgCl_2$ oder $MgSO_4$, letzteres in einer Menge von etwa 1—2 g pro Kilogramm Tier) in einen schlafartigen Zustand; auch beim Menschen läßt sich eine derartige Wirkung hervorrufen; sie kann sich bis zur vollkommenen Bewußtlosigkeit steigern [WICKI[3]), MARKWALDER[4])]. Der Angriffspunkt des Mg ist sowohl ein peripherer wie zentraler. Die periphere Wirkung hat große Ähnlichkeit mit der des Curare. Es schwindet die indirekte Erregbarkeit des Muskels, während die direkte erhalten bleibt. Diese Muskellähmung — sie läßt sich auch am isolierten Froschmuskel nachweisen (WIECHMANN) — tritt sowohl beim Tier wie beim Menschen früher als die zentral-narkotische Wirkung ein. Unter den Muskeln sind gegenüber dem Mg die Atemmuskeln am meisten resistent, doch kann nach sehr großen Dosen auch Atemlähmung eintreten; gleichzeitig pflegen auch Kreislaufstörungen sich einzustellen, die zum Tode führen können. Daß die Atemlähmung für sich allein auch tödlich enden kann, ist selbstverständlich. Die chemische Analyse von Tieren, die mit sehr großen Mg-Dosen vergiftet wurden, und bei denen tiefste Narkose eingetreten war, ergaben, daß im Zentralnervensystem Mg nicht angereichert war [SCHÜTZ[5])]. Daß es trotzdem zu einer zentralen, narkotischen

[1]) WIECHMANN: Pflügers Arch. f. d. ges. Physiol. Bd. 182, S. 74. 1920.
[2]) MELTZER u. AUER: Americ. journ. of physiol. Bd. 14 u. 15. 1905/06.
[3]) WICKI: Journ. de physiol. et de pathol. gen. Bd. 5. 1906.
[4]) MARKWALDER: Zeitschr. f. d. ges. exp. Med. Bd. 5, S. 150. 1917.
[5]) SCHÜTZ: Wien. klin. Wochenschr. 1913, S. 745.

Wirkung kommt, braucht uns nicht zu überraschen; denn auch nach Kalkinjektionen (s. S. 320) braucht eine Kalkanreicherung in den Geweben nicht nachweisbar zu sein (Heubner und Rona). Wie bei den anderen Ionen ist eben auch beim Mg-Ion die Wirkung nicht allein mit Hilfe der relativ groben Methoden der chemischen Analyse und der auf diese sich stützenden bilanzmäßigen Betrachtungsweise zu erfassen; es spielen die Wechselwirkungen zwischen den einzelnen Ionen, die Art ihrer Verteilung und andere Faktoren die überragende Rolle. Für die Erklärung der Mg-Wirkung ist vor allem das zwischen den Mg- und Ca-Ionen bestehende Gleichgewicht von Bedeutung [Starkenstein[1]), Stransky[2])]. So läßt sich die Magnesiumnarkose durch $CaCl_2$ aufheben [Meltzer und Auer[3])]; nach einer intravenösen Injektion von $CaCl_2$ wird z. B. ein Kaninchen, das infolge der Mg-Vergiftung sich in tiefstem Schlaf befindet, momentan wieder munter und läuft herum. Strontiumsalze heben die Narkose nicht auf [Joseph und Meltzer[4])]. Die nach Mg geschwundene indirekte Erregbarkeit des Muskels stellt sich nach Ca auch wieder ein (Wiechmann); desgleichen kann die Atemlähmung vollständig beseitigt werden.

Es erhebt sich die Frage, ob die Mg-Wirkung — soweit sie zentral bedingt ist und Narkose verursacht — irgend etwas mit der nach den gewöhnlichen Narkotica (Chloroform, Äther usw.) auftretenden Narkose zu tun hat. Höber[5]) glaubt nicht an einen Zusammenhang, weil das Mg und die Narkotica einen anderen Angriffspunkt haben. Die Wirkung der letzteren beruht darauf, daß sie den Protoplasten ganz durchdringen, während bei der Mg-Wirkung nach Höbers Ansicht eine Beeinflussung der Zellsynapsen vorliegt. Selbst wenn dies zuträfe, ließe sich daraus meines Erachtens noch nicht folgern, daß der Wirkungsmechanismus grundsätzlich verschieden sein muß. Verwiesen sei auf die Ausführungen in Kap. V, 4, aus denen hervorgeht, daß Vorgänge, die an verschiedenen Stellen des Zellsystems einsetzen, letzten Endes doch zu den gleichen Zellveränderungen führen können, worauf auch die Identität der Nerv-Ionen- und Giftwirkung beruht. Vor allem läßt sich aber der Höbersche Standpunkt bei Berücksichtigung der Versuchsergebnisse Spiros[6]) und seiner Mitarbeiter nicht mehr aufrechterhalten. Spiro und Heusser fanden, daß sich bei Chloroform-Äthernarkosen im Serum das Verhältnis von Mg-Ca ändert, und zwar kommt es stets zu einer Erhöhung des Quotienten $\frac{Mg}{Ca}$. Die Magnesiumnarkose läßt sich wie durch Calcium auch durch das Phosphation aufheben (Spiro, Müller und Wieser). Der Effekt tritt sowohl bei sauren wie basischen Phosphatsalzen ein. Interessant ist nun, daß auch die echte Narkose (d. h. die durch Chloroform oder Äther bedingte) durch Phosphatinjektionen beeinflußt werden kann. Zwar läßt sie sich nicht aufheben, doch kann sie abgekürzt

---

[1]) Starkenstein: Arch. f. exp. Pathol. u. Pharmakol. Bd. 77, S. 45. 1914.

[2]) Stransky: Arch. f. exp. Pathol. u. Pharmakol. Bd. 78, S. 122. 1915.

[3]) Meltzer u. Auer: Americ. journ. of physiol. Bd. 21, S. 400. 1908.

[4]) Joseph u. Meltzer: Journ. of pharmacol. a. exp. therap. Bd. 1. 1909; zit. nach Höber: Physik. Chemie der Zelle u. Gewebe 1922, S. 681.

[5]) Höber: l. c., S. 681.

[6]) Spiro: Klin. Wochenschr. 1925, Nr. 44, S. 2039.

werden; auch lassen sich ihre üblen Nachwirkungen vermeiden [HEUSSER[1])]. Es ist nach diesen Versuchen also durchaus wahrscheinlich, daß auch bei den echten Narkosen Ionenwirkungen, d. h. Änderungen von Ionengleichgewichten (insbesondere des nach SPIRO für die Mg-Narkose bedeutungsvollen Quotienten $\frac{Mg}{Ca + PO_4}$) eine große Rolle spielen. Zwischen Gift- und Elektrolytwirkung beständen also auch in diesem Falle nahe Beziehungen. Zu erwähnen ist, daß es auch im Schlafe (sowohl im natürlichen wie im künstlichen, durch Schlafmittel hervorgerufenen) zu Veränderungen im Ionenhaushalt kommt. So nimmt — wie HEILIG und HOFF[2]) gefunden haben — während des Schlafes der Ca-Gehalt des Blutes zu. Ob auch Änderungen des Mg-Gehaltes eintreten, ist leider nicht untersucht worden. Es wäre denkbar, daß er in noch stärkerem Maße als der Ca-Gehalt ansteigt; denn nach dem SPIROschen Versuchen wird stets der Quotient $\frac{Mg}{Ca}$ größer; auf die absoluten Zahlen kommt es dabei weniger an. Daß im Schlafzustande Änderungen im Ionengleichgewicht auftreten, ist auch damit zu erklären (HEILIG und HOFF deuten ihre Versuche in gleicher Weise), daß der Schlaf mit vielen Zeichen einer Änderung des Tonus des vegetativen Systems einhergeht; es überwiegt die vagische Einstellung. So kommt es im Schlaf zu einer Pulsverlangsamung, Verengerung der Pupillen, Herabsetzung des Blutdruckes, Neigung der glatten Muskulatur zu Spasmen u. a. Daß Überwiegen des Vagus zu Elektrolytveränderungen, insbesondere zu einer Steigerung des Ca-Gehaltes des Blutes führt, während Sympathicusreizung (z. B. Adrenalinzufuhr) eine Verminderung der Ca-Werte zur Polge hat, ist in Kap. V, 3 ausführlich erörtert worden. — Es gehört zu den besonderen Funktionen des Organismus, den Gehalt an Elektrolyten auf einer bestimmten Höhe zu erhalten, da nur so der normale Verlauf des Zellgeschehens möglich ist. Hierzu stehen ihm die verschiedensten Regulationsapparate zur Verfügung (das Puffersystem, die Atmung, die Funktion von Niere, Darmtraktus, Schweißdrüsen usw.). Die Regulation ist eine außerordentlich schnelle, so daß auch eine starke Überschüttung mit Elektrolyten nur zu einer kurzdauernden Wirkung führt. Dies gilt auch für das Mg. Selbst Mengen von 20 g $MgSO_4$ und darüber werden — wenn sie intravenös infundiert werden — noch am gleichen Tage vollkommen ausgeschieden [MARKWALDER[3])]. Auch nach intramuskulärer Injektion ist die Ausscheidung innerhalb der ersten 24 Stunden eine fast vollständige. Bei peroraler Verabreichung tritt die Mg-Wirkung (d. h. die Mg-Narkose) nicht ein. Dies ist verständlich, da die Resorption in diesem Falle eine verhältnismäßig langsame und bei der schnellen Ausscheidung eine Anreicherung von Mg im Organismus nicht gut möglich ist; sie ist aber erforderlich, um auf das bestehende Ionengleichgewicht der Zellen so einzuwirken, daß eine Änderung im Sinne der relativen Mg-Konzentrierung zustande kommt. Auch bei parenteraler Darreichung ist — wenn nicht exorbiant hohe, schließlich tödlich wirkende Dosen gegeben werden — die Wirkung eine relativ kurzdauernde. So hält bei einem Kaninchen von etwa 2 kg Gewicht der durch 2,5 g

---

[1]) HEUSSER s. die Arbeit von SPIRO.

[2]) HEILIG u. HOFF: Klin. Wochenschr. 1925, Nr. 46, S. 2194.

[3]) MARKWALDER: l. c.

subcutan injiziertes $MgSO_4$ erzielte maximale narkotische Effekt nur etwa 20 Minuten an, um nach 1 Stunde ganz abgeklungen zu sein. Wird dieselbe Menge nicht gleichzeitig, sondern in Intervallen (z. B. 4 Teildosen mit je 15 Minuten Zwischenpause) verabfolgt, so tritt überhaupt keine Wirkung ein (MARKWALDER). Seiner narkotischen-, besonders aber seiner Muskelwirkung wegen ist das Mg auch therapeutisch für die Behandlung von Muskelkrampfzuständen (vor allem beim Tetanus) empfohlen worden [MELTZER[1]) und KOCHER[2])]. Die Wirkung ist eine rein symptomatische. Die im Krampf sich befindlichen Muskeln scheinen durch das Mg schneller gelähmt zu werden als die gesunden. So genügte in einem von MARKWALDER beobachteten Falle 0,75 g $MgSO_4$, das innerhalb von 2 Minuten intravenös injiziert wurde, um einen bestehenden, dauernd anhaltenden Trismus momentan zu sprengen. Im übrigen empfiehlt MARKWALDER, den Patienten durch eine in die Cubitalvene eingebundene Kanüle an ein derHöhe nach verschiebbares graduiertes ca. $1^1/_2$ l 3proz. $MgSO_4$-Lösung enthaltendes Standgefäß anzuschließen und aus diesem von Zeit zu Zeit soviel abfließen zu lassen, als zur Unterdrückung der Anfälle notwendig ist. Die im Einzelfall erforderlichen Mengen sind individuell verschieden. In einem Fall von schwerstem Kriegstetanus wurde während 4 Tagen etwa 10 l mit über 300 g $MgSO_4$ infundiert. Dies sind allerdings außerordentlich große Mengen, die nur in ganz besonderen Fällen gegeben werden sollen. Ebensowenig wie im Gehirn läßt sich auch im Liquor cerebrospinalis eine Anreicherung von Mg nachweisen. Dies zeigte sich auch bei dem schon erwähnten, von MARKWALDER beobachteten Fall, der 10 Stunden nach der letzten Injektion ad exitum kam. In diesem Zusammenhang sei erwähnt, daß auch eine intralumbale Mg-Behandlung bei Tetanuskranken möglich ist. Ob diese von TH. KOCHER eingeführte Methode mehr Erfolg als die intravenöse hat, ist noch nicht erwiesen. Daß intralumbal nur wesentlich geringere Mengen eingeführt werden dürfen, ist selbstverständlich.

X. Die Beziehungen der Elektrolyte bzw. des vegetativen Systems zum pathologischen Zellgeschehen.

Kommt den Elektrolyten für den Ablauf des physiologischen Geschehens eine so außerordentlich große Bedeutung zu, so erscheint es ganz selbstverständlich, daß sie auch im pathologischen Geschehen, das ja nur eine Abart des physiologischen darstellt, eine große Rolle spielen müssen. Was die physiologische Wirkung der Elektrolyte betrifft, so haben wir uns im vorangehenden nicht allein mit der Darstellung der nach außen hin in Erscheinung tretenden Wirkungsform begnügt, sondern auch den Versuch gemacht, die Stellung der Elektrolyte im dynamischen Zellgeschehen, d. h. den Wirkungsmechanismus zu erforschen; gerade diese Betrachtungsweise gestattet uns — wie sich im folgenden zeigen wird —, neben einer besseren Erkenntnis der speziellen Bedeutung der Elektrolyte für das pathologische Geschehen auch zur Klärung vieler Fragen der allgemeinen Pathologie beizutragen. —

---

1) MELTZER: Berl. klin. Wochenschr. 1915, Nr. 11, S. 261.

2) KOCHER, TH.: Dtsch. med. Wochenschr. 1914, Nr. 46, S. 1953.

Zunächst sei unser Interesse den allgemeinen Fragen zugewandt. Wie in Kap. V, 5 ausführlich dargelegt worden ist, setzt sich nach F. Kraus und S. G. Zondek die Zellfunktion aus Vorgängen im vegetativen und fermentativ- bzw. oxydativ-chemischen Betriebsstück zusammen. Letztere sind eng miteinander verknüpft. Die Verbindung zwischen ihnen besteht darin, daß die Vorgänge im ersteren (d. h. im vegetativen) die Vorgänge im letzteren auslösen (nur beim quergestreiften Skelettmuskel ist dies nicht der Fall); ferner, daß auch der Wirkungserfolg des letzteren von der Einstellung des ersteren abhängig ist (dies trifft für alle Zellen und Organe zu). Die Vorgänge im fermentativ- bzw. oxydativ-chemischen Betriebsstück stellen den chemischen Stoffwechsel dar. Der Stoffwechsel wird also nicht allein durch die Vorgänge im vegetativen Betriebsstück, d. h. im vegetativen System, reguliert, sondern auch sein Erfolg (die spezifische Funktion der Zelle ist an ihn geknüpft) ist von dem Ablauf im vegetativen System, das die Grundlage der konstitutionellen Einstellung der Zellen und Organe darstellt, abhängig (Genaueres hierüber s. S. 135). Nimmt das vegetative System im Zellgeschehen die zentrale Stellung ein, die ihm hier zugesprochen wird, dann ist anzunehmen, daß es auch für das pathologische Geschehen von größter Bedeutung sein muß. Trifft dies zu, wird auch die Bedeutung der Elektrolyte ins rechte Licht gesetzt; denn letztere stellen neben den vegetativen Nerven und Giften die Hauptregulatoren im vegetativen System dar. In der Pathologie des vegetativen Systems ist die Pathologie der Elektrolyte enthalten (hingewiesen sei an dieser Stelle auf das unlängst erschienene Buch von F. Kraus „Klinische Syzygiologie; besonderer Teil: Tiefenperson", in dem die Bedeutung des vegetativen Systems auch für die sog. psychischen Vorgänge dargelegt wird). — Ist die Funktion der Zelle das Produkt von Wechselwirkungen der in den beiden Betriebsstücken (vegetatives und fermentativ- bzw. oxydativ-chemisches) sich abspielenden Prozesse, so muß notwendigerweise die pathologische Funktion die Folge einer irgendwie gearteten Störung dieser Wechselbeziehungen sein. Zunächst sei ausgeführt, weshalb in dieser Auffassung einige für die Betrachtung pathologischer Vorgänge grundsätzlich wichtige Gesichtspunkte enthalten sind. So müssen wir zu der Schlußfolgerung kommen, daß ein und dieselbe Störung durch Vorgänge ganz verschiedener Natur bedingt sein kann. Dies sei an einem Beispiel näher erläutert. Die spezifische Funktion des Muskels, die Zuckung, ist zweifellos an den chemischen Stoffwechsel, also an die Vorgänge im fermentativ- bzw. oxydativ-chemischen Betriebsstück gebunden; auch ist es nicht zweifelhaft, daß bei der Muskelfunktion die Zuckungsfähigkeit eine große Rolle spielt. Gehen wir davon aus, daß bei einem bestimmten Individuum die Muskelfunktion eine schlechte sei (verminderte Leistungsfähigkeit, schnelle Ermüdbarkeit usw.)! Läge bei diesem Menschen irgendeine Störung im Ablauf der chemischen Prozesse vor (z. B. schnelles Nachlassen der Fähigkeit, Glykogen abzubauen, oder Versagen der Verbrennungsvorgänge), dann wäre zweifellos eine Ursache dafür gegeben, daß der Muskel nur schlecht zucken kann. Mit diesem Versagen einer Teilfunktion des Muskels wäre auch die verschlechterte Gesamtmuskelfunktion ohne weiteres erklärt; sie wäre als Folge einer Störung im fermentativ- bzw. oxydativ-chemischen Betriebsstück aufzufassen, deren Art uns gleichgültig sein kann. Wie am Beispiel des asthenischen Menschen und des Basedowkranken (s. S. 139) erörtert worden ist, kann jedoch eine schlechte Muskelfunktion auch bei vollkommen erhaltenem, sogar gesteigertem Stoffwechsel auftreten. Die Ursache ist in diesen Fällen in Störungen des vegetativen Systems gelegen, die eine veränderte tonische Grundeinstellung der Zelle bedingen und dazu führen, daß das, was der chemische Stoffwechsel liefert, schlecht verwertet wird. Der nach außen hin in Erscheinung tretenden Art und Intensität der gestörten Muskelfunktion können wir nicht ansehen, auf welche der möglichen Ursachen sie zurückzuführen ist. Da die spezifische Funktion der Zelle aufs engste mit dem chemischen Stoffwechsel zusammenhängt (s. S. 129) und wir Störungen der Zellfunktion am besten an der Äußerung der spezifischen Funktion erkennen können (obgleich diese wie z. B. beim Muskel nur eine Teilfunktion der Zelle darstellt), so lassen wir uns meist dazu verleiten, die Ursache der Funktionsstörung in Änderungen des Stoffwechsels zu suchen. Daß diese Überbewertung des Stoffwechsels nicht berechtigt ist, geht aus dem Gesagten hervor. Wo aber tatsächlich Stoffwechselstörungen die Ursache der pathologischen Erscheinungen darstellen, ist hinsichtlich der Frage ihrer Entstehung folgendes zu bedenken. Wir können uns ohne weiteres vorstellen, daß eine Stoffwechselstörung entsteht, weil bestimmte an dem chemischen Geschehen teilnehmende Substanzen verändert sind oder für den Ablauf notwendige Körper (z. B. ein Ferment) fehlen. Daß es Stoffwechselstörungen dieser Art tatsächlich gibt, ist durchaus möglich. Ob aber Stoffwechselstörungen dieser Art häufig sind, ist mehr als zweifelhaft. Auch beim Ablauf des normalen Stoffwechsels spielen — wie in Kap. V, 6 ausführlich erörtert worden ist — die Regulationsvorgänge die größte Rolle. Daß z. B. im Ruhezustand der fermentative Abbau eines Körpers geringfügig, dagegen bei der Zellfunktion groß ist, liegt nicht daran, daß im ersteren Falle das zum Abbau notwendige Ferment fehlt oder in geringeren Mengen vorrätig ist als im letzteren Falle. Die Ursache besteht darin, daß die Wirkungsbedingungen für das Ferment verschiedene sind; diese aber werden durch die Regulationsvorgänge bestimmt. Sind letztere für den Ablauf des normalen Stoffwechsels von ausschlaggebender Bedeutung, so ist von vornherein wahrscheinlich, daß sie auch beim pathologischen Ablauf eine große Rolle spielen, d. h. für sein Entstehen im hohen Maße verantwortlich sind. Für die Regulation des Stoffwechsels ist aber — bei den vegetativen Organen — wiederum das vegetative System verantwortlich. Auf jeden Fall werden wir gemahnt, für die Erklärung von Stoffwechselstörungen nicht — wie es häufig geschieht — in erster Linie nur Änderungen des Fermenthaushaltes heranzuziehen. Daß ein Ferment im Organismus fehlt, dürfte — wenn überhaupt — nur für die wenigsten Fälle zutreffen. Es würde sich in diesem Falle um Störungen gröbster Art handeln. Das bisher Gesagte enthält nur einige Programmpunkte, in denen lediglich unsere Einstellung zur Frage der Beurteilung pathologischer Vorgänge zum Ausdruck kommt. Zu der Auffassung, daß beim Zustandekommen pathologischer Prozesse das vegetative System eine besonders große Rolle spielen muß, sind wir auf rein deduktivem Wege gelangt, und zwar ausgehend von unseren zellphysiologischen Vorstellungen. Im folgenden wird sich zeigen müssen, inwieweit diese Deduktionen sich mit dem Tatsächlichen in Einklang bringen lassen und ob sie dazu beitragen können, die Beurteilung pathologischer Vorgänge zu fördern.

Die Bedeutung des vegetativen Systems für die Erfassung klinischer Krankheitsbilder.

Das vegetative Betriebsstück stellt das Ursprüngliche jeder Zelle, das ontogenetisch und phylogenetisch frühzeitig Angelegte dar; es ist der Boden, auf dem sich das Spezifische der Zelle morphologisch und biochemisch erst sekundär aufbaut. Da es nicht oder sehr wenig differenziert ist, unterliegt es bei allen Zellen und Zellsystemen den gleichen Einflüssen. Als Regulatoren dieses Betriebsstückes haben wir (s. Kap. V, 5) die vegetativen Nerven, endogene wie exogene Gifte und die Elektrolyte erkannt. Das vegetative System umfaßt beide: das protoplasmatische Betriebsstück und dessen Regulatoren. Der Wirkung der letzteren sind alle Zellen (zum mindesten die der Erfolgsorgane) unterworfen. Bei ein und derselben Zelle ist der Endeffekt der Regulatoren, obgleich sie auf verschiedenen Wegen wirken, der gleiche (S. G. Zondek). Auch die Wirkung der vegetativen Nerven und Gifte erfolgt schließlich auf dem Wege über das Elektrolytsystem. Daß der Organismus über verschiedene Möglichkeiten verfügt, um denselben Effekt hervorzurufen, ist ein Umstand, der zur Variabilität der Erscheinungen beiträgt. Gelingt es uns zu zeigen, daß durch die als Regulatoren innerhalb des vegetativen Systems erkannten Faktoren auch gleichartige pathologische Erscheinungen hervorgerufen werden können, dann ist für diese Fälle die Bedeutung des vegetativen Systems als Ausgangspunkt der pathologischen Vorgänge erwiesen.

1. Der renale Diabetes.

Das Wesen dieser Erkrankung besteht nicht wie das des echten Diabetes melitus in einer intermediären Störung des Kohlenhydratstoffwechsels, sondern — wie G. Klemperer zuerst nachgewiesen hat — in einer gegenüber der Norm erhöhten Durchlässigkeit der Nieren für den Blutzucker. Experimentell läßt sich die Durchlässigkeit der Niere für Zucker nach den Untersuchungen von Hamburger und Brinckmann[1]) durch Elektrolytveränderungen beeinflussen. Bei einer bestimmten Zusammensetzung der Ringerlösung — in der Hauptsache kommt es auf das Verhältnis von Kalium zu Calcium an — ist die Niere für Zucker vollkommen undurchlässig, während schon geringfügige Änderungen einen Durchtritt größerer Zuckermengen herbeiführen. Daß Elektrolytveränderungen auch im Gesamtorganismus zu Glykosurie führen können, ist uns ebenfalls seit langem bekannt. Ich verweise auf die Kochsalzglykosurie bei Kindern. Worauf beim Menschen das Auftreten des eigentlichen renalen Diabetes zurückzuführen ist, ist noch nicht ganz geklärt; auffallend ist, daß es sich — wie auch Klemperer hervorhebt — meist um Menschen handelt, die durch eine Labilität des vegetativen Nervensystems ausgezeichnet sind. Experimentell lassen sich die Erscheinungen des renalen Diabetes auch durch ein bestimmtes Gift hervorrufen, nämlich das Phlorrhizin. Ein und dasselbe Krankheitsbild kann also durch verschiedene Faktoren ausgelöst werden (Nerv, Gift und Elektrolyt). Die Identität ihrer Wirkung beweist, daß der Angriffspunkt das vegetative Betriebsstück sein muß, das vegetative System also den Ausgangspunkt der patho-

---

[1]) Hamburger u. Brinkmann: Biochem. Zeitschr. Bd. 88, S. 97. 1918.

logischen Erscheinungen darstellt. Nur diese Annahme macht es verständlich, wie so gänzlich verschiedene Ursachen das gleiche Krankheitsbild verursachen können.

2. Die Tetanie.

Daß die Erkenntnis der zwischen Nerv-, Gift- und Elektrolytwirkung bestehenden Beziehungen uns die Möglichkeit gibt, tiefer in das Wesen pathologischer Vorgänge einzudringen, läßt sich nicht nur an dem eben angeführten Beispiel des renalen Diabetes erweisen. Es gibt ein Krankheitsbild, dessen pathogenetische Erklärung durch die hier dargelegten Gesichtspunkte in einer Weise erleichtert und gefördert wird, die ganz besonders illustrativ erscheint. Es handelt sich um das vielgestaltige Krankheitsbild der Tetanie. Als vielgestaltig soll es nicht wegen der verschiedenartigen symptomatischen Erscheinungen bezeichnet werden, sondern wegen der mannigfachen Ursachen, die zu dem gleichen Krankheitsbild führen. Wir kennen verschiedene Formen der Tetanie bzw. Spasmophilie, so die parathyreoprive Tetanie, die Magen- und Atmungstetanie u. a. Auf ihr Symptomenbild soll im einzelnen hier nicht näher eingegangen werden. Die verschiedenen Tetanieformen sind symptomatisch nicht in jeder Beziehung gleichartig. Das ist aber nicht von wesentlicher Bedeutung; selbst jede Tetanieform für sich kann symptomatische Verschiedenheiten zeigen; so ist die Säuglingstetanie bei einigen Kindern durch allgemeine Krämpfe ausgezeichnet, bei anderen steht der lokale Krampf (so der Laryngospasmus) im Vordergrund. Was allen gemeinsam ist und wohl auch das Wesentliche darstellt, ist die direkte und indirekte Übererregbarkeit der Muskulatur. Sie ist teils mittelbar, teils unmittelbar auch die Ursache der Muskelunruhe bzw. der spontanen Zuckungen und der Muskelrigidität. Experimentell lassen sich am isolierten Skelettmuskel die typischen Erscheinungen (spontanes Muskelzucken, erhöhter Tonus) in einfachster Weise dadurch hervorrufen, daß man aus der Nährlösung das Calcium entfernt oder den Kaliumgehalt erhöht (s. S. 159). Das relative Kaliumübergewicht bzw. die dadurch hervorgerufene Veränderung der Kaliumverteilung im Muskel ist das Ausschlaggebende.

Veränderungen im Elektrolytstoffwechsel spielen zweifellos auch bei der menschlichen Tetanie eine große Rolle. Auffallend ist z. B. die Verminderung des Kalkgehaltes des Blutes, die fast konstant in allen Fällen von Säuglingstetanien nachweisbar ist. Auch der große therapeutische Effekt, der durch Kalk zu erzielen ist, weist auf die pathogenetische Bedeutung des Kalkstoffwechsels bei der Tetanie hin. Viele Autoren erblicken in der Verminderung des Blutkalkes überhaupt die Ursache der Tetanie. Diese Annahme erscheint naheliegend, wenn man bedenkt, daß auch im Experiment am isolierten Muskel Kalkverminderung zu tetanischen Erscheinungen führen kann. Es gibt aber Krankheitszustände, bei denen ebenfalls eine beträchtliche Verminderung des Blutkalkgehaltes nachweisbar ist [so nach H. Zondek, Petow und Siebert[1]) bei der Schrumpfniere], und trotzdem kommt es nicht zu tetanischen Symptomen. Auch nach Adrenalininjektionen sinkt der Kalkgehalt des Blutes [Billigheimer[2]), Dresel und Katz[3])], ohne daß entsprechende Erscheinungen von seiten des

---

[1]) Zondek, H., Petow u. Siebert: Klin. Wochenschr. 1922, Nr. 44, S. 2172.

[2]) Billigheimer: Klin. Wochenschr. 1922, Nr. 6.

[3]) Dresel u. Katz: Klin. Wochenschr. 1922, Nr. 13.

Muskels auftreten. FREUDENBERG und GYÖRGY[1]) vertreten die Ansicht, daß eine Kalkverminderung des Blutes nur dann die Ursache der Tetanie ist, wenn sie gleichzeitig mit einer Stauung von Phosphat verbunden ist. Durch letztere wird vor allem eine Verminderung des Gehaltes an Calciumionen herbeigeführt; diese halten die genannten Autoren für wichtiger als die Reduktion des Gesamtkalkgehaltes. Ich selbst glaube nicht, daß in den Veränderungen des Blutes allein die Pathogenese des tetanischen Krankheitsbildes gelegen ist. Für die Tetanie gilt in dieser Beziehung das gleiche wie für viele andere Krankheitszustände; es ist daher zweckmäßig, auf die prinzipielle Seite dieser Frage etwas näher einzugehen. Wie an anderer Stelle ausgeführt worden ist (s. S. 74), bestehen zwischen den Elektrolyten der Zellsubstanz (den sog. Binnenelektrolyten) und den Elektrolyten der die Zelle umspülenden Flüssigkeit bestimmte Gleichgewichtszustände. Ändert sich aus irgendeinem Grunde die Elektrolytverteilung des Zellprotoplasmas (z. B. infolge des Einflusses der Nerven- bzw. Giftwirkung), dann wird auch die Verteilung der Außenelektrolyte eine Änderung erfahren. Umgekehrt muß eine primäre Verteilungsänderung der letzteren auch einen Einfluß auf die Verteilung der Binnenelektrolyte ausüben. Die die Zelle umspülende Flüssigkeit ist in erster Linie die Gewebsflüssigkeit, von der die Blutflüssigkeit noch durch die Capillarwände usw. getrennt ist. Wie zwischen den Binnenelektrolyten und denen der eigentlichen Gewebsflüssigkeit, so bestehen auch zwischen den letzteren und denen der Blutflüssigkeit Gleichgewichtszustände, so daß sich eine Änderung in der Verteilung der Binnenelektrolyte letzten Endes auch auf die des Blutes in irgendeiner Weise wird fortpflanzen müssen; doch werden durch diese Zwischenschaltungen die Verhältnisse kaum übersehbar. Dazu kommt, daß durch die dem Organismus zur Verfügung stehenden Regulationsapparate gerade Veränderungen des Blutes schnell wieder ausgeglichen werden. Auch ist folgendes zu bedenken. Es ist ein großer Unterschied, ob die Änderung der Elektrolytverteilung ihren Ausgangspunkt von den Binnenelektrolyten nimmt und sich auf die der Gewebsflüssigkeit und des Blutes fortpflanzt oder umgekehrt die Elektrolytveränderung des Blutes das Primäre ist und die Verteilung der Binnenelektrolyte sekundär ausgelöst wird. Die schließliche Verteilungsänderung der letzteren kann in beiden Fällen die gleiche sein und dementsprechend auch die Funktionsänderung; denn diese wird vor allem von den Binnenelektrolyten, d. h. den an die kolloiden Teilchen der Zelle gebundenen bestimmt. Die Veränderung der Blutelektrolyte kann aber in beiden Fällen eine ganz verschiedene sein. Wird z. B. Calcium in die Blutbahn injiziert, dann kommt es zu einer primären Veränderung der Blutelektrolyte, so zu einer vorübergehenden Steigerung des Blutkalkgehaltes; sie pflanzt sich auf das Gewebe irgendwie fort und löst dort bestimmte Wirkungen aus. Ähnliche Wirkungen werden aber auch durch Adrenalin herbeigeführt, das zu einer primären Verteilungsänderung der Binnenelektrolyte führt; Calcium wird an der Zelle konzentriert; es wandert aus der Blutbahn in die Gewebe ab. Im Blut kommt es in diesem Falle nicht nur nicht zu einer Steigerung, sondern sogar zu einer Verminderung des Kalkgehaltes. Daß der Effekt nach der Kalk- und Adrenalinapplikation trotzdem doch der gleiche ist, ist nach dem

[1]) FREUDENBERG u. GYÖRGY: Münch. med. Wochenschr. 1922, Nr. 12, S. 422; Klin. Wochenschr. 1923, Nr. 33.

Gesagten durchaus verständlich. — Die Veränderungen der Binnen- und Blutelektrolyte haben auch unter pathologischen Bedingungen nicht immer den gleichen Ausgangspunkt; wie wir noch sehen werden, sind in bestimmten Fällen die Blutelektrolyte, in anderen dagegen die Binnen-, d. h. die Zellelektrolyte die primär veränderten. Es ist demnach nicht zu erwarten, aus etwaigen Veränderungen der Elektrolytverhältnisse des Blutes einen zuverlässigen Schluß auf die Art der Verteilungsänderung der Binnenelektrolyte (und auf diese kommt es bei der Beurteilung der Funktionsäußerungen an) ziehen zu können. Auch ist verständlich, daß die Veränderungen des Blutes keineswegs die Pathogenese der Krankheit darzustellen brauchen. In der Kalkverminderung des Blutes die Ursache der Tetanie zu erblicken, ist ebenso unmöglich, wie etwa die Reststickstofferhöhung des Blutes als die Ursache der Nephritis und die Erhöhung des Blutzuckerspiegels als die Ursache des Diabetes melitus anzusehen. Diese Veränderungen sind lediglich ein Hinweis auf entsprechende pathologische Vorgänge in den Organen bzw. im Gesamtorganismus; in gleicher Weise sind auch die Veränderungen der Elektrolytzusammensetzung des Blutes in der Mehrzahl der Fälle nur als ein Indicator dafür zu werten, daß irgendwo im Organismus Störungen der Elektrolytverteilung bestehen müssen; dagegen stellen sie nur in den selteneren Fällen die Ursache der Krankheit dar. Letzteres ist dann möglich, wenn die Störung der Elektrolytverteilung — was, wie wir noch sehen werden, mitunter vorkommt — ihren primären Ausgangspunkt vom Blute nimmt. —

Aus dem Gesagten geht zur Genüge hervor, weshalb in der Kalkverminderung des Blutes nicht das Wesen und die alleinige Ursache der Tetanie zu erblicken ist; die tatsächlichen Befunde sprechen ebenfalls dafür. So gibt es auch Tetanieformen (Atmungstetanie, Magentetanie), bei denen der Kalkgehalt des Blutes auf normaler Höhe sich bewegt. —

Zum Wesen der Tetanie gehört die gesteigerte Reizempfindlichkeit der Skelettmuskeln, ihre Neigung zu spontanen Muskelkrämpfen und die erhöhte Muskelspannung. Veränderungen dieser Art lassen sich am Muskel hervorrufen, wenn man der Nährlösung das Calcium entzieht oder ihr Kalium zusetzt, wenn also im Muskel eine im Sinne einer relativen Kaliumkonzentrierung gelegene Verteilungsänderung der Elektrolyte hervorgerufen wird. Spielt die Elektrolytverteilung in der Pathogenese der Tetanie eine überragende Rolle, dann muß sich der Nachweis führen lassen, daß bei allen Tetanieformen Bedingungen existieren, die eine entsprechende Änderung der Elektrolytverteilung im Muskel wahrscheinlich machen; gegenüber diesem Nachweis spielt das Vorhandensein von Elektrolytveränderungen des Blutes eine sekundäre Rolle. Wie liegen nun die Verhältnisse in Wirklichkeit? Die verschiedenen uns bekannten Tetanieformen sind folgende: die Magen- und Atmungstetanie, die parathyreoprive und die Guanidintetanie, schließlich noch die idiopathische, besonders bei Säuglingen auftretende Tetanie. Zunächst sei darauf hingewiesen, daß es sich hier wiederum um ein Krankheitsbild handelt, das durch ganz verschiedene Ursachen ausgelöst werden kann. Die drei erstgenannten stellen klinische Krankheitsbilder dar, sind aber auch experimentell hervorzurufen; ob auch die Guanidintetanie klinische Bedeutung hat, kann noch nicht als sicher betrachtet werden. Verschiedene Autoren [W. F. Koch[1]), Paton, Noel und

[1]) Koch, W. F.: Journ. of biol. Chem. Bd. 12, S. 313. 1912 u. Bd. 15, S. 43. 1913.

FINDLAY[1]), FINDLAY und SHARPE[2]) sowie FRANK und KÜHNAU[3])] haben zwar bei der parathyreopriven Tetanie im Organismus eine vermehrte Bildung von Guanidinen nachgewiesen und neigen demgemäß dazu, die Tetanie als Guanidinvergiftung anzusehen; von anderen Autoren wird dies jedoch noch abgelehnt. Daß sich aber experimentell bei Tieren durch Guanidin das Bild der Tetanie hervorrufen läßt, ist zweifellos [PATON und FINDLAY, FRANK, NOTHMANN und STERN[4])]; auch Verminderung des Blutkalkgehaltes tritt wie bei der parathyreopriven und der idiopathischen Form ein [WATANABE[5]), BAYER[6]), GYÖRGY und VOLLMER[7]), KL. GOLLWITZER-MEIER[8])]. Die Magentetanie kommt zustande, wenn zuviel Säure in den Magen sezerniert und evtl. noch durch Erbrechen nach außen abgeleitet wird (so bei Pylorusstenose). Auch experimentell läßt sich durch fortgesetzte Magenspülungen Tetanie erzeugen. Der Verlust an sauren Valenzen führt zu einer Alkalosis des Blutes. Daß diese jedoch die alleinige Ursache der tetanischen Anfälle ist, wird von GREENWALD, HADEN und ORR[9]) sowie KL. GOLLWITZER-MEIER[10]) bezweifelt. Merkwürdigerweise kommt es in den genannten Fällen zu einer Steigerung des Rest-N. im Blute, weshalb HADEN und ORR auch an Eiweißspaltprodukte denken, die den tetanischen Anfall auslösen könnten. Unzweifelhaft scheint dagegen die Alkalosis des Blutes eine ausschlaggebende Rolle bei der Entstehung der Atmungstetanie zu spielen [GRANT und GOLDMANN[11]), GYÖRGY und VOLLMER[12]), KL. GOLLWITZER-MEIER]. Die Atmungstetanie läßt sich durch forciertes Atmen, d. h. durch Überventilation der Lungen, hervorrufen. Die Folge ist eine zu starke Abgabe von Kohlensäure, womit das Auftreten einer Alkalosis ohne weiteres erklärt ist. Durch Injektion von sekundärem Phosphat lassen sich übrigens ebenfalls tetanische Erscheinungen hervorrufen; Phosphorsäure und saures Phosphat hingegen sind wirkungslos [BINGER[13]), TISDALL und CLARK[14])]. Mit der Alkalosis gehen Änderungen in dem Dissoziationsgrad der Kalksalze einher. Die Zahl der Ca-Ionen geht zurück (s. S. 69); die Menge des Gesamtkalkes braucht dabei keine Änderung zu erfahren. Da die biologische Wirkung der in der Nährlösung bzw. im Blut befindlichen Kalksalze in erster Linie von den Ca-Ionen ausgeht, so ist die Reduktion der Ca-Ionen mit einem Kalkmangel gleichbedeutend. Es sind ähnliche Bedingungen wie im Experiment am isolierten Muskel gegeben, bei dem Ca-Mangel der Nährlösung zu tetanischen Erscheinungen führt. Die Magen-, vor allem aber die Atmungstetanie stellen typische Beispiele für die

---

[1]) PATON, NOEL und FINDLAY: Quart. Journ. of exp. physiol. Bd. 10. 1916.
[2]) FINDLAY und SHARPE: Quart Journ. of med. physiol. Bd. 13, S. 433. 1910.
[3]) FRANK u. KÜHNAU: Klin. Wochenschr. 1925, Nr. 24, S. 1170.
[4]) FRANK, STERN u. NOTHMANN: Zeitschr. f. d. ges. exp. Med. Bd. 24, S. 341. 1921.
[5]) WATANABE: Journ. of biol. Chem. Bd. 34. 1918.
[6]) BAYER: Zeitschr. f. d. ges. exp. Med. Bd. 27, S. 119. 1922.
[7]) GYÖRGY u. VOLLMER: Arch. f. exp. Path. u. Pharm. Bd. 95, S. 200. 1922.
[8]) KL. GOLLWITZER-MEIER: Zeitschr. f. d. ges. exp. Med. Bd. 40. 1924.
[9]) HADEN u. ORR: Journ. of exp. med. Bd. 37, S. 377. 1923.
[10]) KL. GOLLWITZER-MEIER: l. c.
[11]) GRANT u. GOLDMANN: Americ. journ. of physiol. Bd. 52, S. 209. 1920.
[12]) GYÖRGY u. VOLLMER: Biochem. Zeitschr. Bd. 140, S. 391. 1923.
[13]) BINGER: Journ. of pharmacol. a. exp. therapeut. Bd. 10, S. 105. 1919.
[14]) TISDALL u. CLARK: Proc. of the soc. f. exp. biol. a. med. Bd. 18. 1921.

wenigen Fälle dar, in denen die Verteilungsänderung der Elektrolyte primär vom Blute ausgeht und zur Krankheitsursache wird.

Bei der parathyreopriven Tetanie ist die Ursache im Fehlen des Hormons der Nebenschilddrüse gelegen. Ob die mit dem Fehlen des Hormons zusammenhängende Wirkung direkt oder indirekt (so durch Änderung des intermediären Stoffwechsels und dadurch bedingtes Entstehen von Giften wie Guanidin) hervorgerufen wird, ist für uns belanglos. Jedenfalls handelt es sich um ein Zuwenig oder auch Zuviel von bestimmten Giftstoffen. Ich verweise auf das, was an anderer Stelle über die Beziehungen von Hormon und Gift gesagt worden ist. — Die Ursache der experimentellen Guanidintetanie ist natürlich das Gift selbst, das — auch am isolierten Muskel — die typischen tetanischen Erscheinungen hervorrufen kann. Nahe Beziehungen bestehen zwischen der Tetanie bzw. Spasmophilie und der Vagotonie. Eine strenge Scheidung dieser Begriffe ist überhaupt nicht möglich. Was insbesondere bei Erwachsenen die einen als Spasmophilie ansehen, halten andere wieder für Vagotonie. Auch letztere ist durch das Vorhandensein einer neuromuskulären Übererregbarkeit ausgezeichnet. Auch bei der echten Säuglingstetanie liegen, abgesehen von den Muskelphänomenen noch andere bestimmte Symptome in der Richtung vegotonischer Zustands änderungen. Hierauf haben insbesondere FRONTALI und DANIELOPOLU hingewiesen. — Wenn wir über das, was wir als Ursache der verschiedenen Tetanieformen haben anführen können, zusammenfassend aussagen wollen, müssen wir folgendes feststellen: Elektrolytveränderungen in der Außenflüssigkeit bzw. im Blut (Atmungs- und Magentetanie), Giftwirkungen (parathyreoprive- und Guanidintetanie) und Störungen in der Funktion der vegetativen Nerven (die idiopathische Tetanie?) sind es, die zur Tetanie führen können.

Die Identität der Wirkung von Nerv, Gift und Elektrolyt, die im Experiment erwiesen werden konnte, wird also auch durch die Geschehnisse des Lebens bestätigt. Die merkwürdige Tatsache, daß so verschiedene Ursachen zu dem gleichen Krankheitsbild führen, kann zwanglos erklärt werden. Bei der Tetanie ist die Verschiedenartigkeit der die Krankheit auslösenden Momente ganz besonders kraß; man denke an die durch forciertes Atmen, d. h. durch Überventilation der Lungen entstandene Tetanie und an die Guanidintetanie. Die Gleichförmigkeit der Nerv-, Gift- und Elektrolytwirkung beruht — ganz allgemein betrachtet — darauf, daß sie alle letzten Endes Verteilungsänderungen der Elektrolyte an der Zelle des Erfolgsorgans hervorrufen. Nun sind im vegetativen System Verteilungsänderungen nach zwei Richtungen möglich, nach der K- und der Ca-Seite. Zum Entstehen der gleichen funktionellen Erscheinungen bzw. des gleichen Krankheitsbildes ist natürlich eine gleichsinnige Verteilungsänderung erforderlich. Sie läßt sich im Falle der Tetanie auch unschwer nachweisen. Bei der Magen- und insbesondere der Atmungstetanie kommt es — wie schon erwähnt — zu einer Verminderung der Ca-Ionen im Blute; die Organe — so auch der Muskel — sind also dem Einfluß einer relativen Kaliumkonzentrierung ausgesetzt. — Daß ein Gift wie das Guanidin im Muskel zu Verteilungsänderungen der Elektrolyte führt, die einer Kaliumkonzentrierung entsprechen, läßt sich sogar chemisch-analytisch nachweisen [S. G. ZONDEK und BENATT[1]]. — Was den Vagus betrifft, so

[1]) ZONDEK, S. G. u. BENATT: l. c., S. 124.

wissen wir, daß seine Wirkung in der Richtung des Kaliums gelegen ist und seine Erregung zu einem Effekte führt, welcher demjenigen entspricht, der auftritt, wenn in der Außenflüssigkeit ein Übergewicht an Kalium besteht. Die Identität der Krankheitserscheinungen bei der Tetanie beruht also darauf, daß die verschiedenen krankheitsauslösenden Faktoren — so verschiedenartig sie auch sein mögen — am Muskel dieselbe Verteilung der Elektrolyte, und zwar eine im Sinne der relativen Kaliumkonzentrierung gelegene, bewirken.

3. Über das Wesen der funktionellen Störungen (Vagotonie und Sympathicotonie). Die Grenzen der morphologischen Betrachtungsweise für die Erkenntnis des pathologischen Geschehens.

Daß die Tetanie Verwandtschaft zur Vagotonie hat, wurde schon betont; sie stellt eine spezielle Form der letzteren dar; mit dieser werden wir uns noch näher zu beschäftigen haben. Der Vagotonie steht die Sympathicotonie gegenüber. Diese Begriffe in die Pathologie eingeführt zu haben, ist das große Verdienst von Eppinger und Hess. Sie haben für das Gebiet der sog. funktionellen Störungen ein System geschaffen, das uns bestimmte Vorstellungen über ihr Entstehen ermöglicht; dies war von um so größerer Bedeutung, als die pathologische Anatomie bzw. Morphologie in der Erkenntnis der Pathogenese und Somatik der funktionellen Erkrankungen vollkommen versagt hat. Daß sie versagen mußte, ist durchaus erklärlich. — Das Wesen der Tetanie, die zweifellos auch eine funktionelle Erkrankung darstellt, liegt darin begründet, daß an den Muskelzellen Verteilungsänderungen der Elektrolyte auftreten; diese führen zu bestimmten Wechselwirkungen mit den Zellkolloiden. Das Endresultat ist ein veränderter kolloidchemischer Zustand der Zelle. Wohl lassen sich auch mit Hilfe der bisherigen optischen Methodik (der Mikroskopie) Veränderungen der Kolloidstruktur nachweisen; was wir sehen, sind aber Veränderungen gröbster Art (z. B. die Nekrobiose einer Zelle, der eine vollkommene Ausflockung aller kolloiden Bestandteile zugrunde liegen dürfte). Vor allem sind es die irreversiblen Schädigungen der Kolloidstruktur, die uns sichtbar werden, und diese pflegen wir dann als organisch zu bezeichnen. Zu bedenken ist ferner, daß uns selbst bei vielen der sog. organischen Erkrankungen nicht der eigentliche Krankheitsprozeß sichtbar wird, wir ihn vielmehr an den Folgezuständen erkennen (Blutungen, Schwielenbildung usw.). — Die Herzmuskelzelle eines an einer Myodegeneratio cordis Verstorbenen braucht im Mikroskop keine irgendwie sicheren Unterscheidungsmerkmale gegenüber der eines gesunden Menschen zu zeigen. Dies ist der Standpunkt auch der namhaftesten Morphologen. Um so weniger ist zu erwarten, daß die funktionellen Störungen, bei denen es sich immer nur um reversible Änderungen in der Kolloidstruktur handeln kann, die Veränderungen also nur feinster Art sein können, mit der bisherigen Optik erfaßbar sein sollen. Der schwerwiegendste Grund ist aber der, daß wir nicht in der Lage sind, die etwaigen Veränderungen während des Funktionszustandes selbst zu beobachten; daß insbesondere post mortem die feinen, den funktionellen Prozessen entsprechenden Vorgänge und ihre etwaigen Abweichungen nicht mehr zu analysieren sind, ist ohne weiteres verständlich. Dazu kommt noch, daß durch Konservierungs- und Färbemittel so tiefgreifende Veränderungen im Kolloidaufbau hervorgerufen werden, daß etwa vorhanden gewesene feinere Veränderungen vollkommen ausgelöscht werden. Im übrigen handelt es sich hierbei nur um die Frage des methodischen Nachweises. — Wichtiger ist zunächst, überhaupt eine Vorstellung zu gewinnen, wie das Entstehen der funktionellen Erkrankungen zu erklären ist und worin ihr Wesen begründet liegt. Daß den rein funktionellen Erkrankungen eine außerordentlich große Bedeutung zukommt, braucht nicht besonders betont zu werden; es sei jedoch darauf hingewiesen, daß auch die Erscheinungsform der sog. organischen Erkrankungen schließlich rein funktioneller Art ist und daß — was besonders wichtig ist — die organisch nachweisbaren Veränderungen vielfach nur einen kleinen Ausschnitt aus dem eigentlichen Krankheitsgeschehen darstellen. Einige Beispiele mögen dies erläutern. Eine Nebennierentuberkulose, die doch zweifellos eine organische Erkrankung darstellt, kann bekanntlich zu dem ADDISONschen Krankheitsbild führen. Der anatomische Nachweis der Zerstörung des Nebennierenmarkes gibt uns das Recht zu der Annahme, daß bei den betreffenden Menschen die für die ADDISONsche Krankheit charakteristischen Symptome bestanden haben. Weshalb aber der Muskel adynamisch war, weshalb die Leber die Störung des Glykogenstoffwechsels aufwies, das können wir den betreffenden Organen morphologisch nicht ansehen und auch vom anatomischen Standpunkt aus nicht erklären. Die große Bedeutung, die dem Nachweis der anatomischen Veränderungen zukommt, liegt hier darin begründet, daß sie uns über die Ätiologie der Erkrankung aufklärt. Dies trifft übrigens auch bei vielen anderen Erkrankungen zu, die durch anatomisch nachweisbare Veränderungen ausgezeichnet sind (s. hierzu auch S. 274); bei allen ist jedoch — wie die folgenden Beispiele zeigen — auch dies nicht unbedingt der Fall. Wenn wir eine in besonderer Weise anatomisch veränderte Schilddrüse finden, können wir evtl. auf Grund dieser morphologischen Veränderungen eine BASEDOWsche Krankheit diagnostizieren, aber nur deshalb, weil erfahrungsgemäß beim Basedow derartig veränderte Schilddrüsen vorkommen. Weshalb — und dies gehört zu den wesentlichsten Vorgängen beim Basedow — eine so starke Steigerung des Stoffwechsels, insbesondere ein so vermehrter Stoffverbrauch der Zellen der Erfolgsorgane besteht bzw. zu Lebzeiten bestanden hat, darüber gibt die morphologische Struktur der betreffenden Gewebe keine Auskunft. Im übrigen ist es mehr als zweifelhaft, ob der Strumabildung für das Entstehen der BASEDOWschen Krankheit überhaupt eine genetische Bedeutung zukommt; vieles spricht dafür, daß sie nur eine Sekundärerscheinung und zwar eine Reaktion auf die an der Zelle der Erfolgsorgane ablaufenden Vorgänge darstellt [H. ZONDEK[1])]. Daß endlich bei allen Infekten das anatomisch Nachweisbare fast immer nur das sekundär Entstandene darstellt und wir lediglich aus der Empirie heraus aus diesen Veränderungen die Grundursache erschließen, ist ohne weiteres klar. Die schweren, schließlich auch zum Tode führenden funktionellen Störungen (auch die der nichtbakteriellen Vergiftungen) haben nur in den seltensten Fällen ein anatomisch nachweisbares

[1]) ZONDEK, H.: Die Erkrankungen der Drüsen mit Innerer Sekretion 1926. Verlag: Julius Springer.

Substrat. Die Darmgeschwüre beim Typhus sind zwar als diagnostisch wichtige anatomische Veränderungen zu werten; nie klären sie aber das eigentliche, schwere typhöse Krankheitsbild und sein Wesen, d. h. die den Funktionsstörungen zugrundeliegenden Prozesse auf. Zwischen organischen und funktionellen Erkrankungen besteht kein prinzipieller Gegensatz. Gewiß ist in vielen Fällen die Tatsache, daß so grobe (mehr oder weniger irreversible) Veränderungen bestehen, daß sie selbst morphologisch nachweisbar sind, als ein Zeichen schwerer Erkrankung zu deuten, während umgekehrt in vielen Fällen das Fehlen von anatomischen Veränderungen zu der Annahme berechtigt, daß die vorhandenen Störungen mehr reversibler Art und daher prognostisch besser zu beurteilen sind. Der bestehende Unterschied ist aber mehr oder weniger nur ein gradueller. Darauf kommt es für unsere Betrachtung letzten Endes auch gar nicht an. Wir wollen vielmehr davon ausgehen, daß die funktionellen Erkrankungen nicht nur als Krankheiten sui generis eine große Bedeutung beanspruchen, sondern daß auch bei den sog. organischen Erkrankungen die funktionellen Erscheinungen eine große Rolle spielen, mitunter sogar im Vordergrund des Krankheitsgeschehens stehen können. Daß es daher für uns nicht belanglos sein kann, die Vorgänge, die diesen funktionellen Störungen zugrundeliegen, verstehen zu lernen, liegt auf der Hand. Das Folgende möge hierzu einen Beitrag liefern. Daß die Betrachtungsweise, die hier durchgeführt werden soll, mit der anatomisch-morphologischen nicht konkurriert, sondern sie ergänzt, sei nochmals hervorgehoben und wird sich auch aus den weiteren Darlegungen ergeben.

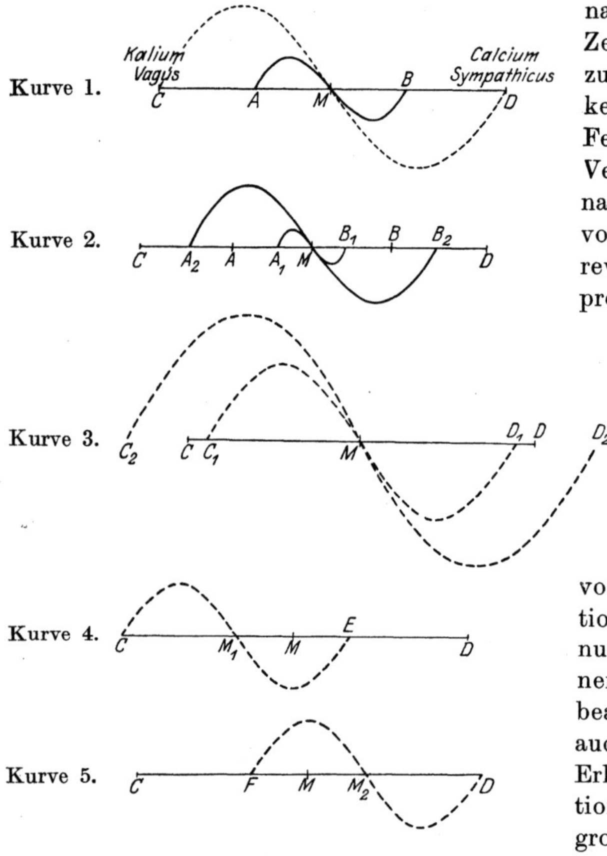

Die Funktionsvorgänge im vegetativen System bzw. die der vegetativen Organe erfolgen — wie in Kap. V (S. 101) ausführlich erörtert worden ist und im folgenden auch schematisch dargestellt werden soll — immer nur zwischen zwei Polen bzw. pendeln zwischen zwei Extremen, die durch das Kalium und Calcium bzw. den Vagus und Sympathicus charakterisiert sind. Beim Darm z. B. liegt die überhaupt mögliche Funktionsbreite zwischen maximaler Kontraktion und maximaler Erschlaffung. Erstere ist bei Überwiegen des Vagus- bzw. Kaliumeinflusses, letztere bei Überwiegen des Sympathicus- bzw. Calciumseinflusses gegeben. Der sog. Ruhezustand (ein absoluter Ruhezustand existiert bei der Zelle nicht) ist dadurch ausgezeichnet, daß er die beiden möglichen Extreme nicht erreicht, sondern sich mehr um den zwischen ihnen gelegenen Mittelpunkt (Punkt M in Kurve 1) bewegt. Die Funktionsbreite ist eine äußerst kleine (AB). Während der Funktion, die ja nur eine quantitative Änderung der Vorgänge während des Ruhezustandes darstellt, kann die Funktionsbreite nach beiden Seiten hin eine Steigerung, und zwar bestenfalls bis zu den Maxima (CD), erfahren. Punkt C stellt das Maximum dar, das durch ein einseitiges Überwiegen von Vagusimpulsen bzw. durch Kaliumkonzentrierung erreicht wird, während Punkt D in entsprechender Weise den Augenblick stärkster Sympathicuswirkung bzw. den stärkster Calciumkonzentrierung wiedergibt. Das Wesentliche ist, daß unter normalen Bedingungen sowohl in der Ruhe wie bei der Funktion die Wellenlinie sich nach beiden Seiten in gleicher Weise erstrecken kann, bzw. daß der geometrische Mittelpunkt der Wellenlinie immer durch den Punkt M geht. Wir wollen jedenfalls eine Zelle, deren Funktion in der angegebenen Weise charakterisiert ist, als normal bezeichnen. Wie wird demgegenüber der abnorme funktionelle Zellzustand sich äußern können? Es lassen sich — wie ich glaube — theoretisch folgende Möglichkeiten ableiten: Was den Ruhezustand betrifft, so kann das in ihm ablaufende Zellgeschehen ein besonders geringes oder großes sein. Die Wellenlinie würde (s. Kurve 2) die Form von A_1B_1 bzw. A_2B_2 statt AB annehmen. In ähnlicher Weise könnten auch bei der Funktion die Maxima nach beiden Seiten (s. Kurve 3) nicht erreichbar sein (Wellenlinie C_1D_1) oder auch überschritten werden (C_2D_2 statt CD). Ob Änderungen dieser Art unbedingt als pathologisch zu bezeichnen sind, ist zum mindesten zweifelhaft; man kann in ihnen auch den Ausdruck einer besonderen Individualität erblicken; denn absolut identische Menschen gibt es ja nicht. Trotzdem wird man berechtigt sein, wenn diese Schwankungen ein gewisses Maß überschreiten, von pathologischen Veränderungen zu sprechen. Daß funktionelle Zustandsanomalien bzw. funktionelle Eigentümlichkeiten auf diese Weise zustande kommen können, ist bisher nie erwogen worden. Es handelt sich hier allerdings nur um eine theoretische Deduktion. Ich glaube jedoch, daß es zweckmäßig sein dürfte, diesen Gedankengang in Zukunft weiter zu verfolgen und auf seine praktische Verwertbarkeit zu prüfen. Einiges hierüber wird später noch zu sagen sein. Zunächst sei nur ein Beispiel angeführt, durch welches die hier vertretene Auffassung gestützt wird. Eine Funktionsbeeinflussung im genannten Sinne dürfte am Herzen durch die Digitalis hervorgerufen werden. Diese Droge hat nämlich zur Folge, daß am Herzen nicht der Funktionstyp, sondern die Funktionsstärke sich ändert. Letztere nimmt nach **beiden** Seiten hin in gleicher Weise zu; sowohl die Diastole (also der Vagus- bzw. Kaliumeffekt) wie die Systole (also der Sympathicus- bzw. Calciumeffekt) werden stärker. — Dieser mehr quantitativen, in einer Einschränkung bzw. Überschreitung der gewöhnlichen, durchschnittlichen Funktionsbreite bestehenden Funktionsanomalie steht die mehr qualitative gegenüber, deren Wesensart sich schematisch in folgender Weise skizzieren läßt. Das Charakteristische ist, daß der Mittelpunkt der Wellenlinie nicht wie sonst durch den physiologischen Mittelpunkt M geht, sondern (s. Kurven 4 und 5) durch einen entweder näher dem Punkt C oder D gelegenen (M_1 oder M_2). Dies besagt, daß die Funktionsfähigkeit der Zelle (auch die während der Ruhe) nicht nach beiden Seiten hin in gleicher Stärke möglich ist. Die Wellenlinie CM_1E (Kurve 4) zeigt an, daß der Funktionsvorgang mehr nach der Richtung des Vagus als der des Sympathicus ausschlägt; das Entgegengesetzte gilt für die Wellenlinie FM_2D (Kurve 5). Für den Ruhezustand kommen ganz entsprechende Wellenlinien in Frage. Es ist ohne weiteres klar, daß die genannten, in dem Abrücken von dem normalen Mittelpunkt bestehenden Abweichungen das skizzieren, was wir klinisch als Vagotonie bzw. Sympathicotonie (im Sinne von Eppinger und Hess) bezeichnen. Natürlich kann auch die Stärke, mit der die in der Zelle sich abspielenden Vorgänge überwiegend nach der einen oder anderen Seite ausschlagen, eine verschiedene sein (schwache oder starke Vagotonie); entsprechende Wellenlinien lassen sich leicht in der vorliegenden Skizze einzeichnen. — Daß der Begriff der Vagotonie und Sympathicotonie sich für die Klinik als ein äußert fruchtbarer erwiesen hat, kann heute nicht mehr bezweifelt werden; immer mehr wird der Versuch gemacht, ihn für die Erklärung aller funktionellen Störungen heranzuziehen; um so mehr ist es notwendig, den Begriff etwas eingehender zu analysieren. Auch aus dem hier wiedergegebenen Schema geht hervor, daß das Wesen der wichtigsten Funktionsanomalien darin besteht, daß die Funktion nicht gleichmäßig zwischen den beiden möglichen Polen hin und her pendelt, sondern sich entweder dem einen oder dem anderen mehr zuwendet bzw. unter seine Herrschaft gelangt. Solange man allein in den vegetativen Nerven die Faktoren erblickt, welche dafür in Frage kommen, die Zelleistungen in der angegebenen Richtung zu lenken, ist es verständlich, daß man das Entstehen der Funktionsabweichungen als Folge einer Änderung der Nerveneinflüsse ansieht. Dieser Auffassung entspricht auch die Einführung der Begriffe „Vagotonie“ und „Sympathicotonie“. Aus den vorangehenden Erörterungen wissen wir jedoch, daß die vegetativen Nerven zwar zu den Regulatoren des vegetativen Systems gehören, daß ihnen aber andere Regulatoren zur Seite stehen, die im Gesamtgeschehen eine ebenso große Rolle spielen. Das gleiche, was durch einen verstärkten Nervenreiz erzielt wird, kann auch durch Elektrolyte bzw. Gifte herbeigeführt werden. Diese könnte man also mit dem gleichen Recht als die primäre Ursache der Vagotonie bzw. Sympathicotonie ansehen wie die entsprechenden Nerven. Am Beispiel der Tetanie (die ja letzten Endes auch nur eine spezielle Form der sog. Vagotonie darstellt) ist übrigens bereits dargelegt worden, daß diese verschiedenen theoretisch möglichen Ursachen auch in Wirklichkeit für die Entstehung des gleichen funktionellen Krankheitsbildes in Frage kommen. Da die Begriffe Vagotonie und Sympathicotonie sich fest eingebürgert haben, schlage ich nicht vor, sie fallen zu lassen; doch muß man sich dessen bewußt bleiben, daß der Inhalt des Begriffes mehr umfaßt, als der Bezeichnung entspricht. Eine Vagotonie ist zwar dadurch ausgezeichnet, daß die Funktionszustände bestimmter Zellen bzw. auch Organe so ablaufen, als ob ein verstärkter Vagusreiz auf sie einwirkte; dies besagt aber nicht, daß es tatsächlich die verstärkten Nervenreize sind, die es bewirken. Die Vagotonie ist — und das ist das Wesentliche — nicht eine Erkrankung des vegetativen Nervensystems, sondern eine Erkrankung des vegetativen Systems. Daß vom vegetativen Nervensystem aus auch eine vagotonische Zellreaktion ausgelöst werden kann, ist nach dem Gesagten selbstverständlich. Überflüssig ist der Streit, ob die Entstehung der Vagotonie peripher oder zentral bedingt ist. Es ist natürlich, daß alles, was auf das vegetative System einzuwirken in der Lage ist, zur Krankheitsursache werden kann. Das vegetative System umfaßt die vegetativen Betriebsstücke aller Zellen. Hierzu gehören aber nicht nur die aller Erfolgsorgane. Auch im Zentralnervensystem ist das vegetative System vertreten; es ist in den Stammganglien lokalisiert. Diese stellen die zentrale Zusammenfassung des ganzen vegetativen Systems dar. Es ist natürlich, daß auch von diesem vegetativen Zentrum bzw. den von ihm abhängigen tiefer gelegenen Zentren aus der vegetative Anteil der peripheren Organzellen, mit dem sie eine Einheit bilden, beeinflußt werden kann. Es geschieht dies auf dem Wege über die peripheren vegetativen Nerven. Was die Gifte und Elektrolyte betrifft, so können sie sowohl auf die Zentralstation wie auch direkt auf das vegetative Teilsystem der Zelle der Erfolgsorgane (ganz unabhängig vom Nerven) einwirken. Wir müssen ferner bedenken, daß eine Vagotonie auch entstehen kann, ohne daß — wie wir bisher angenommen haben — eine Störung in der Einwirkung der Regulatoren des vegetativen Systems eintritt. Es ist denkbar, daß auch trotz normalen Ablaufes der Nervenerregung, trotz geregelter endogener Giftproduktion und Elektrolytversorgung Änderungen in dem funktionellen Geschehen des vegetativen Systems zustande kommen, wenn die Reaktionsempfindlichkeit des dem vegetativen Betriebsstück einer Zelle zugrundeliegenden Plasma eine konstitutionell derartig veränderte ist, daß die an sich in der üblichen Stärke einwirkenden Regulatoren sich in veränderter Weise auswirken. Dies gilt ebenso für das Plasma des vegetativen Betriebsstückes der Zelle des Erfolgsorgans wie für dasjenige der zentralen vegetativen Betriebsstücke (Stammganglien usw.). — Indem wir den Sitz der Erkrankung in das vegetative System verlegen, haben wir nicht mehr nötig, die vagotonischen bzw. sympathicotonischen Funktionsanomalien, gleichgültig aus welcher Ursache sie entstehen, ganz willkürlich auf abnorme Erregungen des vegetativen Nervensystems zu beziehen; dies bedeutet insofern einen großen Fortschritt, als wir eine bessere Übereinstimmung mit den physiologischen Tatsachen erzielen, vor allem aber — wie z. B. bei der Tetanie — eine Erklärung dafür erhalten, wie das Auftreten gleicher Krankheitszustände aus ganz verschiedenartigen Ursachen möglich ist. In diesem Zusammenhang sei auch auf das Krankheitsbild des Asthma bronchiale verwiesen, das ebenfalls — und zwar mit vollem Recht — zu den vagotonischen Erkrankungen gezählt wird. Daß nervöse Reize den Anfall auslösen können, ist zweifellos; dies trifft z. B. für die Fälle zu, in denen sich der Anfall auf einen von der Nase ausgehenden Reiz zurückführen läßt (Reflexvorgang, der durch den N. trigeminus vermittelt wird). Auch können Asthmaanfälle durch Druck von Hilusdrüsen oder eines Aneurysmas auf den Vagus ausgelöst werden. Im Experiment führt Reizung des Vagusstammes ebenfalls zu einem dem Asthma ähnlichen Funktionszustand. Zweifellos können aber auch Gifte (und zwar die verschiedensten) das Auftreten des Asthmaanfalles bewirken. Experimentell lassen sich die charakteristischen Asthmasymptome z. B. durch Histamin hervorrufen. Daß Giftstoffe auch in einer großen Zahl der klinischen Asthmafälle für die Auslösung des Anfalls in Frage kommen, wird jetzt allgemein angenommen (so das Pollengift bei Heuasthma, bestimmte in Nahrungsmitteln enthaltene Stoffe, der Extrakt von Luftbakterien usw.). Das Besondere beim Asthma ist die Empfindlichkeit des Individuums; dieselben Reize, die bei den Asthma-Disponierten den Anfall herbeiführen, sind bei einem Gesunden vollkommen wirkungslos. Die Ursache des Asthmaanfalles ist also nicht immer darin gelegen, daß auf das vegetative Betriebsstück durch seine Regulatoren in einer abnormen Weise eingewirkt wird (wie z. B. bei der Atmungs- und Magentetanie, desgleichen bei der parathyreopriven Tetanie), sondern daß das dem vegetativen System zugrundeliegende Plasma konstitutionell so abgeartet ist, daß es mit seinen Regulatoren eine abnorme Reaktion eingeht. Wodurch diese besondere Empfindlichkeit des Plasmas (Allergie) bedingt ist, läßt sich nicht sagen. Sie kann übrigens auch eine vorgetäuschte sein. So besteht die Möglichkeit, daß die Überempfindlichkeit infolge einer kombinierten Einwirkung vegetativer Regulatoren zustandekommt. Wenn z. B. eine Zelle, die unter dem abnormen Einfluß des Vagus steht, außerdem noch der Einwirkung eines Giftes ausgesetzt wird, so ist verständlich, daß schon unterschwellige Dosen des letzteren eine Wirkung ausüben. Vagusreiz und Gift kombinieren sich, wie auch im Experiment nachgewiesen werden kann (s. S. 123).

Ob die abnorme Einwirkung der Regulatoren des vegetativen Systems (richtiger: des vegetativen Betriebsstückes) oder die konstitutionelle Abartung des Zellplasmas und die durch sie bedingte Reaktionsanomalie mit den Regulatoren zur Ursache der Krankheitserscheinungen wird, ist für uns jedoch nur eine Frage von minderer Bedeutung. Einmal geht eben die Erkrankung von dem Plasma des vegetativen Systems, das andere Mal von seinen Regulatoren aus; der Endeffekt ist natürlich der gleiche. Das prinzipiell Wichtige ist folgendes: In dem ganzen Erscheinungskomplex spielt das vegetative Nervensystem keine größere oder geringere Rolle als jedes andere Glied des vegetativen Systems. Die Mannigfaltigkeit der Erscheinungen und ihrer Ursachen können wir nicht verstehen, wenn wir — wie es bisher üblich war — an Stelle des gesamten Systems nur eines seiner Glieder berücksichtigen bzw. es für alles verantwortlich machen. — *Die Vagotonie dürfen wir nicht mehr als eine Vagusneurose auffassen, sondern als ein im vegetativen System begründetes Krankheitsgeschehen, das auf verschiedene Ursachen zurückzuführen ist*; wenn nicht die besondere konstitutionelle Reaktionsempfindlichkeit des dem vegetativen System zugrundeliegenden Plasmas die Ursache für das Auftreten der Krankheitserscheinungen darstellt, sind es die verschiedenen Regulatoren im vegetativen System (Nerv, Gift, Elektrolyt), die infolge einer abnormen Einwirkung die funktionelle Störung bedingen. Auf die Identität ihrer Wirkung ist die für die Pathologie höchst wichtige Tatsache zurückzuführen, daß trotz verschiedener Ursachen ein gleiches Krankheitsbild auftreten kann. Worauf die Identität beruht, ist in Kap. V, 4 ausführlich dargelegt worden. Es ist die gleichartige Änderung der Elektrolytverteilung, die ihrer Wirkung zugrunde liegt. Vagusreizung führt an der Zelle des Erfolgsorgans zu einer im Sinne der relativen Kaliumkonzentrierung gelegenen Verteilungsänderung der Elektrolyte (s. S. 105). Bei einer Vagotonie ist die Funktionseinstellung des betr. Organs eine solche, als ob der Vagus zu stark gereizt wäre; ob es auch in Wirklichkeit der Vagus oder die anderen vegetativen Regulatoren (Gift und Elektrolyt) sind, die die abnorme Funktion bedingen, ist gleichgültig, wenn wir lediglich danach trachten, die Veränderungen, die im betreffenden Falle im vegetativen System bzw. an der Zelle auftreten, kennenzulernen. Führen nämlich die verschiedenen vegetativen Regulatoren zu der prinzipiell gleichen Elektrolytverteilung, dann ist es nicht von Belang, durch welche von ihnen letztere herbeigeführt wird. Die vagotonische Zellreaktion ist demnach dadurch charakterisiert, daß an der Zelle eine Verteilungsänderung der Elektrolyte eintritt, die im Sinne einer relativen Kaliumkonzentrierung gelegen ist (vgl. hierzu das bei der Tetanie Gesagte); umgekehrt, besteht an der Zelle — gleichgültig aus welcher Ursache — eine im Sinne der relativen Kaliumkonzentrierung gelegene Verteilungsänderung der Elektrolyte, dann zeigt diese Zelle bzw. dieses Organ vagotonische Zustandsänderungen (S. G. ZONDEK). Daß diese Auffassung zu Recht besteht, dafür sprechen auch unsere therapeutischen Erfahrungen bei der Behandlung der Vagotonie. Ein sehr geschätztes Mittel, zu dessen Anwendung wir auf empirischem Wege gekommen sind, ist das Calcium (Genaueres hierüber s. Kap. XI). Daß es wirkt, ist verständlich, wenn die Grundlage der Erkrankung in der angegebenen Veränderung liegt. Das relative Kaliumübergewicht wird durch das Calcium paralysiert,

In entsprechender Weise müssen die sympathicotonischen Funktionszustände dadurch ausgezeichnet sein, daß an den betreffenden Zellen und Organen Verteilungsänderungen der Elektrolyte bestehen, die im Sinne einer relativen Calciumkonzentrierung gelegen sind. Das über die Vagotonie und Sympathicotonie hinsichtlich der Elektrolytverteilung Gesagte gilt natürlich nur für die Fälle, in denen die Ursache der funktionellen Störung auf einer abnormen Einwirkung der als Regulatoren im vegetativen System in Frage kommenden Faktoren beruht. In den Fällen aber, in denen die konstitutionelle Empfindlichkeit des Plasmas eine besonders abgeartete ist und zur Ursache der abnormen Reaktion mit den Regulatoren wird, können wir uns vorstellen, daß eine vagotonische bzw. sympathicotonische Funktionsstörung auch bei normaler Elektrolytverteilung zustande kommt. Die hier vertretene Auffassung vom Wesen der funktionellen Störungen würde daher auch eine genügende Stütze finden, wenn wenigstens in einem Teil der Fälle von Vagotonie bzw. Sympathicotonie Verteilungsänderungen der Elektrolyte nachgewiesen werden könnten. Um einen wirklichen Einblick in die Vorgänge zu gewinnen, müßte die Elektrolytveränderung direkt am abnorm funktionierenden Organ erforscht werden. Daß dies während des Lebens im allgemeinen nicht möglich ist, braucht nicht näher ausgeführt zu werden; nur in den seltensten Fällen ließe sich eine Untersuchung an der lebenden Zelle (z. B. an einem Stückchen exstirpierter Haut oder Muskel) durchführen. Dazu kommt noch folgendes: Die Analyse der Mineralbestandteile sagt nichts Bestimmtes über das Bestehen etwaiger Verteilungsänderungen aus. Letztere bestehen nämlich nicht allein in Änderungen des absoluten Gehaltes an einem bestimmten Mineral; vor allem kommen Änderungen in dem Verhältnis der einzelnen Fraktionen eines Minerals (z. B. dissoziierter und nichtdissoziierter Anteil), ferner Änderungen der Lokalisation usw. in Frage. Eine brauchbare Methodik, sie zu bestimmen, steht uns jedoch nicht zur Verfügung. Die chemische Elementaranalyse ist als eine Methode anzusehen, die nur grobe Änderungen erfaßt. — Bislang sind wir — wenigstens am Krankenbett — fast ausschließlich auf die Untersuchung des Blutes angewiesen.

Veränderungen im Elektrolytgehalte des Blutes.

Elektrolytveränderungen des Blutes geben uns — wie schon ausgeführt wurde, s. S. 254 — kein getreues Abbild von den an der Zelle bestehenden Veränderungen. Es kann im Blute die gleichartige Veränderung bei ganz entgegengesetzten Veränderungen an der Zelle bestehen. Auch ist zu bedenken, daß selten im Organismus ausschließlich vagotonische oder sympathicotonische Funktionsänderungen auftreten. Meist handelt es sich um Mischformen; so können bei der Mehrzahl der Organe die vagotonischen Reaktionen überwiegen, an einigen Zellsystemen aber auch sympathicotonische Zustandsänderungen bestehen. (Es ist daher durchaus verständlich, wenn G. v. Bergmann[1]) glaubt, mit den Begriffen „Vagotonie“ und „Sympathicotonie“ lediglich die Zustandsänderungen einer bestimmten Zelle bzw. eines Organs, nicht aber die des Gesamtorganismus erfassen zu können. Für die klinischen Krankheitsbilder verlangt er Differenzierungen, die der Einstellung der gesamten Person entsprechen. Einen Versuch dieser Art hat v. Bergmanns Schüler W. Jaensch[2]) unternommen, der von konstitutionellen Gesichtspunkten ausgehend zu einer Unterscheidung der vegetativ stigmatisierten Individuen nach dem B-(basedowoiden) und dem T-(tetanoiden) Typ gelangt. Da auf das Blut die Veränderungen aller Organe (die der vagatonisch und sympathicotonisch eingestellten) zurückwirken, ist damit zu rechnen, daß sie sich dort mitunter bis zu einem gewissen Grade ausgleichen. Abweichungen im Elektrolytgehalt des Blutes sagen daher nur aus, daß überhaupt irgendwo im Organismus Verteilungsänderungen der Elektrolyte bestehen müssen. Trotzdem ist es natürlich möglich, daß bei denselben Krankheitszuständen stets die gleichen Elektrolytveränderungen im Blute auftreten; auch ist evtl. damit zu rechnen, daß gewisse Typen sich nachweisen lassen. Das vorhandene Material reicht m. E. aber nicht aus, um eine Charakterisierung dieser vorzunehmen; z. T. sind die Angaben noch sehr widersprechend. Auch ist es erforderlich, daß die Blutanalysen immer auf die verschiedensten Ionen ausgedehnt werden (so K, Ca, PO_4 usw.), wie es z. B. Freudenberg

[1]) v. Bergmann, G.: Das vegetative Nervensystem und seine Störungen. Handb. der inneren Medizin (v. Bergmann und Staehelin) II. Teil, Bd. V.

[2]) Jaensch: Über psycho-physische Konstitutionsuntersuchungen. Julius Springer 1926. Münch. med. Woch. 1921, S. 1101 u. 1922, S. 964.

und GYÖRGY bei den Untersuchungen der Tetaniekranken gemacht haben; denn häufig läßt sich nur aus den vergleichenden Feststellungen das Wesen der vorliegenden Veränderung erklären; bemerkenswert ist, daß die bisherigen Untersuchungen dieser Art ergeben haben, daß die Veränderungen im K- und Ca-Spiegel des Blutes meist entgegengesetzter Art sind, daß also in den Fällen, in denen eine Calciumverminderung besteht, gleichzeitig die Kaliumwerte erhöht sind und umgekehrt. Auf diese Weise wird die Veränderung des Quotienten $\frac{K}{Ca}$, der für das funktionelle Geschehen wichtiger ist als die absolute Menge an K- und Ca-Ionen, größer. Es gibt allerdings auch Fälle, in denen die K- und Ca-Werte in gleichsinniger Weise, wenn auch in verschieden starkem Maße, verändert sind. Bei dem Versuch, aus den Blutveränderungen Rückschlüsse auf die Art der Organveränderung zu machen, ist aber aus den genannten Gründen in jedem Falle Vorsicht geboten. Unter diesem Gesichtspunkte soll das bereits vorliegende Tatsachenmaterial betrachtet und gewürdigt werden.

Die Vagotonie (bzw. Sympathicotonie) pflegt man — wie schon betont worden ist — im allgemeinen als eine Krankheit sui generis anzusehen, wenn wir zufällig nicht in der Lage sind, die in der Richtung einer Vagus- oder Sympathicusbetonung gelegenen funktionellen Störungen als Begleiterscheinung einer uns sonst irgendwie charakterisierten Erkrankung auffassen zu können, d. h. wenn wir nicht eine bestimmte Hauptkrankheit diagnostizieren können (z. B. Tetanie, Basedow, Addison usw). Daß es sich aber hier häufig mehr um eine Willkür als um prinzipielle Verschiedenheiten handelt, ist schon ausgeführt worden. Vielfach handelt es sich auch nur um quantitative Unterschiede. Was die einen als Vagotonie ansehen, bezeichnen andere als leichteste Form des Basedow (Forme fruste). Vielfach deckt sich die „Vagotonie" auch mit dem, was als Status thymicolymphaticus bzw. Lymphatismus bezeichnet wird. Auch der Habitus asthenicus bzw. die Asthenie kann vielfach nur als eine besondere Form dieser **Vagotonie** angesehen werden. — Bei der Mehrzahl dieser Fälle besteht — wie aus Untersuchungen von HERZFELD[1]), NEUBURGER[2]) und LUBOWSKI[3]) sowie JANSEN[4]) hervorgeht — eine Verminderung des Calciumgehaltes (bis zu 7 mg-%); es gibt aber auch Fälle (sie stellen die Minderheit dar), in denen der Calciumgehalt (bis zu etwa 14 mg-%) erhöht ist [BILLIGHEIMER[5]), LUBOWSKI]. Daß die Blutwerte so wechselnd sein können, werden wir auch bei anderen Fällen sehen. STHEMANN[6]), der verminderte Calciumwerte im Blut asthenischer, adynamischer Kinder fand, spricht von einer calcipriven Konstitution; er betrachtet diese kindliche Adynamia calcipriva als eine Vorstufe bzw. die Jugendform der asthenischen Konstitution der Erwachsenen. Die Tatsache, daß bei der Mehrzahl dieser vegetativ stigmatisierten oder asthenischen Menschen der Calciumgehalt des Blutes ebenso wie bei der Tetanie vermindert ist, stellt

[1]) HERZFELD u. LUBOWSKI: Dtsch. med. Wochenschr. 1923, Nr. 19 u. 20.
[2]) HERZFELD u. NEUBURGER: Dtsch. med. Wochenschr. 1924, Nr. 39.
[3]) LUBOWSKI: Dtsch. med. Wochenschr. 1923, Nr. 21.
[4]) JANSEN: Dtsch. Arch. f. klin. Med. Bd. 144, S. 14. 1924.
[5]) BILLIGHEIMER: Klin. Wochenschr. 1922, Nr. 6, S. 256.
[6]) STHEMANN: Jahrb. f. Kinderheilk. Bd. 94, S. 27. 1921.

eine weitere Ergänzung der Momente dar, die für die Verwandtschaft zwischen Vagotonie und Tetanie sprechen. Daß auch die calciprive Konstitution im Sinne STHEMANNS der spasmophilen äußerst nahesteht, halte ich für sehr wahrscheinlich. — Weshalb eine abnorme Funktion der innersekretorischen Drüsen zu dem Auftreten vagotonischer bzw. sympathicotonischer Krankheitssymptome führen kann, ist schon kurz erwähnt worden. Die von den betreffenden Drüsen sezernierten Hormone bzw. endogenen Gifte sind Glieder des vegetativen Systems und als solche haben sie wie die übrigen Glieder (Nerv, Elektrolyt) die Befähigung, auf die Vorgänge im vegetativen System im vagischen bzw. sympathischen Sinne einzuwirken (Identität der Wirkung der einzelnen Glieder des Systems). Von den Beziehungen der Nebenschilddrüse zur Tetanie (einer speziellen Form vagotonischer Zustandsänderungen, die in erster Linie den quergestreiften Muskel betreffen) wurde schon gesprochen (s. S. 257). Die Blutveränderungen, die bei der parathyreopriven **Tetanie** auftreten, sind folgende: der Ca-Gehalt sinkt, der K-Gehalt steigt. GROSS und UNDERHILL[1]) fanden bei Hunden eine Erhöhung des K von etwa 30 auf 40 mg-%. Der Quotient $\frac{K}{Ca}$ stieg von etwa 5 auf 10—13. Bei der klinischen Tetanie (insbesondere der Spasmophilie der Kinder) können die Blutveränderungen ganz ähnlicher Art sein; der Calciumgehalt sinkt in vielen Fällen bis auf 6 mg-%. Eine Erhöhung des Kaliumgehaltes ist meist auch vorhanden (etwa 26 mg-% statt 22 mg-%. Bei der Magen- und Atmungstetanie ändern sich die absoluten Ca-Werte nicht (s. S. 255). Während das Fehlen des Nebenschilddrüsenhormons zu Kalkverminderung des Blutes führt, vermag Zufuhr eines wirksamen Hormonpräparates (so das von COLIP hergestellte) Steigerung des Calciumgehaltes des Blutes zu bewirken. Die Nebenschilddrüse pflegt man gewöhnlich als die Drüse anzusehen, der die Regulation des Calciumstoffwechsels unterliegt, und die insbesondere dazu berufen ist, die Ca-Isoionie des Blutes aufrechtzuerhalten. Diese Annahme ist m. E. ebensowenig berechtigt wie die, daß das vegetative Nervensystem **die** Ursache der Vagotonie bzw. Sympathicotonie sei. Als Glied des vegetativen Systems kommt dem Hormon der Parathyreoidea natürlich eine Bedeutung für die Elektrolytverteilung (so auch der Calciumverteilung) zu; die anderen Glieder üben aber ebenfalls einen Einfluß dieser Art aus (vgl. hierzu das, was — S. 110 — über den Einfluß der Vagusreizung und des Adrenalins auf die Calciumverteilung mitgeteilt worden ist). Daß gerade der Nebenschilddrüse die Bedeutung zugesprochen wurde, den Calciumstoffwechsel zu regulieren, ist wohl darauf zurückzuführen, daß bei der zu ihr in Beziehung stehenden Tetanie zum ersten Male Veränderungen der Ca-Werte gefunden worden sind. — Ein Einfluß ähnlicher Art kommt auch der Schilddrüse zu, d. h. Änderungen im Calciumgehalt des Blutes finden sich auch bei Krankheitszuständen, die Beziehungen zu dieser Drüse haben (Basedow und Myxödem). Beide Erkrankungen gehen zweifellos mit funktionellen (d. h. vegetativen) Störungen einher. Beim Basedow überwiegen die sympathicotonischen, beim

[1]) GROSS u. UNDERHILL: Journ. of biol. Chem. Bd. 54, S. 105. 1922.

Myxödem die vagotonischen Zustandsänderungen der Zelle. Im Blute der **Basedowkranken** finden sich nach LEICHER[1]) verminderte Calciumwerte, während beim **Myxödem** der Calciumgehalt erhöht zu sein scheint. Die gleichen Veränderungen wie beim Basedow konnte LEICHER auch nach Darreichung von Thyreoidin erzielen. Bei Strumakranken (ohne Basedow-Erscheinungen) finden sich wechselnde Werte. Es gibt Fälle mit normalem, aber auch solche mit erhöhtem und erniedrigtem Blutcalciumgehalt. Eine Verminderung des Calciumgehaltes des Blutes bei Basedow wurde auch von JANSEN[2]) gefunden. Es gibt aber auch Fälle, bei denen der Calciumgehalt erhöht ist [BILLIGHEIMER[3]), HERZFELD und LUBOWSKI, HERZFELD und NEUBURGER[4])]. Nach den Angaben der letztgenannten ist die Vermehrung ebenso häufig wie die Verminderung. — Hypophysenpräparate (Hypophysin bzw. Pituitrin) bewirken (subcutan injiziert) nach LEICHER eine Senkung des Kalkspiegels. In Übereinstimmung damit fand dieser Autor bei der Dystrophia adiposo-genitalis, die bekanntlich mit einer Hypofunktion der Drüse verknüpft ist, erhöhte Serumkalkwerte. Einer genaueren Untersuchung wurde auch das Blut von Frauen unterworfen, und zwar zu Zeiten, in denen ein besonderer Funktionszustand ihrer Ovarialtätigkeit bestand. Daß eine Änderung der letzteren zu funktionellen Störungen führt, ist hinreichend bekannt. Ich verweise in erster Linie auf die Beschwerden der Kastrierten bzw. der klimakterischen Frauen. Auch innerhalb des Menstruationszyklus sind vielfach periodische Änderungen des Funktionszustandes des Gesamtorganismus nachweisbar. C. K. F. SCHULTZE[5]), der das Blut während zwei **Menstruationsperioden** fortlaufend untersuchte, fand folgende konstante Veränderungen. Ein bis zwei Tage vor Einsetzen der Blutung sinkt der Kaliumgehalt des Blutes in einer gerade noch nachweisbaren Stärke (etwa von 19,8 mg-% auf 18,5 mg-%). Mitunter ist die Verminderung auch eine stärkere (16 mg-%), Im allgemeinen waren die Veränderungen gerade bei solchen Frauen nachweisbar, die auch größere Beschwerden hatten (Neigung zu Erbrechen, Kopfschmerzen usw.). Die Ca-Werte nehmen in dieser Zeit meist ein wenig zu bzw. liegen an der oberen Grenze der Norm (etwa 10,5 mg-%). Hierdurch wird die im Blut bestehende relative Kaliumverminderung eine stärkere. Ob die Kaliumverminderung einem Abwandern des Kaliums aus dem Blut in die Gewebe entspricht, möchte ich nicht entscheiden; es ist dies aber durchaus möglich. Dies würde einem vagotonischen Zustand entsprechen, der klinisch auch tatsächlich besteht. Mit dem Auftreten der Blutung verschwinden die Blutveränderungen wieder. In der Menopause fand SCHULTZE keine Abweichungen der K- und Ca-Werte des Blutes von der Norm; dagegen waren Veränderungen nachweisbar bei Frauen, die sich in den Wechseljahren befanden und unter großen Beschwerden litten. Auffallend ist, daß hier die an sich keineswegs unbedeutenden Änderungen sehr stark schwankten. Häufig fanden sich Störungen, die ein absolutes und insbesondere relatives Calcium-

[1]) LEICHER: Verhandl. d. dtsch. Kongr. f. inn. Med. 1922, S. 417.
[2]) JANSEN: l. c.
[3]) BILLIGHEIMER: Klin. Wochenschr. 1922, Nr. 6.
[4]) HERZFELD u. NEUBURGER: l. c.
[5]) SCHULTZE, G. K. F.: Arch. f. Gynäkol. Bd. 126, S. 35. 1925.

übergewicht im Blute anzeigten (Zunahme des Ca auf 13 mg-% und Abnahme des Kaliums bis zu 14 mg-%), mitunter waren aber auch gegenteilige Änderungen nachweisbar (Verminderung des Ca-Wertes bis zu 7,5 mg-%). Auch gibt es Fälle, in denen die Blutwerte ganz normal sind. Gewiß sind die klimakterischen Beschwerden sehr mannigfacher Art, und es läßt sich nicht leugnen, daß Funktionszustände auftreten können, die bald mehr ins Gebiet der vagotonischen Zustandsänderungen (Dermographie usw.), bald mehr ins Gebiet der sympathicotonischen (hierher gehört vor allem die Blutdrucksteigerung) fallen können, deren Überwiegen also bald die Veränderungen der einen Art, bald die der anderen Art erklären könnten. Ob dies tatsächlich zutrifft, ist zum mindesten zweifelhaft; denn auch bei anderen Erkrankungen (z. B. Basedow) können die Veränderungen im Blute durchaus verschiedenartig sein. Ich glaube vielmehr auch aus diesen Untersuchungsergebnissen die Schlußfolgerung ziehen zu können, zu der ich an anderer Stelle aus rein theoretischer Überlegung gekommen bin: Blutveränderungen können uns anzeigen, daß überhaupt funktionelle vegetative Störungen vorliegen; doch ist Vorsicht geboten, wenn man aus der Art der Veränderungen auf die Natur der bestehenden funktionellen Störungen schließen will. —

Zu erwähnen sind noch die Veränderungen, die während der **Gravidität** nachweisbar sind. Daß in den ersten Monaten der Schwangerschaft keine Veränderungen auftreten, wird von allen Autoren angegeben. Hinsichtlich der zweiten Hälfte gehen die Ansichten auseinander. Während LAMERS erhöhte Ca-Werte (etwa vom 5. Monat beginnend) annimmt, sind KEHRER, PLASS und BOGERT, WIDDOWS sowie KREBS und BRIGGS[1]) der Ansicht, daß die Ca-Werte unter den Normalwert sinken. Nach JANSEN[2]) ändert sich während der Gravidität der Calciumgehalt des Blutes überhaupt nicht. Die Veränderungen, die SCHULTZE nachwies, sind auch nur sehr geringfügig; er fand lediglich eine relative Vermehrung des Ca gegenüber dem K. — Auf Beziehungen des vegetativen Systems zu bestimmten Vorgängen bei der Gravidität hat besonders SEITZ[3]) hingewiesen. — Über die Bedeutung der Elektrolyte für die Osteomalacie, einer zweifellos auch zu den Ovarien in Beziehungen stehenden Erkrankung, s. S. 301. — Was das Asthma bronchiale betrifft, so gibt es nach JANSEN Fälle, die mit erhöhten, und auch solche, die mit verminderten Calciumwerten einhergehen. Selbst bei ein und demselben Individuum können Hyper- und Hypocalcämie abwechseln; letztere ist allerdings die häufiger vorkommende Veränderung; dies zeigte sich auch bei den von BILLIGHEIMER[4]) untersuchten Fällen. —

Bei Epileptikern sind die Calciumwerte teils deutlich vermindert, teils liegen sie an der unteren Grenze der Norm [JANSEN, DENIS und TALBOT[5])]. Daß zwischen der Epilepsie und Tetanie bzw. Spasmophilie Beziehungen be-

---

[1]) Literaturangabe s. bei SCHULTZE.

[2]) JANSEN: l. c.

[3]) SEITZ: Die Schwangerschaftstoxicosen (Gestosen)- und Dyskrasien in HALBAN-SEITZ: Biologie und Pathologie des Weibes. Bd. VII, 1. Teil. Urban & Schwarzenberg 1927.

[4]) BILLIGHEIMER: Klin. Wochenschr. 1922, Nr. 6, S. 256.

[5]) DENIS u. TALBOT: Americ. journ. of dis. of childr. Bd. 21, S. 29. 1921.

stehen, wird von vielen Neurologen schon seit langem angenommen. Es ist die gleiche konstitutionelle Einstellung, auf deren Grundlage diese Erkrankungen entstehen. Daß nun bei der Epilepsie und Tetanie auch ähnliche Veränderungen im Kalkspiegel des Blutes bestehen, kann in gleichem Sinne gewertet werden. Dasselbe gilt hinsichtlich der Veränderungen der Blutpuffersubstanzen. Sowohl bei der Tetanie wie bei der genuinen Epilepsie besteht eine Alkalosis (s. S. 198).

Da auch bei vielen sog. organischen Erkrankungen — wie schon betont worden ist — funktionelle Störungen (im Sinne der vegetativen Neurose) bestehen können, so ist es nicht erstaunlich, wenn auch bei ihnen Änderungen im Mineralgehalt des Blutes vorkommen. So kann Hypocalcämie gelegentlich auch bei Erkrankungen wie Hilustuberkulose, Ulcus ventriculi, Aortenaneurysma, arterielle Hypertonie usw. auftreten [HERZFELD und LUBOWSKI, JANSEN, KYLIN[1])].

Ist jede Veränderung im Mineralgehalt des Blutes ein Zeichen dafür, daß irgendwo im Organismus funktionelle, auf Veränderungen im vegetativen System beruhende Störungen bestehen müssen? In dieser Form muß die Frage verneint werden. Zunächst müssen wir bedenken, daß unter Umständen Zustände auftreten können, in denen der Bedarf an Salzen plötzlich stark ansteigt, und dieser Mehrbedarf durch Abgabe aus bestimmten Geweben und dem Blut befriedigt wird. Hierher gehören wahrscheinlich die Veränderungen bei der Pneumonie, von denen später noch die Rede sein wird. Zu berücksichtigen ist fernerhin folgendes: Die Elektrolytverteilung stellt nach unserer Definition einen Zustand dar, der von den Vorgängen im vegetativen System abhängig ist, d. h. jede Änderung im vegetativen Betriebsstück einer Zelle führt zu einer Verteilungsänderung der Elektrolyte. In diesem Sinne waren auch die bisher angeführten Abweichungen von der normalen Verteilung zu bewerten. Dem vegetativen Betriebsstück steht das chemische gegenüber, das mehr mit der spezifischen Funktion der Zelle verknüpft ist. Diese ist natürlich bei den verschiedenen Zellen und Organen eine ganz verschiedene. Der Muskel z. B. vollführt die Zuckung, die Leber stapelt Glykogen usw. Nun gibt es einige Organe, zu deren spezifischer Funktion es gehört, auch zur Regulation des Elektrolytstoffwechsels beizutragen. In erster Linie ist hier die **Niere** zu nennen, deren spezielle Aufgabe auch darin besteht, Elektrolyte auszuscheiden. Der Einfluß, der den Nieren hinsichtlich der Elektrolytverteilung zukommt, ist — verglichen mit dem des vegetativen Systems — nur ein sekundärer. Die Nieren scheiden das aus, was im Betriebe der im vegetativen System sich abspielenden Vorgänge als unbrauchbar bzw. überflüssig abgegeben wird. Wie es bei einer Niereninsuffizienz zu Retention von Säurevalenzen (urämische Dyspnöe), so kann es auch zu einer solchen bestimmter Kationen kommen; daß dies häufig zutrifft, ist seit langem bekannt (am genauesten ist in dieser Hinsicht die Ausscheidung des NaCl untersucht worden; aber auch für Calcium, Kalium, Magnesium usw. liegen entsprechende Untersuchungen vor, von denen später noch die Rede sein wird). Wie bei einer Niereninsuffizienz die gestörte Ausscheidung der Säurevalenzen zu einer Störung des Säuren-Basen-

[1]) KYLIN: Klin. Wochenschr. 1925, Nr. 39, S. 1870.

gleichgewichtes des Blutes führen kann, ist bei gestörter Ausscheidung der Kationen auch eine entsprechende Änderung des Kationengehaltes des Blutes möglich; dies besagt keineswegs, daß bei Nierenerkrankungen Änderungen im Elektrolythaushalt nur auf Störungen in der Ausscheidung zurückzuführen sind. Soweit sie aber durch letztere bedingt sind, müssen sie natürlich anders bewertet werden als diejenigen, die ihre Ursache in primären Veränderungen des vegetativen Systems haben. Ein Organ, das ebenfalls dadurch ausgezeichnet ist, daß es zu seiner spezifischen Funktion gehört, mit den Elektrolyten (insbesondere dem Calcium, den Carbonaten und Phosphaten) in Beziehung zu treten, ist der Knochen. Seine besondere Aufgabe besteht darin, die genannten Salze anzulagern usw. Daß Erkrankungen des Kochens, die zu einer Störung seiner Funktion führen, ebenfalls zu Änderungen im Elektrolythaushalt führen können, ist daher ohne weiteres verständlich.

Bei den meisten **Infektionskrankheiten** ist der Kalkspiegel normal. Eine Ausnahme macht nach Jansen die croupöse Pneumonie, die im Stadium der entzündlichen Lappeninfiltration mit einer Verminderung des Calciumgehaltes des Blutes (Hypocalcämie) und im Stadium der Lösung mit einer Steigerung (Hypercalcämie) einhergeht. Schon die Tatsache, daß unter den Infektionen nur die Pneumonie durch diese Veränderungen ausgezeichnet ist, macht es unwahrscheinlich, daß letztere durch funktionelle Störungen im Sinne der vegetativen Neurosen bedingt sind. Vielmehr ist anzunehmen — dies ist auch die Anschauung Jansens —, daß hier die gleichen Ursachen wie für die Verminderung des Kochsalzspiegels in Frage kommen. Daß bei der Pneumonie der Kochsalzhaushalt eine Störung erfährt, ist schon seit langer Zeit bekannt; die NaCl-Ausscheidung durch den Harn geht während des entzündlichen Stadiums beträchtlich zurück, und zwar deshalb, weil große NaCl-Mengen von der Lunge, d. h. den großen Fibrinmassen des pneumonischen Exsudats retiniert werden. Die plötzliche Steigerung der Harn-NaCl-Mengen ist ein prognostisch günstiges Zeichen, weil es die Lysis anzeigt, als deren Folge das NaCl aus der Lunge wieder abwandert. Die Veränderungen des Kalkhaushaltes dürften auf die gleichen Ursachen zurückgeführt werden. (Zuerst Abwanderung von Calcium in die Lungen und daher Verminderung im Blut, dann Rückstrom mit entsprechender Vermehrung der Blut-Calciumwerte.)

Was die **Stoffwechselkrankheiten** betrifft, so wurde eingangs dieses Kapitels auseinandergesetzt (s. S. 251), daß ihr Entstehen auch durch abnorme Vorgänge im vegetativen System bedingt sein kann. In diesen Fällen sind Störungen in der Elektrolytverteilung zu erwarten. Von diesem Gesichtspunkte aus betrachtet, ist es interessant, daß derartige Störungen z. B. beim Diabetes melitus vorkommen. Meyer-Bisch und Thyssen[1]) fanden in der Mehrzahl der Fälle hohe, zum mindesten an der oberen Grenze der Norm liegende Ca-Werte im Blut. Diese Veränderung steht in keiner Beziehung zu der beim Diabtes melitus häufig auftretenden Bluteindickung, die mit starker Chlorverarmung einhergeht. Es ist jedoch nicht angängig, aus

[1]) Meyer-Bisch u. Thyssen: Vortr. Med. Ges. Göttingen s. Klin. Wochenschr. 1924, Nr. 29, S. 1338.

diesen Abweichungen in der Elektrolytkonzentration die Schlußfolgerung zu ziehen, daß wir es hier tatsächlich mit primären Störungen des vegetativen Systems zu tun haben; es ist nämlich auch denkbar, daß die Veränderungen sekundärer Natur sind und ihr Auftreten der abnormen Stoffwechselrichtung verdanken; denn der chemische Stoffwechsel wirkt auch sekundär auf die Elektrolytverteilung ein, indem er zum Freiwerden neuer Elektrolyte (H-, PO_4-Ionen u. a.) führt. Daß speziell beim Diabetes die Veränderung der Elektrolytverteilung höchstwahrscheinlich sekundärer Natur ist, zeigen gerade die Untersuchungen von MEYER-BISCH und THYSSEN, die ergaben, daß Zuckerzufuhr sowohl den Mineral- wie Wasserstoffwechsel stark beeinflussen kann; so wird z. B. durch perorale Zufuhr von 100 g Lävulose (nicht Dextrose) der Blutcalciumwert der Diabetiker meist gesteigert, in seltenen Fällen (besonders bei Altersdiabetikern) herabgesetzt. Beim Gesunden bleibt diese Wirkung aus. Daß bei Diabeteskranken infolge der Acidosis (also auch sekundär bedingt) Veränderungen im Kalkhaushalt auftreten können, war auch schon GERHARDT und SCHLESINGER[1]) bekannt. Sie konnten feststellen, daß unter dem Einfluß der Säurekörper die Harnkalkmenge stark zunimmt; letztere wird größer als die Faeceskalkmenge, während beim Gesunden und nicht acidotischen Diabeteskranken das Umgekehrte der Fall ist. Die Säurekörper (so die Oxybuttersäure usw.) reißen das Ca an sich, was erklärlich ist, da sie nur in Salzform durch die Nieren ausgeschieden werden können. (Dem vermehrten Verbrauch an Calcium zwecks Bindung an die Säurekörper entspricht die beim acidotischen Diabeteskranken mitunter auftretende Hypocalcämie [JANSEN[2])].)

4. Störungen der Flüssigkeitsbewegung (Nierenkrankheiten, zentrale Störungen, Hungerödem, diabetisches und kachektisches Ödem). Das führende Krankheitssymptom „Wassersucht" und seine genetische Erklärung.

Daß bei Nierenkranken Störungen im Elektrolythaushalt auftreten können, ist schon betont worden; auch wurde erläutert, weshalb Änderungen in der Elektrolytverteilung, die durch die abnorme Funktion der Niere selbst verschuldet sind, anders zu bewerten sind als jene, die durch die Vorgänge im vegetativen System bedingt sind (s. S. 271). Wie erwähnt wurde, dürfte aber auch bei den Nierenkranken in der Niere selbst nicht die einzige Ursache für das Zustandekommen der veränderten Elektrolytverhältnisse gelegen sein, wie auch die sonstigen bei ihnen auftretenden Symptome jetzt nicht mehr allein auf Krankheitsvorgänge in der Niere bezogen zu werden pflegen. Daß es nicht immer leicht sein wird, die renal und extrarenal bedingten Störungen des Elektrolythaushaltes abzugrenzen, d. h. im Einzelfall zu entscheiden, welche Faktoren für die vorliegende Störung verantwortlich zu machen sind, ist erklärlich. Wie die meisten sog. organischen Erkrankungen sind auch die der Niere mit funktionellen Störungen verbunden, die fern von dem anatomisch nachweisbar erkrankten Gebilde auftreten. Hingewiesen sei auf das schon erwähnte Beispiel der ADDISONschen Krank-

[1]) GERHARDT u. SCHLESINGER: Arch. f. exp. Pathol. u. Pharmakol. Bd. 42, S. 83. 1899.
[2]) JANSEN: l. c.

heit. Der anatomische Sitz der Erkrankung ist die Nebenniere. Die funktionellen Krankheitserscheinungen betreffen den Muskel, die Leber und andere Organe. Zu den funktionellen Störungen der Nierenkranken können wir in erster Linie die des Flüssigkeitsstoffwechsels zählen. Da wir mit den anatomisch nachweisbaren Veränderungen das Wesen einer Erkrankung nicht vollkommen erfassen (s. hierzu S. 258), dem Verständnis der pathogenetischen Vorgänge sogar häufig näher kommen, wenn wir die Vorgänge dort zu erfassen suchen, wo der Sitz der funktionellen Störung ist, so dürfte es sich verlohnen, auch bei den Nierenkranken in entsprechender Weise vorzugehen. Daß es zweckmäßig ist, das führende Symptom zum Ausgangspunkt der pathogenetischen Betrachtung zu machen, haben wir aus den Erörterungen über die Tetanie ersehen können. Da bei dieser Erkrankung in der Mehrzahl der Fälle ein anatomisches Substrat überhaupt nicht nachweisbar ist, ist man von vornherein gezwungen, die funktionelle Störung bzw. das führende Symptom, so die tetanischen Muskelzuckungen, in den Vordergrund zu rücken und die Pathogenese der Erkrankung von dieser Seite aus zu erfassen. Ich glaube nicht, daß dies zum Schaden unserer pathogenetischen Erkenntnis ist; im Gegenteil, bei der Tetanie hat diese Betrachtungsweise uns nicht nur die Entstehung des Krankheitssymptoms selbst verstehen gelehrt, sondern auch die Erklärung dafür gegeben, wie es möglich ist, daß die verschiedensten Ursachen zu dem gleichen Krankheitsbild führen können. Es gibt auch Tetanieformen, bei denen organische Schädigungen vorliegen, z. B. die gelegentlich bei Pylorusstenose auftretende sog. Magentetanie. Es läßt sich nichts dagegen einwenden, diese Erkrankung als Magenkrankheit anzusehen. Daß man sich aber nicht allein mit der Annahme einer Magenkrankheit begnügt, liegt in diesem Falle nur daran, daß man weiß, daß die Tetanie auch ganz unabhängig vom Magen auftreten kann, der Magen also nur als ein Auslösungsmoment in Frage kommt, nicht aber das Wesen dieser Erkrankungsform, das tetanische Krankheitsbild, erklärt. Daß z. B. das Calcium auch die Magentetanie günstig beeinflußen, d. h. den Anfall beseitigen kann, läßt sich nicht mit etwaigen Beziehungen dieses Minerals zum Magen erklären. Weshalb das Calcium wirkt, wird uns nur dann klar, wenn wir die Vorgänge, die am Muskel selbst ablaufen und die Muskelerregbarkeit bedingen, analysieren. Diese Betrachtungsweise hat im speziellen Falle der Tetanie uns gelehrt, daß am Muskel, gleichgültig aus welcher Ursache der tetanische Anfall entsteht, ein Prozeß abläuft, der dadurch charakterisiert ist, daß an den Zellgrenzflächen eine im Sinne der relativen Kaliumkonzentrierung gelegene Verteilungsänderung der Elektrolyte besteht. Haben wir dies erkannt, dann ist uns klar, weshalb Calcium therapeutisch nützen muß. Das Bestreben, den dem führenden Krankheitssymptom zugrunde liegenden Prozeß zu analysieren, also das Geschehen zu erfassen, das das eigentliche Krankheitsbild verursacht, enthebt uns nicht der Verpflichtung, auch das ätiologische Moment genügend zu berücksichtigen. Im Falle der Magentetanie kommen hierfür in erster Linie die organischen Veränderungen des Magens in Frage; auch die Kenntnis dieser Prozesse ist sowohl für die pathogenetische Betrachtung wie für unser therapeutisches Handeln von großer Bedeutung. Haben wir erkannt, daß eine Pylorusstenose den Ausgangspunkt der Erkrankung darstellt, so ergibt sich für uns die Möglichkeit, evtl. eine kausale Therapie durchzuführen, d. h. die Pylorusstenose zu beseitigen. Die Calciumtherapie ist demgegenüber die symptomatische. Ihre Wirkungsursache können wir wie bei der Tetanie so auch bei allen anderen Erkrankungen nur verstehen, wenn wir die Vorgänge erfassen, die den funktionellen Störungen zugrunde liegen. Was die organischen Veränderungen betrifft, so stellen sie wie bei der Magentetanie auch in vielen anderen Fällen (so beim Morbus Addisonii) den ätiologischen Faktor dar, dessen Kenntnis die Voraussetzung für eine etwaige kausale Therapie ist. Daß andererseits in vielen Fällen die organischen Veränderungen nur einen Nebenbefund darstellen, sei auch an dieser Stelle nochmals hervorgehoben (s. S. 259). Jedenfalls stellt der organische Prozeß (abgesehen von den Fällen, in denen nur ganz lokale Krankheitserscheinungen bestehen) lediglich einen Faktor im Krankheitsgeschehen dar; er reicht daher nicht aus, einen Einblick in die gesamten Krankheitsvorgänge zu gewähren.

Zu den wichtigsten funktionellen Störungen bzw. den führenden Symptomen bei Nierenkranken gehören zweifellos die Veränderungen des Flüssigkeitsstoffwechsels. Letztere stellen aber ein Symptom dar, das nicht nur bei Nierenkranken auftritt, ebensowenig wie die Tetanie, d. h. die veränderte Muskelerregbarkeit, sich nur bei Magenkranken findet. Verhalten sich etwa die organischen Nierenerkrankungen zur Störung des Flüssigkeitsstoffwechsels ebenso wie die Pylorusstenose zur Tetanie? Daß „Tetanie“ auch nur einen funktionellen Begriff darstellt wie Störung des Flüssigkeitsstoffwechsels, geht aus dem bisher Gesagten zur Genüge hervor. Sie unterscheiden sich voneinander nur durch die Lokalisation. Während bei der Tetanie sich die abnormen Vorgänge in erster Linie am Skelettmuskel abspielen, kommen bei den Störungen des Flüssigkeitsstoffwechsels vor allem die Organsysteme in Frage, die für die Flüssigkeitsbewegungen von Bedeutung sind (s. u.). Die Art der Veränderung ist aber — wie wir sehen werden — in beiden Fällen eine durchaus ähnliche. Die Beurteilung der dem gestörten Flüssigkeitsstoffwechsel zugrunde liegenden Vorgänge ist allerdings wesentlich schwieriger als die der tetanischen Prozesse. Letztere stellen eine Funktion eines Gewebes (des quergestreiften Muskels) dar, die Flüssigkeitsbewegungen dagegen sind die Funktion mehrerer Gewebe und Organe (Herz, Niere, Bindegewebe usw.). Die Störungen der Flüssigkeitsbewegungen, für deren Entstehen auch mechanische Faktoren von großer Bedeutung sind (z. B. bei Herzkranken), sollen zunächst aus unserer Betrachtung ausgeschlossen werden. Was die übrigen betrifft, so ist man in den letzten Jahrzehnten immer mehr zu der Überzeugung gelangt, daß bei ihnen die Nieren nur eine relativ untergeordnete Rolle spielen. Selbst die bei ausgesprochenen Nierenaffektionen auftretenden Ödeme werden jetzt nicht mehr als Folge einer Niereninsuffizienz, also einer mangelhaften Ausscheidungsfähigkeit seitens der Nieren aufgefaßt, sondern ursächlich mit extrarenalen Prozessen in Zusammenhang gebracht (Vorniere nach VOLHARD). Zu den extrarenalen Faktoren, die den Flüssigkeitsstoffwechsel regulieren, gehört nach SCHADE in erster Linie das Bindegewebe. Näheres hierüber s. Kap. VII. Wir begehen daher keinen allzu großen Fehler, wenn wir bei unserer Betrachtung den

Sitz der funktionellen Störung der Flüssigkeitsbewegung vornehmlich in das Bindegewebe (insbesondere das der Haut und des Muskels) und die mit ihm in direkter Beziehung stehenden Organe und Körperflüssigkeiten verlegen. Die Frage, die zunächst beantwortet werden muß, lautet: Unter welchen Bedingungen — von den cardialen abgesehen — kommen Störungen der Flüssigkeitsbewegungen vor? Störungen dieser Art können als Folge nervöser Regulationsstörungen auftreten. Experimentell lassen sie sich auf verschiedene Weise hervorrufen. Schon CLAUDE BERNARD fiel es auf, daß beim Zuckerstich unabhängig von der Glykosurie auch eine Polyurie auftritt. JUNGMANN und ERICH MEYER[1]) fanden am Boden des 4. Ventrikels eine Stelle (von ihnen als Salzzentrum bezeichnet), die Einfluß auf die Wasser- und Salzausscheidung hat. Der Einstich führt zu Polyurie und Hyperchlorurie; doch besteht zwischen beiden keine scharfe Parallele. Diesen Zentren sind aber noch andere übergeordnet; insbesondere sind es die Stammganglien bzw. das Zwischenhirn, in denen die zentrale Regulation des Wasser- und Salzstoffwechsels wie die anderer vegetativer Vorgänge, so die des Zuckerstoffwechsels [BRUGSCH, LEWY und DRESEL[2])], der Temperatur usw., zusammengefaßt ist. Daß von den genannten Stellen aus Störungen des Wasser- und Salzstoffwechsels tatsächlich ausgelöst werden können, wurde von KAHLER[3]), ASCHNER[4]), LESCHKE[5]) u. a. direkt gezeigt. Auch der bekannte Einfluß der Hypophyse auf den Flüssigkeitsstoffwechsel kommt — wie insbesondere aus den Untersuchungen von LESCHKE hervorgeht — ebenfalls nur vermittels des Zwischenhirns zustande. Daß die Niere an diesen Vorgängen nicht beteiligt ist, geht aus Untersuchungen von W. H. VEIL[6]) hervor, der nachweisen konnte, daß auch bei entnierten Tieren im Anschluß an die zentral verursachten Schädigungen eine deutliche Hydrämisierung des Blutes auftritt. Auch in der Klinik kennen wir zweifelsfreie Fälle, bei denen Störungen der Flüssigkeitsbewegungen bzw. des Wasser- und Salzstoffwechsels ebenfalls durch analoge pathologische Vorgänge im Zentralnervensystem bedingt sind. Hingewiesen sei auf den **Diabetes insipidus,** der bekanntlich vor allem bei Veränderungen der Hypophyse auftritt, die mit Unterfunktion des Mittel- und Hinterlappens der Drüse einhergehen. Umgekehrt kann Einverleibung von aus diesen Teilen der Hypophyse gewonnenen Präparaten (z. B. Pituitrin) zu den entgegengesetzten Erscheinungen (Verminderung der H_2O-Ausscheidung und Konzentrationssteigerung des Harnes) führen. Die Störungen der Flüssigkeitsbewegung, die von der Hypophyse bzw. dem ihr sowohl räumlich wie auch funktionell nahestehenden Zwischenhirn ausgeht, können aber auch die Form eines echten Hydrops annehmen, also zu Ödemen

---

[1]) JUNGMANN, P. u. E. MEYER: Arch. f. exp. Pathol. u. Pharmakol. Bd. 73, S. 49. 1913; JUNGMANN, P.: Arch. f. exp. Pathol. u. Pharmakol. Bd. 77, S. 122. 1914.

[2]) BRUGSCH, LEWY u. DRESEL: Zeitschr. f. exp. Pathol. u. Therap. Bd. 21, S. 358. 1920; Zeitschr. f. d. ges. exp. Med. Bd. 25, S. 262. 1921.

[3]) KAHLER: Prager Zeitschr. f. Heilk. Bd. 7. 1886.

[4]) ASCHNER: Pflügers Arch. f. d. ges. Physiol. Bd. 146, S. 1. 1912.

[5]) LESCHKE: Zeitschr. f. klin. Med. Bd. 87, S. 3. 1919.

[6]) VEIL, W. H.: Physiol. u. Pathol. des Wasserhaushaltes. Ergebn. d. inn. Med. u. Kinderheilk. Bd. 23, S. 719. 1923.

führen. Dies zeigt in ganz zweifelsfreier Weise ein von P. JUNGMANN[1]) beobachteter Fall von Hypophysentumor (s. S. 286). Ferner sind die Untersuchungen von POHLE[2]) zu erwähnen, der auch bei Fröschen zeigen konnte, daß nach Exstirpation der Hypophyse bzw. der ihr direkt anliegenden Gehirnteile Wasserretention in Form von Hydrops (Ansammlung in den Lymphspalten) eintreten kann. Veränderungen ähnlicher Art lassen sich auch durch Sympathicusdurchschneidung herbeiführen.

Nach dem Gesagten ist verständlich, daß auch Veränderungen des Zwischenhirns selbst zur Ursache von Störungen der Wasser- und Salzausscheidung werden können. Meist treten diese in Kombination mit anderen Regulationsstörungen auf (zentrale Fettsucht usw.). In diesen Fällen ist die Störung im allgemeinen im Sinne der Wasser- und Salzretention (NaCl) gelegen. Über die Einzelerscheinungen wird später noch ausführlich berichtet werden. Die nervösen Einflüsse sind aber nicht die einzigen, die das Entstehen von Störungen der Flüssigkeitsbewegung begünstigen. Von großer Bedeutung ist z. B. die Schilddrüse. Das Fehlen ihres Hormons führt zu dem Krankheitsbild des **Myxödems**, das zweifellos auch durch eine Störung des Wasserstoffwechsels ausgezeichnet ist. Das bei ihm auftretende Ödem ist zwar nicht absolut identisch mit dem der Nierenkranken; daß aber ebenfalls eine Wasserretention im Unterhautbindegewebe erfolgt, ist sicher; letzteres befindet sich in einem abnormen Quellungszustand. Schilddrüsenpräparate (Thyreoidin) führen zu einer Beseitigung der Ödeme. Daß diese den unter anderen Bedingungen auftretenden Formen der Wasserretention nahe verwandt sind, geht auch daraus hervor, daß die Schilddrüsenpräparate nicht nur bei den Myxödematösen diuretisch wirken. Sie üben diese Wirkung auch bei den nephrotischen Ödemen und bei den zentral bedingten, mit Wasser- und Salzretention einhergehenden Störungen aus. Wir haben es hier also mit dem Einfluß eines Hormons bzw. endogenen Giftes (Thyroxin) auf die Flüssigkeitsbewegungen im Organismus zu tun. Daß auch anderen Giften eine derartige Wirkung zukommt, ist nicht zweifelhaft; vor allem kommen hier die Diuretica in Frage. Andererseits gibt es auch Gifte, deren Einfluß auf die Flüssigkeitsbewegungen des Organismus nicht in einer Ausschwemmung, sondern einer Retention von Wasser und Salz besteht, die also ödemfördernd wirken bzw. Ödeme hervorrufen. Gifte dieser Art sind nach den tierexperimentellen Untersuchungen von L. HESS und H. MÜLLER[3]) bestimmte aromatische m-Diamine und Hydrazine. — Zu Störungen der Flüssigkeitsbewegungen kann es aber noch aus anderen als den genannten Gründen kommen. Hingewiesen sei auf die besonders bei **Diabeteskranken** häufig beobachteten Ödeme, die bei einseitiger Kohlenhydraternährung (sie ist eine an alkalischen Valenzen reiche Nahrung) und nach Belastung mit großen Alkalimengen ($NaHCO_3$) auftreten. Änderung der Nahrung, Weglassen der Alkalien oder Zufuhr von Säuren führen zu einem schnellen Schwinden der Ödeme. Ihr Auftreten ist also durch ein Zuviel an alkalischen Valenzen, d. h. durch eine Änderung der normalen Elektrolyt-

[1]) JUNGMANN, P.: Klin. Wochenschr. 1922, Nr. 31, S. 1546.
[2]) POHLE: Pflügers Arch. f. d. ges. Physiol. Bd. 182, S. 215. 1920.
[3]) HESS, L. u. H. MÜLLER: Zeitschr. f. exp. Pathol. u. Therap. Bd. 17, S. 59 u. 72. 1915.

verhältnisse bedingt. — Überschauen wir das, was bisher als Ursache für die Entstehung von Störungen der Flüssigkeitsbewegungen angeführt wurde (sowohl im Sinne der Wasserausschwemmung wie -retention), so kommen wir zu folgendem Resultat. Wie bei der Tetanie sind es wiederum die vegetativen Nerven, Gifte und Elektrolyte, die die genannten Störungen auslösen können. Wie bei der Tetanie wird uns auch hier ohne weiteres klar, wie ein und dasselbe funktionelle Krankheitsbild, in diesem Falle die abnorme Flüssigkeitsbewegung, aus ganz verschiedenen Ursachen entstehen kann. Wäre die Identität der Nerv-, Gift- und Elektrolytwirkung nicht im Experiment gefunden worden (s. S. 120), die Beobachtung am Krankenbett hätte uns sie lehren müssen. Wie das Experiment uns gezeigt hat, ist die Gleichförmigkeit ihrer Wirkung darauf zurückzuführen, daß sie als Regulatoren des vegetativen Betriebsstückes, d. h. als Regulatoren im vegetativen System eine gleichartige Verteilungsänderung der Elektrolyte bzw. eine im Prinzip gleiche kolloidchemische Beeinflussung der dem vegetativen System zugrundeliegenden Plasmasubstanzen zur Folge haben. Die Tatsache, daß die Störungen der Flüssigkeitsbewegungen bzw. des Wasser- und Salzstoffwechsels durch die Regulatoren im vegetativen System ausgelöst werden, beweist, daß die genannten funktionellen Störungen einen Krankheitsvorgang darstellen, der im vegetativen System abläuft. Das Krankheitsbild „Störung der Flüssigkeitsbewegung“ ist dem Krankheitsbild „Tetanie“ äußerst nahe verwandt. Sie unterscheiden sich — wie schon betont wurde — dadurch, daß die pathologischen Vorgänge sich in dem einen Falle am vegetativen Betriebsstück des Muskels, im anderen Falle an dem derjenigen Organe, die für die Wasserbewegung verantwortlich sind, vor allem also dem des Bindegewebes abspielen. Die Natur der Vorgänge ist aber die gleiche, d. h. in der gleichen Richtung gelegen. — Den Störungen der Flüssigkeitsbewegungen, soweit sie durch die Regulatoren im vegetativen System herbeigeführt werden, müssen auch Störungen der Elektrolytverteilung zugrundeliegen. Daß Verteilungsänderungen der Elektrolyte eintreten, ist sicher; so läßt sich m. E. kaum etwas dagegen einwenden, die mit jeder Änderung der Flüssigkeitsbewegung einhergehende Störung des Salzstoffwechsels als den Ausdruck dieser Verteilungsänderung der Elektrolyte anzusehen. Die Störung des Salzstoffwechsels bei den hier in Frage kommenden, besonders im Bindegewebe sich abspielenden vegetativen Prozessen ist — wie wir sehen werden — im Prinzip keine andere als die, die wir bei anderen Störungen vegetativer Art (z. B. bei der Tetanie) beobachten; nur besteht ein quantitativer Unterschied, der dadurch bedingt ist, daß die im Bindegewebe möglichen Verteilungsänderungen der Elektrolyte wesentlich größere sind als in allen anderen Geweben, von denen sicherlich keines die Fähigkeit besitzt, Wasser und Elektrolyte in dem gleichen Maße wie das Bindegewebe aufzunehmen bzw. abzugeben. Dazu kommt, daß bei den kolloidchemischen Vorgängen im Bindegewebe das NaCl eine größere Rolle spielt als bei den anderen Geweben, und daß gerade Veränderungen in dem Haushalt dieses Minerals, das sich in viel größerer Menge als die übrigen im Organismus findet, sich auch nach außen hin in stärkerem Maße äußern müssen. Kommt der Verteilungsänderung der Elektrolyte bei den Störungen der Flüssigkeitsbewegungen (gleichgültig, auf welche der genannten Ursachen sie sich zurückführen lassen) die überragende Bedeutung zu, die wir ihr hier zusprechen, dann ist verständlich, daß wir mit Elektrolyten Einfluß auf die Flüssigkeitsbewegungen gewinnen können. Daß dies zutrifft, kann keinem Zweifel unterliegen. Welche der Ursachen für das Entstehen der abnormen Flüssigkeitsbewegung, so für das Auftreten von Ödemen, verantwortlich sein mag, eine Belastung mit Natriumsalzen führt stets zu einer Steigerung des pathologischen Vorganges; die entgegengesetzte Wirkung kommt in diesen Fällen meist den K- und Ca-Salzen zu [Bonnamour und Imbert[1]), Blum[2]), Röse[3])]. — Wir haben im vorangehenden nicht alle Ursachen, aus denen Störungen der Flüssigkeitsbewegungen entstehen können, berüchsichtigt. Abgesehen von den kardial bedingten Störungen, die wir absichtlich außer acht gelassen haben, gibt es noch einige andere Formen, zu welchen z. B. diejenigen gehören, die bei Unterernährung und Nierenerkrankungen auftreten. Daß Hunger bzw. Unterernährung zum Auftreten von Ödemen führen kann, ist eine alte Erfahrung; in letzterer Zeit konnten Erkrankungen dieser Art in großer Zahl vor allem während des Krieges beobachtet werden und zwar in den Jahren, in denen die Ernährung des Volkes eine besonders schlechte war. Es kann zu Ödemen kommen, die in ihrem Umfange nicht hinter den nephrogen bedingten zurückbleiben. Weshalb es bei der dürftigen und kalorisch insuffizienten, außerdem noch einseitigen, unzweckmäßigen Ernährung zum Auftreten der Ödeme kommt, ist nicht entschieden. Die Frage, die uns besonders interessiert, ist folgende. Ist die „Ödemkrankheit" (auch **Kriegsödem** genannt) ebenfalls als ein im vegetativen System sich abspielender Vorgang anzusehen? Daß dies für die zuvor besprochenen Fälle von gestörtem Flüssigkeitsstoffwechsel zutrifft, haben wir daraus gefolgert, daß der pathologische Prozeß sich auf eine abnorme Funktion der zum vegetativen Betriebsstück der Zellen gehörenden Regulatoren (Nerv, Gift und Elektrolyt) zurückführen läßt. Wie an anderer Stelle erörtert wurde (s. S. 263), kommt die abnorme Funktion der Regulatoren nicht immer als alleinige Ursache in Frage. Ist die dem vegetativen System zugrunde liegende Plasmasubstanz irgendwie primär verändert, so wird das vegetative Geschehen auch dann eine Änderung erfahren können, wenn die Regulatoren der Plasmasubstanz normal funktionieren; denn das funktionelle Geschehen ist ja die Folge der Reaktion von Plasmasubstanz und deren Regulatoren. Zu diesen theoretisch möglichen Fällen, bei denen die primäre Schädigung von der Plasmasubstanz ausgeht, gehört nun — wie ich glaube — das Kriegsödem. Wie aus Untersuchungen von C. Maase und H. Zondek[4]) sowie Jansen[5]) hervorgeht, kommt es bei diesen Kranken zu einem täglichen N-Defizit. Der Eiweißeinschmelzung entsprechend tritt eine mitunter starke Hypalbuminose [Schittenhelm und Schlecht[6]), Jansen] ein, die sowohl im Blute wie auch im Gewebe

[1]) Bonnamour u. Imbert: Presse méd. 1911, Nr. 92.

[2]) Blum: Cpt. rend. des séances de la soc. de biol. Bd. 85. 1921 u. Cpt. rend. de l'Acad. des sciences Bd. 173, S. 1502. 1921.

[3]) Röse: Münch. med. Wochenschr. 1917, Nr. 64, S. 312.

[4]) Maase, C. u. H. Zondek: Das Hungerödem. Leipzig: Verlag Georg Thieme.

[5]) Jansen: Die Ödemkrankheit. Habilitationsschrift. Leipzig 1920.

[6]) Schittenhelm u. Schlecht: Die Ödemkrankheit. Berlin 1919; Münch. med. Wochenschrift 1918.

direkt nachweisbar ist [R. SCHÖN[1])]. Das N-Defizit stellt sich ein, obwohl das N-Minimum vollkommen gedeckt ist. Es ist wohl kaum anzunehmen, daß die Einschmelzung von Eiweiß eine angesichts der calorienarmen Nahrung notwendige Korrektur bedeute; dazu reichen die in Frage kommenden Mengen nicht im geringsten aus; viel wahrscheinlicher ist es, daß hier toxische Komponenten eine Rolle spielen, wie es auch in anderen Fällen, in denen trotz genügender N-Zufuhr Eiweißzerfall bzw. N-Defizit eintritt, zu sein pflegt (z. B. beim Carcinom). Auch bei den Krebskranken — dies ist ein neues Bindeglied — gehört besonders im späteren Krankheitsstadium das Auftreten von Ödemen zu den gewöhnlichen Symptomen. Es ist nach dem Gesagten also durchaus wahrscheinlich, daß sowohl das Ödem der Hungernden wie das der Krebskranken seinen Ausgang von einer primären Schädigung des Zellplasmas nimmt; zwischen diesem und seinen Regulatoren kommt es zu abnormen Reaktionen. Die Salze (insbesondere NaCl) werden in viel stärkerem Maße als sonst gebunden. Indem wir von einem Toxin als der Ursache der Plasmaschädigung ausgehen, können wir allerdings auch diese Form von Störung der Flüssigkeitsbewegung zu jenen rechnen, die durch einen der vegetativen Regulatoren (Gift) ausgelöst werden; letzten Endes ist dies natürlich vollkommen gleichgültig. Da die Natur dieses Giftes aber unbekannt und hypothetisch ist, erscheint es doch berechtigt, von einer primären Veränderung des Zellplasmas auszugehen. Auch die bei schweren Anämien auftretenden Ödeme dürften als Folge toxischer Eiweißschädigungen anzusehen sein; bemerkenswert ist in diesem Zusammenhange, daß auch bei fast allen bakteriellen Infektionen — was schon v. LEYDEN bekannt war und später von GARRATT, SCHWENKENBECHER[2]) u. a. direkt nachgewiesen wurde — Wasserretention besteht, die mit der Krisis wieder zum Ausgleich kommt. Auch NaCl wird bei fast allen Infektionen von den Kranken zurückgehalten. So ist auch zu erklären, weshalb der Gewichtsverlust bei der Entfieberungsperiode und kurz nach der Entfieberung größer als auf der Höhe der Erkrankung ist (v. LEYDEN). Daß auch in diesen Fällen die Möglichkeit für toxische Eiweißschädigung gegeben ist (die N-Ausscheidung nimmt im Fieber ebenfalls zu), ist verständlich.

Wir kommen jetzt zu der großen Gruppe von Störungen der Flüssigkeitsbewegung, die wir als **nephrogene** ansehen. Wie schon erwähnt, hat sich in den letzten Jahren immer mehr die Erkenntnis durchgesetzt, daß die führenden klinischen Symptome bei den Nierenkrankheiten in der Hauptsache extrarenal bedingt seien, daß z. B. der hohe Blutdruck bei den Glomerulonephritiden nicht — wie ursprünglich vermutet worden ist — eine Folge der in der Niere ablaufenden Gefäßprozesse am Glomerulus sei, sondern auf Gefäßschädigungen des Gesamtorganismus bezogen werden müsse. Auch von den die Flüssigkeitsbewegung betreffenden Störungen (den Ödemen) wird heute nicht mehr angenommen, daß sie ihre Entstehung einer Insuffizienz der Niere, Salze und Wasser auszuscheiden, verdanken. Zur Ödembildung, die uns hier vornehmlich interessiert, kommt es vor allem bei den nephrotischen (nicht entzündlichen) Erkrankungen (VOLHARD). Diese

[1]) SCHÖN, R.: Biochem. Zeitschr. Bd. 128, S. 293. 1922.
[2]) Zit. nach VEIL: Phys. u. Path. des Wasserhaushaltes, S. 764.

sind auch dadurch charakterisiert, daß sie von einer sehr starken Albuminurie bzw. auch Lipoidurie begleitet sind. Selbst die Albuminurie wird nun nicht mehr in erster Linie auf die Affektion der Nieren, sondern auf die der Gewebs- und Blutkolloide, die eine Störung in ihrem Aufbau erleiden sollen, zurückgeführt [MUNK[1])]. Daß es bei den Nephrosen zu einer Änderung der kolloidalen Beschaffenheit der Gewebs- bzw. Blutkolloide kommt, ist nicht nur eine Vermutung. Nach MUNK läßt sich bei der Lipoidnephrose, die meist syphilitischer Natur ist (außer Albumen wird besonders viel Lipoidsubstanz ausgeschieden), eine Plasmaverschiebung der Serumkolloide im Sinne einer Euglobulinvermehrung nachweisen. Bei anderen Formen von Albuminurie haben KOLLERT und STARLINGER[2]) eine Vermehrung des Fibrinogengehaltes, ferner ebenfalls eine Vermehrung der Globuline gegenüber den Albuminen festgestellt. Daß nun eine primäre Änderung der Struktur der nicht zur Niere gehörenden Kolloide tatsächlich Anlaß zu Albuminurie und Lipoidurie geben kann, ist experimentell bewiesen. Einwirkung des elektrischen Stromes auf Serum führt zu Änderungen seiner kolloidalen Beschaffenheit; es wird Serumalbumin über Pseudoglobulin in Serumglobulin übergeführt [RUPPEL, ORNSTEIN, CARL und LASCH[3])]. Es treten also Veränderungen ein, die den bei der Nephrose gefundenen sehr nahestehen. Wird eine isolierte Niere (z. B. Hundeniere) vom Gefäßsystem aus künstlich mit einer Ringer-Serummischung durchspült, die der Behandlung mit dem elektrischen Strom ausgesetzt war oder auch noch während des Versuches ausgesetzt ist, so zeigt die aus dem Ureter ablaufende Flüssigkeit — wie aus Versuchen von MUNK, BENATT und FLOCKENHAUS[4]) hervorgeht — einen äußerst starken Eiweißgehalt. Auch beim lebenden Tier führt Injektion von derart vorbehandeltem Serum-Ringer-Gemisch zu Auftreten von Albuminurie, die (nach einmaliger Injektion) sogar 5—6 Tage lang anhalten kann. Neben dem Eiweiß sind zeitweise auch doppeltbrechende Lipoide nachweisbar. Der durch die Behandlung mit dem elektrischen Strom herbeigeführte Zustand ist demnach „bis auf das fehlende Ödem einer experimentellen Lipoidnephrose ähnlich. Wird die Ausflockung durch den elektrischen Strom nicht zu weit getrieben, so erfolgt eine entsprechend geringere Albuminurie und Lipoidurie.“ Was die bei der Nephrose auch anatomisch nachweisbare Schädigung der Niere selbst betrifft, so glaubt MUNK, daß sie durch die Änderung der physikochemischen Struktur der Blutkolloide ausgelöst werde, bzw. daß das gleiche schädliche Agens, welches zum Umbau der Struktur der Blut- und Gewebskolloide führt, gleichzeitig auch die Nierenepithelien schädige. Daß bei den MUNKschen Versuchen das Auftreten eines Ödems — also das uns besonders interessierende Symptom der Nephrose — ausblieb, ist selbstverständlich; denn die durch den experimentellen Eingriff hervorgerufene Schädigung betraf lediglich das Blut. Zum Entstehen des Ödems ist aber vor allem auch eine entsprechende Schädigung

---

1) MUNK: Zeitschr. f. klin. Med. Bd. 77, 1913 u. Path. u. Klinik der Nierenkrankeiten; Urban und Schwarzenberg. 1925.

2) KOLLERT u. STARLINGER: Zeitschr. d. ges. exp. Med. Bd. 30, S. 293. 1922.

3) RUPPEL, ORNSTEIN, CARL u. LASCH: Zeitschr. f. Hyg. u. Infektionskrankh. Bd. 97, S. 188. 1923.

4) MUNK, BENATT u. FLOCKENHAUS: Klin. Wochenschr. 1925, Nr. 18.

der an dem Flüssigkeitsaustausch beteiligten Gewebe (Bindegewebe, Gefäßendothelien) nötig. Wenn selbst die Albuminurie in der Hauptsache extrarenal bedingt ist, so kann kein Zweifel darüber bestehen, daß dies auf jeden Fall auch für die Ödeme gilt. Zusammenfassend läßt sich sagen, daß wir bei der Nephrose in den Nierenveränderungen entweder nur die Folgeerscheinung der eigentlichen Erkrankung oder besten Falles das anatomisch gerade nachweisbare Einzelsymptom der Allgemeinerkrankung zu erblicken haben. Die primäre Schädigung trifft wie beim Hungerödem die Eiweiß- bzw. Lipoidsubstanzen des Plasmas. Fast immer bildet die Nephrose sich unter der Einwirkung eines Toxins aus (sowohl akute wie chronische Infektion; was letztere betrifft, so kommt besonders die Lues und die Tuberkulose in Frage). Ein Gift ist es also, das die der Krankheit zugrundeliegenden Veränderungen auslöst; um so mehr haben wir Veranlassung, die Nephrose (zum mindesten die bei ihr bestehenden extrarenalen, anatomisch nicht nachweisbaren Veränderungen) als eine Erkrankung des vegetativen Systems zu betrachten. Wie beim Hungerödem ist der gestörte Elektrolytstoffwechsel und die damit zusammenhängende Störung der Flüssigkeitsbewegung durch die von sich aus primär bzw. durch ein Gift (Regulator im vegetativen System) veränderte Plasmasubstanz zu erklären. Zwischen dem bei Inanition bzw. Kachexie und dem bei der Nephrose auftretendem Ödem dürfte demnach kein prinzipieller Unterschied bestehen; wie wir sehen werden, existiert ein solcher auch nicht. Wenn hier gezeigt wird, wie Krankheitsbilder trotz gänzlich verschiedener Genese letzten Endes doch gleichartig sein können, so ist damit nicht gesagt, daß sie auch gleich zu bewerten sind. Es ist zweckmäßiger, statt von der Identität der Wirkung von einer Gleichförmigkeit zu sprechen. So kann zwischen den verschiedenen Giften, die das Plasma des vegetativen Betriebsstückes beeinflussen, ein Unterschied der Art bestehen, daß die einen Veränderungen leicht reversibler, die anderen mehr irreversibler Art hervorrufen, die einen können ihren Effekt in erster Linie durch Einwirkung auf die Eiweißstoffe, die anderen durch eine Bevorzugung der Lipoide auslösen. Auch die Bedeutung der Spezifität der Gifte ist zu berücksichtigen. Einige brauchen nur Beziehung zum Bindegewebe zu haben, andere wirken gleichzeitig auch auf andere Zellsysteme ein; letzteres scheint z. B. bei denen, die zur Nephrose führen, der Fall zu sein. Das betreffende Toxin hat gleichzeitig auch eine Schädigung der Niere zur Folge, wodurch die Krankheitserscheinungen eine Variation erfahren können. Trotz dieser Spezifität ist aber das Wesen der Vorgänge, die für das Entstehen eines bestimmten Symptoms verantwortlich sind, doch das gleiche. — An der Flüssigkeitsbewegung des Gesamtorganismus sind neben dem Bindegewebe auch noch andere Zellsysteme beteiligt, so die Gefäßcapillaren bzw. ihre Endothelien. Eine Erkrankung der letzteren wird daher auch irgendwelche Störungen der Flüssigkeitsbewegung verursachen können; doch ist es durchaus verständlich, wenn diese von anderer Art sind als im Falle der Bindegewebsschädigung. Eine Erkrankung der Gefäßcapillaren liegt — wie jetzt allgemein angenommen wird — der **Nephritis** (also den entzündlichen Nierenerkrankungen) zugrunde. Wie bei der Nephrose ist auch bei ihr die Gefäßerkrankung der Niere selbst nur eine Teilerscheinung einer Allgemeinerkrankung, und die klinischen Symptome sind zum großen Teil durch die extrarenalen Faktoren bedingt. Für den Blutdruck ist die Bedeutung der letzteren sogar die prävalierende. Bei den zum Krankheitsbild der Nephritis ebenfalls gehörenden Störungen des Wasser- und Salzstoffwechsels ist es nicht immer leicht zu unterscheiden, was renal oder extrarenal bedingt ist. Es ist aber sicher, daß die Veränderungen nicht — wie man früher annahm — nur durch die Insuffizienz der Niere zur Ausscheidung hervorgerufen werden. — Das Entstehen starker Ödeme ist nur möglich, wenn das Bindegewebe, das die größte Wasservorratskammer im Organismus darstellt, so verändert ist, daß es die entsprechende Wassermenge aufnehmen kann. Bei der Nephritis ist der Sitz der pathologischen Veränderung aber in erster Linie in den Capillaren gelegen, die zwar auch Einfluß auf den Wasser- und Stoffaustausch zwischen Blut und Gewebe haben, deren Wirkungsmechanismus aber doch ein anderer ist als der des Bindegewebes. Die verschiedenen am Flüssigkeitsstoffwechsel teilnehmenden Zellsysteme zeigen vielfach sogar die entgegengesetzten Reaktionseigentümlichkeiten (s. S. 218). Dementsprechend sind auch — wie wir sogleich sehen werden — die bei der Nephritis entstehenden Veränderungen des Wasser- und Salzhaushaltes andere als bei der Nephrose. Ödeme treten zwar auch bei den frischen nephritischen Erkrankungen auf, doch sind sie nur in viel geringerer Intensität als bei der Nephrose ausgebildet; sind sie in stärkerem Maße ausgeprägt, so pflegen wir einen nephrotischen Einschlag anzunehmen [VOLHARD[1])]. Es ist durchaus möglich, daß dasselbe Agens (meist auch ein Toxin), das die Capillaren schädigt, gleichzeitig auch auf das Bindegewebe einwirkt.

In Konsequenz des bisher Gesagten müssen wir erwarten, daß die nachweisbaren vegetativen Veränderungen (so die Änderungen der Elektrolytverteilung), die sich z. B. beim Hungerödem und dem nephrotischen Ödem finden, einander mehr ähneln als die bei der Nephrose und Nephritis bestehenden, obgleich die beiden letzteren im morphologischen Sinne Erkrankungen des gleichen Organs (Niere) darstellen; erstere dagegen haben gemein, daß ihre funktionellen Krankheitserscheinungen (das Ödem) die Folge gleichartiger bzw. wesensverwandter im vegetativen System ablaufender Vorgänge sind. Was die bei der Nephrose und Nephritis bestehenden Veränderungen betrifft, so sind sie zumeist gerade entgegengesetzter Art. Das Blut bei der Nephrose ist durch eine mitunter sehr beträchtliche Hypalbuminose gekennzeichnet (4,5—5,5% Eiweiß; normal = etwa 7%). Der Gehalt an NaCl ist in der Regel nicht erhöht, häufig sogar vermindert. Vielfach ist ein niedriger Gehalt an molekularen Substanzen überhaupt nachweisbar, so daß die Gefrierpunktserniedrigung Werte von —0,50 (gegenüber 0,56 bei Gesunden) annehmen kann. Daß es sich hierbei nicht lediglich um Veränderungen handelt, die auf absolute Zunahme des Blutwassergehaltes zurückzuführen sind, geht daraus hervor, daß die Zahl der Erythrocyten keine Verminderung zu erfahren braucht. Im Gegenteil, auf der Höhe der Erkran-

[1]) VOLHARD: Die doppelseitigen hämatogenen Nierenerkrankungen. Verlag Julius Springer.

kung ist das Blut eher wasserarm (Volhard und Keller), was wiederum beweist, daß die Retention von Wasser nicht durch die Unfähigkeit der Nieren zur H_2O-Ausscheidung bedingt ist. Die Ödemflüssigkeit selbst ist auch durch einen niedrigen Eiweißgehalt ausgezeichnet; letzterer bewegt sich dauernd unter 0,1 % [Volhard, Beckmann[1])]. Dagegen ist der NaCl-Gehalt der Ödemflüssigkeit ein relativ großer; er übersteigt stets den Wert des Blut-NaCl. Demgegenüber finden sich bei der Nephritis (d. h. der diffusen Glomerulonephritis) folgende Veränderungen. Die Ödemflüssigkeit ist reich an Eiweiß (etwa 1 %); dabei ist der Gehalt des Blutes an Eiweiß scheinbar nicht wesentlich vermindert. Die molekulare Konzentration des Blutes ist nicht nur nicht geringer als in der Norm, sondern vielfach sogar erhöht. Fast immer besteht eine Hyperchlorämie (statt 5,5 % etwa 6 % und darüber). Auch der Wassergehalt des Blutes ist vermehrt und zwar gerade in den Fällen, in denen kein Hydrops besteht (Volhard). Die Zahl der Blutkörperchen geht der Hydrämie entsprechend fast stets (etwa um 20 %) zurück. — Die Veränderungen, die sich beim Hungerödem nachweisen lassen, sind dagegen ganz den bei der Nephrose auftretenden ähnlich. Es besteht im Blute ebenfalls eine Hypalbuminose, die mitunter einen recht beträchtlichen Grad erreichen kann (4%). Die Serum-Kochsalzwerte zeigen im allgemeinen wie bei der Nephrose keine wesentlichen Abweichungen von der Norm; sie sind kleiner als die der Ödemflüssigkeit, die sich im übrigen ebenfalls durch einen niedrigen Eiweißwert auszeichnet (H. Zondek und C. Maase). In einer Beziehung besteht aber ein bemerkenswerter Unterschied in der Elektrolytverteilung. Während bei der Nephrose — solange der Hydrops vorhanden ist und keine Tendenz zum Schwinden der Ödeme sich zeigt — eine Oligurie besteht und die ausgeschiedenen NaCl-Mengen außerordentlich klein sind (etwa 2—3 g pro die), ist beim Hungerödem trotz der Wasserretention Neigung zur Polyurie vorhanden. Von Anfang an sind die ausgeschiedenen NaCl-Mengen außerordentlich große (sie können nach H. Zondek und C. Maase etwa durchschnittlich 20—25 g pro die betragen). Die Kranken haben demnach einen ausgesprochenen Salzhunger; ihr Salzverbrauch liegt zwischen 30—45 g pro die (Jansen); auch die aufgenommenen Wassermengen sind bei diesen Kranken außerordentlich große. (Die Kriegsnahrung bestand vornehmlich in Suppen und wässerigen Gemüsen.) Schittenhelm und Schlecht messen diesen beiden Faktoren (vermehrte Wasser- und Salzaufnahme) sogar für die Genese der Erkrankung eine besondere Bedeutung zu. Während Extrabelastung mit H_2O oder NaCl von dem Ödemkranken gut überwunden wird (er scheidet sie in ziemlich normaler Weise aus), wird gleichzeitige Belastung mit H_2O und NaCl mit Retention von beiden beantwortet. Nach dem Gesagten kann also als sicher angenommen werden, daß die NaCl-Retention beim Hungerödem nicht so im Vordergrund steht wie beim nephrotischen Ödem. Wir sind jedenfalls nicht ohne weiteres berechtigt wie bei der Nephrose so auch beim Kriegsödem das Entstehen des Ödems auf eine Gewebsveränderung zu beziehen, die dadurch charakterisiert ist, daß sie zu einer gesteigerten Adsorption von Na-Salzen führt, als deren Folge die Fähigkeit zur größeren Wasseraufnahme

---

[1]) Beckmann: Dtsch. Arch. f. klin. Med. Bd. 135, S. 173. 1921.

resultiert. Bei beiden Erkrankungen besteht zweifellos ein Hunger der Gewebe (insbesondere des Bindegewebes) nach NaCl; bei der Nephrose ist die Affinität eine so starke, daß das zugeführte NaCl auch zurückgehalten wird, infolgedessen bald eine genügende Sättigung eintritt. Beim Hungerödem muß dagegen die Bindung als eine lockere angesehen werden; das aufgenommene NaCl und H_2O werden relativ schnell wieder abgegeben, so daß eine Erneuerung erforderlich wird. Daß die Fähigkeit der Gewebe zur Salzbindung eine verminderte ist, geht auch daraus hervor, daß — wie aus den Untersuchungen von JANSEN[1]) hervorgeht — trotz ausreichender Kalkzufuhr (etwa 1,45 g CaO pro die) in der Mehrzahl der Fälle eine negative Kalkbilanz besteht. Auch im Blut ist eine Hypocalcämie vorhanden. Bei den Nephrosen dagegen übersteigen die ausgeschiedenen Ca-Mengen keineswegs die eingeführten; die Harnwerte sind sehr kleine [H. ZONDEK[2])], die Kalkbilanz wahrscheinlich eine positive. Von Interesse wäre auch die Kenntnis der Kaliumausscheidung, die bisher leider noch nicht Gegenstand einer genaueren Untersuchung gewesen ist; denn das Kalium scheint in bezug auf das Wasserverbindungsvermögen des Bindegewebes in einem gewissen Wirkungsantagonismus zum Natrium zu stehen (s. S. 222); es ist sogar wahrscheinlich [BUNGE, L. BLUM, L. F. MEYER u. a.[3])], daß das Kalium (desgl. auch das Calcium) das Natrium und umgekehrt aus seinen Verbindungen verdrängen. GÉRARD[3]) hat dies auch durch Organanalysen zu beweisen versucht. Fände beim Hungerödem eine vermehrte Ausscheidung von Kalium und Calcium statt, würde das Entstehen des Ödems trotz der relativ geringgradigen NaCl-Retention erklärlich erscheinen; bei einem Minus an K und Ca könnte evtl. schon ein relativ kleiner Überschuß an Natrium genügen, um das gleiche zu bewirken wie ein starkes Übergewicht von Natrium bei gleichzeitigem Überschuß bzw. Retention von K und Ca. Wir müssen uns immer vor Augen halten, daß das gleiche Symptom auch durch Elektrolytveränderungen verschiedener Art hervorgerufen werden kann. Beim Herzen z. B. wirkt Fehlen von Ca wie Überwiegen von Natrium oder Kalium; bei gleichzeitigem Überwiegen von Na oder K ist eine entsprechend größere Menge von Ca notwendig, um die für das Ca charakteristische Wirkung (die verstärkte Systole) hervorzurufen. Es ist m. E. durchaus möglich, daß die im Gewebe bestehende Elektrolytverteilung bei der Nephrose und beim Hungerödem durch Variationen dieser oder ähnlicher Art ausgezeichnet ist, was natürlich nicht das Wesen der vorliegenden Veränderung berührt. Die Identität bzw. Gleichförmigkeit der Wirkung der vegetativen Regulatoren schließt nicht die Individualität ihrer Wirkung aus. Die bisher bei den Nephrosen ausgeführten Untersuchungen des Kaliumstoffwechsels betreffen lediglich den K-Gehalt des Serums; er weicht im allgemeinen nicht wesentlich von der Norm ab; nur in ganz wenigen Fällen ist der Kaliumgehalt etwas erhöht [H. ZONDEK, PETOW und SIEBERT[4]) sowie NELKEN und STEINITZ[5])]. Diese negativen Blutuntersuchungen berechtigen

---

[1]) JANSEN: Münch. med. Wochenschr. 1918, Nr. 34, S. 925.

[2]) ZONDEK, H.: Zeitschr. f. klin. Med. Bd. 87, S. 349 u. Bd. 88, S. 160. 1919.

[3]) Literaturangaben s. HEUBNER: Hdbch. der Balneologie Bd. II, S. 181. 1922.

[4]) ZONDEK, H., PETOW u. SIEBERT: Klin. Wochenschr. 1922, Nr. 44, S. 2172.

[5]) NELKEN u. STEINITZ: Zeitschr. f. klin. Med. Bd. 103, S. 317. 1926.

aber nicht zu der Schlußfolgerung, daß Störungen im K-Haushalt nicht vorliegen; denn selbst der NaCl-Gehalt des Blutes ist bei den Nephrosen trotz der unzweifelhaft bestehenden starken Störungen des NaCl-Haushaltes nicht regelmäßig und dann auch nur wenig verändert. Wie bei den anderen vegetativen Störungen zeigt sich eben auch hier, daß die Veränderungen im Blute nicht von wesentlicher Bedeutung sind.

Ganz die Eigenschaften des nephrotischen Ödems zeigt der von JUNGMANN (s. S. 277) beobachtete Hydrops, der seinen Ausgangspunkt von einem in der Hypophysengegend gelegenen Tumor nahm (die Sektion ergab außer dem Tumor keinen besonderen pathologischen Befund; insbesondere war an den Nieren nichts Pathologisches nachweisbar). Das Blut war durch eine hochgradige Hypalbuminose (3,9—5 %) ausgezeichnet; die NaCl-Werte waren vermindert. Nach NaCl-Belastung (Zulage von 10 g NaCl zur gewöhnlichen Kost) ging die Harnmenge stark zurück; dabei wurde das zugeführte NaCl fast vollständig retiniert. Der Refraktometerwert im Blute stieg an; das Blut erlitt also einen Verlust an Wasser, welches wahrscheinlich in die Gewebe abwanderte. Nach mehrtägiger Salzbelastung wurde eine Gewichtszunahme von 3 kg erzielt. Durch Thyreoidin konnte eine starke Wasser- und Salzausschwemmung hervorgerufen werden. Daß das Thyreoidin auch bei den verschiedenen Nephrosen — wie zuerst von EPPINGER beobachtet worden ist — diuretisch wirkt, ist hinreichend bekannt und auch schon an anderer Stelle erwähnt worden. Das Interessante bei dem von JUNGMANN beobachteten Falle ist vor allem darin gelegen, daß die Störungen der Flüssigkeitsbewegung, die ganz den bei der Nephrose auftretenden gleichen, trotz vollkommen intakter Nieren (auch Albuminurie fehlte) zustande gekommen sind. Auch die bei vielen Fettsüchtigen (zentrale Fettsucht) auftretenden Störungen der Flüssigkeitsbewegung sind in diesem Zusammenhange zu nennen. Sie sind ebenfalls — wie schon kurz erwähnt worden ist — durch H_2O- und NaCl-Retention ausgezeichnet [H. ZONDEK[1]]. Letztere kann so stark sein, daß von den zur gewöhnlichen Kost zugelegten 10 g NaCl nur wenig im Harn erscheint. Neben diesen Störungen der Flüssigkeitsregulation, die im Prinzip denen im JUNGMANNschen Falle entsprechen, kommt es in den genannten Fällen von Fettsucht auch noch zu anderen Regulationsstörungen, unter denen nach H. ZONDEK besonders die der Temperatur (Neigung zu Hyperthermie) zu nennen sind. Auch die Fettsucht als solche ist wie die Störung der Flüssigkeitsbewegung und die der Temperaturregulierung als Folge pathologischer Vorgänge anzusehen, deren Sitz wir in das Zwischenhirn verlegen müssen. — Auch der Hydrops, der gelegentlich bei Diabetikern insbesondere nach reichlicher Alkalizufuhr auftritt, zeigt ebenfalls die Eigenschaften des nephrotischen; insbesondere sei auf den Rückgang der H_2O- und NaCl-Ausscheidung durch den Harn und die Zunahme der Ödeme bei Kochsalzbelastung hingewiesen. —

Zusammenfassend läßt sich folgendes sagen. Die Störungen der Flüssigkeitsbewegung, die sich in der Ausbildung eines allgemeinen Hydrops bzw. einer entsprechenden Tendenz dazu äußern, sind — abgesehen von den

---

[1]) ZONDEK, H.: Dtsch. med. Wochenschr. 1925, Nr. 31.

cardialen — trotz verschiedenartiger Ätiologie im Prinzip doch gleicher Art. Sie werden durch Nerveneinflüsse, Gift- und Elektrolytwirkungen ausgelöst. Die Identität der Wirkung beweist, daß die Vorgänge, die dem Krankheitssymptom „Wassersucht" zugrunde liegen, sich im vegetativen System abspielen. Gleichgültig, ob die Wassersucht als Folge einer Nephrose oder eines Hypophysentumors usw. auftritt, die Wassersucht als solche ist in diesen Fällen das Resultat gleichsinniger Vorgänge im vegetativen System. Die Wassersucht ist eine der Tetanie vollkommen analoge Krankheitserscheinung. Verschieden ist nur die Lokalisation. Bei der Tetanie ist es das vegetative Betriebsstück des quergestreiften Muskels, bei der Wassersucht das des Bindegewebes, in dem die pathologischen Vorgänge ablaufen. Die Bedeutung der Elektrolyte für dieses Geschehen ergibt sich ohne weiteres aus der Stellung, die sie im vegetativen System einnehmen. Die Änderung im Elektrolythaushalt, der wir bei den genannten Störungen der Flüssigkeitsbewegung begegnen, ist nichts anderes als der Ausdruck bzw. die Folge der dem pathologischen Geschehen im vegetativen System zugrunde liegenden Verteilungsänderung der Elektrolyte. Die NaCl-Retention im Gewebe und die NaCl-Veränderung im Blut bei der Nephrose ist genetisch nicht anders zu bewerten als z. B. die Hypocalcämie bei der Tetanie.

5. Der Diabetes insipidus; seine Beziehungen zur Wassersucht (Nephrose usw.).

Zu den zentral bedingten Störungen des Wasser- und Salzstoffwechsels gehört — wie schon an anderer Stelle betont worden ist — der Diabetes insipidus. Die klinisch hervorstechendsten Symptome sind der abnorme Durst und die Polyurie, welch letztere mehrere Liter (10—20 pro die) betragen kann. Mit der Polyurie geht — wie zuerst durch ERICH MEYER[1]) festgestellt worden ist — die Unfähigkeit zur NaCl-Konzentrierung im Harn einher. Die Konzentration liegt bei beliebiger Flüssigkeitszufuhr im allgemeinen zwischen 0,05—0,5 %. Auch NaCl-Belastung hat nach E. MEYER keine Steigerung der Konzentration zur Folge, vielmehr nimmt die Wasserdiurese in entsprechender Weise zu. Dies stimmt jedoch — wie FINKELNBURG[2]) gezeigt hat — nicht im vollen Umfange; darauf wird noch eingegangen werden. Kochsalzarme Kost mildert das Durstgefühl, die Harnflut geht etwas zurück [TALLQUIST[3])]. Bei künstlich erzwungener Wassereinschränkung kann die NaCl-Konzentration etwas zunehmen. Bei einem von SOCIN[4]) untersuchten Fall stieg sie von etwa 0,2 auf 0,7 % an. Was die Ätiologie der Krankheit betrifft, so kann wohl als sicher angesehen werden, daß sie auf pathologische Vorgänge im Zentralnervensystem zu beziehen ist. Während man früher an eine primäre Störung der Hypophyse (Hypofunktion des Mittel-Hinterlappens) dachte, wird jetzt die größere Bedeutung dem der Hypophyse

[1]) MEYER, ERICH: Dtsch. Arch. f. klin. Med. Bd. 83. 1905. — Derselbe: Zur Pathol. u. Physiol. des Durstes. Schriften d. wiss. Ges. Straßburg H. 33. 1918.

[2]) FINKELNBURG: Dtsch. Arch f. klin. Med. Bd. 91, S. 345. 1907 u. Bd. 100, S. 33. 1910.

[3]) TALLQUIST: Zeitschr. f. klin. Med. Bd. 49, S. 181. 1903.

[4]) SOCIN: Zeitschr. f. klin. Med. Bd. 78, S. 294. 1913.

direkt angrenzenden Zwischenhirn (Tuber cinereum und Infundibulum) zugesprochen [ASCHNER[1]) und LESCHKE[2])]. Sehr häufig sind es an der Hirnbasis in der Hypophysengegend gelegene Tumoren (auch Granulationsgeschwülste, insbesondere bei Lues), die das Krankheitsbild auslösen. In vielen Fällen ist aber eine anatomische Grundlage überhaupt nicht gegeben. Die Kenntnis der anatomischen Veränderungen, die wie in vielen anderen Fällen das ätiologische Moment darstellen können, klärt auch hier ebensowenig wie sonst das Wesen der Vorgänge auf, die dem Krankheitssymptom (der vermehrten Diurese und der verminderten NaCl-Konzentrationsfähigkeit) zugrunde liegen. Welcher Art sind diese? Die Anschauung, daß die Krankheitssymptome des Diabetes insipidus durch eine gestörte Nierenfunktion (insbesondere Unfähigkeit der Niere zur Chlorkonzentrierung), also renal bedingt seien, wird jetzt nicht mehr als berechtigt anerkannt (LESCHKE, W. H. VEIL). Daß von den Anhängern der renalen Theorie die abnorme Funktion der Niere auf die primären Störungen der Hypophyse bzw. des Zwischenhirns zurückgeführt wird, ist selbstverständlich. Sie gehen davon aus, daß die zentralen Prozesse zu einer Schädigung der nervösen Versorgung der Niere führen. Der Auffassung der renalen Genese steht die der extrarenalen gegenüber, die insbesondere von den zuletzt genannten Autoren vertreten wird. Ich glaube, daß die Annahme einer extrarenalen Genese für den Diabetes insipidus ebenso berechtigt ist wie für die der Nephrose entsprechenden Formen von Wassersucht. Daß die Ödeme bei der Nephrose extrarenal bedingt sind, wird von niemand mehr bezweifelt. Die Retention von Wasser und NaCl ist — wie ausgeführt worden ist — die Folge von Veränderungen, die sich insbesondere im Bindegewebe abspielen. Die Wassersucht, die infolge anderer Störungen auftreten kann (bei dem von JUNGMANN beobachteten Falle infolge eines Tumors der Hirnbasis), unterscheidet sich aber in nichts von der der Nephrose; es ist also sicher, daß auch die zentrale Form der Wassersucht auf die gleichen und zwar extrarenalen Vorgänge zurückzuführen ist. Bestehen nun zwischen dem zentral bedingten Hydrops und dem Diabetes insipidus Beziehungen? Wenn wir beobachten, daß infolge eines an der Hirnbasis in der Hypophysen- bzw. Zwischenhirngegend gelegenen Tumors Störungen der Wasser- und Salzausscheidung auftreten, die sich verschiedenartig äußern, und zwar einmal in Form eines allgemeinen Hydrops, das andere Mal in Form des Diabetes insipidus, so werden wir versuchen, zwischen beiden eine Brücke zu schlagen. Daß es sich in beiden Fällen um die Folgen einer wahrscheinlich vom Zwischenhirn ausgehenden zentralen Regulationsstörung handelt (auch die Hypophysenwirkung erfolgt — wie zumeist angenommen wird — über das Zwischenhirn), ist nicht zweifelhaft. Das Zwischenhirn stellt die oberste Zentralstelle aller nervösen Regulationen innerhalb des vegetativen Systems dar. Da die vegetativen Vorgänge an den Zellen der Erfolgsorgane nach zwei Richtungen erfolgen können (nach der Vagus- oder Sympathicus- bzw. Kalium- oder Calciumseite), so muß natürlich auch vom Zwischenhirn eine derartige bivalente Regulationsmöglichkeit ausgehen können. Dies ist

[1]) ASCHNER: Pflügers Arch. f. d. ges. Physiol. Bd. 146, S. 1. 1912.
[2]) LESCHKE: Zeitschr. f. klin. Med. Bd. 87, H. 3/4. 1919.

möglich, da sowohl die Vagus- wie Sympathicuskerne der Herrschaft des Zwischenhirns unterworfen sind. Stellt die Wassersucht (soweit sie auf zentrale Störungen zurückzuführen ist) eine Regulationsstörung in der einen Richtung dar, so könnte das Krankheitssymptom des Diabetes insipidus als die Folge einer nach der anderen Seite tendierenden Regulationsstörung angesehen werden. Man könnte in dem einen Falle von einer Reizung bestimmter Zentren, im anderen Falle von ihrer Lähmung sprechen. Besteht diese Auffassung zu Recht, dann muß das führende Symptom des Diabetes insipidus dem der Wassersucht gerade entgegengesetzt sein. Dies ist — wie in folgendem näher ausgeführt werden soll — auch der Fall. Während der Organismus bei der Nephrose oder auch dem durch zentrale Störungen bedingten Hydrops Wasser und Salz retiniert und zwar um so mehr Wasser zurückhält, als NaCl dargereicht wird, zeichnet er sich beim Diabetes insipidus gerade dadurch aus, daß er Wasser abgibt und zwar um so mehr, als NaCl angeboten wird. Bei NaCl-Einschränkung nimmt im Falle der Nephrose die Wasserausfuhr zu, beim Diabetes insipidus dagegen ab. Die große Wasserdiurese beim Diabetes insipidus ist nicht die Folge des Durstes bzw. der großen Wasseraufnahme, sondern umgekehrt, letztere ist die Folge der großen Wasserabgabe; auch bei erzwungener Einschränkung der Flüssigkeitszufuhr sind die ausgeschiedenen Wassermengen immer noch sehr große. Es kommt zu starken Wasserverlusten und starker Bluteindickung, was bei der einfachen nervösen Polydipsie nie der Fall ist (W. H. Veil). Die Gewebe, die als Wasserreservoir dienen (in erster Linie also das Bindegewebe), müssen beim Diabetes insipidus im Gegensatz zur Nephrose so verändert sein, daß sie Wasser und Salz nicht halten können. Da aber Wasser bei der Funktion der Organe stets gebraucht wird, so muß — wenn das Wasserreservoir kleiner wird — die Zufuhr von außen dementsprechend größer werden. Wird letztere absichtlich unterbunden, treten gewöhnlich auch schwere Störungen des Allgemeinbefindens (mitunter sogar urämieähnliche Symptome) auf [Steiger[1]), Seiler[2])]. Die Zusammensetzung des Harns ist bei der Nephrose bzw. den ihr nahestehenden anderen Hydropsformen und beim Diabetes insipidus — was nach dem Gesagten selbstverständlich ist — gerade entgegengesetzt; bei der Nephrose Oligurie und hohe Konzentration (spez. Gewicht etwa 1035 bis 1045), beim Diabetes insipidus Polyurie und niedrige Konzentration (etwa 1002—1005). Über die Ausscheidung der anderen Elektrolyte (insbesondere K und Ca) beim Diabetes insipidus sind nur wenige Untersuchungen angestellt worden. Stickstoff- und Phosphorsäureausscheidung scheinen sich in normalen Grenzen zu bewegen [Lichtwitz[3]), Seiler]. Im Durstzustande nehmen die absoluten Werte allerdings etwas ab. Ganz entgegengesetzt ist auch die Zusammensetzung des Blutes. Der Wassergehalt ist bei der Nephrose (solange keine Ausschwemmung der Ödeme erfolgt) normal bzw. etwas vermindert; die Gewebe saugen Wasser in vermehrter Menge aus dem Blute auf. Der Wassergehalt beim Diabetes insipidus ist, wenn die Wasserzufuhr nicht absichtlich unterbunden wird,

[1]) Steiger: Dtsch. med. Wochenschr. 1912, S. 1869.

[2]) Seiler: Zeitschr. f. klin. Med. Bd. 61, S. 1. 1907.

[3]) Lichtwitz: Arch. f. exp. Pathol. u. Pharmakol. Bd. 65, S. 128. 1911.

normal bzw. etwas vermehrt; die Gewebe geben Wasser in vermehrter Menge an das Blut ab. Der NaCl-Gehalt kann bei der Nephrose normal, in ganz seltenen Fällen auch vermehrt sein; am häufigsten besteht aber eine Erniedrigung des NaCl-Spiegels. Beim Diabetes insipidus dagegen ist in der Mehrzahl der Fälle — schon nach kurzem Durstzustande — der NaCl-Gehalt ziemlich stark (bis auf etwa 0,7 %) erhöht (hyperchlorämisch-hypochlorurische Form nach VEIL). Nur in einer kleinen Zahl von Fällen ist der NaCl-Spiegel im Blute vermindert (hypochlorämisch-hyperchlorurische Form nach VEIL). Diese Fälle zeigen aber auch sonst — worauf später noch eingegangen werden wird — Abweichungen von dem typischen Verhalten der Diabetes-insipidus-Kranken. Bei der Nephrose besteht stets eine ziemlich starke Hypalbuminose; sie ist sicherlich nicht allein und — wie ich glaube — nicht einmal in erster Linie auf den starken Eiweißverlust infolge der hochgradigen Albuminurie zu beziehen; denn auch bei den ohne Albuminurie einhergehenden Ödemformen ist der Eiweißgehalt des Blutes stark herabgesetzt, so z. B. bei dem von JUNGMANN beobachteten, zentral bedingten Hydrops (s. S. 286). Beim Diabetes insipidus dagegen ist der Eiweißgehalt erhöht (er beträgt etwa 8 %). Nach einer mehrere Stunden anhaltenden Wassereinschränkung (Wasserzufuhr etwa der des Gesunden entsprechend) kann die Steigerung der NaCl- und Eiweißwerte einen exorbitanten Grad erreichen. SOCIN beobachtete unter diesen Umständen ein Ansteigen des NaCl bis zu etwa 1 %, VEIL ein Ansteigen des Eiweißes bis zu etwa 10 %. (Der Gefrierpunkt des Blutes kann bei etwa —0,7° gegenüber —0,56 in der Norm liegen.) FINKELNBURG[1]) hat zeigen können, daß auch beim Diabetes insipidus NaCl-Belastung eine Konzentrationssteigerung des Harnes für NaCl zur Folge haben kann. Aus seinen Versuchen hat sich ergeben, daß die etwa $^1/_2$ Stunde nach der Kochsalzzufuhr schon einsetzende Wasserdiurese der Eliminierung des NaCl zeitlich etwas vorangeht. Die während dieser Zeit ausgeschiedenen Kochsalzmengen sind nicht größer als die der Vorperiode; die Hauptausscheidung erfolgt erst einige Stunden später, und zwar zu einer Zeit, in der die Wasserdiurese wieder eine Tendenz zum Rückgang zeigt. Diese Harnportionen zeigen dann eine entsprechende Konzentrationssteigerung (von 0,08 auf 0,6 %). Nach E. MEYER nimmt die Wasserdiurese nach NaCl-Belastung deshalb zu, weil die Niere nicht in der Lage sei, einen Harn von erhöhter NaCl-Konzentration zu sezernieren; wenn wir aber sehen, daß die Diurese schon einsetzt, bevor NaCl überhaupt zur Ausscheidung gelangt, so kann dies nicht mit der genannten Sekretionsstörung der Niere zusammenhängen. M. E. kommt hierfür folgende Erklärung in Frage. Da beim Diabetes insipidus die Gewebe nicht in der Lage sind, NaCl und Wasser zu speichern, muß die NaCl-Belastung zu einer Überschwemmung des Blutes mit NaCl führen. Nun wissen wir (s. S. 218), daß die am Flüssigkeitsaustausch beteiligten Gewebe sich in ihren Reaktionen ganz verschieden verhalten können; so werden Bindegewebe und Parenchymzelle durch Säuren in entgegengesetztem Sinne beeinflußt. Hierin ist, wie erwähnt wurde, auch eine Zweckmäßigkeit zu erblicken. Das Bindegewebe ist zwischen Blut und

[1]) FINKELNBURG: l. c.

Parenchymzelle eingeschaltet; es ist denkbar, sogar wahrscheinlich, daß es in seiner Reaktion von der des Blutes ebenso wie von der der Parenchymzelle abweicht. Vom Bindegewebe wissen wir, daß die Konzentrierung von NaCl sein Wasserverbindungsvermögen steigert; auf die Blutkolloide dagegen könnte das NaCl nach Art der Diuretica im Sinne einer Entquellung einwirken; das dabei frei werdende Wasser stände dann den Nieren zur Eliminierung zur Verfügung. Ob diese Erklärung die richtige ist, sei dahingestellt. Jedenfalls zeigt sie, daß die beim Diabetes insipidus nach NaCl-Belastung auftretende Wasserdiurese nicht unbedingt als eine Unfähigkeit der Niere zur NaCl-Konzentrierung gedeutet werden **muß**. Die vermeintliche Unfähigkeit der NaCl-Konzentrierung ist aber die Hauptstütze für die Auffassung von der renalen Genese der Krankheitssymptome. Im übrigen soll nicht geleugnet werden, daß der Sekretionsfähigkeit der Niere für das Zustandekommen der Krankheitserscheinungen evtl. auch eine Bedeutung zukommen kann; kann doch eine Beteiligung der Niere auch am Zustandekommen der Wassersucht bei der Nephrose nicht gänzlich ausgeschlossen werden. In erster Linie ist es aber das Bindegewebe und das übrige als Wasserreservoir dienende System, dessen pathologische Veränderung zu dem Auftreten der Krankheitssymptome führt. Dies gilt m. E. für den Diabetes insipidus in gleichem Maße wie für die Nephrose und die ihr nahestehenden anderen Formen von Wassersucht. Gehen wir davon aus, daß der Diabetes insipidus und der der Nephrose entsprechende Hydrops auf artgleichen, aber gerade entgegengesetzten Krankheitsvorgängen beruhe, dann ist noch manches andere leichter erklärlich. Wie von A. Weil[1]), E. Meyer[2]), Forschbach und Weber[3]), Strubell[4]), Engel[5]), Grote[6]), Leschke[7]) u. a. übereinstimmend beobachtet worden ist, gehen die Erscheinungen des Diabetes insipidus zurück bzw. werden gemildert, wenn gleichzeitig irgendeine fieberhafte Erkrankung besteht. Besonders interessant ist ein von Weil beobachteter Fall, bei dem für die ganze Dauer eines Typhus die Symptome des Diabetes insipidus schwanden. Die Harnmengen gingen zurück und die NaCl-Konzentration nahm zu (das spez. Gewicht des Harns stieg bis auf 1015—1022). Wie schon ausgeführt worden ist (s. S. 280), führen die meisten fieberhaften Erkrankungen zu Wasser- und NaCl-Retention. Auch ist bekannt, daß bei fast allen fieberhaften Erkrankungen Albuminurie (febrile Albuminurie) auftreten kann. „Die trübe Schwellung," schreibt Volhard, „die vom Histologen als das 1. Stadium der Nephrose bezeichnet wird und als Vorstadium der eigentlichen Nephrose betrachtet werden kann, ist etwas ungemein Häufiges. Sie kann z. B. bei allen fieberhaften Erkrankungen auftreten und kommt klinisch entweder gar nicht oder als Albuminurie und evtl. Zylindrurie zum Ausdruck." Bei Berücksichtigung der Tatsache, daß es unter den gleichen Umständen auch zu Wasser- und NaCl-Retention kommt, kann nicht gezweifelt werden, daß

[1]) Weil, A.: Virchows Arch. f. pathol. Anat. u. Physiol. Bd. 25.
[2]) Meyer, E.: l. c.
[3]) Forschbach u. Weber: Zeitschr. f. klin. Med. Bd. 73, S. 221. 1912.
[4]) Strubell: Dtsch. Arch. f. klin. Med. Bd. 62, S. 89. 1899.
[5]) Engel: Zeitschr. f. klin. Med. Bd. 67, S. 112. 1909.
[6]) Grote: Dtsch. Arch. f. klin. Med. Bd. 122, S. 223. 1917.
[7]) Leschke: l. c.

bei den fieberhaften Zuständen eine Nephrose (leichtesten Grades) besteht. Letztere hebt das ihr antagonistisch gerichtete Krankheitsbild des Diabetes insipidus auf oder anders ausgedrückt: Die Tatsache, daß die mit den fieberhaften Erkrankungen einhergehende Nephrose zu einer Unterdrückung der Symptome des Diabetes insipidus führt, spricht ebenfalls dafür, daß die Zellvorgänge, die bei beiden eine Störung des Wasser- und Salzstoffwechsels bedingen, von prinzipiell gleicher Art sein müssen, aber die entgegengesetzten Vorzeichen tragen. Die Nephrose ist (soweit der gestörte Wasser- und Salzstoffwechsel in Frage kommt) das Negativ des Diabetes insipidus. Sind die Grundlagen der Erkrankung die gleichen, muß auch ihre Natur die gleiche sein. Im vorangehenden wurde auseinandergesetzt, daß die der Nephrose entsprechenden Formen der Wassersucht auf pathologische Vorgänge im vegetativen System zurückgeführt werden müssen. Es ist klar, daß wir jetzt auch die Erscheinungen des Diabetes insipidus d. h. die funktionellen Störungen, die ihn auszeichnen (nicht die etwaige organische Ursache, so den Tumor an der Hirnbasis), als Folge von Prozessen ansehen müssen, die in diesem System ablaufen. Daß die Elektrolyte für den Ablauf der in Frage kommenden Prozesse von überragender Bedeutung sind, ergibt sich aus der zentralen Stellung, die sie im vegetativen System einnehmen, von selbst.

Die der Nephrose entsprechenden Formen von Wassersucht einerseits und der Diabetes insipidus andererseits stellen Regulationsstörungen der Flüssigkeitsbewegung dar, die den beiden überhaupt möglichen Extremen entsprechen. Es liegt sehr nahe, anzunehmen, daß zwischen diesen Extremen Übergangsformen möglich sind, die weder das reine Bild der einen noch der anderen Erkrankung zeigen. Dies ist um so wahrscheinlicher, als wir auch bei den sonstigen funktionellen Störungen Mischformen antreffen. So weisen die meisten vagotonischen Krankheitsbilder auch sympathicotonische Symptome auf und umgekehrt. Als eine Übergangsform dürften z. B. die seltenen Formen von Diabetes insipidus angesehen werden, die Veil als hypochlorämisch-hyperchlorurische bezeichnet. Sie sind zwar ebenfalls durch eine starke Polyurie ausgezeichnet; auch führt Wasserentziehung zu schwerer Störung des Allgemeinbefindens; andere höchst wichtige Symptome des echten Diabetes insipidus fehlen jedoch. So kann nach NaCl-Zulage ein Harn von annähernd normaler Konzentration (mitunter über 1%) sezerniert werden. Kochsalzarme Kost hat kaum einen Einfluß auf die Polyurie. Interessant ist auch, daß die Krankheitssymptome durch Hypophysenhinterlappenpräparate (Hypophysin, Pituitrin usw.) nicht beeinflußt werden können, während diese Mittel — wie zuerst von v. d. Velden[1]) festgestellt worden ist — auf den echten Diabetes insipidus in überaus günstigem Sinne einwirken; es gehen bei ihm Polyurie und Durstgefühl zurück, und die NaCl-Konzentration im Harn nimmt zu; auch die bei erzwungener Flüssigkeitseinschränkung mitunter auftretenden, urämieähnlichen Symptome können durch die Hypophysenpräparate schnellstens beseitigt werden. — Die schon genannten

[1]) v. d. Velden: Berlin. klin. Wochenschr. 1913, S. 2083.

Wassersuchtsformen sind ebenfalls nicht alle ganz reinen Charakters. Vielleicht ist auch das Hungerödem besser als Übergangsform anzusehen. — In letzter Zeit ist des öfteren über dissoziierte Störungen des Wasser-Salzstoffwechsels berichtet worden; m. E. ist die Dissoziation meistens nur eine scheinbare; soweit funktionelle Störungen dieser Art aber tatsächlich bestehen, dürften sie ebenfalls zu der Gruppe der Übergangsformen gerechnet werden. Es ist verständlich, daß die Analyse der ihnen zugrunde liegenden Vorgänge eine sehr schwierige ist. Zunächst lassen sich die Verhältnisse jedenfalls noch nicht genügend überschauen.

6. Über die Nephritis und Schrumpfniere.

Im vorangehenden wurde auseinandergesetzt, weshalb die Nephrose d. h. die sie begleitende funktionelle Störung der Flüssigkeitsbewegung, einen Krankheitsprozeß darstellt, der im vegetativen System abläuft. Die Veränderungen im Elektrolythaushalt sind der Ausdruck dieser Störungen. Wie liegen die Verhältnisse bei den anderen Nierenkrankheiten? Es gehört zur spezifischen Funktion der Niere, neben den organischen Schlacken (Harnstoff usw.) auch Elektrolyte auszuscheiden (Na, K, Ca, Phosphat, Chlorid usw.). Ist die Niere insuffizient, dann kann erklärlicherweise auch die Eliminierung dieser Substanzen leiden. Störungen im Elektrolythaushalt, die auf diese Weise entstehen, sind aber — wie schon an anderer Stelle auseinandergesetzt wurde (s. S. 272) — ganz anders zu bewerten als die erstgenannten, die wie bei der Nephrose vornehmlich auf extrarenale Ursachen zurückzuführen sind. Was die anderen Nierenkrankheiten betrifft, z. B. die diffuse Glomerulonephritis, so kommen für die Entstehung der Krankheitssymptome zweifellos auch extrarenale Faktoren in Frage (siehe S. 283). Ob diese aber die Störungen des Elektrolythaushaltes erklären, ist zweifelhaft. Zum mindesten spielen die Nieren selbst auch eine große Rolle. Bei den Schrumpfnieren liegt wohl noch weniger Grund vor, für die Störungen des Wasser- und Salzstoffwechsels andere als die in der Niere gelegenen Ursachen verantwortlich zu machen. Es soll hier nicht im einzelnen auf die bei diesen Erkrankungen auftretenden Störungen eingegangen werden; verwiesen sei auf die entsprechenden Spezialabhandlungen der Nierenkrankheiten. Hier seien nur die charakteristischen Abweichungen genannt. Die bei den akuten Formen der Glomerulonephritis auftretende Störung ist dadurch ausgezeichnet, daß Wasser- und NaCl-Ausscheidung verzögert ist. Die Konzentration des NaCl im Harn ist abnorm niedrig. Auch bei Flüssigkeitseinschränkung oder NaCl-Belastung kann die NaCl-Konzentration nicht auf die sonst mögliche Höhe von etwa 1,8 % gebracht werden; dementsprechend ist auch das spezifische Gewicht gering. Wenn — was häufig der Fall ist — die nephritischen Prozesse mit solchen nephrotischer Art verbunden sind, dann liegen die Verhältnisse natürlich wesentlich komplizierter. Bei den chronischen Glomerulonephritiden, die noch keine Zeichen von Niereninsuffizienz aufweisen, kann auch der Elektrolythaushalt ungestört sein. Auch die Ausscheidung der sauren und basischen Valenzen durch die Nieren (Phosphat usw.) kann bei der Nephritis gestört sein. Näheres hierüber s. Kap. VI. Über die Elektrolytveränderungen im Blute bei der Glomerulonephritis s. S. 284. Anzuführen sind noch die Veränderungen im Kalium- und Calciumgehalt des Blutes. Zu Abweichungen von der Norm kommt es im allgemeinen nur dann, wenn auch sonstige Erscheinungen von Niereninsuffizienz (insbesondere starke Stickstoffretention) vorhanden sind [H. ZONDEK, PETOW und SIEBERT[1])]. Meist besteht ein gewisser Parallelismus zum Reststickstoff im Blute [NELKEN und STEINITZ[2])]. Die Art der Veränderung ist nach H. ZONDEK, PETOW und SIEBERT folgende. Es sinkt der Calcium- und es steigt der Kaliumgehalt. Was ersteren betrifft, so werden nicht selten Werte bis zu 6 mg-% gefunden. Bei echten (azotämischen) Urämien können sie nach NELKEN und STEINITZ sogar noch wesentlich tiefer liegen (3—4 mg-%). (Bei der eklamptischen Urämie ist der Ca-Gehalt im allgemeinen unverändert.) Der K-Gehalt ist meist in den Fällen gesteigert, in denen der Ca-Gehalt vermindert ist. Es werden Werte bis zu 30 und 40 mg-% (normal etwa 18 bis 22 mg-%) gefunden; in der Mehrzahl der Fälle erfolgt die Steigerung aber nur bis auf etwa 26 mg %. Gelegentlich finden sich auch erhöhte K-Werte bei normalem Ca-Spiegel und auch normale K-Werte bei Verminderung des Ca-Gehaltes (NELKEN und STEINITZ). Bei Nephrosen sind diese Veränderungen nicht nachweisbar; dagegen finden sie sich auch bei Niereninsuffizienzen, die nicht durch einen Morbus Brightii, sondern durch chirurgische Nierenerkrankungen bedingt sind. (NELKEN und STEINITZ beobachteten dies z. B. bei einem Fall, bei dem die einzige Niere infolge Tuberkulose insuffizient wurde und Erscheinungen einer echten Urämie auftraten. Die Blutwerte waren folgende: Rest-N 281,4, K 40,75 mg-% und Ca 4,6 mg-%.) Auch diese Beobachtungen sprechen dafür, daß die Ursache der hier in Frage kommenden Störungen vornehmlich eine renale ist. Auffallend ist, daß die K- und Ca-Werte des Blutes meist in entgegengesetzter Weise beeinflußt werden. H. ZONDEK, PETOW und SIEBERT ziehen zur Erklärung dieser Tatsache Versuche von RONA und PETOW heran, welche ergaben, daß unter Bedingungen, unter denen Calcium sich von der Bindung an Eiweißkörper löst, K sich an die Eiweißkörper bindet und umgekehrt. Im übrigen sei darauf hingewiesen, daß wir auch bei vielen anderen Erkrankungen eine entgegengesetzte Veränderung des K- und Ca-Gehaltes des Blutes antreffen. So ist auch bei der Tetanie der Ca-Spiegel vermindert und der K-Spiegel erhöht. Die Ursache hierfür ist bei der Tetanie in der Hauptsache in den primären Gewebsänderungen gelegen; doch ist auch für diese charakteristisch, daß meist der gesteigerten Bindungsfähigkeit für Ca eine verminderte für K und umgekehrt entspricht.

7. Über das Wesen der kardialen Wassersucht und Insuffizienz.

Es wurde von uns der Versuch unternommen, das Symptom „Wassersucht" einheitlich zu erklären; dabei wurde aber ausdrücklich hervorgehoben,

[1]) ZONDEK, H., PETOW u. SIEBERT: Klin. Wochenschr. 1922, Nr. 44, S. 2172 u. Zeitschr. f. klin. Med. Bd. 99, S. 129. 1923.

[2]) NELKEN, L. u. H. STEINITZ: Zeitschr. f. klin. Med. Bd. 103, S. 161. 1926. (In dieser Arbeit finden sich noch mehr einschlägige Literaturangaben.)

daß die kardiale Form ausgenommen werden müsse. Dies soll hier näher erläutert werden. Wir haben in Kap. VII erfahren, daß für die Regulation des Flüssigkeitsstoffwechsels die zwischen der Zelle des Erfolgsorgans, dem Bindegewebe, den Capillarendothelien und dem Blute auftretenden kolloidchemischen Wirkungskräfte (Quellung usw.) von größter Bedeutung sind. Der von H. SCHADE geprägte Ausdruck „onkotischer Druck" umfaßt alle diese kolloidchemischen Faktoren. Es ist selbstverständlich, daß neben diesen kolloidchemischen Druckwirkungen auch die mechanischen eine hervorragende Rolle spielen. Sie hängen z. T. wenigstens mit der Herzfunktion zusammen. Die mechanische Herzarbeit bzw. der von ihr beeinflußte Druck in den Arterien, Capillaren und Venen ist zwar sicherlich nicht — wie man früher unter dem Einfluß der LUDWIGschen Anschauungen annahm — der einzige die Flüssigkeitsbewegung bzw. den Flüssigkeitsaustausch zwischen Gewebe und Blut regulierende Faktor; daß ihm aber eine große Bedeutung zukommt, ist nicht zweifelhaft. Der mechanische Druck (auch Filtrationsdruck genannt) und der onkotische Druck sind gleich wichtig, oder wie F. KRAUS sagt, der Flüssigkeitsstrom im Organismus ist ein Stück „Hydraulik" und ein Stück „Elektronik". Letzteres umfaßt die kolloid-chemischen Kräfte, für deren Regulierung die Elektrolyte von entscheidender Bedeutung sind. Die zuvor besprochenen Störungen des Flüssigkeitsstoffwechsels (bei der Nephrose, beim Hungerödem usw.) sind dadurch ausgezeichnet, daß sie trotz normaler Herzarbeit auftreten; zum mindesten läßt sich keine primäre Störung der Herzfunktion nachweisen. Es ist daher verständlich, wenn für ihr Entstehen in erster Linie die kolloidchemischen Faktoren verantwortlich gemacht werden. Störungen der Flüssigkeitsbewegung können aber zweifellos auch infolge von Minderleistung der Herzarbeit auftreten (kardialer Hydrops). Diese müssen natürlich ganz anders bewertet werden als die erstgenannten. Es ist aber zu bedenken, daß der hydrostatische und onkotische Druck nicht nur nebeneinander existieren; Stärke und Art der kolloid-chemischen Wirkungskräfte werden von den hydrostatischen und umgekehrt stärkstens beeinflußt; so unterliegt es keinem Zweifel, daß der auf Kolloiden lastende mechanische Druck von Bedeutung für ihre Quellungsfähigkeit ist. Es ist daher von vornherein anzunehmen, daß auch im Falle einer primären Störung der mechanischen Herzarbeit der Ablauf der für die Flüssigkeitsbewegung in Frage kommenden, zwischen peripherer Zelle, Bindegewebe und Blut sich abspielenden kolloidchemischen Reaktionen verändert ist. Auch müssen wir uns darüber im klaren sein, daß primäre Störungen im Gewebe bestehen können, die zu Folgen führen, die wir gewöhnlich als kardial bedingte (im Sinne einer verminderten Leistungsfähigkeit des Herzens selbst) anzusehen gewohnt sind. Hierzu sei folgendes angeführt. Die große Bedeutung des Blutkreislaufes liegt darin, die einzelnen Organe mit Sauerstoff zu versorgen. Der Sauerstoffverbrauch bei schwerer Muskelbetätigung des Körpers kann bis zum zehn- und fünfzehnfachen des Ruhewertes ansteigen. Die Regulation erfolgt nicht in der Weise, daß die zehn- und fünfzehnfache Menge Blut in der Zeiteinheit durch den Organismus getrieben wird. Wohl steigt bei Arbeitsleistung Pulsfrequenz, Schlag- und Minutenvolumen des Herzens an; es fließt also in der Zeiteinheit mehr Blut durch die arbeitenden Gewebe als in der Ruhe; die Steigerung erreicht aber nicht annähernd die genannten Werte. Es kommen für die Regulation andere Faktoren hinzu. Der Organismus nutzt den ihm zugeführten Sauerstoff nie vollständig aus. In der Ruhe nimmt er etwa nur $^1/_3$ auf, so daß das venöse Blut immer noch ungefähr zu $^2/_3$ mit O_2 gesättigt ist; der „Ausnützungsquotient“ wird aus der Differenz der Prozente Oxyhämoglobin des arteriellen Blutes und der des venösen Blutes, geteilt durch 100, berechnet. Er beträgt in der Ruhe — dies ergibt sich aus den angegebenen Werten — etwa 0,25 bis 0,35; bei der Arbeit wird nun nicht nur allein mehr Blut durch das Gewebe geleitet, sondern der Sauerstoff des Blutes wird auch wesentlich besser ausgenützt. Der Ausnützungsquotient steigt bei schwerer Muskelarbeit bis zu etwa 0,75 an [VERZAR und LINDHARD[1])]. „Diese Steigerung der Ausnützung des Oxyhämoglobins bei der Muskelarbeit“, so führen EPPINGER, KISCH und SCHWARZ aus, „ist ein für die Kreislaufökonomie ungemein wichtiger Faktor, wird doch dadurch mit einer relativ mäßig vermehrten Blutmenge die volle Befriedigung des muskulären O_2-Bedürfnisses erreicht, d. h. das Minutenvolumen braucht nicht in demselben Maße anzusteigen wie der O_2-Verbrauch, das Herz wird geschont, indem es keine übergroße Arbeit zu bewältigen hat.“ Die bessere Ausnützung des O_2 wird ermöglicht durch eine „Steigerung der Sauerstoffdissoziation des Oxyhämoglobins und durch die Vergrößerung der sauerstoffabgebenden Oberfläche. Letztere kommt — wie KROGH zeigen konnte — dadurch zustande, daß eine bei weitem größere Zahl von Capillaren im tätigen Organ der Blutdurchströmung erschlossen ist als in der Ruhe.“ Wie in Kap. VI, S. 185 erörtert worden ist, spielt bei der Sauerstoffdissoziation des Oxyhämoglobins die [H˙] eine große Rolle. Je saurer das Milieu wird, desto leichter kann das Oxyhämoglobin O_2 abgeben und in Hämoglobin übergehen. Die zur Steigerung der Sauerstoffdissoziation notwendige Säuerung wird durch die bei der Arbeit im Gewebe selbst entstehenden Säuren (Milchsäure, Kohlensäure) herbeigeführt. Auch ist nach FLEISCH[2]) sehr wahrscheinlich, daß die Zunahme der [H˙] die Ursache dafür ist, daß sich im arbeitenden Muskel die Gefäße erweitern und so die bessere Durchblutung des Muskels ermöglichen. Der arbeitende Muskel schafft sich also selbst die für seine Arbeitsfähigkeit notwendigen Regulationsmechanismen. Daß diese in normaler Weise funktionieren, ist für die Intaktheit des Kreislaufs, d. h. für die Durchführung seiner wichtigsten Aufgabe, nämlich der Sauerstoffversorgung der Gewebe, von der gleichen Bedeutung wie der normale Ablauf der hämodynamischen (insbesondere von der Herzleistung abhängigen) Vorgänge. Hämodynamische und protoplasmadynamische Vorgänge stehen im engsten Zusammenhange [EPPINGER, KISCH und SCHWARZ[3])]. Sind die genannten protoplasmadynamischen, also peripherischen Vorgänge (so die Erhöhung des Ausnützungsquotienten des Oxyhämoglobins) in irgendeiner Weise gestört, dann müssen sich Zeichen von Kreislaufinsuffizienz (so Dyspnoe infolge des Sauerstoffmangels der Gewebe) bemerkbar machen.

---

1) Zit. nach EPPINGER, KISCH u. SCHWARZ: Klin. Wochenschr. 1925, Nr. 23, S. 1101.
2) FLEISCH: Pflügers Arch. f. d. ges. Physiol. Bd. 171, S. 86. 1918.
3) EPPINGER, KISCH u. SCHWARZ: l. c.

Daß bei Menschen, die an Kreislaufinsuffizienz leiden, tatsächlich Störungen dieser Art bestehen, haben EPPINGER, KISCH und SCHWARZ bei einer Reihe von Patienten direkt nachgewiesen. Die folgende Tabelle gibt Werte wieder, die bei zwei Menschen erhoben wurden, die an Klappenfehlern litten; von ihnen war der erste als kompensiert (er fühlte sich gut leistungsfähig), der zweite als hochgradig dekompensiert anzusehen. Der Patient mit dem kompensierten Vitium cordis hat einen annähernd normalen Ausnützungsquotienten, der bei der Arbeit einen starken Anstieg erfährt. Der dekompensierte Kranke dagegen hat einen schlechten Ausnützungsquotienten; er steigt bei der Arbeit nicht nur nicht an, sondern fällt sogar ab. Das dadurch entstehende Defizit muß der Kranke durch eine entsprechend größere Steigerung des Schlag- und Minutenvolumens, also in erster Linie durch verstärkte Herztätigkeit, auszugleichen versuchen. Diese Kompensation ist aber eine durchaus mangelhafte.

	Minutenvolumen Liter	Schlagvolumen ccm	Ausnützungsquotient
I. Ruhe	3,33	39	0,30
Während der Arbeit (500 kgm p. Min. am Fahrrad-Ergometer)	6,24	36	0,56
3 Min. nach Arbeitsbeendigung	3,73	37	0,50
II. Ruhe	3,61	37	0,31
Während der Arbeit (300 kgm p. Min.)	12,52	97	0,15
3 Min. nach Arbeitsbeendigung	4,71	45	0,25

Es kann also keinem Zweifel unterliegen, daß in diesen Fällen für die Insuffizienzerscheinungen zum mindesten nicht nur die veränderte Herztätigkeit (das Erlahmen des Herzens), sondern auch (wahrscheinlich sogar zum größeren Teile) die abnormen physiko-chemischen Vorgänge an der Peripherie verantwortlich sind. Von Bedeutung ist, daß — wie EPPINGER und seine Mitarbeiter gefunden haben — die nicht kompensierten Herzkranken gegenüber Gesunden und kompensierten Herzkranken auch noch andere Störungen aufweisen, die mit den Atmungsvorgängen an der Peripherie zusammenhängen. Die bei Arbeitsleistung im Muskel entstehende Milchsäure wird — soweit sie nicht zu Glokogen resynthetisiert wird — teils schon während der Arbeit verbrannt, ein großer Teil bleibt aber in dem Muskel aufgestapelt, um erst nach Arbeitsbeendigung der Verbrennung zu H_2O und CO_2 unterworfen zu werden. Die Größe des O_2-Verbrauchs nach Beendigung der Arbeit gibt nach HILL ein Maß hierfür ab. Bei nicht kompensierten, stark cyanotischen Herzkranken kehrt nun — wie EPPINGER gefunden hat — der O_2 Verbrauch erst viel später als bei Gesunden zum Ruhewert zurück. Kompensierte Kranke dagegen verhalten sich wie Gesunde. Zur Deutung seiner Untersuchungsbefunde führt EPPINGER folgendes an: „Es darf behauptet werden, daß die periphere Muskulatur, welche bei der Arbeit als Hauptbildungsstätte der Milchsäure anzusprechen ist, bei gewissen Herzkranken viel unökonomischer funktioniert als bei Normalen, daß die Arbeit also unter ungünstigeren Verhältnissen vor sich geht. Wenn auch bei der Arbeitsleistung vollkommen normaler Personen infolge einer im Vergleich zur Ruhe stärkeren Säureproduktion im Muskel Aciditätsveränderungen des Blutes erwirkt werden, welche ihrerseits die Sauerstoffabgabe an das Gewebe erleichtern und auch zu einer Hyperventilation führen, so ruft diese Säureproduktion — mag sie bei sehr intensiver Muskelarbeit auch hochgradig sein — doch keine erhebliche Säuerung der Muskulatur und des Blutes hervor. Das kann wohl nur darauf beruhen, daß die gebildeten Säureäquivalente in der Muskulatur schnell und ausgiebig abgepuffert werden. Dieser Abpufferung mißt HILL die größte Wichtigkeit bei, indem er sogar die Behauptung aufstellt, daß die Fähigkeit zur Bewältigung größter Arbeiten hauptsächlich von den „Eiweißpuffern" abhängig ist; funktioniert das Puffersystem der Muskulatur nicht gut, dann kommt es zu Steifheit, Schmerz und Schwäche innerhalb der Muskulatur. Da sich durch „Training" die Leistungsfähigkeit der Muskulatur wesentlich steigern läßt, so liegt die Vermutung nahe, daß hier die Anhäufung guter Eiweißpuffer eine gewisse Rolle spielt. Die stärkere Säureproduktion bei der Muskelarbeit gewisser Herzkranker, welche ja als Folge der Verbrennung einer größeren Milchsäuremenge in Erscheinung tritt und sich u. a. auch in der lang währenden Hyperventilation bekundet, läßt die Annahme durchaus nicht gezwungen erscheinen, daß dabei eine Abnützung der Eiweißpuffer statthat." Die Frage, welcher Art diese sein könnte, läßt EPPINGER ganz offen. Jedenfalls müssen wir annehmen, daß Schädigungen des kolloiden Zellsystems vorliegen. Diese dürften auch die Ursache dafür sein, daß die Zellen — wie zuvor erörtert worden ist — den Sauerstoff nur in vermindertem Maße aufnehmen; daß der Sauerstoff aus dem Oxyhämoglobin frei wird, ist wohl auch bei den Herzkranken in gleichem Maße wie bei den Gesunden möglich; denn die zur Steigerung der Sauerstoffdissoziation des Oxyhämoglobins erforderliche Säuerung bleibt sicherlich auch bei den Herzkranken nicht aus. Die Gewebe müssen aber in der Lage sein, den ihnen angebotenen Sauerstoff zu verwerten. Können sie es nicht, so ist für den Organismus die gleiche Situation geschaffen, als wenn ihm zuwenig Sauerstoff (wie z. B. bei der Erstickung) zugeführt würde. In beiden Fällen muß Dyspnoe auftreten. Die Fähigkeit des Gewebes, den Sauerstoff zu verwerten, wird weitgehend von dem Zustand der kolloidalen Zellstruktur beeinflußt; denn, wie wir gesehen haben (s. S. 56), stellt auch der Atmungsprozeß einen Vorgang dar, der sich an den Grenzflächen abspielt. Die Faktoren, die auf die Beschaffenheit der letzteren Einfluß haben (z. B. die Elektrolyte), müssen daher auch bei dem Ablauf der genannten Prozesse eine Rolle spielen. Wie im einzelnen auch die Verhältnisse, die jetzt noch kaum zu übersehen sind, liegen mögen, an der Tatsache, daß an einer Kreislaufinsuffizienz nicht nur das Verhalten des Herzens selbst und seine mechanische Leistungsfähigkeit, sondern auch das periphere Gewebe selbst schuld sein kann, unterliegt keinem Zweifel. Trifft dies sogar für Fälle zu, die wie die angeführten ausgesprochene Herzfehler darstellen, so dürfte dies erst recht auch für solche Kreislauferkrankungen gelten, bei denen das Herz nur sekundär in Mitleidenschaft gezogen wird. Ich denke z. B. an die genuinen Hypertonien, bei denen die Herzhypertrophie und der erhöhte Blutdruck zweifellos doch nur Anpassungsvorgänge an die im Kreislauf eingetretenen Veränderungen darstellen. Bedenkt man, daß diese Erkrankung in der Regel nur bei älteren Menschen auftritt, so erscheint die Annahme, daß es sich hier um Schädigungen der kolloiden Zellsysteme (Abnutzungserscheinungen) handelt, durchaus berechtigt. Dies ist um so wahrscheinlicher, als bei dieser Erkrankung auch andere Symptome auftreten, die auf Abnutzung bzw. Schädigung des kolloiden Systems hinweisen (die Neigung zu Kalkablagerungen, Atherosklerose). Es ist bekannt, daß gerade die Hypertoniker außerordentlich leicht ermüden bzw. unfähig zu stärkerer Arbeitsleistung sind; auch neigen sie sehr leicht zu Dyspnoe, und zwar schon zu Zeiten, in denen eine nachweisbare Herzmuskelschwäche nicht besteht. Zusammenfassend können wir sagen, daß wir unbedingt Veranlassung haben, die Kreislaufinsuffizienzen nicht allein unter dem Gesichtspunkt der am Herzen selbst bestehenden Veränderungen, sondern auch unter Berücksichtigung der an der Zelle des Erfolgsorganes sich abspielenden Vorgänge zu betrachten. Einen großzügigen Versuch in dieser Richtung hat F. KRAUS[1]) unternommen, der das Geschehen an der Peripherie, soweit es für die Erklärung der Symptome der Kreislaufinsuffizienz in Frage kommt, einer eingehenden Analyse unterworfen hat und damit auch substantielle Grundlagen für eine Betrachtungsweise der Kreislauferkrankungen geschaffen hat, die in Zukunft sicherlich stark an Boden gewinnen dürfte. Den Elektrolyten weist KRAUS eine besonders große Bedeutung zu; dies mit vollem Recht, da — wie schon hervorgehoben wurde — die in Frage kommenden Vorgänge ebenfalls Grenzflächenprozesse darstellen und als solche in den Bereich des vegetativen Geschehens fallen. Als Ausdruck für das Bestehen vegetativer Störungen können wir auch die bei Herzkranken nachweisbaren Veränderungen der Elektrolytzusammensetzung des Blutes betrachten. So ist z. B. im Dekompensationsstadium eine deutliche Hypocalcämie nachweisbar [JANSEN[2]), KYLIN[3]) und KISCH[4])]. In Fällen, bei denen gleichzeitig Ödeme bestanden (sowohl bei Klappenfehlern wie Myopathien), konnte KYLIN ein Sinken des Ca-Gehaltes des Blutes bis auf etwa 9,0 mg-%, KISCH sogar bis auf etwa 6 mg-% feststellen. Die Erniedrigung ist also eine recht deutliche. Der Kaliumgehalt ist in den Fällen, in denen der Calciumgehalt vermindert ist, erhöht (KISCH). Der Ca-Gehalt in der Ödemflüssigkeit liegt zwischen 4,7 und 6,7 mg-%. Dies ist bemerkenswert, da vom NaCl-Gehalt bekannt ist, daß er — zum mindesten bei den nephrotischen und den anderen, ihnen nahestehenden Ödemformen — über dem Blut-NaCl-Gehalt liegt. Es wäre an sich denkbar, daß die Erniedrigung des Ca-Gehaltes im Blute lediglich durch die Abwanderung von Calcium aus der Blutbahn in die Ödemflüssigkeit bedingt, die Veränderung also eine rein sekundäre wäre; dagegen spricht aber die Tatsache, daß der Kaliumgehalt des Blutes, ob-

---

[1]) KRAUS, F.: Insuffizienz des Kreislaufapparates, KRAUS-BRUGSCH: Spezielle Pathologie u. Therapie innerer Krankheiten Bd. IV. Berlin: Urban & Schwarzenberg 1925.

[2]) JANSEN: l. c.

[3]) KYLIN: Zeitschr. f. d. ges. exp. Med. Bd. 43, S. 368. 1924.

[4]) KISCH: Klin. Wochenschr. 1926, Nr. 34, S. 1555.

gleich die Ödemflüssigkeit auch Kalium enthält, sogar noch erhöht ist. Bei den kompensierten Herzkranken finden sich keine Änderungen im K- und Ca-Gehalte des Blutes. Eine Ausnahme scheinen die Menschen mit genuiner Hypertonie zu machen. Meist ist ihr Blut-Calciumgehalt vermindert (Jansen, Kylin). Daß Veränderungen gerade bei den genuinen Hypertonien bestehen, ist deshalb besonders bemerkenswert, weil im vorangehenden auch aus anderen Gründen auf eine Beteiligung des vegetativen Systems an der Entstehung dieses Krankheitsbildes geschlossen wurde. — Erwähnt seien noch die bei Herzkranken auftretenden Veränderungen des Säure-Basengleichgewichtes. Bei der kardialen Dyspnoe ist — wie Porges, Leimdörfer und Markovici[1]) gefunden haben — die alveoläre CO_2-Spannung herabgesetzt. Die Alkalireserve des Blutes hält sich aber meist in normalen Grenzen. Die Herabsetzung der CO_2-Spannung kann die Vermutung nahelegen, daß eine Säurevergiftung an dem Entstehen der Dyspnoe schuld sei. Daß dyspnoeische Zustände auf acidotische Veränderungen zurückgeführt werden können, ist in Kap. VI, 2 erörtert worden. Für die Erklärung der Dyspnoe der Herzkranken kommt die Acidose jedoch nicht in Frage; denn — wie Kornfeld[2]) gezeigt hat — ist die CO_2-Spannung des Arterienblutes im Gegensatz zu der der Alveolarluft nicht vermindert (s. auch S. 194). Da unter normalen Bedingungen zwischen der CO_2-Spannung des Arterienblutes und der Alveolarluft kein wesentlicher Unterschied besteht, müssen also bei den Herzkranken Störungen im Gasaustausch der Lunge vorliegen. Kornfeld zieht daher aus den von ihm erhobenen Befunden die Folgerung, daß — wie schon Basch angenommen hat — bei dem Zustandekommen der kardialen Dyspnoe auch pulmonale Faktoren eine große Rolle spielen.

8. Die Beziehungen des Knochens zum Elektrolytstoffwechsel.

Zu den Organen, die für die Regulierung des Mineralstoffhaushaltes von großer Bedeutung sind, gehört der Knochen. In gewisser Beziehung ist seine Funktion der der Niere nahestehend. Der Knochen vermag nämlich überschüssige Elektrolyte (insbesondere Calciumsalze) aufzunehmen [Heubner und Rona[3])] und so trägt er ebenso wie die Niere, welche überschüssige Calciumsalze ausscheidet, dazu bei, die physiologische Ionenkonzentration von Blut und Geweben aufrechtzuerhalten. Umgekehrt kann der Knochen bei Mangel an Calciumzufuhr Calcium abgeben und so wenigstens eine Zeitlang die Aufrechterhaltung der normalen Ionenkonzentration an der Zelle ermöglichen. Hierzu ist noch folgendes zu bemerken. Im Hungerzustande nimmt die Calciumausscheidung durch den Harn nicht nur nicht ab, sondern sogar noch zu; wahrscheinlich liegt dies an der gesteigerten Säurebildung, die stets mit vermehrter Calciumausscheidung einhergeht. Die Calciumausscheidung durch den Kot geht natürlich stark zurück; die absoluten Mengen an ausgeschiedenem Calcium sind trotzdem recht

[1]) Porges, Leimdörfer u. Markovici: Zeitschr. f. klin. Med. Bd. 77, S. 446. 1913.
[2]) Kornfeld, F.: Zeitschr. f. d. ges. exp. Med. Bd. 38, S. 289. 1923.
[3]) Heubner u. Rona: Biochem. Zeitschr. Bd. 135, S. 248. 1923.

beträchtliche. So hat v. NOORDEN[1]) bei dem bekannten Hungerkünstler Cetti noch am 4. Hungertage im Harn Mengen von 0,47 g CaO gegenüber 0,34 g CaO vor Beginn des Hungerns gefunden. Die Magnesiumausscheidung dagegen nimmt stark ab; sie betrug in dem genannten Falle (am 4. Hungertage) 0,29 g MgO. Unter normalen Bedingungen ist die Magnesiumausscheidung im Harn größer als die des Calciums. Nach KISHI[2]) beträgt das Verhältnis der Ca- und Mg-Verluste im Hunger 2:1 bis 5:1. Diese Elektrolyte, die also trotz Fehlens der Zufuhr ausgeschieden werden, müssen aus den Geweben stammen bzw. bei der Gewebseinschmelzung frei werden. Mit Ausnahme des Knochens sind aber die Zellen sehr arm an Ca und Mg; sie enthalten von Kationen in reichlicher Menge nur Kalium. Das Calcium ist, abgesehen vom Knochen, in den Gewebssäften bzw. Blut vorhanden. Letztere sind jedoch sicherlich nicht diejenigen Körperbestandteile, von denen die relativ großen zur Ausscheidung gelangenden Calciummengen herrühren. Dies wäre mit dem Leben bzw. der Aufrechterhaltung einer auch nur annähernd normalen Zellfunktion vollkommen unvereinbar; denn der Gesamtcalciumgehalt des Blutes (er ist bei 5 l Blut und bei der physiologischen Konzentration von 10 mg-% auf etwa 0,5 g Ca zu veranschlagen) ist kaum größer als die täglich während des Hungerns ausgeschiedene Menge. Andererseits ist festgestellt, daß während des Hungerns der Blutcalciumspiegel nur wenig abnimmt; es kann daher nur der Knochen als das Organ in Frage kommen, das aus seinem Reservoir die erforderlichen Mengen liefert. Dafür spricht auch die Tatsache, daß sich im Harne des Hungernden Calcium, Magnesium und Phosphorsäure ungefähr in dem gleichen Verhältnis wie im Knochen finden [H. MUNK[3])].

9. Physiologie und Pathologie der Verkalkung bzw. Verknöcherung. Das Symptom „Knochenweiche" und seine genetische Erklärung. (Rachitis, Osteomalacie, Osteoporose.)

Mit der Eigenschaft, als Mineralreservoir zu dienen und gewissermaßen Pufferwirkungen zur Aufrechterhaltung einer normalen Ionenkonzentration des Blutes auszuüben, ist die Funktion des Knochens nicht erschöpft. Der Knochen stellt das Gerüst des Körpers dar, wozu er einer besonderen Festigkeit bedarf; die Ablagerung von Mineralien im Knochengewebe, insbesondere die Verkalkung, ist von größter Bedeutung. Störungen in dem Ablauf der Vorgänge, die den Niederschlag der Mineralien im Knochen besorgen, müssen von Folgen begleitet sein, die die Funktionsleistung des Knochens stärkstens beeinträchtigen. Mit den Erkrankungen, die auf Störungen dieser Art zurückzuführen sind, wollen wir uns im folgenden beschäftigen. Um ihr Wesen besser erfassen zu können, ist es erforderlich, daß wir uns auch mit dem in Frage kommenden physiologischen Prozeß näher vertraut machen. Es braucht

[1]) v. NOORDEN: Handb. d. Pathol. d. Stoffwechsels. Bd. 1. 2. Aufl. 1906.

[2]) KISHI: Mitteil. Med. Ges. Tokio Bd. 30, S. 91. 1922; zit. nach MORAWITZ u. NONNENBRUCH: l. c.

[3]) MUNK: Virchows Arch. f. pathol. Anat. u. Physiol. Suppl.-Bd. 131. 1893; zit. nach MORAWITZ u. NONNENBRUCH: l. c.

nicht ausführlich erörtert zu werden, daß die Mineralien im Knochen in anderer Form existieren als in den anderen Geweben und den Körperflüssigkeiten. In letzteren sind sie entweder in echt gelöster oder in kolloidaler Form vorhanden; im Knochen dagegen überwiegt die Ablagerung zum mindesten eines großen Teils der Mineralien in fester, schwer löslicher oder auch ganz unlöslicher Salzform. Die Mineralien des Knochens bestehen in der Hauptsache aus tertiärem Calciumphosphat ($Ca_3(PO_4)_2$) und sekundärem Calciumcarbonat ($CaCO_3$). Die vorhandene Menge an Phosphorsäure ist stets größer als die an Kohlensäure; ihr Gewichtsverhältnis beträgt etwa 10 : 1. Von anderen Mineralien finden sich im Knochen auch noch Mg, Cl und Fl, doch in so relativ kleinen Mengen, daß wir sie hier nicht berücksichtigen wollen. Die Ossification besteht in der Ablagerung der genannten Salze in der zunächst kalklosen Knorpelgrundsubstanz, die in erster Linie durch einen Eiweißkörper (Kollagen) dargestellt wird. Die Kalksalze werden dem Knochen wie allen anderen Organen durch die Blut- bzw. Lymphbahn zugeführt, doch — wie aus dem Gesagten sich von selbst ergibt — nicht in der Form, in der sie zur Ausscheidung gelangen. Was die Phosphate betrifft, so kommen sie im Blute nur als primäre bzw. sekundäre Salze vor. Die Eigenschaft des Knochens bezw. seiner Kolloidsubstanzen, die ihnen zugeführten Salze ganz anders als die übrigen Organe zu verwerten, ist diejenige, die ihn besonders auszeichnet. Es handelt sich nicht um eine einfache Ausfällung der Salze, sondern um einen komplizierten chemischen bzw. kolloidchemischen Vorgang, an dem die Eiweißkörper des Knochens aktiv beteiligt sind. Zwar ist uns der Ablauf dieser Reaktionen in seinen Einzelheiten noch nicht bekannt, doch sind wir dank den Untersuchungen von Pfaundler[1]) sowie Freudenberg und György[2]), die die Bindungsfähigkeit des Knorpels für die verschiedenen Salze einer experimentellen Untersuchung unterzogen, in der Lage, uns wenigstens eine Vorstellung von dem in Frage kommenden Geschehen zu machen. Freudenberg und György nehmen drei Phasen für die Ossification an. Die erste stellt die Bindung von Calcium an das Knorpeleiweiß dar:

Ca + Knorpeleiweiß = Calciumknorpeleiweiß.

Die zweite besteht darin, daß sich dem Calciumknorpeleiweiß Phosphat und Carbonat hinzugesellen, wodurch es zu komplexen Calcium-Eiweiß-Phosphat- bzw. -Carbonatverbindungen kommt:

Calciumeiweiß + Phosphat = Calciumeiweißphosphat,
Calciumeiweiß + Carbonat = Calciumeiweißcarbonat.

In der dritten Phase kommt es zur Abspaltung von Calciumphosphat bzw. Calciumcarbonat:

Calciumeiweißphosphat = Eiweiß + Calciumphosphat,
Calciumeiweißcarbonat = Eiweiß + Calciumcarbonat.

---

[1]) Pfaundler: Jahrb. für Kinderheilk. Bd. 60. 1904.

[2]) Freudenberg u. György: Biochem. Ztschr. Bd. 110. 1920; Bd. 115, 118, 121, 124. 1921; Bd. 129, 1922. György: Jahrb. f. Kinderheilk. Bd. 102. 1923. (Dort weitere Literaturangaben.)

Das frei gewordene Eiweiß kann jetzt von neuem wieder den genannten Zyklus durchmachen, so daß allmählich eine Anreicherung der Knochengrundsubstanz mit ihren anorganischen Bausteinen ermöglicht wird. Der Knorpel, der Calcium gebunden hat, zeigt noch keineswegs die Eigenschaften des Knochens. Seine Härte, Undurchsichtigkeit, Sprödigkeit usw. erhält er erst durch die späteren Reaktionen. Der Calciumbindung kommt aber eine besondere Bedeutung zu, weil sie die Voraussetzung für das Einsetzen der weiteren Reaktionen darstellt. — Warum zeigt nun das Eiweiß des Knorpels mehr Neigung zur Verkalkung als das aller anderen Organe? Diese Frage beantworten FREUDENBERG und GYÖRGY in folgender Weise. An sich sollte man annehmen, daß bei allen Geweben die Bedingungen für Calciumanlagerungen recht gute seien. Von Calciumionen werden alle Zellen umspült; ihre Reaktionsverhältnisse (schwach alkalisch) sind der Bindung ebenfalls günstig. Die Affinität der anorganischen Ionen zum Eiweiß steigt mit ihrer Wertigkeit. Das zweiwertige Calcium verdrängt das einwertige Natrium aus seinen Verbindungen, das dreiwertige Aluminium verdrängt das Calcium. Daß dies speziell auch für den Knorpel gilt, haben PFAUNDLER sowie FREUDENBERG und GYÖRGY analytisch nachgewiesen. Wenn nun Calcium trotz seiner großen Affinität zu den Eiweißkörpern unter physiologischen Bedingungen nicht oder nur wenig in den Geweben abgelagert wird, dann müssen — wie FREUDENBERG und GYÖRGY vermuten — bestimmte Hemmungsmechanismen existieren, die diesem Vorgang entgegenwirken. Die Mechanismen, die hier in Frage kommen, sind ihrer Meinung nach durch den normalen Zellstoffwechsel gegeben; ihre Untersuchungen ergaben nämlich, daß die Anwesenheit einer großen Reihe physiologisch vorkommender Stoffe die Ca-Bindung an die Gewebe (auch an den Knorpel) verhindern. Sie verursachen sogar eine Entbindung vorher gebundenen Kalkes. Unter den Stoffen, die in dieser Weise wirken, sind u. a. zu nennen: Aminosäuren, Peptide, Imidazol, Amine, Betain, Guanidin, Ammoniaksalze, Harnstoff. Diese Substanzen sind Produkte des Stoffwechsels. Auch der Kohlensäure, die ebenfalls ständig im Stoffwechsel gebildet wird, kommt — wie schon von HOFMEISTER und v. RECKLINGHAUSEN angenommen wurde — eine Bedeutung nach dieser Richtung hin zu; denn mit zunehmender Säuerung nimmt die Kalkbindung durch die Eiweißkörper ab. Die Annahme, daß die Zellen sich durch ihren eigenen Stoffwechsel vor der Verkalkung schützen, besitzt — wie ich glaube — durchaus innere Wahrscheinlichkeit; wissen wir doch, daß Gewebe, die absterben oder auch sonst wenig funktionsfähig sind (z. B. Narben), häufig starke Kalkablagerungen zeigen. Auch die Verkalkung bei der Atherosklerose betrifft ja in erster Linie Individuen, die nicht mehr auf der Höhe ihrer zellulären Leistungsfähigkeit stehen. Allerdings dürfen wir — worauf insbesondere CARL R. RABL[1]) hinweist — nicht ohne weiteres Calciumbindung und Verkalkung als identisch ansehen. RABL neigt mehr der Ansicht zu, daß die Kalkablagerungen bzw. Verkalkungen weniger die Folge von Gewebsveränderungen als die der geänderten Löslichkeitsverhältnisse des Calciums in Blut und Gewebsflüssigkeiten seien, die zu krystallinischen Ausscheidungen

---

[1]) RABL, CARL R.: Virchows Arch. f. pathol. Anat. u. Physiol. Bd. 245, S. 542. 1923.

von Calciumsalzen im Gewebe führen. Für eine Reihe von Vorgängen, auf die später noch eingegangen werden wird, mag dies zutreffen. Nichts spricht jedoch gegen die Auffassung von PFAUNDLER sowie FREUDENBERG und GYÖRGY, daß die Verkalkung als erste Phase der Ossification tatsächlich auf einer primären chemischen bzw. kolloidchemischen Bindung mit dem Knorpelgewebe selbst beruhe und die Ausscheidung und Ablagerung der Kalksalze erst sekundär erfolge. Ob die Hemmung der Calciumbindung durch die angeführten Stoffwechselsubstanzen darauf zurückzuführen ist, daß letztere das Knorpelgewebe so beeinflussen, daß seine Bindungsfähigkeit für Calcium herabgesetzt wird oder — wie RABL annimmt — dadurch bedingt ist, daß die betreffenden Stoffe selbst das Calcium binden und es dem Knorpelgewebe fernhalten, ist letzten Endes nicht von wesentlicher Bedeutung. In dem einen Falle wird die Ursache in das Gewebe selbst verlegt, im anderen Falle auf Vorgänge bezogen, die sich in der die Zellen umgebenden Gewebsflüssigkeit abspielen. Da zwischen Zelle und Gewebsflüssigkeit Gleichgewichtsverhältnisse bestehen, so findet zwischen ihnen auf jeden Fall ein Ausgleich statt. Wenn der Knorpel entgegen dem Verhalten der anderen Gewebe die ausgesprochene Neigung zur Verkalkung bzw. Calciumbindung zeigt, so muß die Ursache hierfür in der Stoffwechselherabsetzung seiner Zellen gelegen sein, d. h. der Beginn der Verkalkung muß mit einer Beseitigung der Hemmungsstoffe eingeleitet werden. FREUDENBERG und GYÖRGY glauben, daß auch die histologischen Befunde diese Anschauung rechtfertigen. „Die Veränderungen, die die Zellen des Säulenknorpels im Bereiche der präliminaren Verkalkungszone erfahren, ihr Blasigwerden, die Vergrößerung der Höhlen, in denen sie liegen, der Verlust des Glykogens, endlich der Umstand, daß sie der Auflösung durch die hervorsprossenden Gefäße anheimfallen, das alles rechtfertigt die Auffassung, daß der Stoffwechsel in diesen Zellen und damit der Gehalt der umgebenden Grundsubstanz an Stoffwechselprodukten herabgesetzt ist."

Die Anlagerung von Phosphor- und Kohlensäure, d. h. die Bildung der Phosphate und Carbonate gehört — wie schon erwähnt wurde — zur zweiten Phase der Ossification. Ihre Gegenwart ist aber — wie die Versuche von FREUDENBERG und GYÖRGY ergeben haben — auch für die erste Phase, die Calciumbindung, von Bedeutung; sie fördern nämlich die Anlagerung des Calciums an den Knorpel. Es gibt nun eine Reihe pathologischer Vorgänge, die dadurch ausgezeichnet sind, daß der Knorpel nicht in der Lage ist, zu verkalken (eine Verknöcherung ist dann selbstverständlich auch unmöglich), bzw. fertiger Knochen plötzlich nicht mehr seine Kalksalze halten kann. In beiden Fällen ist auch chemisch-analytisch eine Kalkarmut des Knochens nachweisbar. Sie unterscheiden sich hauptsächlich nur durch den Zeitpunkt, in welchem die Erkrankung auftritt. Es handelt sich um die **Rachitis** und die **Osteomalacie,** welch letztere man auch als die Rachitis der Erwachsenen zu bezeichnen pflegt. Der Knorpel ist bei beiden Krankheitszuständen nicht in der Lage, Calcium zu binden. Nach den Ausführungen über das Wesen der Verkalkung und Verknöcherung des Knorpels könnte man daran denken, daß bei der Rachitis die lokale Stoffwechselherabsetzung ausbleibt und daher nach wie vor die genannten Eiweißprodukte gebildet werden, die

die Kalkbindung hemmen. Diese Annahme ist durch keine direkten Beweise gestützt; auch scheinen die praktischen Erfahrungen der Therapie eher dagegen zu sprechen. Die Lichtbehandlung, deren großer therapeutischer Nutzen bei der Rachitis jetzt allgemein anerkannt ist, führt nämlich zu einer allgemeinen Stoffwechselsteigerung; diese würde also den Hemmungsmechanismus gegen die Kalkbindung noch verstärken. Mit der Bildung oder Nichtbildung der genannten Eiweißabbauprodukte scheint also das Ausbleiben der Verkalkung des rachitischen Knorpels nicht in Zusammenhang zu stehen. Dies schließt natürlich nicht aus, daß der Gesamtstoffwechsel in einem anderen Sinne doch eine überragende Rolle in der Genese der Rachitis spielt. FREUDENBERG und GYÖRGY[1]) haben eine Theorie der Rachitis entwickelt, die das Wesen der Erkrankung in einer acidotischen Umstimmung des Stoffwechsels erblickt (die acidotische Stoffwechselrichtung der Rachitis wird der alkalotischen Stoffwechselrichtung der Tetanie gegenübergestellt). Im Harn der Rachitiker konnten sie eine starke Vermehrung der Säurevalenzen nachweisen. Acidotische Veränderungen bei rachitischen Kindern hat auch S. HODGSON[2]) beobachtet. Ob die Acidosis wirklich die Ursache oder nur die Begleiterscheinung der Rachitis darstellt, halte ich nicht für erwiesen; doch stehen zur Acidosis als solcher (gleichgültig, ob sie Ursache oder Folge des rachitischen Prozesses ist) andere Veränderungen in Beziehung, die zweifellos großes Interesse beanspruchen. FREUDENBERG und GYÖRGY haben — wie schon erwähnt — experimentell zeigen können, daß es im Gegensatz zu den obenerwähnten Eiweißabbauprodukten auch Stoffe gibt, die die Kalkbindung fördern; so steigert die Anwesenheit von Phosphaten und Carbonaten im Reagensglasversuch die Bindung des Calciums an den Knorpel. Es ist daher verständlich, wenn der Verknöcherungsprozeß in Beziehungen zum Phosphatstoffwechsel steht. Dies ist — wie aus folgendem hervorgeht — auch tatsächlich der Fall. Der Gehalt des Serums an anorganisch gebundenem Phosphor hat bei Säuglingen einen Mittelwert von etwa 5—5,4 mg-% [HOWLAND und KRAMER[3], HESS[4]), GYÖRGY] und fällt mit vollendetem Wachstum, also im Alter von 18—20 Jahren, ziemlich plötzlich auf etwa 3 mg-% ab, um sich auf dieser Höhe das ganze Leben hindurch zu halten [HOWLAND und KRAMER, TISDALL und HARRIS[5])]. Nach Knochenfrakturen ist bei Erwachsenen parallel der Callusbildung für mehrere Wochen ein Ansteigen des P-Gehaltes (bis zu 5 mg-%) zu beobachten (TISDALL und HARRIS). Der rachitische Säugling hat im floriden Krankheitsstadium statt der üblichen 5 mg-% nur einen Serumphosphorgehalt von etwa 2,4 mg-% [HOWLAND und KRAMER, IVERSEN, FREUDENBERG und GYÖRGY[6])]. Daß dieser überaus starken

[1]) FREUDENBERG u. GYÖRGY: Münch. med. Wochenschr. 1922, Nr. 12. György: Jahrb. f. Kinderheilk. Bd. 102. 1923.

[2]) HODGSON: Lancet 1921; zit. nach GYÖRGY: l. c.

[3]) HOWLAND u. KRAMER: Americ. journ. of dis. of childr. Bd .22. 1921; zit. nach GYÖRGY: l. c.

[4]) HESS: Zeitschr. f. physikal. Chem. Bd. 117. 1921.

[5]) TISDALL u. HARRIS: Journ. of americ. med. assoc. Bd. 79. 1922; zit. nach GYÖRGY: l. c.

[6]) FREUDENBERG u. GYÖRGY: l. c.

Abnahme des Phosphatgehaltes eine sehr große Bedeutung zukommt, dürfte keinem Zweifel unterliegen. Schwieriger ist die Frage, wie es zu dieser Änderung im Phosphatspiegel des Blutes kommt. FREUDENBERG und GYÖRGY betrachten sie als Folge der acidotischen Umstimmung der Stoffwechselrichtung, deren Ursache sie in einer Verlangsamung des Stoffwechselablaufes erblicken; sie nehmen nämlich an, daß bei langsamem Stoffwechselablauf infolge der verzögerten Verbrennungsvorgänge die Menge der im intermediären Stoffwechsel sich anhäufenden Säuren eine größere sei. Ob diese Vermutung richtig ist, läßt sich nicht entscheiden. Daß die Oxydationsprozesse überhaupt vermindert sein können, ist bekannt; dies trifft z. B. für die Avitaminosen zu [ABDERHALDEN[1])]. Daß auch die Rachitis in die Krankheitsgruppe der Avitaminosen eingereiht werden kann, ist nicht zweifelhaft. Wir kennen ja auch ein bestimmtes antirachitisches Vitamin (das Vitamin D).

Zwischen der Rachitis und der Tetanie bestehen gewisse Beziehungen; sehr häufig treten bei Säuglingen beide Krankheiten gleichzeitig auf; ferner hat sich in diesen Fällen gezeigt, daß eine wirksame dauernde Bekämpfung der Tetanie nur bei Heilung des rachitischen Grundprozesses möglich ist. FREUDENBERG und GYÖRGY, die das Wesen der Tetanie in der alkalotischen Umstimmung des Gesamtstoffwechsels erblicken, sehen die beiden Erkrankungen zwar als antagonistisch gerichtete an, gehen aber davon aus, daß ihr Grundcharakter der gleiche sei. Das eine Krankheitsbild stellt gewissermaßen das Negativ des anderen dar. Besteht zwischen ihnen eine Wesensverwandtschaft, so haben wir keinen Grund, ihr Entstehen (gemeint sind wie bisher nicht die ätiologischen Faktoren, sondern die Prozesse, die zum Auftreten der symptomatischen Erscheinungen führen) mit prinzipiell anders gearteten Vorgängen zu erklären. Was die Tetanie betrifft, so haben wir gesehen, daß das Auftreten ihrer Symptome sich letzten Endes immer auf Änderungen der Elektrolytverteilung am Muskel zurückführen läßt. Welches auch die ätiologische Ursache sein mag, immer ist der Muskel dadurch ausgezeichnet, daß er die Elektrolyte nicht in regulärer Weise binden kann; es kommt zu einer relativen Kaliumkonzentrierung. Bei der Rachitis ist es nicht der Muskel, sondern das Knorpelgewebe des Knochens, das sich in entsprechender Weise verhält. Die Art der Verteilungsänderung der Elektrolyte mag in diesem Falle eine andere sein; so ist kaum anzunehmen, zum mindesten nicht erwiesen, daß Kalium im rachitischen Knochen angereichert wird; es ist jedoch sicher, daß letzterer nicht Calcium binden kann. Gesteigerte Kalium- und verminderte Calciumbindung stellen aber verwandte Vorgänge dar. Ist die Auffassung von der Wesensgleichheit des tetanischen und rachitischen Prozesses richtig, so muß auch in folgendem eine Übereinstimmung bestehen. Bei der Tetanie führen ganz bestimmte ätiologische Faktoren zu dem gleichen Effekt. Gibt es auch verschiedene Ursachen, die zu Rachitis bzw. zu den ihr nahestehenden pathologischen Veränderungen im Verkalkungsprozeß des Knochens (z. B. Osteomalacie) führen? Diese Frage muß bejaht werden. Die Rachitis ist eine Krankheit, die insbesondere in den sozial tiefstehenden Kreisen auftritt; schlechte Wohnungsverhältnisse, Mangel an Licht, einseitige, unzweckmäßige

---

[1]) ABDERHALDEN: Pflügers Arch. f. d. ges. Physiol. Bd. 182. 1920.

Nahrung usw. sind die Faktoren, die ihr Auftreten begünstigen. Was ihnen gemeinsam ist, läßt sich nicht mit Sicherheit sagen; doch ist uns vieles auch in dieser Beziehung jetzt bekannt. Daß die Schädlichkeit einseitiger Nahrung auf einem Mangel an Vitaminen beruhen kann (insbesondere des Vitamins D), kann als erwiesen gelten. Jedenfalls gelingt es uns, durch Vitamine dieser Gruppe (z. B. die im Lebertran vorhandenen) auf den rachitischen Prozeß günstig einzuwirken. Wie neuere Untersuchungen gezeigt haben, steht auch die Wirkung der Lichtstrahlen (Quarzlampe) in Beziehungen zu der der Vitamine. Daß den Lichtstrahlen für die Therapie der Rachitis eine große Bedeutung zukommt, ist schon lange bekannt. Die Versuche amerikanischer Autoren (insbesondere F. A. HESS sowie STEENBOCK und BLACK), die inzwischen von anderen bestätigt und erweitert worden sind, haben ergeben, daß die Strahlen ihren Heileffekt auch ausüben können, wenn nicht der Organismus, sondern die Nahrungsstoffe ihrer Einwirkung ausgesetzt werden. Sowohl die festen, öligen wie flüssigen Nahrungsstoffe (Cholesterin, Weizenmehl, Milch und Milchpulver u. a.) erhalten nach einer Bestrahlung mit der Quarzlampe antirachitische Eigenschaften [STEENBOCK und seine Mitarbeiter, F. A. HESS, WEBSTER und HILL, GYÖRGY[1]), GYÖRGY und POPOVICIN, COWELL, B. KRAMER]. Diese höchst überraschenden Untersuchungsergebnisse sind nur mit der Annahme zu erklären — dies ist auch die Ansicht der genannten Autoren —, daß unter dem Einfluß der Strahlen Umsetzungen in den Nahrungsstoffen herbeigeführt werden, die ein Freiwerden bzw. Entstehen vitaminartiger Stoffe verursachen. (Der Rachitisschutzstoff des Lebertrans wird nach ZUCKER und BARNETT in der unverseifbaren Fettfraktion gesehen). Interessant ist es nun, daß — wie GYÖRGY beobachtet hat — unter dem Einfluß der Strahlen z. B. das Salatöl einen Geruch annimmt, der dem des Lebertrans ähnelt; auch Geruch und Geschmack der Milch ändern sich nach der Bestrahlung; sie werden fade und muffig. Es kann also nach dem Gesagten kein Zweifel darüber bestehen, daß die antirachitische Wirkung des Lebertrans und die der Lichtstrahlen eine gemeinsame Grundlage haben. Der therapeutische Effekt hängt mit dem Vorhandensein bzw. Entstehen bestimmter Stoffe zusammen, die wir Vitamine nennen; ihr Fehlen führt zur Ausbildung der rachitischen Symptome. Wie die Vitamine in die Vorgänge an der Zelle eingreifen, ist noch wenig bekannt. Erwähnt wurde schon, daß sie auf die Zelloxydationen Einfluß haben sollen (ABDERHALDEN). Wir können die Wirkung der Vitamine in gewisser Hinsicht derjenigen der Hormone und anderer endogener Gifte an die Seite stellen. Zwar ist von ersteren im Gegensatz zu letzteren nicht bekannt, daß sie, im Überschuß dargereicht, toxische Wirkungen entfalten können; gemein haben sie aber mit ihnen, daß schon kleinste Mengen genügen, um im Zellgeschehen Großes zu erwirken. Ob nun das Vitamin selbst nach Art eines endogenen Giftes direkt wirkt oder — was wahrscheinlicher ist — auf dem Wege über den Stoffwechsel zur Bildung von Stoffwechselprodukten Anlaß gibt, denen Giftcharakter zukommt, und die — wie die erwähnten Versuche von FREUDENBERG und GYÖRGY ergeben haben — auf die Calciumbindung des Knorpels Einfluß haben, ist für uns von keiner prinzipiellen Bedeutung. Jedenfalls scheint

[1]) GYÖRGY: Klin. Wochenschr. 1925, Nr. 23, S. 1118; 1926, Nr. 17, S. 747. (Dort finden sich auch die anderen Literaturangaben.)

mir die Annahme nicht ganz unberechtigt zu sein, daß auch das Geschehen, welches der als Avitaminose gekennzeichneten Rachitisform zugrunde liegt, von sog. Giften beeinflußt wird. Nicht zweifelhaft ist dies bei dem Zustandekommen des als „**Osteomalacie**" bezeichneten Krankheitsbildes. Wie schon erwähnt wurde, steht diese Erkrankung der Rachitis sehr nahe. In beiden Fällen ist der Knochen durch Unfähigkeit der Kalkbindung ausgezeichnet. Der osteomalacische Knochen wird kalkarm und infolgedessen weich und biegsam wie der rachitische. Ob eine Osteomalacie ebenfalls durch Fehlen bestimmter Vitamine zustande kommen kann, ist nicht erwiesen. Sicher ist aber, daß hormonale Vorgänge (also Prozesse der endogenen Giftbildung) für ihre Entstehung von Bedeutung sind; so ist bekannt, daß die Osteomalacie im Wochenbett auftreten und durch Entfernung der Ovarien geheilt werden kann. Gleiche, zum mindesten sehr verwandte Prozesse (der rachitische und osteomalacische) können also durch verschiedene Ursachen ausgelöst werden. Den Giften nahestehende Stoffe spielen anscheinend in beiden Fällen eine große Rolle. Im übrigen sei darauf hingewiesen, daß von manchen Autoren auch für die Genese der Rachitis endokrine Regulationsstörungen verantwortlich gemacht werden. Ob auch abnorme Vorgänge im vegetativen Nervensystem in der Genese der Knochenveränderungen eine Rolle spielen, die denen der Rachitis und Osteomalacie ähneln, ist noch nicht sichergestellt. Ich halte dies aber nicht für ganz unwahrscheinlich; immerhin ist es auffallend, daß ein vegetatives Gift wie das Adrenalin den rachitischen Prozeß mitunter günstig beeinflussen kann.

Aus den Erörterungen über die Tetanie und die Störungen der Flüssigkeitsbewegungen (Wassersucht) haben wir ersehen, daß das gleiche Krankheitssymptom durch verschiedene Ursachen ausgelöst werden kann. Es kommen abnorme Einflüsse der vegetativen Regulatoren, Nerv-Gift-Elektrolyt, in Frage. Die symptomatischen Krankheitsbilder, die sie hervorrufen, sind zwar nicht absolut identisch, doch in prinzipiell gleicher Richtung gelegen. Bei allen Formen der Tetanie steht die abnorme Muskelbewegung im Vordergrund, beruhend auf einer gestörten Elektrolytverteilung an der Muskelzelle (gesteigerte Bindungsfähigkeit für Kalium bzw. verminderte für Calcium). Bei der Wassersucht (gleichgültig, aus welcher Ursache sie entsteht) spielt die gesteigerte Wasseraufnahmefähigkeit der als Wasserreservoir dienenden Gewebe, insbesondere des Bindegewebes, die Hauptrolle (die Elektrolytverteilung ist vor allem in der Richtung einer abnormen Bindungsfähigkeit für Na verändert). Charakteristisch für die hier in Frage kommenden pathologischen Knochenprozesse sind die Kalkarmut bzw. die Entkalkung des Knochengewebes und die sich daraus ergebenden Folgen für die Knochenfestigkeit usw. Unter den Erkrankungen, die mit gestörten Verkalkungsvorgängen des Knochengewebes (beruhend auf einer verminderten Bindungsfähigkeit für Calcium) einhergehen, wurde bisher die Rachitis und die Osteomalacie genannt. Das sie charakterisierende Hauptsymptom (die Knochenweiche) ist trotz verschiedenartiger Genese das gleiche. Im Rahmen unserer Betrachtungsweise interessiert uns neben der Klärung der Genese vor allem die Erforschung der Vorgänge, die das Krankheitssymptom bedingen. Bei der Rachitis und Osteomalacie dürfte die Knochenweiche (d. h. die Entkalkung) in erster Linie durch den abnormen Einfluß von Stoffen mit Giftcharakter hervorgerufen werden. Ob das vegetative Nervensystem auch eine Rolle spielt, ist zweifelhaft. Für die Auslösung des Krankheitssymptoms „Tetanie" und „Wassersucht" kommen neben der abnormen Einwirkung von Nerv und Gift auch primäre Änderungen der Elektrolytverteilung in Frage. Dies trifft z. B. für die Magen- und Atmungstetanie und die diabetischen Ödeme zu (s. S. 256 und 277). Kann in entsprechender Weise auch das Krankheitssymptom „Knochenweiche" von der Elektrolytseite ausgelöst werden? Dies ist zweifellos der Fall. Zwar kommt es nicht zu dem typischen Bild der Knochenweiche wie bei der Rachitis und Osteomalacie; doch können Veränderungen ähnlicher Natur, die als **„Osteoporose"** bezeichnet werden, auftreten. (Entkalkungsvorgänge sind auch für sie charakteristisch.) Sie läßt sich bei Tieren experimentell durch fortgesetzte Säureinfusionen hervorrufen. Anhaltende acidotische Veränderungen führen in entsprechender Weise auch beim Menschen zu Veränderungen dieser Art. So haben GERHARD und SCHLESINGER[1]) Osteoporose bei schweren acidotischen Diabetesfällen beobachtet. Auf welche Weise die Zunahme der Säurevalenzen des Blutes zur Entkalkung des Knochens führt, läßt sich nicht mit Sicherheit entscheiden; doch ist uns folgendes bekannt. Eine Erhöhung der Säurekonzentration geht (s. S. 69) mit einer Steigerung der Calciumionisierung einher, d. h. das in ungelöster Form bzw. in nichtdissoziiertem Zustande sich befindliche Calcium vermindert sich zugunsten des dissoziierten. Betrachtet man die Vorgänge nicht vom kolloidchemischen, sondern vom rein chemischen Standpunkt, kann man die Veränderungen ebenfalls erklären. In Säuren lösen sich Kalksalze bekanntlich besser als in neutralen oder gar alkalischen Lösungen. Die primären Elektrolytveränderungen, welche die Atmungstetanie auslösen, sind die der Alkalosis des Blutes; andere Tetanieformen (so die idiopathische) sind ebenfalls mit einer Alkalose verbunden, die in diesen Fällen sicherlich nur sekundärer Natur, am Zustandekommen des ganzen symptomatischen Krankheitsbildes jedoch auch nicht ganz unbeteiligt ist. Bei der Rachitis und den anderen genannten pathologischen Verkalkungsprozessen, die zur „Knochenweiche" führen, liegen die Verhältnisse ganz analog; nur handelt es sich hier um Veränderungen im Sinne der Blutacidose; letztere ist bei den genannten Formen der Osteoporose eine primäre. Bei der Rachitis dagegen ist sie sicherlich eine sekundäre, die auf pathologische Vorgänge des Knochengewebes zu beziehen ist. Es sprechen also viele Momente dafür, daß die genannten Störungen im Verkalkungsprozeß des Knochens prinzipiell ähnlichen Gesetzen folgen wie die tetanischen. Demzufolge sind wir — wie ich glaube — auch berechtigt, sie ebenso wie die tetanischen als Prozesse zu betrachten, die im vegetativen System ablaufen. Die vegetativen Störungen, die der Tetanie zugrunde liegen, sind vornehmlich am Muskel, die der Wassersucht am Bindegewebe lokalisiert. Die vegetativen Störungen, die der Knochenweiche bzw. Knochenentkalkung zugrunde liegen, sind dagegen am Knochen- bzw. Knorpelgewebe lokalisiert. Jede dieser Krankheitsgruppen ist dadurch ausgezeichnet, daß die ihr zugehörigen einzelnen Formen trotz ganz verschiedener Genese in ihrem Er-

[1]) GERHARD u. SCHLESINGER: Arch. f. exp. Pathol. u. Pharmakol. Bd. 42, S. 83. 1899.

scheinungsbild gleichartig, zum mindesten aber einander sehr ähnlich sind, und daß diese Gleichförmigkeit dadurch bedingt ist, daß die Erkrankung auf abnorme Einflüsse von Nerv, Gift und Elektrolyt, die Regulatoren im vegetativen System, zurückzuführen ist. Die Rachitis stellt **eine** der möglichen Formen dar, in denen die pathologischen Verkalkungsformen des Knochens zum Ausdruck kommen können, wie die Nephrose eine Hydropsieform und die Magentetanie eine Tetanieform ist, neben welcher andere bestehen, die trotz ganz andersartiger Ätiologie ihnen doch sehr ähnlich sind. Die Symptome „Tetanie", „Wassersucht", „Knochenweiche" sind Folgen pathologischer Vorgänge im vegetativen System, die — wie an anderer Stelle ausführlich erörtert worden ist — ihren letzten Ausdruck stets in einer Änderung der Elektrolytverteilung an der Zelle finden. Diese Verteilungsänderung tritt bei der Rachitis in der Unfähigkeit des Knochens zur Bindung von Calciumsalzen (insbesondere der Calciumphosphate) in Erscheinung. Bei der Tetanie findet die Verteilungsänderung der Elektrolyte ihren Ausdruck in der abnormen Bindungsfähigkeit des Muskels für bestimmte Salze (Kalium wird in zu großer, Calcium wahrscheinlich in zu kleiner Menge gebunden). Das tetanische Krankheitsbild kommt nicht zustande, weil dem betreffenden Individuum mit der Nahrung ein Überschuß an Kalium oder ein Minus an Calcium dargeboten wird; das gleiche trifft auch für die Rachitis zu. Die früher vielfach vertretene Anschauung, daß die Rachitis durch einen Calciummangel der Nahrung entstehe, ist in den letzten Jahren übrigens auch aus anderen Erwägungen heraus vollkommen fallen gelassen worden. Ein Übergang von relativ calciumarmer (Frauenmilch) zu calciumreicher Nahrung (Kuhmilch) führt nie zu einem therapeutischen Effekt, wie überhaupt die Kalktherapie bei der Rachitis und den anderen ihr nahestehenden Formen der Knochenweiche bzw. Knochenentkalkung praktisch erfolglos ist. Das liegt eben daran, daß an sich dem Knochen genügend Kalksalze zugeführt werden, der Knochen sie aber nicht verwerten kann. Trotzdem wird man neben den anderen Heilverfahren (Höhensonne, Lebertran, Phosphor usw.) auch eine Kalktherapie in Form kalkreicher Ernährung durchführen, da wir davon ausgehen können, daß ein Knochen, dessen Fähigkeit zur Calciumbindung gelitten hat, um so weniger bindet, je geringer das Kalkangebot ist; im Vergleich zu den anderen Heilmethoden kommt der Kalktherapie bei der Rachitis jedoch unzweifelhaft nur eine sekundäre Bedeutung zu. Übrigens ist der Kalk auch kein Heilmittel der Tetanie; meist vermag er nur den akuten Anfall zu coupieren. Daß eine starke Einschränkung des Kalkangebotes auch zu Entkalkungsvorgängen im Knochen führen kann, ist verständlich, da auch im Hungerzustande der Organismus größere Kalkmengen ausscheidet. Es kann zu osteoporotischen und auch osteomalacischen Veränderungen kommen (**Hungerosteomalacie** bzw. **pseudorachitische Osteoporose**). Wie von amerikanischer Seite[1]) im Tierexperiment festgestellt worden ist, hat auch eine an Phosphor bzw. Phosphat extrem arme Nahrung pathologische Veränderungen im Knochen zur Folge; auch dies ist erklärlich, da die Phosphate bei der

[1]) Zit. nach MORAWITZ u. NONNENBRUCH: Pathologie des Wasser- u. Mineralstoffwechsels S. 313.

Kalkbindung eine große Rolle spielen. Sie fanden im einzelnen folgendes: Knochenveränderungen treten sowohl bei Ca- wie bei P-armer Nahrung auf. Von besonderer Bedeutung ist aber die Relation Kalk: Phosphor. Verminderung des Ca allein bei reichlicher P-Zufuhr führt nur zu Osteoporose. Wird aber gleichzeitig auch die P-Zufuhr stark herabgesetzt, so sollen Veränderungen entstehen, die der menschlichen Rachitis entsprechen. Die gewöhnliche Kost — auch bei stärkster Variation — kann als Nahrung angesehen werden, die Kalk und Phosphat stets in vollkommen ausreichender Menge enthält. Störungen im Verkalkungsprozeß der Knochen, die bei dieser Nahrung auftreten, hängen daher nie mit der Kalk- bzw. Phosphatzufuhr durch die Nahrung zusammen. Verständlich ist auch, daß wir mit der Betrachtung der Kalkbilanz dem Wesen der Erkrankung nicht näherkommen. Die Bilanz vermag nur eine summarische Übersicht des Gesamtgeschehens im Kalkstoffwechsel zu geben, gewährt aber keinen Einblick in die feineren Vorgänge der Verteilung im Körper, auf die es jedoch nach dem Gesagten für die Erklärung der pathologischen Vorgänge allein ankommt. Eine negative Kalkbilanz könnte ebensogut bei der Rachitis wie bei der Tetanie bestehen; sie würde aber nichts darüber aussagen, daß in dem einen Falle die abnorme Verteilung des betreffenden Minerals am Knochen, im anderen Falle vornehmlich am Muskel sich abspielt. Dazu kommt noch, daß gerade die Beurteilung der Kalkbilanz außerordentlichen methodischen Schwierigkeiten begegnet, die zu vielen Fehlerquellen Anlaß geben können. Eine negative Kalkbilanz kann durch verminderte Zufuhr, schlechtere Resorption sowie durch vermehrte Ausscheidung bedingt sein. Letztere erfolgt zum größeren Teil durch den Darm und zum kleineren Teil durch die Nieren. Werden in den Faeces große Kalkmengen gefunden, so erhebt sich sofort die Frage, ob das Plus an Kalk auf verminderte Resorption oder auf vermehrte Ausscheidung zurückzuführen ist. Berücksichtigen wir diese Schwierigkeiten, so ist es klar, daß wir von Kalkbilanzen höchstens nur dann etwas erwarten können, wenn akute Prozesse vorliegen, die zu großen Abweichungen führen (z. B. die negativen Bilanzen bei Nierenerkrankungen). Wo es sich aber wie bei der Rachitis um chronisch verlaufende Prozesse handelt, sind die Veränderungen, die innerhalb einer bestimmten Zeit auftreten, wesentlich geringere und entgehen daher dem exakten Nachweis. So ist es zu verstehen, daß bei der Rachitis, bei der — wie HEUBNER[1]) richtig sagt — die negative Kalkbilanz bzw. die verminderte Kalkretention eigentlich etwas Selbstverständliches ist, die entsprechenden Veränderungen im Bilanzversuch nicht immer zum Ausdruck kommen. Im floriden Stadium der Erkrankung gelingt indes — wie ORGLER[2]) zeigen konnte — der Nachweis der verminderten Kalkretention häufig. — Die Retention beim gesunden Brustkinde beträgt etwa 0,1 g CaO pro die [HOLT, COURTNEY und FALES[3])]. Zeigt die Rachitis Heilungstendenz, läßt sich mitunter feststellen, daß eine starke Retention von Ca und P besteht. Bei der Osteomalacie liegen

[1]) HEUBNER: Handb. d. Balneol. Bd. II, S. 181.

[2]) ORGLER: Ergebn. d. inn. Med. u. Kinderheilk. Bd. 8, S. 142. 1912.

[3]) HOLT, COURTNEY u. FALES: Americ. journ. of dis. of childr. Bd. 19, S. 97. 1920; zit. nach MORAWITZ u. NONNENBRUCH: Pathologie des Wasser- u. Mineralstoffwechsels, S. 315.

die Verhältnisse ganz ähnlich. Negative Kalkbilanzen werden ebenfalls nur in einem Teil der Fälle gefunden —. Daß die Knochen selbst eine starke Änderung ihres Mineralgehaltes aufweisen, ist selbstverständlich. Es tritt — wie schon erwähnt wurde — in erster Linie eine Verarmung an Calciumphosphaten auf; der Calcium-Carbonatgehalt dagegen erleidet nur geringere Veränderungen. Das Magnesium scheint bei der Rachitis in vermehrter Menge im Knochen abgelagert zu werden [GASSMANN[1]]. Bei der Osteomalacie wird der Mg-Gehalt vermindert gefunden; doch ist die Abnahme keineswegs so groß wie die des Ca. Im großen und ganzen weichen aber der rachitische und osteomalacische Knochen in ihrem Mineralgehalt nicht voneinander ab.

Analysen von gesunden und rachitischen Knochen hat SCHABAD[2]) ausgeführt. Von seinen Versuchsergebnissen seien nach einer Zusammenstellung von ORGLER folgende wiedergegeben.

	a) normal		b) rachitisch	
	Rippe	Occiput	Rippe	Occiput
Wasser	14,4—32,9 %	13,0—16,1 %	42,4—66,4 %	29,0—35,9 %
Organische Substanz	26,9—39,1 „	32,2—36,5 „	20,7—27,4 „	26,1—31,6 „
Asche	40,2—46,6 „	47,6—51,7 „	7,9—32,0 „	34,3—40,6 „
CaO	21,7—25,3 „	26,3—27,9 „	4,2—16,8 „	19,0—24,1 „
P_2O_5	12,3—18,9 „	18,1—20,7 „	3,3—12,8 „	13,7—17,8 „

Bei Osteomalacischen sind Analysen durch MOHR[3]) ausgeführt worden. Die folgenden Werte gelten für Knochen, die bei 100° getrocknet wurden.

	$Ca_3(PO_4)_2$	$CaCO_3$
Gesund	55,84%	6,33%
Osteomalacisch . .	38,07%	6,38%

Über die Veränderungen, die sich bei der Rachitis im Phosphatgehalt des Blutes (Gehalt an anorganischem P) nachweisen lassen, s. S. 305. Ob auch bei der Osteomalacie Abweichungen von der Norm bestehen, ist noch nicht untersucht worden. Der Kalkgehalt des Blutes ist bei der Rachitis nicht immer in gleichsinniger Weise verändert. Es gibt Fälle mit normalen, mit wenig erhöhten und wenig erniedrigten Werten; vielleicht zeigt auch derselbe Kranke zu verschiedenen Zeiten diese Schwankungen im Kalkgehalt. Die unregelmäßigen Veränderungen treffen wir übrigens auch bei vielen anderen vegetativen Erkrankungen vor (s. S. 266).

10. Kalkmetastasen und Kalkgicht.

Wie schon erwähnt wurde, können auch durch primäre Elektrolytveränderungen des Blutes, also von der Elektrolytseite aus, abnorme Vorgänge in der Knochenverkalkung ausgelöst werden (z. B. die Osteoporose bei Acidosis). Es ist nun interessant, daß — wie RABL[4]) gezeigt hat — in ähnlicher Weise sich auch bei anderen Organen pathologische Verkalkungsprozesse herbeiführen lassen; es tritt bei ihnen eine Wirkung ein, die der beim Knochen beobachteten entgegengesetzt ist; Gewebe, die physiologischer-

[1]) GASSMANN: Hoppe-Seylers Zeitschr. f. physiol. Chem. Bd. 70, S. 161. 1910/11.
[2]) SCHABAD: Arch. f. Kinderheilk. Bd. 52, S. 47. 1910.
[3]) MOHR: zit. nach MORAWITZ u. NONNENBRUCH: l. c.
[4]) RABL: l. c., S. 303.

weise nicht verkalken, zeigen Kalkablagerungen. Rabl ging bei seinen Versuchen von der Beobachtung Virchow's aus, daß bei gleichzeitig bestehenden Nieren- und Knochenerkrankungen häufig das Bild der Kalkmetastasen auftritt. Letztere sind herdförmige Verkalkungen, die besonders Magen, Niere und Lunge befallen. Virchow war der Ansicht, daß der überschüssige Kalk, der durch die erkrankten Knochen an Gewebssäfte und Blut abgegeben wird, infolge der gleichzeitig vorhandenen Nierenerkrankung nicht ausgeschieden werden könne und daher in den Organen zur Ausfällung gelange. Da die Hauptmenge des Kalkes durch den Darm ausgeschieden wird, kann die Ursache für das Zustandekommen der genannten Veränderungen kaum in der von Virchow angenommenen Richtung liegen. Rabl ist der Ansicht, daß die Niere deshalb eine Rolle spiele, weil sie zu den Organen gehört, die die Aufrechterhaltung des normalen Säure-Basengleichgewichtes im Blute gewährleisten. Bei Niereninsuffizienz kommt es — wie auch in Kap. VI, 2, erörtert worden ist — zu Störungen dieses Gleichgewichtszustandes. Daß die Kalklöslichkeit vom Säure-Basengleichgewicht beeinflußt wird, ist uns ebenfalls bekannt. Die durch die Knochenerkrankung bedingte Überladung des Blutes mit Kalk und die veränderten Löslichkeitsbedingungen sind nun nach Rabl die Ursachen für die Entstehung der Kalkmetastasen. Für diese Auffassung hat Rabl auch experimentelle Grundlagen geschaffen; so ist es ihm gelungen, bei Mäusen, die mit großen Kalkmengen und gleichzeitig abwechselnd mit Säure und Alkali überfüttert wurden, das Bild der Kalkmetastasen hervorzurufen. Im Stadium der Säureüberladung vermag das Blut sicherlich viel Kalk zu lösen; der plötzliche Übergang zur Alkaliüberladung dürfte dann die Ausfällung des überschüssigen Kalkes verursachen. Daß die Kalkablagerungen beim Menschen mit Vorliebe gerade an bestimmten Organen (Niere, Lunge und Magen) erfolgen, führt Rabl darauf zurück, daß diese saure Produkte (Salzsäure, Kohlensäure, Phosphorsäure) ausscheiden, und hierdurch in den betreffenden Geweben ein an Alkali relativ reicher Saft zurückbleibt, welcher die Ablagerung des Kalkes begünstigt. Wenn auch die Bedingungen, die Rabl in seinen Versuchen für die Entstehung von Kalkablagerungen herbeiführt, sich nicht vollkommen mit denjenigen decken, die zur Ursache der sog. Kalkmetastasen werden, so ist doch sicher, daß in beiden Fällen die Kalkausfällung in den betreffenden Organen von Veränderungen der Elektrolyte des Blutes und der Gewebssäfte ausgeht, das betreffende pathologische Symptom also von der Elektrolytseite, d. h. durch die Außenelektrolyte, ausgelöst wird. Stellen die Entkalkungsvorgänge pathologische Vorgänge dar, die im vegetativen System ablaufen, so ist anzunehmen, daß auch die Verkalkungsprozesse diese Genese haben. Charakteristisch für die vegetativen Vorgänge ist — von dieser Auffassung, die uns das Experiment gelehrt hat, gingen wir bei unserer Betrachtung bisher aus —, daß sie durch verschiedene Faktoren ausgelöst werden können, so durch Elektrolyte, vegetative Nerven und Gifte. Die beiden letzteren wirken über die Gewebskolloide; das veränderte Gewebe reagiert mit den vorhandenen, ihnen durch die Außenflüssigkeit (d. h. die Nährlösung) in normaler Weise angebotenen Elektrolyte in abnormer Weise. Bei seinen experimentellen Versuchen hat Rabl Kalkablagerungen nicht nur in den bereits genannten Organen (Magen, Lunge,

Niere), sondern auch in den Gefäßen feststellen können. Er vermutet daher, daß auch die Entstehung der Atherosklerose auf ähnliche Änderungen der Kalklöslichkeit im Blute zurückzuführen sei. Diese Schlußfolgerung ist nicht berechtigt; denn nach dem Gesagten ist es ebensogut möglich, daß die Kalkablagerungen — sie sind auch nichts anderes als der Ausdruck einer veränderten Elektrolytverteilung an der Zelle — auch durch eine primäre Gewebsänderung bedingt sein können, daß also die Gewebe so verändert sind, daß sie das ihnen in normaler Weise angebotene Calcium nicht in der physiologischen Weise verwerten, sondern es zur Ausfällung bringen. Diese Annahme deckt sich auch mit der jetzt wohl allgemein gültigen Auffassung, daß der Atherosklerose eine Gewebsabnützung, d. h. eine primäre Gewebsveränderung, zugrunde liege. Wodurch letztere verursacht wird, läßt sich nicht ohne weiteres entscheiden. Möglich ist, daß der Einfluß von Giften eine Rolle spielt; ihre Entstehung ließe sich evtl. als Folge eines abnormen Stoffwechsels deuten. —

Hingewiesen sei noch auf eine andere Form der Kalkablagerung, die als **Kalkgicht** bezeichnet wird. In diesen Fällen werden Kalksalze besonders im Bindegewebe und Knochen, in den Sehnenansätzen usw. abgelagert, so daß echte Tophi vorgetäuscht werden. Ihre Genese ist unklar; daß die Gewebskolloide beim Ausfallen der Salze eine aktive Rolle spielen, ist aber sehr wahrscheinlich [UMBER[1])].

11. Die Phosphaturie und Calcariurie.

Eine schon lange bekannte Störung ist die Phosphaturie. Phosphatniederschläge im Harn können auftreten, wenn die Acidität des Harns zurückgeht, so nach an Alkalien reicher Kost (Obst, grünes Gemüse), im Anschluß an reichliche Mahlzeiten, die zu einem vorübergehenden Säureverlust infolge starker Magensekretion führen, nach häufigem Erbrechen, bei Menschen mit Hyperacidität usw. Die Phosphatniederschläge bestehen bekanntlich aus den schwer löslichen sekundären und tertiären Phosphatsalzen der Erdalkalien (insbesondere Calciumphosphat). Die unter gewöhnlichen Umständen, d. h. bei saurer Reaktion des Harnes, zur Ausscheidung gelangenden primären Calciumphosphatsalze sind dagegen gut löslich. Soweit die Phosphatniederschläge ihr Entstehen den genannten Ursachen verdanken, kann von einem pathologischen Vorgang nicht die Rede sein. Vielmehr stellt unter diesen Umständen die veränderte Harnreaktion nur eine Anpassung an die Änderung der Blut-Pufferungsverhältnisse dar. — Phosphatniederschläge können auch auftreten, wenn die Calciumausscheidung durch die Niere stark vermehrt ist, was besonders häufig bei Kindern der Fall ist. Die Phosphorsäureausscheidung ist in diesen Fällen meist normal, nur selten ist sie ebenfalls gesteigert. Während das Verhältnis von P_2O_5:Ca im Harn gewöhnlich 12:1 beträgt, sind bei den hier in Frage kommenden Anomalien nach SOETBEER und KRIEGER[2]) Werte von 4:1 festzustellen. Es ist daher richtiger, statt von einer Phosphaturie von einer Calcariurie zu sprechen [TOBLER[3])]. Wie

---

[1]) UMBER: Berlin. klin. Wochenschr. 1921, Nr. 58, S. 909.
[2]) SOETBEER u. KRIEGER: Dtsch. Arch. f. klin. Med. Bd. 72, S. 553.
[3]) TOBLER: Arch. f. exp. Pathol. u. Pharmakol. Bd. 52, S. 116. 1905.

schon erwähnt worden ist, wird unter normalen Bedingungen nur ein kleiner Teil des Kalkes durch die Nieren ausgeschieden; die Hauptmenge verläßt den Körper durch den Darm. Von vermehrter Calciumausscheidung durch die Nieren (auf Kosten der Darmausscheidung) haben wir bei Säurevergiftungen, bei acidotischen Diabeteskranken, bei Hungernden gehört. In diesen Fällen wird der Kalk zur Neutralisation der Säuren verwandt, die mit dem Harn ausgeschieden werden. Die echte Calcariurie hat hiermit nichts zu tun; sie beruht vielmehr entsprechend der Auffassung von G. KLEMPERER[1]) höchstwahrscheinlich auf einer Störung der sekretorischen Nierentätigkeit (Calciotropie). Auch aus den Untersuchungen von v. DOMARUS geht hervor, daß die Niere bei diesen Vorgängen eine aktive Rolle spielt. Die vermehrte Durchlässigkeit der Niere für Calcium ist etwa der für Zucker und Albumen (renaler Diabetes, orthostatische Albuminurie) an die Seite zu stellen. Wie in diesen Fällen handelt es sich übrigens auch bei der Calcariurie um Menschen, die vagolabil bzw. vegetativ stigmatisiert (im Sinne G. v. BERGMANN's) sind. Es ist durchaus wahrscheinlich, daß hier abnorme Vorgänge im vegetativen System eine Rolle spielen (veränderter Tonus der vegetativen Nerven usw.). Dafür spricht auch die Tatsache, daß die Calcariurie durch Atropin günstig beeinflußt werden kann [UMBER[2])] und daß auch beim gesunden Menschen durch Atropin bzw. Pilocarpin deutliche Änderungen in der Calciumausscheidung der Nieren bewirkt werden können [GLASER[3])]; dem Atropin kommt ein hemmender Einfluß auf die Kalkausscheidung zu, während Pilocarpin (also Vagusreizung) in förderndem Sinne einwirkt. Die vermehrte Kalkausscheidung durch den Harn braucht bei der Calcariurie nicht immer auf Kosten des Darmkalkes zu erfolgen. Häufig kommt es vorübergehend auch zu absoluten Kalkverlusten, die dann wieder durch eine Periode verminderter Ausscheidung ausgeglichen werden. (Entsprechende Bilanzversuche wurden von TOBLER, UMBER, v. DOMARUS ausgeführt.) — Es ist denkbar, daß nach Art der Calcariurie auch eine Phosphaturie auftreten könnte, die auf einer erhöhten Durchlässigkeit der Niere für Phosphorsäure beruhte. Diese Phosphaturie müßte natürlich anders bewertet werden als die anfangs erwähnte Form. Zu nennen wäre in diesem Zusammenhange die Phosphaturie, die sich bei vielen Sexualneurasthenikern feststellen läßt.

Zusammenfassung.

Aus den vorangehenden, die „Pathologie" betreffenden Ausführungen haben wir entnehmen können, daß die Rolle, die die Elektrolyte in der Pathologie spielen, in erster Linie darin besteht, an dem Zustandekommen der die Krankheit begleitenden und auch charakterisierenden funktionellen Symptome in stärkstem Maße mitzuwirken. Dies gilt ganz ungeachtet der Ätiologie und des Ausgangspunktes der Erkrankung. Für letztere existieren in vielen Fällen organische, d. h. morphologische Unterlagen. Die morphologischen Veränderungen sagen aber nichts aus über

[1]) KLEMPERER, G.: Therapie der Gegenwart 1908, Jg. 10, H. 1, S. 3.
[2]) UMBER: Therapie der Gegenwart 1912, Jg. 14, H. 3, S. 97.
[3]) GLASER: Klin. Wochenschr. 1926, Nr. 35, S. 1601.

das Wesen der Krankheitssymptome, d. h. über die Vorgänge, auf denen die funktionellen Störungen beruhen. Diese zu analysieren und einheitlich zu erfassen, war die Aufgabe, die ich mir gestellt hatte. Es ist natürlich, daß es sich bei diesem Versuch nur um einen Anfang handeln kann. Immerhin konnte gezeigt werden, daß es möglich ist, für eine Reihe führender Krankheitssymptome gemeinsame Grundlagen zu schaffen. Sie liegen — wie wir gesehen haben — im vegetativen System begründet. Die Bedeutung der Elektrolyte für das pathologische Geschehen ergibt sich ohne weiteres aus der Stellung, die sie im vegetativen System einnehmen. Was nun die bei bestimmten Erkrankungen (Tetanie, Wassersucht usw.) nachweisbaren Änderungen der Elektrolytverhältnisse betrifft, so ließ sich zeigen, daß sie tatsächlich der Ausdruck der pathologischen Vorgänge im vegetativen System sind und mit dem führenden Krankheitssymptom aufs engste zusammenhängen. Lange Zeit haben wir die Störungen des Mineralstoffwechsels lediglich bilanzmäßig, d. h. vor allem unter Berücksichtigung der Ein- und Ausfuhrverhältnisse betrachtet. Soweit eine bilanzmäßige Störung aber überhaupt nachweisbar ist, ist sie für uns nichts mehr als ein summarischer Hinweis, daß irgendwo Störungen bestehen müssen, an denen Elektrolyte beteiligt sind. Demgegenüber haben uns die vorangehenden Betrachtungen — wie ich glaube — auch die Art der Störungen, die Ursache ihres Zustandekommens und ihre Bedeutung im Rahmen des pathologischen Geschehens zu beurteilen gelehrt. Es ist verständlich, daß zunächst nicht alle Krankheiten, bei denen Störungen des Mineralhaushaltes sich nachweisen lassen, einer Analyse zugänglich sind, wie sie sich z. B. bei der Tetanie, der Wassersucht usw. durchführen läßt. In vielen Fällen werden wir uns daher nur mit der Feststellung einer bilanzmäßigen Störung, d. h. mit einer mehr zahlenmäßigen Registrierung, begnügen müssen. Diesem Zwecke sollen die noch folgenden kurzen Ausführungen dieses Kapitels dienen. Vielleicht gelingt es später, auch hier die Änderungen der Elektrolytverhältnisse — soweit sie sich nicht ohne weiteres als sekundäre Folgen eines bestehenden Krankheitsprozesses ergeben — in einen genetischen Zusammenhang mit den Krankheitserscheinungen zu bringen.

12. Störungen im Elektrolythaushalte unter anderen als den genannten pathologischen Bedingungen.

Im Calciumstoffwechsel treten Änderungen bei verschiedenen Krankheiten ein. Bei jedem Fieber besteht Neigung zu Kalkretention; die durch die Nieren zur Ausscheidung gelangenden Ca-Mengen sind allerdings relativ groß. Die Kalkausscheidung durch den Darm dürfte entsprechend kleiner sein. Negative Kalkbilanzen sind bei schweren Anämien und Leukämien festgestellt worden. Von verschiedenen, insbesondere französischen Autoren [Robin und Binet[1])] wird die Auffassung vertreten, daß auch für die Tuberkulose starke Kalkverluste typisch seien; sie glauben sogar, daß letztere eine gewisse Disposition für die Erkrankung schaffen. Die vorliegenden Bilanzversuche

[1]) Robin u. Binet: Bull. acad. med. Bd. 42, S. 45. 1902; zit. nach Morawitz u. Nonnenbruch.

[OTT[1]), VOORHOEVE[2])] scheinen jedoch — wie MORAWITZ und NONNENBRUCH[3]) hervorheben — die Auffassung der französischen Autoren nicht zu stützen. —

Angeführt seien auch einige bemerkenswerte Abweichungen im Phosphorsäurestoffwechsel. Starke P_2O_5-Verluste finden sich bei schweren Blutkrankheiten (Leukämie und Anämie). Wahrscheinlich hängt dies mit dem Untergang der Blutkörperchen zusammen. — Vermehrte P_2O-Ausscheidung ist auch bei Basedowkranken festzustellen. Die Ursache hierfür läßt sich nicht mit Sicherheit ermitteln; doch ist möglich, daß die gesteigerten Oxydationsprozesse bzw. der erhöhte Stoffumsatz eine Rolle spielen; denn beim Zellstoffwechsel wird, wie EMBDEN und seine Schüler gezeigt haben, ständig Phosphorsäure frei. — Bei Nierenkrankheiten scheint im allgemeinen eine Retention von Phosphorsäure zu bestehen. Phosphatzulagen werden verzögert oder gar nicht ausgeschieden [FLEISCHER[4])]. Im Blute kommt es häufig zum Anstieg der anorganischen P-Werte [DENIS und MINOT, WESSELOW[5])]. Die genannten Autoren halten diesen Anstieg sogar für ein feineres Reagens für Niereninsuffizienz als die Vermehrung des Rest-N. Über die Veränderungen von K und Ca bei Nierenkrankheiten (s. S. 294). — Verminderung der Phosphatausscheidung wird regelmäßig beim Malariaanfall beobachtet; für die anderen fieberhaften Erkrankungen trifft dies nicht immer zu [GARATT[5])]. Daß länger dauernde phosphorsäurearme Ernährung zu Krankheitserscheinungen führen muß, ist klar. Auch ist verständlich, daß in erster Linie Veränderungen des Knochens auftreten; denn dieser muß aus seinem Bestande das Defizit decken. In den Weichteilen der phosphorsäurearm ernährten Tiere ist eine wesentliche Verminderung von P nicht nachweisbar [HEUBNER[6])]. Im großen und ganzen sind — wie im Tierexperiment gezeigt werden konnte — die Knochenveränderungen den bei Calciummangel auftretenden ähnlich (s. S. 310). Dies hat nur eine theoretische Bedeutung, da anzunehmen ist, daß die gewöhnliche Nahrung des Menschen stets die ausreichenden P-Mengen enthält. Der Bedarf der Erwachsenen ist auf etwa $2^1/_2$—$3^1/_2$ g Phosphorsäure pro die zu veranschlagen. —

Höchst bemerkenswerte Veränderungen im Elektrolythaushalt finden sich beim Carcinom. Von Interesse sind nicht die bilanzmäßigen Störungen, sondern die Änderungen der Elektrolytverteilung im Gewebe. Durch histochemische Untersuchungen hat WATERMANN[7]) feststellen können, daß das Epithelgewebe sehr viel Kalium und fast gar kein Calcium enthält, während umgekehrt das Bindegewebe durch einen Reichtum an Calcium und Kaliumarmut ausgezeichnet ist. Bei einer carcinomatösen Entartung des Epithelgewebes und einer Einwanderung der Geschwulst in das Bindegewebe tritt nun nach WATERMANN eine Verteilungsänderung der Elektrolyte der Art ein, daß

---

[1]) OTT: Dtsch. Arch. f. klin. Med. Bd. 70, S. 502. 1901 u. Zeitschr. f. klin. Med. Bd. 50, S. 432. 1903.

[2]) VOORHOEVE: Dtsch. Arch. f. klin. Med. Bd. 110, S. 231. 1913.

[3]) MORAWITZ u. NONNENBRUCH: Pathologie des Wasser- u. Mineralstoffwechsels. S. 324.

[4]) FLEISCHER: Dtsch. Arch. f. klin. Med. Bd. 29, S. 129. 1881.

[5]) Zit. nach MORAWITZ u. NONNENBRUCH: l. c.

[6]) HEUBNER: Arch. f. exp. Pathol. u. Pharmakol. Bd. 78, S. 24. 1915.

[7]) WATERMANN: Biochem. Zeitschr. Bd. 133, S. 584. 1922.

das Epithel- und Bindegewebe jetzt nicht ausschließlich Kalium oder Calcium, sondern beide Elektrolyte in annähernd gleicher Verteilung enthalten. Es tritt also in dieser Beziehung eine Entdifferenzierung der vom Carcinom befallenen Gewebe ein. Ob den angeführten Veränderungen eine genetische Bedeutung für die Carcinomentwicklung zukommt, soll nicht erörtert werden. Die betreffenden Vorgänge lassen sich noch nicht übersehen; zweifellos verdienen sie aber, beachtet zu werden. — Hingewiesen sei auch auf die von HÄNDEL[1]) und WOLF[2]) ausgeführten Untersuchungen, die ergeben haben, daß Mäusetumoren durch Kalium in ihrem Wachstum gefördert, durch Calcium gehemmt werden können. — WOLF hat im Krebsgewebe einen Gehalt an K und Ca gefunden, der wesentlich größer als der gesunder Gewebe ist.

XI. Die Bedeutung der Elektrolyte für die Therapie.

1. Grundlagen der Elektrolyttherapie.

Da die Elektrolyte im Ablauf des physiologischen und pathologischen Geschehens eine große Rolle spielen, ist es naheliegend, anzunehmen, daß ihnen auch eine große therapeutische Wirksamkeit zukommen muß. Dies trifft zweifellos zu; doch sei gleich hervorgehoben, daß vielfach übertriebene, nicht begründete Hoffnungen gehegt werden. Unsere Erwartungen werden nicht getäuscht, wenn wir uns über die Grundlagen der Elektrolyttherapie von vornherein klar werden. Wo sind die Grenzen dieser Therapie gelegen, und wann ist ihre Indikation gegeben? Aus den Ausführungen des vorangehenden Kapitels (X) haben wir ersehen, daß die Elektrolyte in erster Linie an dem Zustandekommen der symptomatischen Krankheitserscheinungen, d. h. der funktionellen Organstörungen teilnehmen. Wir werden deshalb erwarten können, daß sie auch ihre therapeutische Wirkung besonders nach dieser Richtung hin entfalten. Gewiß spielen die Elektrolyte auch in der Ätiologie der Grundkrankheit eine Rolle. So gibt es, wie erwähnt wurde, Krankheitszustände, die durch einen Mangel an bestimmten Elektrolyten in der Nahrung bedingt sein können (z. B. die Hungerosteoporose oder Hungerosteomalacie). In solchen Fällen wird natürlich durch Zufuhr des fehlenden Elektrolytes die Krankheitsursache beseitigt werden. Da für gewöhnlich aber die Nahrung die notwendigen Elektrolyte enthält und die in Frage kommenden Erkrankungen auf die genannte Weise mehr im Experiment als in Wirklichkeit entstehen, kommt den Elektrolyten nach dieser Richtung hin in concreto keine wesentliche Bedeutung zu. Funktionelle Organstörungen können als Begleiterscheinungen bzw. Folgezustände sogenannter organischer Leiden und allein als Krankheit sui generis auftreten. Letztere pflegen wir als die eigentlichen funktionellen Erkrankungen anzusehen. Zwar glaube ich nicht — wie schon ausgeführt worden ist —, daß zwischen diesen beiden Krankheitsgruppen immer ein prinzipieller Gegensatz besteht. Wenn aber — was im allgemeinen nicht bestritten werden kann — bei den

---

1) HÄNDEL: Zeitschr. f. Krebsforschung. Bd. 21, S. 281. 1924.

2) WOLF: Cpt. rend. hebd. des séances de l'acad. des sciences. Bd. 176, S. 1932. 1923.

sogenannten funktionellen Krankheiten die funktionellen Organstörungen noch mehr im Vordergrund stehen als bei vielen organischen Leiden, so ist es verständlich, daß bei ersteren die Elektrolyttherapie im allgemeinen aussichtsreicher als bei letzteren sein wird. Welcher Art ist die Elektrolytwirkung bei den funktionellen Störungen? Letztere beruhen — wie wir gesehen haben — letzten Endes immer auf Änderungen der Elektrolytverteilung an der Zelle des Erfolgsorganes. Die Ursache kann jedoch verschiedener Art sein. In einigen Fällen ist die Verteilungsänderung der Zellelektrolyte (Binnenelektrolyte) durch Anpassung an die primär veränderte Zusammensetzung der die Zellen umspülenden Außenelektrolyte bedingt. Man kann sich ohne weiteres vorstellen, daß hier durch Zufuhr von Elektrolyten eine Korrektur möglich wäre. Meist geht aber die Verteilungsänderung der Zellelektrolyte von einer durch abnorme Nerveneinflüsse oder Giftwirkungen bedingten primären Gewebsänderung aus. Die Gewebe vermögen bestimmte Elektrolyte nicht oder in vermindertem Maße, andere Elektrolyte dagegen in gesteigertem Maße zu binden. Bei der Tetanie z. B. bindet der quergestreifte Muskel zu wenig Calcium bzw. zu viel Kalium, bei der Rachitis ist der Knochen unfähig, die Calcium-Phosphatsalze in ausreichender Menge zu fixieren. Wenn ein Gewebe nicht in der Lage ist, einen bestimmten Elektrolyt in dem gewöhnlichen Maße zu binden, so wird es von dem Elektrolyt um so weniger aufnehmen, je weniger ihm angeboten wird. Wird es gewaltsam mit großen Mengen des betreffenden Elektrolyten überschüttet, so ist anzunehmen, daß es entsprechend den Gesetzen der Massenwirkung mehr von ihm aufnehmen wird. Hierin liegt der Sinn der Calciumtherapie, die bei der Tetanie mit gutem, bei der Rachitis mit wesentlich geringerem Erfolg geübt wird. Daß der Erfolg dieser in beiden Fällen gleichsinnigen Therapie ein verschiedenartiger ist, braucht nicht sonderlich zu überraschen, und zwar aus folgenden Gründen. Der Organismus hat nicht nur Pufferungsvorrichtungen für die H- und OH-Ionen, die verhindern, daß die $[H^{\cdot}]$ in Blut, Gewebsflüssigkeit und Geweben sich wesentlich verändert, er hat auch Vorrichtungen, um sich vor einer Änderung der Konzentration an Kationen zu schützen. Wird Calcium selbst in relativ großen Mengen in die Blutbahn injiziert, so ist nur für eine kurze Zeit eine Zunahme der Calciumkonzentration des Blutes nachweisbar. Bei per oraler Aufnahme großer Calciumdosen tritt eine Änderung im Blute überhaupt nicht ein [Jansen[1])]. Der schnelle Ausgleich erfolgt nur zum kleinsten Teil durch eine entsprechende Funktion der Ausscheidungsorgane (Niere, Darm); denn gerade Calcium wird relativ langsam ausgeschieden, weshalb es auch gelingt, durch Zufuhr großer Calciummengen Calciumretention zu erzielen. So konnte Voorhoeve[2]) bei einer täglichen Darreichung von 15 g Calc. lact. in 50 Tagen eine Retention von etwa 60 g CaO herbeiführen, die in der Nachperiode nur langsam wieder ausgeschieden wurde. Vor einer Überladung mit Calcium wird nicht nur das Blut, sondern auch die Mehrzahl der Organe geschützt. Selbst nach Injektion von in kurzer Zeit tödlich wirkenden Calcium-

---

[1]) Jansen: Zeitschr. f. physiol. Chem. Bd. 101, S. 176. 1918.

[2]) Voorhoeve: Dtsch. Arch. f. klin. Med. Bd. 110, S. 461. 1913.

mengen tritt nach HEUBNER und RONA[1]) in den Organen keine einwandfrei nachweisbare Kalkanreicherung ein. Die Beurteilung ist allerdings keine ganz leichte, da der Mineralgehalt der Organe an sich stark schwankt. Es ist daher verständlich, daß andere Untersucher [so JUNGMANN und SAMTER[2])] zu anderen Resultaten gekommen sind. Allerdings sind auch die von ihnen gefundenen Änderungen keine sehr beträchtlichen. Die im Überschuß vorhandenen Calciummengen müssen also abgefangen werden. Dies besorgt — auch HEUBNER und RONA deuten ihre Versuche in dieser Weise — der Knochen; er stellt die Ablagerungs- wie auch Vorratskammer für das Calcium dar (s. auch S. 300). Für die Phosphorsäure gilt das gleiche wie für das Calcium. Während der Knochen das Abfangsorgan für das Calcium und die Phosphorsäure darstellt, kommen andere Organe bzw. Gewebe für eine gleiche Funktion gegenüber anderen Elektrolyten in Frage. Auch durch vermehrte NaCl-Zufuhr (sowohl intravenös wie peroral) kann eine länger dauernde Erhöhung des NaCl-Spiegels des Blutes nicht erzielt werden. Beim NaCl liegen die Verhältnisse insofern etwas anders als bei den Ca-Salzen, als die Ausscheidung viel schneller erfolgt und ein Ausgleich auf diese Weise eher ermöglicht wird. Das gleiche gilt in dieser Beziehung auch für die K-Salze. Immerhin ist für die Ausscheidung doch ein Zeitraum von mehreren Stunden nötig, weshalb die Nierenfunktion allein keineswegs ausreicht, um die Ionenkonstanz zu gewährleisten. Die Niere hat für die Regulation der NaCl-Konzentration etwa dieselbe Bedeutung wie für die Aufrechterhaltung der [H·], der sie vermittels der Ausscheidung der Puffersubstanzen, insbesondere der Phosphate, dient. Auch ist zu bedenken, daß es in vielen Fällen nach starken NaCl-Aufnahmen zu NaCl-Retention kommen kann. Das Organ, das das NaCl als Abfangsorgan aufnimmt, ist in erster Linie die Haut bzw. das Bindegewebe. (Näheres hierüber s. Kap. VII.) Durch Zufuhr von Elektrolyten (d. h. körpereigenen) können wir — was nach dem Gesagten verständlich ist — akute, schnell abklingende Wirkungen erzielen; sie werden durch die plötzliche Überschwemmung des Körpers mit den Elektrolyten ermöglicht. Eine Wirkung dieser Art wird vor allem dann eintreten, wenn die betreffenden Mineralien auf **intravenösem** Wege zugeführt werden. Daß eine intravenöse Calciuminjektion einen starken, aber relativ nur kurz dauernden Effekt auslöst, ist erwiesen. Es muß allerdings berücksichtigt werden, daß die beschriebenen Regulationen beim gesunden Organismus eintreten. Daß dies stets auch unter pathologischen Bedingungen der Fall ist, darf nicht ohne weiteres vorausgesetzt werden. Mit einer akuten Wirkung haben wir es zweifellos zu tun, wenn bei einem tetanischen Anfall Calcium injiziert wird, wodurch häufig der Anfall momentan unterbrochen wird. Der Effekt beruht darauf, daß infolge der Überschüttung des Organismus mit Calcium wenigstens vorübergehend eine Calciumanreicherung an den Grenzflächen aller Organe zustande kommt und daher die Ursache des tetanischen Anfalls (die Calciumverminderung an den Grenzflächensystemen des

---

[1]) HEUBNER u. RONA: Biochem. Zeitschr. Bd. 135, S. 248. 1923; Arch. f. exp. Pathol. u. Pharmakol. Bd. 92. 1922.

[2]) JUNGMANN u. SAMTER: Biochem. Zeitschr. Bd. 144, S. 265. 1924.

Muskels) kompensiert wird. Mit dieser Wirkung kann — was verständlich ist — die Unterdrückung eines akuten Zustandes wie der des tetanischen Anfalls erreicht werden; verständlich ist aber auch, daß auf diese Weise einem so chronischen Zustand wie der Rachitis nicht beizukommen ist. — Die akute Wirkung, die bei Injektion der Elektrolyte eintritt, stellt jedoch nicht die einzige Wirkungsmöglichkeit dar. Oft tritt ein Erfolg über den Augenblick hinaus ein. So wird nicht selten beobachtet, daß Fälle von Pruritus (meist nervöser Natur) durch eine Calciuminjektion für lange Zeit geheilt werden. Die Basis, auf der die Krankheitssymptome entstehen, sind von wesentlicher Bedeutung. Bei einer Tetanie, die auf eine Parathyreoidektomie zurückzuführen ist, wird ein länger währender Erfolg nicht zu erwarten sein, da das krankheitsmachende Agens bestehen bleibt. Anders liegen die Verhältnisse, wenn die Ursache, die zu dem Krankheitssymptom führt, auch eine rein funktionelle ist. Es ist durchaus denkbar, daß in diesen Fällen die durch die Elektrolytinjektion bewirkte plötzliche Umstimmung der abnorm funktionierenden Zelle (es kann sich um die peripher gelegenen Zellen des Erfolgsorgans wie um die des Zentralnervensystems handeln) dazu führt, daß der Rhythmus der Zellfunktion ein ganz neuer wird. Man kann derartige Vorgänge auch beim isolierten Organ beobachten. Wenn ein isoliertes Froschherz in einem abnormen Rhythmus schlägt (Extrasystolie, Gruppenbildung usw.) oder aus irgendeinem uns unbekanntem Grunde in Stillstand gerät, so genügt häufig ein momentaner Reiz (so eine Elektrolytveränderung), um dem Herzen für dauernd eine neue evtl. sogar die normale Funktionsrichtung wiederzugeben. Daß wir von wiederholten Injektionen auf jeden Fall mehr als von einer einzigen erwarten können, ist selbstverständlich, zumal unter diesen Umständen — wie aus den Untersuchungen von Heubner und Rona hervorgeht — sogar eine chemisch-analytisch nachweisbare Gewebsanreicherung des betreffenden Elektrolyten (so des Calciums) erzielt werden kann.

Ist von einer **peroralen** Elektrolyttherapie etwas zu erwarten? Von den lokalen Wirkungen (Beeinflussung der Magenacidität, Abführwirkung usw.) muß hier abgesehen werden, da es sich bei ihnen um einen prinzipiell anders gerichteten Wirkungsmechanismus handelt (s. S. 168). Die günstigen Erfolge vieler elektrolythaltiger Heilwässer (Brunnen) ist z. T. wenigstens auf die lokalen Wirkungen zurückzuführen. Diese haben aber — was nicht übersehen werden darf — mit den Ionenwirkungen, die die Zellkolloide betreffen (besonders auch die jenseits des Magen-Darmkanals gelegenen), direkt nichts zu tun. — Daß sich durch die per os zugeführten Elektrolyte auch Allgemeinwirkungen erzielen lassen, darf indes nicht bezweifelt werden. Von einigen Heilwässern (so dem Karlsbader Mühlbrunnen) steht z. B. fest, daß sie einen gewissen Einfluß auf den Zuckerstoffwechsel haben. Da es sich bei den Brunnen um ein Gemisch von Elektrolyten handelt, stößt die Erklärung ihrer Wirkung naturgemäß auf Schwierigkeiten. Uns interessiert zunächst die Frage, wie die Wirkung der per os zugeführten Elektrolyte zu erklären ist. Es ist schon mehrfach darauf hingewiesen worden, daß die gewöhnliche Kost die für den Lebenshaushalt notwendigen Elektrolyte stets in durchaus genügender Menge enthält. Da die Kost etwas Relatives darstellt (sowohl Menge wie Beschaffenheit der Nahrung ist bei den einzelnen Menschen und auch bei dem gleichen Individuum unter verschiedenen Lebensbedingungen durchaus verschieden), so bestehen zweifellos an sich schon große Schwankungen hinsichtlich der mit der Nahrung zugeführten Elektrolytmengen. Wir sind aber nicht in der Lage, behaupten zu können, daß dies von Bedeutung für den Ablauf der Lebensvorgänge wäre. Es ist der Einwand berechtigt, daß die therapeutischen Zwecken dienenden Elektrolyte dem Magen-Darmkanal in einer ganz anderen Form zugeführt werden als die Nahrungsmittelelektrolyte. Es wäre möglich, daß die ersteren, da sie in Wasser gelöst sind, schneller und besser resorbiert und im Organismus anders umgesetzt würden. Träfe dies nicht zu, so wäre nicht einzusehen, weshalb z. B. per os zugeführtes Kalium überhaupt wirken sollte. Der gleiche therapeutische Effekt müßte auch erzielt werden, wenn das betreffende Individuum etwas mehr als gewöhnlich von den an Kalium sehr reichen Kartoffeln äße. Es läßt sich aber selbst bei größter Skepsis nicht leugnen, daß hier doch Unterschiede bestehen. Ratsam ist es jedenfalls, in der Beurteilung der therapeutischen Wirkung größte Vorsicht walten zu lassen. Daß übrigens die Resorptionsverhältnisse unter den genannten Umständen recht verschieden sein können, ist nicht nur möglich, sondern sogar sehr wahrscheinlich. So hat sicherlich die Qualität der Nahrung Einfluß auf den Kalkumsatz; anders sind nämlich die enormen Schwankungen in dem Verhältnis der mit Harn und Kot zur Ausscheidung gelangenden Kalkmengen kaum zu erklären. Bemerkt sei ferner, daß die Resorption von Mineralien wie Calcium, Phosphor, Magnesium u. a., soweit sie in der Nahrung in organischer Bindung sich befinden, nur nach Lösung dieser Bindung erfolgt [Genaueres hierüber findet sich bei v. WENDT[1])]. Daß wir bei der peroralen Zufuhr keine akuten Wirkungen wie bei der intravenösen erwarten können, ist selbstverständlich; die Puffervorrichtungen reichen vollkommen aus, um die resorbierten Mengen vollkommen auszugleichen; so wurde schon erwähnt, daß selbst nach großen per os dargereichten Calciummengen eine Erhöhung des Calciumspiegels im Blute nicht eintritt. Durch die therapeutische Elektrolytzufuhr wird die Elektrolytmenge, die im Organismus umgesetzt wird, außerordentlich gesteigert. Der Calciumgehalt der verschiedenen Kostarten kann nach Angabe von RUMPF[2]) so groß sein, daß pro die etwa 4 g zugeführt werden. Häufig sind die täglichen Calciummengen aber wesentlich geringer, so insbesondere bei vegetabilischer Ernährung [SHERMANN, METTLER und SINCLAIR[3])]. Die relativ größten Calciummengen werden bei Milchdiät dem Organismus angeboten. Von dem Nahrungskalk gelangt aber sicherlich nicht alles zur Resorption. Als Calciumbedürfnis eines gesunden, erwachsenen Organismus kann etwa 1—2 g CaO angesehen werden [ALBU und NEUBERG[4]), v. NOORDEN und SALOMON[5])]. Bei Berücksichtigung dieser Zahlen erscheint die Menge von

---

[1]) v. WENDT: Mineralstoffwechsel. Oppenheimers Handb. d. Biochem. II. Aufl. Bd. 8, S. 230.

[2]) RUMPF, TH.: Berlin. klin. Wochenschr. 1897, Nr. 13.

[3]) SHERMANN, METTLER u. SINCLAIR: U. S. Dep. of agric. Washington 1910; zit. nach WENDT: l. c., S. 232.

[4]) ALBU u. NEUBERG: Physiol. u. Pathol. d. Mineralstoffw. 1906, S. 113.

[5]) v. NOORDEN u. SALOMON: Handb. d. Ernährungslehre. Berlin 1920.

Calcium, die therapeutisch dargereicht zu werden pflegt (so 3mal täglich 1 g), außerordentlich groß, zumal die Form der Darreichung eine gute Resorption verbürgt. Bei einer derartig starken, gewaltsamen Überschüttung des Organismus mit dem betreffenden Elektrolyt ist immerhin die Möglichkeit nicht ausgeschlossen, daß ein Organ, das bei dem regulären Angebot den Elektrolyt (so das Calcium) nicht bindet, hierzu unter den genannten Bedingungen eher in der Lage ist. Daß aber der Wirkungserfolg besten Falles nur ein geringer ist, muß als sicher angesehen werden; bei der Rachitis z. B. läßt sich — wie schon erwähnt wurde — durch ein starkes Kalkangebot kein Erfolg erzielen. — Zu erwägen ist, daß ein Wirkungserfolg auch indirekt bedingt sein kann. Die vermehrte Zufuhr eines Elektrolyten hat auch eine entsprechende Steigerung der Ausfuhr zur Folge. Mit der Ausscheidung eines bestimmten Elektrolyten geht aber häufig auch die eines oder mehrerer anderer einher. Die Calciumausscheidung z. B. wird meist von der der Phosphorsäure begleitet; es kommt also zur Verarmung an Phosphorsäure (Demineralisation). Es wäre möglich, daß auch letztere für die therapeutische Wirkung von Bedeutung wäre. — Die starke Überschüttung des Organismus mit Elektrolyten bedeutet zweifellos für den Organismus eine große Arbeitsleistung; denn auch die Pufferreaktionen stellen Zellfunktionen dar, die anderen gleichwertig sind. Bei übermäßig großem Angebot an Substanzen, für deren Bewältigung Pufferreaktionen einsetzen müssen, ist jedenfalls eine verstärkte Zellaktivität (etwa wie bei der Proteinkörpertherapie) erforderlich. Vielleicht liegt auch in der Anregung dieser Zellaktivität ein Faktor, der für eine therapeutische Wirkung der Mineralien in Frage kommt. —

Die **„Biochemiker“** vertreten die These, daß es keine Krankheit gäbe, die nicht durch Mineralsalze geheilt werden könnte. Dürfen letztere tatsächlich diese große Bedeutung für sich in Anspruch nehmen? Ist ihre therapeutische Wirksamkeit so begründet, daß wir auf die sog. Gifte als Heilmittel verzichten können? Die Behandlung dieser Frage soll hier vor allem eine theoretische sein; behaupten wir nämlich, daß nach unseren praktischen Erfahrungen die Mineralsalztherapie meist nicht den gewünschten Erfolg habe, dann halten die Biochemiker uns entgegen, daß sie ein gleiches von der Therapie mit den sog. Giften bzw. Mitteln unseres Arzneischatzes beobachten. Die theoretische Erörterung dieser Frage ist um so wichtiger, als die sog. „Biochemiker“ sich jetzt mit besonderer Vorliebe auf die Ergebnisse der experimentellen Forschung, die die große Bedeutung der Elektrolyte für die Lebensvorgänge erwiesen habe, zu berufen pflegen. Die Ergebnisse der experimentellen Untersuchungen sind es aber, die gerade gegen die These der „Biochemiker“ sprechen. Wie in Kap. V, 4 ausgeführt worden ist, bestehen zwischen Gift- und Elektrolytwirkung sehr nahe Beziehungen. Sie bewirken beide letzten Endes das gleiche; auch die Giftwirkung kommt auf dem Wege über das Elektrolytsystem zustande. In einer Beziehung besteht aber zwischen ihnen ein bemerkenswerter Unterschied. Die Elektrolytwirkung setzt außerordentlich schnell ein und klingt entsprechend schnell ab; die Giftwirkung dagegen setzt viel langsamer ein, hält aber wesentlich länger an. Wegen der Eigenart ihrer zeitlichen Wirkung sind aber die Gifte für die therapeutische Anwendung gerade besonders geeignet. Würden wir die Giftwirkungen nicht kennen, so müßten wir es gerade als unsere Aufgabe betrachten, zu therapeutischen Zwecken nach Substanzen zu suchen, die zwar wie die körpereigenen Elektrolyte wirken, von ihnen aber dadurch unterschieden sind, daß ihr Wirkungseffekt länger anhält. An sich ist z. B. das Calcium ein die systolische Herzkraft außerordentlich günstig beeinflussender Körper; trotzdem bleibt aber seine Wirkung weit hinter der der Digitalis zurück, die zwar auch am Herzen wie Calcium wirkt (s. S. 121), vor ihm aber den Vorzug einer Dauerwirkung hat. — Es wurde bisher stets von den körpereigenen Elektrolyten gesprochen. Unter den körperfremden kommen für unsere Betrachtung natürlich nur solche in Frage, von denen wir mit Sicherheit annehmen können, daß sie im Organismus als Ionen wirken bzw. nur anorganische Bindungen im Sinne der in Kap. 1 gegebenen Definition eingehen. Körper dieser Art sind z. B. das Barium und Strontium. Die körperfremden anorganischen Substanzen, von denen wir dies nicht annehmen dürfen, so das Arsen und wahrscheinlich auch die Schwermetalle, können hier ebensowenig berücksichtigt werden wie die körpereigenen anorganischen Substanzen, die sich im Organismus auch in organischer Bindung befinden, so der Schwefel, das Jod, Zink, Eisen usw. Ihre Wirkungsweise muß als eine ganz andere als die der in anorganischer Bindung befindlichen angesehen werden (s. Kap. XII). Hiermit ist gleichzeitig zum Ausdruck gebracht, daß auch für diejenigen Mineralsalze, die die „Biochemiker" anwenden und die im Organismus vor allem infolge einer organischen Bindung mit den Zellbestandteilen wirken, das eingangs Gesagte nicht gilt. Die Mehrzahl der von den „Biochemikern" therapeutisch verwandten Mineralsalze gehört aber zu denen, die im Organismus als Ionen, d. h. in anorganischer Bindung, wirken. Im übrigen sei noch darauf hingewiesen, daß die Scheu der Biochemiker vor den sog. „Giften" als Heilmittel schon deshalb als vollkommen unberechtigt angesehen werden muß, als sich immer deutlicher zeigt, daß auch im Organismus selbst ständig Stoffe gebildet werden, die durchaus den Charakter von Giften aufweisen (so die Choline, das Adrenalin, Tyroxin, Insulin, Guanidin, Histamin usw.). Ferner haben wir gesehen, daß auch in der Genese vieler Krankheitserscheinungen die abnorme Einwirkung dieser endogenen Gifte ebenso wie in anderen Fällen die von Elektrolyten eine große Rolle spielt. Warum sollen sie nicht auch in der Therapie nebeneinander bestehen können?

2. Indikationen zur Elektrolyttherapie; Behandlungsweise.

Es würde meiner Auffassung nicht entsprechen, wenn aus dem Gesagten die Folgerung gezogen würde, daß ich den Elektrolyten keine große therapeutische Bedeutung beimesse. Allerdings muß vor übertriebenen Hoffnungen gewarnt werden. Auch die Elektrolyte können — richtig angewandt — großen therapeutischen Nutzen stiften; es ist jedoch sicher, daß sie die sog. Gifte als Heilmittel nicht überflüssig machen, daß sie aus den genannten Gründen meist sogar hinter ihnen zurückstehen.

Das Calcium. Unter den Elektrolyten, die sich bisher zur therapeutischen Verwendung als besonders geeignet erwiesen haben, ist das Calcium an erster Stelle zu nennen —. Von den Krankheitsbildern, die wir als Vagotonien zu bezeichnen pflegen, haben wir gehört, daß sie dadurch ausgezeichnet sind, daß an den Zellen des Erfolgsorganes Verteilungsänderungen der Elektrolyte im Sinne einer relativen Kaliumkonzentrierung auftreten. Es wäre ohne weiteres verständlich, wenn in diesen Fällen das Calcium therapeutisch Gutes leisten würde; denn durch die Calciumzufuhr werden die Zellen gewaltsam dem Einfluß einer starken Calciumkonzentrierung ausgesetzt, wodurch das bestehende Kaliumübergewicht evtl. zur Kompensation gebracht wird. Mit diesen theoretischen Erörterungen steht die praktische Erfahrung in bestem Einklang; die Empirie hat uns nämlich gelehrt, daß die vagotonischen Erkrankungen (d. h. die funktionellen Störungen, bei denen die vagotonischen Zustandsänderungen überwiegen) die Domäne für die Kalkbehandlung darstellen. Daß die Vagotonie nicht immer eine Erkrankung ist, die durch eine Übererregbarkeit des Nervus vagus bedingt ist, wurde in Kap. X, 3 ausführlich erörtert. Zu den Vagotonien im weiteren Wortsinne, d. h. zu den Erkrankungen des vegetativen Systems, die durch eine vornehmlich im Vagussinne gelegene Funktionsstörung ausgezeichnet sind, gehören eine Reihe von Krankheitsbildern; so das Asthma bronchiale, die Colitis membranacea, die Hyperemesis gravidarum, die Ekzeme der Schwangeren, der Heuschnupfen, die Urticaria, die Gruppe der anaphylaktischen Erscheinungen und schließlich die durch spasmophile Symptome ausgezeichneten funktionellen Störungen. Die Spasmophilie umfaßt eine große Zahl verwandter Krankheitsbilder, die in bezug auf Intensität und Lokalisierung der Erscheinungen voneinander verschieden sein können, aber das Gemeinsame haben, daß sie durch eine nervöse bzw. muskuläre Übererregbarkeit ausgezeichnet sind. Die Menschen, die wir ganz allgemein als vagolabil oder vegetativ stigmatisiert [im Sinne G. v. BERGMANNS[1])] zu bezeichnen pflegen, stellen Kranke dieser Gruppe dar. Auch die Tetanie gehört zu den Erkrankungen dieser Art. PERITZ[2]) rechnet sogar die Epilepsie, die Migräne, das Ulcus ventriculi, die spastische Obstipation, gewisse Formen des Muskelrheumatismus und einige Myopathien, so die THOMSENsche Krankheit, zu jenen, die auf einer spasmophilen Konstitution entstehen (Spasmophilie der Erwachsenen). Daß wir diese Krankheitsformen immer gerade als spasmophile bezeichnen müssen, dafür liegt nicht immer eine zwingende Notwendigkeit vor. Für viele dürfte auch die allgemeine Bezeichnung „Vagotonie" passen. Wichtiger als die Bezeichnung ist die Tatsache, daß die genannten Erkrankungen überhaupt zu denen des vegetativen Systems gehören. Daß die spastische Obstipation eine Vagotonie darstellt, ist schon deshalb sehr wahrscheinlich, weil sie so günstig durch Atropin beeinflußt werden kann. Was schließlich das Ulcus ventriculi betrifft, so seien vor allem die Untersuchungen von G. v. BERGMANN[3]) genannt, der auf die große Bedeutung des vegetativen Systems (auch des Vagus) für die Genese der Erkrankung hingewiesen hat. Daß die Anaphylaxie und die ihr verwandten Erscheinungen bzw. ihre Äquivalente etwas mit dem Vagus zu tun

---

[1]) G. v. BERGMANN: Münch. med. Woch. 1913, Nr. 4, S. 169. Das vegetative Nervensystem und seine Störungen, s. S. 266.

[2]) PERITZ: Zeitschr. f. klin. Med. Bd. 77, S. 190, 1913.

[3]) G. v. BERGMANN: Berl. klin. Wochenschr. 1918, Nr. 22 u. 23.

haben, wird jetzt fast allgemein angenommen (Vagusschock nach F. KRAUS). Die Tatsache, daß der künstliche anaphylaktische Schock unter Umständen durch Atropin verhindert werden kann [AUER und LEVIS[1])], spricht ebenfalls dafür. Auch die für viele Vagotonien charakteristische Eosinophilie des Blutes findet sich bei der Anaphylaxie. Um einer irrtümlichen Auffassung vorzubeugen, sei nochmals hervorgehoben, daß wie bei den anderen Vagotonien so auch bei der Anaphylaxie die vagotonischen Zustandsänderungen an der Zelle nicht der Ausdruck einer wirklichen Übererregung des Vagus sein müssen, sondern auch die Folge einer (evtl. durch Giftwirkung bedingten) Gewebsumstimmung darstellen können, die zu im Vagussinne gelegenen Funktionsstörungen führen. Auch in diesem Falle ist das Calcium als Therapeuticum indiziert; denn die bestehende Verteilungsänderung der Elektrolyte ist die gleiche, wenn sie vom Nerv aus oder durch direkte Gewebsbeeinflussung hervorgerufen wird (Identität von Nerv-, Gift und Elektrolytwirkung). Daß das Calcium die anaphylaktischen Erscheinungen günstig beeinflußt, ist sicher. Am Hunde kann — wie BIEDL und KRAUS gezeigt haben — der anaphylaktische Schock durch Chlorbarium, das dem Chlorcalcium in seiner Wirkung sehr nahesteht, verhindert werden. NETTER und GEWIN haben vom Calcium auch bei der Serumkrankheit, die ein Äquivalent des anaphylaktischen Schocks darstellt, gute Erfolge gesehen. Als Äquivalente sind auch die verschiedenen Überempfindlichkeitsreaktionen anzusehen, so die gegenüber den Pollen des Ruchgrases (das sog. Heufieber), ferner die gegen bestimmte Nahrungsmittel (Krebs, Erdbeeren), deren Hauptsymptom klinisch in dem Auftreten einer Urticaria besteht. Auch für die Serumkrankheit ist das Auftreten einer Urticaria durchaus typisch. Bei allen diesen Urticariaerkrankungen hat sich — wie viele klinische Beobachtungen ergeben haben — das Calcium sehr bewährt. Auch beim QUINCKEschen Ödem, das zur Urticaria zweifellos in nahen Beziehungen steht, wird das Calcium schon seit langer Zeit und meist mit gutem Erfolg angewandt. Es ist nicht ausgeschlossen, daß auch das Asthma bronchiale ein Äquivalent des anaphylaktischen Schocks darstellt; hierfür spricht z. B. die anfallsweise und ganz plötzlich auftretende Dyspnoe, die zu den charakteristischen Symptomen jedes akuten anaphylaktischen Schocks gehört. Daß das Calcium ein sehr brauchbares und wertvolles Heilmittel in der Asthmabehandlung darstellt, ist durch die Erfahrungen der letzten Jahre sichergestellt [ROSE[2]), EICHWALD[3]) und OLTMANNS[4])]. Gewiß gibt es auch Versager; aber das gilt ja mehr oder weniger für jedes Heilmittel. Außerdem muß berücksichtigt werden, daß nicht jeder Fall von Asthma bronchiale derselben Ätiologie ist. Wirken z. B. Drüsen bzw. Drüsenpakete als Reiz für die Bronchialschleimhaut oder auch für die Bronchialnerven (Vagus), und führen diese Umstände zu asthmatischen Anfällen, dann wird der Erfolg einer Calciumtherapie voraussichtlich weniger günstig sein. GLÜCK[5]) unterscheidet in ähnlicher Weise eine spastische Form des Asthmas von der

---

1) AUER u. LEVIS: Cpt. rend. des séances de la soc. de biol. Bd. 68. 1910.
2) ROSE: Berlin. klin. Wochenschr. 1917, Nr. 43.
3) EICHWALD: Med. Klin. 1922, Nr. 36.
4) OLTMANNS: Therap. d. Gegenw. 1923, H. 9/10.
5) GLÜCK: Magyar. orvos. 1921, Nr. 22.

bronchitisch-emphysematösen Form. Ca-Erfolge will er nur bei der ersteren gesehen haben.

Daß bei der Tetanie die Kalktherapie Günstiges leistet, ist schon wiederholt erwähnt worden. Man kann sogar behaupten, daß es zur Zeit das Mittel ist. Neuerdings wird die Tetanie vielfach auch mit Säuren behandelt; diese Therapie ist jedoch letzten Endes auch nur eine indirekte Kalktherapie (s. S. 332).

Für die Behandlung der Rachitis hat der Kalk — wie schon erwähnt wurde — keine praktische Bedeutung. Das gleiche gilt für die Osteomalacie. —

Bei der Entstehung von Ödemen spielt (s. Kap. X, 4) die gesteigerte Bindungsfähigkeit der Gewebe (insbesondere des Bindegewebes) für Natriumsalze eine große Rolle. Von Substanzen, die die Eigenschaften haben, das Natrium aus seinen Verbindungen zu verdrängen, ist zu erwarten, daß sie evtl. der Ödembildung entgegenwirken. Körper dieser Art sind das Kalium und Calcium. Daß sie sich zur Behandlung von Ödemen eignen, ist tatsächlich beobachtet worden. So haben außer den schon genannten Autoren (s. S. 279) auch Hülse[1]), Baráth und v. Gyurkovich[2]) mit Calcium eine gute diuretische Wirkung bei Nephrosen erzielt. Auch die Ödeme der Diabetiker werden günstig beeinflußt. Mit Kaliumsalzen sind ebenfalls gute Resultate beobachtet worden.

Wie Untersuchungen neueren Datums ergeben haben, kommt den verschiedenen Strahlenarten (so Röntgen-, Sonnen- und Quarzlampenstrahlen) ein Einfluß auf die Elektrolytverteilung im Organismus zu. Es ändert sich sowohl der Elektrolytgehalt des Blutes [Andersen und Kohlmann[3]), Schlaginweit und Sielmann[4]), Rothmann und Callenberg[5])] als auch der Gewebe. Über Veränderungen letzterer Art berichtet Lieber[6]); es gelang ihm, auf histochemischem Wege Verteilungsänderungen des K und Ca an Haarbälgen nachzuweisen. Die Abweichungen im Elektrolytgehalte des Blutes müssen wir als Folge einer Allgemeinreaktion ansehen; sie lassen sich auch besonders in den Fällen nachweisen, in denen Allgemeinerscheinungen (so ein Röntgenkater) auftreten. Die Veränderungen bestehen in einer Erhöhung des Ca- und einer Erniedrigung des Na- und K-Gehaltes. Die NaCl-Ausscheidung durch die Nieren nimmt stark zu. Die Tatsache, daß die Strahlen Einfluß auf die Elektrolytverteilung haben, macht es wahrscheinlich, daß sie zu Veränderungen im vegetativen System führen; Untersuchungen von J. Rother[7]) sprechen auch für diese Annahme. Zu bedenken ist ferner, daß die nach längerer Einwirkung der Strahlen (insbesondere der Röntgenstrahlen) auftretenden klinischen Symptome (Röntgenkater) auf Vorgänge im vegetativen System hinweisen, und zwar solche vagotonischer Natur (Abgeschlagenheit,

[1]) Hülse: Zentralbl. f. inn. Med. Bd. 41, Nr. 25, S. 441. 1920.

[2]) Baráth u. Gyurkovich: Med. Klin. 1926, Nr. 25, S. 960.

[3]) Andersen u. Kohlmann: Verhdlg. d. D. Röntgenges. 13.

[4]) Schlaginweit u. Sielmann: Klin. Wochenschr. 1922, Nr. 43, S. 2136.

[5]) Rothmann u. Callenberg: Klin. Wochenschr. 1923, Nr. 37/38, S. 1751. Rothmann: Klin. Wochenschr. 1923, Nr. 19, S. 881.

[6]) Lieber: Strahlentherapie Bd. 20, H. 1, S. 93.

[7]) J. Rother: Habilitationsschrift; erscheint in „Strahlentherapie“.

Übelkeit und Brechreiz). Dem vagotonischen Symptomencharakter entsprechend müßte in solchen Fällen von Calcium in therapeutischer Hinsicht Günstiges zu erwarten sein. Dies ist auch tatsächlich der Fall. Durch Behandlung mit NaCl (intravenös 0,5—1 g) oder $CaCl_2$ lassen sich die Erscheinungen des Röntgenkaters beheben bzw. bei prophylaktischer Anwendung (Injektion vor der Bestrahlung) ganz verhüten (SCHLAGINWEIT und SIELMANN, ANDERSEN und KOHLMANN).

Die Vagotonien stellen die Domäne für die Calciumbehandlung dar, weil bei ihnen das Calcium gegen das Wesen der Prozesse, die das Entstehen der funktionellen Störungen bedingen, gerichtet ist. Es gibt aber noch andere Indikationen, die sich aus den symptomatischen Wirkungen des Calciums ableiten lassen. Seit langem ist die Bedeutung des Calciums für die Blutgerinnung bekannt. Bei Fehlen von Calcium ist eine Gerinnung unmöglich; durch Zusatz von calciumfällenden Mitteln (Citrate, Oxalate) kann sie verhindert werden. Der Gerinnungsvorgang des Blutes ist aber nicht nur von der Gegenwart des Calciums abhängig. Fermentwirkungen und andere Faktoren spielen eine große Rolle. Es ist deshalb nicht zu erwarten, daß das Calcium überall dort, wo Störungen in der Gerinnung bestehen, günstig wirken muß. Für die Behandlung der Hämophilie kommt dem Calcium keine Bedeutung zu. Das Wesen der Hämophilie dürfte auch kaum in irgendeiner Beziehung zum Calciumstoffwechsel stehen. Auch zur Behandlung der anderen hämorrhagischen Diathesen (Thrombopenie usw.) hat sich das Calcium als ungeeignet erwiesen. Dagegen ist ein therapeutischer Effekt vom Calcium in solchen Fällen zu erwarten, bei denen die Blutung durch Arrosion oder erhöhte Durchlässigkeit der Gefäße bedingt ist. Die günstige Wirkung des Calciums ist in diesen Fällen auf seine gefäßkontrahierende Eigenschaft zurückzuführen.

Zu den Blutungen durch Gefäßarrosion gehören z. B. die Hämoptysen sowie die Magen- und Darmblutungen (Ulcus, Ruhr). Daß sie durch Calcium beeinflußt werden, ist eine schon seit langem bekannte Tatsache. Über Erfolge bei der Phthisis — Nachlassen der Hämoptyse sowie Geringerwerden von Durchfällen und der sehr lästigen Schweiße — hat in letzter Zeit MAENDL berichtet. Über die Calciumbehandlung bei der Ruhr liegen aus den letzten Jahren ebenfalls günstig lautende Mitteilungen vor. Zu den Blutungen, die auf eine erhöhte Gefäßdurchlässigkeit zu beziehen sind, gehören vor allem solche, bei denen eine toxische Komponente eine Rolle spielt, und es zu einer Lähmung des Capillargebietes kommt; zu nennen sind die Darmblutungen bei Arsenvergiftungen; in einem Falle dieser Art habe ich selbst mit Calcium eine gute Wirkung erzielt. Auch in der Behandlung der gynäkologischen Blutungen hat sich das Calcium als nützlich erwiesen, insbesondere in der Kombination mit innersekretorischen Mitteln.

Das Calcium spielt zweifellos auch bei den Entzündungsvorgängen eine große Rolle; es ist nicht anzunehmen (s. S. 63), daß seine Wirkung hier lediglich eine rein mechanische ist und nur auf Abdichtung der Gefäße und Verhinderung der Exsudation beruht. Viel wahrscheinlicher ist es, daß auch die dem Entzündungsvorgang direkt zugrunde liegenden Prozesse durch das Calcium beeinflußt werden. Was die praktischen Resultate der Calciumbehandlung betrifft, so sei darauf verwiesen, daß z. B. beim Versuchstier die nach Einträuflung von Senföl in den Bindehautsack eintretende Conjunctivitis, ferner das bei Kaninchen nach Injektion von Diphtherietoxin auftretende Pleuraexsudat durch Vorbehandlung mit Calcium vermieden, zum mindesten in ihrer Ausbildung stark gehemmt werden können. Auch die exsudativen Pleuritisformen beim Menschen können günstig beeinflußt werden; insbesondere empfiehlt sich die Behandlung nach Ablassen des Exsudates; seine Neubildung kann hierdurch mitunter hintangehalten werden. E. HERRMANN[1]) hat den Eindruck, daß durch Calcium auch das Auftreten der postoperativen Pneumonien verhindert werden könne. Die gleichen Erfolge hat er übrigens auch mit Strontiumsalzen gehabt; auch sonst ist es wahrscheinlich, daß viele der genannten Wirkungen wie durch Calcium so durch **Strontium** erzielt werden können; dies entspricht den experimentellen Beobachtungen (s. S. 94). ALWENS[2]) berichtet über günstige Erfahrungen bei der Anwendung von Strontiumverbindungen als Analgetica. Calciumsalze können in dieser Beziehung auch Gutes leisten (so bei schmerzhaften Arthritiden usw.). — Erwähnt seien noch Untersuchungen von LEHNERDT, die ergaben, daß das Sr am Knochensystem die Apposition neuen Gewebes anregt und dieses für die Aufnahme von Calcium sensibilisiert. Von diesen Befunden ausgehend, haben ALWENS und GRASSHEIM[3]) Strontium bei einer Reihe von Knochenerkrankungen, die mit Entkalkungserscheinungen einhergehen (Hungerosteoporose, Osteoporose des Alters, Osteopsathyrosis), angewandt und wesentlich bessere Resultate als mit Calcium erzielt. —

Es entspricht — wie schon erörtert wurde — der Natur der Elektrolytwirkungen, daß sie im Organismus infolge der ihm zur Verfügung stehenden Regulationsvorrichtungen im allgemeinen nicht von allzu langer Dauer sein können; dementsprechend ist auch die Intensität. Verständlich ist, daß die Wirkung eine wesentlich stärkere sein muß, wenn es gelingt, sie auf lokale Gewebsabschnitte zu beschränken und dort entsprechend zu konzentrieren. Dies ist z. B. bei Prozessen an Haut- und Schleimhäuten möglich. So haben v. GAZA[4]) sowie SCHÜCK[5]) deutliche Wirkungen bei alten Entzündungsprozessen der Haut (insbesondere Ulcus cruris) beobachtet. Die Wunden wurden mit Umschlägen von Kalium- bzw. Calciumsalzlösungen (etwa 0,6 %) behandelt; auch wurden evtl. gleichzeitig Umspritzungen der Wunde mit diesen Elektrolytlösungen vorgenommen (SCHÜCK). Dabei zeigte sich, daß Calcium den Entzündungsvorgang hemmt, während Kalium ihn anregt. Letzteres ist in diesen Fällen natürlich das therapeutisch Erwünschte; denn durch die Auffrischung der alten indifferenten Wunde werden die Heilungsvorgänge angeregt. Es ist interessant, daß vielfach schon eine Einwirkungszeit von nur wenigen Stunden genügt, um die stark entzündungssteigernde Wirkung des Kaliums in Erscheinung treten zu lassen.

---

[1]) HERRMANN, E.: Münch. med. Wochenschr. 1925, Nr. 11, S. 424.

[2]) ALWENS, W.: Dtsch. med. Wochenschr. 1924, Nr. 17, S. 529.

[3]) GRASSHEIM: Klin. Wochenschr. 1925, Nr. 39, S. 1873. (Dort auch weitere Literaturangaben.)

[4]) v. GAZA: Zentralbl. f. Chirurgie 1923, Nr. 22.

[5]) SCHÜCK: Klin. Wochenschr. 1926, Nr. 43, S. 2014.

Die interne Behandlung mit **Calcium** kann sowohl auf peroralem wie intravenösem Wege erfolgen. Zur subcutanen Injektion eignen sich die Calciumsalze nicht, da sie zu schmerzhaften Infiltrationen evtl. (bei stärkerer Konzentration) auch zu Gewebseinschmelzungen führen können. — Erörtert sei noch, welche der Calciumsalze für therapeutische Zwecke sich am besten eignen. STARKENSTEIN[1]) hat in Tierversuchen die Toxizität einer großen Reihe von Calciumverbindungen geprüft und dabei feststellen können, daß ihre Wirksamkeit parallel mit der Löslichkeit bzw. Dissoziationsfähigkeit der Präparate geht. Am wirksamsten sind das Calciumchlorid und Calciumnitrat, schwächer wirksam das Calciumphosphat und Calciumlactat. Bei den stark wirksamen Verbindungen zeigte sich auch, daß entsprechend den guten Löslichkeits- und Dissoziationsverhältnissen eine gute Resorption vom Magen-Darmkanal aus erfolgt; dies geht aus den durch die Nieren ausgeschiedenen Calciummengen hervor. Während bei gewöhnlicher Kost die täglichen Harncalciummengen ziemlich konstant etwa 0,2 g betragen, verändern sie sich bei oraler Zufuhr verschiedener Calciumsalze in folgender Weise. Ich lasse hier eine von STARKENSTEIN zusammengestellte Tabelle folgen:

Datum	per os zugenommenes Calciumsalz	Substanz g.	Ca g	Ausscheidung Harn cm³	Ausscheidung Ca g	Prozent des aufgenommenen Ca-Salzes
30. Juni bis 1. Juli	—	—	—	1160	0,2100	—
1. bis 2. Juli . .	Calcium formicicum	3,24	1	1750	0,3937	+ 18,37
2. „ 3. „ . .	—	—	—	1450	0,2129	—
3. „ 4. „ . .	Calcium lacticum	5,45	1	1330	0,2732	+ 6,32
4. „ 5. „ . .	Calcium nitricum	5,90	1	1720	0,3846	+ 17,46
5. „ 6. „ . .	Calcium carbonicum	2,5	1	1500	0,3092	+ 9,92
6. „ 7. „ . .	Natrium phosphoricum	10	—	2080	0,1810	− 0,0290
7. „ 8. „ . .	—	—	—	1150	0,1479	− 0,0621
8. „ 9. „ . .	Calcium phosphoricum	3,4	1	1480	0,2120	—
9. „ 10. „ . .	—	—	—	—	—	—
10. „ 11. „ . .	Calcium chloratum siccum	3,7	1	1750	0,3717	+ 16,17
11. „ 12. „ . .	Calcium aceticum	4,85	1	1470	0,2786	+ 6,86

Das Calciumchlorid ($CaCl_2$), das sehr stark wirksam ist, hat auch noch den Vorzug, das einfachste und billigste Präparat zu sein. Es dürfte nur selten ein Grund vorliegen, von seiner Anwendung sowohl bei der oralen wie intravenösen Therapie Abstand zu nehmen. Per os können täglich etwa 3—6 g zugeführt werden (Geschmackskorrigenzien sind zu empfehlen). Für die intravenöse Injektion liegt die Dosierung zwischen 0,1—1,0 g $CaCl_2$. Es werden etwa 3—10 ccm einer wässerigen 5—10 proz. Lösung injiziert. Meist wird bereits während der Einspritzung ein starkes Hitzegefühl am ganzen Körper und ein bitterer Geschmack im Munde empfunden. Diese Erscheinungen gehen aber sehr schnell vorüber. Die Injektionen werden — falls eine längere Behandlung erforderlich ist — am besten im Abstand von einigen Tagen (2—3) vorgenommen. Daran braucht man sich natürlich nicht unbedingt zu halten. Überhaupt ist es unzweckmäßig, für die Art der Behandlungsmethode bestimmte Richtlinien aufstellen zu wollen; die Behand-

[1]) STARKENSTEIN: Therapeut. Halbmonatsh. Bd. 35, S. 585. 1921.

lung erfordert je nach dem Erfolge eine weitgehende Individualisierung. Die meisten fabrikmäßig hergestellten Calciumpräparate — ihre Zahl ist in der letzten Zeit eine außerordentlich große geworden — gehen ebenfalls vom $CaCl_2$ aus. Ihre Anwendung bietet — abgesehen vom besseren Geschmack — gegenüber dem $CaCl_2$ keine wesentlichen Vorteile. Von organisch gebundenen Fabrikpräparaten hat sich am meisten das Afenil bewährt. Es stellt eine Calcium-Harnstoffverbindung dar und eignet sich besonders zur intravenösen Therapie. Für die orale Anwendung erfreut sich unter den Calciumsalzen auch das Calcium lacticum großer Beliebtheit. Es schmeckt wesentlich besser als das $CaCl_2$ und wird deshalb besonders von den Kinderärzten bevorzugt. Sind Allgemeinwirkungen beabsichtigt, dann ist vom $CaCl_2$ der größere Effekt zu erwarten. Soll dagegen eine lokale Wirkung im Darmkanal erreicht werden (z. B. bei Durchfällen), so dürfte dem Calcium lacticum, welches nur langsam resorbiert wird, der Vorzug zu geben sein. Von einigen Ausnahmen abgesehen kann aber, wenn es sich um die Erzielung einer reinen Calciumwirkung handelt, das $CaCl_2$ als das Präparat der Wahl angesehen werden.

Das Kalium. Von einer Behandlung mit Kaliumsalzen wurde bisher nur sehr wenig Gebrauch gemacht. Während die Calciumsalze ihre Hauptindikation bei den Vagotonien haben, müßten die Kaliumsalze in erster Linie für die Sympathicotonien in Frage kommen. Es gibt aber viel weniger Krankheiten, bei denen die sympathicotonischen, als solche, bei denen die vagotonischen Erscheinungen im Vordergrund stehen. Bei den etwa in Frage kommenden Fällen (z. B. dem Basedow) sind auch die gleichzeitig vorhandenen vagotonischen Symptome stark ausgeprägt. Ein Versuch, die Wirkung der Kaliumbehandlung bei Erkrankungen, die viele sympathicotonische Symptome zeigen, zu erproben, wäre jedenfalls sehr zu begrüßen. — Daß das Kalium diuretisch wirkt und deshalb in der Behandlung von Ödemen vielfach mit Erfolg angewandt werden kann, ist schon erwähnt worden (s. S. 279). Am Herzen steht die Wirkung des Kaliums der des Chinins sehr nahe (s. S. 121). Ihre Wirkung kombiniert sich. Dies läßt sich scheinbar auch therapeutisch ausnützen; denn wie WIECHMANN[1]) beobachtet hat — ist in manchen Fällen von Arrhythmia perpetua, bei denen eine Chinin- bzw. Chinidinbehandlung erfolglos geblieben ist, noch ein Effekt zu erzielen, wenn letztere mit einer Kaliumbehandlung kombiniert wird. Eine Kombination von Elektrolyten mit sog. Giften ist auch sonst in jeder Form denkbar. Der Digitaliseffekt scheint mitunter ein größerer zu sein, wenn gleichzeitig Calcium verabfolgt wird. Bei der Kombination von Giften und Elektrolyten ist jedoch immer zu bedenken, daß auch eine Umkehrung ihrer Wirkung möglich ist. — Gegenüber der intravenösen Kaliumapplikation ist eine gewisse Zurückhaltung am Platze, da die Vergiftungsgefahr wesentlich größer als z. B. bei der intravenösen Calciumbehandlung ist. Bei Kaninchen kann schon nach 0,03 g KCl Tod durch Herzlähmung eintreten. Beim Menschen werden 0,1—0,3 g KCl (10 ccm einer 1—3 proz. Lösung) allerdings ohne Schädigung vertragen. Von noch höheren Dosen rate ich ab, wenn auch Beobachtungen vorliegen, daß selbst Mengen von 0,8 g keine Vergiftungserscheinungen hervorrufen. Meist wird im Arm,

[1]) WIECHMANN: Klin. Wochenschr. 1922, Nr. 34, S. 1683.

in dessen Vene die Injektion erfolgt, für die Dauer der Injektion ein sehr starker Schmerz empfunden. Peroral können ohne Bedenken große Kaliumdosen verabfolgt werden (3—6 mal täglich 1 g). Als Diureticum ist dem Kaliumchlorid das Kal. aceticum vorzuziehen (s. S. 223) (Liquor. kalii acetici = eine 33 proz. Lösung von Kaliumacetat; davon etwa zweistündlich 3 g = 1 g Kal. acetic. pro dosis).

Die Phosphate. Ein therapeutischer Nutzen scheint auch diesen Salzen zuzukommen. Sie spielen im Ablauf des die Muskelzuckungen begleitenden Chemismus eine große Rolle. Wie EMBDEN und seine Schüler nachgewiesen haben, gibt sogar jede Zelle bei ihrer Funktion nach außen Phosphate ab. Eine vermehrte Ausscheidung dieser Salze findet bei Basedowkranken statt. Die schnelle Ermüdbarkeit dieser Menschen ist bekannt. Ob sie mit der erhöhten Phosphatausscheidung irgendwie zusammenhängt, kann allerdings nicht als erwiesen angesehen werden. Die perorale Darreichung von Phosphaten wirkt in vielen Fällen von Basedow aber durchaus günstig. Die Kranken fühlen sich meist wesentlich frischer; die Arbeitsfähigkeit bessert sich. Verabfolgt wird das sekundäre Natriumphosphat und zwar in Dosen von mehreren Gramm pro die. Daß das basisch reagierende, sekundäre Phosphat bei acidotischen Zuständen günstig wirkt, ist ohne weiteres verständlich. Im Coma diabeticum kann es neben dem Insulin verabfolgt werden; in diesem Falle am besten intravenös (etwa 10—20 ccm einer 10 proz. Lösung). Ein früher häufig gegen die Acidosis bzw. zur Verhütung des Komas angewandtes Mittel ist auch das Natrium bicarbonic. Peroral kann es in großen Mengen (bis zu 30 g pro die) gegeben werden. Die Insulintherapie macht seine Anwendung jetzt meist überflüssig. Zur intravenösen Therapie, die im Zustande des Komas evtl. in Frage kommt, eignet es sich aber weniger als das Phosphat. Über die therapeutische Anwendung des **Magnesiums** s. S. 249.

Die Säuren und Basen; saure und alkalische Nahrung. Diäthetik. Die Kalium- und Calciumwirkung an den kolloidalen Grenzflächen der Zelle steht in naher Beziehung zu der der H- und OH-Ionen. So werden am Herzen infolge Calciumübergewichtes H-Ionen, infolge Kaliumübergewichtes OH-Ionen abdissoziiert. Bei anderen Organen kann der Einfluß evtl. auch ein umgekehrter sein. Die kolloidalen Zellsubstanzen erfahren jedenfalls auch bei der K- und Ca-Wirkung eine Abnahme an H- bzw. OH-Ionen; die Wirkung der H- und OH-Ionen einerseits, der Kalium- oder Calciumionen andererseits ist demzufolge letzten Endes die gleiche (s. S. 109). Es wäre daher nicht erstaunlich, wenn sie sich auch in ihrer therapeutischen Wirkung naheständen. Daß die Tetanie durch Calcium günstig beeinflußt wird, ist erörtert worden. Interessant ist nun, daß auch Säurezufuhr therapeutisch von Nutzen sein kann. Bekannt ist z. B. die SCHEERsche Salzsäuremilch als Heilnahrung der Tetanie. Um eine acidotische Umstimmung der Blut- und Gewebsflüssigkeiten zu erzielen, ist die Zufuhr relativ großer Säuremengen (z. B. HCl) notwendig. Ihrer Aufnahme durch den Magen-Darmtraktus sind aber aus begreiflichen Gründen Grenzen gesetzt. Nun haben PORGES und vor allem HALDANE[1]) zeigen können, daß es auch Salze gibt, die acidotisch wirken,

[1]) HALDANE, I. B. S.: Journ. of physiol. Bd. 55, S. 265. 1921.

so das **Salmiak** (NH_4Cl). Die Wirkung kommt in folgender Weise zustande: Das NH_4Cl zerfällt elektrolytisch; von den Zerfallsprodukten wird das NH_4 zur Harnstoffsynthese verwandt; das Cl-Ion bleibt zurück; zu seiner Neutralisierung müssen dem Organismus fixe Alkalien entzogen werden; dies bedeutet eine Abnahme der alkalischen, d. h. eine Zunahme der sauren Valenzen. Die Acidosis kann auch damit erklärt werden, daß das Salmiak mit der Kohlensäure des Blutes sich zu Harnstoff und Salzsäure umsetzen [Freudenberg u. György[1])]. Die Zunahme der Harnstoffausscheidung nach Salmiakzufuhr hat übrigens Salkowski[2]) als erster gefunden. Das Auftreten einer Acidosis nach Salmiakdarreichung läßt sich auch direkt nachweisen. So sinkt im Blute die alveoläre CO_2-Spannung [R. Hopmann[3])]; nach sehr großen, toxisch wirkenden Dosen tritt sogar eine Abnahme des p_H auf [Haggard und Henderson[4]), Bernhardt[5])]. Wie Freudenberg und György gefunden haben, ist auch die Salmiakbehandlung bei der Tetanie sehr wirkungsvoll (es werden mehrere Gramm pro die verabfolgt). Mitunter schwinden die Anfälle bereits nach 1—2 tägiger Darreichung des Salzes. Die gesteigerte Erregbarkeit des Muskels geht schnell zurück. Eine Abnahme der Erregbarkeit läßt sich — wie aus der folgenden Tabelle hervorgeht — auch beim Gesunden feststellen (R. Hopmann). In diesem Zusammenhange sei daran erinnert, daß Calcium die direkte und indirekte Muskelerregbarkeit ebenfalls herabsetzt (s. S. 138). Das Bestehen acidotischer Zustände ist auch dadurch charakterisiert, daß die Calciumausscheidung durch den Harn zunimmt. Dies kann auf Kosten des Kotkalkes erfolgen; es kommt aber auch eine absolute Vermehrung der Kalkausscheidung in Frage. Daß nach Salmiak neben der Vermehrung der Harnstoff- bzw. Ammoniakausscheidung auch eine solche des Harnkalkes statthat, geht aus Versuchen von Hopmann (s. die folgende von ihm zusammengestellte Tabelle) zweifelsfrei hervor. Auch die Bernhardtschen Untersuchungen zeigen dies in ähnlicher Weise.

	Ausscheidung, Mittel in 3 Tg. g			Alveol. CO_2 mm nach Haldane	Indirekte galv. Muskelerregbarkeit				
	Ca-Kot	Ca-Urin	NH_3		KSZ	ASZ	AÖZ	KÖZ	KSTet
Vorperiode . . .	2,55	0,15	1,83	40,9	1,6	2,0	1,2	> 5	5,0
NH_4Cl-Periode .	2,58	0,43	7,72	34,5	1,2	2,6	1,6	> 5	11,0
1. Nachperiode .	1,85	0,11	1,46	44,4	0,4	0,9	0,4	2,5	3,0
2. Nachperiode .	2,10	0,14	2,15	40,1	0,8	1,6	1,0	2,8	4,4

Die Menge zugeführten Salmiaks betrug pro die etwa 0,1—0,2 g pro Kilogramm Körpergewicht. Daß in der Nachperiode Calcium retiniert wird, ist ohne weiteres verständlich. Auffallend ist, daß in der Nachperiode (besonders in der ersten) eine Steigerung der elektrischen Erregbarkeit über den Ursprungswert hinaus einsetzt. Diese Umkehrung ist auch sonst bei

[1]) Freudenberg u. György: Klin. Wochenschr. 1922, S. 222 u. 410.
[2]) Salkowski: Hoppe-Seylers Zeitschr. f. physiol. Chem. Bd. 1, S. 1. 1877.
[3]) Hopmann, R.: Zeitschr. f. d. ges. exp. Med. Bd. 46, S. 73. 1925.
[4]) Haggard u. Henderson: Journ. of biol. Chem. Bd. 39, S. 163. 1919, zit. nach Hopmann.
[5]) Bernhardt: Zeitschr. f. klin. Med. Bd. 100, S. 735. 1924.

Elektrolytwirkungen zu beobachten und auf Anpassungsvorgänge zurückzuführen. — Stark acidotische Zustände können — wie im vorangehenden Kapitel erörtert wurde — zu Entkalkungsvorgängen des Knochens führen. Daß Prozesse dieser Art auch durch Zufuhr großer Salmiakmengen ausgelöst werden können, haben RABL[1]) und BERNHARDT[2]) gezeigt. Es gelang dies insbesondere bei Kindern in einem Alter, in dem an und für sich Rachitis vorkommt. Die genannten Autoren berichten auch über erfolgreiche Versuche, rachitisch verkrümmte Knochen durch Salmiakbehandlung wieder zu entkalken, dadurch biegsam und so einer neuen Korrektur zugänglich zu machen. Wie Salmiak können auch andere Salze Säurewirkungen auslösen. Natriumthiosulfat z. B. wird im Stoffwechsel zu Glaubersalz und Schwefelsäure oxydiert [TRACHTENBERG[3])]. Durch Salze können auch Alkaliwirkungen im Organismus erzielt werden; dies ist der Fall, wenn Salze organischer Säuren in den Stoffwechsel gelangen, wobei das Anion zu Kohlensäure verbrannt und ausgeatmet wird [HEISS[4])]. Es bleibt das Kation zurück und wirkt aus den gleichen Gründen alkalisch, aus denen das bei der Salmiakzersetzung zurückbleibende Anion Cl sauer wirkt. Ein Salz mit Alkaliwirkung ist z. B. das Natriumacetat. Wir können ganz allgemein sagen, daß Salze alkalisch wirken, wenn ihr Anion im Stoffwechsel einer solchen Zersetzung unterliegt, daß der Säurecharakter verändert oder sogar vernichtet wird, und daß sie sauer wirken, wenn vice versa das Kation diese Veränderungen durchmacht. Salze der ersteren Art sind in der Hauptsache solche mit organischem Anion, Salze der letzteren Art solche mit organischem Kation. Salze von dieser Beschaffenheit sind aber reichlich in unserer Nahrung enthalten, und es ist daher verständlich, daß es je nach der Art der Salzzusammensetzung saure und alkalische Nahrung gibt. Zur säurereichen Kost gehören vor allem Fleisch, Eier, Zerealien und Leguminosen, zur basenreichen Obst, Kartoffeln und grünes Gemüse. Genauere analytische Untersuchungen verdanken wir insbesondere BIRKNER[5]) und RAGNAR BERG[6]). Hat diese verschiedenartige Ernährung, wenn sie längere Zeit durchgeführt wird, einen Einfluß auf den Organismus? Nach den mit dem Salmiak gemachten Erfahrungen erscheint dies sehr wahrscheinlich. Wie in Kap. V, S. 141 ausgeführt worden ist, hat LUITHLEN bei Kaninchen, von denen die einen mit Hafermehl, die anderen mit Grünfutter ernährt wurden, große Unterschiede in dem Mineralgehalt der Haut nachweisen können. Auch zeigte sich, daß sie durch eine verschiedenartige Reaktionsempfindlichkeit der Haut gegenüber bestimmten Reizen ausgezeichnet sind. Daß beides in ursächlichem Zusammenhang steht, ist durchaus wahrscheinlich. Die Hafermehlkost ist nun eine ausgesprochen saure, die Grünfutterkost eine ausgesprochen basische Nahrung. Daneben sind sie auch durch einen verschiedenen qualitativen Gehalt an Kationen ausgezeichnet. Es kann nicht behauptet werden, daß dieser Unterschied der Nahrung un-

---

1) RABL, C. R. H.: Münch. med. Wochenschr. 1924, Nr. 15, S. 468.
2) BERNHARDT: l. c.
3) TRACHTENBERG: Inaug.-Diss. Dorpat 1861.
4) HEISS: Zeitschr. f. Biol. Bd. 12, S. 151. 1876.
5) BIRKNER u. R. BERG: Zeitschr. f. klin. Med. Bd. 77, S. 471. 1913.
6) BERG, RAGNAR: Zeitschr. f. klin. Med. Bd. 84, S. 299. 1917.

bedingt der Grund für die erzielten Veränderungen sein müsse. Auch andere Qualitäten der Nahrung könnten von Bedeutung sein, so der Gehalt an Vitaminen. Daß letztere Einfluß auf die Mineralzusammensetzung haben, ist sehr wahrscheinlich; die Tatsache, daß durch Fortlassen eines bestimmten Vitamins aus der Nahrung rachitische Erscheinungen erzielt werden können, spricht sehr dafür. Daß auch die verschiedene Reaktion der Nahrung, ferner ihr verschiedener Kationengehalt eine Rolle spielt, ist jedoch durchaus möglich. Es braucht nicht zu überraschen, daß die bei den Kaninchen in der Haut nachgewiesenen Veränderungen des Mineralgehaltes recht mannigfacher Art sind. So betreffen die Änderungen den Na-, K-, Ca- und Mg-Gehalt. Zu erklären ist dies ohne weiteres aus der gegenseitigen Abhängigkeit der einzelnen Ionen. Da zwischen ihnen ein Gleichgewichtsverhältnis besteht, ist die Änderung eines Elektrolyten stets mit der der anderen verknüpft. Eine Zunahme der Säurevalenzen bzw. eine stärkere Ausscheidung dieser durch den Harn ist — wie schon an anderer Stelle ausgeführt worden ist — stets mit einer vermehrten Calciumausscheidung verknüpft. Der Calciumstoffwechsel wiederum ist aufs engste mit dem Phosphorsäurestoffwechsel verbunden. Auch zwischen dem Calcium- und Natriumstoffwechsel bestehen enge Beziehungen. Größere Ca-Zufuhr zu den Geweben führt zur Verdrängung von Natrium. Durch Behandlung mit Calcium läßt sich eine Abnahme des Natriumgehaltes des Organismus erzielen; die NaCl-Ausscheidung im Harn nimmt zu. Es findet eine Demineralisation statt. Es kann aber auch zur Retention, d. h. zu Thesaurierung von Elektrolyten, kommen. So haben die Karlsbader Mineralwasserkuren einen Einfluß auf die Phosphatbilanz, die positiv wird [Wiechowski)[1]]. Zulage von Karlsbader Mühlbrunnen zu Haferkost führt nach Sgalitzer[2]) zu einer Verbesserung der Mineralbilanzen für fast alle Kationen. Auch neuere Untersuchungen von Oehme und Paal[3]) zeigen, wie die Richtung des Gesamt-Mineralstoffwechsels unter dem Einfluß bestimmter Elektrolyte geändert werden kann; insbesondere geht aus ihnen hervor, wie sehr gerade die Zufuhr von Säuren bzw. Basen den Stoffwechsel der Elektrolyte (so den des NaCl und H_2O) bestimmt. An den Demineralisations- wie Thesaurierungsvorgängen nehmen in erster Linie die durch Puffereigenschaften ausgezeichneten Organe teil (s. Kap. VII). Durch die Puffervorrichtungen wird aber nur verhindert, daß an den Zellen der Erfolgsorgane grobe Veränderungen auftreten; Änderungen geringeren Grades sind möglich, vielfach sogar von lebenswichtiger Bedeutung. So kommt es selbst im Blute trotz dem der Aufrechterhaltung der normalen [$H^{\cdot}$] dienenden Puffersystem unter dem Einfluß der sich ständig bildenden sauren Stoffwechselprodukte stets zu geringen Schwankungen der [$H^{\cdot}$]; auf sie ist der Organismus aber angewiesen, da sie es sind, die den Rhythmus des Atmungsvorganges unterhalten. In ähnlicher Weise dürfte es auch zu geringgradigen Änderungen der Konzentration der übrigen Ionen (auch der Kationen) an den Zellen der Erfolgsorgane kommen,

[1]) Wiechowski: Wien. med. Wochenschr. 1921, S. 1487.

[2]) Sgalitzer: zit. nach Morawitz u. Nonnenbruch: l. c.

[3]) Oehme: Arch. f. exp. Pathol. u. Pharmakol. Bd. 102, S. 40, 1924. Oehme u. Paal: Arch. f. exp. Pathol. u. Pharmokol. Bd. 104, S. 115. 1924.

wenn dem Organismus durch die Nahrung saure bzw. basische Valenzen oder auch bestimmte Kationen im Überschuß zugeführt werden. Daß die Wirkung um so größer ist, je länger der Zufluß erfolgt, ist selbstverständlich. Aus den LUITHLENschen Versuchen haben wir entnehmen können, daß fortgesetzte Ernährung mit einer hinsichtlich des Gehaltes an Mineralien verschiedenen Kost selbst zu analytisch nachweisbaren Veränderungen des Mineralgehaltes der Organe und zu bedeutsamen Umstimmungen in der konstitutionellen Reaktionsempfindlichkeit des Tieres führen kann. Daß Änderungen in der Elektrolytverteilung eine Ursache für konstitutionelle Reaktionsverschiedenheiten darstellen können, ist in Kap. V ausführlich dargelegt worden (s. S. 135). Daß nun auch beim Menschen die Beschaffenheit der Nahrung (selbst wenn sie in der betreffenden Art nur relativ kurze Zeit durchgeführt wird) Einfluß auf die Reaktionsvorgänge des Organismus hat, scheint nach den vorliegenden Beobachtungen durchaus der Fall zu sein. So hat SAUERBRUCH[1]) feststellen können, daß bei säurereicher Kost der Wundverlauf ein anderer als bei basenreicher ist. In ersterem Falle ist die Entzündung eine stärkere, die Eiterung nimmt zu. Die Heilung erfolgt bei der säurereichen Ernährung meist schneller. SAUERBRUCH spricht auch die Vermutung aus, daß die gegen Ende der Kriegszeit auftretenden schweren Formen der Infektion (vor allem das häufige Vorkommen der Wunddiphtherie) mit den Ernährungsverhältnissen zusammenhingen. Erwähnt sei, daß während des Krieges auch eine starke Zunahme der Fälle von Salvarsanschädigungen (insbesondere des Salvarsanikterus) beobachtet worden ist, die JACOBSOHN und SKLARZ[2]) ebenfalls auf die besonderen Ernährungsbedingungen, und zwar auf den Kaliumreichtum und die Calciumarmut der Kriegskost zurückführen. Ob nicht auch die Säure- bzw. Alkaliwirkungen der Nahrung mitgewirkt haben (was letzten Endes aber das gleiche bedeutet), bleibt dahingestellt. Im Zusammenhang mit den von SAUERBRUCH gemachten Beobachtungen über den Einfluß von Säuren und Basen auf den Entzündungsverlauf dürfte es interessieren, daß die Entzündung an sich schon eine Änderung der Säuren- und Basenverhältnisse im Organismus zur Folge hat. Es kommt, wie SCHADE, NEUKIRCH und HALPERT[3]) gefunden haben, am Orte der Entzündung zu einer lokalen Acidosis, die um so stärker, je akuter und schwerer die Entzündung ist. Der Eiter reagiert stets sauer; im Furunkeleiter konnte ein Anstieg der $[H^{\cdot}]$ bis auf den Wert von $p_H = 5{,}9$ nachgewiesen werden. Auch im Blute sind die Zeichen einer Acidosis vorhanden. Wenn — wie wir gehört haben — die künstliche Steigerung der Acidosis den Entzündungsprozeß noch verstärkt, so ist dies ein Beweis dafür, daß die Änderung der Ionenkonzentration (in diesem Falle die der H-Ionen) nicht eine sekundäre Folge der Entzündungsvorgänge ist, sondern zum Eiterungsprozeß selbst, d. h. zur Reaktion des Organismus auf den pathologischen Reiz gehört. Die lokale Acidosis des Entzündungsherdes scheint auch die Schmerzhaftigkeit zu erklären [v. GAZA und B. BRANDI[4])]. Im Experiment jedenfalls zeigt sich, daß

[1]) SAUERBRUCH: Münch. med. Wochenschr. 1924, Nr. 38, S. 1299.
[2]) JACOBSOHN u. SKLARZ: Medizin. Klinik. 1921, Nr. 44 u. 1922, Nr. 18.
[3]) SCHADE, NEUKIRCH u. HALPERT: Zeitschr. f. d. ges. exp. Med. Bd. 24, S. 11. 1921.
[4]) v. GAZA u. BRANDI: Klin. Wochenschr. 1926, Nr. 25, S. 1123.

Phosphatpufferlösungen, intracutan oder intramuskulär injiziert, nur Schmerzen verursachen, wenn ihr p_H kleiner als 7,2 ist. Bei einem p_H von 5,9 sind die Schmerzen geradezu unerträglich. —

Der materielle Inhalt des bisher Gesagten reicht nicht aus, um aus ihm weitgehende Schlüsse über den Wert, die Bedeutung und die praktischen Aussichten der **diätetischen** Therapie als einer bestimmten Form der Elektrolyttherapie zu ziehen. Wir haben jedoch Gründe genug, diesem Gegenstand in Zukunft mehr als bisher unsere Aufmerksamkeit zu widmen. Vielleicht zeigt sich dann, daß der diätetischen Therapie, die in früheren Zeiten zu den wichtigsten Behandlungsmethoden auch der Allgemeinerkrankungen gehörte und auch in neuerer Zeit von guten Praktikern (so LAHMANN) erfolgreich ausgenutzt wurde, ein bedeutungsvollerer Kern innewohnt, als jetzt allgemein angenommen wird, und daß sich neue wissenschaftliche Grundlagen schaffen lassen, welche die zwischen Theorie und Empirie bestehende Kluft überbrücken könnten. In diesem Zusammenhang sei auf die Untersuchungen von RAGNAR BERG[1]) und seinen Mitarbeitern hingewiesen, denen zweifellos das Verdienst zukommt, eine derartige systematische wissenschaftliche Bearbeitung dieser Fragen wenigstens versucht zu haben. Daß die Resultate ihrer Untersuchungen vielfach nicht bestätigt werden konnten, ist angesichts der Besonderheit der behandelten Materie begreiflich. Widerlegt wurde z. B. durch JANSEN[2]) die Anschauung, daß der Übergang von einer basen- zu einer säurereichen Kost den Eiweißumsatz erhöhe. Was uns interessiert, ist nicht die Tatsache, daß die diätetische Therapie an sich ein wertvolles Glied in der Reihe unserer Heilmethoden darstellt, sondern daß ihre Wirkung, wie im vorangehenden dargelegt wurde, zum Teil wenigstens an ihren Elektrolytgehalt gebunden ist. Es wurde schon betont, daß nicht in allen Fällen gerade die Säure- und Alkaliwirkung der Kost das Maßgebende sein muß, sondern daß der Effekt ebensogut auch durch den Gehalt der Nahrung an bestimmten Kationen (evtl. durch beides) bedingt sein kann. Bei einer großen Gruppe von Krankheiten spielt die Natur der in der Nahrung enthaltenen Kationen sogar die überragende Rolle, so bei den mit Ödemen einhergehenden Nierenerkrankungen. Seitdem H. STRAUSS und WIDAL gefunden haben, daß das NaCl die Ödembereitschaft steigert, ist die NaCl-arme Ernährung der betreffenden Nierenkranken zur Selbstverständlichkeit geworden; die Erfolge, die wir mit dieser diätetischen, an die Elektrolyte gebundenen Therapie erzielen, können uns nicht überraschen, weil in diesem Falle der Sinn der Therapie ohne weiteres klar ist, d. h. aus unseren Vorstellungen über die Grundlagen der Erkrankung sich ableiten läßt. Wir können — wie aus den Ausführungen des vorangehenden Kapitels hervorgeht — mit Sicherheit sagen, daß die Elektrolyte nicht allein in der Pathogenese der Nierenerkrankungen (insbesondere der Nephrosen), sondern in ähnlicher Weise auch in der vieler anderer Krankheiten eine große Rolle spielen. Ist es daher nicht möglich, daß wir auch bei diesen durch zweckmäßige Diätetik ähnliche Erfolge wie bei den Nierenkrankheiten erzielen können? Die Antwort auf diese Frage wird die Zukunft geben

[1]) BERG, RAGNAR: l. c.
[2]) JANSEN: Münch. med. Wochenschr. 1918, Nr. 40, S. 1112.

müssen. Die zweifellos günstige Wirkung der Salmiaktherapie bei der Tetanie berechtigt jedenfalls zu hoffnungsvollen Erwartungen. Zwar ist die Salmiaktherapie keine diätetische, aber die Wirkungsbedingungen sind in beiden Fällen doch sehr verwandt.

Daß für die **Tuberkulose** Änderungen des Mineralstoffwechsels charakteristisch sein sollen, ist (s. S. 316) von verschiedenen Autoren angenommen worden (insbesondere Robin und Binet). In erster Linie soll eine Calcium-Demineralisation eintreten. Das vorliegende Untersuchungsmaterial kann aber durchaus nicht als beweisend angesehen werden. Nach Untersuchungen von Voorhoeve[1]) scheinen die bei der Tuberkulose etwa auftretenden Kalkverluste nur sehr geringgradige zu sein. Das Fehlen bilanzmäßiger Störungen kann aber auch hier ebensowenig wie in vielen anderen Fällen als Beweis dafür angesehen werden, daß bei der Entstehung der Tuberkulose, d. h. der konstitutionellen Disposition zur Erkrankung, Störungen im Elektrolytstoffwechsel keine Rolle spielen; man bedenke, daß selbst bei einer Erkrankung wie der Rachitis nicht immer bilanzmäßige Störungen im Kalkstoffwechsel nachweisbar sind. Diesen Erörterungen kommt jedoch einiges Interesse zu, weil in jüngster Zeit auf Erfolge einer durch ihren Elektrolytgehalt ausgezeichneten diätetischen Therapie bei der Tuberkulose hingewiesen worden ist. Sauerbruch und Hermannsdörfer[2]) haben ein von Gerson inauguriertes diätetisches Verfahren bei einer Reihe schwerer Fälle von chirurgischer- und Lungentuberkulose durchgeführt und berichten über relativ gute Resultate. Die Diät ist durch ihre Kochsalzarmut ausgezeichnet; von der Diät der Nierenkranken unterscheidet sie sich vor allem durch ihren relativen Eiweißreichtum. Säure- bzw. Alkaliwirkungen scheinen nicht in Frage zu kommen. Daß der NaCl-Stoffwechsel zu dem des Kalkes in Verbindung steht, ist gewiß. Natrium und Calcium verdrängen sich aus ihren Verbindungen. Calciumbelastung führt zu vermehrter NaCl-Ausscheidung, desgleichen NaCl-Belastung zu vermehrter Calciumausscheidung. Die Wirkung der kochsalzarmen Diät könnte evtl. darauf beruhen, daß sie zu Kalkretentionen Anlaß gibt. Auf weitere theoretische Erörterungen soll verzichtet werden. Zunächst sollen die Ergebnisse weiterer klinischer Beobachtungen abgewartet werden. —

Die Mineralwässer. Die Erkenntnis, daß selbst die in der Nahrung enthaltenen Elektrolyte evtl. einen therapeutischen Effekt auslösen können, schlägt die Brücke zu dem Verständnis für die Heilwirkungen der „Brunnen" bzw. „Mineralwässer"; denn in der Hauptsache enthalten letztere ebenfalls Elektrolyte bzw. Ionen, unter denen vor allem die $Na^{\cdot}$, $K^{\cdot}$, $Ca^{\cdot\cdot}$, $Mg^{\cdot\cdot}$, $Li^{\cdot}$, $Ba^{\cdot\cdot}$, SO_4'', Cl', Br', HCO_3', HPO_4'' zu nennen sind. Allerdings sind in vielen von ihnen auch Mineralien wie Jod, Eisen, Arsen usw. enthalten, die ebenfalls von therapeutischem Nutzen sein können. Auch wenn sie in der betreffenden Heilquelle in Elektrolytform existieren, muß ihre Wirkung nicht unbedingt als Elektrolytwirkung angesehen werden; denn es ist unwahrscheinlich, daß sie auch im Organismus in Ionenform bzw. in anorganischer Bin-

[1]) Voorhoeve: Dtsch. Arch. f. klin. Med. Bd. 110, S. 231. 1913.

[2]) Sauerbruch, Hermannsdörfer und Gerson: Münch. med. Wochenschr. 1926, Nr. 2 u. 3.

dung auftreten. Über die Wirkung dieser Mineralien wird kurz im folgenden Kapitel berichtet werden. Nach dem Gesagten ist es jedoch verständlich, daß auch die in den Heilquellen enthaltenen und sicher als Elektrolyte wirkenden Mineralien als therapeutische Faktoren in Frage kommen. Folgendes sei noch angeführt. Die in den Brunnen enthaltenen Elektrolytmengen sind, gemessen an den schon in der Nahrung enthaltenen, sehr klein. Nach den analytischen Untersuchungen von DEHNICKE[1]) wird z. B. der Kationengehalt einer bestimmten Kost durch Zulage von etwa 1 l verschiedener Brunnen (so Karlsbader Mühlbrunnen) nicht wesentlich verändert. Das gleiche gilt auch für die Menge der in der Nahrung an sich schon enthaltenen Säure- und Basenvalenzen. Wie DEHNICKE aber mit Recht hervorhebt, können diese Verhältnisse nicht lediglich rein mengenmäßig beurteilt werden; denn, wie schon betont worden ist, dürften bei den Mineralwässern die Resorptionsverhältnisse wesentlich andere als bei den Nahrungsmitteln sein. Daß die Heilquellen bei vielen Kranken Nützliches leisten, kann als empirisch gesichert angesehen werden. So kann kaum bezweifelt werden, daß insbesondere bei einer großen Zahl von Stoffwechselkrankheiten (Diabetes, Gicht, Steindiathese, Fettsucht u. a.) Brunnenkuren häufig sehr gut wirken. Auch fehlt es nicht an wissenschaftlichen, klinisch-experimentellen Untersuchungen, aus denen hervorgeht, daß die Brunnen in vielen Fällen Stoffwechselwirkungen hervorrufen. Auf Einzelheiten soll nicht eingegangen werden, da auch in den Fällen, in denen eine klinisch nachweisbare Besserung des Krankheitszustandes oder eine sonstige Wirkung auf die funktionellen Lebensvorgänge festgestellt worden ist, zunächst noch nicht mit Sicherheit gesagt werden kann, welcher von den vielen Bestandteilen der Heilquelle der wirksame ist, und wie die Wirkung zustande kommt. Nicht selten ist der Heileffekt nur ein rein lokal bedingter (z. B. durch Abführwirkung). Der Erforschung dieser Einzelfragen mögen sich die Balneologen im Interesse der wissenschaftlichen Bearbeitung des ganzen Fragekomplexes zunächst zuwenden. Daß die Heilquellen einen therapeutischen Effekt haben können, muß jetzt auch aus rein theoretischen Gründen für zweifellos möglich gehalten werden. Der Balneologe braucht sich nicht mehr lediglich auf die Empirie zu stützen. Daß ich den Wert der Brunnenkuren überschätze, ist nach dem, was ich am Anfang dieses Kapitels (s. S. 324) über die Leistungsfähigkeit der Elektrolyttherapie überhaupt gesagt habe, wohl kaum zu befürchten. Die Erfahrungen mit der Heilquellentherapie bestätigen meine Auffassung. Es sei als sicher unterstellt, daß gewisse Brunnen (also bestimmte Elektrolyte) einen günstigen Einfluß auf die Stoffwechsellage des Diabetikers haben; mit der therapeutischen Wirkung eines Giftes wie des Insulins ist ihre Wirkung aber in keiner Weise vergleichbar.

XII. Anhang. Mineralien, die im Organismus nicht als Elektrolyte wirken (Schwefel, Jod, Eisen, Arsen, Phosphor, Silicium, Zink).

Nicht alle anorganischen Substanzen bzw. Mineralien, die dem Organismus auf irgendeinem Wege (z. B. mit der Nahrung) als Elektrolyte zugeführt

[1]) DEHNICKE: Zeitschr. f. physikalische u. diätetische Therapie. Bd. 24, S. 380. 1920.

werden, treten auch im Organismus als Elektrolyte bzw. als anorganisch gebundene Körper auf. Zu letzteren gehören die Na-, K-, Ca-, Mg-, Cl-, HPO_4-, H_2PO_4-, SO_4- und HCO_3-Salze bzw. Ionen (s. Kap. I). Allein diesen Substanzen, die entsprechend der in Kap. I gegebenen Definition Gegenstand unserer bisherigen Betrachtung gewesen sind, kommt die Eigenschaft zu, als Regulatoren der Zellfunktion fungieren zu können, weil zwischen ihnen und den Kolloiden sich jene Reaktionen abspielen, welche die die Funktion begleitenden kolloidalen Zustandsänderungen darstellen. Sie sind — wie in den vorangehenden Kapiteln erörtert worden ist — diejenigen, die zu einer dynamischen Wirkung gegenüber den Zellkolloiden fähig sind. Da sie diese Funktion bei allen Zellkolloiden ausüben, so ist verständlich, daß sie im Organismus in relativ großen Mengen vorkommen. Es gibt aber anorganische Substanzen, die im Organismus höchstwahrscheinlich *nur* in organischer Bindung auftreten. In dieser Form sind sie aber nicht der elektrolytischen Dissoziation fähig, und daher kann ihnen selbst nicht die dynamische Wirkung gegenüber den Zellkolloiden zukommen, die den Elektrolyten eigen ist. Ihre physiologische Bedeutung braucht trotzdem keine geringere zu sein; sie ist aber eine grundsätzlich andere. Der normale Funktionsvorgang ist eine Wechselwirkung von Kolloid und Elektrolyt. Eine selbstverständliche Voraussetzung ist, daß die Kolloide ihre physiologische Zusammensetzung haben. Zu den elementaren Bestandteilen des Eiweißes gehören H, O, C und N. Es gibt aber auch Eiweißkörper bzw. Eiweißprodukte, die noch anderer Bestandteile bedürfen, so z. B. das Cystein, welches Schwefel enthält. Insofern das Cystein eine lebensnotwendige Substanz ist, stellt auch der **Schwefel** einen im Organismus unentbehrlichen Körper dar wie etwa der Kohlenstoff; nur wird letzterer in viel größeren Mengen gebraucht, weil er zu den Bestandteilen aller Eiweißkörper gehört. Auch im Speichel kommt Schwefel vor. Substanzen dieser Art gibt es noch viele andere, die hier der Information halber kurz besprochen werden sollen; zwischen ihnen und den eigentlichen Elektrolyten wird, wenn vom Mineralstoffwechsel die Rede ist, gewöhnlich nicht unterschieden. *Die Trennung ist aber dringend notwendig*, wenn wir die Wirkungsart der einzelnen Substanzen verstehen wollen. Die Bedeutung, die das Cystein für den Organismus hat, ist noch nicht vollständig geklärt. Nach den Untersuchungen von O. Warburg[1]) scheint es eine große Rolle bei den metallkatalytischen Oxydationen zu spielen. Einen Einfluß des Schwefels auf den Ablauf der oxydativ-chemischen Reaktionen haben auch Schüler von Spiro, insbesondere Markwalder[2]), feststellen können. Der Schwefel kann allerdings im Körper in Schwefelwasserstoff (SH_2) und in Schwefelsäure verwandelt werden. Die Wirkung der letzteren, insbesondere die des SO_4-Ions, ist als die eines Elektrolyten aufzufassen und hat mit der eigentlichen Schwefelwirkung nichts zu tun; vielmehr steht sie in ihrer Art der der anderen Anionen (Cl, HPO_4 usw.) nahe. Auch vom **Jod** ist uns nicht bekannt, daß es im Organismus als Jodion vorkommt und als solches wirkt. Die Wirkung

[1]) O. Warburg: l. c., S. 56.

[2]) Markwalder: zit. nach Spiro, Dtsch. med. Wochenschr. 1925, Nr. 16, S. 633 und Ergebnisse der Physiol. (Asher-Spiro) Bd. 24, S. 474. 1925.

des letzteren hat mit der des elementaren atomistischen Jods nichts gemein. Die Funktion eines isolierten Froschherzens wird nur wenig beeinflußt, wenn die Nährlösung statt NaCl (0,6%) die entsprechenden Mengen NaJ enthält. Diesen relativ großen Jod-Ion-Dosen kommt also keine starke Wirkung zu; vor allem sind die etwa auftretenden Veränderungen absolut reversibel. Wird das Herz aber dem Einfluß wesentlich kleinerer Mengen atomistischen Jods ausgesetzt, kommt es zu einer sofortigen und zwar irreversiblen Aufhebung der Funktion (S. G. ZONDEK). Da das Jod im Organismus nur in sehr kleinen Mengen existiert, ist von vornherein unwahrscheinlich, daß seine Wirkung eine ionale sein könnte; sie wäre in diesem Falle eine höchst unbedeutende, was aber in Wirklichkeit keineswegs zutrifft. Das Jod stellt einen wesentlichen Bestandteil des Schilddrüsenhormons dar. Das von KENDALL[1]) gefundene Thyroxin enthält über 60% Jod, und zwar in durchaus organischer Bindung. Die Schilddrüse ist — wie zuerst von E. BAUMANN festgestellt worden ist — der Ort, wo das Jod (auch wenn es als Jodsalz oder freies Jod dem Organismus zugeführt wird) gespeichert wird. Die große Bedeutung, die dem Schilddrüsenhormon für die biologischen Vorgänge zukommt, ist bekannt. Da das Jod einen elementaren Bestandteil dieses Hormons darstellt, so ist die Notwendigkeit seines Vorkommens im Organismus zur Genüge begründet. Daß Jodmangel in der Nahrung zu schweren Folgen führen muß, ist ohne weiteres verständlich. Nach den Forschungsergebnissen der letzten Jahre scheint der Zusammenhang zwischen Kropf und Jodmangel nicht mehr zweifelhaft zu sein. Daß andererseits ein Zuviel an Jod evtl. zu Wirkungen führen kann, die dem des Hyperthyreoidismus entsprechen, ist auch erklärlich. Es kann durchaus nicht behauptet werden, daß die Jodwirkung nur auf dem Wege über die Schilddrüse zustandekommt. Es ist möglich, daß auch andere Jodverbindungen im Organismus existieren, denen eine Bedeutung zukommt. In allen Fällen — darauf weisen auch H. H. MEYER und GOTTLIEB[2]) hin — ist aber das Wirksame nicht das ionale, sondern das elementare Jod. Wie das Hormon mit den Zellen der Erfolgsorgane in Verbindung tritt, läßt sich nicht sagen; insbesondere kann nicht entschieden werden, ob es bei der Reaktion zu einem Freiwerden von Spuren atomistischen Jods kommt, das mit den Zellsubstanzen in Verbindung tritt, oder ob die Wirkung stets an das Gesamtmolekül des Hormons gebunden ist. Mitunter stellt — dies dürfte gerade für das folgende Element, das **Eisen,** zutreffen — die organische Bindung vielleicht nur den Schutz des Körpers vor der Ionenwirkung dieser höchst wirksamen, die kolloide Materie stark bedrohenden Elemente dar. Ein Froschherz z. B. wird durch anorganische Eisen- bzw. die sonstigen Schwermetallsalze, d. h. also durch die Ionen dieser Elemente, schwer, und zwar irreversibel, geschädigt. Auch im Reagensglasversuch erweisen sich die Schwermetallionen als Körper, die Kolloide schon in relativ kleinen Mengen zur irreversiblen Ausflockung bringen. Die organische Bindung könnte einen Schutz der Zellkolloide ihnen gegenüber darstellen; sind sie aber für be-

[1]) KENDALL: Journ. of biol. chem. Bd. 39, S. 1917. — KENDALL und OSTERBERG: Journ. of biol. chem. Bd. 40.

[2]) MEYER und GOTTLIEB: Die experimentelle Pharmakologie. 7. Aufl., S. 499. 1925.

stimmte Vorgänge notwendig, könnten sie im Augenblick des Bedarfes aus der festen in eine lockere Bindung, evtl. sogar in die ionale Form, übergeführt werden. Daß das **Eisen** ein unbedingt lebensnotwendiger Stoff ist, braucht nicht betont zu werden. Es kommt in fester Bindung vor allem in den roten Blutkörperchen (verankert im Hämoglobinmolekül), aber auch in vielen anderen Gewebszellen vor. Dieses Eisen wird nach M. B. SCHMIDT als „Funktionseisen“ bezeichnet. In Organen wie Milz, Leber und Knochenmark wird es gespeichert und zwar höchstwahrscheinlich in freier Form. Das funktionell wichtige Eisen ist das gebundene; seine Bedeutung liegt — wie vor allem durch die Untersuchungen von O. WARBURG[1]) sichergestellt worden ist — in seiner Anteilnahme am Atmungsprozeß der Zelle begründet. Zu den am chemischen Stoffwechsel teilnehmenden Substanzen gehört stets ein Ferment. Seine Gegenwart ist eine unbedingte Voraussetzung für den Ablauf der chemischen Reaktionen. Für die oxydativ-chemischen Prozesse (d. h. also die Zelloxydationen) stellt nach WARBURG das Eisen dieses notwendige Ferment bzw. den Katalysator dar. Der Atmungsvorgang wird daher auch als Metallkatalyse bezeichnet. WARBURG nimmt an, daß das an der Zelloberfläche in lockerer komplexer Bindung befindliche Eisen sich mit dem molekularen Sauerstoff verbindet, wodurch ein aktives Superoxyd entsteht. Die Gegenwart des Eisens ist also notwendig, um dem Luftsauerstoff erst die Möglichkeit der chemischen Aktivität zu verleihen. Der Atmungsvorgang ist ein Prozeß, an dem die zu oxydierende Substanz, der Luftsauerstoff und das Ferment bzw. der Katalysator (d. h. die Eisenverbindung) teilnehmen. Zwischen ihnen vollzieht sich die chemische Reaktion. Das Ferment spielt dabei die prinzipiell gleiche Rolle wie die zu oxydierende Substanz bzw. der Sauerstoff. Wird die Eisenbindung durch Einwirkung von Cyan in eine unwirksame Eisen-Cyanverbindung übergeführt, ist der Oxydationsvorgang unmöglich; es tritt Erstickung ein wie bei Fehlen des Sauerstoffs. Unter physiologischen Bedingungen sind die genannten Substanzen an der Zelle stets in ausreichender Menge vorhanden; trotzdem kann die Intensität ihrer gegenseitigen Reaktion eine ganz verschiedene sein, so z. B. im Ruhe- und Funktionszustande der Zelle. Für den Intensitätsgrad der Stoffwechselreaktionen sind die Elektrolyte verantwortlich, indem sie — wie in Kap. V, 6 erörtert worden ist — die Wirkungsbedingungen für das Einsetzen der chemischen Reaktion in entsprechender Weise gestalten. Dabei ist es sehr unwahrscheinlich, daß die Elektrolyte selbst in die chemische Reaktion eingehen. Nach KENDALL ist die $[H^{\cdot}]$ von größter Bedeutung für die Wirkungsmöglichkeit des Thyroxins, und zwar ist der Thyroxinkern je nach der $[H^{\cdot}]$ offen bzw. geschlossen. In letzterem Falle ist aber eine Reaktion mit der Zelle nicht möglich. In ähnlicher Weise könnten auch die H- bzw. die anderen Ionen (insbesondere die Kationen) die Bedingungen schaffen, daß das Eisen im Hämoglobin und in den sonstigen Zellverbindungen in eine mehr oder weniger reaktionsfähige Form übergeht bzw. auch räumlich besser an den Ort herangebracht wird, an welchem die Reaktionen ablaufen. In der Wirkungsart des Eisens kommt der Unterschied der Wirkungsweise der in diesem Kapitel behandelten Ele-

[1]) WARBURG, O.: Biochem. Zeitschr. Bd. 119, S. 134. 1921; Bd. 136, S. 266. 1923 und Bd. 142, S. 519. 1923.

mente gegenüber derjenigen der in anorganischer Bindung sich befindlichen Salz-Elektrolyte besonders deutlich zum Ausdruck.

Eine ähnliche Bedeutung wie dem Eisen im Hämoglobin könnte — wie schon erwähnt wurde — auch dem Jod im Thyroxin bzw. dem Schwefel im Cystin zukommen; es muß sich natürlich nicht immer gerade um Oxydationsvorgänge handeln; es kommen auch andere Stoffwechselprozesse in Frage, für deren Ablauf ebenfalls Fermente bzw. Katalysatoren notwendig sind. Es ist auch möglich, daß die im organischen Molekül vorhandenen Mineralien mit den Eiweiß- und Lipoidsubstanzen bestimmter Zellen in Reaktion treten, mit diesen Bindungen eingehen und so die Natur der Zellkolloide ändern. Ihre Bindung dürfte aber von der der Ionen (so der $Na^{\cdot}$, $K^{\cdot}$, $Ca^{\cdot\cdot}$) an die Zellkolloide prinzipiell verschieden sein. Während die Ionen mit den kolloiden Körpern nur lockere Bindungen eingehen, so z. B. adsorptive, jedenfalls solche, die leicht wieder gespalten werden können (anorganische Bindungen), kommen für die erstgenannten Elemente viel festere (wahrscheinlich organische) Bindungen in Frage. So könnte das Jod, Arsen und der Phosphor direkt im Molekül des Eiweißes bzw. Lipoides verankert werden.

Der Wirkungsart des Eisens dürfte die der therapeutisch verwendbaren Schwer- und Edelmetalle (so Quecksilber, Silber, Gold, Wismut, Kupfer, Blei) nahestehen. Daß es sich bei ihnen um metallkatalytische Vorgänge handelt, liegt jedenfalls im Bereich der Möglichkeit. Unter den körpereigenen, in organischer Bindung sich befindlichen anorganischen Substanzen ist auch das **Arsen** und wahrscheinlich auch der **Phosphor** zu nennen. Experimentell läßt sich eine starke Wirkung des Natriumarsenit ($NaAsO_2$) feststellen. Das isolierte Froschherz kommt unter dem Einfluß dieses Giftes schnell zum Stillstand. Es handelt sich hier um den Einfluß des Arsenitions. Dies beweist aber nicht, daß auch das Arsen bzw. das Arsenanion selbst Wirkungen entfalten kann. Der Unterschied ist etwa derselbe wie zwischen der Phosphorwirkung und der der Phosphorsäureanionen (HPO_4'' bzw. H_2PO_4'). Bei diesen Körpern handelt es sich sicherlich um Wirkungen ganz prinzipiell verschiedener Art. Während die Phosphorsäureanionen für den Organismus ganz harmlos sind, d. h. große Mengen ohne Schaden aufgenommen werden können, gehört der elementare Phosphor zu den giftigsten Substanzen. Seine biologische Wirkung (so die antirachitische) kommt der Phosphorsäure nicht zu, d. h. mit Phosphorsäure läßt sich die Rachitis nicht heilen. Andererseits hat die Wirkung der Phosphorsäure (z. B. als Puffersubstanz oder als intermediäres beim Kohlenhydratstoffwechsel auftretendes Produkt) nichts mit der des Phosphors gemein. Zwischen diesen beiden chemischen Körpern bestehen also wahrscheinlich gar keine biologischen Beziehungen. Die Phosphatwirkung ist eine reine Elektrolytwirkung und nimmt daher an der Regulation der funktionellen Zellvorgänge teil; die Phosphorwirkung dagegen steht sicherlich derjenigen der zuvor behandelten Elemente nahe. Daß diejenigen anorganischen Körper, die als Elektrolyte wirken und als solche an der Regulation der funktionellen Zellvorgänge teilnehmen, im Organismus in relativ großen Mengen vorkommen, ist — wie eingangs betont wurde — durchaus verständlich. Es ist aber auch erklärlich, daß die anderen anorganischen Substanzen im Organismus nur in relativ kleinen Mengen vorhanden sind und ihre Giftigkeit eine entsprechend größere ist. Auch von den metallkatalytischen Reaktionen im Reagensglas wissen wir, daß die notwendigen Metallmengen außerordentlich klein sind. Aus den quantitativen Unterschieden können wir geradezu auf die Wirkungsart schließen. — Eine Elektrolytwirkung der Arsen- bzw. arsenigen Säuren ist — wie schon erwähnt wurde — experimentell am isolierten Organ sehr wohl möglich. Ob eine solche (d. h. also eine der Phosphorsäureanionen entsprechende) auch im Organismus vorkommt, ist hierdurch nicht bewiesen. Die physiologisch vorkommenden Arsenmengen sind so minimal, daß sie für eine Elektrolytwirkung nicht in Frage kommen. Eine andere Frage ist, ob das therapeutisch zugeführte Arsen als Elektrolyt oder als das in einem Molekül organisch verankerte Element wirkt. Aus der Tatsache, daß bestimmte therapeutische Wirkungen (so der Einfluß auf den Stoffwechsel und die Blutregeneration) auch eintreten, wenn das Arsen als Elektrolyt, so als arsenige Säure, per os verabfolgt wird, läßt sich nicht folgern, daß auch im Organismus die Arsenikwirkung eine Elektrolytwirkung ist; denn es ist sehr wahrscheinlich, daß auch das rein anorganisch aufgenommene Arsen im Körper bald in eine organische Bindung übergeführt wird. Dafür spricht auch die Tatsache, daß z. B. im Kaninchenharn nach Verabreichung von As_2O_3 überwiegend organisch gebundenes Arsen auftritt [SALKOWSKI[1])]. Ferner ist zu bedenken, daß die therapeutisch so besonders wirksamen Arsenverbindungen organischer Natur sind, so das Salvarsan. Seine Wirksamkeit ist nicht nur auf die parasitären Erkrankungen beschränkt; auch die Blutregeneration kann durch Salvarsan ebensogut wie durch die arsenigen Säuren beeinflußt werden, woraus ebenfalls mit Wahrscheinlichkeit zu schließen ist, daß auch die Wirkung der arsenigen Säuren nach Umwandlung in einen organischen Arsenkörper zustandekommt. Welcher Art der Wirkungsmechanismus dieses organischen Arsens ist, kann nicht gesagt werden. Wahrscheinlich ist es — diese Annahme entspricht ganz der EHRLICHschen —, daß das organische Molekül die spezifische chemische Affinität zur Zelle bzw. zu einer bestimmten Zellart herstellt. Bei der zwischen dem organischen Arsenmolekül und der Zellsubstanz eintretenden Reaktion könnte evtl. Arsen frei werden, in die Zellsubstanz eingehen und dort organisch verankert werden. Der Wirkung des Arsens steht die des **Antimons** nahe; es kommt zwar nicht physiologisch vor, spielt aber in der Behandlung der Trypanosomen-Erkrankungen, ferner auch als Brechmittel, eine Rolle. —

Zu den physiologisch vorkommenden Substanzen gehört auch das **Zink** [BRADLEY[2]) und ROST]; in größeren Mengen findet es sich in der Leber. Interessant ist, daß auch die Geschlechtsorgane (Hoden, Prostata und Sperma) zinkreich sind. BERTRAND[3]) schreibt dem Zink eine Wirkung zu, die der einer Wachstumsdrüse entspricht. Die Lebensdauer vitaminfrei ernährter Ratten wird durch wenige zehntel Milligramm Zink beträchtlich verlängert. In kleinen Mengen kommt auch das **Silicium** bzw. die Kieselsäure im Organismus, besonders in den bindegewebigen Organen, vor. Relativ viel ist auch im

[1]) SALKOWSKI: Biochem. Zeitschr. Bd. 13, S. 321. 1908.

[2]) BRADLEY: Journ. of biol. chem. Bd. 3, S. 151. 1907; zit. nach SPIRO: l. c.

[3]) BERTRAND, G.: Bull. de la soc. scient. d'hyg. aliment. Bd. 8, S. 749. 1920; zit. nach SPIRO: l. c.

Pankreas enthalten. Bei Tuberkulösen scheint der Gehalt vermindert, bei Carcinomatösen vermehrt zu sein. Wie aus Untersuchungen von R. Rössle[1]) hervorgeht, dürfte dem Silicium eine Bedeutung bei der Bildung von Bindegewebe zukommen. Bei tuberkulösen Tieren konnte der genannte Autor nach Siliciumbehandlung eine Neubildung von Bindegewebe und Vernarbung der tuberkulösen Prozessen feststellen. Bekannt ist, daß vielfach auch eine günstige Beeinflussung der menschlichen Tuberkulose durch Kieselsäure beobachtet worden ist. Nach statistischen Erfahrungen scheint bei Arbeitern, die beruflich viel Silicium aufnehmen (so Porzellanarbeiter, die den Staub einatmen), eine Erkrankung an Tuberkulose seltener als sonst vorzukommen. Es ist möglich, daß ohne Silicium eine Bildung von Bindegewebe überhaupt nicht möglich ist. Daß das Silicium wie der Schwefel bzw. das Jod usw. als organisch gebundenes Element wirkt, erscheint bei der Natur seiner Wirkung unzweifelhaft.

Weniger klar liegen die Verhältnisse beim **Brom,** das — wie neuerdings durch Untersuchungen von Bernhardt und Ucko[2]) sichergestellt worden ist — auch zu den physiologischen Bestandteilen des Blutes gehört. Vom Jod haben wir gehört, daß seine Wirkung eine grundsätzlich verschiedene, überhaupt nicht vergleichbare ist, wenn es als Elektrolyt (z. B. als Jodion in NaJ) oder als elementares Jod wirkt. Die Jodionwirkung ist nicht wesentlich von der des Chlorions verschieden. Als physiologische Jodwirkung scheint jedoch ausschließlich die des elementaren in Frage zu kommen. Auch die Bromionwirkung steht der des Chlorions sehr nahe. Am isolierten Froschherzen läßt sich z. B. das NaCl durch NaBr ersetzen, ohne daß die Herzfunktion dadurch wesentlich beeinflußt wird. Auffallend ist, daß auch im Stoffwechselversuch ein Ersatz des NaCl durch NaBr möglich ist. Diese Tatsache spricht dafür, daß eine ionale Existenzform des Broms im Organismus möglich ist, sie beweist aber nicht, daß auch das unter physiologischen Bedingungen vorkommende Brom tatsächlich als Elektrolyt wirkt. Berücksichtigt man, daß die normalerweise zugeführten Br-Mengen sehr kleine sind, so ist viel wahrscheinlicher, daß auch die physiologische Bromwirkung eine solche des elementaren Broms ist. Ob die hypnotische Bromwirkung als elektrolytische, d. h. ionale, oder als elementare aufzufassen ist, sei nicht entschieden.

---

[1]) Rössle: Münch. med. Wochenschr. 1914, Nr. 14, S. 756.

[2]) Bernhardt u. Ucko: Biochem. Zeitschr. Bd. 155, S. 174. 1925.

Namenverzeichnis.

Sachverzeichnis.

GPSR Compliance

The European Union's (EU) General Product Safety Regulation (GPSR) is a set of rules that requires consumer products to be safe and our obligations to ensure this.

If you have any concerns about our products, you can contact us on ProductSafety@springernature.com

In case Publisher is established outside the EU, the EU authorized representative is:

Springer Nature Customer Service Center GmbH
Europaplatz 3
69115 Heidelberg, Germany

Batch number: 10683525

Printed by Printforce, the Netherlands